二级造价工程师职业资格考试培训教材

# 建设工程计量与计价实务
# （土木建筑工程）
# 第二版

二级造价工程师职业资格考试培训教材编审委员会 编

中国建材工业出版社

图书在版编目（CIP）数据

建设工程计量与计价实务．土木建筑工程/二级造价工程师职业资格考试培训教材编审委员会编．--2版．--北京：中国建材工业出版社，2023.8
二级造价工程师职业资格考试培训教材
ISBN 978-7-5160-3778-2

Ⅰ.①建… Ⅱ.①二… Ⅲ.①土木工程－建筑造价管理－资格考试－教材 Ⅳ.①TU723.3

中国国家版本馆CIP数据核字（2023）第131321号

建设工程计量与计价实务（土木建筑工程）第二版
JIANSHE GONGCHENG JILIANG YU JIJIA SHIWU（TUMU JIANZHU GONGCHENG）DI-ER BAN
二级造价工程师职业资格考试培训教材编审委员会　编

出版发行：中国建材工业出版社
地　　址：北京市海淀区三里河路11号
邮　　编：100831
经　　销：全国各地新华书店
印　　刷：北京印刷集团有限责任公司
开　　本：787mm×1092mm　1/16
印　　张：23.5
字　　数：460千字
版　　次：2023年8月第2版
印　　次：2023年8月第1次
定　　价：98.00元

本社网址：www.jccbs.com，微信公众号：zgjcgycbs
请选用正版图书，采购、销售盗版图书属违法行为
**版权专有，盗版必究**。本社法律顾问：北京天驰君泰律师事务所，张杰律师
举报信箱：zhangjie@tiantailaw.com　举报电话：（010）57811389
本书如有印装质量问题，由我社市场营销部负责调换，联系电话：（010）57811387

# 《建设工程计量与计价实务（土木建筑工程）》第二版

## 编审委员会

主　　编：李志国

副 主 编：王洪强　吴新华　孙慧宁

主　　审：贾宏俊

编写人员：李志国　梁艳红　解本政　贾宏俊
　　　　　王洪强　吴新华　李　楠　倪　超
　　　　　黄瑞敏　高　薇　孙慧宁

参编单位：山东科技大学
　　　　　上海大学
　　　　　山东大学
　　　　　山东建筑大学
　　　　　泰山职业技术学院
　　　　　山东交通职业学院
　　　　　山东省建工集团

# 前 言

为进一步完善造价工程师职业资格制度，提高造价从业人员的职业素养和业务水平，2018年7月20日，住房城乡建设部、交通运输部、水利部、人力资源社会保障部印发《关于〈造价工程师职业资格制度规定〉和〈造价工程师职业资格考试实施办法〉的通知》（建人〔2018〕67号），明确国家设置造价工程师准入类职业资格，工程造价咨询企业应配备造价工程师，工程建设活动中有关工程造价管理岗位应按需要配备造价工程师。

根据《造价工程师职业资格制度规定》和《造价工程师职业资格考试实施办法》，造价工程师分为一级造价工程师和二级造价工程师。二级造价工程师主要协助一级造价工程师开展相关工作，可独立开展建设工程工料分析、计划、组织与成本管理，施工图预算、设计概算、建设工程量清单、最高投标限价、投标报价、建设工程合同价款、结算价款和竣工决算价款的编制等工作。

为更好地贯彻国家工程造价管理有关方针政策，帮助造价从业人员学习、掌握二级造价工程师职业资格考试的内容和要求，我们组织有关专家成立二级造价工程师职业资格考试培训教材编审委员会，依据《全国建设工程二级造价工程师职业资格考试大纲》编写了山东省二级造价工程师职业资格考试培训教材。

在教材编写中，编写团队充分吸收了最新颁布的有关工程造价管理的法规、规章、政策，力求体现行业最新发展水平和二级造价工程师职业资格考试特点。同时，教材注重理论与实践相结合，对参考人员应当掌握的工程造价基本理论、法律法规政策、专业技术知识以及计量与计价实务操作进行了系统全面的介绍，以帮助参考人员深入理解，通过考试。

本次《建设工程计量与计价实务（土木建筑工程）》修订内容如下：第一章内容根据最新标准规范对建筑高度和层数、圈梁、窗的气密性、屋面工程防水等级进行了修订；增加了沥青相关内容；对砌筑材料进行了修订；对钢结构工程施工重新编写；删除了危大工程的施工方案；其余内容进行了精简。第二章内容根据国家建筑设计标准图集22G101系列，对混凝土结构平法施工图识图进行了修订；替换了钢筋工程的例题；第四节工程量清单编制重新编写。第三章内容对第二节建筑费用定额重新编写；第四节工程最高投标限价重新编写；第五节工程量清单投标报价重新编写。

教材在编写和审定过程中，得到了山东大学、山东建筑大学、山东科技大学、上海城建职业学院、山东城市建设职业学院、泰山职业技术学院、山东省建工集团等单位诸多专家的支持。在此，对各支持单位及各位领导、专家表示衷心感谢。因工程造价管理工作涉及面广，专业技术性强，也正处于一个变革期，教材难免有不足和疏漏之处，还望读者提出宝贵意见和建议。

编审委员会<br>
2023 年 6 月

# 目 录

## 第一章 专业基础知识 ... 1
第一节 工业与民用建筑工程的分类、组成及构造 ... 1
第二节 常用工程材料的分类、基本性能及用途 ... 31
第三节 主要施工工艺与方法 ... 70
第四节 常用施工机械的类型及应用 ... 128
第五节 施工组织设计的编制原理、内容及方法 ... 132

## 第二章 工程计量 ... 149
第一节 建筑工程识图基本原理与方法 ... 149
第二节 建筑面积计算规则及应用 ... 161
第三节 工程量计算规则与方法 ... 183
第四节 工程量清单的编制 ... 235
第五节 计算机辅助工程量计算方法 ... 265

## 第三章 工程计价 ... 267
第一节 预算定额 ... 267
第二节 建筑费用定额 ... 277
第三节 施工图预算的编制 ... 287
第四节 工程最高投标限价 ... 291
第五节 工程量清单投标报价 ... 302
第六节 合同价款的调整与工程结算 ... 319
第七节 工程竣工决算价款的编制 ... 354

# 第一章 专业基础知识

## 第一节 工业与民用建筑工程的分类、组成及构造

建筑是根据人们物质生活和精神生活的要求，为满足各种不同的社会过程的需要而建造的有组织的内部和外部的空间环境。建筑一般包括建筑物和构筑物。满足功能要求并提供活动空间和场所的建筑称为建筑物，是供人们生活、学习、工作、居住，以及从事生产和文化活动的房屋，如工厂、住宅、学校、影剧院等；仅满足功能要求的建筑称为构筑物，如水塔、纪念碑等。

建筑物通常按其使用性质分为民用建筑和工业建筑两大类。工业建筑是供生产使用的建筑物，民用建筑是供人们从事非生产性活动使用的建筑物。民用建筑又分为居住建筑和公共建筑两类，居住建筑包括住宅、公寓、宿舍等，公共建筑是供人们进行各类社会、文化、经济、政治等活动的建筑物，如图书馆、车站、办公楼、电影院、宾馆、医院等。

### 一、民用建筑工程

#### （一）民用建筑分类

1. 按建筑层数和高度分

根据现行国家标准《民用建筑设计统一标准》（GB 50352—2019）的规定，民用建筑按地上建筑高度或层数进行分类应符合下列规定：

（1）建筑高度不大于27.0m的住宅建筑、建筑高度不大于24.0m的公共建筑及建筑高度大于24.0m的单层公共建筑为低层或多层民用建筑；

（2）建筑高度大于27.0m的住宅建筑和建筑高度大于24.0m的非单层公共建筑，且高度不大于100.0m的，为高层民用建筑；

（3）建筑高度大于100.0m为超高层建筑。

2. 按建筑的设计使用年限分

建筑结构的设计基准期应为50年。民用建筑的设计使用年限应符合表1.1.1的规定。

表 1.1.1 设计使用年限分类

| 类别 | 设计使用年限（年） | 示例 |
| --- | --- | --- |
| 1 | 5 | 临时性建筑 |
| 2 | 25 | 易于替换结构构件的建筑 |
| 3 | 50 | 普通建筑和构筑物 |
| 4 | 100 | 纪念性建筑和特别重要的建筑 |

3. 按建筑物的承重结构材料分

（1）木结构。木结构是由木材或主要由木材承受荷载的结构，通过各种金属连接件或榫卯进行连接和固定。传统木结构主要由天然材料组成，受材料本身条件的限制，多用在民用和中小型工业厂房的屋盖中。目前，我国正大力发展装配式建筑，其中现代木结构建筑是装配式建筑的重要结构类型之一。现代木结构具有绿色环保、节能保温、建造周期短、抗震耐久等诸多优点。

（2）砖木结构。建筑物的主要承重构件用砖木做成，其中竖向承重构件的墙体、柱子采用砖砌，水平承重构件的楼板、屋架采用木材。一般砖木结构适用于低层建筑（1~3层）。这种结构建造简单，材料容易准备，费用较低。

（3）砖混结构。砖混结构是指建筑物中竖向承重结构的墙、柱等采用砖或砌块砌筑，横向承重的梁、楼板、屋面板等采用钢筋混凝土结构。砖混结构是以小部分钢筋混凝土及大部分砖墙承重的结构，适合开间进深较小、房间面积小、多层或低层的建筑。

（4）钢筋混凝土结构。由钢筋和混凝土两种材料结合成整体，共同受力的工程结构。钢筋混凝土结构的主要承重构件，如梁、板、柱等均采用钢筋混凝土材料，而非承重墙采用砖砌或其他轻质材料做成。

（5）钢结构。主要承重构件均用钢材构成。钢结构的特点是强度高、自重轻、整体刚性好、变形能力强、抗震性能好，适用于建造大跨度和超高、超重型的建筑物。

（6）型钢混凝土组合结构。是把型钢埋入钢筋混凝土中的一种独立的结构形式。型钢、钢筋、混凝土三者结合使型钢混凝土结构具备了比传统的钢筋混凝土结构承载力大、刚度大、抗震性能好的优点。与钢结构相比，其具有防火性能好、结构局部和整体稳定性好、节省钢材的优点。型钢混凝土组合结构应用于大型结构中，力求截面最小化，承载力最大，来节约空间，但是造价比较高。

4. 按施工方法分

（1）现浇、现砌式建筑。房屋的主要承重构件均在现场砌筑和浇筑而成。

（2）装配式建筑。由预制部品部件在工地装配而成的建筑。

① 装配式混凝土结构建筑。装配式混凝土结构建筑是指以工厂化生产的混凝土预制构件为主，通过现场装配的方式设计建造的混凝土结构类房屋建筑。构件的装配方法一般有现场后浇叠合层混凝土、钢筋锚固后浇混凝土连接等，钢筋连接可采用套筒灌浆连接、焊接、机械连接及预留孔洞搭接连接等做法。装配式混凝土结构建筑是建筑工业化最重要的方式，它具有提高质量、缩短工期、节约能源、减少消耗、清洁生产等许多优点。

装配式混凝土结构建筑的预制构件主要有预制外墙、预制梁、预制柱、预制剪力墙、预制楼板、预制楼梯、预制露台等，按照预制构件的预制部位不同可以分为全预制装配式混凝土结构和预制装配整体式混凝土结构。

② 装配式钢结构建筑。装配式钢结构建筑适合构件的工厂化生产，可以将设计、生产、施工、安装一体化。其具有自重轻、基础造价低、安装容易、施工快、施工污染环境少、抗震性能好、可回收利用、经济环保等特点，适用于软弱地基。

装配式钢结构建筑结构体系包括钢框架结构、钢框架-支撑结构、钢框架-延性墙板结构、筒体结构、巨型结构、交错桁架结构、门式钢架结构、低层冷弯薄壁型钢结构等。

③ 装配式木结构建筑。采用工厂预制的各类标准或非标准木质结构组件，以现场装配为主要手段建造而成的结构。其包括装配式纯木结构、装配式木组合结构、装配式木混合结构等。

5. 按承重体系分

1) 混合结构体系

混合结构房屋一般是指楼盖和屋盖采用钢筋混凝土或钢木结构，而墙和柱采用砌体结构建造的房屋，大多用在住宅、办公楼、教学楼建筑中。混合结构根据承重墙所在的位置，划分为纵墙承重和横墙承重两种类型。

2) 框架结构体系

框架结构是利用梁、柱组成的纵、横两个方向的框架形成的结构体系，同时承受竖向荷载和水平荷载。其主要优点是建筑平面布置灵活，可形成较大的建筑空间，建筑立面处理也比较方便；缺点是侧向刚度较小，当层数较多时，会产生较大的侧移，易引起非结构性构件（如隔墙、装饰等）破坏而影响使用。

3) 剪力墙体系

剪力墙体系是利用建筑物的墙体（内墙和外墙）来抵抗水平力。剪力墙既承受垂直荷载，也承受水平荷载。高层建筑的主要荷载为水平荷载，墙体既受剪又受弯，所以称剪力墙。剪力墙结构的优点是侧向刚度大，水平荷载作用下侧移小；缺点是间距小，建筑平面布置不灵活，不适用于大空间的公共建筑，另外结构自重也较大。

4) 框架-剪力墙结构体系

框架-剪力墙结构是在框架结构中设置适当剪力墙的结构，具有框架结构平面布置灵活、有较大空间的优点，又具有侧向刚度较大的优点。框架-剪力墙结构中，剪力墙主要承受水平荷载，竖向荷载主要由框架承担。

5) 筒体结构体系

在高层建筑中，特别是超高层建筑中，水平荷载越来越大，起着控制作用。筒体结构是抵抗水平荷载最有效的结构体系。它的受力特点是，整个建筑犹如一个固定于基础上的封闭空心的筒式悬臂梁来抵抗水平力。

6) 桁架结构体系

桁架是由杆件组成的结构体系。桁架结构的优点是可利用截面较小的杆件组成截面较大的构件。单层厂房的屋架常选用桁架结构，它在其他结构体系中也得到应用，如在拱式结构、单层钢架结构等体系中，当断面较大时，亦可采用桁架的形式。

7) 网架结构体系

网架是由许多杆件按照一定规律组成的网状结构。网架结构可分为平板网架和曲面网架。它改变了平面桁架的受力状态，是高次超静定的空间结构。平板网架采用较多，其优点是：空间受力体系，杆件主要承受轴向力，受力合理，节约材料，整体性能好，刚度大，抗震性能好。杆件类型较少，适于工业化生产。

8) 拱式结构体系

拱是一种有推力的结构，其主要内力是轴向压力，因此可利用抗压性能良好的混凝土建造大跨度的拱式结构。由于拱式结构受力合理，在建筑和桥梁中被广泛应用。它适用于体育馆、展览馆等建筑中。按照结构的组成和支承方式，拱可分为三铰拱、两铰拱和无铰拱。

9）悬索结构体系

悬索结构是比较理想的大跨度结构形式之一。目前，悬索屋盖结构的跨度已达160m，主要用于体育馆、展览馆中。悬索结构的主要承重构件是受拉的钢索，钢索用高强度钢绞线或钢丝绳制成。

10）薄壁空间结构体系

薄壁空间结构，也称壳体结构，其厚度比其他尺寸（如跨度）小得多，所以称薄壁。它属于空间受力结构，主要承受曲面内的轴向压力，弯矩很小。它的受力比较合理，材料强度能得到充分利用。薄壳常用于大跨度的屋盖结构，如展览馆、俱乐部、飞机库等。

6.绿色建筑与节能建筑

绿色建筑是指在全寿命期内，节约资源、保护环境、减少污染，为人们提供健康、适用、高效的使用空间，最大限度地实现人与自然和谐共生的高质量建筑。

1）绿色建筑分类

根据现行国家标准《绿色建筑评价标准》（GB/T 50378—2019），绿色建筑的评价应以单栋建筑或建筑群为评价对象。绿色建筑评价应在建筑工程竣工后进行。在建筑工程施工图设计完成后，可进行预评价。

绿色建筑评价指标体系应由安全耐久、健康舒适、生活便利、资源节约、环境宜居5类指标组成，且每类指标均包括控制项和评分项；评价指标体系还统一设置加分项。

绿色建筑分为基本级、一星级、二星级、三星级4个等级。当满足全部控制项要求时，绿色建筑等级应为基本级。当绿色建筑总得分分别达到60分、70分、85分时，绿色建筑等级分别为一星级、二星级、三星级。

2）节能建筑及分类

根据建筑节能水平可分为一般节能建筑、被动式节能建筑、零能耗建筑和产能型建筑。

被动式节能建筑不需要主动加热，它基本上是依靠被动收集来的热量来使房屋本身保持一个舒适的温度。使用太阳、人体、家电及热回收装置等带来的热能，不需要主动热源的供给。

零能耗建筑是不消耗常规能源的建筑，完全依靠太阳能或者其他可再生能源。

产能型住宅一般被定义为住宅所产生的能量超过其自身运行所需要能量的住宅。这是一种新的住宅类型，在现今国家对建筑低碳节能标准不断提高的社会大背景下应运而生。

### （二）民用建筑构造

建筑物一般都由基础、墙或柱、楼板与地面、楼梯、屋顶和门窗等六大部分组成。这些构件处在不同的部位，发挥各自的作用。建筑物还有一些附属部分，如阳台、雨篷、散水、勒脚、防潮层等，有的还有特殊要求，如楼层之间还要设置电梯、自动扶梯或坡道等。

1.基础

1）基础类型

基础的类型与建筑物上部结构形式、荷载大小、地基的承载能力、地基上的地质、水文情况、材料性能等因素有关。

基础按受力特点及材料性能可分为刚性基础和柔性基础；按构造形式可分为条形基础、独立基础、片筏基础、箱形基础、桩基础等。

（1）按材料及受力特点分类。

① 刚性基础。刚性基础所用的材料如砖、石、混凝土等，它们的抗压强度较高，但抗拉及抗剪强度偏低。用此类材料建造的基础，应保证其基底只受压，不受拉。由于受地耐力的影响，基底应比基顶墙（柱）宽些。根据材料受力的特点，不同材料构成的基础，其传递压力的角度也不相同。刚性基础中压力分角 $\alpha$ 称为刚性角。在设计中，应尽力使基础大放脚与基础材料的刚性角相一致，以确保基础底面不产生拉应力，最大限度地节约基础材料。受刚性角限制的基础称为刚性基础，构造上通过限制刚性基础宽高比来满足刚性角的要求，如图 1.1.1。

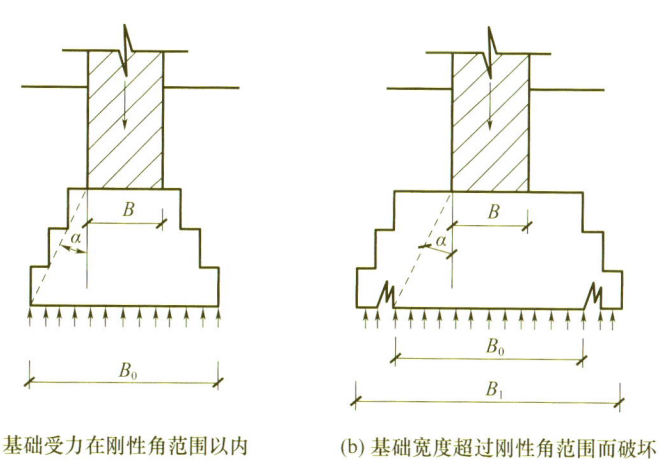

(a) 基础受力在刚性角范围以内　　(b) 基础宽度超过刚性角范围而破坏

图 1.1.1　刚性基础受力特点

② 柔性基础。鉴于刚性基础受其刚性角的限制，要想获得较大的基底宽度，相应的基础埋深也应加大，这显然会增加材料消耗和挖方量，也会影响施工工期。在混凝土基础底部配置受力钢筋，利用钢筋抗拉，这样基础可以承受弯矩，也就不受刚性角的限制，所以钢筋混凝土基础也称为柔性基础。在相同条件下，采用钢筋混凝土基础比混凝土基础可节省大量的混凝土材料和挖土工程量，见图 1.1.2。

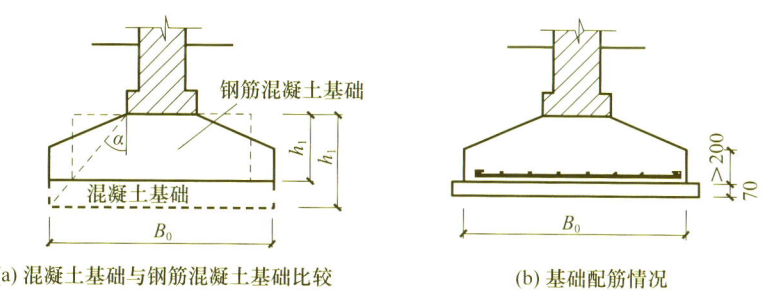

(a) 混凝土基础与钢筋混凝土基础比较　　(b) 基础配筋情况

图 1.1.2　钢筋混凝土基础

钢筋混凝土基础断面可做成锥形，最薄处高度不小于 200mm；也可做成阶梯形，每踏步高 300～500mm。通常情况下，钢筋混凝土基础下面设有素混凝土垫层，厚度 100mm 左右；无垫层时，钢筋保护层不宜小于 70mm，以保护受力钢筋不受锈蚀。

(2) 按基础的构造形式分类。

① 独立基础（单独基础）。

a. 柱下单独基础。单独基础是柱子基础的主要类型。它所用材料根据柱的材料和荷载大小而定，常采用砖、石、混凝土和钢筋混凝土等。现浇柱下钢筋混凝土基础的截面可做成阶梯形或锥形，预制柱下基础一般做成杯形基础，等柱子插入杯口后，将柱子临时支撑，然后用细石混凝土将柱周围的缝隙填实。

b. 墙下单独基础。墙下单独基础是当上层土质松软而在不深处有较好的土层时，为节约基础材料和减少开挖土方量而采用的一种基础形式。砖墙砌在单独基础上边的钢筋混凝土地梁上。地梁的跨度一般为 3～5m。

② 条形基础。条形基础是指基础长度远大于其宽度的一种基础形式。按上部结构形式，可分为墙下条形基础和柱下条形基础。

a. 墙下条形基础。条形基础是承重墙基础的主要形式，常用砖、毛石、三合土或灰土建造。当上部结构荷载较大而土质较差时，可采用钢筋混凝土建造，墙下钢筋混凝土条形基础一般做成无肋式；如地基在水平方向上压缩性不均匀，为了增加基础的整体性，减少不均匀沉降，也可做成肋式的条形基础。

b. 柱下钢筋混凝土条形基础。当地基软弱而荷载较大时，采用柱下单独基础，底面积必然很大，因而互相接近。为增强基础的整体性并方便施工、节约造价，可将同一排的柱基础连通做成钢混凝土条形基础。

③ 柱下十字交叉基础。荷载较大的高层建筑，如土质软弱，为增强基础的整体刚度，减少不均匀沉降，可以沿柱网纵横方向设置钢筋混凝土条形基础，形成十字交叉基础。

④ 片筏基础。如地基基础软弱而荷载又很大，采用十字基础仍不能满足要求或相邻基槽距离很小时，可用钢筋混凝土做成混凝土的片筏基础。按构造不同它可分为平板式和梁板式两类。平板式又分为两类：一类是在底板上做梁，柱子支承在梁上；另一类是将梁放在底板的下方，底板上面平整，可作建筑物底层底面。

⑤ 箱形基础。为了使基础具有更大刚度，大大减少建筑物的相对弯矩，可将基础做成由顶板、底板及若干纵横隔墙组成的箱形基础，是片筏基础的进一步发展。箱形基础一般由钢筋混凝土建造，减少了基础底面的附加应力，因而适用于地基软弱土层厚、荷载大和建筑面积不太大的一些重要建筑物。目前高层建筑中多采用箱形基础。

⑥ 桩基础。桩基由桩身和桩承台组成。桩基是按设计的点位将桩身置入土中的，桩的上端灌注钢筋混凝土承台，承台上接柱或墙体，使荷载均匀地传递给桩基。当建筑物荷载较大，地基的软弱土层厚度在 5m 以上，基础不能埋在软弱土层内，或对软弱土层进行人工处理困难和不经济时，常采用桩基础。采用桩基础能节省材料，减少挖填土方工程量，改善工人的劳动条件，缩短工期。

桩基的种类很多，根据材料可分为木桩、钢筋混凝土桩和钢桩等；根据断面形式可分为圆形桩、方形桩、环形桩、六角形桩及工字形桩等；根据施工方法可分为预制桩及灌注桩；根据荷载传递的方式可分为端承桩和摩擦桩。

此外还有壳体基础、圆环基础、沉井基础、沉箱基础等其他基础形式。

2）基础埋深

从室外设计地面至基础底面的垂直距离称为基础的埋深。建筑物上部荷载的大小、地基土质的好坏、地下水位的高低、土壤冰冻的深度以及新旧建筑物的相邻交接等，都影响基础的埋深。埋深大于等于5m或埋深大于等于基础宽度的4倍的基础称为深基础；埋深在0.5～5m之间或埋深小于基础宽度的4倍的基础称为浅基础。基础埋深的原则是在保证安全可靠的前提下尽量浅埋，除岩石地基外，不应浅于0.5m；靠近地表的土体，一般受气候变化的影响较大，性质不稳定，且又是生物活动、生长的场所，故一般不宜作为地基的持力层。基础顶面应低于设计地面100mm以上，避免基础外露，遭受外界的破坏。

3）地下室防潮与防水构造

（1）地下室及其分类。在建筑物底层以下的房间叫地下室。按功能可把地下室分为普通地下室和人防地下室两种；按形式可把地下室分为全地下室和半地下室两种；按材料可把地下室分为砖混结构地下室和钢筋混凝土结构地下室。

（2）地下室防潮。当地下室地坪位于常年地下水位以上时，地下室须做防潮处理。

对于砖墙，其构造要求是：墙体必须采用水泥砂浆砌筑，灰缝要饱满；在墙外侧设垂直防潮层。其具体做法是在墙体外表面先抹一层20mm厚的水泥砂浆找平层，再涂一道冷底子油和两道热沥青，然后在防潮层外侧回填低渗透土壤，并逐层夯实，土层宽500mm左右，以防地面雨水或其他地表水的影响。

地下室的所有墙体都必须设两道水平防潮层。一道设在地下室地坪附近，具体位置视地坪构造而定；另一道设置在室外地面散水以上150～200mm的位置，以防地下潮气沿地下墙身或勒脚渗入室内。凡在外墙穿管、接缝等处，均应嵌入油膏填缝防潮。当地下室使用要求较高时，可在围护结构内侧涂抹防水涂料，以消除或减少潮气渗入。见图1.1.3。

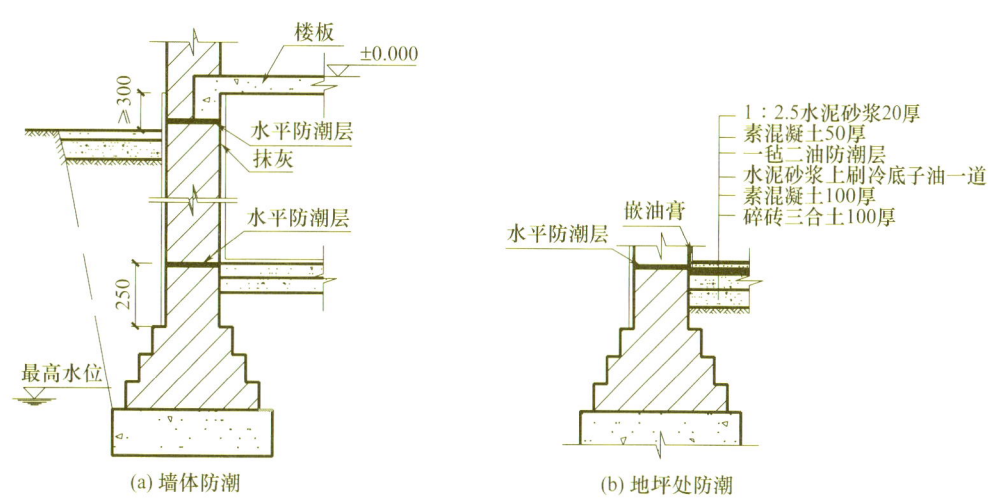

图1.1.3 地下室防潮示意图（单位：mm）

地下室地面主要借助混凝土材料的憎水性能来防潮，但当地下室的防潮要求较高时，地层应做防潮处理。一般设在垫层与地面面层之间，且与墙身水平防潮层在同一水平面上。

③ 地下室防水。当地下室地坪位于最高设计地下水位以下时，地下室四周墙体及底板均受水压影响，应有防水功能。

根据防水材料与结构基层的位置关系，有内防水和外防水两种。防水结构层设置于结构外侧的称为外防水，防水结构层设置于主体结构内侧的称为内防水。外防水方式中，由于防水材料置于迎水面，对防水较为有利。将防水材料置于结构内表面（背水面）的防水做法，对防水不太有利，但施工简便，易于维修，多用于修缮工程。

地下室防水做法根据材料的不同常用的有防水混凝土防水、水泥砂浆防水、卷材防水、涂料防水、防水板防水、膨润土防水等。选用何种材料防水，应根据地下室的使用功能、结构形式、环境条件等因素合理确定。一般处于侵蚀介质中的工程应采用耐腐蚀的防水混凝土、水泥砂浆或卷材、涂料等；结构刚度较差或受振动影响的工程应采用卷材、涂料等柔性防水材料。图 1.1.4 为地下室防水做法示意图。

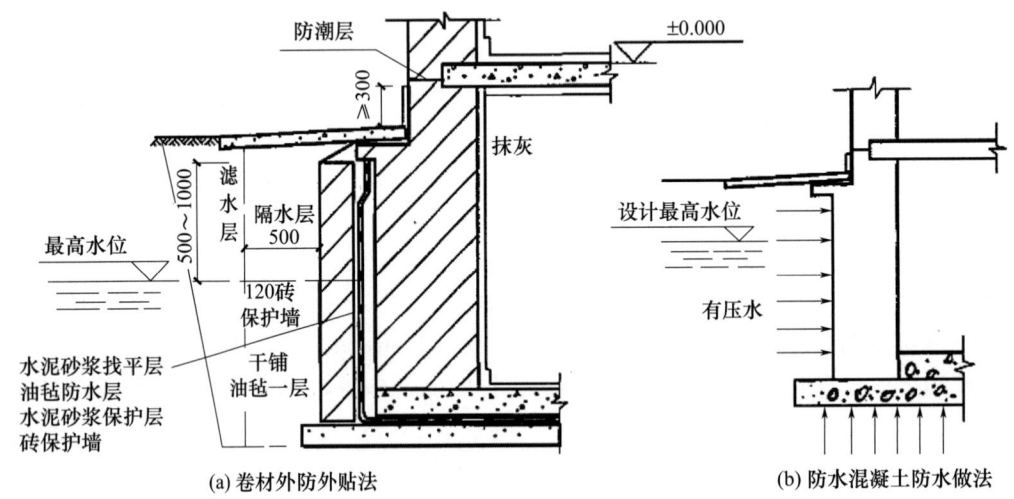

图 1.1.4 地下室防水做法示意图（单位：mm）

2. 墙

1）墙的类型

墙在建筑物中主要起承重、围护及分隔作用，按墙在建筑物中的位置、受力情况、所用材料和构造方式不同可分不同类型。

根据墙在建筑物中的位置，可分为内墙、外墙、横墙和纵墙。

按受力不同，墙可分为承重墙和非承重墙。建筑物内部只起分隔作用的非承重墙称隔墙。隔墙的类型很多，按其构造方式可分为块材隔墙、骨架隔墙、板材隔墙三大类。

按构造方式不同，墙分为实体墙、空体墙和组合墙三种类型。实体墙由一种材料构成，如普通砖墙、砌块墙；空体墙也是由一种材料构成，但墙内留有空格，如空斗墙、空气间层墙等；组合墙则是由两种以上材料组合而成的墙。

按所用材料不同，有砖墙、石墙、土墙、混凝土或工业废料制成的砌块墙、板材墙等。

墙体材料的选择要贯彻"因地制宜，就地取材"的方针，力求降低造价。在工业城市中，应充分利用工业废料。

2）墙体细部构造

砖墙是用砂浆将砖按一定技术要求砌筑成的砌体，其主要材料是砖和砂浆。我国普通砖的尺寸为 240mm×115mm×53mm。用砖块的长、宽、高作为砖墙厚度的基数，在错缝或墙厚超过砖块时，均按灰缝 10mm 进行组砌。从尺寸上可以看出，以砖厚加灰缝、砖宽加灰缝后与砖长形成 1∶2∶4 的比例为其基本特征，组砌灵活。砖墙厚度有 120mm（半砖）、240mm（一砖）、370mm（一砖半）、490（两砖）、620mm（两砖半）等。有时为节省材料，砌体中有些砖砌体，构成 180mm 等按 1/4 砖厚进位的墙体。

为了保证砖墙的耐久性和墙体与其他构件的连接，应在相应的位置进行构造处理。砖墙的细部构造主要包括：

(1) 防潮层。在墙身中设置防潮层的目的是防止土壤中的水分沿基础墙上升和勒脚部位的地面水影响墙身，其作用是提高建筑物的耐久性，保持室内干燥卫生。当室内地面均为实铺时，外墙墙身防潮层在室内地坪以下 60mm 处；当建筑物墙体两侧地坪不等高时，在每侧地表下 60mm 处，防潮层应分别设置，并在两个防潮层间的墙上加设垂直防潮层；当室内地面采用架空木地板时，外墙防潮层应设在室外地坪以上，地板木搁栅垫木之下。墙身防潮层一般有油毡防潮层、防水砂浆防潮层、细石混凝土防潮层等。

(2) 勒脚。勒脚是指外墙与室外地坪接近的部分。它的作用是防止地面水、屋檐滴下的雨水对墙面的侵蚀，从而保护墙面，保证室内干燥，提高建筑物的耐久性，同时还有美化建筑外观的作用。勒脚经常采用抹水泥砂浆、水刷石，或在勒脚部位将墙体加厚，或用坚固材料来砌，如石块、天然石板、人造板贴面。勒脚的高度一般为室内地坪与室外地坪的高差，也可以根据立面的需要来提高勒脚的高度尺寸。

(3) 散水和暗沟（明沟）。为了防止地表水对建筑基础的侵蚀，在建筑物的四周地面上设置暗沟（明沟）或散水。降水量大于 900mm 的地区应同时设置暗沟（明沟）和散水。暗沟（明沟）沟底应做纵坡，坡度为 0.5%～1%，坡向窨井。外墙与暗沟（明沟）之间应做散水，散水宽度一般为 600～1000mm，坡度为 3%～5%。降水量小于 900mm 的地区可只设置散水。暗沟（明沟）和散水可用混凝土现浇，也可用有弹性的防水材料嵌缝，以防渗水。

(4) 窗台。窗洞口的下部应设置窗台。窗台根据窗子的安装位置可形成内窗台和外窗台。外窗台用来防止在窗洞底部积水，并流向室内；内窗台则是为了排除窗上的凝结水，以保护室内墙面。外窗台外挑部分应做滴水，滴水可做成水槽或鹰嘴形，窗框与窗台交接缝处不能渗水，以防窗框受潮腐烂。

(5) 过梁。过梁是门窗等洞口上设置的横梁，承受洞口上部墙体与其他构件（楼层、屋顶等）传来的荷载，它的部分自重可以直接传给洞口两侧墙体，而不由过梁承受。宽度超过 300mm 的洞口上部应设置过梁。过梁可直接用砖砌筑，也可用木材、型钢和钢筋混凝土制作。钢筋混凝土过梁使用最为广泛。

(6) 圈梁。圈梁是在房屋的檐口、窗顶、楼层、吊车梁顶或基础顶面标高处，沿砌体墙水平方向设置封闭状的按构造配筋的混凝土梁式构件。它可以提高建筑物的空间刚度和整体性，增强墙体稳定，减少由地基不均匀沉降而引起的墙体开裂，并防止较大振动荷载对建筑物的不良影响。在抗震设防地区，设置圈梁是减轻震害的重要构造措施。

宿舍、办公楼等多层砌体民用房屋，且层数为3～4层时，应在底层和檐口标高处各设置一道圈梁。当层数超过4层时，除应在底层和檐口标高处各设置一道圈梁外，至少应在所有纵、横墙上隔层设置。多层砌体工业房屋，应每层设置现浇混凝土圈梁。设置墙梁的多层砌体结构房屋，应在托梁、墙梁顶面和檐口标高处设置现浇钢筋混凝土圈梁。

厂房、仓库、食堂等空旷单层房屋应按下列规定设置圈梁：①砖砌体结构房屋，檐口标高为5～8m时，应在檐口标高处设置一道圈梁，檐口标高大于8m时，应增加设置数量；②砌块及料石砌体结构房屋，檐口标高为4～5m时，应在檐口标高处设置一道圈梁，檐口标高大于5m时，应增加设置数量；③对有吊车或较大振动设备的单层工业房屋，当未采取有效的隔振措施时，除应在檐口或窗顶标高处设置现浇混凝土圈梁外，尚应增加设置数量。

圈梁宽度不应小于190mm，高度不应小于120mm。配筋不应少于4$\phi$12，箍筋间距不应大于200mm。当圈梁遇到洞口不能封闭时，应在洞口上部设置截面不小于圈梁截面的附加梁，其搭接长度不小于1m，且应大于两梁高差的2倍，但对有抗震要求的建筑物，圈梁不宜被洞口截断。

（7）构造柱。在砌体房屋墙体的规定部位，按构造配筋，并按先砌墙后浇灌混凝土柱的施工顺序制成的混凝土柱称为构造柱。圈梁在水平方向将楼板与墙体箍住，构造柱则从竖向加强墙体的连接，与圈梁一起构成空间骨架，提高了建筑物的整体刚度和墙体的延性，约束墙体裂缝的开展，从而增强建筑物承受地震作用的能力。因此，有抗震设防要求的建筑物中须设钢筋混凝土构造柱。

构造柱一般在墙的某些转角部位（如建筑物四周、纵横墙相交处、楼梯间转角处等）设置，沿整个建筑高度贯通，并与圈梁、地梁现浇成一体。施工时先砌墙并留马牙槎，马牙槎凹凸尺寸不宜小于60mm，高度不应超过300mm。马牙槎应先退后进，对称砌筑。随着墙体的上升，逐段浇筑混凝土。要注意构造柱与周围构件的连接，并且应与基础梁有良好的连接。

砖混结构中构造柱的最小截面尺寸为240mm×180mm，竖向钢筋一般用4$\phi$12，箍筋间距不大于250mm，且在柱上下端应适当加密；6、7度抗震设防时超过六层、8度抗震设防时超过五层和9度抗震设防时，构造柱纵向钢筋宜采用4$\phi$14，构造柱纵向钢筋宜采用4$\phi$14，箍筋间距不应大于200mm，外墙转角的构造柱可适当加大截面及配筋。构造柱可不单独设置基础，但构造柱应伸入室外地面下500mm，或与埋深小于500mm的基础圈梁相连。

（8）变形缝。变形缝包括伸缩缝、沉降缝和防震缝，它的作用是保证房屋在温度变化、基础不均匀沉降或地震时能有一些自由伸缩，以防止墙体开裂，结构破坏。

（9）烟道与通风道。烟道用于排除燃煤灶的烟气。通风道主要用来排除室内的污浊空气。烟道设于厨房内，通风道常设于暗厕内。

3）墙体保温隔热

外墙的保温构造，按其保温层所在的位置不同分为单一保温外墙、外保温外墙、内保温外墙和夹心保温外墙4种类型（图1.1.5）。

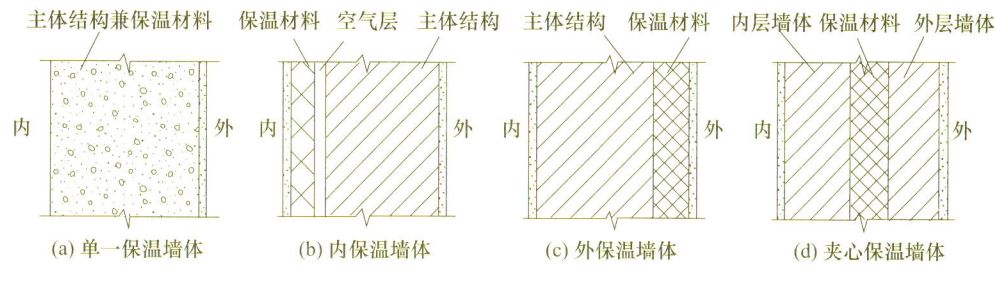

图 1.1.5 外墙保温结构的类型

(1) 外墙外保温。

外墙外保温是指在建筑物外墙的外表面上设置保温层。其构造由外墙、保温层、保温层的固定和面层等部分组成。具体构造示意如图 1.1.6 所示。外墙外保温即将保温材料置于主体围护结构的外侧,是一种最科学、最高效的保温节能技术。

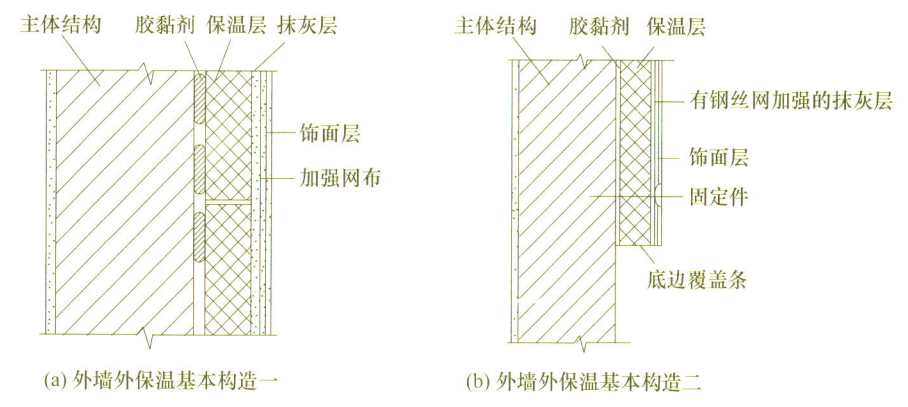

图 1.1.6 外墙外保温

① 外墙外保温的构造。

a. 保温层材料。保温层是导热系数小的高效轻质保温材料层,外保温材料的导热系数通常小于 0.05W/(m·K)。保温层的厚度需要经过节能计算确定,要满足节能标准对不同地区墙体的保温要求,保温材料应具有较低的吸湿率及较好的黏结性能。常用的外保温材料有膨胀型聚苯乙烯板（EPS）、挤塑型聚苯乙烯板（XPS）、岩棉板、玻璃棉毡以及超轻保温浆料等。

b. 保温层的固定。不同的外保温体系,固定保温层的方法各不相同,有的采用粘贴的方式,有的采用钉固的方式,也可以采用粘贴与钉固相结合的方式。采用钉固方式时,通常采用膨胀螺栓或预埋筋等固件将保温层固定在基层上。国外常用不锈蚀且耐久的不锈钢、尼龙或聚丙烯等材料作锚固件。国内常用经过防锈处理的钢质膨胀螺栓作为锚固件。超轻保温浆料可直接涂抹在外墙表面上。

c. 保温层的面层。保温层的面层具有保护和装饰作用,其做法各不相同,薄面层一般为聚合物水泥胶浆抹面,厚面层则采用普通水泥砂浆抹面,有的则用在龙骨上吊挂板材或在水泥砂浆层上贴瓷砖覆面。

② 外墙外保温的特点。与内保温墙体比较,外保温墙体有下列优点:a. 外墙外保

温系统不会产生热桥,因此具有良好的建筑节能效果。b. 外保温对提高室内温度的稳定性有利。c. 外保温墙体能有效地减少温度波动对墙体的破坏,保护建筑物的主体结构,延长建筑物的使用寿命。d. 外保温墙体构造可用于新建的建筑物墙体,也可以用于旧建筑外墙的节能改造。在旧房的节能改造中,外保温结构对居住者影响较小。e. 外保温有利于加快施工进度,室内装修不致破坏保温层。

但是,由于保温层在室外侧,故外保温构造必须能满足水密性、抗风压以及抵抗温度变化带来的不利影响。同时,应考虑抵抗外界可能产生的外力。在工程应用中,还应处理好门窗洞口、穿墙管线、墙角处以及面层装饰等方面的问题。

(2) 外墙内保温。

① 外墙内保温构造。外墙内保温构造由主体结构与保温结构两部分组成。主体结构一般为砖砌体、混凝土墙等承重墙体,也可以是非承重的空心砌块或加气混凝土墙体。保温结构由保温板和空气层组成,常用的保温板有 GRC 内保温板、玻纤增强石膏外墙内保温板、P-GRC 外墙内保温板等,空气层的作用是既能防止保温材料变潮,也能提高墙体的保温能力。

内保温复合外墙在构造中存在一些保温上的薄弱部位,对这些地方必须加强保温措施。常见的部位有:a. 内外墙交接处;b. 外墙转角部位;c. 保温结构中龙骨部位。

② 外墙内保温的特点。外墙内保温的优点有:a. 外墙内保温的保温材料在楼板处被分割,施工时仅在一个层高内进行保温施工,施工时不用脚手架或高空吊篮,施工比较安全方便,不损害建筑物原有的立面造型,施工造价相对较低;b. 由于绝热层在内侧,在夏季的晚上,墙的内表面温度随空气温度的下降而迅速下降,减少闷热感;c. 耐久性好于外墙外保温,增加了保温材料的使用寿命;d. 有利于安全防火;e. 施工方便,受风、雨天影响小。

外墙内保温主要存在如下缺点:a. 保温隔热效果差,外墙平均传热系数高;b. 热桥保温处理困难,易出现结露现象;c. 占用室内使用面积;d. 不利于室内装修,包括重物钉挂困难等;e. 在安装空调、电话及其他装饰物等设施时尤其不便;f. 不利于既有建筑的节能改造;g. 保温层易出现裂缝。由于外墙受到的温差大,直接影响到墙体内表面应力变化,这种变化一般比外保温墙体大得多。昼夜和四季的更替,易引起内表面保温的开裂,特别是保温板之间的裂缝尤为明显。实践证明,外墙内保温容易引起开裂或产生"热桥"的部位有保温板板缝、顶层建筑女儿墙沿屋面板的底部、两种不同材料在外墙同一表面的接缝、内外墙之间丁字墙外侧的悬挑构件等。

3. 楼板与地面

楼板是多层建筑中沿水平方向分隔上下空间的结构构件。它除了承受并传递竖向荷载和水平荷载外,还应具有一定程度的隔声、防火、防水等能力。同时,建筑物中的各种水平设备管线也将在楼板内安装。楼板主要由楼板结构层、楼面面层、板底天棚三个部分组成。

1) 楼板的类型

根据楼板结构层所采用材料的不同,可分为木楼板、钢筋混凝土楼板、压型钢板组合楼板等多种形式。

木楼板具有自重轻、表面温暖、构造简单等优点，但不耐火、不隔声，且耐久性较差。为节约木材，现已极少采用。

钢筋混凝土楼板具有强度高、刚度好、耐久、防火的特点，且具有良好的可塑性，便于机械化施工，是目前我国工业与民用建筑楼板的基本形式。钢筋混凝土楼板按施工方式的不同可以分为现浇混凝土楼板和预制混凝土楼板。

压型钢板组合楼板是指由截面为凹凸形的压型钢板与现浇混凝土面层组合形成的整体性很强的一种楼板结构。其类型主要有组合板和非组合板。

（1）现浇钢筋混凝土楼板。

在施工现场支模，绑扎钢筋，浇筑混凝土并养护，当混凝土强度达到规定的拆模强度，并拆除模板后形成的楼板，称为现浇钢筋混凝土楼板。

由于是在现场施工又是湿作业，且施工工序多，因而劳动强度较大，施工周期相对较长。但现浇钢筋混凝土楼盖具有整体性好、平面形状根据需要任意选择、防水、抗震性能好等优点，在一些房屋特别是高层建筑中被经常采用。

现浇钢筋混凝土楼板主要分为板式、梁板式、井字形密肋式、无梁式四种。

① 板式楼板。整块板为一厚度相同的平板。根据周边支承情况及板平面长短边边长的比值，可把板式楼板分为单向板、双向板和悬挑板几种。

单向板（长短边比值大于或等于3，四边支承）仅短边受力，该方向所布钢筋为受力筋，另一方向所配钢筋（一般在受力筋上方）为分布筋。板的厚度一般为跨度的1/40～1/35，且不小于80mm。

双向板（长短边比值小于3，四边支承）是双向受力，按双向配置受力钢筋。

悬挑板只有一边支承，其主要受力钢筋摆在板的上方，分布钢筋放在主要受力筋的下方，板厚为悬挑长的1/35，且根部不小于80mm。由于悬挑的根部与端部承受弯矩不同，悬挑板的端部厚度比根部厚度要小些。

房屋中跨度较小的房间（如厨房、厕所、储藏室、走廊）及雨篷、遮阳等常采用现浇钢筋混凝土板式楼板。

② 梁板式肋形楼板。梁板式肋形楼板由主梁、次梁（肋）、板组成。它具有传力线路明确、受力合理的特点。当房屋的开间、进深较大，楼面承受的弯矩较大时，常采用这种楼板。

梁板式肋形楼板的主梁沿房屋的短跨方向布置，其经济跨度为5～8m，梁高为跨度的1/14～1/8，梁宽为主梁高的1/3～1/2，且主梁的高与宽均应符合有关模数的规定。

次梁与主梁垂直，并把荷载传递给主梁。主梁间距即为次梁的跨度。次梁的跨度比主梁跨度要小，一般为4～6m，次梁高为跨度的1/12～1/6，梁宽为梁高的1/3～1/2，次梁的高与宽均应符合有关模数的规定。

板支承在次梁上，并把荷载传递给次梁。其短边跨度即为次梁的间距，一般为1.7～3m，板厚一般为板跨的1/40～1/35，常用厚度为60～80mm，并符合模数的规定。

梁和板搁置在墙上，应满足规范规定的搁置长度。板的搁置长度不小于120mm，梁在墙上的搁置长度与梁高有关，梁高小于或等于500mm时，搁置长度不小于180mm；梁高大于500mm时，搁置长度不小于240mm。通常，次梁搁置长度为240mm，主梁的搁置长度为370mm。值得注意的是，当梁上的荷载较大，梁在墙上的支承面积不足时，为了防止梁下墙体因局部抗压强度不足而破坏，需设置混凝土梁垫或钢筋混凝土梁垫，以扩散由梁传来的过大集中荷载。

③ 井字形肋楼板。与梁板式肋形楼板所不同的是，井字形密肋楼板没有主梁，都是次梁（肋），且肋与肋间的距离较小，通常只有1.5～3m，肋高也只有180～250mm，肋宽120～200mm。当房间的平面形状近似正方形，跨度在10m以内时，常采用这种楼板。井字形密肋楼板具有天棚整齐美观的优点，有利于提高房屋的净空高度，常用于门厅、会议厅等处。

④ 无梁楼板。对于平面尺寸较大的房间或门厅，也可以不设梁，直接将板支承于柱上，这种楼板称无梁楼板。无梁楼板分无柱帽和有柱帽两种类型。当荷载较大时，为避免楼板太厚，应采用有柱帽无梁楼板，以增加板在柱上的支承面积。无梁楼板的柱网一般布置成方形或矩形，以方形柱网较为经济，跨度一般不超过6m，板厚通常不小于120mm。

无梁楼板的底面平整，增加了室内的净空高度，有利于采光和通风，但楼板厚度较大，这种楼板比较适用于荷载较大、管线较多的商店和仓库等。

(2) 预制混凝土楼板。

① 预制装配式钢筋混凝土楼板。

预制装配式钢筋混凝土楼板是在工厂或现场预制好的楼板，然后人工或机械吊装到房屋上经坐浆灌缝而成。此做法可节省模板，改善劳动条件，提高效率，缩短工期，促进工业化水平。但预制楼板的整体性不好，灵活性也不如现浇板，更不宜在楼、板上穿洞。

② 装配整体式钢筋混凝土楼板。

装配整体式钢筋混凝土楼板是将楼板中的部分构件预制安装后，再通过现浇的部分连接成整体。这种楼板的整体性较好，可节省模板，施工速度较快。常见的有叠合楼板和密肋填充块楼板。

2) 地面构造

(1) 地面组成。地面主要由面层、垫层和基层三部分组成，当它们不能满足使用或构造要求时，可考虑增设结合层、隔离层、找平层、防水层、隔声层、保温层等附加层。

① 面层。面层是地面上表面的铺筑层，也是室内空间下部的装修层。它起着保证室内使用条件和装饰地面的作用。

② 垫层。垫层是位于面层之下用来承受并传递荷载的部分，它起到承上启下的作用。根据垫层材料的性能，可把垫层分为刚性垫层和柔性垫层。

③ 基层。基层是地面的最下层，它承受垫层传来的荷载，因而要求它坚固、稳定。实铺地面的基层为地表回填土，它应分层夯实，其压缩变形量不得超过允许值。

(2) 地面节能构造。

地面按是否直接与土壤接触分为两类，一类是直接接触土壤的地面，另一类是不直接与土壤接触的地面。这种不直接与土壤接触的地面，按情况又可分为接触室外空气的地板和不采暖地下室上部的地板两种。

① 直接与土壤接触地面的节能构造。

对于直接与土壤接触的地面，由于建筑室内地面下部土壤温度的变化情况与地面的位置有关，对建筑室内中部地面下的土壤层，温度的变化范围不太大，一般冬、春季的温度有10℃左右，夏、秋季的温度也只有20℃左右，且变化十分缓慢。因此，对一般性的民用建筑，房间中部的地面可以不做保温隔热处理。但是，靠近外墙四周边缘部分的地面下部的土壤，温度变化是相当大的。在严寒地区的冬季，靠近外墙周边地区下土壤层的温度很低。因此，对这部分地面必须进行保温处理，否则大量的热能会由这部分地面损失掉，同时使这部分地面出现冷凝现象。常见的保温构造方法是在距离外墙周边2m的范围内设保温层，如图1.1.7所示。

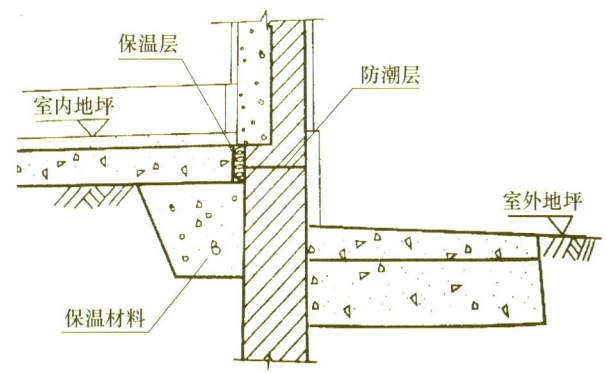

图1.1.7　外墙周边地面的保温构造

对特别寒冷的地区或保温性能要求高的建筑，可对整个地面利用聚苯板对地面进行保温处理。如图1.1.8所示。

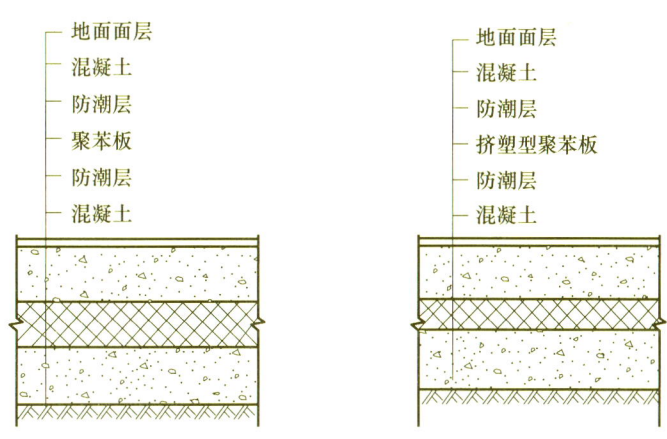

图1.1.8　地面的保温构造

② 与室外空气接触的地板的节能构造。

对直接与室外空气接触的地板（如骑楼、过街楼的地板）以及不采暖地下室上部的地板等，应采取保温隔热措施，使这部分地板满足建筑节能的要求。图1.1.9是一种与室外空气接触的地板的节能构造做法。

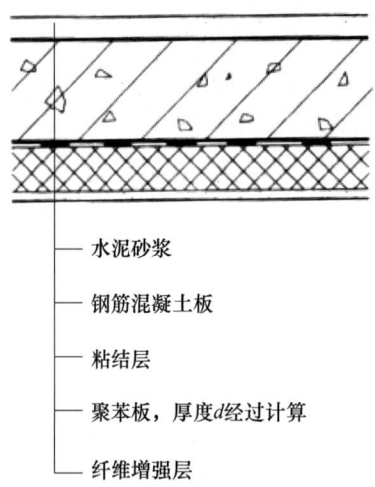

图 1.1.9 与室外空气接触的地板的节能构造

4. 阳台与雨篷

1) 阳台

阳台是楼房中人们与室外接触的场所。阳台主要由阳台板和栏杆扶手组成。阳台板是承重结构，栏杆扶手是维护安全的构件。阳台按其与外墙的相对位置分为挑阳台、凹阳台、半凹半挑阳台、转角阳台。

（1）阳台的承重构件。

挑阳台属悬挑构件，凹阳台的阳台板常为简支板。阳台承重结构的支承方式有墙承式、悬挑式等。

① 墙承式。是将阳台板直接搁置在墙上，其板型和跨度通常与房间楼板一致。这种支承方式结构简单，施工方便，多用于凹阳台。

② 悬挑式。是将阳台板悬挑出外墙。为使结构合理、安全，阳台悬挑长度不宜过大，而考虑阳台的使用要求，悬挑长度又不宜过小，一般悬挑长度为 1.0～1.5m，以 1.2m 左右最常见。悬挑式适用于挑阳台或半凹半挑阳台。按悬挑方式不同有挑梁式和挑板式两种。

a. 挑梁式。是从横墙上伸出挑梁，阳台板搁置在挑梁上。挑梁压入墙内的长度一般为悬挑长度的 1.5 倍左右。为防止挑梁端部外露而影响美观，可增设边梁。阳台板的类型和跨度通常与房间楼板一致。挑梁式的阳台悬挑长度可适当大些，而阳台宽度应与横墙间距（即房间开间）一致。挑梁式阳台应用较广泛。

b. 挑板式。是将阳台板悬挑，一般有两种做法：一种是将阳台板和墙梁现浇在一起，利用梁上部的墙体或楼板来平衡阳台板，以防止阳台倾覆。这种做法阳台底部平整，外形轻巧，阳台宽度不受房间开间限制，但梁受力复杂，阳台悬挑长度受限，一般不宜超过 1.2m。另一种是将房间楼板直接向外悬挑形成阳台板。这种做法构造简单，阳台底部平整，外形轻巧，但板受力复杂，构件类型增多，由于阳台地面与室内地面标高相同，不利于排水。

(2) 阳台细部构造。

① 阳台栏杆与扶手。阳台的栏杆（栏板）及扶手是阳台的安全围护设施，既要求能够承受一定的侧压力，又要求有一定的美观性。

栏杆的形式可分为空花栏杆、实心栏杆和混合栏杆三种。

栏板按材料来分有混凝土栏板、砖砌栏板等。混凝土栏板有现浇和预制两种。现浇混凝土栏板通常与阳台板（或边梁）整浇在一起，预制混凝土栏板可预留钢筋与阳台板的后浇混凝土挡水边坎浇筑在一起，或预埋铁件焊接。砖砌栏板的厚度一般为120mm，为加强其整体性，应在栏板顶部设现浇钢筋混凝土扶手，或在栏板中配置通长钢筋加固。

② 阳台排水处理。为避免落入阳台的雨水泛入室内，阳台地面应低于室内地面30～50mm，并应沿排水方向做排水坡，阳台板的外缘设挡水边坎，在阳台的一端或两端埋设泄水管直接将雨水排出。泄水管可采用镀锌钢管或塑料管，管口外伸至少80mm。对高层建筑，应将雨水导入雨水管排出。

2) 雨篷

雨篷是设置在建筑物外墙出入口的上方用以挡雨并有一定装饰作用的水平构件。雨篷的支承方式多为悬挑式，其悬挑长度一般为0.9～1.5m。按结构形式不同，雨篷有板式和梁板式两种。板式雨篷多做成变截面形式，一般板根部厚度不小于70mm，板端部厚度不小于50mm。梁板式雨篷为使其底面平整，常采用翻梁形式。当雨篷外伸尺寸较大时，其支承方式可采用立柱式，即在入口两侧设柱支承雨篷，形成门廊。立柱式雨篷的结构形式多为梁板式。

雨篷顶面应做好防水和排水处理。雨篷顶面通常采用柔性防水。雨篷表面的排水有两种：一种是无组织排水，雨水经雨篷边缘自由泻落，或雨水经滴水管直接排至地表；另一种是有组织排水，雨篷表面积水经地漏、雨水管有组织地排至地下，为保证雨篷排水通畅，雨篷上表面向外侧或向滴水管处，或向地漏处应做有1%的排水坡度。

5. 楼梯

建筑空间的竖向交通联系，主要依靠楼梯、电梯、自动扶梯、台阶、坡道以及爬梯等设施进行。其中，楼梯作为竖向交通和人员紧急疏散的主要交通设施，使用最为广泛。

楼梯的宽度、坡度和踏步级数都应满足人们通行和搬运家具、设备的要求。楼梯的数量取决于建筑物的平面布置、用途、大小及人流的多少。楼梯应设在明显易找和通行方便的地方，以便在紧急情况下能迅速安全地疏散到室外。

1) 楼梯的组成

楼梯一般由楼梯段、平台、栏杆与扶手三部分组成。

(1) 楼梯段。楼梯段是联系两个不同标高平台的倾斜构件。为了减轻疲劳，梯段的踏步步数一般不宜超过18级，且一般不宜少于3级，以防行走时踩空。

(2) 楼梯平台。按平台所处位置和高度不同，有中间平台和楼层平台之分。两楼层之间的平台称为中间平台，用来供人们行走时调节体力和改变行进方向。而与楼层地面标高齐平的平台称为楼层平台，除起着与中间平台相同的作用外，还用来分配从楼梯到达各楼层的人流。楼梯梯段净高不宜小于2.20m，楼梯平台过道处的净高不应小于2m。

（3）栏杆与扶手。栏杆是布置在楼梯梯段和平台边缘处，有一定安全保障度的围护构件。扶手一般附设于栏杆顶部，供作依扶用。扶手也可附设于墙上，称为靠墙扶手。

2）楼梯的类型

按所在位置，楼梯可分为室外楼梯和室内楼梯两种；按使用性质，楼梯可分为主要楼梯、辅助楼梯、疏散楼梯、消防楼梯等几种；按所用材料，楼梯可分为木楼梯、钢楼梯、钢筋混凝土楼梯等几种；按形式，楼梯可分为直跑式、双跑式、双分式、双合式、三跑式、四跑式、曲尺式、螺旋式、圆弧形、桥式、交叉式等数种。

楼梯的形式根据使用要求、在房屋中的位置、楼梯间的平面形状而定。

3）钢筋混凝土楼梯构造

钢筋混凝土楼梯按施工方法不同，主要有现浇整体式和预制装配式两类。

（1）现浇钢筋混凝土楼梯。现浇钢筋混凝土楼梯是在施工现场支模，绑扎钢筋并浇筑混凝土而形成的整体楼梯。楼梯段与休息平台整体浇筑，因而楼梯的整体刚性好，坚固耐久。现浇钢筋混凝土楼梯按楼梯段传力的特点可以分为板式和梁式两种。

① 板式楼梯。板式楼梯的梯段是一块斜放的板，它通常由梯段板、平台梁和平台板组成。梯段板承受梯段的全部荷载，然后通过平台梁将荷载传给墙体或柱子。必要时，也可取消梯段板一端或两端的平台梁，使平台板与梯段板连为一体，形成折线形的板直接支承于墙或梁上。

板式楼梯的梯段底面平整，外形简洁，便于支撑施工，当梯段跨度不大时采用。当梯段跨度较大时，梯段板厚度增加，自重较大，不经济。

② 梁式楼梯。梁式楼梯段由斜梁和踏步板组成。当楼梯踏步受到荷载作用时，踏步为一水平受力构造，踏步板把荷载传递给左右斜梁，斜梁把荷载传递给与之相连的上下休息平台梁，最后，平台梁将荷载传给墙体或柱子。当荷载或梯段跨度较大时，采用梁式楼梯比较经济。

（2）预制装配式钢筋混凝土楼梯。装配式钢筋混凝土楼梯根据构件尺度的差别，大致可分为小型构件装配式、中型构件装配式和大型构件装配式。

4）楼梯的细部构造

（1）踏步面层及防滑构造。楼梯踏步面层应便于行走、耐磨、防滑并保持清洁。通常面层可以选用水泥砂浆、水磨石、大理石和防滑砖等。

为防止行人使用楼梯时滑倒，踏步表面应有防滑措施，对表面光滑的楼梯必须对踏步表面进行处理，通常是在接近踏口处设置防滑条，防滑条的材料主要有金刚砂、马赛克、橡皮条和金属材料等。

（2）栏杆、栏板和扶手。楼梯的栏杆、栏板是楼梯的安全防护设施。它既有安全防护的作用，又有装饰作用。

栏杆多采用方钢、圆钢、扁钢、钢管等金属型材焊接而成，下部与楼梯段锚固，上部与扶手连接。栏杆与梯段的连接方法有：预埋铁件焊接、预留孔洞插接、螺栓连接。

栏板多由现浇钢筋混凝土或加筋砖砌体制作，栏板顶部可另设扶手，也可直接抹灰做扶手。楼梯扶手可以用硬木、钢管、塑料、现浇混凝土抹灰或水磨石制作。采用钢栏杆、木制扶手或塑料扶手时，两者间常用木螺钉连接；采用金属栏杆、金属扶手时，常采用焊接连接。

6. 台阶与坡道

因建筑物构造及使用功能的需要，建筑物的室内外地坪有一定的高差，在建筑物的入口处，可以选择台阶或坡道来衔接。

(1) 室外台阶。室外台阶一般包括踏步和平台两部分。台阶的坡度应比楼梯小，通常踏步高度为100～150mm，宽度为300～400mm。台阶一般由面层、垫层及基层组成。面层可选用水泥砂浆、水磨石、天然石材或人造石材等块材；垫层材料可选用混凝土、石材或砖砌体；基层为夯实的土壤或灰土。在严寒地区，为了防止冻害，在基层与混凝土垫层之间应设砂垫层。

(2) 坡道。考虑车辆通行或有特殊要求的建筑物室外台阶处，应设置坡道或用坡道与台阶组合。与台阶一样，坡道也应采用耐久、耐磨和抗冻性好的材料。坡道对防滑要求较高或坡度较大时，可设置防滑条或做成锯齿形。

7. 门与窗

门和窗是建筑物中的围护构件。门在建筑中的作用主要是交通联系，并兼有采光、通风之用；窗的作用主要是采光和通风。门窗的形状、尺寸、排列组合以及材料对建筑物的立面效果影响很大。门窗还要有一定的保温、隔声、防雨、防风沙等能力，在构造上，应满足开启灵活、关闭紧密、坚固耐久、便于擦洗、符合模数等方面的要求。

1) 门、窗的类型

(1) 按所用的材料分类。有木、钢、铝合金、玻璃钢、塑料、钢筋混凝土门窗、复合门窗等几种。

(2) 按开启方式分类。门可分为平开门、弹簧门、推拉门、转门、折叠门、卷门、自动门等。窗分为平开窗、推拉窗、悬窗、固定窗等几种形式。

(3) 按镶嵌材料分类。可以把窗分为玻璃窗、百叶窗、纱窗、防火窗、防爆窗、保温窗、隔音窗等几种。按门板的材料，可以把门分为镶板门、拼板门、纤维板门、胶合板门、百叶门、玻璃门、纱门等。

2) 门、窗的构造组成

(1) 门的构造组成。一般门的构造主要由门樘和门扇两部分组成。门樘又称门框，由上槛、中槛和边框等组成，多扇门还有中竖框。门扇由上冒头、中冒头、下冒头和边梃等组成。为了通风采光，可在门的上部设腰窗（俗称上亮子），有固定、平开及上、中、下、悬等形式，其构造同窗扇，门框与墙间的缝隙常用木条盖缝，称门头线，俗称贴脸。门上还有五金零件常见的有铰链、门锁、插销、拉手、停门器、风钩等。

(2) 窗的构造组成。窗主要由窗樘和窗扇两部分组成。窗樘又称窗框，一般由上框、下框、中横框、中竖框及边框等组成。窗扇由上冒头、中冒头、下冒头及边梃组成。依镶嵌材料的不同有玻璃窗扇、纱窗扇和百叶窗扇等。窗扇与窗框用五金零件连接，常用的五金零件有铰链、风钩、插销、拉手及导轨、滑轮等。为满足不同的要求，窗框与墙的连接处，有时加有贴脸、窗台板、窗帘盒等。

3) 门与窗的尺度

(1) 门的尺度。

房间中门的最小宽度，是由人体尺寸、通过人流股数及家具设备的大小决定的。门的最小宽度一般为700mm，常用于住宅中的厕所、浴室。住宅中卧室、厨房、阳台的门应考虑一人携带物品通行，卧室常取900mm，厨房可取800mm。住宅入户门考虑家具尺寸增大的趋势，常取1000mm。普通教室、办公室等的门应考虑一人正在通行，另一人侧身通行，常采用1000mm。

当房间面积较大，使用人数较多时，单扇门宽度小，不能满足通行要求，为了开启方便和少占使用面积，当门宽大于1000mm时，应根据使用要求采用双扇门、四扇门或者增加门的数量。双扇门的宽度可为1200～1800mm，四扇门的宽度可为2400～3600mm。

（2）窗的尺度。

窗的尺度主要取决于房间的采光、通风、构造做法和建筑造型等要求，并要符合《建筑模数协调标准》（GB/T 50002—2013）的规定。一般平开木窗的窗扇高度为800～1200mm，宽度不宜大于500mm，上、下悬窗的窗扇高度为300～600mm，中悬窗的窗扇高不宜大于1200mm，宽度不宜大于1000mm；推拉窗的高宽均不宜大于1500mm。各类窗的高度与宽度尺寸通常采用扩大模数3M数列作为洞口的标志尺寸，需要时只需按所需类型及尺度大小直接选用。

4）门窗节能

门窗是建筑节能的薄弱环节，通过门窗损失的能量由门窗构件的传热耗热量和通过门窗缝隙的空气渗透耗热量两部分组成。对北方采暖居住建筑的能耗调查发现，有一半以上的采暖能耗是通过门窗损失出去的。因此，门窗是建筑节能的重要部位，提高建筑门窗的节能效率应从改善门窗的保温隔热性能和加强门窗的气密性两个方面进行。

（1）窗户节能。

① 控制窗户的面积。窗墙比是节能设计的一个控制指标，它是指窗口面积与房间立面单元面积（即房间层高与开间定位线围成的面积）的比值。《严寒和寒冷地区居住建筑节能设计标准》（JGJ 26—2018）、《夏热冬冷地区居住建筑节能设计标准》（JGJ 134—2010）、《夏热冬暖地区居住建筑节能设计标准》（JGJ 75—2012）对不同的民用建筑的窗墙比限值有明确规定。见表1.1.2。

表1.1.2 不同热工分布区不同朝向的窗墙比限值

| 朝向 | 窗墙面积比限值 | | | |
|---|---|---|---|---|
| | 严寒地区 | 寒冷地区 | 夏热冬冷地区 | 夏热冬暖地区 |
| 北 | 0.25 | 0.30 | 0.40 | 0.40 |
| 东、西 | 0.30 | 0.35 | 0.35 | 0.30 |
| 南 | 0.45 | 0.50 | 0.45 | 0.40 |

② 提高窗的气密性。窗的密封措施是保证窗的气密性、水密性以及隔声、隔热性能达到一定水平的关键。在工程实践中，窗的空气渗透主要是由窗框与墙洞、窗框与窗扇、玻璃与窗扇这三个部位的缝隙产生的，提高这三个部位的密封性能是改善窗户的气密性能、减少冷风渗透的主要措施。

③ 减少窗户传热。减少窗户的传热能耗应从减少窗框、窗扇型材的传热耗能和减少窗玻璃的传热耗能等方面考虑。

(2) 门的节能。

门的保温隔热性能与门框、门扇的材料和构造类型有关。

① 入户门。根据我国建筑节能设计标准，不同气候地区应选择不同保温性能的户门。例如，郑州、徐州地区应选择传热系数不大于 2.7W/($m^2$·K) 的入户门，北京地区应选择传热系数不大于 2.0W/($m^2$·K) 的入户门。

单层金属实体门的传热系数为 6.5W/($m^2$·K)，不能满足节能建筑入户门的设计要求。对普通的金属板入户门采取 15mm 厚玻璃棉板或 18mm 厚岩棉板的保温构造处理后，传热系数能控制在不大于 2.0W/($m^2$·K) 的范围内。

② 阳台门。目前阳台门有两种类型：一是落地玻璃阳台门，这种门的节能设计可将其看作外窗来处理；第二种是由门芯板及玻璃组合形成的阳台门，这种门的玻璃部分按外窗处理，阳台门下部的门芯板应采取保温隔热措施，例如可用聚苯夹芯板型材代替单层钢质门芯板等。

(3) 建筑遮阳

建筑遮阳是防止太阳直射光线进入室内引起夏季室内过热及避免产生眩光而采取的一种建筑措施。遮阳的效果用遮阳系数来衡量，建筑遮阳设计是建筑节能设计的一项重要内容。在建筑设计中，建筑物的挑檐、外廊、阳台都有一定的遮阳作用。在建筑外表面设置的遮阳板不仅可以遮挡太阳辐射，还可以起到挡雨和美观的作用。由建筑方法设置在建筑物外表面，长久性使用的遮阳板称为构件遮阳。窗户遮阳板根据其外形可分为水平式遮阳、垂直式遮阳、综合式遮阳和挡板式遮阳四种基本形式。如图 1.1.10 所示。每个窗口应采取哪种形式遮阳，应根据建筑物窗口的朝向合理选择。

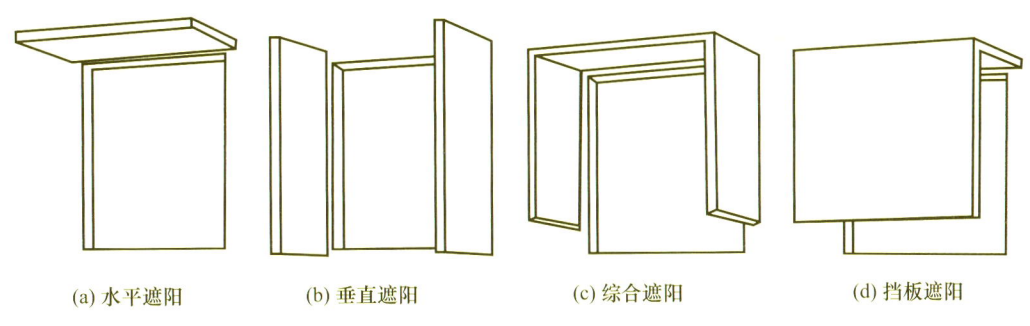

(a) 水平遮阳　　(b) 垂直遮阳　　(c) 综合遮阳　　(d) 挡板遮阳

图 1.1.10　遮阳板的基本形式

8. 屋顶

屋顶是房屋最上层起承重和覆盖作用的构件。它的作用主要有三个：一是防御自然界的风、雨、雪、太阳辐射热和冬季低温等的影响；二是承受自重及风、沙、雨、雪等荷载及施工或屋顶检修人员的活荷载；三是因为屋顶是建筑物的重要组成部分，对建筑形象的美观起着重要的作用。

屋顶（从下到上）主要由结构层、找坡层、隔热层（保温层）、找平层、结合层、防水层、保护层等部分组成。其构造简图如图 1.1.11 所示。

1) 屋顶的类型

由于地域、自然环境、屋面材料、承重结构不同，屋顶的类型也很多，归纳起来，大致可分为三大类：平屋顶、坡屋顶和曲面屋顶。

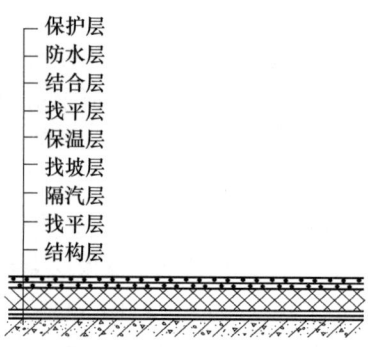

图 1.1.11 平屋顶构造

2）平屋顶的构造

与坡屋顶相比，平屋顶具有屋面面积小、减少建筑所占体积、降低建筑总高度、屋面便于上人等特点，因而被广泛采用。

（1）平屋顶的排水。

① 平屋顶起坡方式。要使屋面排水通畅，平屋顶应设置不小于1%的屋面坡度。形成这种坡度的方法有两种：第一种方法是材料找坡，也称垫坡。这种找坡法是把屋顶板平置，屋面坡度由铺设在屋面板上的厚度有变化的找坡层形成。设有保温层时，利用屋面保温层找坡；没有保温层时，利用屋面找平层找坡。找坡层的厚度最薄处不小于20mm，平屋顶材料找坡的坡度宜为2%。第二种方法是结构起坡，也称搁置起坡。把顶层墙体或圈梁、大梁等结构构件上表面做成一定坡度，屋面板依势铺设形成坡度，平屋顶结构找坡的坡度宜为3%。檐沟、天沟纵向找坡不应小于1%，沟底水落差不得超过200mm。

② 平屋顶的排水方式。

屋面排水方式的选择，应根据建筑物屋顶形式、气候条件、使用功能等因素确定。屋面排水方式可分为有组织排水和无组织排水两种。有组织排水时，宜采用雨水收集系统。

高层建筑屋面宜采用内排水；多层建筑屋面宜采用有组织外排水；低层建筑及檐高小于10m的屋面可采用无组织排水。多跨及汇水面积较大的屋面宜采用天沟排水，天沟找坡较长时，宜采用中间内排水和两端外排水。

屋面应适当划分排水区域，排水路线应简洁，排水应通畅。采用重力式排水时，屋面每个汇水面积内，雨水排水管不宜少于两根，暴雨强度较大地区的大型屋面，宜采用虹吸式屋面雨水排水系统。严寒地区应采用内排水，寒冷地区宜采用内排水。湿陷性黄土地区宜采用有组织排水，并应将雨雪水直接排至排水管网。

③ 屋面落水管的布置。屋面落水管的布置量与屋面集水面积大小、每小时最大降雨量、排水管管径等因素有关。它们之间的关系可用下式表示：

$$F=\frac{438D^2}{H} \tag{1.1.1}$$

式中 $F$——单根落水管允许的集水面积（水平投影面积，$m^2$）；

$D$——落水管管径（cm，采用方管时面积可换算）；

$H$——每小时最大降雨量（mm/h，由当地气象部门提供）。

**例**：某地 $H=145$mm/h，落水管管径 $D=10$cm，每个落水管允许集水面积为

$$F=\frac{438\times 10^2}{145}=302.07\text{m}^2$$

若某建筑的屋顶集水面积（屋顶的水平投影面积）为 1000m²，则至少要设置 4 根落水管。在工程实践中，落水管间的距离（天沟内流水距离）以 10~15m 为宜。当计算间距大于适用距离时，应按适用距离设置落水管；当计算间距小于适用间距时，按计算间距设置落水管。

（2）平屋顶柔性防水及构造。

屋面防水工程应根据建筑物的类别、重要程度、功能要求确定防水等级，并按相应等级进行防水设防。对防水有特殊要求的建筑屋面，应进行专项防水设计。屋面工程防水等级应依据工程类别和工程防水使用环境类别分为一级、二级、三级。工程类别和工程防水使用环境类别见表 1.1.3。防水等级及防水做法见表 1.1.4。

① 一级防水：Ⅰ类、Ⅱ类防水使用环境下的甲类工程；Ⅰ类防水使用环境下的乙类工程。

② 二级防水：Ⅲ类防水使用环境下的甲类工程；Ⅱ类防水使用环境下的乙类工程；Ⅰ类防水使用环境下的丙类工程。

③ 三级防水：Ⅲ类防水使用环境下的乙类工程；Ⅱ类、Ⅲ类防水使用环境下的丙类工程。

表 1.1.3 屋面工程防水类别及使用环境类别划分

| 工程防水类别 | 工程防水使用环境 | 年降水量 $P$（mm） | | |
|---|---|---|---|---|
| | | Ⅰ类 | Ⅱ类 | Ⅲ类 |
| 甲类 | 民用建筑和对渗漏敏感的工业建筑 | $P\geqslant 1300$ | $400\leqslant P<1300$ | $P<400$ |
| 乙类 | 除甲类和丙类以外的建筑屋面 | | | |
| 丙类 | 对渗漏不敏感的工业建筑屋面 | | | |

表 1.1.4 平屋面工程的防水做法

| 防水等级 | 防水做法 | 防水层 | |
|---|---|---|---|
| | | 防水卷材 | 防水涂料 |
| 一级 | 不应少于 3 道 | 卷材防水层不应少于 1 道 | |
| 二级 | 不应少于 2 道 | 卷材防水层不应少于 1 道 | |
| 三级 | 不应少于 1 道 | 任选 | |

平屋顶的防水是屋顶使用功能的重要组成部分，它直接影响整个建筑的使用功能。防水层是指能够隔绝水而不使水向建筑物内部渗透的构造层。柔性防水屋顶可采用防水卷材防水、涂膜防水或复合防水。

① 找平层。卷材、涂膜的基层宜设找平层，找平层设置在结构层或保温层上面，常用 15~25mm 厚的 1:2.5~1:3 水泥砂浆或 C20 的细石混凝土做找平层。找平层的厚度和技术要求应符合表 1.1.5 的要求。

表 1.1.5 找平层的厚度及技术要求

| 找平层分类 | 适用的基层 | 厚度（mm） | 技术要求 |
|---|---|---|---|
| 水泥砂浆 | 整体现浇混凝土板 | 15～20 | 1:2.5 水泥砂浆 |
| | 整体材料保温层 | 20～25 | |
| 细石混凝土 | 装配式混凝土板 | 30～35 | C20 混凝土宜加钢筋网片 |
| | 板状材料保温板 | | C20 混凝土 |

保温层上的找平层应留设分隔缝，缝宽宜为 5～20mm，纵横缝的间距不宜大于 6m。基层转角处应抹成圆弧形，其半径不小于 50mm。找平层表面平整度的允许偏差为 5mm。分隔缝处应铺设带胎体增强材料的空铺附加层，其宽度为 200～300mm。

② 结合层。当采用水泥砂浆及细石混凝土为找平层时，为了保证防水层与找平层能更好地黏结，采用沥青为基材的防水层，在施工前应在找平层上涂刷冷底子油做基层处理（用汽油稀释沥青），当采用高分子防水层时，可用专用基层处理剂。

③ 卷材防水屋面。防水卷材应铺设在表面平整、干燥的找平层上，待表面干燥后作为卷材防水屋面的基层，基层不得有酥松、起砂、起皮现象。为了改善防水胶结材料与屋面找平层间的连接，加大附着力，常在找平层表面涂冷底子油一道（汽油或柴油溶解的沥青），这层冷底子油称为结合层。目前卷材防水使用较多的是合成高分子防水卷材和高聚物改性沥青防水卷材，其最小厚度如表 1.1.6 所示。

表 1.1.6 卷材防水层最小厚度

| 防水卷材类型 | | | 卷材防水层最小厚度（mm） |
|---|---|---|---|
| 聚合物改性沥青类防水卷材 | 热熔法施工聚合物改性防水卷材 | | 3.0 |
| | 热沥青黏结和胶粘法施工聚合物改性防水卷材 | | 3.0 |
| | 预铺反粘防水卷材（聚酯胎类） | | 4.0 |
| | 自粘聚合物改性防水卷材（含湿铺） | 聚酯胎类 | 3.0 |
| | | 无胎类及高分子膜基 | 1.5 |
| 合成高分子类防水卷材 | 均质型、带纤维背衬型、织物内增强型 | | 1.2 |
| | 双面复合型 | | 主体片材芯材 0.5 |
| | 预铺反粘防水卷材 | 塑料类 | 1.2 |
| | | 橡胶类 | 1.5 |
| 塑料防水板 | | | 1.2 |

为了防止屋面防水层出现龟裂现象，一是阻断来自室内的水蒸气，构造上常采取在屋面结构层上的找平层表面做隔汽层，阻断水蒸气向上渗透。在北纬 40°以北地区，室内湿度大于 75% 或其他地区室内空气湿度常年大于 80% 时，保温屋面应设隔汽层。二是在屋面防水层下保温层内设排汽通道，并使通道开口露出屋面防水层，使防水层下水蒸气能直接从透气孔排出。

④ 涂膜防水屋面。涂膜防水屋面是在屋面基层上涂刷防水涂料，经固化后形成一层有一定厚度和弹性的整体涂膜，从而达到防水目的的一种防水屋面形式。涂膜防水屋面的构造如图 1.1.12 所示。

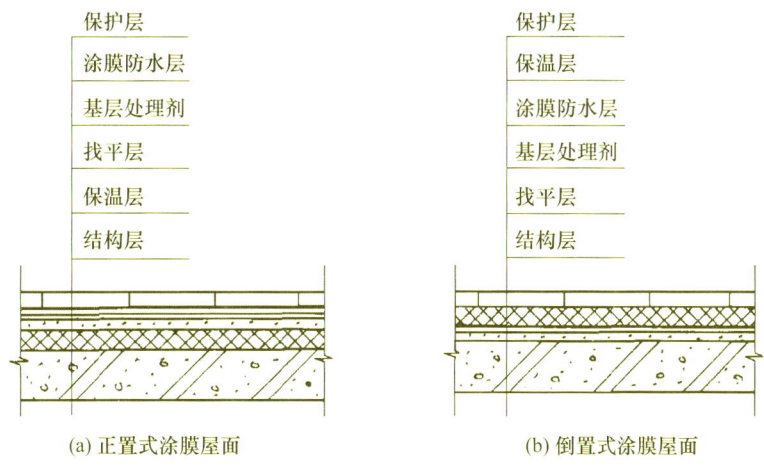

图 1.1.12 涂膜防水屋面构造

按防水层和隔热层的上下设置关系可分为正置式屋面和倒置式屋面。正置式屋面（传统屋面构造做法），其构造一般为隔热保温层在防水层的下面。因为传统屋面隔热保温层的材料普遍存在吸水率大的通病，吸水后保温隔热性能大大降低，无法满足隔热的要求，要靠防水层做在其上面，防止水分渗入，保证隔热层的干燥，方能隔热保温。倒置式做法即把传统屋面中防水层和隔热层的层次颠倒一下，防水层在下面，保温隔热层在上面。与传统施工法相比，该工法能使防水层无热胀冷缩现象，延长了防水层的使用寿命；同时保温层对防水层提供一层物理性保护，防止其受到外力破坏。

施工时根据涂料品种和屋面构造形式的需要，可在涂膜防水层中增设胎体增强材料。胎体增强材料是指在涂膜防水层中增强用的聚酯无纺布、中性玻璃纤维网络布、中碱玻璃布等材料。

⑤ 保护层。保护层是防水层上表面的构造层，它可以防止太阳光的辐射所致防水层过早老化。对上人屋面而言，它直接承受人在屋面活动的各种作用。块体材料、水泥砂浆、细石混凝土保护层与卷材、涂膜防水层之间，应设置隔离层。块体材料、水泥砂浆保护层可采用塑料膜（0.4mm 厚聚乙烯膜或 3mm 厚发泡聚乙烯膜）、土工布（200g/$m^2$ 聚酯无纺布）、卷材（石油沥青卷材一层）做隔离层；细石混凝土保护层可采用低强度等级砂浆做隔离层。

⑥ 平屋顶防水细部构造。屋面细部构造应包括檐口、檐沟和天沟、女儿墙和山墙、水落口、变形缝等。防水屋面必须特别注意各个节点的构造处理。细部构造防水应做到多道设防、复合用材、连续密封、局部增强，并应满足使用功能、温差变形、施工环境和可操作性的要求。细部构造中容易形成热桥的部位均应进行保温处理。檐口、檐沟外侧下端及女儿墙压顶内侧下端等部位均应做滴水处理，滴水槽宽度和深度不宜小于 10mm。

（3）平屋顶的保温、隔热。

保温层是减少屋面热交换作用的构造层。隔热层是指减少太阳辐射热向室内传递的构造层。在寒冷地区，为防止冬季室内热量通过屋顶向外散失，一般需设保温层，即在结构层上铺一定厚度的保温材料。平屋顶倒置式保温材料可采用挤塑聚苯板、泡沫玻璃保温板等。平屋顶正置式保温材料可采用膨胀聚苯板、挤塑聚苯板、硬泡聚氨酯、石膏玻璃棉板、水泥聚苯板、加气混凝土等。设计时根据建筑的使用要求、屋面的结构形式等选用保温材料，并经热工计算确定保温层的厚度。为保证建筑物室内有良好的学习、工作和生活的环境，在我国南方地区，屋顶的隔热是建筑物必须采用的措施，隔热常见的有种植、架空、蓄水三种形式。保温材料使用时的含水率，应相当于该材料在当地自然风干状态下的平衡含水率。

① 屋顶的保温、隔热要求应符合现行国家标准《屋顶工程技术规范》（GB 50345—2012）的规定。

② 平屋顶保温层的构造方式有正置式和倒置式两种，在可能条件下平屋顶应优先选用倒置式保温。倒置式屋顶是将传统屋顶构造中保温隔热层与防水层的位置"颠倒"，将保温隔热层设置在防水层之上。倒置式屋顶可以减轻太阳辐射和室外高温对屋顶防水层的不利影响，提高防水层的使用年限。

③ 平屋顶均可在屋顶设置架空通风隔热层或布置屋顶绿化，以提高屋顶的通风和隔热效果。覆土植草屋顶是具环保生态效益、节能效益和热环境舒适效益的绿色工程。对未设置保温层的覆土植草屋顶，需要对人行道、排水沟等易产生冷（热）桥的部位进行保温节能改造处理。

④ 在室内空气湿度常年大于80%的地区，吸湿性保温材料不宜用于封闭式保温层，当需要采用时，应选用气密性、水密性好的防水卷材或防水涂料做隔汽层。

3) 坡屋顶的构造

所谓坡屋顶，是指屋面坡度在10%以上的屋顶。与平屋顶相比，坡屋顶的屋面坡度大，因而其屋面构造及屋面防水方式均与平屋面不同。屋面构造层次主要由屋顶天棚、承重结构层及屋面面层组成，必要时还应增设保温层、隔热层等，如图1.1.13所示。坡屋面采用沥青瓦、块瓦、波形瓦和一级设防的压型金属板时，应设置防水垫层，与瓦屋面共同组成防水层。防水垫层是指设置在瓦材或金属板材下面，起防水、防潮作用的构造层。

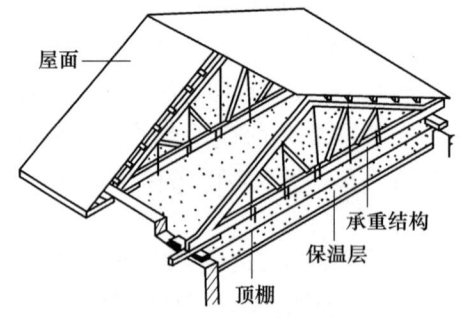

图 1.1.13　坡屋顶的构造

（1）坡屋顶的承重结构。

① 砖墙承重。砖墙承重又叫硬山搁檩，是将房屋的内外横墙砌成尖顶状，在上面直接搁置檩条来支承屋面的荷载。在山墙承檩的结构体系中，山墙的间距即为檩条的跨度，因而房屋横墙的间距尽量一致，使檩条的跨度保持在比较经济的尺度以内。砖墙承重结构体系适用于开间较小的房屋。如图1.1.14（a）所示。

② 屋架承重。屋顶上搁置屋架，用来搁置檩条以支承屋面荷载。通常屋架搁置在

房屋的纵向外墙或柱上，使房屋有一个较大的使用空间。屋架的形式较多，有三角形、梯形、矩形、多边形等。如图 1.1.14（b）所示。

③ 梁架结构。民间传统建筑多采用由木柱、木梁、木枋构成的这种结构，又称为穿斗结构。如图 1.1.14（c）所示。

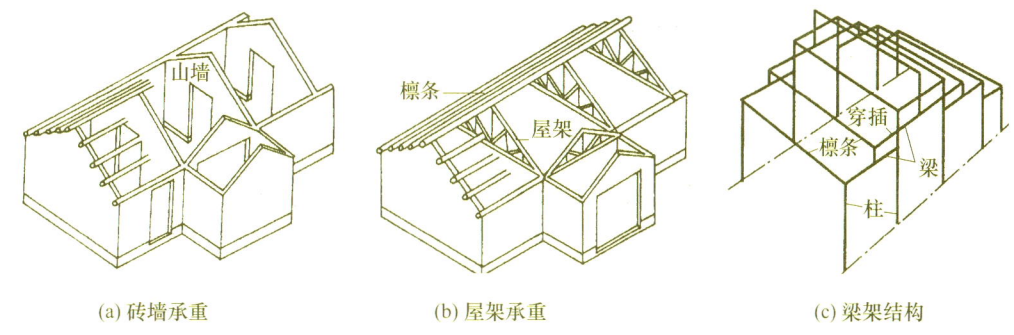

(a) 砖墙承重　　　　　　(b) 屋架承重　　　　　　(c) 梁架结构

图 1.1.14　坡屋顶的承重结构方式

④ 钢筋混凝土梁板承重。钢筋混凝土承重结构层按施工方法有两种：一种是现浇钢筋混凝土梁和屋面板；另一种是预制钢筋混凝土屋面板直接搁置在山墙上或屋架上。

（2）坡屋顶屋面。

① 平瓦屋面。平瓦有水泥瓦和黏土瓦两种，其外形按防水及排水要求设计制作。机平瓦的外形尺寸约为 230mm×（380～420）mm，瓦的四边有榫和沟槽。铺瓦时，每张瓦的上下左右利用榫、槽相互搭接密合，避免雨水从接缝处渗入。

为了保证瓦屋面的防水性，平瓦屋面下必须做一道防水垫层，与瓦屋面共同组成防水层。瓦屋面的防水做法如表 1.1.7 所示。

表 1.1.7　瓦屋面工程的防水做法

| 防水等级 | 防水做法 | 防水层 | | |
| --- | --- | --- | --- | --- |
| | | 屋面瓦 | 防水卷材 | 防水涂料 |
| 一级 | 不应少于 3 道 | 为 1 道，应选 | 卷材防水层不应少于 1 道 | |
| 二级 | 不应少于 2 道 | 为 1 道，应选 | 不应少于 1 道，任选 | |
| 三级 | 不应少于 1 道 | 为 1 道，应选 | — | |

为保证有效排水，烧结瓦、混凝土瓦屋面的坡度不得小于 30%，沥青瓦屋面的坡度不得小于 20%。在屋脊处需盖上鞍形脊瓦，在屋面天沟下需放上镀锌铁皮，以防漏水。平瓦屋面的构造方式主要分有椽条、有屋面板平瓦屋面，无椽条、有屋面板平瓦屋面，冷摊瓦屋面三种。

② 波形瓦屋面。波形瓦屋面包括水泥石棉波形瓦、钢丝网水泥瓦、玻璃钢瓦、钙塑瓦、金属钢板瓦、石棉菱苦土瓦等。根据波形瓦的波浪大小又可分为大波瓦、中波瓦和小波瓦三种。波形瓦具有重量轻、耐火性能好等优点，但易折断，强度较低。

③ 小青瓦屋面。小青瓦屋面在我国传统房屋中采用较多，目前有些地方仍然采用。小青瓦断面呈弧形，尺寸及规格不统一。铺设时分别将小青瓦仰俯铺排，覆盖成垄。仰铺瓦成沟，俯铺瓦盖于仰铺瓦纵向接缝处，与仰铺瓦间搭接瓦长 1/3 左右。上下瓦间的

搭接长在少雨地区为搭六露四，在多雨区为搭七露三。小青瓦可以直接铺设于椽条上，也可铺于望板（屋面板）上。

(3) 坡屋面的细部构造。

坡屋面细部构造主要包括檐口、山墙、斜天沟、烟囱泛水构造、檐沟和落水管等。

(4) 坡屋顶的天棚保温、隔热与通风。

① 天棚。坡屋面房屋，为室内美观及保温隔热的需要，多数均设天棚（吊顶），把屋面的结构层隐蔽起来，以满足室内使用要求。

② 坡屋面的保温。坡屋顶应该设置保温隔热层。当结构层为钢筋混凝土板时，保温层宜设在结构层上部；当结构层为轻钢结构时，保温层可设置在上侧或下侧。坡屋顶保温层和细石混凝土现浇层均应采取屋顶防滑措施。

③ 坡屋面的隔热与通风。坡屋面的隔热与通风有以下几种方法：

a. 做通风屋面。把屋面做成双层，从檐口处进风，屋脊处排风。利用空气的流动，带走热量，降低屋面的温度。

b. 吊顶隔热通风。吊顶层与屋面之间有较大的空间，通过在坡屋面的檐口下、山墙处或屋面上设置通风窗，使吊顶层内的空气有效流通，带走热量，降低室内温度。

9. 装饰构造

装饰装修可以起到保护建筑物、改善建筑物的使用功能、美化环境、提高建筑物的艺术效果的作用。

1) 装饰构造的类别

装饰构造的分类方法很多，这里按装饰的位置不同分为墙面装饰、楼地面装饰和天棚装饰。

2) 墙体饰面装修构造

按材料和施工方式的不同，常见的墙体饰面分为抹灰类、贴面类、涂料类、裱糊类和铺钉类等。

3) 楼地面装饰构造

地面的材料和做法应根据房间的使用要求和装修要求并结合经济条件加以选用。地面按材料形式和施工方式可分为四大类，即整体浇筑地面、板块地面、卷材地面和涂料地面。

4) 天棚装饰构造

一般天棚多为水平式，但根据房间用途不同，天棚可做成弧形、凹凸形、高低形、折线形等。依构造方式不同，天棚有直接式天棚和悬吊式天棚之分。

## 二、工业建筑工程

### (一) 工业建筑分类

1. 按厂房层数分

(1) 单层厂房。指层数仅为一层的工业厂房。适用于有大型机器设备或有重型起重运输设备的厂房。

(2) 多层厂房。指层数在二层以上的厂房，常见的层数为2~6层。适用于生产设备及产品较轻，可沿垂直方向组织生产的厂房，如食品、电子精密仪器工业等用厂房。

(3) 混合层数厂房。同一厂房内既有单层又有多层的厂房称为混合层数厂房。多用于化学工业、热电站的主厂房等。

2. 按工业建筑用途分

（1）生产厂房。指进行备料、加工、装配等主要工艺流程的厂房，如机械制造厂中有铸工车间、电镀车间、热处理车间、机械加工车间和装配车间等。

（2）生产辅助厂房。指为生产厂房服务的厂房，如机械制造厂房的修理车间、工具车间等。

（3）动力用厂房。指为生产提供动力源的厂房，如发电站、变电所、锅炉房等。

（4）仓储建筑。储存原材料、半成品、成品的房屋（一般称仓库）。

（5）仓储用建筑。管理、储存及检修交通运输工具的房屋，如汽车库、机车库、起重车库、消防车库等。

（6）其他建筑。如水泵房、污水处理建筑等。

3. 按其主要承重结构的形式分

（1）排架结构型。排架结构型是将厂房承重柱的柱顶与屋架或屋面梁做铰接连接，而柱下端则嵌固于基础中，构成平面排架，各平面排架再经纵向结构构件连接组成为一个空间结构。它是目前单层厂房中最基本、应用最普遍的结构形式。

（2）刚架结构型。刚架结构的基本特点是柱和屋架合并为同一个刚性构件。柱与基础的连接通常为铰接，如吊车吨位较大，也可做成刚接。一般重型单层厂房多采用刚架结构。

（3）空间结构型。空间结构型是一种屋面体系为空间结构的结构体系。这种结构体系充分发挥了建筑材料的强度潜力，使结构由单向受力的平面结构成为能多向受力的空间结构体系，提高了结构的稳定性。

4. 按车间生产状况分

（1）冷加工车间。这类车间是指在常温状态下，加工非燃烧物质和材料的生产车间，如机械制造类的金工车间、修理车间等。

（2）热加工车间。这类车间是指在高温和熔化状态下，加工非燃烧的物质和材料的生产车间，如机械制造类的铸造、锻压、热处理等车间。

（3）恒温恒湿车间。这类车间是指产品生产需要在稳定的温度、湿度下进行的车间，如精密仪器、纺织等车间。

（4）洁净车间。产品生产需要在空气净化、无尘甚至无菌的条件下进行，如药品生产车间、集成电路车间等。

（5）其他特种状况的车间。有的产品生产对环境有特殊的需要，如防放射性物质、防电磁波干扰等车间。

### （二）单层厂房的结构组成

单层厂房的骨架结构由支承各种竖向和水平荷载作用的构件所组成，厂房依靠各种结构构件合理地连接为一体，组成一个完整的结构空间，以保证厂房的坚固、耐久。

1. 承重结构

（1）横向排架：由基础、柱、屋架组成，主要承受厂房的各种竖向荷载。

（2）纵向连系构件：由吊车梁、圈梁、连系梁、基础梁等组成，与横向排架构成骨架，保证厂房的整体性和稳定性。

（3）支撑系统构件：支撑系统包括柱间支撑和屋盖支撑两大部分。支撑构件设置在屋架之间的称为屋架支撑；设置在纵向柱列之间的称为柱间支撑。支撑构件主要传递水平荷载，起保证厂房空间刚度和稳定性的作用。

2. 围护结构

单层厂房的围护结构包括外墙、屋顶、地面、门窗、天窗、地沟、散水、坡道、消防梯、吊车梯等。

### （三）单层厂房承重结构构造

1. 屋盖结构

(1) 屋盖结构类型。屋盖结构根据构造不同可以分为两类：有檩体系屋盖和无檩体系屋盖。有檩体系屋面的刚度差，配件和接缝多，在频繁振动下易松动，但屋盖重量较轻，适合小机具吊装，适用于中小型厂房。无檩体系屋面板直接搁置在屋架或屋面梁上，整体性好，刚度大，大中型厂房多采用这种屋面结构形式。

(2) 屋盖的承重构件。屋盖结构的主要承重构件直接承受屋面荷载。按制作材料分为钢筋混凝土屋架或屋面梁、钢屋架、木屋架和钢木屋架。

2. 柱

厂房中的柱由柱身（包括上柱和下柱）、牛腿及柱上预埋铁件组成。柱是厂房中的主要承重构件之一，在柱顶上支承屋架，在牛腿上支承吊车梁。柱子的类型很多，按材料分为钢筋混凝土柱、钢-混凝土组合柱、钢柱等。

3. 基础

基础是厂房的主要承重构件。基础承担着厂房上部的全部重量，并传送到地基。所以基础起着承上传下的重要作用。

基础类型的选择主要取决于建筑物上部结构荷载的性质和大小、工程地质条件等。单层厂房一般是采用预制装配式钢筋混凝土排架结构，厂房的柱距与跨度较大，所以厂房的基础多采用独立式基础。

4. 吊车梁

吊车梁是有吊车的单层厂房的重要构件之一。当厂房设有桥式或梁式吊车时，需要在柱牛腿上设置吊车梁，吊车的轮子就在吊车梁铺设的轨道上运行。吊车梁直接承受吊车起重、运行和制动时的各种往返移动荷载；同时，吊车梁还要承担传递厂房纵向荷载（如山墙上的风荷载），保证厂房纵向刚度和稳定性的作用。

钢筋混凝土吊车梁的类型很多，按截面形式分，有等截面的T形吊车梁、工字形吊车梁、鱼腹式吊车梁等，如图1.1.15。吊车梁可用非预应力与预应力钢筋混凝土制作。

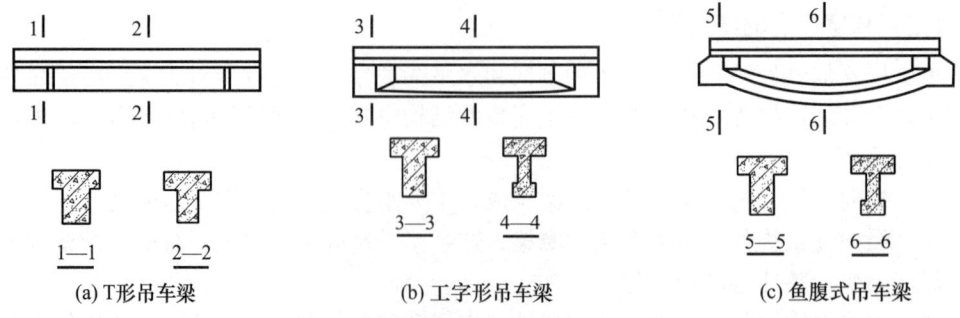

图1.1.15 钢筋混凝土吊车梁的类型

5. 支撑

单层厂房的支撑作用体现在，可以使厂房形成整体的空间骨架，保证厂房的空间刚度；在施工和正常使用时保证构件的稳定和安全；承受和传递吊车纵向制动力、山墙风荷载、纵向地震力等水平荷载。单层厂房的支撑分屋架支撑和柱间支撑两类。

## 第二节 常用工程材料的分类、基本性能及用途

### 一、建筑结构材料

#### （一）建筑钢材

钢材具有品质稳定、强度高、塑性和韧性好、可焊接和铆接、能承受冲击和振动荷载等优异性能，是土木工程中使用量最大的材料品种之一。常用的钢材品种有普通碳素结构钢、优质碳素结构钢和低合金高强结构钢。

1. 常用的建筑钢材

建筑钢材可分为钢筋混凝土结构用钢、钢结构用钢和钢管混凝土结构用钢等。

1）钢筋混凝土结构用钢

钢筋混凝土结构用钢主要有热轧钢筋、冷加工钢筋、预应力混凝土热处理钢筋、预应力混凝土用钢丝和钢绞线。

（1）热轧钢筋。

热轧钢筋是建筑工程中用量最大的钢材之一，主要用于钢筋混凝土结构和预应力混凝土结构。热轧钢筋的技术要求应符合现行国家标准《钢筋混凝土用钢 第1部分：热轧光圆钢筋》（GB 1499.1—2017）和《钢筋混凝土用钢 第2部分：热轧带肋钢筋》（GB 1499.2—2018）的相关规定。热轧钢筋的品种及技术要求见表1.2.1。

表1.2.1 热轧钢筋的技术要求

| 表面形状 | 牌号 | 公称直径（mm） | 下屈服强度 $R_{eL}$（MPa） | 抗拉强度 $R_m$（MPa） | 断后伸长率 $A$（%） | 最大总伸长率 $A_{gt}$（%） | 冷弯试验180°（$d$ 为弯心直径；$a$ 为公称直径） |
|---|---|---|---|---|---|---|---|
| | | | | 不小于 | | | |
| 光圆 | HPB300 | 6.0~22 | 300 | 420 | 25 | 10 | $d=a$ |
| 带肋 | HRB400<br>HRBF400 | 6~25<br>28~40<br>40~50 | 400 | 540 | 16 | 7.5 | $d=4a$<br>$d=5a$<br>$d=6a$ |
| | HRB400E<br>HRBF400E | | | | — | 9.0 | |
| | HRB500<br>HRBF500 | 6~25<br>28~40<br>40~50 | 500 | 630 | 15 | 7.5 | $d=6a$<br>$d=7a$<br>$d=8a$ |
| | HRB500E<br>HRBF500E | | | | — | 9.0 | |
| | HRB600 | 6~25<br>28~40<br>40~50 | 600 | 730 | 14 | 7.5 | $d=6a$<br>$d=7a$<br>$d=8a$ |

热轧光圆钢筋由碳素结构钢或低合金结构钢经热轧而成,从表中可以看出其强度较低,但具有塑性好、伸长率高、便于弯折成型、容易焊接等特点,可用于中小型混凝土结构的受力钢筋或箍筋,以及作为冷加工(冷拉、冷拔、冷轧)的原料。热轧带肋钢筋采用低合金钢热轧而成,具有较高的强度,塑性和可焊性较好。钢筋表面有纵肋和横肋,从而加强了钢筋与混凝土中间的握裹力,可用于混凝土结构受力筋,以及预应力钢筋。

(2)冷加工钢筋。

冷加工钢筋是在常温下对热轧钢筋进行机械加工(冷拉、冷拔、冷轧、冷扭、冲压等)而成。常见的品种有冷拉热轧钢筋、冷轧带肋钢筋和冷拔低碳钢丝。

① 冷拉热轧钢筋。在常温下将热轧钢筋拉伸至超过屈服点小于抗拉强度的某一应力,然后卸荷,即制成了冷拉热轧钢筋。如卸荷后立即重新拉伸,卸荷点成为新的屈服点,因此冷拉可使屈服点提高,材料变脆,屈服阶段缩短,塑性、韧性降低。若卸荷后不立即重新拉伸,而是保持一定时间后重新拉伸,钢筋的屈服强度、抗拉强度进一步提高,而塑性、韧性继续降低,这种现象称为冷拉时效。实践中,可将冷拉、除锈、调直、切断合并为一道工序,这样可简化流程,提高效率。

② 冷轧带肋钢筋。用低碳钢热轧盘圆条直接冷轧或经冷拔后再冷轧,形成三面或两面横肋的钢筋。根据现行国家标准《冷轧带肋钢筋》(GB/T 13788—2017)的规定,冷轧带肋钢筋分为 CRB550、CRB650、CRB800、CRB600H、CRB680H、CRB800H 六个牌号。CRB550、CRB600H 为普通钢筋混凝土用钢筋,CRB650、CRB800、CRB800H 为预应力混凝土用钢筋,CRB680H 既可作为普通钢筋混凝土用钢筋,也可作为预应力混凝土用钢筋使用。冷轧带肋钢筋克服了冷拉、冷拔钢筋握裹力低的缺点,具有强度高、握裹力强、节约钢材、质量稳定等优点,但塑性降低,强屈比变小。

③ 冷拔低碳钢丝。低碳钢热轧圆盘条或热轧光圆钢筋经一次或多次冷拔制成的光圆钢丝,在使用中应符合《冷拔低碳钢丝应用技术规程》(JGJ 19—2010)的规定。冷拔低碳钢丝宜作为构造钢筋使用,作为结构构件中纵向受力钢筋使用时应采用钢丝焊接网。冷拔低碳钢丝不得作预应力钢筋使用。作为箍筋使用时,冷拔低碳钢丝的直径不宜小于 5mm,间距不应大于 200mm,构造应符合国家现行相关标准的有关规定。冷拔低碳钢丝只有 CDW550 一个牌号。CDW550 级冷拔低碳钢丝的直径可为 3mm、4mm、5mm、6mm、7mm 和 8mm。直径小于 5mm 的钢丝焊接网不应作为混凝土结构中的受力钢筋使用;除钢筋混凝土排水管、环形混凝土电杆外,不应使用直径 3mm 的冷拔低碳钢丝;除大直径的预应力混凝土桩外,不宜使用直径 8mm 的冷拔低碳钢丝。

(3)预应力混凝土热处理钢筋。

热处理是指将钢材按一定规则加热、保温和冷却,以改变其组织,从而获得所需要性能的一种工艺措施。热处理的方法有退火、正火、淬火和回火。建筑钢材一般只在生产厂完成热处理工艺。

热处理钢筋是钢厂将热轧的带肋钢筋经淬火和高温回火调质处理而成的,即以热处理状态交货。热处理钢筋强度高、用材省、锚固性好、预应力稳定,主要用作预应力钢筋混凝土轨枕,也可以用于预应力混凝土板、吊车梁等构件。

(4)预应力混凝土用钢丝与钢绞线。

预应力混凝土用钢丝是用优质碳素结构钢经冷加工及时效处理或热处理等工艺过程

制得，具有高强度、安全可靠、便于施工等优点。根据现行国家标准《预应力混凝土用钢丝》GB/T 5223 的规定，预应力混凝土用钢丝按照加工状态分为冷拉钢丝和消除应力钢丝两类。钢丝按外形分为光面钢丝（P）、螺旋肋钢丝（H）和刻痕钢丝（I）三种。预应力混凝土用钢绞线的分类与应用应执行现行国家标准《预应力混凝土用钢绞线》(GB/T 5224—2014) 的有关规定。

预应力钢丝与钢绞线均属于冷加工强化及热处理钢材，拉伸试验时无屈服点，但抗拉强度远远超过热轧钢筋和冷轧钢筋，并具有很好的柔韧性，应力松弛率低，适用于大荷载、大跨度及需要曲线配筋的预应力混凝土结构，如大跨度屋架、薄腹梁、吊车梁等大型构件的预应力结构。

2) 钢结构用钢

钢结构用钢主要是热轧成型的钢板和型钢等。薄壁轻型钢结构中主要采用薄壁型钢、圆钢和小角钢。钢材所用的母材主要是普通碳素结构钢及低合金高强度结构钢。

(1) 钢结构常用的热轧型钢有工字钢、H 型钢、T 型钢、槽钢、等边角钢、不等边角钢等。型钢是钢结构中采用的主要钢材。型钢的规格表示方法：工字钢用"I"与"高度值×腿宽度值×腰宽度值"，如 I450×150×11.5（简记为 I45a）；槽钢用"["与"高度值×腿宽度值×腰宽度值"，如 [200×200×24（简记为 [20b）；等边角钢用"∟"与"边宽度值×边宽度值×边厚宽度值"，如 ∟200×200×24（简记为 ∟200×24）；不等边角钢用"∟"与"长边宽度值×短边宽度值×边厚宽度值"，如 ∟ 160×100×16。

(2) 冷弯薄壁型钢。薄壁型钢是用薄钢板（通常 2~6mm）冷弯或者模压而成，其界面形状多样，可分为角钢、槽钢等开口薄壁型钢及方形、矩形等空心薄壁型钢。薄壁轻型钢结构中主要采用薄壁型钢、圆钢和小角钢，壁厚一般为 1.5~5mm，多用于轻型钢结构。

(3) 钢板和压型钢板。用光面轧辊轧制而成的扁平钢材称为钢板。按轧制温度的不同，钢板又可分热轧和冷轧两类。土木工程用钢板的钢种主要是碳素结构钢，某些重型结构、大跨度桥梁等也采用低合金钢。钢板规格表示方法为"宽度×厚度×长度"（单位为 mm）。按厚度来分，热轧钢板可分为厚板（厚度大于 4mm）和薄板（厚度不大于 4mm）两种；冷轧钢板只有薄板。厚板可用于型钢的连接与焊接，组成钢结构承力构件，薄板可用作屋面或墙面等围护结构，或作为薄壁型钢的原料。薄钢板经辊压或冷弯可制成截面呈 V 形、U 形、梯形或类似形状的波纹，并可采用有机涂层、镀锌等表面保护层的钢板，称压型钢板，在建筑上常用作屋面板、楼板、墙板及装饰板等。还可将其与保温材料等复合，制成复合墙板等，用途十分广泛。

3) 钢管混凝土结构用钢

钢管混凝土结构即采用钢管混凝土构件作为主要受力构件的结构，简称 CFST 结构。钢管混凝土构件是指在钢管内填充混凝土的构件，包括实心和空心钢管混凝土构件，截面可为圆形、矩形及多边形，简称 CFST 构件。

钢管混凝土结构用钢材的选用应符合现行国家标准《钢结构设计标准》(GB 50017—2017) 的有关规定。承重结构的圆钢管可采用焊接圆钢管、热轧无缝钢管，不宜选用输送流体用的螺旋焊管。矩形钢管可采用焊接钢管，也可采用冷成型矩形钢管。当采用冷成型矩形钢管时，应符合现行行业标准《建筑结构用冷弯矩形钢管》（JG/T 178—2005）中I级产品的规定。直接承受动荷载或低温环境下的外露结构，不宜采用冷弯矩形钢管。多边形钢管可采用焊接钢管，也可采用冷成型多边形钢管。

2.钢材的性能

钢材的主要性能包括力学性能和工艺性能。其中力学性能是钢材最重要的使用性能，包括抗拉性能、冲击性能、硬度、疲劳性能等。工艺性能表示钢材在各种加工过程中的行为，包括冷弯性能和焊接性能等。

1）抗拉性能

抗拉性能是钢材的最主要性能，表征其性能的技术指标主要是屈服强度、抗拉强度和伸长率。低碳钢（软钢）受拉的应力-应变图能够较好地解释这些重要的技术指标。如图1.2.1所示，低碳钢应力-应变曲线分为四个阶段：弹性阶段（$O \rightarrow A$）、弹塑性阶段（$A \rightarrow B$）、塑性阶段（$B \rightarrow C$）、应变强化阶段（$C \rightarrow D$），超过$D$点后试件产生颈缩和断裂。

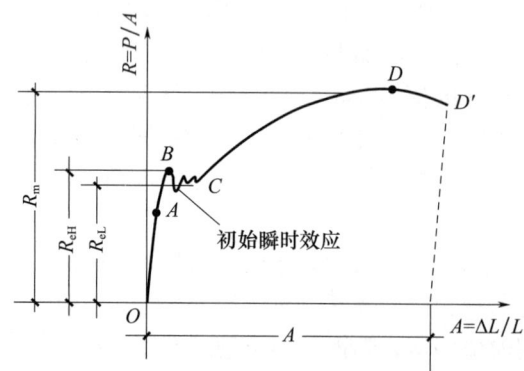

图1.2.1 低碳钢应力-应变图

（1）屈服强度。在弹性阶段$OA$，如卸去拉力，试件能恢复原状，此阶段的变形为弹性变形，应力与应变成正比，其比值即为钢材的弹性模量，反映钢材的刚度。与$A$点对应的应力称为弹性极限。当对试件的拉伸进入$AB$阶段时，应力的增长滞后于应变的增加。当应力达到$B$点时，试件进入塑性阶段，应力不增加但应变增大，这时相应的应力称为屈服强度（屈服点）。如果达到屈服点后应力值发生下降，则应区分上屈服点（$R_{eH}$）和下屈服点（$R_{eL}$），在结构计算时以下屈服点作为材料的屈服强度的标准值。预应力钢筋混凝土用的高强度钢筋和钢丝具有硬钢的特点，没有明显的屈服平台，这类钢材的屈服点以产生残余变形达到原始标距长度$L_0$的0.2%时所对应的应力作为规定的屈服强度极限（$R_{P0.2}$）。

（2）抗拉强度。$CD$阶段曲线逐步上升，其抵抗塑性变形的能力又重新提高，称为强化阶段。对应于最高点$D$的应力称为抗拉强度（$R_m$）。设计中抗拉强度虽然不能利用，但强屈比（$R_m/R_{eL}$）能反映钢材的利用率和结构安全可靠程度。强屈比越大，反映钢材受力超过屈服点工作时的可靠性越大，因而结构的安全性越高。但强屈比太大，则反映钢材不能有效地被利用。

（3）伸长率。当曲线到达$D$点后，试件薄弱处急剧缩小，塑性变形迅速增加，产生"颈缩"现象而断裂。试件拉断后，标距的伸长与原始标距长度之比的百分率称为断后伸长率（A）。拉力达到最大时原始标距的伸长与原始标距之比的百分率称为最大伸长率，最大总伸长率用 $A_{gt}$ 表示。伸长率表征了钢材的塑性变形能力。伸长率的大小与标距长度有关。塑性变形在标距内的分布是不均匀的，颈缩处的伸长较大，离颈缩部位越远变形越小。因此原标距与试件的直径之比越大，颈缩处伸长值在整个伸长值中的比重越小，计算伸长率越小。

2）冲击性能

冲击韧性指钢材抵抗冲击载荷的能力，其指标通过标准试件的弯曲冲击韧性试验确定。按规定，将带有 V 形缺口的试件进行冲击试验。试件在冲击荷载作用下折断时所吸收的功，称为冲击吸收功（或 V 形冲击功）$A_{KV}$（J）。钢材的化学成分、组织状态、内在缺陷及环境温度等都是影响冲击韧性的重要因素。$A_{KV}$ 值随试验温度的下降而减小，当温度降低达到某一范围时，$A_{KV}$ 急剧下降而呈脆性断裂，这种现象称为冷脆性。发生冷脆时的温度称为脆性临界温度，其数值越低，说明钢材的低温冲击韧性越好。因此，对直接承受动荷载而且可能在负温下工作的重要结构，必须进行冲击韧性检验，并选用脆性临界温度较使用温度低的钢材。另外，时效敏感性（因时效导致性能改变的程度）越强的钢材，经过时效以后，其冲击韧性和塑性的降低越显著。对于承受动荷载的结构物，应选用时效敏感性较小的钢材。

3）硬度

钢材的硬度是指表面层局部体积抵抗较硬物体压入产生塑性变形的能力，表征值常用布氏硬度值 HB 表示。测试钢材硬度的方法常采用布氏法，在布氏硬度机上用一定直径的硬质钢球，以一定荷载将其压入试件表面，持续至规定的时间后卸去荷载，使形成压痕，将荷载除以压痕面积，所得的应力值为该钢材的布氏硬度值，数值越大，表示钢材越硬。

4）耐疲劳性

在交变荷载反复作用下，钢材往往在应力远小于抗拉强度时发生断裂，这种现象称为钢材的疲劳破坏。疲劳破坏的危险应力用疲劳极限来表示，它是指钢材在交变荷载作用下于规定的周期基数内不发生断裂所能承受的最大应力。试验表明，钢材承受的交变应力越大，则断裂时的交变循环次数越少；相反，交变应力越小，则断裂时的交变循环次数越多；当交变应力低于某一值时，交变循环次数达无限次也不会产生疲劳破坏。

5）冷弯性能

冷弯性能是指钢材在常温下承受弯曲变形的能力，是钢材的重要工艺性能。冷弯性能指标是通过试件被弯曲的角度（90°、180°）及弯心直径 $d$ 对试件厚度（或直径）$a$ 的比值（$d/a$）区分的。试件按规定的弯曲角和弯心直径进行试验，试件弯曲处的外表面无裂断、裂缝或起层，即认为冷弯性能合格。冷弯时的弯曲角度越大、弯心直径越小，则表示其冷弯性能越好。

冷弯试验能揭示钢材是否存在内部组织不均匀、内应力、夹杂物、未熔合和微裂缝等缺陷，而这些缺陷在拉力试验中常因塑性变形导致应力重分布而得不到反映，因此冷弯试验是一种比较严格的试验，对钢材的焊接质量也是一种严格的检验，能揭示焊件在受弯表面存在的未熔合、裂纹和夹杂物等问题。

6）焊接性能

钢材的可焊性是指焊接后焊缝处的性质与母材性质的一致程度。影响钢材可焊性的主要因素是化学成分及含量。含碳量超过0.3%时，可焊性显著下降，特别是硫含量较多时，会使焊缝处产生裂纹并硬脆，严重降低焊接质量。正确地选用焊接材料和焊接工艺是提高焊接质量的主要措施。

3. 钢材化学成分

钢材的主要化学成分是铁和碳元素，此外，还有少量的硅、锰、硫、磷等，在不同情况下往往还需考虑氧、氮及各种合金元素。

（1）碳。碳是决定钢材性质的重要元素。土木建筑工程用钢材含碳量不大于0.8%。在此范围内，随着钢中碳含量的增加，强度和硬度增加，而塑性、韧性和冷弯性能相应降低。碳还可显著降低钢材的可焊性，增加钢的冷脆性和时效敏感性，降低抗大气腐蚀能力。

（2）硅。硅在钢中是有益元素，是我国钢筋用钢的主加合金元素，炼钢时起脱氧作用。当硅在钢中的含量较低（小于1%）时，随着含量的加大可提高钢材的强度、疲劳极限、耐腐蚀性和抗氧化性，而对塑性和韧性影响不明显。当含量提高到1.0%~1.2%时，塑性和韧性明显下降，焊接性能变差，并增加钢材的冷脆性。

（3）锰。锰是我国低合金钢的主加合金元素，炼钢时能起脱氧去硫作用，使强度和硬度提高，还能消减硫和氧引起的热脆性，改善钢材的热加工性能。锰含量一般在1.0%~2.0%范围内，当含量小于1.0%时，对钢的塑性和韧性影响不大；含量大于1.0%时，在提高强度的同时，塑性和韧性有所降低，焊接性能变差，耐腐蚀性降低。

（4）硫。硫是很有害的元素，呈非金属硫化物夹杂物存于钢中，具有强烈的偏析作用，降低冲击韧性、耐疲劳性和抗腐蚀性等性能。硫化物造成的低熔点使钢在焊接时易于产生热裂纹，加大钢材的热脆性，显著降低焊接性能。

（5）磷。磷是有害元素，含量提高，钢材的强度提高，塑性和韧性显著下降，特别是温度越低，对韧性和塑性的影响越大。磷在钢中的偏析作用强烈，使钢材冷脆性增大，并显著降低钢材的可焊性。但磷可提高钢的耐磨性和耐腐蚀性，在低合金钢中可配合其他元素作为合金元素使用。

（6）氮。氮对钢材性质的影响与碳、磷相似，可使钢材的强度提高，但塑性特别是韧性明显下降。氮还会加剧钢的时效敏感性和冷脆性，使其焊接性能变差。

（7）氧。氧是冶炼氧化过程中进入钢水，经脱氧处理后残留下来的，是钢中的有害杂质。氧含量增加使钢的力学性能降低，塑性和韧性降低。氧有促进时效倾向的作用，还能使热脆性增加，焊接性能较差。

（8）钛。钛是强脱氧剂，可显著提高钢的强度，但稍降低塑性。由于钛能细化晶粒，故可改善韧性。钛能减少时效倾向，改善焊接性能。

**（二）胶凝材料**

在建筑材料中，经过一系列物理作用、化学作用，能从浆体变成坚固的石状体，并能将其他固体物料胶结成整体而具有一定机械强度的物质，统称为胶凝材料。根据化学组成的不同，胶凝材料可分为无机与有机两大类。石灰、石膏、水泥等工地上俗称为

"灰"的建筑材料属于无机胶凝材料；而沥青、天然或合成树脂等属于有机胶凝材料。无机胶凝材料按其硬化条件的不同又可分为气硬性和水硬性两类。只能在空气中硬化，也只能在空气中保持和发展其强度的称气硬性胶凝材料，如石灰、石膏和水玻璃等；既能在空气中，还能更好地在水中硬化、保持和继续发展其强度的称水硬性胶凝材料，如各种水泥。气硬性胶凝材料一般只适用于干燥环境中，而不宜用于潮湿环境，更不可用于水中。

1. 水泥

1）硅酸盐水泥、普通硅酸盐水泥

（1）定义与代号。

① 硅酸盐水泥。根据现行国家标准《通用硅酸盐水泥》（GB 175—2007）的规定，凡由硅酸盐水泥熟料、0%~5%的石灰石或粒化高炉矿渣、适量石膏磨细制成的水硬性胶凝材料，称为硅酸盐水泥（国外通称为波特兰水泥）。可分为两种类型：不掺混合材料的称为Ⅰ型硅酸盐水泥，代号P·Ⅰ；掺入不超过水泥质量5%的石灰石或粒化高炉矿渣混合材料的称为Ⅱ型硅酸盐水泥，代号P·Ⅱ。

② 普通硅酸盐水泥。由硅酸盐水泥熟料、5%~20%的混合材料、适量石膏磨细制成的水硬性胶凝材料，称为普通硅酸盐水泥，代号P·O。

掺活性混合材料时，最大掺量不得超过20%，其中允许用不超过水泥质量5%的窑灰或不超过水泥质量8%的非活性混合材料来代替。

（2）硅酸盐水泥及普通硅酸盐水泥的技术性质。

① 细度。细度是指硅酸盐水泥及普通硅酸盐水泥颗粒的粗细程度，用比表面积法表示。水泥的细度直接影响水泥的活性和强度。颗粒越细，与水反应的表面积越大，水化速度快，早期强度高，但硬化收缩较大，且粉磨时能耗大，成本高。但颗粒过粗，又不利于水泥活性的发挥，强度也低。现行国家标准《通用硅酸盐水泥》（GB 175—2007）规定，硅酸盐水泥比表面积应大于 $300m^2/kg$。

② 凝结时间。凝结时间分为初凝时间和终凝时间。初凝时间为水泥加水拌和起，至水泥浆开始失去塑性所需的时间；终凝时间从水泥加水拌和起，至水泥浆完全失去塑性并开始产生强度所需的时间。水泥凝结时间在施工中有重要意义，为使混凝土和砂浆有充分的时间进行搅拌、运输、浇捣和砌筑，水泥初凝时间不能过短；当施工完毕后，则要求尽快硬化，具有强度，故终凝时间不能太长。《通用硅酸盐水泥》（GB 175—2007）规定，硅酸盐水泥初凝时间不得早于45min，终凝时间不得迟于6.5h；普通硅酸盐水泥初凝时间不得早于45min，终凝时间不得迟于10h。

水泥初凝时间不合要求，该水泥报废；终凝时间不合要求，视为不合格。

③ 体积安定性。水泥体积安定性是指水泥在硬化过程中，体积变化是否均匀的性能，简称安定性。水泥安定性不良会导致构件（制品）产生膨胀性裂纹或翘曲变形，造成质量事故。引起安定性不良的主要原因是熟料中游离氧化钙、游离氧化镁或石膏含量过多。

安定性不合格的水泥不得用于工程，应废弃。

④ 强度。水泥强度是指胶砂的强度而不是净浆的强度，它是评定水泥强度等级的依据。根据《水泥胶砂强度检验方法（ISO法）》（GB/T 17671—2021）的规定，将水

泥、标准砂和水按照（质量比）水泥：标准砂＝1∶3拌和，用0.5的水灰比制成胶砂试件，在标准温度（20±1℃）的水中养护，测3d和28d的试件抗折和抗压强度，以规定龄期的抗压强度和抗折强度划分强度等级。

⑤ 碱含量。水泥的碱含量将影响构件（制品）的质量或引起质量事故。现行国家标准《通用硅酸盐水泥》（GB 175—2007）中规定：水泥中碱含量按 $Na_2O+0.658K_2O$ 计算值来表示，若使用活性骨料，用户要求提供低碱水泥时，水泥中碱含量不得大于0.60%或由供需双方商定。

⑥ 水化热。水泥的水化热是水化过程中放出的热量。水化热与水泥矿物成分、细度、掺入的外加剂品种、数量、水泥品种及混合材料掺量有关。水泥的水化热主要在早期释放，后期逐渐减少。

对大型基础、水坝、桥墩等大体积混凝土工程，由于水化热产生的热量积聚在内部不易发散，将会使混凝土内外产生较大的温度差，所引起的温度应力使混凝土可能产生裂缝，因此水化热对大体积混凝土工程是不利的。

2）掺混合材料的硅酸盐水泥

（1）混合材料。

在生产水泥时，为改善水泥性能、调节水泥强度等级而加到水泥中的人工或天然矿物材料，称为水泥混合材料。按其性能分为活性（水硬性）混合材料和非活性（填充性）混合材料两类。

① 活性混合材料。常用的活性混合材料有符合国家相关标准的粒化高炉矿渣、矿渣粉、火山灰质混合材料。水泥熟料中掺入活性混合材料，可以改善水泥性能、调节水泥强度等级、扩大水泥使用范围、提高水泥产量、利用工业废料、降低成本，有利于环境保护。

② 非活性混合材料。非活性混合材料是指与水泥成分中的氢氧化钙不发生化学作用或很少参加水泥化学反应的天然或人工的矿物质材料，如石英砂、石灰石及各种废渣，活性指标低于相应国家标准要求的粒化高炉矿渣、粉煤灰、火山灰质混合材料。水泥熟料掺入非活性混合材料，可以增加水泥产量、降低成本、降低强度等级、减少水化热、改善混凝土及砂浆的和易性等。

（2）定义与代号。

① 矿渣硅酸盐水泥。由硅酸盐水泥熟料和20%～70%粒化高炉矿渣、适量的石膏磨细制成的水硬性胶凝材料，称为矿渣硅酸盐水泥，代号P·S。

② 火山灰质硅酸盐水泥。由硅酸盐水泥熟料和20%～40%的火山灰质混合材料、适量石膏磨细制成的水硬性胶凝材料，称为火山灰质硅酸盐水泥，代号P·P。

③ 粉煤灰硅酸盐水泥。由硅酸盐水泥熟料和20%～40%的粉煤灰、适量石膏磨细制成的水硬性胶凝材料，称为粉煤灰硅酸盐水泥，代号P·F。

④ 复合硅酸盐水泥。由硅酸盐水泥熟料和20%～50%的两种以上混合材料、适量石膏磨细制成的水硬性胶凝材料，称为复合硅酸盐水泥，代号P·C。

3）常用水泥的主要特性及适用范围

常用水泥的主要特性及适用范围见表1.2.2。

表1.2.2 常用水泥的主要特性及适用范围

| 水泥种类 | 硅酸盐水泥 | 普通硅酸盐水泥 | 矿渣硅酸盐水泥 | 火山灰质硅酸盐水泥 | 粉煤灰硅酸盐水泥 |
|---|---|---|---|---|---|
| 强度等级 | 42.5、42.5R<br>52.5、52.5R<br>62.5、62.5R | 42.5、42.5R<br>52.5、52.5R | 32.5、32.5R<br>42.5、42.5R<br>52.5、52.5R | 32.5、32.5R<br>42.5、42.5R<br>52.5、52.5R | 32.5、32.5R<br>42.5、42.5R<br>52.5、52.5R |
| 主要特性 | 1. 早期强度较高，凝结硬化快；<br>2. 水化热较大；<br>3. 耐冻性好；<br>4. 耐热性较差；<br>5. 耐腐蚀及耐水性较差；<br>6. 干缩性较小 | 1. 早期强度较高；<br>2. 水化热较大；<br>3. 耐冻性较好；<br>4. 耐热性较差；<br>5. 耐腐蚀及耐水性较差；<br>6. 干缩性较小 | 1. 早期强度低，后期强度增长较快；<br>2. 水化热较小；<br>3. 耐热性较好；<br>4. 耐硫酸盐侵蚀和耐水性较好；<br>5. 抗冻性较差；<br>6. 干缩性较大；<br>7. 抗碳化能力差 | 1. 早期强度低，后期强度增长较快；<br>2. 水化热较小；<br>3. 耐热性较差；<br>4. 耐硫酸盐侵蚀和耐水性较好；<br>5. 抗冻性较差；<br>6. 干缩性较大；<br>7. 抗渗性较好；<br>8. 抗碳化能力差 | 1. 早期强度低，后期强度增长较快；<br>2. 水化热较小；<br>3. 耐热性较差；<br>4. 耐硫酸盐侵蚀和耐水性较好；<br>5. 抗冻性较差；<br>6. 干缩性较小；<br>7. 抗碳化能力较差 |
| 适用范围 | 适用于快硬早强的工程、配制高强度等级混凝土 | 适用于制造地上、地下及水中的混凝土，钢筋混凝土及预应力钢筋混凝土结构，包括受反复冰冻的结构；也可配制高强度等级混凝土及早期强度要求高的工程 | 1. 适用于高温车间和有耐热、耐火要求的混凝土结构；<br>2. 大体积混凝土结构；<br>3. 蒸汽养护的混凝土结构；<br>4. 一般地上、地下和水中混凝土结构；<br>5. 有抗硫酸盐侵蚀要求的一般工程 | 1. 适用于大体积工程；<br>2. 有抗渗要求的工程；<br>3. 蒸汽养护的混凝土构件；<br>4. 可用于一般混凝土结构；<br>5. 有抗硫酸盐侵蚀要求的一般工程 | 1. 适用于地上、地下水中及大体积混凝土工程；<br>2. 蒸汽养护的混凝土构件；<br>3. 可用于一般混凝土工程；<br>4. 有抗硫酸盐侵蚀要求的一般工程 |
| 不适用范围 | 1. 不宜用于大体积混凝土工程；<br>2. 不宜用于受化学侵蚀、压力水（软水）作用及海水侵蚀的工程 | 1. 不适用于大体积混凝土工程；<br>2. 不宜用于化学侵蚀、压力水（软水）作用及海水侵蚀的工程 | 1. 不适用于早期强度要求较高的工程；<br>2. 不适用于严寒地区并处在水位升降范围内的混凝土工程 | 1. 不适用于处在干燥环境的混凝土工程；<br>2. 不宜用于耐磨性要求高的工程；<br>3. 其他同矿渣硅酸盐水泥 | 1. 不适用于有抗碳化要求的工程；<br>2. 其他同矿渣硅酸盐水泥 |

4) 其他水泥

除了常见的通用水泥外，在土木建筑工程中还会用到一些特性水泥和专用水泥，如铝酸盐水泥、硫铝酸盐水泥、道路硅酸盐水泥等。

(1) 铝酸盐水泥

铝酸盐水泥，以前称为高铝水泥，也称矾土水泥，属于快硬水泥。根据现行国家标准《铝酸盐水泥》（GB/T 201—2015）的规定，由铝酸盐水泥熟料磨细制成的水硬性胶凝材料称为铝酸盐水泥，代号CA。在磨制CA70水泥和CA80水泥时可掺加适量的α-$Al_2O_3$粉。根据水泥中$Al_2O_3$含量（质量分数）将铝酸盐水泥分为四类：CA50、CA60、CA70、CA80。

铝酸盐水泥早期强度高，凝结硬化快，具有快硬、早强的特点，水化热高，放热快且放热量集中，同时具有很强的抗硫酸盐腐蚀作用和较高的耐热性，但抗碱性差。

铝酸盐水泥可用于配制不定形耐火材料；与耐火粗细集料（如铬铁矿等）可制成耐高温的耐热混凝土；用于工期紧急的工程，如国防、道路和特殊抢修工程等；也可用于抗硫酸盐腐蚀的工程和冬季施工的工程。

铝酸盐水泥不宜用于大体积混凝土工程；不能用于与碱溶液接触的工程；不得与未硬化的硅酸盐水泥混凝土接触使用，更不得与硅酸盐水泥或石灰混合使用；不能蒸汽养护，不宜在高温季节施工。

(2) 硫铝酸盐水泥。

硫铝酸盐水泥是以适当成分的生料，经煅烧所得以无水硫铝酸钙和硅酸二钙为主要矿物成分的熟料，掺入不同量的石灰石、适量石膏共同磨细制成的水硬性胶凝材料，代号 P·SAC。硫铝酸盐水泥分为快硬硫铝酸盐水泥（R·SAC）、低碱度硫铝酸盐水泥（L·SAC）和自应力硫铝酸盐水泥（S·SAC）。

根据现行国家标准《硫铝酸盐水泥》（GB/T 20472—2006），快硬硫铝酸盐水泥以 3d 抗压强度划分为 42.5、52.5、62.5 和 72.5 四个强度等级。快硬硫铝酸盐水泥具有快凝、早强、不收缩的特点，宜用于配制早强、抗渗和抗硫酸盐侵蚀等混凝土，适用于浆锚、喷锚支护、抢修、抗硫酸盐腐蚀、海洋建筑等工程。由于硫铝酸盐水泥水化硬化后生成的钙矾石在 150℃高温下易脱水发生晶形转变，引起强度大幅下降，所以硫铝酸盐水泥不宜用于高温施工及处于高温环境的工程。

(3) 道路硅酸盐水泥。

道路硅酸盐水泥是由道路硅酸盐水泥熟料、适量石膏和混合材料，磨细制成的水硬性胶凝材料。根据现行国家标准《道路硅酸盐水泥》（GB/T 13693—2017），道路硅酸盐水泥中熟料和石膏（质量分数）为 90%~100%，活性混合材料（质量分数）为 0%~10%。道路硅酸盐水泥代号 P·R，按照 28d 抗折强度分为 7.5 和 8.5 两个等级。道路硅酸盐水泥主要用于公路路面、机场跑道等工程结构，也可用于要求较高的工厂地面和停车场等工程。

2. 沥青

沥青是一种有机胶凝材料，主要用于生产防水材料和铺筑沥青路面等。常用的沥青主要是石油沥青，另外还使用少量的煤沥青。

1) 石油沥青

石油沥青是石油原油经蒸馏等提炼出各种轻质油（如汽油、柴油等）及润滑油以后的残留物，或再经加工而得的产品。在常温下呈固体、半固体或黏性液体，颜色为褐色或黑褐色。

(1) 石油沥青的组分。

在石油沥青中，油分、树脂和地沥青质是石油沥青中的三大主要组分。沥青中各组分的主要特性如下：

① 油分。油分为淡黄色至红褐色的油状液体，是沥青中分子量最小和密度最小的组分。油分能溶于石油醚、二硫化碳、三氯甲烷、苯、四氯化碳和丙酮等有机溶剂中，但不溶于酒精。油分赋予沥青以流动性。

② 树脂（沥青脂胶）。沥青脂胶为黄色至黑褐色黏稠状物质（半固体），分子量比油分大，使石油沥青具有良好的塑性和黏结性。沥青脂胶中绝大部分属于中性树脂，中性树脂能溶于三氯甲烷、汽油和苯等有机溶剂，但在酒精和丙酮中难溶解或溶解度低，赋予了沥青以良好的黏结性、塑性和可流动性。沥青树脂中还含有少量的酸性树脂，是沥青中的表面活性物质，改善了石油沥青对矿物材料的浸润性，特别是提高了对碳酸盐类岩石的黏附性，并有利于石油沥青的可乳化性。

③ 地沥青质（沥青质）。地沥青质为深褐色至黑色固态无定形物质（固体粉末），不溶于酒精、正戊烷，但溶于三氯甲烷和二硫化碳，染色力强，对光的敏感性强，感光后就不能溶解。地沥青质是决定石油沥青温度敏感性、黏性的重要组成部分，其含量越多，则软化点越高，黏性越大，即越硬脆。

另外，石油沥青中还含 2%～3%的沥青碳和似碳物，为无定形的黑色固体粉末，是在高温裂化、过度加热或深度氧化过程中脱氢而生成的，是石油沥青中分子量最大的，它能降低石油沥青的黏结力。石油沥青中还含有蜡，会降低石油沥青的黏结性和塑性，同时对温度特别敏感（即温度稳定性差）。蜡是石油沥青的有害成分。

（2）石油沥青的技术性质。

① 防水性。石油沥青是憎水性材料，几乎完全不溶于水，而且本身构造致密，与矿物材料表面有很好的黏结力，能紧密黏附于矿物材料表面，同时，还具有一定的塑性，能适应材料或构件的变形，所以石油沥青具有良好的防水性，被广泛用作土木工程的防潮、防水材料。

② 黏滞性（黏性）。石油沥青的黏滞性是反映沥青材料内部阻碍其相对流动的一种特性，以绝对黏度表示。黏滞性的大小与组分及温度有关。地沥青质含量较高，同时又有适量树脂，而油分含量较少时，则黏滞性较大。在一定温度范围内，当温度升高时，则黏滞性随之降低，反之则随之增大。

③ 塑性。塑性指石油沥青在外力作用时产生变形而不破坏，除去外力后，仍保持变形后形状的性质。石油沥青的塑性与其组分、温度及沥青膜层厚度有关。石油沥青中树脂含量较多，且其他组分含量适当时，则塑性较大；温度升高则塑性增大，膜层越厚则塑性越高。在常温下，塑性较好的沥青在产生裂缝时，也可能由于特有的黏塑性而自行愈合。故塑性还反映了沥青开裂后的自愈能力。沥青之所以能制造出性能良好的柔性防水材料，很大程度上取决于沥青的塑性。沥青的塑性对冲击振动荷载有一定吸收能力，并能减少摩擦时的噪声，故沥青是一种优良的道路路面材料。石油沥青的塑性用延度（伸长度）表示。延度越大，塑性越好。

④ 温度敏感性。温度敏感性是指石油沥青的黏滞性和塑性随温度升降而变化的性能。当温度升高时，沥青由固态或半固态逐渐软化，沥青像液体一样发生了黏性流动，称为黏流态；当温度降低时又逐渐由黏流态凝固为固态，甚至变硬变脆（像玻璃一样硬脆，称作玻璃态）。土木建筑工程宜选用温度敏感性较小的沥青。通常石油沥青中地沥青质含量较多，在一定程度上能够降低其温度敏感性。在工程使用时往往加入滑石粉、石灰石粉或其他矿物填料来降低其温度敏感性。沥青中含蜡量较多时，则会增大温度敏感性。沥青软化点是反映沥青温度敏感性的重要指标，一般采用环球法软化点仪测定沥青软化点。

⑤ 大气稳定性。大气稳定性是指石油沥青在热、阳光、氧气和潮湿等因素的长期综合作用下抵抗老化的性能。石油沥青在外界条件的综合作用下，随着时间的推移，各组分不断递变，流动性和塑性逐渐减小，硬脆性逐渐增大，直至脆裂，这个过程就是石油沥青的老化。

石油沥青的大气稳定性常以蒸发损失和蒸发后针入度比来评定。蒸发损失百分数越小和蒸发后针入度比越大，则表示大气稳定性越高，"老化"越慢。

2）改性石油沥青

改性沥青是指添加了橡胶、树脂、高分子聚合物、磨细了的胶粉等改性剂，或对沥青进行轻度氧化加工，从而使沥青的性能得到改善的沥青混合物。改性沥青一是改变沥青化学组成，二是使改性剂均匀分布于沥青中形成一定的空间网络结构。

（1）橡胶改性沥青。

橡胶沥青有较好的混溶性，能使沥青具有橡胶的很多优点，如高温变形性小、低温柔性好。常用的橡胶改性沥青有氯丁橡胶改性沥青、丁基橡胶改性沥青、热塑性弹性体（SBS）橡胶改性沥青、再生橡胶改性沥青等。

（2）树脂改性沥青。

用树脂改性石油沥青，可以改进沥青的耐寒性、耐热性、黏结性和不透气性。常用的树脂有古马隆树脂、聚乙烯、乙烯-乙酸乙烯共聚物（EVA）、无规聚丙烯（APP）等。

（3）橡胶和树脂改性沥青。

橡胶和树脂同时用于改善沥青的性质，使沥青同时具有橡胶和树脂的特性。且树脂比橡胶便宜，橡胶和树脂又有较好的混溶性，所以效果较好。

（4）矿物填充料改性沥青。

常用的矿物填充料大多是粉状的和纤维状的，主要有滑石粉、石灰石粉、硅藻土和石棉等。

**（三）水泥混凝土**

混凝土是指以胶凝材料将骨料胶结成整体的工程复合材料的统称。按所用胶凝材料的种类不同，混凝土可分为水泥混凝土、沥青混凝土、树脂混凝土、聚合物混凝土等。水泥混凝土是以水泥、骨料和水为主要原料，也可加入外加剂和矿物掺合料等材料，经拌和、成型、养护等工艺制成的、硬化后具有强度的工程材料。

1. 普通混凝土组成材料

普通混凝土（以下简称混凝土）一般是由水泥、砂、石和水所组成，为改善混凝土的某些性能，还常加入适量的外加剂和掺合料。在混凝土中，砂、石起骨架作用，称为骨料或集料；水泥与水形成水泥浆，包裹在骨料的表面并填充其空隙。在混凝土硬化前，水泥浆、外加剂与掺合料起润滑作用，赋予拌合物一定的流动性，便于施工操作。水泥浆硬化后，则将砂、石骨料胶结成一个结实的整体。砂、石一般不参与水泥与水的化学反应，其主要作用是节约水泥、承担荷载和限制硬化水泥的收缩。外加剂、掺合料除了起改善混凝土性能的作用外，还有节约水泥的作用。

1）水泥

水泥是影响混凝土强度、耐久性及经济性的重要因素。配制混凝土时，应根据工程性质与特点、工程部位、工程所处环境以及施工条件等，依据不同品种水泥的特性进行合理的选择。对于泵送混凝土，应选用硅酸盐水泥、普通硅酸盐水泥、矿渣硅酸盐水泥和粉煤灰硅酸盐水泥，不宜采用火山灰质硅酸盐水泥。道路工程一般应采用强度高、收缩小、耐磨性强、抗冻性好的水泥。

水泥强度等级的选择，应与混凝土的设计强度等级相适应。对于一般强度的混凝土，水泥强度等级宜为混凝土强度等级的 1.5～2.0 倍；对于较高强度等级的混凝土，水泥强度宜为混凝土强度等级的 0.9～1.5 倍。结构混凝土用水泥的主要控制指标应包括凝结时间、安定性、胶砂强度和氯离子含量。水泥中使用的混合材料品种和掺量应在出厂文件中明示。

2）砂

根据《建设用砂》（GB/T 14684—2022），粒径在 4.75mm 以下的骨料为细骨料（砂），主要有天然砂、机制砂和混合砂三类。天然砂包括河砂、湖砂、海砂和山砂，混凝土结构用海砂必须经过净化处理。机制砂是经过除土处理，由机械破碎、筛分制成的岩石颗粒，但不含软质岩、风化岩石的颗粒。混合砂是由机制砂和天然砂按一定比例混合而成的砂。

建设用砂按颗粒级配、含泥量（石粉含量）、亚甲蓝（MB）值、泥块含量、有害物质、坚固性、压碎指标、片状颗粒含量分为Ⅰ类、Ⅱ类、Ⅲ类。

砂按细度模数分为粗、中、细三种规格：3.7～3.1 为粗砂，3.0～2.3 为中砂，2.2～1.6 为细砂。粗、中、细砂均可作为普通混凝土用砂，但以中砂为佳。

（1）粗细程度及颗粒级配。砂的粗细程度和颗粒级配通过筛分析法确定。砂的粗细程度是指不同粒径的砂混合在一起时的平均粗细程度。在砂用量相同的情况下，若砂子过粗，则拌制的混凝土黏聚性较差，容易产生离析、泌水现象；若砂子过细，砂子的总表面积增大，虽然拌制的混凝土黏聚性较好，不易产生离析、泌水现象，但水泥用量增大。所以，用于拌制混凝土的砂，不宜过粗，也不宜过细。

砂的颗粒级配是砂大、中、小颗粒的搭配情况。砂大、中、小颗粒含量的搭配适当，则其空隙率和总表面积均较小，即具有良好的颗粒级配。用这种级配良好的砂配制混凝土，不仅所用水泥浆量少，节约水泥，而且可提高混凝土的和易性、密实度和强度。

（2）含泥量（石粉含量）、亚甲蓝（MB）值、泥块含量。根据《混凝土结构通用规范》（GB 55008—2021），对于有抗渗、抗冻、抗腐蚀、耐磨或其他特殊要求的混凝土，砂的含泥量和泥块含量分别不应大于 3.0% 和 1.0%；高强混凝土用砂的含泥量和泥块含量分别不应大于 2.0% 和 0.5%；机制砂应按石粉的亚甲蓝值指标和石粉的流动比指标控制石粉含量。

（3）坚固性。砂的坚固性是指砂在气候、环境变化或其他物理因素作用下抵抗破裂的能力。按现行行业标准《普通混凝土用砂、石质量及检验方法标准》（JGJ 52—2006），砂的坚固性用硫酸钠溶液检验，试样经 5 次循环后其质量损失应符合标准中的要求。建设用砂的坚固性指标不应大于 10%。对于有抗渗、抗冻、抗腐蚀、耐磨或其他特殊要求的混凝土，砂的坚固性指标不应大于 8%。

（4）有害杂质含量。砂中常有黏土、淤泥、有机物、云母、硫化物及硫酸盐等杂质。砂中有害杂质含量不应超过规范规定的标准。钢筋混凝土用砂的氯离子含量不应大于0.03%，预应力混凝土用砂的氯离子含量不应大于0.01%。对于重要工程混凝土所用的砂，还应进行碱活性检验，以确定其适用性。

3）石子

根据《建设用卵石、碎石》(GB/T 14685—2022)，粒径大于4.75mm的骨料称为粗骨料（石子），包括碎石和卵石。碎石是由天然岩石、卵石或矿山废石经破碎、筛分等机械加工而成的粒径大于4.75mm的岩石颗粒；卵石是在自然条件作用下岩石产生破碎、风化、分选、运移、堆（沉）积形成的，粒径大于4.75mm的岩石颗粒。碎石表面粗糙，颗粒多棱角，与水泥浆黏结力强，配制的混凝土强度高，但其总表面积和空隙率较大，拌制混凝土水泥用量较多，拌合物和易性较差；卵石表面光滑，少棱角，空隙率及表面积小，拌制混凝土需用水泥浆量少，拌合物和易性好，便于施工，但所含杂质常较碎石多，与水泥浆黏结力较差，故用其配制的混凝土强度较低。

建设用石按卵石含泥量（碎石泥粉含量），泥块含量，针、片状颗粒含量，不规则颗粒含量，硫化物及硫酸盐含量，坚固性，压碎指标，连续级配松散堆积空隙率，吸水率等分为Ⅰ类、Ⅱ类、Ⅲ类。

(1) 含泥量、泥块含量。

根据《混凝土结构通用规范》(GB 55008—2021)，对于有抗渗、抗冻、抗腐蚀、耐磨或其他特殊要求的混凝土，粗骨料中含泥量和泥块含量分别不应大于1.0%和0.5%；高强混凝土用粗骨料的含泥量和泥块含量分别不应大于0.5%和0.2%。

(2) 最大粒径与颗粒级配。

① 最大粒径。石子中公称粒级的上限称为该粒级的最大粒径。在石子用量一定的情况下，随着粒径的增大，总表面积随之减小，故在满足技术要求的前提下，最大粒径尽可能选得大一些是有利的。根据现行国家标准《混凝土结构工程施工规范》(GB 50666—2011)，粗骨料的最大粒径不得超过结构截面最小尺寸的1/4，且不超过钢筋间最小净距的3/4。对于混凝土实心板，粗骨料最大粒径不宜超过板厚的1/3，且不得超过40mm。对于泵送混凝土，应根据粗骨料品种、泵送高度、输送管径确定最大粒径，碎石的最大粒径应不大于输送管径的1/3，卵石的最大粒径应不大于输送管径的1/2.5。水泥混凝土路面混凝土板用粗骨料，其最大粒径不应超过40mm。

② 颗粒级配。石子级配分为连续级配与间断级配两种。测定石子的最大粒径与颗粒级配仍采用筛分析法。将石子用标准筛筛分后，计算出各筛的分计筛余百分率和累计筛余百分率。以公称粒级的上限为该粒级的最大粒径。

连续级配是指颗粒的尺寸由大到小连续分级，其中每一级石子都占适当的比例。连续级配比间断级配水泥用量稍多，但其拌制的混凝土流动性和黏聚性均较好，是现浇混凝土中最常用的一种级配形式。

间断级配是省去一级或几级中间粒级的集料级配，其大颗粒之间空隙由比它小几倍的小颗粒来填充，减少空隙率，节约水泥。但由于颗粒相差较大，混凝土拌合物易产生离析现象。因此，间断级配较适用于机械振捣流动性低的干硬性拌合物。

泵送混凝土的粗骨料应采用连续级配，粗骨料的级配影响空隙率和砂浆用量，对混凝土泵送影响较大。水泥混凝土路面混凝土板用粗骨料，应采用连续粒级5～40mm。

(3) 强度与坚固性。

① 强度。石子的强度可以用岩石立方体抗压强度或压碎指标表示。

当混凝土强度等级为C60及以上时，应进行岩石抗压强度检验。在选择采石场或对集料强度有严格要求或对质量有争议时，宜用岩石抗压强度检验。

用压碎指标表示石子强度是通过测定石子抵抗压碎的能力，间接地推测其相应的强度。对于经常性的生产质量控制，则用压碎指标值检验较为方便。

② 坚固性。有抗冻等耐久性要求的混凝土所用的粗骨料，要求测定其坚固性。坚固性试验一般采用硫酸钠溶液浸泡法。结构混凝土用粗骨料的坚固性指标不应大于12%；对于有抗渗、抗冻、抗腐蚀、耐磨或其他特殊要求的混凝土，粗骨料坚固性指标不应大于8%。

(4) 有害杂质含量。

石子中含有黏土、淤泥、有机物、硫化物及硫酸盐和其他活性氧化硅等杂质。石子中有害杂质含量不超过规范规定的标准。对于重要工程混凝土所用的卵石、碎石，还应进行碱活性检验，以确定其适用性。

4) 水

混凝土拌合用水和混凝土养护用水应符合现行行业标准《混凝土用水标准》（JGJ 63—2006）的规定。对于设计使用年限为100年的结构混凝土，氯离子含量不得超过500mg/L；对使用钢丝或热处理钢筋的预应力混凝土，氯离子含量不得超过350mg/L。混凝土拌合用水不应有漂浮明显的油脂和泡沫，不应有明显的颜色和异味。混凝土企业设备洗刷水不宜用于预应力混凝土、装饰混凝土，不得用于使用碱活性或潜在碱活性骨料的混凝土。在无法获得水源的情况下，海水可用于素混凝土，但不宜用于装饰混凝土。未经处理的海水严禁用于钢筋混凝土和预应力混凝土。

根据《混凝土结构通用规范》（GB 55008—2021），混凝土拌合用水应控制pH、硫酸根离子含量、氯离子含量、不溶物含量、可溶物含量；当混凝土骨料具有碱活性时，还应控制碱含量；地表水、地下水、再生水在首次使用前应检测放射性。

5) 外加剂

混凝土外加剂是指在拌制混凝土过程中掺入的用以改善新拌混凝土或硬化混凝土性能的材料。在混凝土中应用外加剂，具有投资少、见效快、技术经济效益显著的特点。混凝土外加剂的质量应符合现行国家标准《混凝土外加剂》（GB 8076—2008）、《混凝土外加剂应用技术规范》（GB 50119—2013）及相关的外加剂行业标准的有关规定。

(1) 外加剂的分类。

外加剂种类繁多，功能多样，所以国内外分类方法很不一致。按其主要功能分为四类：

① 改善混凝土拌合物流变性能的外加剂，包括各种减水剂、引气剂和泵送剂等；

② 调节混凝土凝结时间、硬化性能的外加剂，包括缓凝剂、早强剂和速凝剂等；

③ 改善混凝土耐久性的外加剂，包括引气剂、防水剂、防冻剂和阻锈剂等；

④ 改善混凝土其他性能的外加剂，包括加气剂、膨胀剂、着色剂等。

(2) 常用混凝土外加剂。

① 减水剂。混凝土减水剂是指在保持混凝土坍落度基本相同的条件下，具有减水

增强作用的外加剂。

混凝土掺入减水剂的技术经济效果：a. 保持坍落度不变，掺减水剂可降低单位混凝土用水量，从而降低水灰比，提高混凝土强度，同时改善混凝土的密实度，提高耐久性；b. 保持用水量不变，掺减水剂可增大混凝土坍落度（流动性）；c. 保持强度不变，掺减水剂可节约水泥用量。

减水剂常用品种有普通减水剂、高效减水剂、高性能减水剂等。

② 早强剂。混凝土早强剂是指能提高混凝土早期强度，并对后期强度无显著影响的外加剂。若外加剂兼有早强和减水作用则称为早强减水剂。目前常用的早强剂有氯盐、硫酸盐、三乙醇胺和以它们为基础的复合早强剂。氯盐早强剂不能用于预应力混凝土结构。硫酸盐等无机盐类早强剂不宜用于：a. 处于水位变化的结构；b. 露天结构及经常受水淋、受水流冲刷的结构；c. 相对湿度大于80%环境中使用的结构；d. 直接接触酸、碱或其他侵蚀性介质的结构；e. 有装饰要求的混凝土，特别是要求色彩一致或表面有金属装饰的混凝土。三乙醇胺早强剂对钢筋无锈蚀作用，但三乙醇胺等有机胺类早强剂不宜用于蒸养混凝土。

早强剂多用于抢修工程和冬季施工的混凝土。炎热条件以及环境温度低于－5℃时不宜使用早强剂。早强剂不宜用于大体积混凝土。

③ 引气剂及引气减水剂。引气剂是在混凝土搅拌过程中，能引入大量分布均匀的稳定而封闭的微小气泡，以减少拌合物泌水离析、改善和易性，同时显著提高硬化混凝土抗冻融耐久性的外加剂。兼有引气和减水作用的外加剂称为引气减水剂。

引气剂主要有松香树脂类，如松香热聚物、松脂皂；有烷基苯磺酸盐类，如烷基苯磺酸盐、烷基苯酚聚氧乙烯醚等；也采用脂肪醇磺酸盐类以及蛋白质盐、石油磺酸盐等。其中，以松香树脂类的松香热聚物的效果较好，最常使用。

引气减水剂减水效果明显，减水率较大，不但能起到引气作用而且能提高混凝土强度，弥补由于含气量而使混凝土强度降低的不足，还能节约水泥。常在道路、桥梁、港口和大坝等工程上采用。

引气剂及引气减水剂除用于抗冻、防渗、抗硫酸盐混凝土外，还宜用于泌水严重的混凝土、贫混凝土以及对饰面有要求的混凝土和轻骨料混凝土，不宜用于蒸养混凝土和预应力混凝土。

④ 缓凝剂。缓凝剂是指延缓混凝土凝结时间，并不显著降低混凝土后期强度的外加剂。兼有缓凝和减水作用的外加剂称为缓凝减水剂。

缓凝剂用于大体积混凝土、炎热气候条件下施工的混凝土或长距离运输的混凝土，不宜单独用于蒸养混凝土。缓凝剂最常用的是糖蜜和木质素磺酸钙，糖蜜的效果最好。

⑤ 泵送剂。泵送剂是指能改善混凝土拌合物的泵送性能，使混凝土具有能顺利通过输送管道，不阻塞、不离析，黏塑性良好的外加剂。其组分包含缓凝及减水组分、增稠组分（保水剂）、引气组分，及高比表面无机掺合料。应用泵送剂的温度不宜高于35℃，掺泵送剂过量可能造成堵泵现象。泵送剂不宜用于蒸汽养护混凝土和蒸压养护的预制混凝土。

⑥ 膨胀剂。膨胀剂能使混凝土产生一定的体积膨胀，其与水反应生成膨胀性水化

物，与水泥混凝土凝结硬化过程中产生的收缩相抵消。按化学成分可分为硫铝酸盐系膨胀剂、石灰系膨胀剂、铁粉系膨胀剂、氧化镁型膨胀剂和复合型膨胀剂等。

当膨胀剂用于补偿收缩混凝土时，膨胀率相当于或稍大于混凝土收缩，用于防裂、防水接缝、补强堵塞。当膨胀剂用于自应力混凝土时，膨胀率远大于混凝土收缩率，可以达到预应力或化学自应力混凝土的目的，常用于自应力钢筋混凝土输水、输气、输油压力管，反应罐、水池、水塔及其他自应力钢筋混凝土构件。

掺硫铝酸钙膨胀剂的混凝土，不能用于长期处于环境温度在80℃以上的工程；掺硫铝酸钙类或石灰类膨胀剂的混凝土，不宜使用氯盐类外加剂。

2. 普通混凝土的技术性质

1) 混凝土的强度

(1) 立方体抗压强度（$f_{cu}$）。按照标准的制作方法制成边长为150mm的立方体试件，在标准养护条件（温度20±2℃、相对湿度95%以上或在氢氧化钙饱和溶液中）下养护到28d，按照标准的测定方法测定其抗压强度值，称为混凝土立方体试件抗压强度，简称立方体抗压强度，以$f_{cu}$表示。而立方体抗压强度（$f_{cu}$）只是一组试件抗压强度的算术平均值，并未涉及数理统计和保证率的概念。立方体抗压强度标准值（$f_{cu,k}$）是按数理统计方法确定，具有不低于95%保证率的立方体抗压强度。

混凝土的强度等级是根据立方体抗压强度标准值来确定的。采用符号C与立方体抗压强度标准值（单位为MPa）表示。普通混凝土划分为C15、C20、C25、C30、C35、C40、C45、C50、C55、C60、C65、C70、C75和C80共14个等级，C30即表示混凝土立方体抗压强度标准值30MPa≤$f_{cu,K}$＜35MPa。混凝土强度等级是混凝土结构设计、施工质量控制和工程验收的重要依据。

结构混凝土强度等级的选用应满足工程结构的承载力、刚度及耐久性需求。对设计工作年限为50年的混凝土结构，结构混凝土的强度等级尚应符合下列规定；对设计工作年限大于50年的混凝土结构，结构混凝土的最低强度等级应比下列规定提高：

① 素混凝土结构构件的混凝土强度等级不应低于C20，钢筋混凝土结构构件的混凝土强度等级不应低于C25，预应力混凝土楼板结构的混凝土强度等级不应低于C30，其他预应力混凝土结构构件的混凝土强度等级不应低于C40，型钢混凝土组合结构构件的混凝土强度等级不应低于C30。

② 承受重复荷载作用的钢筋混凝土结构构件，混凝土强度等级不应低于C30。

③ 抗震等级不低于二级的钢筋混凝土结构构件，混凝土强度等级不应低于C30。

④ 采用500MPa及以上等级钢筋的钢筋混凝土结构构件，混凝土的强度等级不应低于C30。

(2) 抗拉强度。混凝土在直接受拉时，很小的变形就要开裂。它在断裂前没有残余变形，是一种脆性破坏。混凝土的抗拉强度只有抗压强度的1/20~1/10，且强度等级越高，该比值越小。所以，混凝土在工作时，一般不依靠其抗拉强度。在设计钢筋混凝土结构时，不是由混凝土承受拉力，而是由钢筋承受拉力。但是混凝土的抗拉强度对减少裂缝很重要，有时也用来间接衡量混凝土与钢筋的黏结强度。

混凝土抗拉强度采用劈裂抗拉试验方法间接地求得，称为劈裂抗拉强度。

(3) 抗折强度。在道路和机场工程中，混凝土抗折强度是结构设计和质量控制的重要指标，而抗压强度作为参考强度指标。道路水泥混凝土的抗折强度检验的标准试件为150mm×150mm×550mm直方体，是对直角棱柱体小梁按三分点加荷方式测定的。

(4) 影响混凝土强度的因素。

混凝土的强度主要取决于水泥石强度及其与骨料表面的黏结强度，而水泥石强度及其与骨料的黏结强度又与水泥强度等级、水灰比及骨料性质有密切关系。此外，混凝土的强度还受施工质量、养护条件及龄期的影响。

2) 混凝土的和易性

(1) 和易性概念。混凝土的和易性指混凝土拌合物在一定的施工条件下，便于各种施工工序的操作，以保证获得均匀密实的混凝土的性能。和易性是一项综合技术指标，包括流动性、黏聚性、保水性三个主要方面。混凝土拌合物的流动性通常采用坍落度及坍落扩展度试验和维勃稠度试验进行评定。混凝土拌合物的黏聚性和保水性主要通过目测结合经验进行评定。

(2) 混凝土和易性的影响因素。影响混凝土拌合物和易性的主要因素包括单位体积用水量、砂率、组成材料的性质、时间和温度等。单位体积用水量决定水泥浆的数量和稠度，它是影响混凝土和易性的最主要因素。砂率是指混凝土中砂的质量占砂、石总质量的百分率。组成材料的性质包括水泥的需水量和泌水性、骨料的特性、外加剂和掺合料的特性等几方面。

3) 混凝土耐久性

(1) 混凝土耐久性的概念。混凝土耐久性是指混凝土在实际使用条件下抵抗各种破坏因素作用，长期保持强度和外观完整性的能力。包括混凝土的抗冻性、抗渗性、抗蚀性及抗碳化能力等。

① 抗冻性。指混凝土在饱和水状态下，能经受多次冻融循环而不破坏，也不严重降低强度的性能，是评定混凝土耐久性的主要指标。抗冻性好坏用抗冻等级表示。

混凝土的密实度、孔隙的构造特征是影响抗冻性的重要因素。密实或具有封闭孔隙的混凝土，其抗冻性较好。提高混凝土抗冻性的最有效的方法是采用加入引气剂、减水剂和防冻剂的混凝土或密实混凝土。

② 抗渗性。指混凝土抵抗水、油等液体渗透的能力。抗渗性好坏用抗渗等级表示。根据标准试件28d龄期试验时所能承受的最大水压，分为P4、P6、P8、P10、P12等5个等级，抗渗等级不低于P6的混凝土为抗渗混凝土。影响混凝土抗渗性的因素有水灰比、水泥品种、骨料的粒径、养护方法、外加剂及掺合料等，其中水灰比对抗渗性起决定性作用。

③ 抗侵蚀性。腐蚀的类型通常有淡水腐蚀、硫酸盐腐蚀、溶解性化学腐蚀、强碱腐蚀等。混凝土的抗侵蚀性与密实度有关，水泥品种、混凝土内部孔隙特征对抗侵蚀性也有较大影响。

④ 抗碳化能力。环境中的 $CO_2$ 和水与混凝土内水泥石中的 $Ca(OH)_2$ 发生反应，生成碳酸钙和水，从而使混凝土的碱度降低，减弱了混凝土对钢筋的保护作用。环境中二氧化碳浓度、环境湿度、混凝土密实度、水泥品种与掺合料用量是影响混凝土碳化的主要因素。

(2) 提高混凝土耐久性的措施。混凝土耐久性主要取决于组成材料的质量及混凝土密实度。提高耐久性的措施如下：

① 根据工程环境及要求，合理选用水泥品种。
② 控制水灰比及保证足够的水泥用量。
③ 选用质量良好、级配合理的骨料和合理的砂率。
④ 掺用合适的外加剂。

#### （四）特种混凝土

**1. 高性能混凝土**

高性能混凝土（High Performance Concrete，简称 HPC）是一种新型高技术混凝土。现行协会标准《高性能混凝土应用技术规程》（CECS 207—2006）对高性能混凝土的定义为：采用常规材料和工艺生产，具有混凝土结构所要求的各项力学性能，具有高耐久性、高工作性和高体积稳定性的混凝土。这种混凝土特别适用于高层建筑、桥梁以及暴露在严酷环境中的建筑物。

1）高性能混凝土的特性

（1）自密实性好。高性能混凝土的用水量较低，流动性好，抗离析性高，具有较优异的填充性。因此，配合比恰当的大流动性高性能混凝土有较好的自密实性。

（2）体积稳定性。高性能混凝土的体积稳定性较高，具有高弹性模量、低收缩与徐变、低温度变形。普通混凝土的弹性模量为 20～25GPa，采用适宜的材料与配合比的高性能混凝土弹性模量可达 40～50GPa。采用高弹性模量、高强度的粗集料并降低混凝土中水泥浆体的含量，选用合理的配合比配制的高性能混凝土 90d 龄期的干缩值低于 0.04%。

（3）强度高。高性能混凝土的抗压强度已超过 200MPa。28d 平均强度介于 100～120MPa 的高性能混凝土已在工程中应用。高性能混凝土的抗拉强度与抗压强度值比较高强混凝土有明显增加，高性能混凝土的早期强度发展较快，而后期强度的增长率却低于普通强度混凝土。

（4）水化热低。由于高性能混凝土的水灰比较低，会较早地终止水化反应，因此，水化热相应地降低。

（5）收缩量小。高性能混凝土的总收缩量与其强度成反比，强度越高总收缩量越小。但高性能混凝土的早期收缩率随着早期强度的提高而增大。相对湿度和环境温度仍然是影响高性能混凝土收缩性能的两个主要因素。

（6）徐变少。高性能混凝土的徐变变形显著低于普通混凝土，高性能混凝土与普通强度混凝土相比较，高性能混凝土的徐变总量（基本徐变与干燥徐变之和）有显著减少。

（7）耐久性好。高性能混凝土除通常的抗冻性、抗渗性明显高于普通混凝土之外，高性能混凝土的 $Cl^-$ 渗透率明显低于普通混凝土。高性能混凝土具有较高的密实性和抗渗性，其抗化学腐蚀性能显著优于普通强度混凝土。

（8）耐高温（火）差。高性能混凝土在高温作用下会产生爆裂、剥落。为克服这一性能缺陷，可在高性能混凝土中掺入有机纤维，在高温下混凝土中的纤维能熔解、挥发，形成许多连通的孔隙，使高温作用产生的蒸汽压力得以释放，从而改善高性能混凝土的耐高温性能。

高性能混凝土是能更好地满足结构功能要求和施工工艺要求的混凝土，能最大限度地延长混凝土结构的使用年限，降低工程造价。

2）制备高性能混凝土的技术途径

单方高性能混凝土用水量不宜大于 $175kg/m^3$。胶凝材料总量宜为 $450\sim600kg/m^3$，其中矿物微细粉用量不宜超过胶凝材料总量的30%。水胶比不宜大于0.38。砂率宜为37%～44%。高效减水剂掺量根据坍落度要求而定。

（1）选用优质的、符合要求的水泥和粗细集料。

（2）选用高效减水剂。

（3）选用微细粉。选用具有一定潜在活性或者火山灰活性的矿物掺合料，如硅粉、粉煤灰、磨细矿渣粉、天然沸石粉、偏高岭土粉及复合微细粉等。

（4）改善混凝土的施工工艺。目前效果比较显著的有以下几种：

① 水泥裹砂混凝土搅拌工艺。

② 采用超声波振动或高频振动密实。

③ 对浇筑成型的新拌混凝土进行真空吸水。

④ 在真空吸水的同时，最好采用适当的机械振动，从而促使新拌混凝土的"液化"而降低脱水阻力，有利于同相颗粒位置的调整及气泡的排出。

2. 高强混凝土

高强混凝土是用普通水泥、砂石作为原料，采用常规制作工艺，主要依靠高效减水剂，或同时外加一定数量的活性矿物掺和料，使硬化后强度等级不低于C60的混凝土。高强混凝土应符合现行行业标准《高强混凝土应用技术规程》（JGJ/T 281—2012）的规定。

1）高强混凝土的特点

（1）高强混凝土的优点。

① 高强混凝土可减少结构断面，降低钢筋用量，增加房屋使用面积和有效空间，减轻地基负荷；

② 高强混凝土致密坚硬，其抗渗性、抗冻性、耐蚀性、抗冲击性等诸方面性能均优于普通混凝土；

③ 对预应力钢筋混凝土构件，高强混凝土由于刚度大、变形小，故可以施加更大的预应力和更早地施加预应力，以及减少因徐变而导致的预应力损失。

（2）高强混凝土的不利条件。

① 高强混凝土容易受到施工各环节中环境条件的影响，所以对其施工过程的质量管理水平要求高；

② 高强混凝土的延性比普通混凝土差。

2）高强混凝土的物理力学性能

（1）抗压性能。与中、低强度混凝土相比，高强混凝土中的孔隙较少，水泥石强度、水泥浆与骨料之间的界面强度、骨料强度这三者之间的差异也很小，所以更接近匀质材料，使得高强混凝土的抗压性能与普通混凝土相比有相当大的提高。

（2）早期与后期强度。高强混凝土的水泥用量大，早期强度发展较快，特别是加入高效减水剂促进水化，早期强度更高，但后期强度增长较小，掺高效减水剂的混凝土后期强度增长幅度要低于没有掺减水剂的混凝土。

(3) 抗拉强度。混凝土的抗拉强度虽然随着抗压强度的提高而提高,但它们之间的比值却随着强度的增加而降低。劈拉强度为立方体的抗压强度 $f_{cu}$ 的 1/18～1/15,抗折强度约为 $f_{cu}$ 的 1/12～1/8,而轴拉强度约为 $f_{cu}$ 的 1/24～1/20。在低强度混凝土中,这些比值均要大得多。

(4) 收缩。高强混凝土的初期收缩大,但最终收缩量与普通混凝土大体相同,用活性矿物掺和料代替部分水泥还可进一步减小混凝土的收缩。

(5) 耐久性。高强混凝土在耐久性方面的性能均明显优于普通混凝土,尤其是外加矿物掺和料的高强度混凝土,其耐久性进一步提高。

3) 对高强混凝土组成材料的要求

(1) 应选用质量稳定的硅酸盐水泥或普通硅酸盐水泥;

(2) 粗骨料应采用连续级配,其最大公称粒径不应大于 25.0mm,岩石抗压强度应比混凝土强度等级标准值高 30%;

(3) 细骨料的细度模数为 2.6～3.0 的 2 区中砂,含泥量不大于 2.0%;

(4) 高强度混凝土的水泥用量不应大于 550kg/m³。

**3. 轻骨料混凝土**

根据现行行业标准轻骨料混凝土是指用轻粗骨料、轻砂(或普通砂)、水泥和水配制而成的干表观密度不大于 1950kg/m³ 的混凝土。

1) 轻骨料混凝土的分类

(1) 按干表观密度及用途分为:保温轻骨料混凝土,干表观密度等级≤0.8t/m³;结构保温轻骨料混凝土,干表观密度等级为 0.8～1.4t/m³;结构轻骨料混凝土,干表观密度等级为 1.4～2.0t/m³。

(2) 按轻骨料的来源分为:工业废渣轻骨料混凝土,如粉煤灰陶粒混凝土、膨胀矿渣混凝土等;天然轻骨料混凝土,如浮石混凝土等;人造轻骨料混凝土,如膨胀珍珠岩混凝土等。

(3) 按细骨料品种分为:砂轻混凝土,由普通砂或部分轻砂做细骨料配制而成的混凝土;全轻混凝土,粗、细骨料均为轻质骨料的混凝土。

2) 轻骨料混凝土的物理力学性质

轻骨料本身强度较低,结构多孔,表面粗糙,具有较高吸水率,故轻骨料混凝土的性质在很大程度上受轻骨料性能的制约。

(1) 强度等级。强度等级划分的方法同普通混凝土,按立方体抗压标准强度分为 13 个强度等级:CL5、CL7.5、CL10、CL15、CL20、CL25、CL30、CL35、CL40、CL45、CL50、CL55 和 CL60。

(2) 表观密度。按干表观密度分为 14 个密度等级。在抗压强度相同的条件下,其干表观密度比普通混凝土低 25%～50%。

(3) 耐久性。因轻骨料混凝土中的水泥水化充分,毛细孔少,与同强度等级的普通混凝土相比,耐久性明显改善。

(4) 轻骨料混凝土的弹性模量比普通混凝土低 20%～50%,保温隔热性能较好,导热系数相当于烧结普通砖的导热系数。

4. 防水混凝土

防水混凝土又叫抗渗混凝土，防水混凝土的抗渗性能不得小于 P6。一般通过对混凝土组成材料质量改善，合理选择配合比和集料级配，以及掺加适量外加剂，达到混凝土内部密实或是堵塞混凝土内部毛细管通路，使混凝土具有较高的抗渗性能的目的，可提高混凝土结构自身的防水能力，节省外用防水材料，简化防水构造，对地下结构、高层建筑的基础以及储水结构具有重要意义。实现混凝土自防水的技术途径有以下几个方面：

1）提高混凝土的密实度

（1）调整混凝土的配合比提高密实度。一般应在保证混凝土拌和物和易性的前提下，减小水灰比，改善骨料颗粒级配，降低空隙率，减少渗水通道。适当提高水泥用量、砂率和灰砂比，在粗骨料周围形成质量良好的、足够厚度的砂浆包裹层，阻断沿粗骨料表面的渗水孔隙。

（2）掺入化学外加剂提高密实度。在混凝土中掺入适量减水剂、三乙醇胺早强剂或氯化铁防水剂均可提高密实度，增加抗渗性。

（3）使用膨胀水泥（或掺用膨胀剂）提高混凝土密实度，提高抗渗性。

2）改善混凝土内部孔隙结构

在混凝土中掺入适量引气剂或引气减水剂，可以形成大量封闭的微小气泡，这些气泡相互独立，既不渗水，又使水路变得曲折、细小、分散，可显著提高混凝土的抗渗性。

防水混凝土施工技术要求较高，施工中应尽量少留或不留施工缝，必须留施工缝时需设止水带；模板不得漏浆；原材料质量应严加控制；加强搅拌、振捣和养护工序等。

5. 碾压混凝土

碾压混凝土是由级配良好的骨料、较低的水泥用量和用水量、较多的混合材料（往往加入适量的缓凝剂、减水剂或引气剂）制成的超干硬性混凝土拌和物，经振动碾压等工艺达到高密度、高强度的混凝土，是道路工程、机场工程和水利工程中性能好、成本低的新型混凝土材料。

1）对碾压混凝土组成材料的要求

（1）骨料。由于碾压混凝土用水量低，较大的骨料粒径会引起混凝土离析并影响混凝土外观，最大粒径以 20mm 为宜，当碾压混凝土分两层摊铺时，其下层集料最大粒径采用 40mm。为获得较高的密实度应使用较大的砂率，必要时应多种骨料掺配使用。为承受施工中的压振作用，骨料应具有较高的抗压强度。

（2）混合材料。混合材料除具有增加胶结和节约水泥作用外，还能改善混凝土的和易性、密实性及耐久性。碾压混凝土施工操作时间长，碾压成形后还可能承受上层或附近振动的扰动，为此常加入缓凝剂；为使混凝土在水泥浆用量较少的情况下取得较好的和易性，可加入适量的减水剂；为改善混凝土的抗渗性和抗冻性可加入适量的引气剂。

（3）水泥。当混合材料掺量较高时宜选用普通硅酸盐水泥或硅酸盐水泥，以便混凝土尽早获得强度；当不用混合材料或用量很少时，宜选用矿渣水泥、火山灰水泥或粉煤灰水泥，使混凝土取得良好的耐久性。

2）碾压混凝土的特点

（1）内部结构密实、强度高。碾压混凝土使用的骨料级配空隙率低，经振动碾压内部结构骨架十分稳定，因此能够充分发挥骨料的强度优势，使混凝土表现出较高的抗压强度。

（2）干缩性小、耐久性好。振动碾压后，一方面内部结构密实且稳定性好，使其抵抗变形的能力增加；另一方面，由于用水量少，混凝土的干缩减少，水泥石结构中易被腐蚀的氢氧化钙等物质含量也很少，这些都为其改善耐久性打下了良好的基础。

（3）节约水泥、水化热低。因为碾压混凝土的空隙率很低，填充孔隙所需胶结材料比普通混凝土明显减少；振动碾压工艺对水泥有良好的强化分散和塑化作用，对混凝土流动性要求低，多为干硬性混凝土，需要起润滑作用的水泥浆量减少，所以碾压混凝土的水泥用量大为减少。这不仅节约水泥，而且使水化热大为减少，使其特别适用于大体积混凝土工程。

6. 纤维混凝土

纤维混凝土是以混凝土为基体，外掺各种纤维材料而成，掺入纤维的目的是提高混凝土的抗拉强度，降低其脆性。纤维的品种有高弹性模量纤维（如钢纤维、碳纤维、玻璃纤维等）和低弹性模量纤维（如尼龙纤维、聚丙烯纤维）两类。纤维混凝土目前已逐渐地应用在高层建筑楼面，高速公路路面，荷载较大的仓库地面、停车场、储水池等处。高弹性模量纤维中钢纤维应用较多；低弹性模量纤维不能提高混凝土硬化后的抗拉强度，但能提高混凝土的抗冲击强度，聚丙烯纤维应用较多。各类纤维中以钢纤维对抑制混凝土裂缝形成、提高混凝土抗拉和抗弯强度、增加韧性效果最好。

**（五）砌筑材料**

1. 砖

1）烧结砖

烧结砖有烧结普通砖（实心砖）、烧结多孔砖和烧结空心砖等种类。

烧结普通砖又称标准砖，它是由煤矸石、页岩、粉煤灰或黏土为主要原料，经塑压成型制坯，干燥后经焙烧而成的实心砖，国内统一外形尺寸为 240mm×115mm×53mm。

烧结多孔砖简称多孔砖，为大面有孔的直角六面体，其孔洞率不小于 25%，孔的尺寸小而数量多，主要用于承重部位的砖，砌筑时孔洞垂直于受压面。

烧结空心砖就是孔洞率不小于 40%，孔的尺寸大而数量少的烧结砖。砌筑时孔洞水平，主要用于框架填充墙和自承重隔墙。

砖的耐久性应符合规范规定，其耐久性包括抗风化性、泛霜和石灰爆裂等指标。抗风化性通常以其抗冻性、吸水率及饱和系数等来进行判别。而石灰爆裂与泛霜均与砖中石灰夹杂有关。

2）蒸养（压）砖

蒸养（压）砖属于硅酸盐制品，是以石灰和含硅原料（砂、粉煤灰、炉渣、矿渣、煤矸石等）加水拌和，经成型、蒸养（压）而制成的。目前使用的主要有粉煤灰砖、灰砂砖和炉渣砖。

根据现行国家标准《蒸压灰砂实心砖和实心砌块》（GB/T 11945—2019），蒸压灰砂砖以石灰和砂为原料，经制坯成型、蒸压养护而成。这种砖与烧结普通砖尺寸规格相同。按抗压、抗折强度值可划分为 MU25、MU20、MU15、MU10 四个强度等级。MU15 以上者可用于基础及其他建筑部位。MU10 砖可用于防潮层以上的建筑部位。这种砖均不得用于长期经受 200℃ 高温、急冷急热或有酸性介质侵蚀的建筑部位。

2. 砌块

砌块按主规格尺寸可分为小砌块、中砌块和大砌块。按其空心率大小砌块又可分为空心砌块和实心砌块两种。空心率小于 25％ 或无孔洞的砌块为实心砌块；空心率大于或等于 25％ 的砌块为空心砌块。砌块又可按其所用主要原料及生产工艺命名，如水泥混凝土砌块、加气混凝土砌块、粉煤灰砌块、石膏砌块、烧结砌块等。常用的砌块有普通混凝土小型空心砌块、轻骨料混凝土小型空心砌块和蒸压加气混凝土砌块等。

3. 砌筑砂浆

砂浆是由胶凝材料、细骨料、掺合料和水配制而成的材料，在建筑工程中起黏结、衬垫和传递应力的作用。按用途可分为砌筑砂浆、抹面砂浆、其他特种砂浆等；按所用胶凝材料的不同，可分为水泥砂浆、石灰砂浆、水泥石灰混合砂浆等；按生产形式可分成现场拌制砂浆和预拌砂浆。

## 二、建筑装饰材料

1. 饰面材料

常用的饰面材料有天然石材、人造石材、陶瓷与玻璃制品、塑料制品、石膏制品、木材以及金属材料等。

1）饰面石材

（1）天然饰面石材。

天然饰面石材一般用致密岩石凿平或锯解而成厚度不大的石板，要求饰面石板具有耐久、耐磨、色彩美观、无裂缝等性质。常用的天然饰面石板有花岗石板、大理石板等。

① 花岗石板材。花岗石板材为花岗岩经锯、磨、切等工艺加工而成的。花岗石板材质地坚硬密实，抗压强度高，具有优异的耐磨性及良好的化学稳定性，不易风化变质，耐久性好，但由于花岗岩石中含有石英，在高温下会发生晶型转变，产生体积膨胀，因此花岗石耐火性差。

天然石材的放射性是引起普遍关注的问题。民用建筑工程根据控制室内环境污染的不同要求，划分为以下两类：Ⅰ类民用建筑应包括住宅、居住功能公寓、医院病房、老年人照料房屋设施、幼儿园、学校教室、学生宿舍等；Ⅱ类民用建筑应包括办公楼、商店、旅馆、文化娱乐场所、书店、图书馆、展览馆、体育馆、公共交通等候室、餐厅等。但绝大多数的天然石材中所含放射物质极微，不会对人体造成任何危害。但部分花岗石产品放射性指标超标，会在长期使用过程中对环境造成污染，因此有必要给予控制。

现行国家标准《建筑材料放射性核素限量》（GB 6566—2010）中规定，装修材料（花岗石、建筑陶瓷、石膏制品等）中以天然放射性核素的放射性比活度和外照射指数的限值分为 A、B、C 三类：A 类产品的产销与使用范围不受限制；B 类产品不可用于

Ⅰ类民用建筑的内饰面，但可用于Ⅰ类民用建筑的外饰面及其他一切建筑物的内、外饰面；C类产品只可用于一切建筑物的外饰面。

花岗石板根据其用途不同，其加工方法也不同。建筑上常用的剁斧板，主要用于室外地面、台阶、基座等处；机刨板材一般多用于地面、踏步、檐口、台阶等处；花岗石粗磨板则用于墙面、柱面、纪念碑等；磨光板材因其具有色彩鲜明，光泽照人的特点，主要用于室内外墙面、地面、柱面等。

② 大理石板。大理石是将大理石荒料经锯切、研磨、抛光而成的高级室内外装饰材料，其价格因花色、加工质量而异，差别极大。大理石结构致密，抗压强度高，但硬度不大，因此大理石相对较易锯解、雕琢和磨光等加工。

大理石板材用于宾馆、展览馆、影剧院、商场、图书馆、机场、车站等公共建筑工程的室内柱面、地面、窗台板、服务台、电梯间门脸的饰面等，是理想的室内高级装饰材料。此外还可制作大理石壁画、工艺品、生活用品等。

大理石板材具有吸水率小、耐磨性好以及耐久等优点，但其抗风化性能较差。因为大理石主要化学成分为碳酸钙，易被侵蚀，使表面失去光泽，变得粗糙而降低装饰及使用效果，故除个别品种（含石英为主的砂岩及石曲岩）外，一般不宜用作室外装饰。

(2) 人造饰面石材。

① 水泥型人造石材。以白色、彩色水泥或硅酸盐、铝酸盐水泥为胶结料，砂为细骨料，碎大理石、花岗石或工业废渣等为粗骨料，必要时再加入适量的耐碱颜料，经配料、搅拌、成型和养护硬化后，再进行磨平抛光而制成。用铝酸盐水泥制成的人造石材表面光洁度高，花纹耐久，抗风化性、耐久性及防潮均优于硅酸盐水泥制成的人造石材。

② 聚酯型人造石材。以不饱和聚酯为胶结料，加入石英砂、大理石渣、方解石粉等无机填料和颜料，经配制、混合搅拌、浇注成型、固化、烘干、抛光等工序而制成。国内外人造大理石、花岗石以聚酯型为多，该类产品光泽好、颜色浅，可调配成各种鲜明的花色图案。由于不饱和聚酯的黏度低，易于成型，且在常温下固化较快，便于制作形状复杂的制品。与天然大理石相比，聚酯型人造石材具有强度高、密度小、厚度薄、耐酸碱腐蚀及美观等优点。但其耐老化性能不及天然花岗石，故多用于室内装饰。

③ 复合型人造石材。该类人造石材，是由无机胶结料和有机胶结料共同组合而成。例如，可在廉价的水泥型板材上复合聚酯型薄层，组成复合型板材，以获得最佳的装饰效果和经济指标；也可将水泥型人造石材浸渍于具有聚合性能的有机单体中并加以聚合，以提高制品的性能和档次。有机单体可用苯乙烯、甲基丙烯酸甲酯、醋酸乙烯、二氯乙烯、丁二烯等。

④ 烧结型人造石材。这种石材是把斜长石、石英、辉石石粉和赤铁矿以及高岭土等混合成矿粉，再配以40%左右的黏土混合制成泥浆，经制坯、成型和艺术加工后，再经1000℃左右的高温焙烧而成。如仿花岗石瓷砖、仿大理石陶瓷艺术板等。

2) 饰面陶瓷

凡是用于砖石墙面、地面及卫生间的装备等的各种陶瓷及其制品统称建筑陶瓷。用作饰面的陶瓷主要有釉面砖、墙地砖、陶瓷锦砖、瓷质砖等。

(1) 釉面砖。

釉面砖又称瓷砖，为正面挂釉，背面有凹凸纹，以便于粘贴施工。釉面砖表面平整、光滑，坚固耐用，色彩鲜艳，易于清洁、防火、防水、耐磨、耐腐蚀。但不应用于室外，因釉面砖砖体多孔，吸收大量水分后将产生湿胀现象，而釉吸湿膨胀非常小，从而导致釉面开裂，出现剥落、掉皮现象。

(2) 墙地砖。

墙地砖是墙砖和地砖的总称，该类产品作为墙面、地面装饰都可使用，故称为墙地砖，实际上包括建筑物外墙装饰贴面用砖和室内外地面装饰铺贴用砖。墙地砖是以品质均匀、耐火度较高的黏土作为原料，经压制成型，在高温下烧制而成。具有坚固耐用，易清洗、防火、防水、耐磨、耐腐蚀等特点，可制成平面、麻面、仿花岗石面、无光釉面、有光釉面、防滑面、耐磨面等多种产品。为了与基材有良好的黏结，其背面常常具有凹凸不平的沟槽等。墙地砖品种规格繁多，尺寸各异，以满足不同的使用环境条件的需要。

(3) 陶瓷锦砖。

俗称马赛克，是以优质瓷土烧制成的小块瓷砖。陶瓷锦砖色泽稳定、美观、耐磨、耐污染、易清洗，抗冻性能好，坚固耐用，且造价较低，主要用于室内地面铺装。

(4) 瓷质砖。

瓷质砖又称同质砖、通体砖、玻化砖，是由天然石料破碎后添加化学黏合剂压合经高温烧结而成。瓷质砖的烧结温度高，瓷化程度好，吸水率小于0.5%，吸湿膨胀率极小，故该砖抗折强度高、耐磨损、耐酸碱、不变色、寿命长，在-15℃～20℃冻融循环20次无可见缺陷。

瓷质砖具有天然石材的质感，而且更具有高光度、高硬度、高耐磨、吸水率低，色差少以及规格多样化和色彩丰富等优点。装饰在建筑物外墙壁上能起到隔音、隔热的作用，而且它比大理石轻便，质地均匀致密、强度高、化学性能稳定，其优良的物理化学性能源自它的微观结构。瓷质砖是多晶材料，主要由无数微粒级的石英晶粒和莫来石晶粒构成网架结构，这些晶体和玻璃体都有很高的强度和硬度，并且晶粒和玻璃体之间具有相当高的结合强度。瓷质砖是20世纪80年代后期发展起来的建筑装饰材料，正逐渐成为天然石材装饰材料的替代产品。

此外，常见的还有石膏饰面材料，塑料饰面材料，木材、金属等饰面材料。

2. 建筑玻璃

玻璃是以石英砂、纯碱、石灰石和长石等主要原料以及一些辅助材料在高温下熔融、成型、急冷而形成的一种无定形非晶态硅酸盐物质，是各向同性的脆性材料。

在土木建筑工程中，玻璃是一种重要的建筑材料。它除了能采光和装饰外，还有控制光线、调节热量、节约能源、控制噪声、降低建筑物自重、改善建筑环境、提高建筑艺术水平等功能。

1) 平板玻璃

(1) 分类及规格。

平板玻璃按颜色属性分为无色透明平板玻璃和本体着色平板玻璃。按生产方法不同，可分为普通平板玻璃和浮法玻璃两类。根据国家标准《平板玻璃》(GB 11614—2022)

的规定，平板玻璃按其公称厚度，可分为 2mm、3mm、4mm、5mm、6mm、8mm、10mm、12mm、15mm、19mm、22mm、25mm 共 12 种规格。

(2) 特性。

① 良好的透视、透光性能（3mm、5mm 厚的无色透明平板玻璃的可见光透射比分别为 88% 和 86%）。对太阳光中近红外热射线的透过率较高，但对可见光射至室内墙顶地面和家具、织物而反射产生的远红外长波热射线却有效阻挡，故可产生明显的"暖房效应"。无色透明平板玻璃对太阳光中紫外线的透过率较低。

② 具有隔声和有一定的保温性能。抗拉强度远小于抗压强度，是典型的脆性材料。

③ 有较高的化学稳定性，通常情况下，对酸、碱、盐、化学试剂及气体有较强的抵抗能力，但长期遭受侵蚀性介质的作用也能导致变质和破坏，如玻璃的风化和发霉都会导致外观的破坏和透光能力的降低。

④ 热稳定性较差，急冷急热时易发生炸裂。

(3) 应用。

3~5mm 的平板玻璃一般直接用于有框门窗的采光，8~12mm 的平板玻璃可用于隔断、橱窗、无框门。平板玻璃的另外一个重要用途是作为钢化、夹层、镀膜、中空等深加工玻璃的原片。

2) 装饰玻璃

装饰玻璃包括以装饰性能为主要特性的彩色平板玻璃、釉面玻璃、压花玻璃、喷花玻璃、乳花玻璃、刻花玻璃、冰花玻璃等。

3) 安全玻璃

(1) 防火玻璃。

普通玻璃因热稳定性较差，遇火易发生炸裂，故防火性能较差。防火玻璃是经特殊工艺加工和处理，在规定的耐火试验中能保持其完整性和隔热性的特种玻璃。防火玻璃原片可选用浮法平板玻璃、钢化玻璃，复合防火玻璃原片还可选用单片防火玻璃制造。

防火玻璃按结构可分为复合防火玻璃（以 FFB 表示）和单片防火玻璃（以 DFB 表示）。按耐火性能可分为隔热型防火玻璃（A 类）和非隔热型防火玻璃（C 类）。按耐火极限可分为五个等级：0.50h、1.00h、1.50h、2.00h、3.00h。防火玻璃主要用于有防火隔热要求的建筑幕墙、隔断等构造和部位。

(2) 钢化玻璃。

钢化玻璃是用物理或化学的方法，在玻璃的表面上形成一个压应力层，而内部处于较大的拉应力状态，内外拉压应力处于平衡状态。玻璃本身具有较高的抗压强度，表面不会造成破坏的玻璃品种。当玻璃受到外力作用时，这个压应力层可将部分拉应力抵消，避免玻璃的碎裂，从而达到提高玻璃强度的目的。钢化玻璃机械强度高、弹性好、热稳定性好、碎后不易伤人，但可发生自爆。

钢化玻璃具有较好的机械性能和热稳定性，常用作建筑物的门窗、隔墙、幕墙及橱窗、家具等。但钢化玻璃使用时不能切割、磨削，边角亦不能碰击挤压，需按现成的尺寸规格选用或提出具体设计图纸进行加工定制。用于大面积玻璃幕墙的玻璃在钢化程度上要予以控制，宜选择半钢化玻璃（即没达到完全钢化，其内应力较小），以避免受风荷载引起振动而自爆。

(3) 夹丝玻璃。

夹丝玻璃也称防碎玻璃或钢丝玻璃。它是由压延法生产的，即在玻璃熔融状态时将经预热处理的钢丝或钢丝网压入玻璃中间，经褪火、切割而成。夹丝玻璃表面可以是压花的或磨光的，颜色可以制成无色透明或彩色的。

夹丝玻璃具有安全性、防火性和防盗抢性。夹丝玻璃应用于建筑的天窗、采光屋顶、阳台及须有防盗、防抢功能要求的营业柜台的遮挡部位。当用作防火玻璃时，要符合相应耐火极限的要求。夹丝玻璃可以切割，但断口处裸露的金属丝要作防锈处理，以防锈体体积膨胀，引起玻璃"锈裂"。

(4) 夹层玻璃。

夹层玻璃是将玻璃与玻璃和（或）塑料等材料用中间层分隔，并通过处理使其黏结为一体的复合材料的统称。常见和大多使用的是玻璃与玻璃，用中间层分隔并通过处理使其黏结为一体的玻璃构件。而安全夹层玻璃是指在破碎时，中间层能够限制其开口尺寸并提供残余阻力以减少割伤或扎伤危险的夹层玻璃。用于生产夹层玻璃的原片可以是浮法玻璃、钢化玻璃、着色玻璃、镀膜玻璃等。夹层玻璃的层数有2、3、5、7层，最多可达9层。

夹层玻璃的透明度好；抗冲击性能要比一般平板玻璃高好几倍；由于黏结用中间层（PVB胶片等材料）的黏合作用，即使玻璃破碎，碎片也不会散落伤人；通过采用不同的原片玻璃，夹层玻璃还可具有耐久、耐热、耐湿、耐寒等性能。

夹层玻璃有着较高的安全性，一般在建筑上用于高层建筑的门窗、天窗、楼梯栏板和有抗冲击作用要求的商店、银行、橱窗、隔断及水下工程等安全性能高的场所或部位等。夹层玻璃不能切割，需要选用定型产品或按尺寸定制。

4) 节能装饰型玻璃

(1) 着色玻璃。

着色玻璃是一种既能显著地吸收阳光中热作用较强的近红外线，而又保持良好透明度的节能装饰性玻璃。着色玻璃通常都带有一定的颜色，所以也称为着色吸热玻璃。

着色玻璃能有效吸收太阳的辐射热，产生"冷室效应"，可达到阻热节能的效果。着色玻璃能吸收较多的可见光，使透过的阳光变得柔和，避免眩光并改善室内色泽。着色玻璃能较强地吸收太阳的紫外线，有效地防止紫外线对室内物品的褪色和变质作用。着色玻璃仍具有一定的透明度，能清晰地观察室外景物。着色玻璃色泽鲜丽，经久不变，能使建筑物的外形更加美观。

着色玻璃在建筑装修工程中应用得比较广泛，凡既需采光又须隔热之处均可采用。采用不同颜色的着色玻璃能合理利用太阳光，调节室内温度，节省空调费用，而且对建筑物的外形有很好的装饰效果。一般多用作建筑物的门窗或玻璃幕墙。

(2) 镀膜玻璃。

镀膜玻璃分为阳光控制镀膜玻璃和低辐射镀膜玻璃，是一种既能保证可见光良好透过又可有效反射热射线的节能装饰型玻璃。镀膜玻璃是由无色透明的平板玻璃镀覆金属膜或金属氧化物而制得的。根据外观质量，阳光控制镀膜玻璃和低辐射镀膜玻璃可分为优等品和合格品。

(3) 中空玻璃。

中空玻璃是由两片或多片玻璃以有效支撑均匀隔开并周边黏结密封，使玻璃层间形成带有干燥气体的空间，从而达到保温隔热效果的节能玻璃制品。中空玻璃按玻璃层数，有双层和多层之分，一般是双层结构。可采用无色透明玻璃、热反射玻璃、吸热玻璃或钢化玻璃等作为中空玻璃的基片。

中空玻璃具有光学性能良好、保温隔热、降低能耗、防结露、隔声性能好等优点，适用于寒冷地区和需要保温隔热隔声、降低采暖能耗的建筑物，如宾馆、住宅、医院、商场、写字楼等，也广泛用于车、船等交通工具。内置遮阳中空玻璃制品是一种新型中空玻璃制品，这种制品在中空玻璃内安装遮阳装置，可控遮阳装置的功能动作在中空玻璃外面操作，大大提高了普通中空玻璃隔热、保温、隔声等性能并增加了性能的可调控性。

(4) 真空玻璃。

真空玻璃将两片平板玻璃四周密闭起来，将其间隙抽成真空并密封排气孔，两片玻璃之间的间隙仅为 0.1~0.2mm，而且两片玻璃中一般至少有一片是低辐射玻璃。真空玻璃和中空玻璃在结构和制作上完全不相同，中空玻璃只是简单地把两片玻璃黏合在一起，中间夹有空气层。而真空玻璃是在两片玻璃中间夹入胶片支撑，在高温真空环境下使两片玻璃完全融合，这样就将通过传导、对流和辐射方式散失的热降到最低。另一方面，两片玻璃中间保持完全真空，使声音无法传导，虽然真空玻璃的支撑形成了声桥，但这些支撑只占玻璃有效传声面积的千分之几，故这些微小声桥就可以忽略不计。真空玻璃比中空玻璃有更好的隔热、隔声性能。

3. 建筑装饰涂料

涂料最早是以天然植物油脂、天然树脂（如亚麻子油、桐油、松香、生漆等）为主要原料的植物油脂，以前称为油漆。目前，合成树脂在很大程度上已取代了天然树脂，正式命名为涂料，所以油漆仅是一类油性涂料。根据涂料中各成分的作用，其基本组成可分为主要成膜物质、次要成膜物质和辅助成膜物质三部分。

(1) 主要成膜物质。主要成膜物质也称胶黏剂。它的作用是将其他组分黏结成一个整体，并能牢固附着在被涂基层的表面形成坚韧的保护膜。主要成膜物质分为油料与树脂两类，其中油料成膜物质又分为干性油（桐油等）、半干性油（大豆油等）与不干性油（花生油等）三类；而树脂成膜物质则分为天然树脂（虫胶、松香等）与合成树脂（酚醛醇酸、硝酸纤维等）两类。现代建筑涂料中，成膜物质多用树脂，尤以合成树脂为主。

(2) 次要成膜物质。次要成膜物质不能单独成膜，它包括颜料与填料。颜料不溶于水和油，赋予涂料美观的色彩；填料能增加涂膜厚度，提高涂膜的耐磨性和硬度，减少收缩，常用的有碳酸钙、硫酸钡、滑石粉等。

(3) 辅助成膜物质。辅助成膜物质不能构成涂膜，但可用于改善涂膜的性能或影响成膜过程，常用的有助剂和溶剂。助剂包括催干剂（铝、锰氧化物及其盐类）、增塑剂等；溶剂则起溶解成膜物质、降低黏度、利于施工的作用，常用的溶剂有苯、丙酮、汽油等。

建筑涂料主要是指用于墙面与地面装饰涂敷的材料，尽管在个别情况下可少量使用油漆涂料，但用于墙面与地面的涂覆装饰，绝大部分为建筑涂料。建筑涂料的主体是乳液涂料和溶剂型合成树脂涂料，也有以无机材料（钾水玻璃等）胶结的高分子涂料，但成本较高，尚未广泛使用。建筑材料按其使用不同而分为外墙涂料、内墙涂料及地面涂料。

4. 建筑塑料

塑料是以合成树脂为主要成分，加入各种填充料和添加剂，在一定的温度、压力条件下塑制而成的材料。塑料具有优良的加工性能，质量轻、比强度高，绝热性、装饰性、电绝缘性、耐水性和耐腐蚀性好，但塑料的刚度小，易燃烧、变形和老化，耐热性差。一般习惯将用于建筑工程中的塑料及制品称为建筑塑料，常用作装饰材料、绝热材料、吸声材料、防水材料、管道及卫生洁具等。

1）塑料的基本组成

（1）合成树脂。合成树脂是塑料的主要组成材料，在塑料中的含量为30%～60%，在塑料中起胶黏剂作用。按合成树脂受热时的性质不同，可分为热塑性树脂和热固性树脂。热塑性树脂刚度小，抗冲击韧性好，但耐热性较差；热固性树脂耐热性好，刚度较大，但质地脆硬。

（2）填料。填料是绝大多数塑料不可缺少的原料，通常占塑料组成材料的40%～60%。填料可增强塑料的强度、硬度、韧性、耐热性、耐老化性、抗冲击性等，同时可以降低塑料的成本。常用的有木粉、棉布、纸屑、石棉、玻璃纤维等。

（3）增塑剂。增塑剂的主要作用是提高塑料加工时的可塑性和流动性，改善塑料制品的韧性。常用的增塑剂有邻苯二甲酸二丁酯（DBP）、邻苯二甲酸二辛酯（DOP）等。

（4）着色剂。用于装饰的塑料制品常加入着色剂，按其在有色介质中或水中的溶解性分为染料和颜料两类。

（5）固化剂。固化剂主要是使热固性树脂的线型分子的支链发生交联，转变为立体网状结构，从而制得坚硬的塑料制品。常用的固化剂有六亚甲基四胺、乙二胺等。

（6）其他成分。根据塑料用途及成型加工的需要，还可加入稳定剂、润滑剂、抗静电剂、发泡剂、阻燃剂、防霉剂等添加剂。

2）建筑塑料制品

（1）塑料门窗。由于塑料具有易加工成型和拼装的优点，因此塑料门窗结构形式的设计有很大的灵活性。与钢木门窗及铝合金门窗相比，塑料门窗的隔热性能优异，容易加工，施工方便，同时具有良好的气密性、水密性、装饰性和隔声性能。在节约能耗、保护环境方面，塑料门窗比木、钢、铝合金门窗有明显的优越性。

目前，塑料门窗多用中空异形型材，为了提高塑料型材的刚度，减少变形，常在中空主腔中补加弯成槽形或方形的镀锌钢板，这种门窗称为塑钢门窗。

（2）塑料地板。塑料地板包括用于地面装饰的各类塑料块板和铺地卷材。塑料地板作为地面装饰材料应满足耐磨性、耐火性、装饰性好，脚感舒适的各项要求。目前常用的主要有聚氯乙烯塑料地板，其具有较好的耐燃性，且价格便宜。

（3）塑料壁纸。塑料壁纸是以一定材料（如纸、纤维织物等）为基材，表面进行涂塑后，再经过印花、压花或发泡处理等多种工艺而制成的一种墙面装饰材料。塑料壁纸具有装饰效果好、粘贴方便、使用寿命长、易维修保养、物理性能好等优点。塑料壁纸表面不吸水，可用布擦洗，广泛用于室内墙面装饰装修，也可用于顶棚、梁、柱等处的贴面装饰。

（4）塑料管材及配件。塑料管材及配件可在电气安装工程中用于各种电线的套管、各种电器配件（如开关、线盒、插座等）及各种电线的绝缘套等。在水暖安装工程中，上、下水管道的安装主要以硬质管材为主，其配件也为塑料制品；供暖管道的安装主要以新型复合铝塑管为主，配件多以专用金属配件（不锈钢、铜等）进行安装。常用的塑料管材有硬聚氯乙烯（PVC-U）管、氯化聚氯乙烯（PVC-C）管、无规共聚聚丙烯管（PP-R 管）、丁烯管（PB 管）等。

5. 装饰装修用钢材

现代建筑装饰工程中，钢材制品得到广泛应用。常用的主要有不锈钢钢板和钢管、彩色不锈钢板、轻钢龙骨、彩色涂层钢板和彩色涂层压型钢板，以及镀锌钢卷帘门板等。

（1）不锈钢及其制品。不锈钢是指含铬量在 12% 以上的铁基合金钢。铬的含量越高，钢的抗腐蚀性越好。建筑装饰工程中使用的是具有较好的耐大气和水蒸气侵蚀性的普通不锈钢。用于建筑装饰的不锈钢材主要有薄板（厚度小于 2mm）和用薄板加工制成的管材、型材等。

（2）轻钢龙骨。建筑用轻钢龙骨（简称龙骨）是以连续热镀锌钢板（带）或以连续热镀锌钢板（带）为基材的彩色涂层钢板（带）做原料，采用冷弯工艺生产的薄壁型钢。龙骨按荷载类型分，有上人龙骨和不上人龙骨。

轻钢龙骨是木龙骨的换代产品，用作吊顶或墙体龙骨，与各种饰面板（纸面石膏板、矿棉板等）相配合，构成轻型吊顶或隔墙。轻钢龙骨以其优异的热学、声学、力学、工艺性能及多变的装饰风格在装饰工程中得到广泛的应用。

（3）彩色涂层钢板。彩色涂层钢板发挥金属材料与有机材料各自的特性，具有较高的强度、刚性、良好的可加工性（可剪、切、弯、卷、钻），多变的色泽和丰富的表面质感，且涂层耐腐蚀、耐湿热、耐低温。涂层附着力强，经二次机械加工，涂层也不被破坏。

彩色涂层钢板常用于各类建筑物的外墙板、屋面板、室内的护壁板、吊顶板。还可作为排气管道、通风管道和其他类似的有耐腐蚀要求的构件及设备，也常用作家用电器的外壳。

（4）彩色压型钢板。彩色压型钢板是以镀锌钢板为基材，经辊压、冷弯成异形断面、表面涂装彩色防腐涂层或烤漆而制成的轻型复合板材。也可采用彩色涂层钢板直接成型制作彩色压型钢板。该种板材的基材钢板厚度只有 0.5～1.2mm，属薄型钢板。

经轧制或冷弯成异形（V形、U形、梯形或波形）后，使板材的抗弯刚度大大提高，受力合理、自重减轻；同时，具有抗震、耐久、色彩鲜艳、加工简单、安装方便的特点。彩色压型钢板广泛用于外墙、屋面、吊顶及夹芯保温板材的面板等。

压型钢板的型号表示方法由四部分组成：压型钢板的代号（YX），波高 $H$，波距 $S$，有效覆盖宽度 $B$。如型号 YX75－230－600 表示压型钢板的波高为 75mm，波距为 230mm，有效覆盖宽度为 600mm。

6. 木材

1) 木材的含水率

(1) 含水率。

木材的含水量用含水表示，指木材所含水的质量占木材干燥质量的百分比。

木材吸水的能力很强，其含水量随所处环境的湿度变化而异，所含水分由自由水、吸附水、化合水三部分组成。

(2) 含水率指标。

影响木材物理力学性质和应用的最主要的含水率指标是纤维饱和点和平衡含水率。纤维饱和点是木材仅细胞壁中的吸附水达饱和而细胞腔和细胞间隙中无自由水存在时的含水率。其值随树种而异，一般为 25%～35%，平均值为 30%。它是木材物理力学性质是否随含水率而发生变化的转折点。

平衡含水率是指木材中的水分与周围空气中的水分达到吸收与挥发动态平衡时的含水率。平衡含水率因地域而异，如我国吉林省为 12.5%，青海省为 15.5%，江苏省为 14.8%，海南省为 16.4%，平衡含水率是木材和木制品使用时避免变形或开裂而应控制的含水率指标。

2) 木材的湿胀干缩与变形

木材仅当细胞壁内吸附水的含量发生变化才会引起木材的变形，即湿胀干缩。

木材含水量大于纤维饱和点时，表示木材的含水率除吸附水达到饱和外，还有一定数量的自由水。此时，木材如受到干燥或受潮，只是自由水改变，故不会引起湿胀干缩。只有当含水率小于纤维饱和点时，表明水分都吸附在细胞壁的纤维上，它的增加或减少才能引起木材的湿胀干缩。即只有吸附水的改变才影响木材的变形，而纤维饱和点正是这一改变的转折点。

由于木材构造的不均匀性，木材的变形在各个方向上也不同：顺纹方向最小，径向较大，弦向最大。因此，湿材干燥后，其截面尺寸和形状会发生明显的变化。

湿胀干缩将影响木材的使用。干缩会使木材翘曲、开裂、接榫松动、拼缝不严；湿胀可造成表面鼓凸，所以木材在加工或使用前应预先进行干燥，使其接近于与环境湿度相适应的平衡含水率。

3) 木材的强度

木材按受力状态分为抗拉、抗压、抗弯和抗剪四种强度，而抗拉、抗压和抗剪强度又有顺纹和横纹之分。所谓顺纹是指作用力方向与纤维方向平行；横纹是指作用力方向与纤维方向垂直。

木材的强度除由本身组成构造因素决定外，还与含水率、疵病、外力持续时间、温度等因素有关。木材构造的特点使其各种力学性能具有明显的方向性，木材在顺纹方向的抗拉和抗压强度都比横纹方向高得多，其中在顺纹方向的抗拉强度是木材各种力学强度中最高的，顺纹抗压强度仅次于顺纹抗拉和抗弯强度。

4) 木材的应用

建筑工程中常用木材按其用途和加工程度有原条、原木、锯材等类别，主要用于脚手架、木结构构件和家具等。为了提高木材利用率，充分利用木材的性能，经过深加工和人工合成，可以制成各种装饰材料（如旋切微薄木、软木壁纸、木质合成金属装饰材料、木地板等）和人造板材（胶合板、纤维板、胶板夹合板即细木工板、刨花板等）。

### 三、建筑功能材料

1. 防水材料

1）防水卷材

（1）聚合物改性沥青防水卷材。

聚合物改性沥青防水卷材是以合成高分子聚合物改性沥青为涂盖层，纤维织物或纤维毡为胎体，粉状、粒状、片状或薄膜材料为覆面材料制成的可卷曲片状防水材料。由于在沥青中加入了高聚物改性剂，它克服了传统沥青防水卷材温度稳定性差、延伸率小的不足，具有高温不流淌、低温不脆裂、拉伸强度高、延伸率较大等优异性能，且价格适中。常见的有 SBS 改性沥青防水卷材、APP 改性沥青防水卷材、PVC 改性焦油沥青防水卷材等。此类防水卷材一般单层铺设，也可复层使用，根据不同卷材可采用热熔法、冷粘法、自粘法施工。

① SBS 改性沥青防水卷材。

SBS 改性沥青防水卷材属弹性体沥青防水卷材中的一种，弹性体沥青防水卷材是用沥青或热塑性弹性体（如苯乙烯-丁二烯嵌段共聚物 SBS）改性沥青（简称"弹性体沥青"）浸渍胎基，两面涂以弹性体沥青涂盖层，上表面撒以细砂、矿物粒（片）料或覆盖聚乙烯膜，下表面撒以细砂或覆盖聚乙烯膜所制成的一类防水卷材。该类卷材使用玻纤胎和聚酯胎两种胎基。SBS 改性沥青防水卷材应符合现行国家标准《弹性体改性沥青防水卷材》（GB 18242—2008）的规定。

该类防水卷材广泛适用于各类建筑防水、防潮工程，尤其适用于寒冷地区和结构变形频繁的建筑物防水，并可采用热熔法施工。

② APP 改性沥青防水卷材。

APP 改性沥青防水卷材属塑性体沥青防水卷材中的一种。塑性体沥青防水卷材是用沥青或热塑性塑料（如无规聚丙烯 APP）改性沥青（简称"塑性体沥青"）浸渍胎基，两面涂以塑性体沥青涂盖层，上表面撒以细砂、矿物粒（片）料或覆盖聚乙烯膜，下表面撒以细砂或覆盖聚乙烯膜所制成的一类防水卷材。本类卷材也使用玻纤毡或聚酯毡两种胎基，厚度与 SBS 改性沥青防水卷材相同。

该类防水卷材广泛适用于各类建筑防水、防潮工程，尤其适用于高温或有强烈太阳辐射地区的建筑物防水。

③ 沥青复合胎柔性防水卷材。

沥青复合胎柔性防水卷材是指以橡胶、树脂等高聚物材料作改性剂制成的改性沥青材料为基料，以两种材料复合毡为胎体，细砂、矿物料（片）料、聚酯膜、聚乙烯膜等为覆盖材料，以浸涂、滚压等工艺而制成的防水卷材。

该类卷材与沥青卷材相比，柔韧性有较大改善，复合毡为胎基比单独聚乙烯膜胎基卷材抗拉强度高。玻纤毡与玻璃网格布复合毡为胎基的卷材抗拉强度也比单一玻纤毡胎基卷材高。适用于工业与民用建筑的屋面、地下室、卫生间等部位的防水防潮，也可用桥梁、停车场、隧道等建筑物的防水。

（2）合成高分子防水卷材。

合成高分子防水卷材是以合成橡胶、合成树脂或它们两者的共混体为基料，加入适量的化学助剂和填充料等，经混炼、压延或挤出等工序加工而制成的可卷曲的片状防水材料。其中又可分为加筋增强型与非加筋增强型两种。合成高分子防水卷材具有拉伸强度和抗撕裂强度高、断裂伸长率大、耐热性和低温柔性好、耐腐蚀、耐老化等一系列优异的性能，是新型高档防水卷材。常用的有再生胶防水卷材、三元乙丙橡胶防水卷材、三元丁橡胶防水卷材、聚氯乙烯防水卷材、氯化聚乙烯防水卷材、氯化聚乙烯-橡胶共混防水卷材等。一般单层铺设，可采用冷黏法或自黏法施工。

① 三元乙丙（EPDM）橡胶防水卷材。

三元乙丙橡胶防水卷材是以三元乙丙橡胶为主体，掺入适量的硫化剂、促进剂、软化剂、填充料等，经过配料、密炼、拉片、过滤、压延或挤出成型、硫化、检验和分卷包装而成的防水卷材。

由于三元乙丙橡胶分子结构中的主链上没有双键，当它受到紫外线、臭氧、湿和热等作用时，主链上不易发生断裂，故耐老化性能较好，化学稳定性良好。因此，三元乙丙橡胶防水卷材有优良的耐候性、耐臭氧性和耐热性。此外，它还具有重量轻、使用温度范围宽、抗拉强度高、延伸率大、对基层变形适应性强、耐酸碱腐蚀等特点。广泛适用于防水要求高、耐用年限长的土木建筑工程的防水。

② 聚氯乙烯（PVC）防水卷材。

聚氯乙烯防水卷材是以聚氯乙烯树脂为主要原料，掺加填充料和适量的改性剂、增塑剂、抗氧化剂和紫外线吸收剂等，经混炼、压延或挤出成型、分卷包装而成的防水卷材。聚氯乙烯防水卷材根据其基料的组成与特性分为S型和P型。其中，S型是以煤焦油与聚氯乙烯树脂混熔料为基料的防水卷材；P型是以增塑聚氯乙烯树脂为基料的防水卷材。该种卷材的尺度稳定性、耐热性、耐腐蚀性、耐细菌性等均较好，适用于各类建筑的屋面防水工程和水池、堤坝等防水抗渗工程。

③ 氯化聚乙烯防水卷材。

氯化聚乙烯防水卷材是以聚乙烯经过氯化改性制成的新型树脂氯化聚乙烯树脂，掺入适量的化学助剂和填充料，采用塑料或橡胶的加工工艺，经过捏和、塑炼、压延、卷曲、分卷、包装等工序，加工制成的弹塑性防水材料。该卷材的主体原料氯化聚乙烯树脂中的含氯量为30%～40%。

氯化聚乙烯防水卷材不但具有合成树脂的热塑性能，而且还具有橡胶的弹性。由于氯化聚乙烯分子结构本身的饱和性以及氯原子的存在，使其具有耐候、耐臭氧和耐油、耐化学药品以及阻燃性能。适用于各类工业、民用建筑的屋面防水、地下防水、防潮隔气、室内墙地面防潮、地下室卫生间的防水，及冶金、化工、水利、环保、采矿业防水防渗工程。

④ 氯化聚乙烯-橡胶共混型防水卷材。

氯化聚乙烯-橡胶共混型防水卷材是以氯化聚乙烯树脂和合成橡胶共混物为主体，加入适量的硫化剂、促进剂、稳定剂、软化剂和填充料等，经过素炼、混炼、过滤、压延或挤出型、硫化、分卷包装等工序制成的防水卷材。

氯化聚乙烯-橡胶共混型防水卷材兼有塑料和橡胶的特点。它不仅具有氯化聚乙所特有的高强度和优异的耐臭氧、耐老化性能，而且具有橡胶类材料所特有的高弹性、高延伸性和良好的低温柔性。因此，该类卷材特别适用于寒冷地区或变形较大的土木建筑防水工程。

2）防水涂料

防水涂料是一种流态或半流态物质，可用刷、喷等工艺涂布在基层表面，经溶剂或水分挥发或各组分间的化学反应，形成具有一定弹性和一定厚度的连续薄膜，使基层表面与水隔绝，起到防水、防潮作用。由于防水涂料固化成膜后的防水涂膜具有良好的防水性能，能形成无接缝的完整防水膜。因此，防水涂料广泛适用于工业与民用建筑的屋面防水工程、地下室防水工程和地面防潮、防渗等，特别适用于各种不规则部位的防水。

防水涂料按成膜物质的主要成分可分为高聚物改性沥青防水涂料和合成高分子防水涂料两类。

（1）高聚物改性沥青防水涂料。指以沥青为基料，用合成高分子聚合物进行改性，制成的水乳型或溶剂型防水涂料。这类涂料在柔韧性、抗裂性、拉伸强度、耐高低温性能、使用寿命等方面比沥青基涂料有很大改善。品种有再生橡胶改性防水涂料、氯丁橡胶改性沥青防水涂料、SBS橡胶改性沥青防水涂料、聚氯乙烯改性沥青防水涂料等。

（2）合成高分子防水涂料。指以合成橡胶或合成树脂为主要成膜物质制成的单组分或多组分的防水涂料。这类涂料具有高弹性、高耐久性及优良的耐高低温性能，品种有聚氨酯防水涂料、丙烯酸酯防水涂料、环氧树脂防水涂料和有机硅防水涂料等。

3）建筑密封材料

建筑密封材料是能承受接缝位移已达到气密、水密目的而嵌入建筑接缝中的材料。建筑密封材料分为定型密封材料和不定型密封材料。不定形密封材料通常是黏稠状的材料，分为弹性密封材料和非弹性密封材料。按构成类型分为溶剂型、乳液型和反应型；按使用时的组分分为单组分密封材料和多组分密封材料；按组成材料分为改性沥青密封材料和合成高分子密封材料。定形密封材料是具有一定形状和尺寸的密封材料，如密封条带、止水带等。

为保证防水密封的效果，建筑密封材料应具有高水密性和气密性，良好的黏结性、耐高低温性和耐老化性能，一定的弹塑性和拉伸—压缩循环性能。密封材料的选用，应首先考虑它的黏结性能和使用部位。密封材料与被黏基层的良好黏结，是保证密封的必要条件，因此，应根据被黏基层的材质、表面状态和性质来选择黏结性良好的密封材料；建筑物中不同部位的接缝，对密封材料的要求不同，如室外的接缝要求较高的耐候性，而伸缩缝则要求较好的弹塑性和拉伸—压缩循环性能。

（1）不定型密封材料。目前，常用的不定型密封材料有沥青嵌缝油膏、聚氯乙烯接缝膏、塑料油膏、丙烯酸类密封胶、聚氨酯密封胶、聚硫密封胶和硅酮密封胶等。

（2）定型密封材料。定型密封材料包括密封条带和止水带，如铝合金门窗橡胶密封条、丁腈橡胶-PVC门窗密封条、自黏性橡胶、橡胶止水带、塑料止水带等。定型密封材料按密封机理的不同可分为遇水非膨胀型和遇水膨胀型两类。

2. 保温隔热材料

在建筑工程中，常把用于控制室内热量外流的材料称为保温材料，将防止室外热量进入室内的材料称为隔热材料,两者统称为绝热材料。绝热材料主要用于墙体及屋顶、热工设备及管道、冷藏库等工程或冬季施工的工程。

保温材料的保温功能性指标的好坏是由材料导热系数的大小决定的,导热系数越小,保温性能越好。影响材料导热系数的主要因素包括材料的化学成分、微观结构、孔结构、湿度、温度和热流方向等,其中孔结构和湿度对热导系数的影响最大。一般情况下,导热系数小于0.23W/(m·K)的材料称为绝热材料,导热系数小于0.14W/(m·K)的材料称为保温材料;通常导热系数不大于0.05W/(m·K)的材料称为高效保温材料。用于建筑物保温的材料一般要求密度小、导热系数小、吸水率低、尺寸稳定性好、保温性能可靠、施工方便、环境友好、造价合理。

1) 纤维状绝热材料

(1) 岩棉及矿渣棉。岩棉及矿渣棉统称为矿物棉,由熔融的岩石经喷吹制成的称为岩棉,由熔融矿渣经喷吹制成的称为矿渣棉。最高使用温度约600℃。矿物棉与有机胶结剂结合可以制成矿棉板、毡、筒等制品,也可制成粒状用作填充材料,其缺点是吸水性大、弹性小。矿渣棉可作为建筑物的墙体、屋顶、天花板等处的保温隔热和吸声材料,以及热力管道的保温材料。

(2) 石棉。石棉是一种天然矿物纤维,具有耐火、耐热、耐酸碱、绝热、防腐、隔声及绝缘等特性,最高使用温度可达500～600℃。松散的石棉很少单独使用,常制成石棉粉、石棉纸板、石棉毡等制品,用于建筑工程。由于石棉中的粉尘对人体有害,民用建筑很少使用,目前主要用于工业建筑的隔热、保温及防火覆盖等。

(3) 玻璃棉。玻璃棉是将玻璃熔化后从流口流出的同时,用压缩空气喷吹形成乱向的玻璃纤维。玻璃棉是玻璃纤维的一种,包括短棉、超细棉。最高使用温度350～600℃。玻璃棉可制成沥青玻璃棉毡、板及酚醛玻璃棉毡、板等制品,广泛用在温度较低的热力设备和房屋建筑中的保温隔热,同时它还是良好的吸声材料。

(4) 陶瓷纤维。陶瓷纤维是一种纤维状轻质耐火材料,直径约为$2\sim5\mu m$,长度多为30～250mm,纤维表面呈光滑圆柱形。具有重量轻、耐高温、热稳定性好、导热率低、比热小及耐机械振动等优点,因而在机械、冶金、化工、石油、陶瓷、玻璃、电子等行业都得到了广泛的应用。陶瓷纤维最高使用温度为1100～1350℃,可用于高温绝热、吸声。

陶瓷纤维制品是指用陶瓷纤维为原材料,通过加工制成的重量轻、耐高温、热稳定性好、导热率低、比热小及耐机械振动等优点的工业制品,专门用于各种高温、高压、易磨损的环境中。

2) 多孔状绝热材料

(1) 膨胀蛭石。蛭石是一种复杂的镁、铁含水铝硅酸盐矿物,由云母类矿物经风化而成,具有层状结构。膨胀蛭石的堆积密度80～200kg/m³,热导率0.046～0.07W/(m·K),最高使用温度1000～1100℃。煅烧后的膨胀蛭石可呈松散状,铺设于墙壁、楼板、屋面等夹层中,作为绝热、隔声材料。但吸水性大、电绝缘性不好。使用时应注意防潮,以免吸水后影响绝热效果。膨胀蛭石可松散铺设,也可与水泥、水玻璃等胶凝材料配合,浇注成板,用于墙、楼板和屋面板等构件的绝热。

(2) 膨胀珍珠岩。膨胀珍珠岩是由天然珍珠岩煅烧而成,呈蜂窝泡沫状的白色或灰白色颗粒，是一种高效能的绝热材料。膨胀珍珠岩的堆积密度为 40~50kg/m³，热导率为 0.047~0.07W/（m·K），其安全使用温度与最高使用温度相同，不大于 600℃，最低使用温度为-200℃。膨胀珍珠岩具有吸湿小、无毒、不燃、抗菌、耐腐、施工方便等特点。

以膨胀珍珠岩为主，配合适量胶凝材料，经搅拌成型养护后而制成的一定形状的板、块、管壳等制品称为膨胀珍珠岩制品。

（3）玻化微珠。玻化微珠是一种酸性玻璃质溶岩矿物质（松脂岩矿砂），内部多孔、表面玻化封闭，呈球状体细径颗粒。玻化微珠吸水率低，易分散，可提高砂浆流动性，还具有防火、吸音隔热等性能，是一种具有高性能的无机轻质绝热材料，广泛应用于外墙内外保温砂浆、装饰板、保温板的轻质骨料。用玻化微珠作为轻质骨料，可提高保温砂浆的易流动性和自抗强度，减少材料收缩率，提高保温砂浆综合性能，降低综合生产成本。

其中玻化微珠保温砂浆是以玻化微珠为轻质骨料，与玻化微珠保温胶粉料按照一定的比例搅拌均匀混合而成的用于外墙内外保温的一种新型无机保温砂浆材料。玻化微珠保温砂浆具有优良的保温隔热性能和防火耐老化性能、不空鼓开裂、强度高等特性。

（4）泡沫玻璃。以碎玻璃、发泡剂在 800℃烧成，具有闭孔结构，气孔直径 0.1~5mm，表观密度 150~600kg/m³，热导率 0.058~0.128W/（m·K），抗压强度 0.8~15Mpa，最高使用温度 500℃，是一种高级保温绝热材料，可用于砌筑墙体或冷库隔热。

3）有机绝热材料

以天然植物材料或人工合成的有机材料为主要成分的绝热材料。常用品种有泡沫塑料、钙塑泡沫板、木丝板、纤维板和软木制品等。这类材料的特点是质轻、多孔、导热系数小，但吸湿性大、不耐久、不耐高温。

（1）泡沫塑料。

泡沫塑料是以合成树脂为基料，加入适当发泡剂、催化剂和稳定剂等辅助材料，经加热发泡而制成的具有轻质、保温、绝热、吸声、防震性能的材料。

目前我国生产的有聚苯乙烯泡沫塑料，表观密度约为 20~50kg/m³，导热系数为 0.038~0.047W/（m·K），最高使用温度约 70℃；聚氯乙烯泡沫塑料，表观密度约为 12~75kg/m³，导热系数为 0.01W/（m·K），最高使用温度约 70℃，遇火能自行熄灭；聚氨酯泡沫塑料，表观密度约为 30~50kg/m³，导热系数为 0.035~0.042W/（m·K），最高使用温度达 120℃，最低使用温度为-60℃。

聚苯乙烯板是以聚苯乙烯树脂为原料，经特殊工艺连续挤出发泡成型的硬质泡沫保温板材。聚苯乙烯板分为模塑聚苯板（EPS）和挤塑聚苯板（XPS）两种，在同样厚度情况下，XPS 板比 EPS 板的保温效果要好。EPS 板与 XPS 相比，吸水性较高、延展性要好。XPS 板是目前建筑业界常用的隔热、防潮材料，已被广泛应用于墙体保温，平面混凝土屋顶及钢结构屋顶的保温、低温储藏、地面、泊车平台、机场跑道、高速公路等领域的防潮保温及控制地面膨胀等方面。

（2）植物纤维类绝热板。

该类绝热材料可用稻草、麦秸、甘蔗渣等为原料经加工而成，其表观密度为 200~1200kg/m³，导热系数为 0.058~0.307W/（m·K）。可用做墙体、地板、顶棚等，也可用于冷藏库、包装箱等。

3. 吸声隔声材料

1) 吸声材料

在规定频率下平均吸声系数大于0.2的材料称为吸声材料。吸声材料是一种能在较大程度上吸收由空气传递的声波能量的工程材料，通常使用的吸声材料为多孔材料。材料的表观密度、厚度、孔隙特征等是影响多孔性材料吸声性能的主要因素。

（1）薄板振动吸声结构。薄板振动吸声结构具有低频吸声特性，同时还有助于声波的扩散。建筑中常用胶合板、薄木板、硬质纤维板、石膏板、石棉水泥板或金属板等，将其固定在墙或顶棚的龙骨上，并在背后留有空气层，即薄板振动吸声结构。

（2）柔性吸声结构。具有密闭气孔和一定弹性的材料，如聚氯乙烯泡沫塑料，表面为多孔材料，但因其有密闭气孔，声波引起的空气振动不是直接传递到材料内部，只能相应地产生振动，在振动过程中由于克服材料内部的摩擦而消耗声能，引起声波衰减。这种材料的吸声特性是在一定的频率范围内出现一个或多个吸收频率。

（3）悬挂空间吸声结构。悬挂于空间的吸声体，由于声波与吸声材料的两个或两个以上的表面接触，增加了有效的吸声面积，产生边缘效应，加上声波的衍射作用，大大提高吸声效果。空间吸声体有平板形、球形、椭圆形和棱锥形等。

（4）帘幕吸声结构。帘幕吸声结构是具有通气性能的纺织品，安装在离开墙面或窗洞一段距离处，背后设置空气层。这种吸声体对中、高频都有一定的吸声效果。帘幕吸声体安装拆卸方便，兼具装饰作用。

2) 隔声材料

隔声材料是能减弱或隔断声波传递的材料。隔声材料必须选用密实、质量大的材料作为隔声材料，如黏土砖、钢板、混凝土和钢筋混凝土等。对固体声最有效的隔绝措施是隔断其声波的连续传递，即采用不连续的结构处理，如在墙壁和梁之间、房屋的框架和隔墙及楼板之间加弹性垫，如毛毡、软木、橡胶等材料。

4. 防火材料

1) 物体的阻燃和防火

燃烧是一种同时伴有放热和发光效应的剧烈的氧化反应。放热、发光、生成新物质是燃烧现象的三个特征。可燃物、助燃物和火源通常被称为燃烧三要素。这三个要素必须同时存在并且互相接触，燃烧才可能进行。根据燃烧理论可知，只要对燃烧三要素中的任何一种因素加以抑制，就可达到阻止燃烧进一步进行的目的。材料的阻燃和防火即是这一理论的具体实施。

2) 阻燃剂

目前工业化的阻燃剂有多种类型，主要是针对高分子材料的阻燃设计的。

按使用方法分类，阻燃剂可分为添加型阻燃剂和反应型阻燃剂两类。添加型又可分为有机阻燃剂和无机阻燃剂。添加型阻燃剂是通过机械混合方法加入到聚合物中，使聚合物具有阻燃性的；反应型阻燃剂则是作为一种单体参加聚合反应，使聚合物本身含有阻燃成分，其优点是对聚合物材料使用性能影响较小，阻燃性持久。

按所含元素分类，阻燃剂可分为磷系、卤素系（溴系、氯系）、氮系和无机系等几类。

3）防火涂料

防火涂料是指涂覆于物体表面上，能降低物体表面的可燃性，阻隔热量向物体的传播，从而防止物体快速升温，阻滞火势的蔓延，提高物体耐火极限的物质。

防火涂料主要由基料和防火助剂两部分组成。除了应具有普通涂料的装饰作用和对基材提供的物理保护作用外，还需要具有隔热、阻燃和耐火的功能，要求它们在一定的温度和一定时间内形成防火隔热层。因此，防火涂料是一种集装饰和防火于一体的特种涂料。

按防火涂料的使用目标来分，可分为饰面性防火涂料、钢结构防火涂料、电缆防火涂料、预应力混凝土楼板防火涂料、隧道防火涂料、船用防火涂料等多种类型。其中，钢结构防火涂料根据其使用场合分为室内用和室外用两类，根据其涂层厚度和耐火极限又可分为厚质型、薄型和超薄型三类。

厚质型（H）防火涂料一般为非膨胀型的，厚度大于7mm且小于等于45mm，耐火极限根据涂层厚度有较大差别；薄型（B）和超薄（CB）型防火涂料通常为膨胀型的，前者的厚度大于3mm且小于等于7mm，后者的厚度为小于或等于3mm。薄型和超薄型防火涂料的耐火极限一般与涂层厚度无关，而与膨胀后的发泡层厚度有关。

4）水性防火阻燃液

水性防火阻燃液又称水性防火剂、水性阻燃剂，《水基型阻燃处理剂》（XF 159—2011）中则将其正式命名为水基型阻燃处理剂。根据该标准的定义，水性防火阻燃液（水基型阻燃处理剂）是指以水为分散介质，采用喷涂或浸渍等方法使木材、织物等获得规定的燃烧性能的阻燃剂。

根据水性防火阻燃液的使用对象，可分为木材用水基型阻燃处理剂、织物用水基型阻燃处理剂、木材及织物用水基型阻燃处理剂三类。木材阻燃处理用的防火阻燃液可处理各种木材、纤维板、刨花板、竹制品等，经处理后使这些木竹制品由易燃性材料成为难燃性材料；织物阻燃处理用的水性防火阻燃液可处理各种纯棉织物、化纤织物、混纺织物及丝绸麻织物等，使之成为难燃性材料。经水性防火阻燃液处理后的材料一般具有难燃、离火自熄的特点。此外，用防火阻燃液处理材料后，不影响原有材料的外貌、色泽和手感，对木材、织物和纸板还兼具有防蛀、防腐的作用。

5）防火堵料

防火堵料是专门用于封堵建筑物中的各种贯穿物，如电缆、风管、油管、气管等穿过墙壁、楼板形成的各种开孔以及电缆桥架等，具有防火隔热功能且便于更换的材料。

根据防火封堵材料的组成、形状与性能特点可分为三类：以有机高分子材料为胶黏剂的有机防火堵料、以快干水泥为胶凝材料的无机防火堵料、将阻燃材用织物包裹形成的防火包。这三类防火堵料各有特点，在建筑物的防火封堵中均有应用。

有机防火堵料又称可塑性防火堵料，它是以合成树脂为胶黏剂，并配以防火助剂、填料制成的。此类堵料在使用过程中长期不硬化，可塑性好，容易封堵各种不规则形状的孔洞，能够重复使用。遇火时发泡膨胀，因此具有优异的防火、水密、气密性能。施工操作和更换较为方便，因此尤其适合需经常更换或增减电缆、管道的场合。

无机防火堵料又称速固型防火堵料，是以快干水泥为基料，添加防火剂、耐火材料等经研磨、混合而成的防火堵料，使用时加水拌和即可。无机防火堵料具有无毒无味、固化快速，耐火极限与力学强度较高，能承受一定重量，又有一定可拆性的特点。有较好的防火和水密、气密性能。主要用于封堵后基本不变的场合。

防火包又称耐火包或阻火包，是采用特选的纤维织物做包袋，装填膨胀性的防火隔热材料制成的枕状物体，因此又称防火枕。使用时通过垒砌、填塞等方法封堵孔洞。适合于较大孔洞的防火封堵或电缆桥架防火分隔，施工操作和更换较为方便，因此尤其适合需经常更换或增减电缆、管道的场合。

## 第三节　主要施工工艺与方法

### 一、土石方工程施工技术

#### （一）土石方工程分类

土石方工程是建设工程施工的主要工程之一。它包括土石方的开挖、运输、填筑、平整与压实等主要施工过程，以及场地清理、测量放线、排水、降水、土壁支护等准备工作和辅助工作。土木工程中常见的土石方工程有：

（1）场地平整。场地平整前必须确定场地设计标高，计算挖方和填方的工程量，确定挖方、填方的平衡调配，选择土方施工机械，拟定施工方案。

（2）基坑（槽）开挖。开挖深度在5m以内的称为浅基坑（槽），挖深超过5m（含5m）的称为深基坑（槽）。应根据建筑物、构筑物的基础形式，坑（槽）底标高及边坡坡度要求开挖基坑（槽）。

（3）基坑（槽）回填。为了确保填方的强度和稳定性，必须正确选择填方土料与填筑方法。填土必须具有一定的密实度，以避免建筑物产生不均匀沉陷。填方应分层进行，并尽量采用同类土填筑。

（4）地下工程大型土石方开挖。对人防工程、大型建筑物的地下室、深基础施工等进行的地下大型土石方开挖涉及降水、排水、边坡稳定与支护地面沉降与位移等问题。

（5）路基修筑。建设工程所在地的场内外道路，以及公路、铁路专用线，均需修筑路基，路基挖方称为路堑，填方称为路堤。路基施工涉及面广，影响因素多，是施工中的重点与难点。

#### （二）土石方工程的准备与辅助工作

土石方工程施工前应做好下述准备工作：

（1）场地清理。包括清理地面及地下各种障碍。

（2）排除地面水。地面水的排除一般采用排水沟、截水沟、挡水土坝等措施。

（3）修筑好临时道路及供水、供电等临时设施。

（4）做好材料、机具及土方机械的进场工作。

（5）做好土方工程测量、放线工作。

（6）根据土方施工设计做好土方工程的辅助工作，如边坡稳定、基坑（槽）支护、降低地下水等。

1. 土方边坡及其稳定

土方边坡坡度以其高度（$H$）与底宽度（$B$）之比表示。边坡可做成直线形、折线形或踏步形。边坡坡度应根据土质、开挖深度、开挖方法、施工工期、地下水位、坡顶荷载及气候条件等因素确定。

施工中除应正确确定边坡，还要进行护坡，以防边坡发生滑动。因此，在土方施工中，要预估各种可能出现的情况，采取必要的措施护坡防坍，特别要注意及时排除雨水、地面水，防止坡顶集中堆载及振动。必要时可采用钢丝网细石混凝土（或砂浆）护坡面层加固。如果是永久性土方边坡，则应做好永久性加固措施。

2. 基坑（槽）支护

开挖基坑（槽）时，如地质条件及周围环境许可，采用放坡开挖是较经济的。但在建筑稠密地区施工，或有地下水渗入基坑（槽）时，往往不可能按要求的坡度放坡开挖，这时就需要进行基坑（槽）支护，以保证施工的顺利和安全，并减少对相邻建筑、管线等的不利影响。

基坑（槽）支护结构的主要作用是支撑土壁，此外，钢板桩、混凝土板桩及水泥土搅拌桩等围护结构还兼有不同程度的隔水作用。基坑（槽）支护结构的形式有多种，根据受力状态可分为横撑式支撑、重力式支护结构、板式支护结构等，其中，板式支护结构又分为悬臂式和支撑式。

1）基槽支护

开挖较窄的沟槽，多用横撑式土壁支撑。横撑式土壁支撑根据挡土板的不同，分为水平挡土板式 [图 1.3.1（a）] 以及垂直挡土板式 [图 1.3.1（b）] 两类。前者挡土板的布置又分间断式和连续式两种。湿度小的黏性土挖土深度小于 3m 时，可用间断式水平挡土板支撑；对松散、湿度大的土可用连续式水平挡土板支撑，挖土深度可达 5m。对松散和湿度很高的土可用垂直挡土板式支撑，其挖土深度不限。挡土板、立柱及横撑的强度、变形及稳定等可根据实际布置情况进行结构计算。

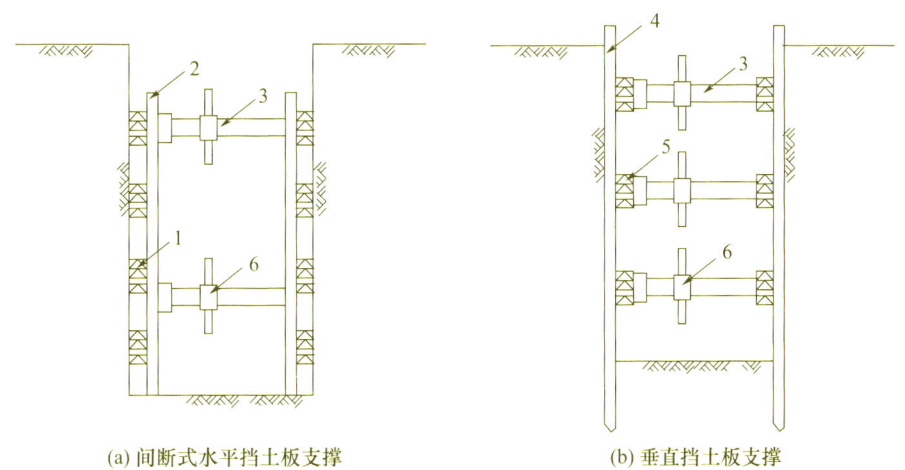

(a) 间断式水平挡土板支撑　　(b) 垂直挡土板支撑

图 1.3.1　横撑式支撑

1—水平挡土板；2—立柱；3—工具式横撑；4—垂直挡土板；5—横楞木；6—调节螺丝

2）基坑支护

基坑支护结构一般根据地质条件、基坑开挖深度以及对周边环境保护要求，可采取重力式支护结构、板式支护结构、土钉墙等形式。在支护结构设计中首先要考虑周边环境的保护，其次要满足本工程地下结构施工的要求，再则应尽可能降低造价、便于施工。

（1）重力式支护结构。

重力式支护结构是指主要通过加固基坑周边土形成一定厚度的重力式墙，以达到挡土的目的。如水泥土搅拌桩（或称深层搅拌桩）支护结构，它是用搅拌机械将水泥、石灰等和地基土相拌和，形成相互搭接的格栅状结构形式，也可相互搭接成实体结构形式，这种支护墙具有防渗和挡土的双重功能。采用格栅形式时，要满足一定的面积转换率，对淤泥质土，不宜小于0.7；对淤泥，不宜小于0.8；对一般黏性土、砂土，不宜小于0.6。由于采用重力式结构，开挖深度不宜大于7m。

搅拌桩成桩工艺可采用"一次喷浆、二次搅拌"或"二次喷浆、三次搅拌"工艺，主要依据水泥掺入比及土质情况而定。水泥掺量较小、土质较松时，可用前者；反之，可用后者。"一次喷浆、二次搅拌"的施工工艺流程如图1.3.2所示。当采用"二次喷浆、三次搅拌"工艺时可在图示步骤（e）作业时也进行注浆，以后再重复一次（d）与（e）的过程。

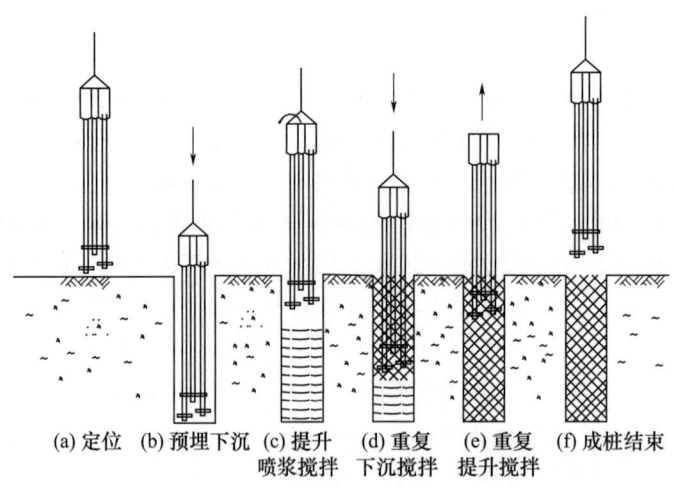

图1.3.2 "一次喷浆、二次搅拌"施工流程

（2）板式支护结构。

板式支护结构由两大系统组成：挡墙系统和支撑（或拉锚）系统（图1.3.3）。悬臂式板桩支护结构则不设支撑（或拉锚）。

① 灌注桩排桩支护。

通常由支护桩、支撑（或土层锚杆）及防渗帷幕等组成。排桩根据支撑情况可分为悬臂式支护结构、锚拉式支护结构、内撑式支护结构和内撑—锚拉混合式支护结构。当以上支护方式都不适合时，可以考虑采用双排桩形式。除悬臂式支护适用于浅基坑外，其他几种支护方式都适用于深基坑。

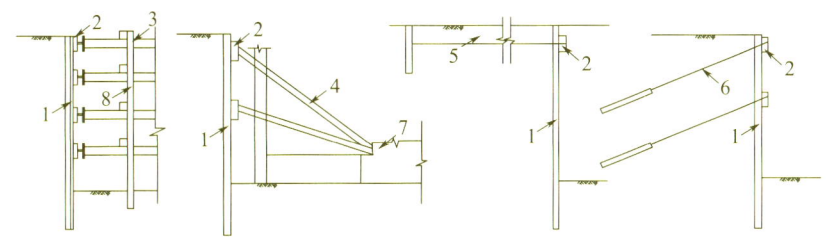

图 1.3.3 板式支护结构
1—板桩墙；2—围檩；3—钢支撑；4—斜撑；5—拉锚；
6—土锚杆；7—先施工的基础；8—竖撑

施工要求有：

a. 灌注桩排桩应采取间隔成桩的施工顺序，已完成浇筑混凝土的桩与邻桩间距应大于4倍桩径，或间隔施工时间应大于36h。

b. 灌注桩顶应充分泛浆，高度不应小于500mm；水下灌注混凝土时混凝土强度应比设计桩身强度提高一个强度等级进行配制。

c. 灌注桩外截水帷幕宜采用单轴、双轴或三轴水泥土搅拌桩；截水帷幕与灌注桩排桩间的净距宜小于200mm；采用高压旋喷桩时，应先施工灌注桩，再施工高压旋喷截水帷幕。

② 地下连续墙支护。

地下连续墙可与内支撑、与主体结构相结合（两墙合一）等支撑形式采用顺作法、逆作法、半逆作法结合使用，施工振动小、噪声低，墙体刚度大，防渗性能好，对周围地基扰动小，可以组成具有很大承载力的连续墙。地下连续墙宜同时用作主体地下结构外墙即"两墙合一"。

地下连续墙施工要求有：

a. 应设置现浇钢筋混凝土导墙。混凝土强度等级不应低于C20，厚度不应小于200mm；导墙顶面应高于地面100mm，高于地下水位0.5m以上；导墙底部应进入原状土200mm以上；导墙高度不应小于1.2m；导墙内净距应比地下连续墙设计厚度加宽40mm。

b. 地下连续墙单元槽段长度宜为4～6m。槽内泥浆面不应低于导墙面0.3m，同时应高于地下水位0.5m以上。

c. 水下混凝土应采用导管法连续浇筑。导管水平布置距离不应大于3m，距槽段端部不应大于1.5m，导管下端距槽底宜为300～500mm；钢筋笼吊放就位后应及时浇筑混凝土，间隔不宜大于4h；现场混凝土坍落度宜为0±20mm，强度等级应比设计强度提高一级进行配制；混凝土浇筑面宜高出设计标高300～500mm。

d. 混凝土达到设计强度后方可进行墙底注浆。注浆管应采用钢管；单元槽段内不少于2根，槽段长度大于6m时宜增加注浆管；注浆管下端应伸到槽底200～500mm；注浆压力应控制在2MPa以内，注浆总量达到设计要求或注浆量达到80%以上，压力达到2MPa可终止注浆。

③ 钢板桩。

钢板桩有平板形和波浪形两种。钢板桩之间通过锁口互相连接，形成一道连续的挡墙。由于锁口的连接，使钢板桩连接牢固，形成整体。同时也具有较好的隔水能力。钢板桩截面积小，易于打入，U形、Z形等波浪式钢板桩截面抗弯能力较好。钢板桩在基础施工完毕后还可拔出重复使用。

④ 支撑。

支撑系统一般采用大型钢管、H型钢或格构式钢支撑，也可采用现浇钢筋混凝土支撑。拉锚系统材料一般用钢筋、钢索、型钢或土锚杆。根据基坑开挖的深度及挡墙系统的截面性能可设置一道或多道支点。基坑较浅，挡墙具有一定刚度时，可采用悬臂式挡墙而不设支撑点。支撑或拉锚与挡墙系统通过围檩、冠梁等连接成整体。

板式支护结构的施工根据挡墙系统的形式选取相应的方法。一般钢板桩、混凝土板桩采用打入法，而灌注桩及地下连续墙则采用就地成孔（槽）现浇的方法。

(3) 土钉墙。

土钉墙是利用土钉或预应力锚杆加固基坑侧壁土体，与喷射的钢筋混凝土保护面板组成的支护结构。土钉墙的施工要求如下：

① 基坑挖土分层厚度应与土钉竖向间距协调同步，逐层开挖并施工土钉，禁止超挖。土钉墙施工必须遵循"超前支护，分层分段，逐层施作，限时封闭，严禁超挖"的原则。

② 土钉墙、预应力锚杆复合土钉墙的坡比（墙面垂直高度与水平宽度的比值）不宜大于1∶0.2。

③ 土钉墙高度不大于12m时，喷射混凝土面层要求有：厚度80～100mm，设计强度等级不低于C20；应配置钢筋网和通长的加强钢筋，宜采用HPB300级钢筋，钢筋网用直径6～10mm、间距150～250mm，加强钢筋直径14～20mm。土钉与加强钢筋宜采用焊接连接。

④ 预应力锚杆复合土钉墙宜采用钢绞线锚杆；锚杆应设置自由端，长度应超过土钉墙坡体的潜在滑动面；应采用槽钢或混凝土设置腰梁。

⑤ 土钉水平间距和竖向间距宜为1～2m；土钉倾角宜为5°～20°，土钉筋体保护层厚度不应小于25mm，每层土钉施工后，应按要求抽查土钉的抗拔力。

⑥ 开挖后应及时封闭临空面，应在24h内完成土钉安放和喷射混凝土面层。在淤泥质土层开挖时，应在内完成土钉安放和喷射混凝土面层。喷射混凝土的骨料最大粒径不应大于15mm。作业应分段分片依次进行，同一分段内应自下而上，一次喷射厚度不宜大于120mm。

⑦ 上一层土钉完成注浆48h后，才可开挖下层土方。

⑧ 成孔注浆型钢筋土钉应采用两次注浆工艺施工。第一次注浆宜为水泥砂浆，注浆量不应小于钻孔体积的1.2倍，第一次注浆初凝后，方可进行二次注浆；第二次压注纯水泥浆，注浆量为第一次注浆量的30%～40%。注浆压力宜为0.4～0.6MPa。

⑨ 击入式钢管土钉从钢管空腔内向土层压注水泥浆（水灰比0.4～0.5），注浆压力不应小于0.6MPa；注浆顺序为从管底向外分段进行，最后封孔。

⑩ 钢筋网宜在喷射一层混凝土后铺设，采用双层钢筋网时，第二层钢筋网应在第一层钢筋网被混凝土覆盖后铺设。

3. 降水与排水

降水方法可分为重力降水（如积水井、明渠等）和强制降水（如轻型井点、深井泵、电渗井点等）。土石方工程中采用较多的是明排水法和轻型井点降水。

排除地面水一般采取在基坑周围设置排水沟、截水沟或筑土堤等办法，并尽量利用原有的排水系统，使临时排水系统与永久排水设施相结合。

1) 明排水法施工

明排水法是在基坑开挖过程中，在坑底设置集水坑，并沿坑底周围或中央开挖排水沟，使水流入集水坑，然后用水泵抽走（图1.3.4）。抽出的水应予引开，以防倒流。

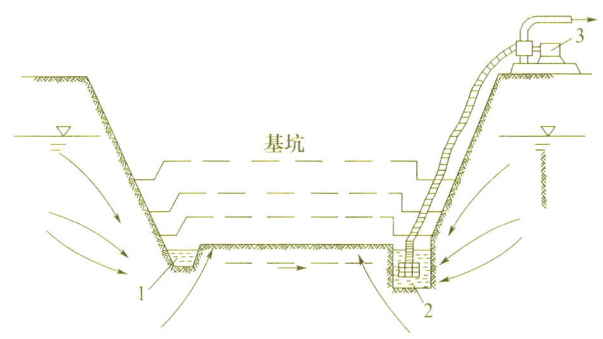

图 1.3.4　集水坑降水法
1—排水沟；2—集水坑；3—水泵

明排水法由于设备简单和排水方便，普遍较多采用，宜用于粗粒土层，也用于渗水量小的黏土层。但当土为细砂和粉砂时，地下水渗出会带走细粒，发生流沙现象，导致边坡坍塌、坑底涌砂，难以施工，此时应采用井点降水法。

集水坑应设置在基础范围以外，地下水走向的上游。根据地下水量大小、基坑平面形状及水泵能力，集水坑每隔20~40m设置一个。

集水坑的直径或宽度，一般为0.6~0.8m。其深度随着挖土的加深而加深，要经常低于挖土面0.7~1.0m。坑壁可用竹、木或钢筋笼等简易加固。当基础挖至设计标高后，坑底应低于基础底面标高1~2m，并铺设碎石滤水层，以免在抽水时间较长时将泥沙抽出，并防止坑底的土被搅动。

采用集水坑降水时，根据现场土质条件，应能保持开挖边坡的稳定。边坡坡面上如有局部渗出地下水时，应在渗水处设置过滤层，防止土粒流失，并设置排水沟，将水引出坡面。

2) 井点降水施工

井点降水法是在基坑开挖之前，预先在基坑四周埋设一定数量的滤水管（井），利用抽水设备抽水，使地下水位降落到坑底以下，并在基坑开挖过程中仍不断抽水。这样可使所挖的土始终保持干燥状态，也可防止流沙发生，土方边坡也可陡些，从而减少了挖方量。

井点降水法有轻型井点、电渗井点、喷射井点、管井井点及深井井点等，井点降水的方法根据土的渗透系数、降低水位的深度、工程特点及设备条件等，按照表1.3.1选择。

表 1.3.1　各种井点的适用范围

| 井点类别 | 土的渗透系数（m/d） | 降低水位深度（m） |
| --- | --- | --- |
| 单级轻型井点 | 0.005～20 | <6 |
| 多级轻型井点 | 0.005～20 | <20 |
| 喷射井点 | 0.005～20 | <20 |
| 电渗井点 | <0.1 | 根据选用的井点确定 |
| 管井井点 | 0.1～200 | 不限 |
| 深井井点 | 0.1～200 | >15 |

（1）轻型井点。

① 轻型井点构造。轻型井点是沿基坑四周以一定间距埋入直径较小的井点管至地下蓄水层内，井点管的上端通过弯联管与总管相连接，利用抽水设备将地下水从井点管内不断抽出，使原有地下水位降至坑底以下（见图 1.3.5）。在施工过程中要不断地抽水，直至基础施工完毕并回填土为止。

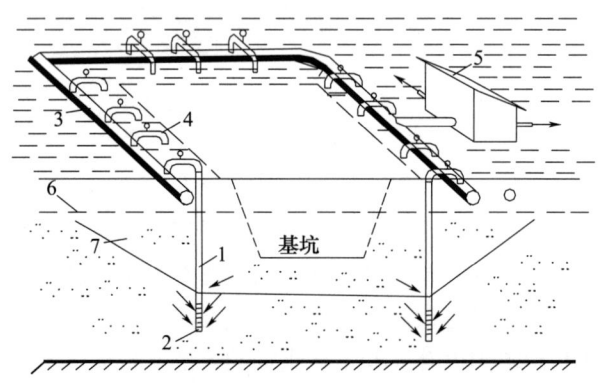

图 1.3.5　轻型井点法示意图
1—井点管；2—滤管；3—总管；4—弯联管；5—水泵房；
6—原有地下水位线；7—降低后地下水位线

井点管是用直径 38mm 或 51mm、长 5～7m 的钢管，管下端配有滤管。集水总管常用直径 100～127mm 的钢管，每节长 4m，一般每隔 0.8m 或 1.2m 设一个连接井点管的接头。

抽水设备由真空泵、离心泵和水汽分离器等组成。一套抽水设备能带动的总管长度一般为 100～120m。

② 轻型井点布置。根据基坑平面的大小与深度、土质、地下水位高低与流向、降水深度要求，轻型井点可采用单排布置［图 1.3.6（a）］、双排布置［图 1.3.6（b）］以及环形布置［图 1.3.6（c）］；当土方施工机械须进出基坑时，也可采用 U 形布置［图 1.3.6（d）］。

单排布置适用于基坑、槽宽度小于 6m，且降水深度不超过 5m 的情况。井点管应布置在地下水的上游一侧，两端延伸长度不宜小于坑、槽的宽度［图 1.3.6（a）］。双排布置适用于基坑宽度大于 6m 或土质不良的情况；环形布置适用于大面积基坑；如采用 U 形布置，则井点管不封闭的一段应设在地下水的下游方向。

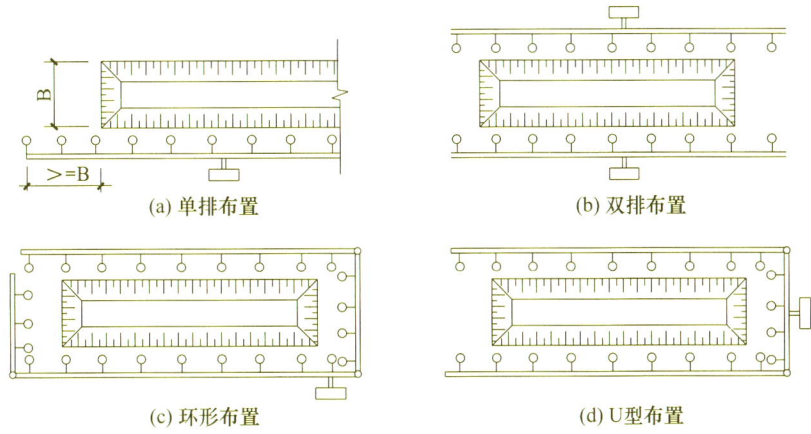

(a) 单排布置　　(b) 双排布置
(c) 环形布置　　(d) U型布置

图 1.3.6　轻型井点的平面布置

③ 轻型井点施工。轻型井点系统的施工，主要包括施工准备、井点系统安装与使用。

井点施工前，应认真检查井点设备、施工用具、砂滤料规格和数量、水源、电源等准备工作情况。同时还要挖好排水沟，以便泥浆水的排放。为检查降水效果，必须选择有代表性的地点设置水位观测孔。

井点系统的安装顺序是：挖井点沟槽、铺设集水总管；冲孔，沉设井点管（图1.3.7），灌填砂滤料；弯联管将井点管与集水总管连接；安装抽水设备；试抽。

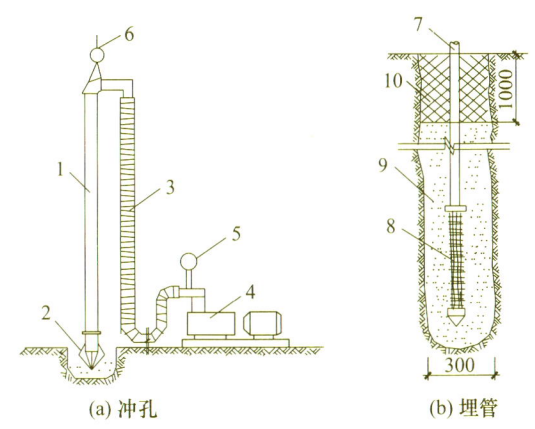

(a) 冲孔　　(b) 埋管

图 1.3.7　井点管的埋设（单位：mm）
1—冲管；2—冲嘴；3—胶皮管；4—高压水泵；5—压力表；
6—起重机吊钩；7—井点管；8—滤管；9—填砂；10—黏土封口

(2) 喷射井点。

当基坑较深而地下水位又较高时，需要采用多级轻型井点，会增加基坑的挖土量，延长工期并增加设备数量是不经济的，因此当降水深度超过8m时，宜采用喷射井点，降水深度可达8～20m。

喷射井点的平面布置：当基坑宽度小于或等于10m时，井点可作单排布置；当大于10m时，可作双排布置；当基坑面积较大时，宜采用环形布置。井点间距一般采用

2~3m,每套喷射井点宜控制在20~30根井管。

(3) 电渗井点。

在饱和黏土中,特别是淤泥和淤泥质黏土中,由于土的透水性较差、持水性较强,用一般喷射井点和轻型井点降水效果较差,此时宜增加电渗井点来配合轻型或喷射井点降水,以便对透水性较差的土起疏干作用,使水排出。

(4) 深井井点。

当降水深度超过15m时,在管井井点内采用一般的潜水泵和离心泵满足不了降水要求时,可加大管井深度,改用深井泵即深井井点来解决。深井井点一般可降低水位30~40m,有的甚至可达百米以上。常用的深井泵有两种类型:电动机在地面上的深井泵及深井潜水泵(沉没式深井泵)。

(5) 管井井点。

管井井点就是沿基坑每隔一定距离设置一个管井,每个管井单独用一台水泵不断抽水来降低地下水位。在土的渗透系数大、地下水量大的土层中,宜采用管井井点。管井直径为150~250mm,管井的间距一般为20~50m。

### (三) 土石方的填筑与压实

1. 填筑压实的施工要求

(1) 填方的边坡坡度,应根据填方高度、土的类别、使用期限及其重要性确定。永久性填方的边坡坡度见表1.3.2。

表1.3.2 永久性填方的边坡坡度

| 土的种类 | 填方高度(m) | 边坡坡度 |
| --- | --- | --- |
| 黏土 | 6 | 1:1.50 |
| 亚黏土、泥灰岩土 | 6~7 | 1:1.50 |
| 轻亚黏土、细砂 | 6~8 | 1:1.50 |
| 黄土、类黄土 | 6 | 1:1.50 |
| 中砂、粗砂 | 10 | 1:1.50 |
| 碎石土 | 10~12 | 1:1.50 |
| 易风化的岩石 | 12 | — |

(2) 填方宜采用同类土填筑,如采用不同透水性的土分层填筑时,下层宜填筑透水性较大的填料,上层宜填筑透水性较小的填料,或将透水性较小的土层表面做成适当坡度,以免形成水囊。

(3) 基坑(槽)回填前,应清除沟槽内积水和有机物,检查基础的结构混凝土达到一定的强度后方可回填。

(4) 填方应按设计要求预留沉降量,如无设计要求时,可根据工程性质、填方高度、填料类别、压实机械及压实方法等,同有关部门共同确定。

(5) 填方压实工程应由下至上分层铺填,分层压(夯)实,分层厚度及压(夯)实遍数根据压(夯)实机械、密实度要求、填料种类及含水量确定,填土施工时的分层厚度及压实遍数见表1.3.3。

表 1.3.3 填土施工时的分层厚度及压实遍数

| 压实机具 | 分层厚度（mm） | 每层压实遍数（次） |
|---|---|---|
| 平碾 | 250～300 | 6～8 |
| 振动压实机 | 250～350 | 3～4 |
| 柴油打夯机 | 200～250 | 3～4 |
| 人工打夯 | <200 | 3～4 |

2. 土料选择与填筑方法

为了保证填土工程的质量，必须正确选择土料和填筑方法。

碎石类土、砂土、爆破石渣及含水量符合压实要求的黏性土可作为填方土料。淤泥、冻土、膨胀性土、有机物含量大于5%的土以及硫酸盐含量大于5%的土均不能做填土。填方土料为黏性土时，填土前应检验其含水量是否在控制范围以内，含水量大的黏土不宜做填土用。

填方施工应接近水平地分层填土、分层压实，每层的厚度根据土的种类及选用的压实机械而定。应分层检查填土压实质量，符合设计要求后，才能填筑上层。当填方位于倾斜的地面时，应先将斜坡挖成阶梯状，然后分层填筑，以防填土横向移动。

3. 填土压实方法

填土压实方法有碾压法、夯实法及振动压实法。

平整场地等大面积填土多采用碾压法，小面积的填土工程多用夯实法，而振动压实法主要用于压实非黏性土。

（1）碾压法。碾压法是利用机械滚轮的压力压实土壤，使之达到所需的密实度。碾压适用于大面积填土工程。碾压机械有平碾（压路机）、羊足碾和气胎碾。平碾（光碾压路机）是一种以内燃机为动力的自行式压路机，重量6～15t。羊足碾一般没有动力，靠拖拉机牵引，有单筒、双筒两种。根据碾压要求，又可分为空筒、装砂、注水等三种。羊足碾虽与土接触面积小，但单位面积的压力比较大，土壤压实的效果好。羊足碾一般用于碾压黏性土，不适于砂性土，因在砂土中碾压时，土的颗粒受到羊足碾较大的单位压力后会向四面移动而使土的结构破坏。此外，松土不宜用重型碾压机械直接滚压，否则土层有强烈起伏现象，效率不高。如果先用轻碾压实，再用重碾压实就会取得较好效果。

（2）夯实法。夯实法是利用夯锤自由下落的冲击力来夯实土壤，主要用于小面积回填土，可以夯实黏性土或非黏性土。夯实法分人工夯实和机械夯实两种。人工夯实所用的工具有木夯、石夯等；常用的夯实机械有夯锤、内燃夯土机和蛙式打夯机等。

（3）振动压实法。振动压实法是将振动压实机放在土层表面，借助振动机构使压实机振动，土颗粒发生相对位移而达到紧密状态。振动碾是一种振动和碾压同时作用的高效能压实机械，比一般平碾提高功效1～2倍，可节省动力30%。这种方法对于振实填料为爆破石渣、碎石类土、杂填土和粉土等非黏性土效果较好。

## 二、地基与基础工程施工

### （一）地基加固处理

土木工程的地基问题，概括地说，可包括以下四个方面：

（1）强度和稳定性问题。当地基的承载能力不足以支承上部结构的自重及外荷载时，地基就会产生局部或整体剪切破坏。

（2）压缩及不均匀沉降问题。当地基在上部结构的自重及外荷载作用下产生过大的变形时，会影响结构物的正常使用，特别是超过结构物所能容许的不均匀沉降时，结构可能开裂破坏。沉降量较大时，不均匀沉降往往也较大。

（3）地基的渗漏量超过容许值时，会发生水量损失导致发生事故。

（4）地震、机器以及车辆的振动、波浪作用和爆破等动力荷载可能引起地基土，特别是饱和无黏性土的液化、失稳和震陷等危害。

当结构物的天然地基存在上述问题时，必须采用相应的地基处理措施以保证结构物的安全与正常使用。地基处理的方法有很多，工程中人们常常采用的一类方法是采取措施使土中孔隙减少，土颗粒之间靠近，密度加大，土的承载力提高；另一类方法是在地基中掺加各种物料，通过物理化学作用把土颗粒胶结在一起，使地基承载力提高，刚度加大，变形减小。

1. 换填地基法

当建筑物基础下的持力层比较软弱，不能满足上部荷载对地基的要求时，常采用换填地基法来处理软弱地基。换填地基法是先将基础底面以下一定范围内的软弱土层挖去，然后回填强度较高、压缩性较低并且没有侵蚀性的材料，如中粗砂、碎石或卵石、灰土、素土、石屑、矿渣等，再分层夯实后作为地基的持力层。换填地基按其回填的材料可分为灰土地基、砂和砂石地基、粉煤灰地基等。

2. 土工合成材料地基

土工合成材料地基可以分为土工织物地基和加筋土地基。

土工织物地基又称土工聚合物地基，是在软弱地基中或边坡上埋设土工织物作为加筋，使其共同作用形成弹性复合土体，达到排水、反滤、隔离、加固和补强等方面的目的，以提高土体承载力，减少沉降和增加地基的稳定。

加筋土地基是由填土、填土中布置的一定量带状筋体（或称拉筋）以及直立的墙面板三部分组成的一个整体的复合结构。

3. 夯实地基法

夯实地基法主要有重锤夯实法和强夯法两种。

（1）重锤夯实法。重锤夯实法是利用起重机械将夯锤（2~3t）提升到一定的高度，然后自由下落产生较大的冲击能来挤密地基、减少孔隙、提高强度，经不断重复夯击，使地基得以加固，达到满足建筑物对地基承载力和变形要求。

重锤夯实法适用于地下水距地面 0.8m 以上稍湿的黏土、砂土、湿陷性黄土、杂填土和分层填土，但在有效夯实深度内存在软黏土层时不宜采用。

重锤表面夯实的加固深度一般在 1.2~2m。重锤夯实的效果或影响深度与夯锤的重量、锤底直径、落距、夯实的遍数、土的含水量及土质条件等因素有关。

（2）强夯法。强夯法是用起重机械将大吨位（一般为 8~30t）夯锤起吊到 6~30m 高度后，自由落下，给地基土以强大的冲击能量的夯击，使土中出现冲击波和很大的冲击应力，迫使土层孔隙压缩，土体局部液化，在夯击点周围产生裂隙，形成良好的排水通道，孔隙水和气体逸出，使土料重新排列，经时效压密达到固结，从而提高地基承载力，降低其压缩性的一种有效的地基加固方法，也是我国目前最为常用和最经济的深层地基处理方法之一。

强夯法适用于加固碎石土、砂土、低饱和度粉土、黏性土、湿陷性黄土、高填土、杂填土以及"围海造地"地基、工业废渣、垃圾地基等的处理；也可用于防止粉土及粉砂的液化，消除或降低大孔土的湿陷性等级；对于高饱和度淤泥、软黏土、泥炭、沼泽土，如采取一定技术措施也可采用，还可用于水下夯实。强夯不得用于不允许对工程周围建筑物和设备有一定振动影响的地基加固，必须时，应采取防振、隔振措施。

强夯法施工程序为：清理、平整场地→标出第一遍夯点位置、测量场地高程→起重机就位、夯锤对准夯点位置→测量夯前锤顶高程→将夯锤吊到预定高度脱钩自由下落进行夯击，测量锤顶高程→往复夯击，按规定夯击次数及控制标准，完成一个夯点的夯击→重复以上工序，完成第一遍全部夯点的夯击→用推土机将夯坑填平，测量场地高程→在规定的间隔时间后，按上述程序逐次完成全部夯击遍数→用低能量满夯，将场地表层松土夯实，并测量夯后场地高程。强夯处理范围应大于建筑物基础范围，每边超出基础外缘的宽度宜为基底下设计处理深度的 1/2 至 2/3，并不宜小于 3m。

4. 预压地基

预压地基又称排水固结法地基，在建筑物建造前，直接在天然地基或在设置有袋状砂井、塑料排水带等竖向排水体的地基上先行加载预压，使土体中孔隙水排出，提前完成土体固结沉降，逐步增加地基强度的一种软土地基加固方法。适用于处理道路、仓库、罐体、飞机跑道、港口等各类大面积淤泥质土、淤泥及冲填土等饱和黏性土地基。预压荷载是其中的关键问题，因为施加预压荷载后才能引起地基土的排水固结。

5. 振冲地基

振冲法又称振动水冲法，是以起重机吊起振冲器，启动潜水电机带动偏心块使振动器产生高频振动；同时启动水泵，通过喷嘴喷射高压水流，在边振边冲的共同作用下，将振动器沉到土中的预定深度，经清孔后，从地面向孔内逐段填入碎石，或不加填料，使地基在振动作用下被挤密实，达到要求的密实度后即可提升振动器。如此重复填料和振密直至地面，在地基中形成一个大直径的密实桩体与原地基构成复合地基，从而提高地基的承载力，减少沉降和不均匀沉降，是一种快速、经济、有效的加固方法。

6. 砂桩、碎石桩和水泥粉煤灰碎石桩

碎石桩和砂桩合称为粗颗粒土桩，是指用振动、冲击或振动水冲等方式在软弱地基中成孔，再将碎石或砂挤压入孔，形成大直径的由碎石或砂所构成的密实桩体，具有挤密、置换、排水、垫层和加筋等加固作用。

水泥粉煤灰碎石桩（CFG 桩）是在碎石桩基础上加进一些石屑、粉煤灰和少量水泥，加水拌和制成的具有一定黏结强度的桩。桩的承载能力来自桩全长产生的摩阻力及桩端承载力，桩越长承载力越高，桩土形成的复合地基承载力提高幅度可达 4 倍以上且变形量小，适用于多层和高层建筑地基，是近年来新开发的一种地基处理技术。

褥垫层是保证桩和桩间土共同作用承担荷载，是水泥粉煤灰碎石桩形成复合地基的重要条件。褥垫层材料宜用中砂、粗砂、级配砂石和碎石，最大粒径不宜大于 30mm。不宜采用卵石，因为卵石咬合力差，施工时扰动较大，褥垫厚度不容易保证均匀。褥垫层的位置位于 CFG 桩和建筑物基础之间，厚度可取 200～300mm。褥垫层不仅仅用于

CFG 桩，也用于碎石桩、管桩等，以形成复合地基，保证桩和桩间土的共同作用。

7. 土桩和灰土桩

土桩和灰土桩挤密地基是由桩间挤密土和填夯的桩体组成的人工"复合地基"。适用于处理地下水位以上、深度 5～15m 的湿陷性黄土或人工填土地基。土桩主要适用于消除湿陷性黄土地基的湿陷性，灰土桩主要适用于提高人工填土地基的承载力。地下水位以下或含水量超过 25% 的土，不宜采用。

土桩和灰土桩的施工方法是利用打入钢套管（或振动沉管）在地基中成孔、通过挤压作用，使地基得到加密，然后在孔内分层填入素土（或灰土、粉煤灰加石灰）后夯实而成土桩或灰土桩。回填土料一般采用过筛（筛孔不大于 20mm）的粉质黏土，并不得含有有机质物质；粉煤灰采用含水量为 30%～50% 湿粉煤灰；石灰用块灰消解 3～4d 形成粗粒粒径不大于 5mm 的熟石灰。灰土（体积比例 2∶8 或 3∶7）或二灰土应拌和均匀至颜色一致后及时回填夯实。

8. 深层搅拌桩地基

深层搅拌法是利用水泥、石灰等材料作为固化剂的主剂，通过特制的深层搅拌机械，在地基深处就地将软土和固化剂（浆液或粉体）强制搅拌，利用固化剂和软土之间所产生的一系列物理－化学反应，使软土硬结成具有整体性的并具有一定承载力的复合地基。

深层搅拌法适宜于加固各种成因的淤泥质土、黏土和粉质黏土等，用于增加软土地基的承载能力，减少沉降量，提高边坡的稳定性和各种坑槽工程施工时的挡水帷幕。

施工前，应依据工程地质勘察资料，进行室内配合比试验，结合设计要求，选择最佳水泥掺入比，确定搅拌工艺。用于深层搅拌的施工工艺目前有两种，一种是用水泥浆和地基土搅拌的水泥浆搅拌（简称旋喷桩），另一种是用水泥粉或石灰粉和地基土搅拌的粉体喷射搅拌（简称粉喷桩）。竖向承载搅拌桩施工时，停浆（灰）面应高于桩顶设计标高 300～500mm。在开挖基坑时，应将搅拌桩顶端施工质量较差的桩段用人工挖除。

9. 柱锤冲扩桩

柱锤冲扩桩法是指反复将柱状重锤提到高处使其自由下落冲击成孔，然后分层填料夯实形成扩大桩体，与桩间土组成复合地基的处理方法。该方法施工简便，振动及噪声小。适用于处理杂填土、粉土、黏性土、素填土、黄土等地基，对地下水位以下饱和松软土层应通过现场试验确定其适用性。地基处理深度不宜超过 6m，复合地基承载力特征值不宜超过 160kPa。

柱锤冲扩桩法宜用直径 300～500mm、长度 2～6m、质量 1～8t 的柱状锤（柱锤）进行施工。桩位布置可采用正方形、矩形、三角形布置。桩体材料可采用碎砖三合土、级配砂石、矿渣、灰土、水泥混合土等。每个桩孔应夯填至桩顶设计标高以上至少 0.5m，其上部桩孔用原槽土夯封。桩身填料夯实后的平均桩径可达 600～800mm。柱锤冲扩桩法夯击能量较大，易发生地面隆起，造成表层桩和桩间土出现松动，从而降低处理效果，因此成孔及填料夯实的施工顺序宜间隔进行。

10. 高压喷射注浆桩

高压喷射注浆桩是以高压旋转的喷嘴将水泥浆喷入土层与土体混合，形成连续搭接的水泥加固体。高压喷射注浆法适用于处理淤泥、淤泥质土、流塑、软塑或可塑黏性土、粉土、砂土、黄土、素填土和碎石土等地基。高压喷射注浆法分旋喷、定喷和摆喷三种类别。根据工程需要和土质要求，施工时可分别采用单管法、二重管法、三重管法和多重管法。高压喷射注浆法固结体形状可分为垂直墙状、水平板状、柱列状和群状。

**（二）桩基础施工**

按施工方法的不用，桩身可以分为预制桩和灌注桩两大类。预制桩是在工厂或施工现场制成各种材料和形式的桩（如钢筋混凝土桩、钢桩、木桩等），然后用沉桩设备将桩打入、压入、旋入或振入土中。灌注桩是在施工现场的桩位上先成孔，然后在孔内灌注混凝土，也可加入钢筋后灌注混凝土。根据成孔方法的不用可分为钻孔、挖孔、冲孔灌注桩、沉管灌注桩和爆扩桩等。

1. 钢筋混凝土预制桩施工

钢筋混凝土桩坚固耐久，不受地下水和潮湿变化的影响，可做成各种需要的断面和长度，而且能承受较大的荷载，在建筑工程中广泛应用。

常用的钢筋混凝土预制桩断面有实心方桩与预应力混凝土空心管桩两种。方形桩边长通常为200～550mm，桩内设纵向钢筋或预应力钢筋和横向钢筋，在尖端设置桩靴。预应力混凝土管桩直径为400～600mm，在工厂内用离心法制成。

1）桩的制作、起吊、运输和堆放

（1）桩的制作。长度在10m以下的短桩，一般多在工厂预制，较长的桩，因不便于运输，通常就在打桩现场附近露天预制。

制作预制桩有并列法、间隔法、重叠法、翻模法等。现场预制桩多用重叠法预制，重叠层数不宜超过4层，层与层之间应涂刷隔离剂，上层桩或邻近桩的灌注，应在下层桩或邻近桩混凝土达到设计强度等级的30%以后方可进行。

（2）起吊和运输。钢筋混凝土预制桩应在混凝土达到设计强度的70%方可起吊，达到100%方可运输和打桩。如提前吊运，应采取措施并经验算合格后方可进行。桩在起吊和搬运时，吊点应符合设计要求，满足吊桩弯矩最小的原则。

（3）堆放。桩堆放时，地面必须平整、坚实，不得产生不均匀沉陷。桩堆放时应设置垫木，垫木的位置与吊点位置相同，各层垫木应上下对齐，堆放层数不宜超过4层。不同规格的桩应分别堆放。

2）沉桩

沉桩的施工方法为将各种预先制作好的桩（主要是钢筋混凝土或预应力混凝土实心桩或管桩）以不同的沉入方式沉至地基内达到所需要的深度。

沉桩的方式主要有锤击沉桩（打入桩）、静力压桩（压入桩）、射水沉桩（旋入桩）和振动沉桩（振入桩）。

（1）锤击沉桩。锤击沉桩是利用桩锤下落时的瞬时冲击机械能，克服土体对桩的阻力，使其静力平衡状态遭到破坏，导致桩体下沉，达到新的静压平衡状态。如此反复地锤击桩头，桩身也就不断地下沉。锤击沉桩是预制桩最常用的沉桩方法。

① 适用范围。

锤击沉桩法适用于桩径较小（一般桩径0.6m以下），地基土土质为可塑性黏土、砂性土、粉土、细砂以及松散的碎卵石类土的情况。此方法施工速度快，机械化程度高，适应范围广，现场文明程度高，但施工时有挤土、噪声和振动等公害，对城市中心和夜间施工有所限制。

② 锤击法施工。

a. 打桩机具的选择。打桩机具主要包括桩锤、桩架和动力装置三部分。桩锤是对桩施工冲击力，将桩打入土中的主要机具，桩架是将桩吊到打桩位置，并在打桩过程中引导桩的方向，保证桩锤能沿要求方向冲击的打桩设备；动力装置包括驱动桩锤及卷扬机用的动力设备。在选择打桩机具时，应根据地基土壤的性质、工程的大小、桩的种类、施工期限、动力供应条件和现场情况确定。

桩锤的选择应先根据施工条件确定桩锤的类型，然后再决定锤重。要求锤重应有足够的冲击力，锤重应大于等于桩重。实践证明，当锤重大于桩重的1.5~2倍时，能取得良好的效果，但桩锤亦不能过重，过重易将桩打坏；当桩重大于2t时，可采用比桩轻的桩锤，但亦不能小于桩重的75%。这是因为在施工中，宜采用"重锤低击"，即锤的重量大而落距小，这样桩锤不易产生回跃，不致损坏桩头，且桩易打入土中，效率高；反之，若"轻锤高击"，则桩锤易产生回跃，易损坏桩头，桩难以打入土中。

b. 打桩准备。打桩前，应认真处理地上、地下（地下管线、旧有基础、树木等）障碍物，打桩机进场及移动范围内的场地应平整压实，以使地面有一定的承载力，并保证桩机的垂直度。在打桩前应根据设计图纸确定桩基轴线，并将桩的准确位置测设到地面。

c. 确定打桩顺序。打桩顺序是否合理，直接影响打桩进度和施工质量。确定打桩顺序时要综合考虑到桩的密集程度、基础的设计标高、现场地形条件、土质情况等。

一般当基坑不大时，打桩应从中间分头向两边或四周进行；当基坑较大时，应将基坑分为数段，而后在隔断范围内分别进行（见图1.3.8）。打桩应避免自外向内，或从周边向中间进行。当桩基的设计标高不同时，打桩顺序易先深后浅；当桩的规格不同时，打桩顺序宜先大后小、先长后短。

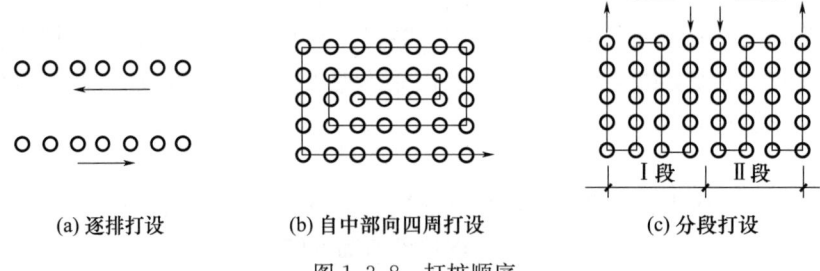

(a) 逐排打设　　(b) 自中部向四周打设　　(c) 分段打设

图1.3.8　打桩顺序

d. 打桩方法。打桩机就位后，将桩锤和桩帽吊起来，然后吊桩并送至导杆内，垂直对准桩位缓缓松下插入土中，垂直度偏差不得超过0.5%，然后固定桩帽和桩锤，使桩、桩帽、桩锤在同一垂线上，确保桩能垂直下沉。在桩锤和桩帽之间应加弹性衬垫，桩帽与桩顶周围应有5~10mm的间隙，以防损伤桩顶。

打桩开始时，锤的落距应较小，待桩入土一定深度（约2m）并稳定后，再按要求的落距锤击，用落锤或单动汽锤打桩时，最大落距不宜大于1m；用柴油锤时应使锤跳动正常。在打桩过程中，遇有贯入度剧变，桩身突然发生倾斜、移位或有严重回弹，桩顶或桩身出现严重裂缝或破碎等异常情况时,应暂停打桩,及时研究处理。打桩工程是一项隐蔽工程,为了确保工程质量,必须在打桩过程中做好记录。

(2) 静力压桩。

静力压桩是利用压桩架的自重及附属设备(卷扬机及配重等)的重量,通过卷扬机的牵引,由钢丝绳滑轮及压梁将整个压桩架的重量传至桩顶,将桩逐节压入土中。

静力压桩施工时无冲击力,噪声和振动较小,桩顶不易损坏,且无污染,对周围环境的干扰小,适用于软土地区、城市中心或建筑物密集处的桩基础工程,以及精密工厂的扩建工程。

静力压桩由于受设备行程的限制,在一般情况下是分段预制、分段压入、逐段压入、逐段接长,其施工工艺程序为:测量定位→压桩机就位→吊桩、插桩→桩身对中调直→静压沉桩→接桩→再静压沉桩→送桩→终止压桩→切割桩头。当第一节桩压入土中,其上端距地面0.5~1m左右时,将第二节桩接上,继续压入。静力压桩沉桩程序见图1.3.9。

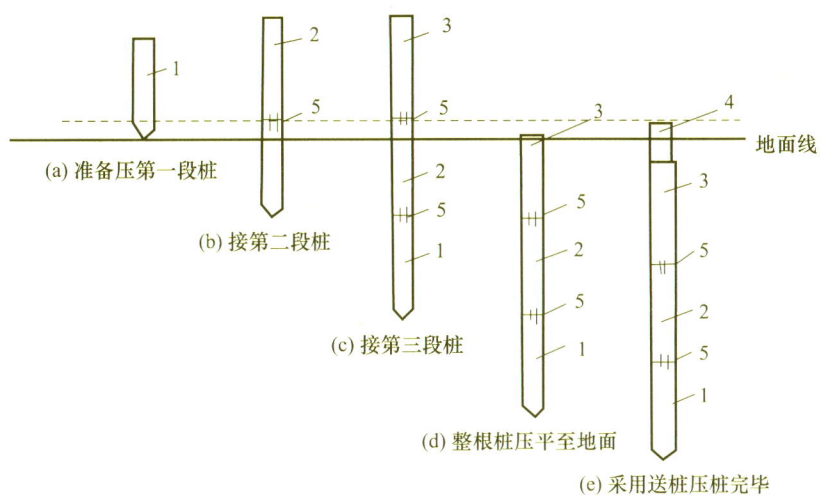

图1.3.9 静力压桩沉桩顺序
1—第一段;2—第二段;3—第三段;4—送桩;5—接桩处

(3) 射水沉桩。

射水沉桩法是锤击沉桩的一种辅助方法。利用高压水流经过桩侧面或空心桩内部的射水管冲击桩尖附近土层,便于锤击沉桩。一般是边冲水边打桩,当沉桩至最后1~2m时停止冲水,用锤击至规定标高。射水沉桩法适用于砂土和碎石土,有时对于特别长的预制桩,单靠锤击有一定困难时,亦可用射水沉桩法辅助。

射水沉桩法的选择应视土质情况而异,在砂夹卵石层或坚硬土层中,一般以射水为主,锤击或振动为辅;在亚黏土或黏土中,为避免降低承载力,一般以锤击或振动为主,以射水为辅,并应适当控制射水时间和水量;下沉空心桩一般用单管内射水。

射水沉桩的施工要点是:吊插桩基时要注意及时引送输水胶管,防止拉断与脱落;基桩插正立稳后,压上桩帽桩锤,并开始用较小水压,使桩靠自重下沉。初期应控制桩身不使其下沉过快,以免阻塞射水管嘴,并注意随时控制和校正桩的方向;下沉渐趋缓慢时，可开锤轻击，沉至一定深度（8～10m）已能保持桩身稳定后，可逐步加大水压和锤的冲击动能；沉桩至距设计标高一定距离（2.0m以上）时停止射水，拔出射水管，进行锤击或振动使桩下沉至设计要求标高，以保证桩的承载力。

（4）振动沉桩。

振动沉桩的原理是借助固定于桩头上的振动箱索产生的振动力，以减小桩与土壤颗粒之间的摩擦力，使桩在自重与机械力的作用下沉入土中。

振动沉桩主要适用于砂土、砂质黏土、亚黏土层。在含水砂层中的效果更为显著，但在砂砾层中采用此法时，尚需配以水冲法。

振动沉桩法的优点是设备构造简单，使用方便，效能高，所消耗的动力少，附属机具设备亦少。其缺点是适用范围较窄，不宜用于黏性土以及土层中夹有孤石的情况。

3）接桩与拔桩

钢筋混凝土预制长桩受运输条件和打桩架的高度限制，一般分成数节制作，分节打入，在现场接桩。常用接桩方式有焊接、法兰接及硫磺胶泥锚接等几种形式，其中焊接接桩应用最多，前两种接桩方法适用于各种土层；后者只适用于软弱土层。焊接接桩钢板宜用低碳钢，焊条宜用E43，焊接时应先将四角点焊固定，然后对称焊接，并应确保焊缝质量和设计尺寸。法兰接桩时钢板和螺栓也宜用低碳钢并紧固牢靠，硫磺胶泥锚接桩使用的硫磺胶泥配合比应通过试验确定。

当已打入的混凝土预制桩由于某种原因拔出时，长桩可用拔桩机进行，一般桩可用人字桅杆借卷扬机或用钢丝绳捆紧桩头部借横梁用液压千斤顶抬起，采用气锤打桩可直接用蒸汽锤拔桩。

4）桩头处理

各种预制桩在施工完毕后，按设计要求的桩顶标高将桩头多余的部分截去。截桩头时不能破坏桩身，要保证桩身的主筋伸入承台，长度应符合设计要求。当桩顶标高在设计标高以下时，在桩位上挖成喇叭口，凿掉桩头混凝土，剥出主筋并焊接接长至设计要求长度，与承台钢筋绑扎在一起，用桩身同强度等级的混凝土与承台一起浇筑接长桩身。

2. 钢管桩

在我国沿海及内陆冲积平原地区，土质常为很厚（深达50～60m）的软土层，用常规钢筋混凝土和预应力混凝土桩难以适应时多选用钢管桩来加固地基。

钢管桩具有重量轻、刚性好，承载力高、桩长易于调节、排土量小、对邻近建筑物影响小、接头连接简单、工程质量可靠、施工速度快的优点。但钢管桩也存在钢材用量大，工程造价较高，打桩机具设备较复杂，振动和噪声较大，桩材保护不善、易腐蚀等缺点。

钢管桩施工，有先挖土后打桩和先打桩后挖土两种方法。在软土地区，一般表层土承载力尚可，深部地基承载力则很差，且地下水位较高，较难排干。为避免基坑长时间大面积暴露被扰动，同时也为了便于施工作业，一般采取先打桩后挖土的施工法。

钢管桩的施工顺序是：桩机安装→桩机移动就位→吊桩→插桩→锤击下沉→接桩→锤击至设计深度→内切钢管桩→精割→焊桩盖→浇筑垫层混凝土→绑钢筋→支模板→浇筑混凝土基础承台。

3. 混凝土灌注桩施工

灌注桩是直接在桩位上就地成孔，然后在孔内安放钢筋笼（也有直接插筋或省缺钢筋的），再灌注混凝土而成。根据成孔工艺不同，分为泥浆护壁成孔、干作业成孔、人工挖孔、套管成孔和爆扩成孔等。

灌注桩能适应地层的变化，无须接桩，施工时无振动、无挤土、噪声小，适宜于在建筑物密集地区使用。但其操作要求严格，施工后需一定的养护期方可承受荷载，成孔时有大量土基或泥浆排出。

1）泥浆护壁成孔灌注桩

泥浆护壁成孔灌注桩按成孔工艺和成孔机械不同分为正循环钻孔灌注桩、反循环钻孔灌注桩、钻孔扩底灌注桩和冲击成孔灌注桩，其使用范围如下：

（1）正循环钻孔灌注桩适用于黏性土、砂土、强风化、中等到微风化岩石。可用于桩径小于1.5m，孔深一般≤50m场地。

（2）反循环钻孔灌注桩适用于黏性土、砂土、细粒碎石土及强风化、中等—微风化岩石，可用于桩径小于2.0m，孔深一般≤60m的场地。

（3）钻孔扩底灌注桩适用于黏性土、砂土、细粒碎石土、全风化、强风化、中等风化岩石时，孔深一般≤40m。

（4）冲击成孔灌注桩适用于黏性土、砂土、碎石土和各种岩层。对厚砂层软塑到流塑状态的淤泥及淤泥质土应慎重使用。

泥浆护壁成孔灌注桩的施工流程见图1.3.10。灌注桩的桩顶标高至少要比设计标高高出1.0m，桩底清孔质量按不同成桩工艺有不同的要求，应按规范要求执行。

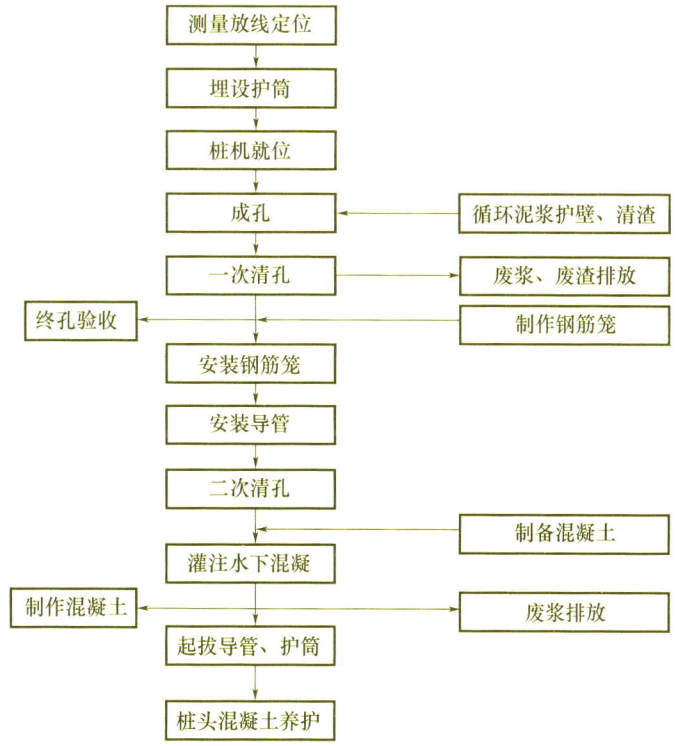

图1.3.10 泥浆护壁成孔灌注桩施工流程

2) 干作业成孔灌注桩

干作业成孔灌注桩系指在地下水位以上地层可采用机械或人工成孔并灌注混凝土的成桩工艺。干作业成孔灌注具有施工振动小、噪声低、环境污染少的优点。

干作业成孔灌注桩即不用泥浆或套管护壁措施而直接排出土成孔的灌注桩，这是在没有地下水阶情况下进行施工的方法。目前干作业成孔的灌注桩常用螺旋钻孔灌注桩、螺旋钻孔扩孔灌注桩、机动洛阳铲挖孔灌注桩及人工挖孔灌注桩四种。螺旋钻孔灌注桩的施工机械形式有长螺旋钻孔机和短螺旋钻孔机两种。但施工工艺除长螺旋钻孔机为一次成孔，短螺旋钻孔机为分段多次成孔外，其他都相同。

干作业成孔灌注桩的施工工艺程序如图 1.3.11。

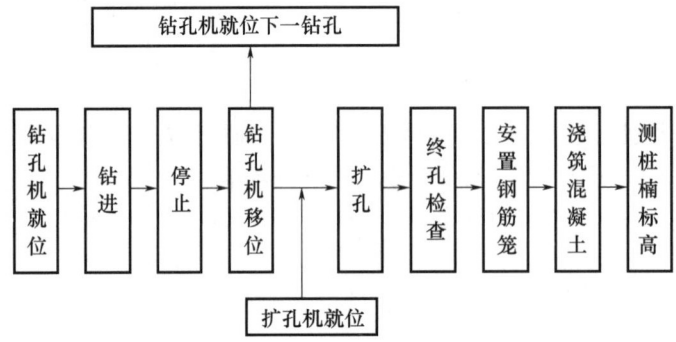

图 1.3.11　干作业成孔灌注桩施工流程

3) 人工挖孔灌注桩

人工挖孔灌注桩是采用人工挖土成孔，浇筑混凝土成桩。人工挖孔灌注桩的特点是：

(1) 单桩承载力高，结构受力明确，沉降量小；

(2) 可直接检查桩直径、垂直度和持力层情况，桩质量可靠；

(3) 施工机具设备简单，工艺操作简单，占场地小；

(4) 施工无振动、无噪声、无环境污染，对周边建筑无影响。

4) 套管成孔灌注桩

套管成孔灌注桩有锤击沉管灌注桩、振动沉管灌注桩等。利用锤击沉桩设备沉管、拔管时，称为锤击沉管灌注桩；利用激振器振动沉管、拔管时，称为振动沉管灌注桩。套管沉管灌注桩施工过程示意图如图 1.3.12 所示。

套管成孔灌注桩施工可选用单打法、复打法或反插法。单打法适用于含水量较小的土层，复打法或反插法适用于饱和土层。

(1) 沉管灌注桩成桩过程为：桩机就位→锤击（振动）沉管→上料→边锤击（振动）边拔管，并继续浇筑混凝土→下钢筋笼，继续浇筑混凝土及拔管→成桩。

(2) 施工要求：

桩管沉到设计标高并停止振动后应立即浇筑混凝土。管内灌满混凝土后应先振动，再拔管。拔管过程中，应分段添加混凝土，保持管内混凝土面不低于地表面或高于地下水位 1~1.5m。

桩身配钢筋笼时，第一次混凝土应先浇至钢筋笼笼底标高，然后放置钢筋笼，再浇混凝土到桩顶标高。

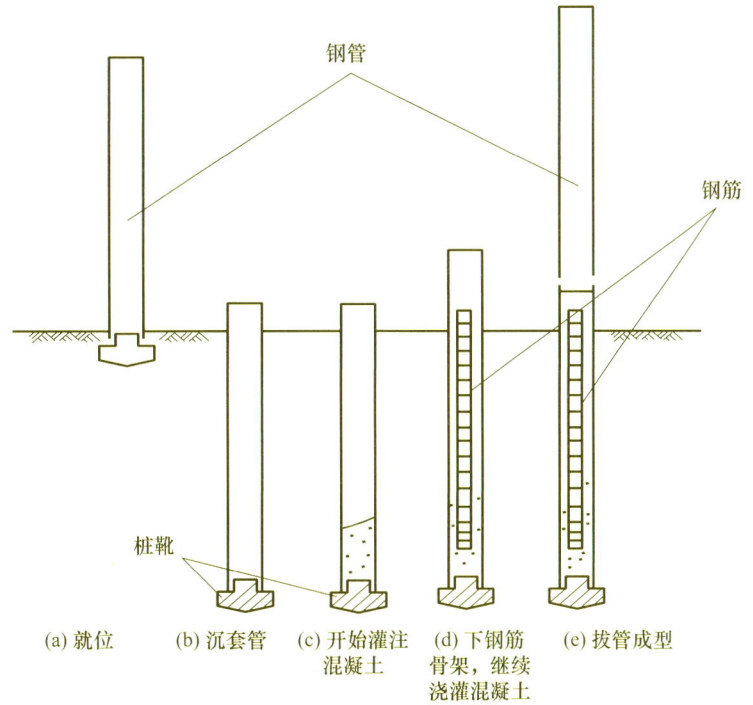

图 1.3.12 沉管灌注桩施工过程

沉管灌注桩全长复打桩施工时,第一次灌注混凝土应达到自然地面,复打施工应在第一次浇筑的混凝土初凝之前完成。初打与复打的桩中心线应重合。

5)爆扩成孔灌注桩

爆扩成孔灌注桩又称爆扩桩,由桩柱和扩大头两部分组成。爆扩桩的一般施工过程是:采用简易的麻花钻(手工或机动)在地基上钻出细而长的小孔,然后在孔内安放适量的炸药,利用爆炸的力量挤土成孔;接着在孔底安放炸药,利用爆炸的力量在底部形成扩大头(见图 1.3.13);最后灌注混凝土或钢筋混凝土。这种桩成孔方法简便,能节省劳动力,降低成本,做成的桩承载力也较大。爆扩桩的适用范围较广,除软土和新填土外,在其他各种土层中均可使用。爆扩桩成孔方法有两种,即一次爆扩法及两次爆扩法。

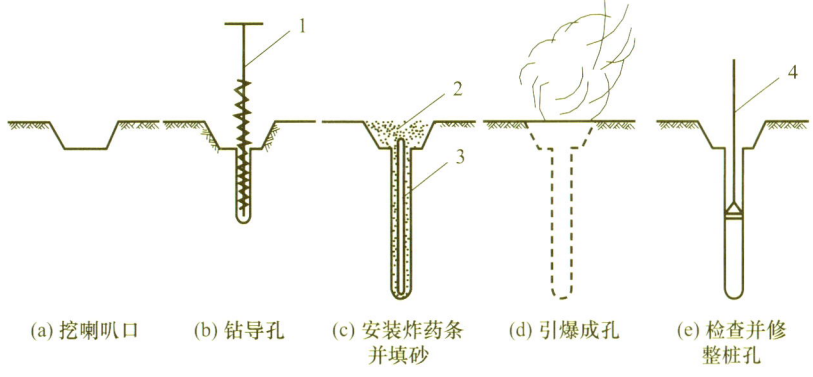

图 1.3.13 爆扩成孔工艺流程图
1—手提钻;2—砂;3—炸药条;4—太阳铲

4. 钻孔压浆桩

钻孔压浆桩施工法是利用长螺旋钻孔机钻孔至设计深度，在提升钻杆的同时，通过设在钻头上的喷嘴向孔内高压灌注制备好的以水泥浆为主剂的浆液，至浆液达到没有塌孔危险的位置或地下水位以上 0.5～1.0m 处；起钻后向孔内放入钢筋笼，并放入至少 1 根直通孔底的高压注浆管，然后投放粗骨料至孔口设计标高以上 0.3m 处；最后通过高压注浆管，在水泥浆终凝之前多次重复地向孔内补浆，直至孔口冒浆为止。施工程序如图 1.3.14 所示。

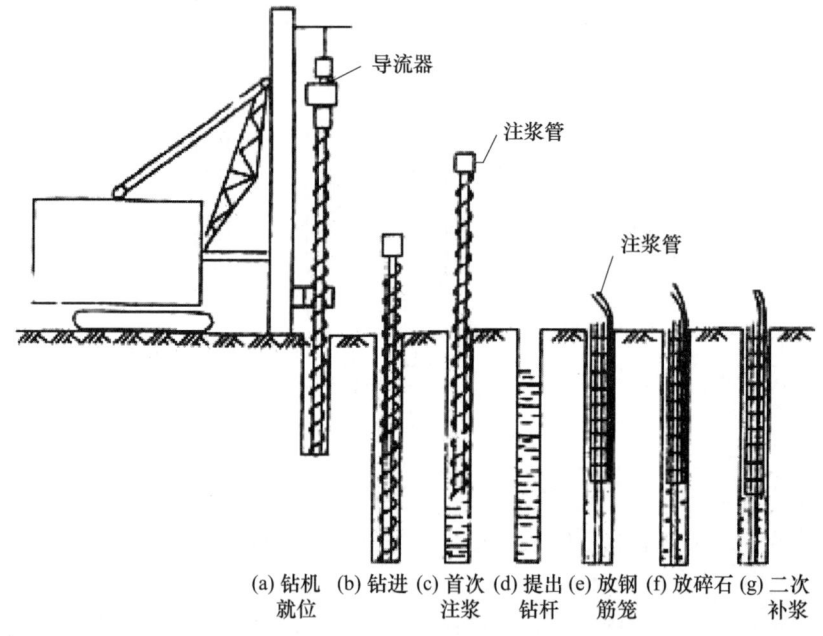

图 1.3.14　钻孔压浆桩施工程序

(1) 优缺点。钻孔压浆桩的优点：①振动小，噪声低；②由于钻孔后的土柱和钻杆是被孔底的高压水泥浆置换后提出孔外的，所以能在流沙、淤泥、砂卵石、易塌孔和地下水的地质条件下，采用水泥浆护壁而顺利地成孔成桩；③由于高压注浆对周围的地层有明显的渗透、加固挤密作用，可解决断桩、缩颈、桩底虚土等问题，还有局部膨胀扩径现象，提高承载力；④因不用泥浆护壁，就没有因大量泥浆制备和处理而带来的污染环境、影响施工速度和质量等弊端；⑤施工速度快、工期短；⑥单承载力较高。钻孔压浆桩的缺点：①因为桩身用无砂混凝土，故水泥消耗量较普通钢筋混凝土灌注桩多，其脆性比普通钢筋混凝土桩要大；②桩身上部的混凝土密实度比桩身下部差，静载试验时有发生桩顶压裂现象；③注浆结束后，地面上水泥浆流失较多；④遇到厚流沙层时成桩较难。

(2) 适用范围。钻孔压浆桩适应性较广，几乎可用于各种地质土层条件施工，既能在水位以上干作业成孔成桩，也能在地下水位以下成孔成桩；既能在常温下施工，也能在低温条件下施工；采用特制钻头可在风化岩层、盐渍土层及砂卵石层中成孔；采用特殊措施可在厚流沙层中成孔；还能在紧邻持续振动源的困难环境下施工。钻孔压浆桩的直径为一般为 300mm、400mm、500mm、600mm 和 800mm，常用桩径为 400mm、

600mm，桩长最大可达 31m。

（3）施工流程。钻孔压浆桩施工设备主要有长螺旋钻孔机、导流器、钻杆、钻头、注浆泵及管路系统、注水器、浆液制备装置等。施工工艺流程如图 1.3.15 所示。

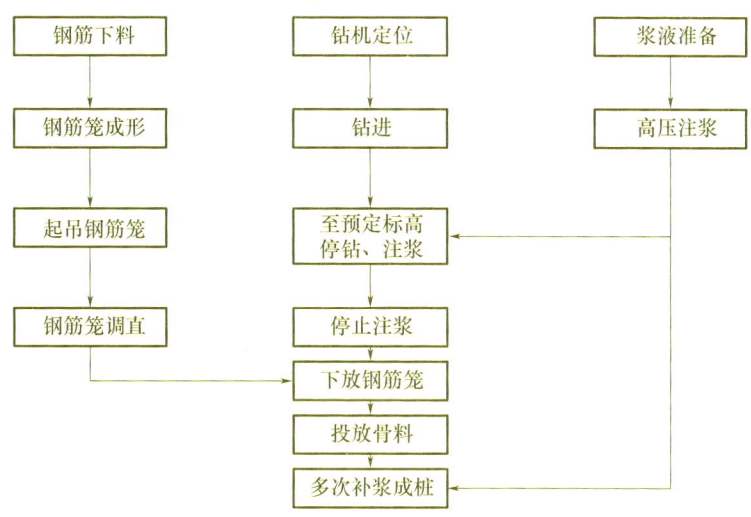

图 1.3.15 钻孔压浆桩施工工艺流程图

5. 灌注桩后压浆

灌注桩后注浆是指钻孔灌注桩在成桩后，由预埋的注浆通道用高压注浆泵将一定压力的水泥浆压入桩端土层和桩侧土层，通过浆液对桩端沉渣和桩端持力层及桩周泥皮起到渗透、填充、压密、劈裂、固结等作用来增强桩侧土和桩端土的强度，从而达到提高桩基极限承载力、减少群桩沉降量的一项技术措施。钻孔灌注桩后压浆施工技术主要有桩底后压浆、桩侧后压浆、复式压浆（桩底和桩侧同时后压浆）三类。

灌注桩后注浆的施工流程：准备工作→管阀制作→灌注桩施工（后压浆管埋设）→压浆设备选型及加筋软管与桩身压浆管连接安装→打开排气阀并开泵放气调试→关闭排气阀压清水开塞→按设计水灰比拌制水泥浆液→水泥浆经过滤至储浆桶（不断搅拌）→待压浆管道通畅后压注水泥浆液→桩检测。

### 三、建筑工程主体结构施工技术

#### （一）砌体结构工程施工

1. 砌筑砂浆

（1）水泥使用应符合下列规定：①水泥进场时应对其品种、等级、包装或散装仓号、出厂日期等进行检查，并应对其强度、安定性进行复验，其质量必须符合现行国家标准《通用硅酸盐水泥》（GB 175—2007）的有关规定。②当在使用中对水泥质量有怀疑或水泥出厂超过三个月（快硬硅酸盐水泥超过一个月）时，应复查试验，并按复验结果使用。③不同品种的水泥，不得混合使用。抽检数量，按同一生产厂家、同品种、同等级、同批号连续进场的水泥，袋装水泥不超过 200t 为一批，散装水泥不超过 500t 为一批，每批抽样不少于一次。检验方法，检查产品合格证、出厂检验报告和进场复验报告。

(2) 建筑生石灰、建筑生石灰粉熟化为石灰膏,分别不得少于 7d 和 2d;沉淀池中储存的石灰膏,其熟化时间应防止干燥、冻结和污染,严禁采用脱水硬化的石灰膏;建筑生石灰粉、消石灰粉不得替代石灰膏配制水泥石灰砂浆。

(3) 砌筑砂浆应进行配合比设计。当砌筑砂浆的组成材料有变更时,其配合比应重新确定。

(4) 施工中不应采用强度等级小于 M5 水泥砂浆替代同强度等级水泥混合砂浆,如需替代,应将水泥砂浆提高一个强度等级。

(5) 砌筑砂浆应采用机械搅拌,搅拌时间自投料完起算应符合下列规定:水泥砂浆和水泥混合砂浆不得少于 120s;水泥粉煤灰砂浆和掺用外加剂的砂浆不得少于 180s;掺增塑剂的砂浆,从加水开始,搅拌时间不得少于 210s。

(6) 现场拌制的砂浆应随拌随用,拌制的砂浆应在 3h 内使用完毕;当施工期间最高气温超过 30℃时,应在 2h 内使用完毕。预拌砂浆及蒸压加气混凝土砌块专用砂浆的使用时间应按照厂方提供的说明书确定。

(7) 砌筑砂浆试块强度验收时其强度合格标准应符合下列规定:a. 同一验收批砂浆试块强度平均值应大于或等于设计强度等级值的 1.10 倍;b. 同一验收批砂浆试块抗压强度的最小一组平均值应大于或等于设计强度等级值的 85%。

2. 砌体结构施工基本规定

(1) 砌筑顺序应符合下列规定:

① 基底标高不同时,应从低处砌起,并应由高处向低处搭砌。当设计无要求时,搭接长度 $L$ 不应小于基础底的高差 $H$,搭接长度范围内下层基础应扩大砌筑(见图 1.3.16);

② 砌体的转角处和交接处应同时砌筑,当不能同时砌筑时,应按规定留槎、接槎。

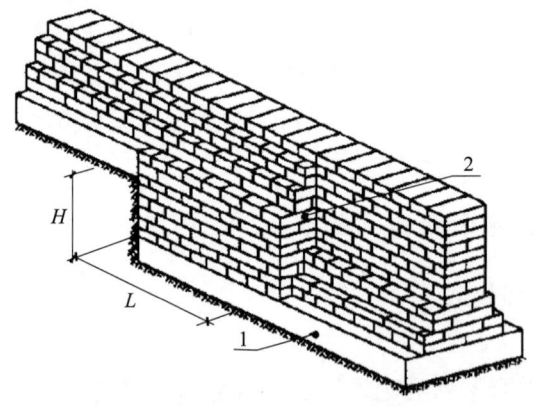

图 1.3.16 基底标高不同时的搭砌示意图(条形基础)
1—混凝土垫层;2—基础扩大部分

(2) 砌筑墙体应设置皮数杆。

(3) 在墙上留置临时施工洞口,其侧边离交接处墙面不应小于 500mm,洞口净宽度不应超过 1m。抗震设防烈度为 9 度地区建筑物的临时施工洞口位置,应会同设计单位确定。临时施工洞口应做好补砌。

(4) 不得在下列墙体或部位设置脚手眼。

① 120mm厚墙、清水墙、料石墙、独立柱和附墙柱；

② 过梁上与过梁成60°角的三角形范围及过梁净跨度1/2的高度范围内；

③ 宽度小于1m的窗间墙；

④ 门窗洞口两侧石砌体300mm，其他砌体200mm范围内；转角处石砌体600mm，其他砌体450mm范围内；

⑤ 梁或梁垫下及其左右500mm范围内；

⑥ 设计不允许设置脚手眼的部位；

⑦ 轻质墙体；

⑧ 夹心复合墙外叶墙。

(5) 设计要求的洞口、沟槽、管道应于砌筑时正确留出或预埋，未经设计同意，不得打凿墙体和在墙体上开凿水平沟槽。宽度超过300mm的洞口上部，应设置钢筋混凝土过梁。不应在截面长边小于500mm的承重墙体、独立柱内埋设管线。

(6) 砌体施工质量控制等级分为A、B、C三级，砌筑工人质量等级为A级的要求为中级以上，其中高级工不少于30%，B级的要求为高、中级不少于70%，C级的要求为初级工以上。

(7) 正常施工条件下，砖砌体、小砌块砌体每日砌筑高度宜控制在1.5m或一部脚手架高度内；石砌体不宜超过1.2m。

(8) 砌体结构工程检验批的划分应同时符合下列规定：

① 所用材料类型及同类型材料的强度等级相同；

② 不超过250m³的砌体；

③ 主体结构砌体一个楼层（基础砌体可按一个楼层计）；填充墙砌体量少时可多个楼层合并。

3. 砖砌体工程

砌砖施工通常包括抄平、放线、摆砖样、立皮数杆、挂准线、铺灰、砌砖等工序。如果是清水墙，则还要进行勾缝。

(1) 砌体砌筑时，混凝土多孔砖、混凝土实心砖、蒸压灰砂砖、蒸压粉煤灰砖等块体的产品龄期不应小于28d。

(2) 有冻胀环境和条件的地区，地面以下或防潮层以下的砌体，不应采用多孔砖。

(3) 不同品种的砖不得在同一楼层混砌。

(4) 采用铺浆法砌筑砌体，铺浆长度不得超过750mm；当施工期间气温超过30℃时，铺浆长度不得超过500mm。

(5) 多孔砖的孔洞应垂直于受压面砌筑，半盲孔多孔砖的封底面应朝上砌筑。

(6) 砖墙灰缝宽度宜为10mm，且不应小于8mm，也不应大于12mm。竖向灰缝不应出现瞎缝、透明缝和假缝。

(7) 砖砌体的转角处和交接处应同时砌筑，严禁无可靠措施的内外墙分砌施工。在抗震设防烈度为8度及8度以上地区，对不能同时砌筑而又必须留置的临时间断处应砌成斜槎，普通砖砌体斜槎水平投影长度不应小于高度的2/3，多孔砖砌体的斜搓长高比不应小于1/2。斜槎高度不得超过一部脚手架的高度。

(8) 非抗震设防及抗震设防烈度为 6 度、7 度地区的临时间断处，当不能留斜槎时，除转角处外，可留直槎，但直槎必须做成凸槎，且应加设拉结钢筋，拉结钢筋应符合下列规定：①每 120mm 墙厚放置 1φ6 拉结钢筋（240mm 厚墙应放置 2φ6 拉结钢筋）；②间距沿墙高不应超过 500mm，且竖向间距偏差不应超过 100mm；③埋入长度从留槎处算起每边均不应小于 500mm，对抗震设防烈度 6 度、7 度的地区，不应小于 1000mm；④末端应有 90°弯钩（见图 1.3.17）。

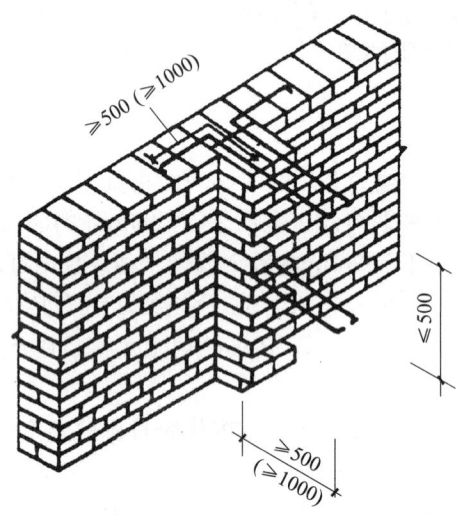

图 1.3.17　直槎处拉结钢筋示意图（单位：mm）

4. 混凝土小型空心砌块砌体工程

砌块砌筑的主要工序：铺灰、砌块安装就位、校正、灌缝、镶砖。

（1）小砌块的产品龄期不应小于 28d，承重墙体使用的小砌块应完整、无破损、无裂缝。

（2）底层室内地面以下或防潮层以下的砌体，应采用强度等级不低于 C20（或 Cb20）的混凝土灌实小砌块的孔洞。

（3）砌筑普通混凝土小型空心砌块砌体，无需对小砌块浇水湿润，如遇天气干燥炎热，宜在砌筑前对其喷水湿润；对轻骨料混凝土小砌块，应提前浇水湿润，块体的相对含水率宜为 40%～50%。雨天及小砌块表面有浮水时，不得施工。

（4）小砌块墙体应孔对孔、肋对肋错缝搭砌。单排孔小砌块的搭接长度应为块体长度的 1/2；多排孔小砌块的搭接长度可适当调整，但不宜小于小砌块长度的 1/3，且不应小于 90mm。墙体的个别部位不能满足上述要求时，应在灰缝中设置拉结钢筋或钢筋网片，但竖向通缝仍不得超过两皮小砌块。

（5）小砌块应将生产时的底面朝上反砌于墙上。

（6）砌体水平灰缝和竖向灰缝的砂浆饱满度，按净面积计算不得低于 90%。

（7）墙体转角处和纵横交接处应同时砌筑。临时间断处应砌成斜槎，斜槎水平投影长度不应小于斜槎高度。施工洞口可预留直槎，但在洞口砌筑和补砌时，应在直槎上下搭砌的小砌块孔洞内用强度等级不低于 C20（或 Cb20）的混凝土灌实。砌体的水平灰缝厚度和竖向灰缝宽度宜为 10mm，但不应小于 8mm，也不应大于 12mm。

5. 填充墙砌体工程

(1) 填充墙在平面和竖向的布置，宜均匀对称，宜避免形成薄弱层或短柱。

(2) 砌筑填充墙时，轻骨料混凝土小型空心砌块和蒸压加气混凝土砌块的产品龄期不应小于28d，蒸压加气混凝土砌块的含水率宜小于30%。

(3) 砌体的砂浆强度等级不应低于M5，实心块体的强度等级不宜低于MU2.5，空心块体的强度等级不宜低于MU3.5，墙顶应与框架梁密切结合。

(4) 填充墙应沿框架柱全高每隔500~600mm设2φ6拉筋，拉筋伸入墙内的长度，6、7度抗震设防时宜沿墙全长贯通，8、9度抗震设防时应全长贯通。

(5) 墙长大于5m时，墙顶与梁宜有拉结；墙长超过8m或层高2倍时，宜设置钢筋混凝土构造柱；墙高超过4m时，墙体半高宜设置与柱连接且沿墙全长贯通的钢筋混凝土水平系梁。

(6) 植筋工艺流程：钻孔→清孔→填胶黏剂→安装钢筋→凝胶。

(7) 楼梯间和人流通道的填充墙，尚应采用钢丝网砂浆面层加强。

(8) 在厨房、卫生间、浴室等处采用轻骨料混凝土小型空心砌块、蒸压加气混凝土砌块砌筑墙体时，墙底部宜现浇混凝土坎台，其高度宜为150mm。

(9) 蒸压加气混凝土砌块、轻骨料混凝土小型空心砌块不应与其他块体混砌，不同强度等级的同类块体也不得混砌。

(10) 填充墙砌体砌筑，应待承重主体结构检验批验收合格后进行。填充墙与承重主体结构间的空（缝）隙部位施工，应在填充墙砌筑14d后进行。

(二) 混凝土结构工程施工

1. 钢筋工程

1) 钢筋验收

(1) 钢筋进场时，应按国家现行相关标准的规定抽取试件做力学性能和重量偏差检验，检验结构必须符合有关标准的规定。钢筋应平直、无损伤，表面不得有裂纹、油污、颗粒状或片状老锈。

(2) 对有抗震设防要求的结构，其纵向受力钢筋的性能应满足设计要求；当设计无具体要求时，对按一、二、三级抗震等级设计的框架和斜撑构件（含梯段）中的纵向受力钢筋应采用HRB400E、HRB500E、HRBF400E或HRBF500E钢筋，其强度和最大力下总伸长率的实测值应符合下列规定：

① 钢筋的抗拉强度实测值与屈服强度实测值的比值不应小于1.25；

② 钢筋的屈服强度实测值与屈服强度标准值的比值不应大于1.30；

③ 钢筋的最大力下总伸长率不应小于9%。

(3) 当发现钢筋脆断、焊接性能不良或力学性能显著不正常等现象时，应停止使用该批钢筋，并应对该批钢筋进行化学成分检验或其他专项检验。

2) 钢筋加工

(1) 钢筋加工包括冷拉、调直、除锈、剪切和弯曲等，宜在常温状态下进行，加工过程中不应对钢筋进行加热。钢筋应一次弯折到位。

(2) 调直。钢筋宜采用无延伸功能的机械设备进行调直，也可采用冷拉方法调直。当采用冷拉方法调直时，HPB300光圆钢筋的冷拉率不宜大于4%；HRB400、

HRB500、HRBF400、HRBF500 及 RRB400 带肋钢筋的冷拉率不宜大于 1%。

(3) 剪切。钢筋下料剪断可用钢筋剪切机或手动剪切器。手动剪切器一般只用于剪切直径小于 12mm 的钢筋；钢筋剪切机可剪切直径小于 40mm 的钢筋；直径大于 40mm 的钢筋则需用锯床锯断或用氧-乙炔焰或电弧割切。

(4) 弯曲。

① 受力钢筋的弯折和弯钩应符合下列规定：

a. HPB300 级钢筋末端应作 180°弯钩，弯弧内直径不应小于钢筋直径的 2.5 倍，弯钩的弯后平直部分长度不应小于钢筋直径的 3 倍。

b. 设计要求钢筋末端作 135°弯钩时，HRB400 级钢筋的弯弧内直径不应小于 4d，弯钩后的平直长度应符合设计要求。

c. 钢筋作不大于 90°的弯折时，弯折处的弯弧内直径不应小于 5d。

② 除焊接封闭箍筋外，箍筋、拉筋的末端应按设计要求作弯钩。当设计无具体要求时，应符合下列规定：

a. 箍筋弯钩的弯弧内直径除应满足受力钢筋的弯折和弯钩的规定外，尚不应小于受力钢筋直径。

b. 箍筋弯钩的弯折角度：一般结构不宜小于 90°；有抗震等要求的结构弯钩应为 135°。

c. 弯钩后平直部分长度：一般结构不应小于箍筋直径的 5 倍；有抗震等要求的结构不应小于箍筋直径的 10 倍。

3) 钢筋连接

钢筋的连接方法有焊接连接、绑扎搭接连接和机械连接。

(1) 钢筋连接的基本要求。①钢筋的接头宜设置在受力较小处。同一纵向受力钢筋不宜设置两个或两个以上接头，接头末端至钢筋弯起点的距离不应小于钢筋直径的 10 倍。②当受力钢筋采用机械连接接头或焊接接头时，设置在同一构件内的接头宜相互错开。纵向受力钢筋机械连接接头及焊接接头连接区段的长度为 35 倍 $d$（$d$ 为纵向受力钢筋的较大直径）且不小于 500mm，凡接头中点位于该连接区段长度内的接头均属于同一连接区段。同一连接区段内，纵向受力钢筋机械连接及焊接的接头面积百分率，为该区段内有接头的纵向受力钢筋截面面积与全部纵向受力钢筋截面面积的比值。同一连接区段内，纵向受力钢筋的接头面积百分率应符合设计要求；当设计无具体要求时，应符合下列规定：a. 在受拉区不宜大于 50%；b. 接头不宜设置在有抗震设防要求的框架梁端、柱端的箍筋加密区；当无法避开时，对等强度高质量机械连接接头，不应大于 50%；c. 直接承受动力荷载的结构构件中，不宜采用焊接接头；当采用机械连接接头时，不应大于 50%。

(2) 焊接连接。常用焊接方法有：闪光对焊、电弧焊、电阻点焊、电渣压力焊、埋弧压力焊、气压焊等。直接承受动力荷载的结构构件中，纵向钢筋不宜采用焊接接头。

① 闪光对焊。钢筋闪光对焊工艺通常有连续闪光焊、预热闪光焊和闪光—预热—闪光焊。闪光对焊广泛应用于钢筋纵向连接及预应力钢筋与螺丝端杆的焊接。在非固定的专业预制厂（场）或钢筋加工厂（场）内，对直径大于或等于 22mm 的钢筋进行连接

作业时，不得使用钢筋闪光对焊工艺。

② 电弧焊。电弧焊广泛应用于钢筋接头、钢筋骨架焊接、装配式结构接头的焊接、钢筋与钢板的焊接及各种钢结构的焊接。钢筋电弧焊的接头形式有搭接焊接头、帮条焊接头、剖口焊接头、熔槽帮条焊接头和窄间隙焊。

③ 电阻点焊。电阻点焊主要用于小直径钢筋的交叉连接，如用来焊接钢筋骨架、钢筋网中交叉钢筋的焊接。

④ 电渣压力焊。电渣压力焊适用于现浇钢筋混凝土结构中直径 14～40mm 的竖向或斜向钢筋的焊接接长。

⑤ 气压焊。气压焊不仅适用于竖向钢筋的连接，也适用于各种方位布置的钢筋连接。当不同直径钢筋焊接时，两钢筋直径差不得大于 7mm。

（3）绑扎搭接连接。

① 同一构件中相邻纵向受力钢筋的绑扎搭接接头宜相互错开。绑扎搭接接头中钢筋的横向净距不应小于钢筋直径，且不应小于 25mm。

② 钢筋绑扎搭接接头连接区段的长度为 $1.3l_1$（$l_1$ 为搭接长度），凡搭接接头中点位于该连接区段长度内的搭接接头均属于同一连接区段。同一连接区段内，纵向钢筋搭接接头面积百分率为该区段内有搭接接头的纵向受力钢筋截面面积与全部纵向受力钢筋截面面积的比值（见图 1.3.18）。

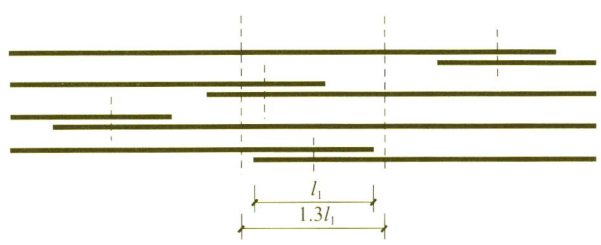

图 1.3.18 钢筋绑扎搭接接头连接区段及接头面积百分率

注：图中所示搭接接头同一连接区段内的搭接钢筋为两根，当各钢筋直径相同时，接头面积百分率为 5%。

同一连接区段内，纵向受拉钢筋搭接接头面积百分率应符合设计要求；当设计无具体要求时，应符合下列规定：a. 对梁类、板类及墙类构件，不宜大于 25%；b. 对柱类构件，不宜大于 50%；c. 当工程中确有必要增大接头面积百分率时，对梁类构件不应大于 50%；d. 对其他构件，可根据实际情况放宽。

③ 在梁、柱类构件的纵向受力钢筋搭接长度范围内，应按设计要求配置箍筋。当设计无具体要求时，应符合下列规定：a. 箍筋直径不应小于搭接钢筋较大直径 0.25 倍；b. 受拉搭接区段的箍筋间距不应大于搭接钢筋较小直径的 5 倍，且不应大于 100mm；c. 受压搭接区段的箍筋间距不应大于搭接钢筋较小直径的 10 倍，且不应大于 200mm；d. 当柱中纵向受力钢筋直径大于 25mm 时，应在搭接接头两端外 100mm 范围内各设置两个箍筋，其间距宜为 50mm。

（4）机械连接。钢筋机械连接包括套筒挤压连接和螺纹套管连接。① 钢筋套筒挤压连接。钢筋套筒挤压连接是指将需要连接的两根变形钢筋插入特制钢套筒内，利用液压驱动的挤压机沿径向或轴向压缩套筒，使钢套筒产生塑性变形，靠变形后的钢套筒内壁紧紧咬住变形钢筋来实现钢筋的连接。这种方法适用于竖向、横向及其他方向的较大直径变形钢筋的连接。②钢筋螺纹套管连接。钢筋螺纹套筒连接分为锥螺纹套管连接和直螺纹套管连接两种。锥形螺纹套管连接是指将用于这种连接的钢套管内壁，用专用机床加工有锥螺纹，钢筋的对接端头亦在套丝机上加工有与套管匹配的锥螺纹，连接时，经对螺纹检查无油污和损伤后，先用手旋入钢筋，然后用扭矩扳手紧固至规定的扭矩，即完成连接。钢筋螺纹套筒连接施工速度快，不受气候影响，自锁性能好，对中性好，能承受拉、压轴向力和水平力，可在施工现场连接同径或异径的竖向、水平或任何倾角的钢筋，已在我国广泛应用。

4）钢筋安装

（1）准备工作。

① 现场弹线，并剔凿、清理接头处表面混凝土浮浆、松动石子、混凝土块等，整理接头处插筋。

② 核对需绑钢筋的规格、直径、形状、尺寸和数量等是否与料单、料牌和图纸相符。

③ 准备绑扎用的钢丝、工具和绑扎架等。

（2）柱钢筋绑扎。

① 柱钢筋的绑扎应在柱模板安装前进行。

② 每层柱第一个钢筋接头位置距楼地面高度不宜小于 500mm，柱净高的 1/6 及柱截面长边（或直径）中的较大值。

③ 框架梁、牛腿及柱帽等钢筋，应放在柱子纵向钢筋内侧。

④ 柱中的竖向钢筋搭接时，角部钢筋的弯钩应与模板成 45°（多边形柱为模板内角的平分角，圆形柱应与模板切线垂直），中间钢筋的弯钩应与模板成 90°。

⑤ 箍筋的接头（弯钩叠合处）应交错布置在四角纵向钢筋上；箍筋转角与纵向钢筋交叉点均应扎牢（箍筋平直部分与纵向钢筋交叉点可间隔扎牢），绑扎箍筋时绑扣相互间应成八字形。

⑥ 如设计无特殊要求，当柱中纵向受力钢筋直径大于 25mm 时，应在搭接接头两个端面外 100mm 范围内各设置两个箍筋，其间距宜为 50mm。

（3）墙钢筋绑扎。

① 墙钢筋的绑扎，也应在模板安装前进行。

② 墙（包括水塔壁、烟囱筒身、池壁等）的垂直钢筋每段长度不宜超过 4m（钢筋直径不大于 12mm）或 6m（直径大于 12mm）或层高加搭接长度，水平钢筋每段长度不宜超过 8m，以利绑扎。钢筋的弯钩应朝向混凝土内。

③ 采用双层钢筋网时，在两层钢筋间应设置撑铁或绑扎架，以固定钢筋间距。

（4）梁、板钢筋绑扎。

① 连续梁、板的上部钢筋接头位置宜设置在跨中 1/3 跨度范围内，下部钢筋接头位置宜设置在梁端 1/3 跨度范围内。

② 当梁的高度较小时，梁的钢筋架空在梁模板顶上绑扎，然后再落位；当梁的高度较大（大于等于 1.0m）时，梁的钢筋宜在梁底模上绑扎，其两侧模板或一侧模板后装。板的钢筋在模板安装后绑扎。

③ 梁纵向受力钢筋采用双层排列时，两排钢筋之间应垫以直径不小于25mm的短钢筋，以保持其设计距离。箍筋的接头（弯钩叠合处）应交错布置在两根架立钢筋上，其余同柱。

④ 板的钢筋网绑扎，四周两行钢筋交叉点应每点扎牢，中间部分交叉点可相隔交错扎牢，但必须保证受力钢筋不位移。双向主筋的钢筋网，则须将全部钢筋相交点扎牢。采用双层钢筋网时，在上层钢筋网下面应设置钢筋撑脚，以保证钢筋位置正确。绑扎时应注意相邻绑扎点的钢丝扣要成八字形，以免网片歪斜变形。

⑤ 应注意板上部的负筋，要防止被踩下；特别是雨篷、挑檐、阳台等悬臂板，要严格控制负筋位置，以免拆模后断裂。

⑥ 板、次梁与主梁交叉处，板的钢筋在上，次梁的钢筋居中，主梁的钢筋在下；当有圈梁或垫梁时，主梁的钢筋在上。

⑦ 框架节点处钢筋穿插十分稠密时，应特别注意梁顶面主筋间的净距要有30mm，以利浇筑混凝土。

⑧ 梁板钢筋绑扎时，应防止水电管线影响钢筋位置。

2. 模板工程

模板是保证混凝土浇筑成型的模型，钢筋混凝土结构的模板系统是由模板、支撑及紧固件等组成。

1) 常见模板体系及其特性

（1）木模板体系：优点是制作、拼装灵活，较适用于外形复杂或异形混凝土构件，以及冬期施工的混凝土工程；缺点是制作量大，木材资源浪费多等。

（2）胶合板模板体系：面板采用高耐候、耐水性的Ⅰ类木胶合板或竹胶合板，优点是自重轻、板幅大、板面平整、施工安装方便简单等，缺点是功效低、损耗大等。

（3）组合中小钢模板体系：优点是轻便灵活、拆装方便、通用性强、周转率高等；缺点是接缝多且严密性差，导致混凝土成型后外观质量差。

（4）铝合金模板体系：采用铝合金材料挤压而成的U形面板，按模数制作成不同尺寸的模板，配以相应的卡件、早拆柱头、可调支撑、背楞等组成的体系。优点是强度高、整体性好、拼装灵活、拆装方便、周转率高、占用机械少等；缺点是拼缝多、人工拼装、倒运频繁等。

（5）大模板体系：它由板面结构、支撑系统、操作平台和附件等组成（图1.3.19），是现浇墙、壁结构施工的一种工具式模板，其特点是以建筑物的开间、进深和层高确定大模板尺寸，其优点是模板整体性好、抗震性强、拼缝少等；缺点是模板重量大，移动安装需起重机械吊运，面层可以是钢、木等材料。

（6）滑升模板体系：滑升模板是一种工具式模板，由模板系统、操作平台系统和液压系统三部分组成。适用于现场浇筑高耸的构筑物和高层建筑物等，如烟囱、筒仓、电视塔、竖井、沉井、双曲线冷却塔和剪力墙体系及筒体体系的高层建筑等。用滑升模板施工，可以节约模板和支撑材料、加快施工速度和保证结构的整体性。但模板一次性投资多、耗钢量大，对建筑的立面造型和构件断面变化有一定的限制。施工时宜连续作业，施工组织要求较严。

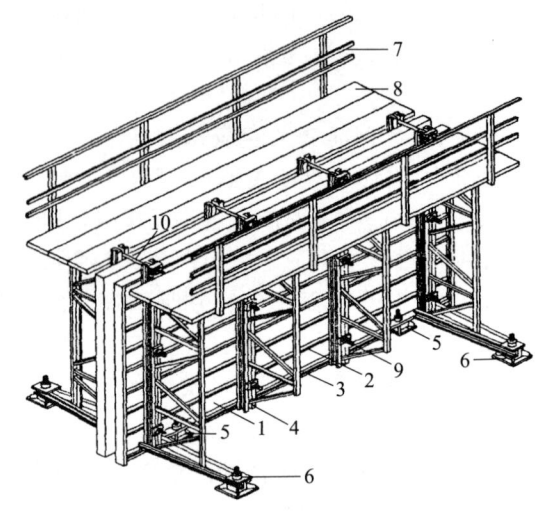

图 1.3.19 大模板构造示意图
1—面板；2—次肋；3—支撑桁架；4—主肋；5—调整水平用的螺旋千斤顶；
6—调整垂直用的螺旋千斤顶；7—栏杆；8—脚手板；9—穿墙螺栓；10—卡具

(7) 爬升模板体系：爬升模板简称爬模，国外亦称跳模，是施工剪力墙体系和筒体体系的钢筋混凝土结构高层建筑的一种有效的模板体系。由于模板能自爬，无需起重运输机械吊运，减少了高层建筑施工中起重运输机械的吊运工作量，能避免大模板受大风影响而停止工作。由于自爬的模板上悬挂有脚手架，所以还省去了结构施工阶段的外脚手架，因为能减少起重机械的数量、加快施工速度而经济效益较好。

(8) 台模体系：台模是一种大型工具式模板，主要用于浇筑平板式或带边梁的楼板，一般是一个房间一块台模，有时甚至更大。利用台模施工楼板可省去模板的装拆时间，能降低劳动消耗和加速施工，但一次性投资较大。

(9) 早拆模板体系：在模板支架立柱的顶端，采用柱头的特殊构造装置来保证国家现行标准所规定的拆模原则前提下，达到尽早拆除部分模板的体系，优点是部分模板可早拆，加快周转，节约成本。

(10) 其他还有飞模、模壳模板、钢框木（竹）模板、胎模及永久性压型钢板模板和各种配筋的混凝土薄板模板等。

2) 模板安装

尽管模板结构是钢筋混凝土工程施工时所使用的临时结构物，但它对钢筋混凝土工程的施工质量和工程成本影响很大。模板安装的基本要求如下：

(1) 安装现浇结构的上层模板及其支架时，下层楼板应具有承受上层荷载的承载能力，或加设支架；上、下层支架的立柱应对准，并铺设垫板。

(2) 在涂刷模板隔离剂时，不得沾污钢筋和混凝土接槎处。

(3) 模板的接缝严密，不应漏浆；在浇筑混凝土前，木模板应浇水湿润，但模板内不应有积水。

(4) 模板与混凝土的接触面应清理干净并涂刷隔离剂，但不得采用影响结构性能或妨碍装饰工程施工的隔离剂。

(5) 浇筑混凝土前，模板内的杂物应清理干净。

(6) 对清水混凝土工程及装饰混凝土工程，应使用能达到设计效果的模板。

(7) 用作模板的地坪、胎模等应平整光洁，不得产生影响构件质量的下沉、裂缝、起砂或起鼓。

(8) 对跨度不小于4m的钢筋混凝土梁、板，其模板应按设计要求起拱；当设计无具体要求时，起拱高度宜为跨度的1/1000～3/1000。

(9) 固定在模板上的预埋件、预留孔和预留洞均不得遗漏，且应安装牢固，其偏差应符合现行国家标准《混凝土结构工程施工质量验收规范》(GB 50204—2015)的规定。

(10) 模板安装应保证结构和构件各部分的形状、尺寸和相互间位置的正确性。现浇结构模板安装的偏差、预制构件模板安装的偏差应符合现行国家标准《混凝土结构工程施工质量验收规范》(GB 50204—2015)的规定。

(11) 构件简单，装拆方便，能多次周转使用；

3) 模板拆除

(1) 模板拆除要求。①底模及其支架拆除时的混凝土强度应符合设计要求；当设计无具体要求时，混凝土强度应符合表1.3.4的规定。②对后张法预应力混凝土结构构件，侧模宜在预应力张拉前拆除；底模支架的拆除应按施工技术方案执行，当无具体要求时，不应在结构构件建立预应力前拆除。③后浇带模板的拆除和支顶应按施工技术方案执行。④侧模拆除时的混凝土强度应能保证其表面及棱角不受损伤。⑤模板拆除时，不应对楼层形成冲击荷载。拆除的模板和支架宜分散堆放并及时清运。

(2) 模板拆除顺序。模板的拆除顺序一般是先拆非承重模板，后拆承重模板；先拆侧模板，后拆底模板。框架结构模板的拆除顺序一般是柱、楼板、梁侧模、梁底模。拆除大型结构的模板时，必须事先制定详细方案。

表1.3.4　底模拆除时的混凝土强度要求

| 构件类型 | 构件跨度（m） | 达到设计的混凝土立方体抗压强度标准值的百分率（%） |
|---|---|---|
| 板 | ≤2 | ≥50 |
| 板 | >2，≤8 | ≥75 |
| 板 | >8 | ≥100 |
| 梁、拱、壳 | ≤8 | ≥75 |
| 梁、拱、壳 | >8 | ≥100 |
| 悬臂构件 | — | ≥100 |

3. 混凝土工程

混凝土工程是钢筋混凝土工程中的重要组成部分，混凝土工程的施工过程有混凝土的制备、运输、浇筑和养护等。

1) 原材料的质量要求

① 水泥进场时应对其品种、级别、包装或散装仓号、出厂日期等进行检查，并应对其强度、安定性及其他必要的性能指标进行复验，其质量必须符合现行国家标准《通用硅酸盐水泥》(GB 175—2007)等的规定。当在使用中对水泥质量有怀疑或水泥出厂

超过3个月（快硬硅酸盐水泥超过1个月）时，应进行复验，并按复验结果使用。钢筋混凝土结构、预应力混凝土结构中，严禁使用含氯化物的水泥。②混凝土外加剂种类较多，且均有相应的质量标准，使用时其质量及应用技术应符合国家现行标准和有关环境保护的规定。预应力混凝土结构中，严禁使用含氯化物的外加剂。钢筋混凝土结构中，当使用含氯化物的外加剂时，混凝土中氯化物的总含量应符合现行国家标准《混凝土质量控制标准》（GB 50164—2011）的规定。③普通混凝土所用的粗细骨料的质量，应符合现行国家标准《普通混凝土用砂、石质量标准及检验方法》（JGJ 52—2006）的规定。④拌制混凝土宜采用饮用水。当采用其他水源时，水质应符合国家现行标准《混凝土用水标准》（JGJ 63—2006）的规定。⑤混凝土中氯化物和碱的总含量应符合现行国家标准《混凝土结构设计规范》（GB 50010—2010）和设计的要求。

2）混凝土搅拌

混凝土的搅拌就是根据混凝土的配合比，把水泥、砂、石、外加剂、矿物掺和料和水通过搅拌使其成为均质的混凝土，混凝土拌合物的入模温度不应低于5℃，且不高于35℃。

（1）混凝土搅拌机类型及选用。混凝土搅拌机按其工作原理，可以分为自落式和强制式两大类，自落式混凝土搅拌机适用于搅拌塑性混凝土；强制式搅拌机的搅拌作用比自落式搅拌机强烈，宜用于搅拌干硬性混凝土和轻骨料混凝土。

（2）混凝土搅拌制度确定。为了拌制出均匀优质的混凝土，除合理地选择搅拌机外，还必须正确地确定搅拌制度，即搅拌时间、投料顺序和进料容量等。

3）混凝土的运输

混凝土运输分为地面运输、垂直运输和楼地面运输三种情况，不论用何种运输方法，混凝土在运输过程中，都应满足下列要求：①在运输过程中应保持混凝土的均质性，不发生离析现象；②混凝土运至浇筑点开始浇筑时，应满足设计配合比所规定的坍落度；③应保证在混凝土初凝之前能有充分时间进行浇筑和振捣。

4）混凝土的浇筑

（1）混凝土浇筑的一般规定。

① 混凝土运输、输送、浇筑过程中严禁加水；混凝土运输、输送、浇筑过程中散落的混凝土严禁用于结构浇筑；混凝土运输、浇筑及间歇的全部时间不应超过混凝土的初凝时间。同一施工段的混凝土应连续浇筑，并应在底层混凝土初凝之前将上一层混凝土浇筑完毕。当底层混凝土初凝后浇筑上一层混凝土时，应按施工技术方案中对施工缝的要求进行处理。

② 浇筑混凝土前，应清除模板内或垫层上的杂物。表面干燥的地基、垫层、模板上还应洒水湿润；现场环境温度高于35℃时宜对金属模板进行洒水降温；洒水后不得留有积水。

③ 混凝土输送宜采用泵送方式。混凝土粗骨料最大粒径不大于25mm时，可采用内径不小于125mm的输送泵管；混凝土粗骨料最大粒径不大于40mm时，可采用内径不小于150mm的输送泵管。输送泵管安装接头应严密，输送泵管道转向宜平缓。输送泵管应采用支架固定，支架应与结构牢固连接，输送泵管转向处支架应加密。

④ 在浇筑竖向结构混凝土前，应先在底部填以不大于30mm厚与混凝土内砂浆成

分相同的水泥砂浆；浇筑过程中混凝土不得发生离析现象。

⑤ 柱、墙模板内的混凝土浇筑时，当无可靠措施保证混凝土不产生离析，其自由倾落高度应符合如下规定，当不能满足时，应加设串筒、溜管、溜槽等装置。a. 粗骨料料径大于 25mm 时，不宜超过 3m；b. 粗骨料料径不大于 25mm 时，不宜超过 6m。

⑥ 在浇筑与柱和墙连成整体的梁和板时，应在柱和墙浇筑完毕后停歇 1～1.5h，再继续浇筑。

⑦ 梁和板宜同时浇筑混凝土，有主次梁的楼板宜顺着次梁方向浇筑，单向板宜沿着板的长边方向浇筑；拱和高度大于 1m 时的梁等结构，可单独浇筑混凝土。

（2）大体积混凝土结构浇筑。大体积混凝土结构是指混凝土结构物实体最小几何尺寸不小于 1m 的大体积混凝土，或预计会因混凝土中胶凝材料水化引起的温度变化和收缩而导致有害裂缝产生的混凝土。大体积混凝土结构由于承受的荷载大，整体性要求高，往往不允许留设施工缝，要求一次连续浇筑完毕。

要防止大体积混凝土结构浇筑后产生裂缝，就要降低混凝土的温度应力，大体积混凝土施工温度控制应符合下列规定：①混凝土入模温度不宜大于 30℃；混凝土浇筑体最大温升不宜大于 50℃；②在覆盖养护或带模养护阶段，混凝土浇筑体表面以内 40～100mm 位置处的温度与混凝土浇筑体表面温度差值不宜大于 25℃；结束覆盖养护或拆模后，混凝土浇筑体表面以内 40～100mm 位置处的温度与环境温度差值不应大于 20℃；③混凝土降温速率不宜大于 2.0℃/d。为此应采取相应的措施有：应优先选用水化热低的水泥；在满足设计强度要求的前提下，尽可能减少水泥用量；掺入适量的粉煤灰（粉煤灰的掺量一般以 15%～25% 为宜）；降低浇筑速度和减小浇筑层厚度；采取蓄水法或覆盖法进行人工降温措施；必要时经过计算和取得设计单位同意后可留后浇带或施工缝且分层分段浇筑。

大体积混凝土结构的浇筑方案，一般分为全面分层、分段分层和斜面分层三种（图 1.3.20）。全面分层法要求的混凝土浇筑强度较大，斜面分层法混凝土浇筑强度较小，施工中可根据结构物的具体尺寸、捣实方法和混凝土供应能力，认真选择浇筑方案。目前应用较多的是斜面分层法。

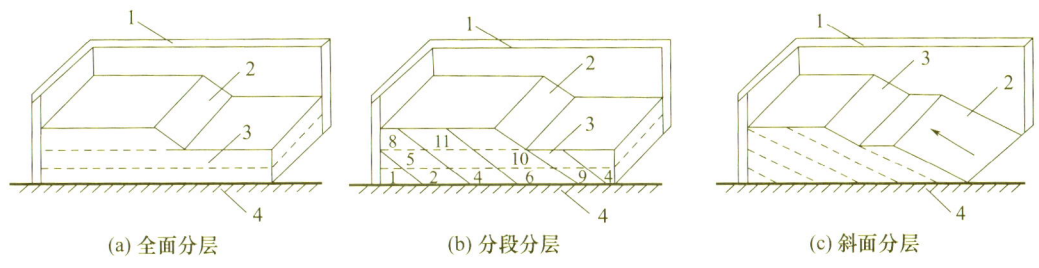

(a) 全面分层　　(b) 分段分层　　(c) 斜面分层

图 1.3.20　大体积混凝土浇筑方案

1—模板；2—新浇筑的混凝土；3—已浇筑的混凝土

（3）混凝土密实成型。

① 混凝土振动密实成型。用于振动捣实混凝土拌合物的振动器按其工作方式可分为内部振动器、外部振动器、表面振动器和振动台四种（图 1.3.21）。

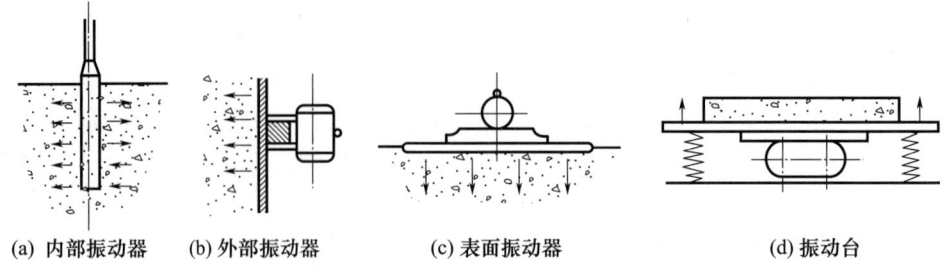

图 1.3.21 振动机械示意图

② 混凝土真空作业法。混凝土真空作业法是指借助于真空负压，将水从刚浇筑成型的混凝土拌合物中吸出，同时使混凝土拌合物密实的一种成型方法。按真空作业的方式，分为表面真空作业和内部真空作业。表面真空作业是在混凝土构件的上、下表面或侧面布置真空腔进行吸水。上表面真空作业适用于楼板、预制混凝土平板、道路、机场跑道等；下表面真空作业适用于薄壳、隧道顶板等；墙壁、水池、桥墩等则宜用侧表面真空作业。有时还可将上述几种方法结合使用。

(4) 施工缝留置及处理。施工缝的位置应在混凝土浇筑前按设计要求和施工技术方案确定。由于施工缝是结构中的薄弱环节，因此，施工缝宜留置在结构受剪力较小且便于施工的部位。柱子宜留在基础顶面、梁或吊车梁牛腿的下面、吊车梁的上面、无梁楼盖柱帽的下面（图 1.3.22A），同时又要照顾到施工的方便。与板连成整体的大断面梁应留在板底面以下 20~30mm 处，当板下有梁托时，留置在梁托下部。单向板应留在平行于板短边的任何位置。有主次梁楼盖宜顺着次梁方向浇筑，应留在次梁跨度的中间 1/3 跨度范围内（图 1.3.22B）。楼梯应留在楼梯段跨度端部 1/3 长度范围内。墙可留在门洞口过梁跨中 1/3 范围内，也可留在纵横墙的交接处。双向受力的楼板、大体积混凝土结构、拱、薄壳、多层框架等及其他结构复杂的结构，应按设计要求留置施工缝。

在施工缝处继续浇筑混凝土时，应符合下列规定：①已浇筑的混凝土，其抗压强度不应小于 $1.2N/mm^2$；②在已硬化的混凝土表面上，应清除水泥薄膜和松动石子以及软弱混凝土层，并加以充分湿润和冲洗干净，且不得积水；③在浇筑混凝土前，宜先在施工缝处刷一层水泥浆（可掺适量界面剂）或铺一层与混凝土内成分相同的水泥砂浆；④混凝土应细致捣实，使新旧混凝土紧密结合。

后浇带通常根据设计要求留设，并在主体结构保留一段时间（若设计无要求，则至少保留 28d）后再浇筑，将结构连成整体。填充后浇带，可采用微膨胀混凝土、强度等级比原结构强度提高一级，并保持至少 14d 湿润养护。后浇带接缝处按施工缝的要求处理。

5) 混凝土的养护

混凝土养护一般可分为标准养护、加热养护和自然养护。选择养护方式应考虑现场条件、环境温湿度、构件特点、技术要求、施工操作等因素。

(1) 标准养护。混凝土在温度为 20℃±3℃，相对湿度为 90% 以上的潮湿环境或水中进行的养护，称为标准养护。用于对混凝土立方体试件进行养护。

(2) 加热养护。为了加速混凝土的硬化过程，对混凝土拌合物进行加热处理，使其在较高的温度和湿度环境下迅速凝结、硬化的养护，称为加热养护。常用的热养护方法是蒸汽养护。

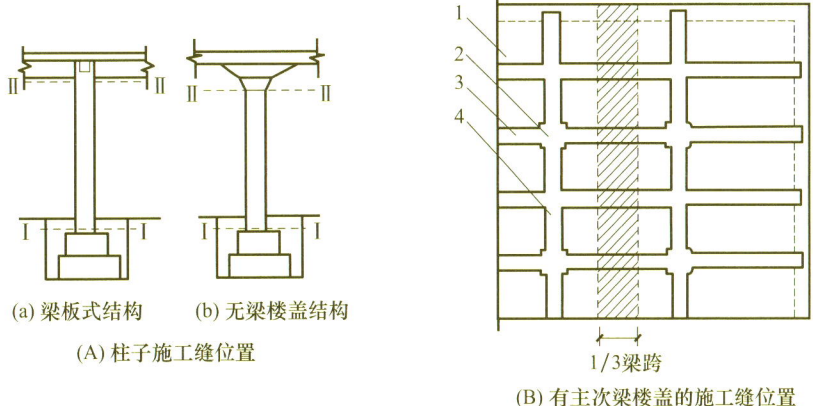

图1.3.22 柱子的施工缝位置和有主次梁楼盖的施工缝位置
1—楼板；2—柱；3—次梁；4—主梁

（3）自然养护。在常温下（平均气温不低于5℃）采用适当的材料覆盖混凝土，并采取浇水润湿、防风防干、保温防冻等措施所进行的养护，称为自然养护。自然养护分洒水养护和喷涂薄膜养生液养护两种。洒水养护就是用草帘将混凝土覆盖，经常浇水使其保持湿润。喷涂薄膜养生液养护适用于不宜浇水养护的高耸构筑物和大面积混凝土结构。喷涂薄膜养生液养护是指混凝土表面覆盖薄膜后，能阻止混凝土内部水分的过早过多蒸发，保证水泥充分水化。

混凝土的自然养护应符合下列规定：

① 应在浇筑完毕后的12h以内对混凝土加以覆盖并保湿养护；干硬性混凝土应于浇筑完毕后立即进行养护。当日最低温度低于5℃时，不应采用洒水养护。

② 混凝土浇筑后应及时进行保湿养护，保湿养护可采用洒水、覆盖、喷涂养护剂等方式，混凝土洒水养护的时间：采用硅酸盐水泥、普通硅酸盐水泥或矿渣硅酸盐水泥配制的混凝土，不应少于7d；采用其他品种水泥时，养护时间应根据水泥性能确定；采用缓凝型外加剂、大掺量矿物掺合料配制的混凝土，不应少于14d；抗渗混凝土、强度等级C60及以上的混凝土，不应少于14d；后浇带混凝土的养护时间不应少于14d；地下室底层和上部结构首层柱、墙混凝土带模养护时间，不宜少于3d。

③ 浇水次数应能保持混凝土处于湿润状态，混凝土养护用水应与拌制用水相同。

④ 采用塑料布覆盖养护的混凝土，其敞露的全部表面应覆盖严密，并应保持塑料布内有凝结水。

⑤ 混凝土强度达到$1.2N/mm^2$前，不得在其上踩踏、堆放荷载、安装模板及支架。

4. 混凝土季节性施工

1）混凝土冬期施工

当室外日平均气温连续5日稳定低于5℃时，应采取冬期施工措施；当混凝土未达到受冻临界强度而气温骤降至0℃以下时，应按冬期施工的要求采取应急防护措施。

（1）混凝土冬期施工措施。在混凝土冬期施工时，为确保混凝土在遭冻结前达到受冻临界强度，可采用下列措施：

① 宜采用硅酸盐水泥或普通硅酸盐水泥；采用蒸汽养护时，宜采用矿渣硅酸盐水泥。

② 降低水灰比，减少用水量，使用低流动性或干硬性混凝土。

③ 浇筑前将混凝土或其组成材料加温，提高混凝土的入模温度，使混凝土既早强又不易冻结，宜加热拌和水、粗细骨料。水泥、外加剂、矿物掺合料不得直接加热，应事先储于暖棚内预热。但水泥不能与80℃以上的水直接接触。

④ 对已经浇筑的混凝土采取保温或加温措施，人工制造一个适宜的温湿条件，对混凝土进行养护。

⑤ 搅拌时，加入一定的外加剂，加速混凝土硬化、尽快达到临界强度，或降低水的冰点，使混凝土在负温下不致冻结。

（2）混凝土冬期养护方法。

养护法的三个基本要素是混凝土的入模温度、维护层的总传热系数和水泥水化热值。应通过热工计算调整以上三个要素，目的是使混凝土冷却到0℃时，混凝土强度能达到临界强度的要求。混凝土冬期养护方法主要有三类：混凝土养护期间不加热的方法，如蓄热法、掺外加剂法等；混凝土养护期间加热的方法，如电热法、蒸汽加热法和暖棚法等；综合方法，即把上述两类方法综合应用，如目前常用的综合蓄热法，即在蓄热法基础上掺外加剂（早强剂或防冻剂）或进行短时加热等综合措施。

2）高温施工

当日平均气温达到30℃及以上时，应按高温施工要求采取措施。

（1）高温施工宜采用低水泥用量的原则，并可采用粉煤灰取代部分水泥，宜选用水化热较低的水泥；

（2）混凝土坍落度不宜小于70mm；

（3）混凝土宜采用白色涂装的混凝土搅拌运输车运输，对混凝土输送管应进行遮阳覆盖，并应洒水降温；

（4）混凝土浇筑入模温度不应高于35℃；

（5）混凝土浇筑宜在早间或晚间进行，且宜连续浇筑。当水分蒸发速率大于$1kg/(m^2 \cdot h)$时，应在施工作业面采取挡风、遮阳、喷雾等措施；

（6）混凝土浇筑前，施工作业面宜采取遮阳措施，并应对模板、钢筋和施工机具采用洒水等降温措施，但浇筑时模板内不得有积水；

（7）混凝土浇筑完成后，应及时进行保湿养护，侧模拆除前宜采用带模湿润养护。

5．装配式混凝土施工

1）材料要求

装配整体式结构中，预制构件的混凝土强度等级不宜低于C30；预应力混凝土预制构件的混凝土强度等级不宜低于C40，且不应低于C30；现浇混凝土的强度等级不应低于C25。

预制构件吊环应采用未经冷加工的HPB300钢筋制作。预制构件吊装用内埋式螺母或内埋式吊杆及配套的吊具，应根据相应的产品标准和应用技术规定选用。

2）构件预制

预制构件制作单位应具备相应的生产工艺设施，并应有完善的质量管理体系和必要的试验检测手段。

预制构件制作前,应对其技术要求和质量标准进行技术交底,并应制订生产方案;生产方案应包括生产工艺、模具方案、生产计划、技术质量控制措施、成品保护、堆放及运输方案等内容。

带面砖或石材饰面的预制构件宜采用反打一次成型工艺制作,并应符合下列要求:

(1) 当构件饰面层采用面砖时,在模具中铺设面砖前,应根据排砖图的要求进行配砖和加工;饰面砖应采用背面带有燕尾槽或黏结性能可靠的产品。

(2) 当构件饰面层采用石材时,在模具中铺设石材前,应根据排版图的要求进行配板和加工;应按设计要求在石材背面钻孔、安装不锈钢卡钩、涂覆隔离层。

(3) 应采用具有抗裂性和柔韧性、收缩小且不污染饰面的材料嵌填面砖或石材之间的接缝,并应采取防止面砖或石材在安装钢筋、浇筑混凝土等生产过程中发生位移的措施。

夹心外墙板宜采用平模工艺生产,生产时应先浇筑外叶墙板混凝土层,再安装保温材料和拉结件,最后浇筑内叶墙板混凝土层;当采用立模工艺生产时,应同步浇筑内外叶墙板混凝土层,并应采取保证保温材料及拉结件位置准确的措施。

应根据混凝土的品种、工作性、预制构件的规格形状等因素,制订合理的振捣成型操作规程。混凝土应采用强制式搅拌机搅拌,并宜采用机械振捣。

预制构件采用洒水、覆盖等方式进行常温养护时,应符合现行国家标准《混凝土结构工程施工规范》(GB 50666—2011)的要求。预制构件采用加热养护时,应制订养护制度对静停、升温、恒温和降温时间进行控制,宜在常温下静停2～6h,升温、降温速度不应超过20℃/h,最高养护温度不宜超过70℃,预制构件出池的表面温度与环境温度的差值不宜超过25℃。

脱模起吊时,预制构件的混凝土立方体抗压强度应满足设计要求,且不应小于$15N/mm^2$。

3) 连接构造要求

(1) 装配整体式结构中,节点及接缝处的纵向钢筋连接宜根据接头受力、施工工艺等要求选用机械连接、套筒灌浆连接、浆锚搭接连接、焊接连接等连接方式,并应符合国家现行有关标准的规定。

① 纵向钢筋采用套筒灌浆连接时,钢筋接头应满足现行行业标准《钢筋机械连接技术规程》(JGJ 107—2016)中Ⅰ级接头的性能要求,并应符合国家现行有关标准的规定;预制剪力墙中钢筋接头处套筒外侧钢筋的混凝土保护层厚度不应小于15mm,预制柱中钢筋接头处套筒外侧箍筋的混凝土保护层厚度不应小于20mm;套筒之间的净距不应小于25mm。

② 纵向钢筋采用浆锚搭接连接时,对预留孔成孔工艺、孔道形状和长度、构造要求、灌浆料和被连接钢筋,应进行力学性能以及适用性的试验验证。直径大于20mm的钢筋不宜采用浆锚搭接连接,直接承受动力荷载构件的纵向钢筋不应采用浆锚搭接连接。

(2) 预制构件与后浇混凝土、灌浆料、坐浆材料的结合面应设置粗糙面、键槽。

(3) 预制楼梯与支承构件之间宜采用简支连接。预制楼梯宜一端设置固定铰,另一端设置滑动铰,其转动及滑动变形能力应满足结构间位移的要求,且预制楼梯端部在支承构件上的最小搁置长度6、7度抗震设防时为75mm，8度抗震设防时为100mm。预制楼梯设置滑动铰的端部应采取防止滑落的构造措施。

4）构件储运

应制定预制构件的运输与堆放方案，其内容应包括运输时间、次序、堆放场地、运输线路、固定要求、堆放支垫及成品保护措施等。对于超高、超宽、形状特殊的大型构件的运输和堆放应有专门的质量安全保证措施。

预制构件的运输车辆应满足构件尺寸和载重要求，装卸构件时，应采取保证车体平衡的措施；应采取防止构件移动、倾倒、变形等的固定措施；应采取防止构件损坏的措施，对构件边角部或链索接触处的混凝土，宜设置保护衬垫。

堆放场地应平整、坚实，并应有排水措施；预埋吊件应朝上，标识宜朝向堆垛间的通道；构件支垫应坚实，垫块在构件下的位置宜与脱模、吊装时的起吊位置一致；重叠堆放构件时，每层构件间的垫块应上下对齐，堆垛层数应根据构件、垫块的承载力确定，并应根据需要采取防止堆垛倾覆的措施；堆放预应力构件时，应根据构件起拱值的大小和堆放时间采取相应措施。

当采用靠放架堆放或运输构件时，靠放架应具有足够的承载力和刚度，与地面倾斜角度宜大于80°；墙板宜对称靠放且外饰面朝外，构件上部宜采用木垫块隔离；运输时构件应采取固定措施。

当采用插放架直立堆放或运输构件时，宜采取直立运输方式；插放架应有足够的承载力和刚度，并应支垫稳固。

采用叠层平放的方式堆放或运输构件时，应采取防止构件产生裂缝的措施。

5）结构施工

（1）一般规定。装配式结构施工前应制定施工组织设计、施工方案；施工组织设计的内容应符合现行国家标准《建筑施工组织设计规范》（GB/T 50502—2009）的规定；施工方案的内容应包括构件安装及节点施工方案、构件安装的质量管理及安全措施等。

（2）构件吊装与就位。

吊装用吊具应按国家现行有关标准的规定进行设计、验算或试验检验。吊具应根据预制构件形状、尺寸及重量等参数进行配置，吊索水平夹角不宜小于60°，且不应小于45°；对尺寸较大或形状复杂的预制构件，宜采用有分配梁或分配桁架的吊具。

未经设计允许不得对预制构件进行切割、开洞。吊运过程中，应设专人指挥，操作人员应位于安全可靠位置，不应有人员随预制构件一同起吊。

安装施工前，应进行测量放线、设置构件安装定位标识，应复核构件装配位置、节点连接构造及临时支撑方案等，应检查复核吊装设备及吊具处于安全操作状态，应核实现场环境、天气、道路状况等满足吊装施工要求。装配式结构施工前，宜选择有代表性的单元进行预制构件试安装，并应根据试安装结果及时调整完善施工方案和施工工艺。

预制构件吊装就位后，应及时校准并采取临时固定措施，每个预制构件的临时支撑不宜少于两道。并应符合现行国家标准《混凝土结构工程施工规范》（GB 50666—2011）的相关规定。

（3）构件安装。

① 安装准备。墙、柱构件安装前，应清洁结合面；构件底部应设置可调整接缝厚

度和底部标高的垫块；钢筋套筒灌浆连接接头、钢筋浆锚搭接连接接头灌浆前，应对接缝周围进行封堵，封堵措施应符合结合面承载力设计要求；多层预制剪力墙底部采用坐浆材料时，其厚度不宜大于 20mm。

② 钢筋套筒连接施工。采用钢筋套筒灌浆连接、钢筋浆锚搭接连接的预制构件就位前，应检查套筒、预留孔的规格、位置、数量和深度；被连接钢筋的规格、数量、位置和长度。当套筒、预留孔内有杂物时，应清理干净；当连接钢筋倾斜时，应进行校直。连接钢筋偏离套筒或孔洞中心线不宜超过 5mm。

钢筋套筒灌浆前，应在现场模拟构件连接接头的灌浆方式，每种规格钢筋应制作不少于 3 个套筒灌浆连接接头，进行灌注质量以及接头抗拉强度的检验；经检验合格后，方可进行灌浆作业。

钢筋套筒灌浆连接接头、钢筋浆锚搭接连接接头应按检验批划分要求及时灌浆，灌浆作业应符合现行国家有关标准及施工方案的要求，并应符合下列规定：灌浆施工时，环境温度不应低于 5℃；当连接部位养护温度低于 10℃时，应采取加热保温措施；灌浆操作全过程应有专职检验人员负责旁站监督并及时形成施工质量检查记录；应按产品使用说明书的要求计量灌浆料和水的用量，并搅拌均匀；每次拌制的灌浆料拌合物应进行流动度的检测，且其流动度应满足规定；灌浆作业应采用压浆法从下口灌注，当浆料从上口流出后应及时封堵，必要时可设分仓进行灌浆；灌浆料拌合物应在制备后 30min 内用完。

③ 后浇混凝土施工。后浇混凝土施工时，预制构件结合面疏松部分的混凝土应剔除并清理干净；模板应保证后浇混凝土部分形状、尺寸和位置准确，并应防止漏浆；在浇筑混凝土前应洒水润湿结合面，混凝土应振捣密实；浇筑用的材料的强度等级应符合设计要求，设计无要求时，浇筑用材料的强度等级不应低于连接处构件混凝土强度设计等级的较大值；同一配合比的混凝土，每工作班且建筑面积不超过 1000m² 应制作 1 组标准养护试件，同一楼层应制作不少于 3 组标准养护试件。构件连接部位后浇混凝土及灌浆料的强度达到设计要求后，方可拆除临时固定措施。

**(三) 预应力混凝土工程施工**

1. 预应力钢筋的种类

主要有冷拉钢筋、高强度钢丝、钢绞线、热处理钢筋等。

2. 对混凝土的要求

在预应力混凝土结构中，混凝土的强度等级不应低于 C30；当采用钢绞线、钢丝、热处理钢筋作预应力钢筋时，混凝土强度等级不宜低于 C40。在预应力混凝土构件的施工中，不能掺用对钢筋有侵蚀作用的氯盐、氯化钠等，否则会发生严重的质量事故。

3. 预应力的施加方法

预应力的施加方法，根据与构件制作相比较的先后顺序，分为先张法、后张法两大类。当工程所处环境温度低于 -15℃时，不宜进行预应力筋张拉。

1) 先张法

先张法是在台座或模板上先张拉预应力筋并用夹具临时固定，再浇筑混凝土，待混凝土达到一定强度后，放张预应力筋，通过预应力筋与混凝土的黏结力，使混凝土产生预压应力的施工方法，见图 1.3.23。

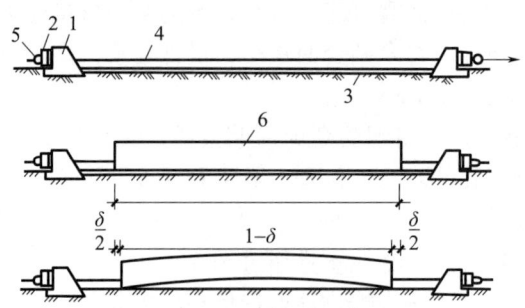

图 1.3.23　先张法生产示意图

1—台座承力结构；2—横梁；3—台面；4—预应力筋；5—锚固夹具；6—混凝土构件

先张法多用于预制构件厂生产定型的中小型构件，也常用于生产预应力桥跨结构等。

先张法工艺流程见图 1.3.24。

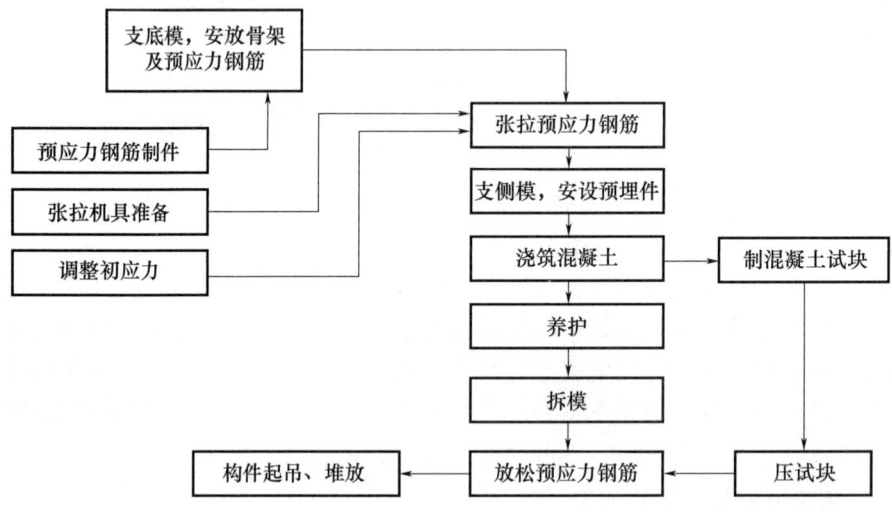

图 1.3.24　先张法工艺流程

（1）预应力筋的张拉。

预应力筋张拉应根据设计要求，采用合适的张拉方法、张拉顺序及张拉程序进行，并应有可靠的质量保证措施和安全技术措施。

① 预应力筋的张拉一般采用 $0\rightarrow1.03\sigma_{con}$ 或 $0\rightarrow1.05\sigma_{con}$（持荷 2min）$\rightarrow\sigma_{con}$，目的是减少预应力的松弛损失。

② 预应力筋张拉的相关规定。

预应力筋应根据设计和专项施工方案的要求采用一端或两端张拉。采用两端张拉时，宜两端同时张拉，也可一端先张拉，另一端不张拉。

（2）混凝土的浇筑与养护。

采用重叠法生产构件时，应待下层构件的混凝土强度达到 5.0MPa 后，方可浇筑上层构件的混凝土。混凝土可采用自然养护或湿热养护。但必须注意，当预应力混凝土构件进行湿热养护时，应采取正确的养护制度以减少由于温差引起的预应力损失。先张法在台座上生产预应力混凝土构件，其最高允许的养护温度应根据设计规定的允许温差（张拉钢筋时的温度与台座养护温度之差）计算确定。

（3）预应力筋放张。

为保证预应力筋与混凝土的良好黏结，预应力筋放张时，混凝土强度应符合设计要求；当设计无具体要求时，不应低于设计的混凝土立方体抗压强度标准值的75%，先张法预应力筋放张时不应低于30MPa。

2）后张法

后张法是在混凝土达到一定强度的构件或结构中，张拉预应力筋并用锚具永久固定，使混凝土产生预压应力的施工方法，见图1.3.25。

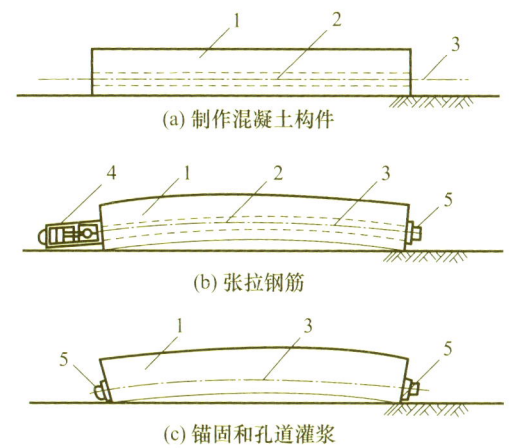

图1.3.25 后张法生产示意图
1—混凝土构件；2—预留孔道；3—预应力筋；4—千斤顶；5—锚具

后张法的特点是直接在构件上张拉预应力筋，构件在张拉预应力筋的过程中，完成混凝土的弹性压缩，因此，混凝土的弹性压缩，不直接影响预应力筋有效预应力值的建立。后张法预应力的传递主要靠预应力筋两端的锚具。锚具作为预应力构件的一个组成部分，永远留在构件上，不能重复使用。后张法宜用于现场生产大型预应力构件、特种结构和构筑物，可作为一种预应力预制构件的拼装手段。

后张法施工分为有黏结后张法施工和无黏结预应力施工。无黏结预应力混凝土施工是在预应力筋表面刷涂料并包塑料布（管）后，如同普通钢筋一样先铺设在安装好的模板内，然后浇筑混凝土，待混凝土达到设计要求强度后，进行预应力筋张拉锚固。这种预应力工艺的优点是不需要预留孔道和灌浆，施工简单，张拉时摩阻力较小，预应力筋易弯成曲线形状，适用于曲线配筋的结构。

以下主要介绍有黏结预应力混凝土施工，施工工艺流程见图1.3.26。

（1）孔道的留设

孔道留设是后张法构件制作的关键工序之一。孔道留设的方法有以下几种。

① 钢管抽芯法。预先将钢管埋设在模板内孔道位置处，在混凝土浇筑过程中和浇筑后，每间隔一定时间慢慢转动钢管，使之不与混凝土黏结，待混凝土初凝后，终凝前抽出钢管，形成孔道。该法只可留设直线孔道。

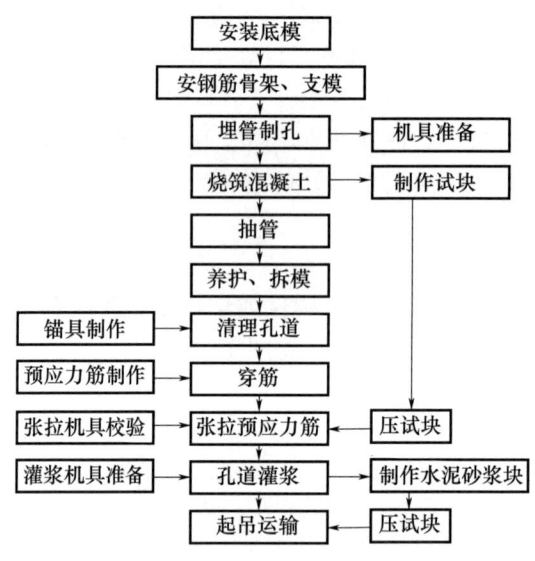

图 1.3.26 后张法工艺流程图

② 胶管抽芯法。胶管有五层或七层夹布胶管和钢丝网胶管两种，用间距不大于 0.5m 的钢筋井字架固定位置，在浇筑混凝土前胶管内充入压力为 0.6～0.8MPa 的压缩空气或压力水，此时胶管直径可增大约 3mm，待浇筑的混凝土初凝以后，放出压缩空气或压力水，管径缩小而与混凝土脱离，随即抽出胶管，形成孔道。胶管抽芯留孔与钢管抽芯法相比，它的弹性好，便于弯曲。因此，它不仅可留设直线孔道，也能留设曲线孔道。

③ 预埋波纹管法。金属波纹管是用 0.3～0.5mm 的钢带由专用的制管机卷制作而成。预埋时用间距不大于 0.8m 的钢筋井字架固定。波纹管与混凝土有良好的黏结力，波纹管预埋在构件中，浇筑混凝土后永不抽出。

(2) 预应力筋张拉。

张拉预应力筋时，构件混凝土的强度应按设计规定，如设计无规定，则不低于设计的混凝土立方体抗压强度标准值的 75％。对后张法预应力梁和板，现浇结构混凝土的龄期分别不宜小于 7d 和 5d。

后张法预应力筋的张拉程序与所采用的锚具种类有关，为减少松弛应力损失，张拉程序一般与先张法相同。当设计无具体要求时，应符合下列规定：有黏结预应力筋长度不大于 20m 时可一端张拉，大于 20m 时宜两端张拉；预应力筋为直线形时，一端张拉的长度可延长至 35m。无黏结预应力筋长度不大于 40m 时可一端张拉，大于 40m 时宜两端张拉。

(3) 孔道灌浆

预应力筋张拉后，应随即进行孔道灌浆，孔道内水泥浆应饱满、密实，以防预应力筋锈蚀，同时增加结构的抗裂性和耐久性。当工程所处环境温度高于 35℃或连续 5 日环境日平均温度低于 5℃时，不宜进行灌浆施工。冬季灌浆施工时，应对预应力构件采取保温措施或采用抗冻水泥浆。

灌浆用水泥浆的原材料除应符合国家现行有关标准的规定外，尚应符合下列规定：

①水泥宜采用强度等级不低于42.5的普通硅酸盐水泥;②水泥浆中氯离子含量不应超过水泥重量的0.06%;③拌和用水和掺加的外加剂中不应含有对预应力筋或水泥有害的成分。④水胶比不应大于0.45;⑤水泥浆拌和后至灌浆完毕的时间不宜超过30min。

灌浆施工应符合下列规定:①宜先灌注下层孔道,后灌注上层孔道;②灌浆应连续进行,直至排气管排除的浆体稠度与注浆孔处相同且没有出现气泡后,再顺浆体流动方向将排气孔依次封闭;全部封闭后,宜继续加压0.5～0.7MPa,并稳压1～2min后封闭灌浆口;③当泌水较大时,宜进行二次灌浆或泌水孔重力补浆;④因故停止灌浆时,应用压力水将孔道内已注入的水泥浆冲洗干净。

### (四) 钢结构工程施工

1、钢结构的材料

(1) 钢结构工程中,常用钢材有普通碳素钢、优质碳素结构钢、普通低合金钢等。

(2) 钢材的品种、规格、性能等应符合现行国家产品标准和设计要求。进口钢材产品的质量应符合设计和合同规定标准的要求。

(3) 钢材的堆放要便于搬运,要尽量减少钢材的变形和锈蚀,钢材端部应竖立标牌,标牌应标明钢材规格、钢号、数量和材质验收证明书。

2、钢结构构件的制作

1) 准备工作

钢结构构件加工前,应先进行施工详图设计、审查图纸、提料、备料、工艺试验和工艺规程的编制、技术交底等工作。施工详图和节点设计文件应经原设计单位确认。

2) 钢结构构件生产的工艺流程

(1) 放样:以1:1大样放出节点,核对各部分的尺寸,制作样板和样杆作为加工的依据。

(2) 号料:包括检查核对材料,在材料上画出切割、铣、刨、制孔等加工位置,打冲孔,标出零件编号等。

(3) 切割下料:包括氧割(气割)、等离子切割等高温热源的方法和使用机切、冲模落料和锯切等机械力的方法。

(4) 平直矫正:用型钢矫正机的机械矫正和火焰矫正等。

(5) 边缘及端部加工:有铲边、刨边、铣边、碳弧气刨、半自动和自动气割机、坡口机加工等方法。

(6) 滚圆:可选用对称三轴滚圆机、不对称三轴滚圆机和四轴滚圆机等机械进行加工。

(7) 煨弯:根据不同规格材料可选用型钢滚圆机、弯管机、折弯压力机等机械进行加工。

(8) 制孔:可采用钻孔、冲孔、铣孔、铰孔、镗孔和锪孔等方法,钻孔用钻床、电钻、风钻和磁座钻等加工。

(9) 钢结构组装:可采用仿形复制装配法、专用设备装配法、胎模装配法等。

(10) 连接:钢结构的连接方法有焊接、普通螺栓连接、高强度螺栓连接和铆接。

(11) 涂装:严格按设计要求和有关规定进行施工。

3、钢结构构件的连接

1）焊接

（1）建筑工程中钢结构常用的焊接方法有手工焊，半自动焊和全自动焊等。

（2）根据焊接接头的连接部位，可以将熔化焊接头分为：对接接头、角接接头、T形及十字接头、搭接接头和塞焊接头等。

（3）焊工应经考试合格并取得资格证书，应在认可的范围内进行焊接作业，严禁无证上岗。施工单位首次采用的钢材、焊接材料、焊接方法、接头形式、焊接位置、焊后热处理制度以及焊接工艺参数、预热和后热措施等各种参数及参数的组合，应在钢结构制作及安装前进行焊接工艺评定试验。

（4）根据设计要求、接头形式、钢材牌号和等级等合理选择、使用和保管好焊接材料和焊剂、焊接气体。

（5）焊缝缺陷通常分为七类：裂纹、孔穴、固体夹杂、未熔合、未焊透、形状缺陷和上述以外的其他缺陷。可采用补焊或铲去缺陷部分的焊缝金属重新焊接的方式来处理。

2）高强度螺栓

（1）高强度螺栓按连接形式通常分为摩擦连接、张拉连接和承压连接等，其中，摩擦连接是目前广泛采用的基本连接形式。

（2）高强度螺栓安装时应先使用安装螺栓和冲钉。高强度螺栓不得兼做安装螺栓。

（3）高强度大六角头螺栓连接副施拧可采用扭矩法或转角法。同一接头中，高强度螺栓连接副施拧的初拧、复拧、终拧应在24h内完成。初拧、复拧和终拧原则上应以接头刚度较大的部位向约束较小的方向、螺栓群中央向四周的顺序进行。

（4）高强度螺栓和焊接并用的连接节点，当设计文件无规定时，宜按先螺栓紧固后焊接的施工顺序。

4、钢结构防火与防腐

通常情况下，钢结构应先进行防腐涂料涂装，再进行防火处理。

1）防腐涂料涂装

防腐涂料涂装施工流程为：基面处理→底漆涂装→中间漆涂装→面漆涂装→检查验收。

钢构件采用涂料防腐涂装时，可采用机械除锈和手工除锈方法进行处理。经处理的钢材表面不应有焊渣、焊疤、灰尘、油污、水和毛刺等；对于镀锌构件，酸洗除锈后，钢材表面应露出金属色泽，无污渍、锈迹和残留任何酸液。油漆防腐涂装可采用涂刷法、手工滚涂法、空气喷涂法和高压无气喷涂法。

钢结构防腐涂装施工宜在钢构件组装和预拼装工程检验批的施工质量验收合格后进行。涂装完毕后，宜在构件上标注构件编号；大型构件应标明重量、重心位置和定位标记。

2）防火涂装

建筑钢结构防火涂装应符合现行国家标准《建筑钢结构防火技术规范》（GB 51249—2017）的要求。钢结构的防火保护可采用下列措施之一或其中几种的复（组）合：

（1）喷涂（抹涂）防火涂料；

(2) 包覆防火板；

(3) 包覆柔性毡状隔热材料；

(4) 外包混凝土、金属网抹砂浆或砌筑砌体。

钢结构采用喷涂防火涂料保护时，应符合下列规定：

(1) 室内隐蔽构件，宜选用非膨胀型防火涂料；

(2) 设计耐火极限大于 1.50h 的构件，不宜选用膨胀型防火涂料；

(3) 室外、半室外钢结构采用膨胀型防火涂料时，应选用符合环境对其性能要求的产品；

(4) 非膨胀型防火涂料涂层的厚度不应小于 10mm；

(5) 防火涂料与防腐涂料应相容、匹配。

(6) 涂装施工常用方法：通常采用喷涂方法施涂，对于薄型钢结构防火涂料的面装饰涂装也可采用刷涂或滚涂等方法施涂。

### 四、建筑装饰装修工程施工技术

#### (一) 抹灰工程

(1) 抹灰用的水泥宜为硅酸盐水泥、普通硅酸盐水泥，其强度等级不应小于 32.5。不同品种不同强度等级的水泥不得混合使用。抹灰用砂子宜选用中砂，砂子使用前应过筛，不得含有杂物。抹灰用石灰膏的熟化期不应少于 15d，罩面用磨细石灰粉的熟化期不应少于 3d。

(2) 不同材料基体交接处表面的抹灰应采取防止开裂的加强措施。室内墙面、柱面和门洞口的阳角做法应符合设计要求，设计无要求时，应采用 1:2 水泥砂浆做暗护角，其高度不应低于 2m，每侧宽度不应小于 50mm。水泥砂浆抹灰层应在抹灰 24h 后进行养护。

(3) 基层处理应符合下列规定：①砖砌体，应清除表面杂物、尘土，抹灰前应洒水湿润。②混凝土，表面应凿毛或在表面洒水润湿后涂刷 1:1 水泥砂浆（加适量胶黏剂）。③加气混凝土，应在湿润后边刷界面剂边抹强度不小于 M5 的水泥混合砂浆。

(4) 大面积抹灰前应设置标筋。抹灰应分层进行，每遍厚度宜为 5～7mm。抹石灰砂浆和水泥混合砂浆每遍厚度宜为 7～9mm。当抹灰总厚度超出 35mm 时，应采取加强措施。

(5) 用水泥砂浆和水泥混合砂浆抹灰时，应待前一抹灰层凝结后方可抹后一层；用石灰砂浆抹灰时，应待前一抹灰层七八成干后方可抹后一层。

#### (二) 吊顶工程

(1) 后置埋件、金属吊杆、龙骨应进行防腐处理。木吊杆、木龙骨、造型木板和木饰面板应进行防腐、防火、防蛀处理。

(2) 重型灯具、电扇及其他重型设备严禁安装在吊顶龙骨上。

(3) 龙骨的安装应符合下列要求：①应根据吊顶的设计标高在四周墙上弹线。弹线应清晰、位置应准确。②主龙骨吊点间距、起拱高度应符合设计要求。当设计无要求时，吊点间距应小于 1.2m，应按房间短向跨度适当起拱。主龙骨安装后应及时校正其位置标高。③吊杆应通直，距主龙骨端部距离不得超过300mm。当吊杆与设备相遇时，应调整吊点构造或增设吊杆。④次龙骨应紧贴主龙骨安装。固定板材的次龙骨间距不得大于600mm，在潮湿地区和场所，间距宜为300～400mm。用沉头自攻钉安装饰面板时，接缝处次龙骨宽度不得小于40mm。⑤暗龙骨系列横撑龙骨应用连接件将其两端连接在通长次龙骨上。明龙骨系列的横撑龙骨与通长龙骨搭接处的间隙不得大于1mm。

（4）纸面石膏板和纤维水泥加压板安装应符合下列规定：①板材应在自由状态下进行安装，固定时应从板的中间向板的四周固定。②纸面石膏板螺钉与板边距离：纸包边宜为10～15mm，切割边宜为15～20mm；水泥加压板螺钉与板边距离宜为8～15mm。③板周边钉距宜为150～170mm，板中钉距不得大于200mm。④安装双层石膏板时，上下层板的接缝应错开，不得在同一根龙骨上接缝。⑤螺钉头宜略埋入板面，并不得使纸面破损。钉眼应做防锈处理并用腻子抹平。⑥石膏板的接缝应按设计要求进行板缝处理。

（5）石膏板、钙塑板的安装应符合下列规定：①当采用钉固法安装时，螺钉与板边距离不得小于15mm，螺钉间距宜为150～170mm，均匀布置，并应与板面垂直，钉帽应进行防锈处理，并应用与板面颜色相同涂料涂饰或用石膏腻子抹平。②当采用黏接法安装时，胶黏剂应涂抹均匀，不得漏涂。

### （三）轻质隔墙工程

（1）轻钢龙骨的安装应符合下列规定：①应按弹线位置固定沿地、沿顶龙骨及边框龙骨，龙骨的边线应与弹线重合。龙骨的端部应安装牢固，龙骨与基体的固定点间距应不大于1m。②安装竖向龙骨应垂直，龙骨间距应符合设计要求。潮湿房间和钢板网抹灰墙，龙骨间距不宜大于400mm。③安装支撑龙骨时，应先将支撑卡安装在竖向龙骨的开口方向，卡距宜为400～600mm，距龙骨两端的距离宜为20～25mm。④安装贯通系列龙骨时，低于3m的隔墙安装一道，3～5m隔墙安装两道。⑤饰面板横向接缝处不在沿地、沿顶龙骨上时，应加横撑龙骨固定。

（2）木龙骨的安装应符合下列规定：①木龙骨的横截面积及纵、横向间距应符合设计要求。②骨架横、竖龙骨宜采用开半榫、加胶、加钉连接。③安装饰面板前应对龙骨进行防火处理。

（3）纸面石膏板的安装应符合以下规定：①石膏板宜竖向铺设，长边接缝应安装在竖龙骨上。②龙骨两侧的石膏板及龙骨一侧的双层板的接缝应错开，不得在同一根龙骨上接缝。③轻钢龙骨应用自攻螺钉固定，木龙骨应用木螺钉固定。④沿石膏板周边钉间距不得大于200mm，板中钉间距不得大于300mm，螺钉与板边距离应为10～15mm。⑤安装石膏板时应从板的中部向板的四边固定。钉头略埋入板内，但不得损坏纸面，钉眼应进行防锈处理。⑥石膏板的接缝应按设计要求进行板缝处理。石膏板与周围墙或柱应留有3mm的槽口，以便进行防开裂处理。

（4）胶合板的安装应符合下列规定：①胶合板安装前应对板背面进行防火处理。②轻钢龙骨应采用自攻螺钉固定。木龙骨采用圆钉固定时，钉距宜为80～150mm，钉帽应砸扁；采用钉枪固定时，钉距宜为80～100mm。③阳角处宜做护角；④胶合板用木压条固定时，固定点间距不应大于200mm。

（5）玻璃砖墙的安装应符合下列规定：①玻璃砖墙宜以1.5m高为一个施工段，待下部施工段胶结材料达到设计强度后再进行上部施工。②当玻璃砖墙面积过大时应增加支撑。玻璃砖墙的骨架应与结构连接牢固。③玻璃砖应排列均匀整齐，表面平整，嵌缝的油灰或密封膏应饱满密实。

### （四）墙面铺装工程

（1）湿作业施工现场环境温度宜在5℃以上；裱糊时空气相对湿度不得大于85%，应防止湿度及温度剧烈变化。

（2）墙面砖铺贴应符合下列规定：①墙面砖铺贴前应进行挑选，并应浸水2h以上，晾干表面水分。②铺贴前应进行放线定位和排砖，非整砖应排放在次要部位或阴角处。每面墙不宜有两列非整砖，非整砖宽度不宜小于整砖的1/3。③铺贴前应确定水平及竖向标志，垫好底尺，挂线铺贴。墙面砖表面应平整、接缝应平直、缝宽应均匀一致。阴角砖应压向正确，阳角线宜做成45°角对接，在墙面突出物处，应整砖套割吻合，不得用非整砖拼凑铺贴。④结合砂浆宜采用1:2水泥砂浆，砂浆厚度宜为6~10mm。水泥砂浆应满铺在墙砖背面，一面墙不宜一次铺贴到顶，以防塌落。

（3）墙面石材铺装应符合下列规定：①墙面砖铺贴前应进行挑选，并应按设计要求进行预拼。②强度较低或较薄的石材应在背面粘贴玻璃纤维网布。③当采用湿作业法施工时，固定石材的钢筋网应与预埋件连接牢固。每块石材与钢筋网拉接点不得少于4个。拉接用金属丝应具有防锈性能。灌注砂浆前应将石材背面及基层湿润，并应用填缝材料临时封闭石材板缝，避免漏浆。灌注砂浆宜用1:2.5水泥砂浆，灌注时应分层进行，每层灌注高度宜为150~200mm，且不超过板高的1/3，插捣应密实。待其初凝后方可灌注上层水泥砂浆。④当采用粘贴法施工时，基层处理应平整但不应压光。胶黏剂的配合比应符合产品说明书的要求。胶液应均匀、饱满的刷抹在基层和石材背面，石材就位时应准确，并应立即挤紧、找平、找正，进行顶、卡固定。溢出胶液应随时清除。

（4）木装饰装修墙制作安装应符合下列规定：①打孔安装木砖或木楔，深度应不小于40mm，木砖或木楔应做防腐处理。②龙骨间距应符合设计要求。当设计无要求时：横向间距宜为300mm，竖向间距宜为400mm。龙骨与木砖或木楔连接应牢固。龙骨本质基层板应进行防火处理。

### （五）涂饰工程

（1）混凝土或抹灰基层涂刷溶剂型涂料时，含水率不得大于8%；涂刷水性涂料时，含水率不得大于10%；木质基层含水率不得大于12%。

（2）施工现场环境温度宜在5~35℃之间，并应注意通风换气和防尘。

（3）涂饰施工一般方法：①滚涂法：将蘸取漆液的毛辊先按"W"形将涂料大致涂在基层上，然后用不蘸取漆液的毛辊紧贴基层上下、左右来回滚动，使漆液在基层上均匀展开，最后用蘸取漆液的毛辊按一定方向满滚一遍。阴角及上下口宜采用排笔刷涂找齐。②喷涂法：喷枪压力宜控制在0.4~0.8MPa范围内。喷涂时喷枪与墙面应保持垂直，距离宜在500mm左右，匀速平行移动。两行重叠宽度宜控制在喷涂宽度的1/3。③刷涂法：直按先左后右、先上后下、先难后易、先边后面的顺序进行。

（4）木质基层涂刷调和漆：先满刷清油一遍，待其干后用油腻子将钉孔、裂缝、残缺处嵌刮平整，干后打磨光滑，再刷中层和面层油漆。

(5) 对泛碱、析盐的基层应先用 3‰的草酸溶液清洗，然后用清水冲刷干净或在基层上满刷一遍耐碱底漆，待其干后刮腻子，再涂刷面层涂料。

(6) 浮雕涂饰的中层涂料应颗粒均匀，用专用塑料辊蘸煤油或水均匀滚压，厚薄一致，待完全干燥固化后，才可进行面层涂饰，面层为水性涂料应采用喷涂，溶剂型涂料应采用刷涂。间隔时间宜在 4h 以上。

**（六）地面工程**

(1) 石材、地面砖铺贴应符合下列规定：①石材、地面砖铺贴前应浸水湿润。天然石材铺贴前应进行对色、拼花并试拼、编号。②结合层砂浆宜采用体积比为 1∶3 的干硬性水泥砂浆，厚度宜高出实铺厚度 2～3mm。铺贴前应在水泥砂浆上刷一道水灰比为 1∶2 的素水泥浆或干铺水泥 1～2mm 后洒水。③铺贴后应及时清理表面，24h 后应用 1∶1 水泥浆灌缝，选择与地面颜色一致的颜料与白水泥拌和均匀后嵌缝。

(2) 竹、实木地板铺装应符合下列规定：①基层平整度误差不得大于 5mm。②铺装前应对基层进行防潮处理，防潮层宜涂刷防水涂料或铺设塑料薄膜。③铺装前应对地板进行选配，宜将纹理、颜色接近的地板集中使用于一个房间或部位。④木龙骨应与基层连接牢固，固定点间距不得大于 600mm。⑤毛地板应与龙骨成 30°或 45°铺钉，板缝应为 2～3mm，相邻板的接缝应错开。⑥在龙骨上直接铺装地板时，主次龙骨的间距应根据地板的长宽模数计算确定，地板接缝应在龙骨的中线上。⑦毛地板及地板与墙之间应留有 8～10mm 的缝隙。

(3) 强化复合地板铺装应符合下列规定：①防潮垫层应满铺平整，接缝处不得叠压。②安装第一排时应凹槽面靠墙。地板与墙之间应留有 8～10mm 的缝隙。③房间长度或宽度超过 8m 时，应在适当位置设置伸缩缝。

(4) 地毯铺装应符合下列规定：①地毯对花拼接应按毯面绒毛和织纹走向的同一方向拼接。②当使用张紧器伸展地毯时，用力方向应呈 V 字形，应由地毯中心向四周展开。③当使用倒刺板固定地毯时，应沿房间四周将倒刺板与基层固定牢固。④地毯铺装方向，应是毯面绒毛走向的背光方向。⑤满铺地毯，应用扁铲将毯边塞入卡条和墙壁间的间隙中或塞入踢脚下面。⑥裁剪楼梯地毯时，长度应留有一定余量，以便在使用中可挪动常磨损的位置。

**（七）幕墙工程**

建筑幕墙是建筑物主体结构外围的围护结构，具有防风、防雨、隔热、保温、防火、抗震和避雷等多种功能，具有新颖耐久、美观时尚、装饰感强、施工快捷、便于维修等特点，是一种广泛运用于现代建筑的结构构件。按幕墙材料可分为玻璃幕墙、石材幕墙、金属幕墙、混凝土幕墙和组合幕墙。玻璃幕墙是国内外目前最常用的一种幕墙，广泛运用于现代化高档公共建筑的外墙装饰，是用玻璃板片做墙面板材与金属构件组成悬挂在建筑物主体结构上的非承重连续外围护墙体。

1. 建筑幕墙施工的准备工作

1）预埋件制作与安装

常用建筑幕墙预埋件有平板型和槽型两种，其中平板型预埋件最为广泛应用。平板型预埋件的加工要求如下：

(1) 锚板宜采用 Q235、Q345 级钢,受力预埋件的锚筋应采用 HRB400（带肋）或 HPB300（光圆）钢筋,不应使用冷加工钢筋。除受压直锚筋外,当采用光圆钢筋时,钢筋末端应作 180°弯钩。

(2) 直锚筋与锚板应采用 T 形焊。当锚筋直径不大于 20mm 时,宜采用压力埋弧焊;当锚筋直径大于 20mm 时,宜采用穿孔塞焊。当采用手工焊时,焊缝高度不宜小于 6mm 及 $0.5d$（HPB300 级钢筋）或 $0.6d$（HRB335 级、HRB400 级钢筋）,$d$ 为锚筋直径。

为保证预埋件与主体结构连接的可靠性,连接部位的主体结构混凝土强度等级不应低于 C20。预埋件的锚筋应置于混凝土构件最外排主筋的内侧。为防止预埋件在混凝土浇捣过程中产生位移,应将预埋件与钢筋或模板连接固定;在混凝土浇捣过程中,派专人跟踪观察,若有偏差应及时纠正;梁板顶面的埋件,一般与混凝土浇捣同步进行,随捣随埋,预埋板下面的混凝土应注意振捣密实。幕墙与砌体结构连接时,宜在连接部位的主体结构上增设钢筋混凝土或钢结构梁、柱。轻质填充墙不应作幕墙的支承结构。

2. 玻璃幕墙施工

玻璃幕墙的施工工序较多,施工技术和安装精度比较高,凡从事玻璃安装施工的企业,必须取得相应专业资格后方可承接业务。

1) 有框玻璃幕墙施工

有框玻璃幕墙主要由幕墙立柱、横梁、玻璃、主体结构、预埋件、连接件以及连接螺栓、垫杆和胶缝、开启扇组成。竖直玻璃幕墙立柱应悬挂连接在主体结构上并使其处于受拉状态。

有框玻璃幕墙施工工艺流程:测量、放线→调整和后置预埋件→确认主体结构轴线和各面中心线→以中心线为基准向两侧排基准竖线→按图样要求安装钢连接件和立柱、校正误差→钢连接件满焊固定、表面防腐处理→安装横框→上下边密封、修整→安装玻璃组件→安装开启窗扇→填充泡沫塑料棒→注胶→清洁、整理→检查、验收。

2) 全玻璃幕墙施工

由玻璃板和玻璃肋制作的玻璃幕墙称为全玻璃幕墙,采用较厚的玻璃隔声效果较好、通透性强,用于外墙装饰时使室内外环境浑然一体,被广泛用于各种底层公共空间的外装饰。全玻璃幕墙按构造方式可分为吊挂式和坐落式两种。以吊挂式全玻璃幕墙为例,其施工流程为:定位放线→上部钢架安装→下部和侧面嵌槽安装→玻璃肋、玻璃板安装就位→镶嵌固定及注入密封胶→表面清洗和验收。

3) 点支撑玻璃幕墙施工

点支撑幕墙是指在幕墙玻璃的四角打孔,用幕墙专用钢爪将玻璃连接起来,并将荷载传给相应构件,最后传给主体结构的一种幕墙做法。点式连接玻璃幕墙主要有:玻璃肋点式连接玻璃幕墙,钢桁架点式连接玻璃幕墙和拉索式点式连接玻璃幕墙。玻璃肋点式连接玻璃幕墙是指玻璃肋支撑在主体结构上,在玻璃肋上面安装连接板和钢爪,玻璃开孔后与钢爪（4 脚支架）用特殊螺栓连接的幕墙形式,如图 1.3.27 所示。钢桁架点式玻璃幕墙是指在金属桁架上安装钢爪,在面板玻璃的四角进行打孔,钢爪上的特殊螺栓穿过玻璃孔,紧固后将玻璃固定在钢爪上形成幕墙,如图 1.3.28 所示。

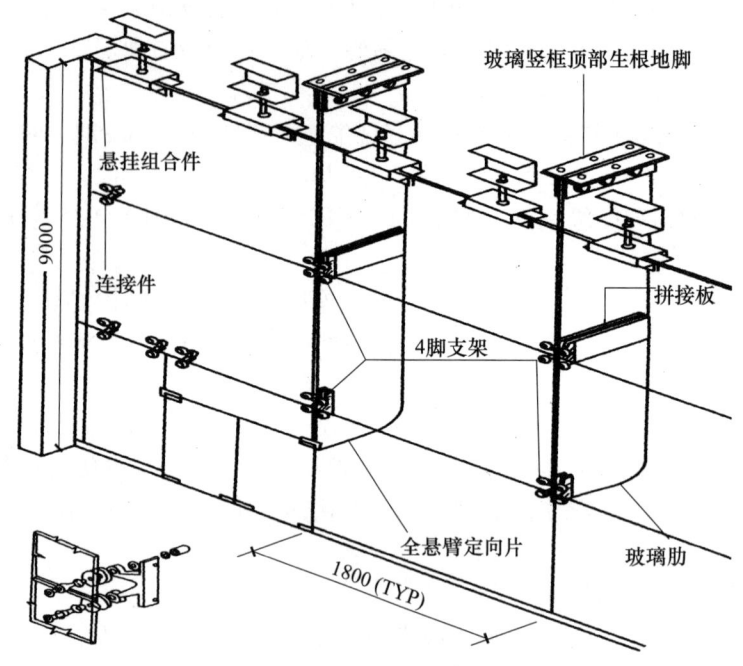

图 1.3.27 玻璃肋点式连接玻璃幕墙示意

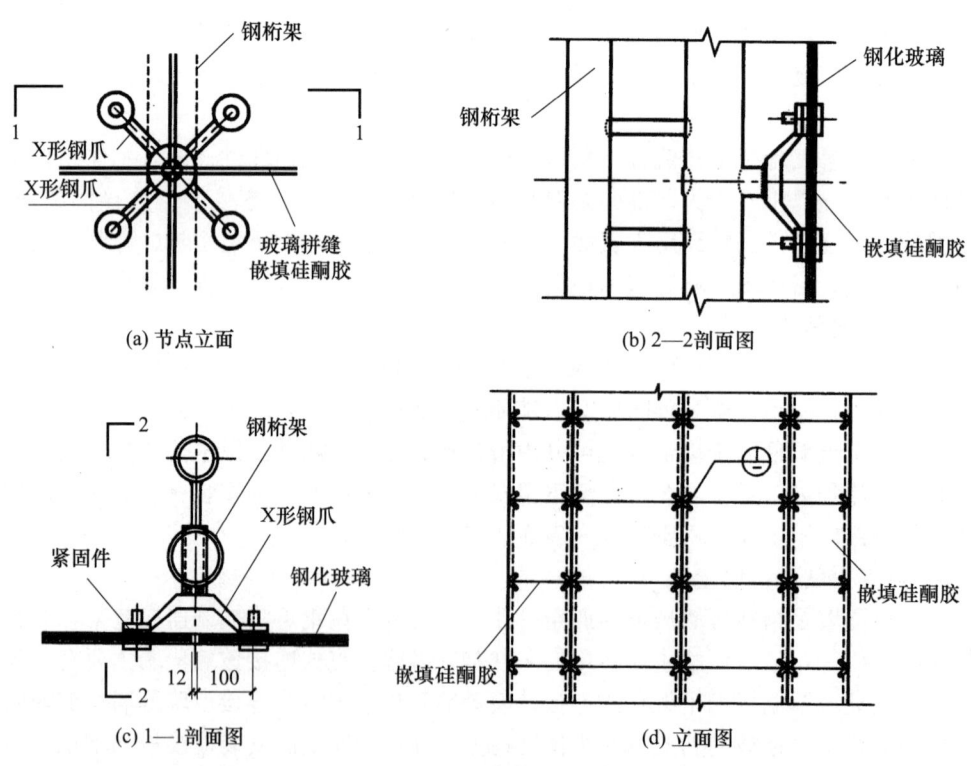

图 1.3.28 钢桁架点式连接玻璃幕墙示意（单位：mm）

拉索式点式连接玻璃幕墙是将玻璃面板用钢爪固定在索桁架上的玻璃幕墙，由玻璃面板，索桁架和支撑结构组成。索桁架悬挂在支撑结构上，它由按一定规律布置的预应力索具及连系杆等组成。索桁架起着形成幕墙支撑系统、承受面板玻璃荷载并传递至支撑结构上的作用，如图 1.3.29 所示。拉索式点式玻璃幕墙施工与其他玻璃幕墙不同，需要施加预应力，其工艺流程为：测设轴线及标高→支撑结构的安装→索桁架的安装→索桁架张拉→玻璃幕墙的安装→安装质量控制→幕墙的竣工验收。

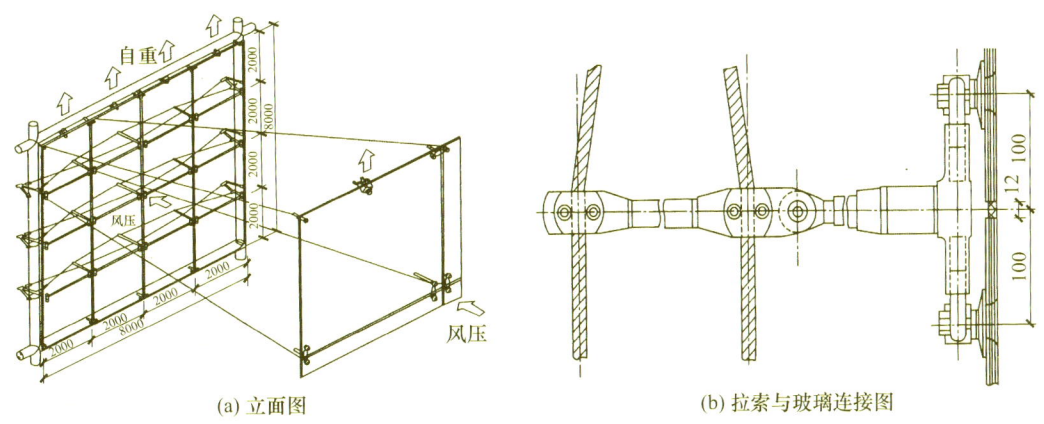

图 1.3.29　拉索式点式连接玻璃幕墙示意（单位：mm）

4）石材幕墙施工

石材幕墙的构造一般采用框支承结构，因石材面板连接方式的不同，可分为钢销式、槽式和背栓式等。

钢销式连接需要在石材的上下两边或四周开设销孔，石材通过钢销以及连接板与幕墙骨架连接。它拓孔方便，但受力不合理，容易出现应力集中导致石材局部破坏，使用受到限制。

槽式连接需要在石材的上下两边或四周开设槽口，与钢销式连接相比，它的适应性更强。根据槽口的大小，可以分为短槽式和通槽式两种。短槽式连接的槽口较小，通过连接片与幕墙骨架连接，它对施工安装的要求较高。通槽式槽口为两边或四周通长，通过通长铝合金型材与幕墙骨架连接，主要用于单元式幕墙中。

背栓式连接与钢销式及槽式连接不同，它将连接石材面板的部位放在面板背部，改善了面板的受力。通常先在石材背面钻孔，插入不锈钢背栓，并扩胀使之与石板紧密连接，然后通过连接件与幕墙骨架连接。

5）铝板幕墙施工

铝板幕墙的构造组成与隐框玻璃幕墙类似，采用框支承受力方式，也需要制作铝板板块，铝板板块通过铝角与幕墙骨架连接。

铝板板块由加劲肋和面板组成。板块的制作需要在铝板背面设置边肋和中肋等加劲肋。在制作板块时，铝板应四周折边以便与加劲肋连接。加劲肋常采用铝合金型材，以槽形或角形型材为主。面板与加劲肋之间通常的连接方式有铆接、电栓焊接、螺栓连接以及化学黏结等。为了方便板块与骨架体系的连接需在板块的周边设置铝角，铝角一端常通过铆接方式固定在板块上，另一端采用自攻螺丝固定在骨架上。

## 五、建筑工程防水工程施工技术

### (一) 屋面防水工程施工

屋面防水工程根据防水材料的不同又可分为卷材防水层屋面 (柔性防水层屋面)、涂膜防水屋面、刚性防水屋面等。目前应用最普遍的是卷材防水屋面。

1. 屋面防水的基本要求

(1) 混凝土结构层宜采用结构找坡,坡度不应小于3%;当采用材料找坡时,宜采用质量轻、吸水率低和有一定强度的材料,坡度宜为2%。

(2) 保温层上的找平层应在水泥初凝前压实抹平,并应留设分格缝,缝宽宜为5~20mm,纵横缝的间距不宜大于6m。水泥终凝前完成收水后应二次压光,并应及时取出分格条。养护时间不得少于7d。

(3) 找平层设置的分格缝可兼作排汽道,排汽道的宽度宜为40mm;排汽道应纵横贯通,并应与大气连通的排汽孔相通,排汽孔可设在檐口下或纵横排汽道的交叉处;排汽道纵横间距宜为6m,屋面面积每36$m^2$宜设置一个排汽孔,排汽孔应作防水处理;在保温层下也可铺设带支点的塑料板。

2. 卷材防水屋面施工

卷材防水层应采用高聚物改性沥青防水卷材和合成高分子防水卷材。

1) 铺贴方法

卷材防水屋面铺贴方法的选择应根据屋面基层的结构类型、干湿程度等实际情况来确定。卷材防水层一般用满粘法、点粘法、条粘法和空铺法等来进行铺贴。当卷材防水层上有重物覆盖或基层变形较大时,应优先采用空铺法、点粘法、条粘法或机械固定法,但距屋面周边800mm内以及叠层铺贴的各层之间应满粘;当防水层采取满粘法施工时,找平层的分隔缝处宜空铺,空铺的宽度宜为100mm。立面或大坡面铺贴卷材时,应采用满粘法,并宜减少卷材短边搭接。

高聚物改性沥青防水卷材的施工方法一般有热熔法、冷粘法和自粘法等。沥青类防水卷材热熔工艺 (明火施工),不得用于地下密闭空间、通风不畅空间、易燃材料附近的防水工程。合成高分子防水卷材的施工方法一般有冷粘法、自粘法、焊接法和机械固定法。

2) 铺贴顺序与卷材接缝

卷材防水层施工时,应先进行细部构造处理,然后由屋面最低标高向上铺贴;檐沟、天沟卷材施工时,宜顺檐沟、天沟方向铺贴,搭接缝应顺流水方向;卷材宜平行屋脊铺贴,上下层卷材不得相互垂直铺贴。

铺贴卷材应采用搭接法卷材搭接缝应符合下列规定:

(1) 平行屋脊的搭接缝应顺流水方向,搭接缝宽度应符合《屋面工程质量验收规范》(GB 50207—2012) 的规定;

(2) 同一层相邻两幅卷材短边搭接缝错开不应小于500mm;

(3) 上下层卷材长边搭接缝应错开,且不应小于幅宽的1/3;

(4) 叠层铺贴的各层卷材,在天沟与屋面的交接处,应采用叉接法搭接,搭接缝应错开;搭接缝宜留在屋面与天沟侧面,不宜留在沟底。

3) 卷材防水层的施工环境温度

热熔法和焊接法不宜低于-10℃;冷粘法和热粘法不宜低于5℃;自粘法不宜低于10℃。

4) 卷材防水屋面施工的注意事项

为了保证防水层的施工质量,所选用的基层处理剂、接缝胶黏剂、密封材料等配套材料应与铺贴的卷材性能相容。铺贴卷材前,应根据屋面特征及面积大小,合理划分施工流水段并在屋面基层上放出每幅卷材的铺贴位置,弹上标记。卷材在铺贴前应保持干燥。通常采用浇油法或刷油法在干燥的基层上涂满沥青玛琋脂,应随浇涂随铺卷材。铺贴时,卷材要展平压实,使之与下层紧密黏结,卷材的接缝应用沥青玛蹄脂赶平压实。对容易渗漏的薄弱部位(如檐沟、檐口、天沟、变形缝、水落口、泛水、管道根部、天窗根部、女儿墙根部、烟囱根部等屋面阴阳角转角部位)用附加卷材或防水材料、密封材料做附加增强处理,然后才能铺贴防水层,防水层施工至末尾还应做收头处理。

3. 涂膜防水屋面施工

涂膜防水屋面是在屋面基层上涂刷防水涂料,经固化后形成一层有一定厚度和弹性的整体结膜,从而达到防水的目的。

1) 涂膜防水层施工工艺和方法

涂膜防水层施工的工艺流程为清理、修理基层表面→喷涂基层处理剂(底涂料)→特殊部位附加增强处理→涂布防水涂料及铺贴胎体增强材料→清理与检查修整→保护层施工。涂膜防水层施工的一般要求如下:

(1) 涂膜防水层的施工应按"先高后低,先远后近"的原则进行。遇高低跨屋面时,一般先涂高跨屋面,后涂低跨屋面;对相同高度屋面,要合理安排施工段,先涂布距离上料点远的部位,后涂布近处;对同一屋面上,先涂布排水较集中的水落口、天沟、檐沟、檐口等节点部位,在进行大面积涂布。

(2) 涂膜应根据防水涂料的品种分层分遍涂布,待先涂的涂层干燥成膜后,方可涂后一遍涂料,且前后两遍涂料的涂布方向应相互垂直。涂膜施工应先做好细部处理,再进行大面积涂布;屋面转角及立面的涂膜应薄涂多遍,不得流淌和堆积。

(3) 需铺设胎体增强材料时,屋面坡度小于15%时,可平行屋脊铺设,屋面坡度大于15%时应垂直于屋脊铺设。胎体长边搭接宽度不应小于50mm,短边搭接宽度不应小于70mm。采用二层胎体增强材料时,上下层不得相互垂直铺设,搭接缝应错开,其间距不应小于幅宽的1/3。涂膜间夹铺胎体增强材料时,宜边涂布边铺胎体;胎体应铺贴平整,应排除气泡,并应与涂料黏结牢固。在胎体上涂布涂料时,应使涂料浸透胎体,并应覆盖完全,不得有胎体外露现象。最上面的涂膜厚度不应小于1.0mm。

(4) 涂膜防水层应沿找平层分隔缝增设带有胎体增强材料的空铺附加层,其空铺宽度宜为100mm。天沟、檐沟、檐口、泛水和立面涂膜防水层的收头,应用防水涂料多遍涂刷或用密封材料封严。涂膜防水层上应设置保护层,以提高防水层的使用年限。

**(二) 地下防水工程施工**

地下工程防水方案主要有以下三类:(1) 结构自防水。它是以地下结构本身的密实性(即防水混凝土)实现防水功能,使结构承重和防水合为一体。(2) 表面防水层防水,即在结构的外表面加设防水层,以达到防水的目的。常用的防水层有水泥砂浆防水层、卷材防水层、涂膜防水层等。(3)防排结合,即采用防水加排水措施,排水方案可采用盲沟排水、渗排水、内排水等。地下防水工程不得在雨天、雪天和五级风及其以上时施工。

1. 防水混凝土

目前,常用的防水混凝土有普通防水混凝土、外加剂或掺和料防水混凝土和膨胀水泥防水混凝土。结构混凝土抗渗等级是根据工程埋置深度来确定的,按《地下工程防水技术规范》(GB 50108—2008)规定,设计抗渗等级有 P6、P8、P10、P12。防水混凝土的施工配合比应通过试验确定,强度等级不应低于 C25,试配混凝土的抗渗等级应比设计要求提高 0.2MPa。

1) 防水混凝土在施工中应注意事项

(1)保持施工环境干燥,避免带水施工;(2)防水混凝土采用预拌混凝土时,入泵坍落度宜控制在 120～140mm,坍落度每小时损失不应大于 20mm,坍落度总损失值不应大于 40mm;(3)防水混凝土浇筑时的自落高度不得大于 1.5m;(4)防水混凝土应采用机械振捣,并保证振捣密实;(5)防水混凝土应自然养护,养护时间不少于 14d;(6)喷射混凝土终凝 2h 后应采取喷水养护,养护时间不得少于 14d,当气温低于 5℃时,不得喷水养护;(7)防水混凝土结构的变形缝、施工缝、后浇带、穿墙管、埋设件等设置和构造必须符合设计要求。

2) 防水构造处理

(1)施工缝处理。

防水混凝土应连续浇筑,宜少留施工缝。当留设施工缝时,应遵守下列规定:

① 墙体水平施工缝不应留在剪力与弯矩最大处或底板与侧墙的交接处,应留在高出底板表面不小于 300mm 的墙体上。拱(板)墙结合的水平施工缝,宜留在拱(板)墙接缝线以下 150～300mm 处。墙体有预留孔洞时,施工缝距孔洞边缘不应小于 300mm。

② 垂直施工缝应避开地下水和裂隙水较多的地段,并宜与变形缝相结合。

③ 水平施工缝浇筑混凝土前,应将其表面浮浆和杂物清除,然后铺设净浆、涂刷混凝土界面处理剂或水泥基渗透结晶型防水涂料,再铺 30～50mm 厚的 1:1 水泥砂浆,并及时浇筑混凝土。

(2)贯穿铁件处理。

地下建筑施工中墙体模板的穿墙螺栓,穿过底板的基坑围护结构等,均是贯穿防水混凝土的铁件。由于材质差异,地下水分较易沿铁件与混凝土的界面向地下建筑内渗透。为保证地下建筑的防水要求,可在铁件上加焊一道或数道止水铁片,延长渗水路径、减小渗水压力,达到防水目的。埋设件端部或预留孔、槽底部的混凝土厚度不得少于 250mm;当混凝土厚度小于 250mm 时,应局部加厚或采取其他防水措施。

2. 表面防水层防水

表面防水层防水有刚性、柔性两种。

1) 水泥砂浆防水层

水泥砂浆防水层是一种刚性防水层,它是依靠提高砂浆层的密实性来达到防水要求。这种防水层取材容易,施工方便,防水效果较好,成本较低,适用于地下砖石结构的防水层或防水混凝土结构的加强层。但水泥砂浆防水层抵抗变形的能力较差,当结构产生不均匀下沉或受较强烈振动荷载时,易产生裂缝或剥落。对于受腐蚀、高温及反复冻融的砖砌体工程不宜采用。水泥砂浆防水层又可分为以下两部分。

(1) 刚性多层法防水层。

利用素灰(即较稠的纯水泥浆)和水泥砂浆分层交叉抹面而构成的防水层,具有较高的抗渗能力。

(2) 刚性外加剂法防水层。

在普通水泥砂浆中掺入防水剂,使水泥砂浆内的毛细孔填充、胀实、堵塞,获得较高的密实度,提高抗渗能力。常用的外加剂有氯化铁防水剂、铝粉膨胀剂、减水剂等。

水泥砂浆防水层施工应注意下列事项:

① 水泥砂浆的配制、应按所掺材料的技术要求准确计量;

② 分层铺抹或喷涂,铺抹时应压实、抹平,最后一层表面应提浆压光;

③ 防水层各层应紧密黏合,每层宜连续施工;必须留设施工缝时,应采用阶梯坡形槎,但与阴阳角的距离不得小于200mm;

④ 水泥砂浆终凝后应及时进行养护,养护温度不宜低于5℃,并应保持砂浆表面湿润,养护时间不得少于14d;

⑤ 聚合物水泥砂浆防水层厚度单层施工宜为6~8mm,双层施工宜为10~12mm,掺外加剂、掺合料等的水泥砂浆防水层厚度宜为18~20mm。聚合物水泥防水砂浆未达到硬化状态时,不得浇水养护或直接受雨水冲刷,硬化后应采用干湿交替的养护方法。潮湿环境中,可在自然条件下养护。

2) 涂膜防水施工

涂膜防水层施工具有较大的灵活性,无论是形状复杂的基面,还是面积狭小的节点,凡是能涂刷到的部位,均可做涂抹防水层,因此在地下工程中广泛应用。地下工程涂膜防水层的设置有内防水、外防水和内外结合防水。

(1) 涂膜防水层施工工艺和方法。

地下工程涂膜防水层施工的一般程序为清理、修理基层→涂刷基层处理剂→节点部位附加增强处理→涂布防水涂料及铺贴胎体增强材料→清理及检查修理→平面部位铺贴油毡保护隔离层→平面部位浇筑细石混凝土保护层→立面部位粘贴聚乙烯泡沫塑料保护层→基坑回填。

(2) 涂料防水层的施工应符合下列规定:

① 多组分涂料应按配合比准确计量,搅拌均匀,并应根据有效时间确定每次配制的用量。

② 涂料应分层涂刷或喷涂,涂层应均匀,涂刷应待前遍涂层干燥成膜后进行;每遍涂刷时应交替改变涂层的涂刷方向,同层涂膜的先后搭压宽度宜为30~50mm;

③ 涂料防水层的甩槎处接缝宽度不应小于100mm,接涂前应将其甩槎表面处理干净;

④ 采用有机防水涂料时,基层阴阳角处应做成圆弧;在转角处、变形缝、施工缝、穿墙管等部位应增加胎体增强材料和增涂防水涂料,宽度不应小于50mm;

⑤ 胎体增强材料的搭接宽度不应小于100mm,上下两层和相邻两幅胎体的接缝应

错开1/3幅宽,且上下两层胎体不得相互垂直铺贴。

⑥ 涂料防水层的平均厚度应符合设计要求,最小厚度不得低于设计厚度的90%。

(3)涂料防水层完工并经验收合格后应及时做保护层。保护层应符合下列规定:

① 顶板的细石混凝土保护层与防水层之间宜设置隔离层。细石混凝土保护层厚度:机械回填时不宜小于70mm,人工回填时不宜小于50mm;

② 底板的细石混凝土保护层厚度不应小于50mm;

③ 侧墙宜采用软质保护材料或铺抹20mm厚1:2.5水泥砂浆。

3)卷材防水层

卷材防水层施工的铺贴方法,按其与地下防水结构施工的先后顺序分为外贴法和内贴法两种。

(1)外贴法。

外贴法是指在地下建筑墙体做好后,直接将卷材防水层铺贴墙上,然后砌筑保护墙[图1.3.30(a)]。外贴法的优点是构筑物与保护墙有不均匀沉降时,对防水层影响较小;防水层做好后即可进行漏水试验,修补方便。缺点是工期较长,占地面积较大;底板与墙身接头处卷材易受损。

(2)内贴法。

内贴法施工是指在地下建筑墙体施工前,先砌筑保护墙,然后将卷材防水层铺贴在保护墙上,最后进行地下建筑墙体浇筑[图1.3.30(b)]。内贴法的优点是防水层的施工比较方便,不必留接头;施工占地面积小。缺点是构筑物与保护墙有不均匀沉降时,对防水层影响较大;保护墙稳定性差;竣工后如发现漏水较难修补。

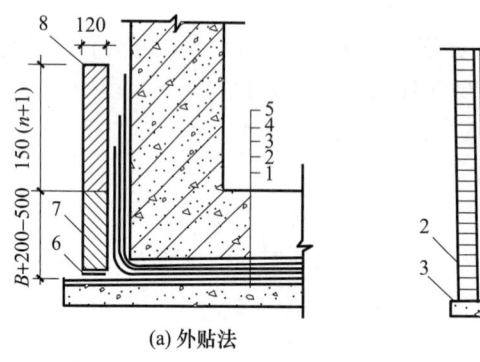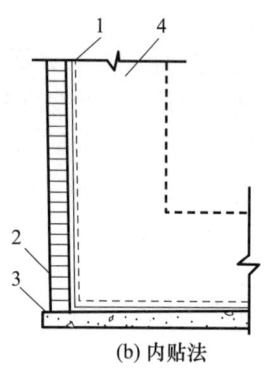

图1.3.30 外贴法和内贴法(单位:mm)

a:1—垫层;2—找平层;3—卷材防水层;4—保护层;5—构筑物;6—油毡;7—永久保护墙;8—临时性保护墙

b:1—卷材防水层;2—保护墙;3—垫层;4—尚未施工的构筑物

3. **止水带防水**

为适应建筑结构沉降、温度伸缩等因素产生的变形,在地下建筑的变形缝(沉降缝或伸缩缝)、地下通道的连接口等处,两侧的基础结构之间留有20~30mm的空隙,两侧的基础是分别浇筑的,这是防水结构的薄弱环节,如果这些部位产生渗漏时,抗渗堵漏较难实施。为防止变形缝处的渗漏水现象,除在构造设计中考虑防水的能力外,通常还采用止水带防水。

目前，常见的止水带材料有橡胶止水带、塑料止水带、氯丁橡胶板止水带和金属止水带等。其中，橡胶及塑料止水带均为柔性材料，抗渗、适应变形能力强，是常用的止水带材料；氯丁橡胶止水板是一种新的止水材料，具有施工简便、防水效果好、造价低且易修补的特点；金属止水带一般仅用于高温环境条件下，而无法采用橡胶止水带或塑料止水带时。

止水带构造形式有：粘贴式、可卸式和埋入式等。目前较多采用的是埋入式。根据防水设计的要求，有时在同一变形缝处，可采用数层、数种止水带的构造形式。

### （三）楼层、厕浴间、厨房间防水

住宅和公共建筑中穿过楼地面或墙体的上下水管道，供热、燃气管道一般都集中明敷在厕浴间和厨房间，其防水方法应用柔性涂膜防水层和刚性防水砂浆防水层，或两者复合的防水层防水。防水涂料涂布于复杂的细部构造部位，能形成没有接缝的、完整的涂膜防水层。由于防水涂膜的延伸性较好，基本能适应基层变形的需要。防水砂浆则以补偿收缩水泥砂浆较为理想，其微膨胀的特性，能防止或减少砂浆收缩开裂，使砂浆致密化，提高其抗裂性和抗渗性。

1. 涂膜防水

涂膜防水的材料，可以用合成的高分子防水涂料和高聚物改性沥青防水涂料。该防水层必须在管道安装完毕，管孔四周堵填密实后，做地面工程之前，做一道柔性防水层。防水层必须翻至墙面并做到离地面150mm处，施工中应按规定要求操作，这样才能起到良好的楼层间防渗漏作用。

2. 刚性防水

其理想材料是具有微胀性能的补偿收缩混凝土和补偿收缩水泥砂浆。厕浴间、厨房间中的穿楼板管道、地漏口、蹲便器下水管等节点是重点防水部位。

### （四）保温工程

1. 外墙外保温工程

外墙外保温工程是将外墙外保温系统通过组合、组装、施工或安装，固定在外墙外表面上所形成的建筑物实体。施工的基本要求如下：

（1）基层应坚实、平整。保温层施工前，应进行基层处理。除EPS板现浇混凝土外保温系统和EPS钢丝网架板现浇混凝土外保温系统外，外保温工程的施工应在基层施工质量验收合格后进行。

（2）除EPS板现浇混凝土外保温系统和EPS钢丝网架板现浇混凝土外保温系统外，外保温工程施工前，外门窗洞口应通过验收，洞口尺寸、位置应符合设计要求和质量要求，门窗框或辅框应安装完毕。伸出墙面的消防梯、水落管、各种进户管线和空调器等的预埋件、联结件应安装完毕，并按外保温系统厚度留出间隙。

（3）外保温工程施工期间以及完工后24h内，基层及环境空气温度应不低于5℃。夏季应避免阳光暴晒。在5级以上大风天气和雨天不得施工。

（4）外保温工程应做好系统在檐口、勒脚处的包边处理。装饰缝、门窗四角和阴阳角等处应做好局部加强网施工。基层墙体变形缝处做好防水和保温构造处理。

（5）泡沫塑料保温板表面不得长期裸露，安装上墙后应及时做抹面层。

(6) 现场取样胶粉 EPS 颗粒保温浆料干密度不应大于 250kg/m³，并且不应小于 180kg/m³。现场检验保温层厚度应符合设计要求，不得有负偏差。

(7) 粘贴饰面砖工程应进行专项设计，编制施工方案，当外保温系统的饰面层采用粘贴饰面砖做法时，系统供应商应提供包括饰面砖拉伸黏结强度内容的耐候性检验报告，对于粘贴饰面砖的建筑物高度，严寒、寒冷地区不宜超过 20m，夏热冬冷、夏热冬暖地区不宜超过 40m。

(8) 外保温工程完工后应做好成品保护。

2. 屋面保温工程

屋面保温工程施工的基本要求如下：

(1) 保温材料的导热系数、表观密度或干密度、抗压强度或压缩强度、燃烧性能，必须符合设计要求。

(2) 板状材料保温层采用干铺法施工时，保温材料应紧靠在基层表面上，应铺平垫稳；分层铺设的板块上下层接缝应相互错开，板间缝隙应采用同类材料的碎屑嵌填密实。

(3) 纤维材料保温层的纤维材料填充后，不得上人踩踏。装配式骨架纤维保温材料施工时，先在基层上铺设保温龙骨或金属龙骨，龙骨间填充纤维保温材料，再在龙骨上铺钉水泥纤维板。金属龙骨和固定件应经防锈处理，金属龙骨与基层间采取隔热断桥措施。

(4) 喷涂硬泡聚氨酯保温层施工，喷涂时喷嘴与施工基面的间距应由试验确定。一个作业面应分遍喷涂完成，每遍厚度不宜大于 15mm；当日的作业面应当日连续喷涂施工完毕。硬泡聚氨酯喷涂后 20min 内严禁上人，喷涂完成后，应及时做保护层。

(5) 在浇筑泡沫混凝土前，应将基层上的杂物和油污清理干净。基层应浇水湿润，但不得有积水。在浇筑过程中，应随时检查泡沫混凝土的湿密度。

(6) 种植隔热层与防水层之间宜设细石混凝土保护层。种植隔热层的屋面坡度大于 20% 时，其排水层、种植土层应采取防滑措施。排水层应与排水系统连通，挡墙或挡板泄水孔的留设应符合设计要求，并不得堵塞。

(7) 蓄水隔热层与屋面防水层之间应设隔离层。蓄水池的所有孔洞应预留，不得后凿，设置的给水管、排水管和溢水管等，均应在蓄水池混凝土施工前安装完毕。每个蓄水区的防水混凝土应一次浇筑完毕，不得留施工缝。防水混凝土初凝后应覆盖养护，终凝后浇水养护不得少于 14d；蓄水后不得断水。

## 第四节　常用施工机械的类型及应用

### 一、土石方工程施工机械

1. 推土机施工

推土机的特点是操作灵活、运输方便，所需工作面较小，行驶速度较快，易于转移。推土机可以单独使用，也可以卸下铲刀牵引其他无动力的土方机械，如拖式铲运机、松土机、羊足碾等。推土机的经济运距在 100m 以内，以 30~60m 为最佳运距，使用推土机推土的几种施工方法如下。

1) 下坡推土法

推土机顺地面坡势进行下坡推土，可以借机械本身的重力作用，增加铲刀的切土力量，因而可增大推土机铲土深度和运土数量，提高生产效率，在推土丘、回填管沟时，均可采用。

2) 分批集中，一次推送法

在较硬的土中，推土机的切土深度较小，一次铲土不多，可分批集中，再整批地推送到卸土区。应用此法，可使铲刀的推送数量增大，缩短运输时间，提高 12%～18% 的生产效率。

3) 并列推土法

在较大面积的平整场地施工中，采用两台或三台推土机并列推土。能减少土的散失，因为两台或三台单独推土时，有四边或六边向外撒土，而并列后只有两边向外撒土，一般可使每台推土机的推土量增加 20%。并列推土时，铲刀间距 15～30cm。并列台数不宜超过四台，否则互相影响。

4) 沟槽推土法

就是沿第一次推过的原槽推土，前次推土所形成的土埂能阻止土的散失，从而增加推运量。这种方法可以和分批集中、一次推送法联合运用。能够更有效地利用推土机，缩短运土时间。

5) 斜角推土法

将铲刀斜装在支架上，与推土机横轴在水平方向形成一定角度进行推土。一般在管沟回填且无倒车余地时可采用这种方法。

2. 铲运机施工

铲运机的特点是能独立完成铲土、运土、卸土、填筑、压实等工作，对行驶道路要求较低，行驶速度快，操纵灵活，运转方便，生产效率高。常用于坡度在 20°以内的大面积场地平整，开挖大型基坑、沟槽以及填筑路基等土方工程。铲运机可在Ⅰ～Ⅲ类土中直接挖土、运土，适宜运距为 600～1500m，当运距为 200～350m 时效率最高。

1) 铲运机的开行路线

由于挖填区的分布不同，根据具体条件，选择合理的铲运路线，对生产率影响很大。根据实践，铲运机的开行路线有以下几种：

(1) 环形路线。施工地段较短、地形起伏不大的挖、填工程，适宜采用环形路线，如图 1.4.1 (a)、(b)。当挖土和填土交替，而挖填之间距离又较短时，则可采用大环形路线图 1.4.1 (c)。大环形路线的优点是一个循环能完成多次铲土和卸土，从而减少了铲运机的转弯次数，提高了工作效率。

(2) 8 字形路线。对于挖、填相邻，地形起伏较大，且工作地段较长的情况，可采用 8 字路线 [图 1.4.1 (d)]。其特点是铲运机行驶一个循环能完成两次作业，而每次铲土只需转弯一次，比环形路线可缩短运行时间，提高生产效率。同时，一个循环中两次转弯方向不同机械磨损较均匀。

2) 铲运机铲土的施工方法

为了提高铲运机的生产率，除规划合理的开行路线外，还可根据不同的施工条件，采用下列施工方法：

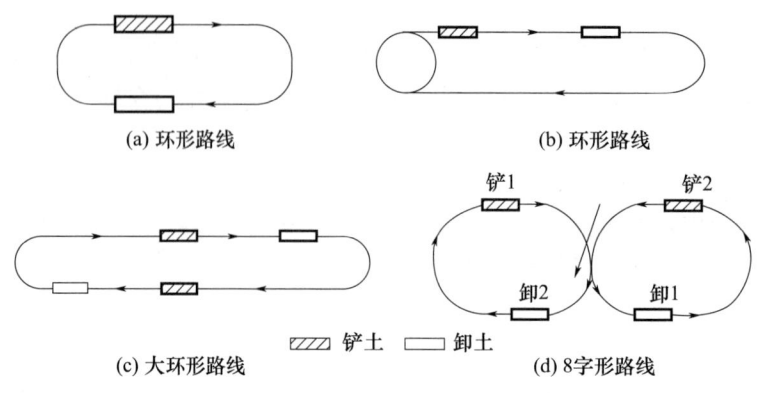

图 1.4.1 铲运机开行路线

（1）下坡铲土。

应尽量利用有利地形进行下坡铲土。这样可以利用铲运机的重力来增大牵引力，使铲斗切土加深，缩短装土时间从而提高生产率。一般地面坡度以 5°～7°为宜。如果自然条件不允许，可在施工中逐步创造一个下坡铲土的地形。

（2）跨铲法。

预留土埂，间隔铲土的方法。可使铲运机在挖两边土槽时减少向外撒土量，挖土埂时增加了两个自由面，阻力减小，铲土容易，土埂高度应不大于 300mm，宽度以不大于拖拉机两履带间净距为宜。

（3）助铲法。

在地势平坦、土质较坚硬时，可采用推土机助铲以缩短铲土时间。此法的关键是双机要紧密配合，否则达不到预期效果。一般每 3～4 台铲运机配 1 台推土机助铲。推土机在助铲的空隙时间，可作松土或其他零星的平整工作，为铲运机施工创造条件。

3. 单斗挖掘机施工

单斗挖掘机是基坑（槽）土方开挖常用的一种机械。按其行走装置的不同，分为履带式和轮胎式两类；按其工作装置的不同，可以分为正铲、反铲、拉铲和抓铲四种；按其传动装置又可分为机械传动和液压传动两种。

当场地起伏高差较大、土方运输距离超过 1000m，且工程量大而集中时，可采用挖掘机挖土，配合自卸汽车运土，并在卸土区配备推土机平整土堆。

1) 正铲挖掘机

正铲挖掘机的挖土特点是：前进向上，强制切土。其挖掘力大，生产率高，能开挖停机面以内的Ⅰ～Ⅳ级土，开挖大型基坑时需设下坡道，适宜在土质较好、无地下水的地区工作。

根据挖掘机与运输工具的相对位置不同，正铲挖土和卸土的方式有以下两种：正向挖土、侧向卸土；正向挖土、后方卸土。

2) 反铲挖掘机

反铲挖掘机的特点是：后退向下，强制切土。其挖掘力比正铲小，能开挖停机面以下的Ⅰ～Ⅲ级的砂土或黏土，适宜开挖深度 4m 以内的基坑，对地下水位较高处也适用。反铲挖掘机的开挖方式，可分为沟端开挖与沟侧开挖。

3）拉铲挖掘机

拉铲挖掘机的挖土特点是：后退向下，自重切土。其挖掘半径和挖土深度较大，能开挖停机面以下的Ⅰ～Ⅱ级土，适宜开挖大型基坑及水下挖土。拉铲挖掘机的开挖方式基本与反铲挖掘机相似，也可分为沟端开挖和沟侧开挖。

4）抓铲挖掘机

抓铲挖掘机的挖土特点是：直上直下，自重切土。其挖掘力较小，只能开挖Ⅰ、Ⅱ级土，可以挖掘独立基坑、沉井，特别适于水下挖土。

## 二、起重机械

将建筑物设计成许多单独的构件，分别在施工现场或工厂预制结构构件或构件组合，然后在施工现场用起重机械把它们吊起并安装在设计位置上去的全部施工过程，称为结构吊装工程，用这种施工方式形成的结构称为装配式结构。

结构吊装工程中常用的起重机械有桅杆式起重机、履带式起重机、汽车式起重机、轮胎式起重机、塔式起重机等。除此之外，还需要许多辅助工具及索具设备。如卷扬机、钢丝绳、滑轮组、横吊梁等。

1. 桅杆式起重机

桅杆式起重机也称牵缆式起重机，是在独脚拔杆下端安装一根可以回转和起伏的吊杆拼装而成。桅杆式起重机的缆风绳至少6根，根据缆风绳最大的拉力选择钢丝绳和地锚。起重量在5t以下的桅杆式超重机，大多用圆木做成，用于吊装小构件；起重量在10t左右的桅杆式起重机，大多用无缝钢管做成，桅杆高度可达25m；大型桅杆式起重机，起重量可达60t，桅杆高度可达80m，桅杆和吊杆都是用角钢组成的格构式截面。

桅杆式起重机的优点是：构造简单、装拆方便、起重能力较大、受施工场地限制小。其缺点是：设较多的缆风绳，移动困难。另外，其起重半径小，灵活性差。因此，桅杆式起重机一般多用于构件较重、吊装工程比较集中、施工场地狭窄，而又缺乏其他合适的大型起重机械时。

2. 履带式起重机

履带式起重机由行走装置、回转机构、机身及起重杆等组成。采用链式履带的行走装置，对地面压力大为减小，装在底盘上的回转机构使机身可回转360°。机身内部有动力装置、卷扬机及操纵系统。它操作灵活，使用方便，起重杆可分节接长，在装配式钢筋混凝土单层工业厂房结构吊装中得到广泛的使用。其缺点是稳定性较差，未经验算不宜超负荷吊装。履带式起重机的主要参数有三个：起重量$Q$、起重高度$H$和起重半径$R$。

3. 汽车起重机

汽车起重机是一种将起重作业部分安装在通用或专用汽车底盘上，具有载重汽车行驶性能的轮式起重机。汽车起重机的主要技术性能有最大起重量、整机质量、吊臂全伸长度、吊臂全缩长度、最大起重高度、最小工作半径、起升速度、最大行驶速度等。汽车起重机作业时，必须先打开支腿，以增大机械的支承面积，保证必要的稳定性。因此，汽车起重机不能负荷行驶。汽车起重机机动灵活性好，能够迅速转移场地，广泛用于土木工程。

4. 轮胎起重机

轮胎起重机不采用汽车底盘，而另行设计轴距较小的专门底盘。其构造与履带式起重机基本相同，只是底盘上装有可伸缩的支腿，起重时可使用支腿以增加机身的稳定性，并保护轮胎。轮胎起重机的优点是行驶速度较高，能迅速地转移工作地点或工地，对路面破坏小。但这种起重机不适合在松软或泥泞的地面上工作。轮胎起重机的主要技术性能有额定起重量、整机质量、最大起重高度、最小回转半径、起升速度等。

5. 塔式起重机

塔式起重机具有较高的塔身，起重臂安装在塔身顶部，具有较高的有效高度和较大的工作半径，起重臂可以回转360°。因此，塔式起重机在多层及高层结构吊装和垂直运输中得到广泛应用。塔式起重机的类型，可按有无行走机构、变幅方法、回转部位和爬升方式等划分。常用的有轨道式、爬升式、附着式塔式起重机。

(1) 轨道式塔式起重机。轨道式塔式起重机是土木工程中使用最广泛的一种起重机。它可载重行走，作业范围大，非生产时间少，生产效率高。轨道式塔式起重机的主要性能有吊臂长度、起重幅度、起重量、起升速度及行走速度等；

(2) 爬升式塔式起重机。又称内爬式塔式起重机，通常安装在建筑物的电梯井或特设的开间内，也可安装在筒形结构内，依靠爬升机构随着结构的升高而升高，一般是每建造3～8m，起重机就爬升一次，塔身自身高度只有20m左右，起重高度随施工高度而定。爬升式起重机的优点是：起重机以建筑物作支承，塔身短，起重高度大，而且不占建筑物外围空间。其缺点是：司机作业往往不能看到起吊全过程，需靠信号指挥，施工结束后拆卸复杂，一般需设辅助起重机拆卸；

(3) 附着式塔式起重机。又称自升式塔式起重机，直接固定在建筑物或构筑物近旁的混凝土基础上，随着结构的升高，不断自行接高塔身，使起重高度不断增大。为了塔身稳定，塔身每隔20m高度左右用系杆与结构锚固。附着式塔式起重机多为小车变幅，因起重机械在结构近旁，司机能看到吊装的全过程，自身的安装与拆卸不妨碍施工过程。

## 第五节　施工组织设计的编制原理、内容及方法

施工组织设计是以施工项目为对象编制的、用以指导施工的技术、经济和管理的综合性文件，是对施工活动实行科学管理的重要手段。其作用是：根据国家有关技术政策、建设项目要求、施工组织的原则，结合工程的具体条件，明确工程的施工方案、施工顺序、劳动组织措施、施工进度计划及资源需用量与供应计划，明确临时设施、材料和机具的具体位置，有效地使用施工场地，提高经济效益。

### 一、施工组织设计的编制原理

**(一) 施工组织设计的类型**

1. 按编制阶段分类

施工组织设计是指以施工项目为对象编制的，用以指导施工的技术、经济和管理的

综合性文件。根据编制阶段的不同，施工组织设计可划分为两类：一类是投标前编制的施工组织设计，简称"标前设计"；另一类是中标后编制的施工组织设计，简称"标后设计"。

（1）标前设计是投标前编制的施工组织设计，其主要作用是指导工程投标与签订工程承包合同，并作为投标书的一项重要内容（技术标）和合同文件的一部分。在工程投标阶段编好施工组织设计，充分反映施工企业的综合实力，是实现中标、提高市场竞争力的重要途径。

（2）标后设计是签订工程承包合同后编制的施工组织设计，其主要作用是指导施工前的准备工作和工程施工全过程的进行。

2. 按编制对象范围分类

施工组织设计按编制对象和范围不同可划分为三类：施工组织总设计、单位工程施工组织设计和分部分项工程施工组织设计。具体如下：

（1）施工组织总设计是以一个建设项目为编制对象，规划其施工全过程各项活动的技术、经济的全局性控制性文件。它是整个建设项目施工的战略部署，涉及范围较广，内容比较概括。一般是在初步设计或扩大初步设计批准后，由总承包单位的总工程师负责，会同建设、设计和分包单位的工程师共同编制。施工组织总设计是施工单位编制年度施工计划和单位工程施工组织设计的依据。

（2）单位工程施工组织设计是以单位工程为编制对象，用来指导其施工全过程各项活动的技术、经济的局部性、指导性文件。它是拟建工程施工的战术安排，是施工单位年度施工计划和施工组织总设计的具体化，内容更详细。它是在施工图设计完成后，由工程项目主管工程师负责编制的，可作为编制季度、月度计划和分部分项工程施工组织设计的依据。

（3）分部分项工程施工组织设计是以某些新结构、新工艺、技术复杂的或缺乏施工经验的分部（分项）工程为编制对象（如大型吊装工程、复杂的基础工程以及有特殊要求的高级装饰工程等），用来指导其施工活动的技术、经济文件。它结合施工单位的月、旬作业计划，把单位工程施工组织设计进一步具体化，是专业工程的具体施工设计。

施工组织总设计、单位工程施工组织设计、分部分项工程施工组织设计之间有如下关系：施工组织总设计是指导全场性施工活动和控制各个单位工程施工全过程的综合性文件；单位工程施工组织设计是以施工组织总设计和企业施工计划为依据编制的，把施工组织总设计的有关内容在单位工程上具体化；分部分项工程施工组织设计是以施工组织总设计、单位工程施工组织设计和企业施工计划为依据编制的，把单位工程施工组织设计的有关内容在分部分项工程上专业化，是专业工程的作业设计。

**（二）施工组织设计编制原则**

（1）符合施工合同或招标文件中有关工程进度、质量、安全、环境保护、造价等方面的要求；

（2）积极开发、使用新技术和新工艺，推广应用新材料和新设备（在目前市场经济条件下，企业应当积极利用工程特点、组织开发、创新施工技术和施工工艺）；

（3）坚持科学的施工程序和合理的施工顺序，采用流水施工和网络计划等方法，科

学配置资源,合理布置现场,采取季节性施工措施,实现均衡施工,达到合理的经济技术指标;

(4) 采取技术和管理措施,推广建筑节能和绿色施工;

(5) 与质量、环境和职业健康安全三个管理体系有效结合(为保证持续满足过程能力和质量保证的要求,国家鼓励企业进行质量、环境和职业健康安全管理体系的认证制度,且目前该三个管理体系的认证在我国建筑行业中已经普及,并且建立了企业内部管理体系文件,编制施工组织设计时,不应违背上述管理体系文件的要求)。

### (三) 施工组织设计编制依据

(1) 与工程建设有关的法律、法规和文件;

(2) 国家现行有关标准和技术经济指标(其中技术经济指标主要指各地方的建筑工程概预算定额和相关规定。虽然建筑行业目前使用了清单计价的方法,但各地方制定的概预算定额在造价控制、材料和劳动力消耗等方面仍起一定的指导作用);

(3) 工程所在地区行政主管部门的批准文件,建设单位对施工的要求;

(4) 工程施工合同和招标投标文件;

(5) 工程设计文件;

(6) 工程施工范围内的现场条件、工程地质及水文地质、气象等自然条件;

(7) 与工程有关的资源供应情况;

(8) 施工企业的生产能力、机具设备状况、技术水平等。

## 二、施工组织设计编制内容

施工组织设计的内容是根据不同工程的特点和要求,以及现有的和可能创造的施工条件,从实际出发,决定各种生产要素(材料、机械、资金、劳动力和施工方法等)的结合方式。不同类型的施工组织设计的主要内容各不相同,一般包括以下基本内容。

### (一) 工程概况

工程概况包括:

(1) 本项目的性质、规模、建设地点、结构特点、建设期限、分批交付使用的条件、合同条件;

(2) 本地区地形、地质、水文和气象情况;

(3) 施工力量、劳动力、机具、材料、构件等资源供应情况;

(4) 施工环境及施工条件等。

### (二) 施工部署及施工方案

施工部署及施工方案包括:

(1) 根据工程情况,结合人力、材料、机械设备、资金、施工方法等条件,全面部署施工任务,合理安排施工顺序,确定主要工程的施工方案;

(2) 对拟建工程可能采用的几个施工方案进行定性、定量的分析,通过技术经济评价,选择最佳方案。

### (三) 施工进度计划

施工进度计划是施工方案在时间上的体现和安排。编制施工进度计划应采用先进的计划理论和方法（如流水施工横道图、垂直图、网络图等），合理确定施工顺序和各工序的作业时间，使工期、成本和资源的利用达到最佳结合状态，即资源均衡、工期合理、成本低。其主要内容包括：编制说明，施工进度计划，分期分批施工工程的开工日期、完工日期以及工期一览表，资源需要量以及供应平衡表等。现简要介绍流水施工和网络计划技术两种方法。

1. 流水施工

流水施工方式是将拟建工程项目中的每一个施工对象分解为若干个施工过程，并按照施工过程成立相应的专业工作队，各专业队按照施工顺序依次完成各个施工对象的施工过程，同时保证施工在时间和空间上连续、均衡和有节奏地进行，使相邻两专业队能最大限度地搭接作业。

1）流水施工参数

流水施工参数是指组织流水施工时，用来描述工艺流程、空间布置和时间安排等方面的状态参数，包括工艺参数、空间参数和时间参数。

（1）工艺参数。

工艺参数主要是指在组织流水施工时，用以表达流水施工在施工工艺方面进展状态的参数，通常包括施工过程和流水强度两个参数。

① 施工过程。组织建设工程流水施工时，根据施工组织及计划安排需要而将计划任务划分成的子项称为施工过程。施工过程划分的粗细程度由实际需要而定，当编制控制性施工进度计划时，组织流水施工的施工过程可以划分得粗一些，施工过程可以是单位工程或单项工程，也可以是分部工程。当编制实施性施工进度计划时，施工过程可以划分得细一些，施工过程可以是分项工程，甚至是将分项工程按照专业工种不同分解而成的施工工序。

② 流水强度。流水强度是指流水施工的某施工过程（队）在单位时间内所完成的工程量，也称为流水能力或生产能力。

（2）空间参数。

空间参数是指在组织流水施工时，用以表达流水施工在空间布置上开展状态的参数。通常包括工作面和施工段。

① 工作面。工作面是指供某专业工种的工人或某种施工机械进行施工的活动空间。

② 施工段。将施工对象在平面或空间上划分成若干个劳动量大致相等的施工段落，称为施工段或流水段。

（3）时间参数。

时间参数是指在组织流水施工时，用以表达流水施工在时间安排上所处状态的参数，主要包括流水节拍、流水步距和流水施工工期等。

① 流水节拍。流水节拍是指在组织流水施工时，某个专业工作队在一个施工段上的施工时间。

② 流水步距。流水步距是指组织流水施工时，相邻两个施工过程（或专业工作队）相继开始施工的最小间隔时间。

③ 流水施工工期。流水施工工期是指从第一个专业工作队投入流水施工开始，到最后一个专业工作队完成流水施工为止的整个持续时间。

2)流水施工的基本组织方式

(1)等节奏流水施工。

等节奏流水施工是指在有节奏流水施工中,各施工过程的流水节拍都相等的流水施工,也称为固定节拍流水施工或全等节拍流水施工。其特点如下:

① 所有施工过程在各个施工段上的流水节拍均相等;

② 相邻施工过程的流水步距相等,且等于流水节拍;

③ 专业工作队数等于施工过程数,即每一个施工过程成立一个专业工作队,由该队完成相应施工过程所有施工段上的任务;

④ 各个专业工作队在各施工段上能够连续作业,施工段之间没有空闲时间。

(2)异节奏流水施工。

异节奏流水施工是指在有节奏流水施工中,各施工过程的流水节拍各自相等而不同施工过程之间的流水节拍不尽相等的流水施工。在组织异节奏流水施工时,又可以采用异步距和等步距两种方式。

异步距异节奏流水施工是指在组织异节奏流水施工时,每个施工过程成立一个专业工作队,由其完成各施工段任务的流水施工。异步距异节奏流水施工的特点如下:

① 同一施工过程在各个施工段上的流水节拍均相等,不同施工过程之间的流水节拍不尽相等;

② 相邻施工过程之间的流水步距不尽相等;

③ 专业工作队数等于施工过程数;

④ 各个专业工作队在施工段上能够连续作业,施工段之间可能存在空闲时间。

等步距异节奏流水施工是指在组织异节奏流水施工时,按每个施工过程流水节拍之间的比例关系,成立相应数量的专业工作队而进行的流水施工,也称为成倍节拍流水施工。成倍节拍流水施工的特点如下:

① 同一施工过程在其各个施工段上的流水节拍均相等;不同施工过程的流水节拍不等,但其值为倍数关系;

② 相邻施工过程的流水步距相等,且等于流水节拍的最大公约数;

③ 专业工作队数大于施工过程数,即有的施工过程只成立一个专业工作队,而对于流水节拍大的施工过程,可按其倍数增加相应专业工作队数目;

④ 各个专业工作队在施工段上能够连续作业,施工段之间没有空闲时间。

(3)无节奏流水施工。

无节奏流水施工是指在组织流水施工时,全部或部分施工过程在各个施工段上的流水节拍不相等的流水施工,是流水施工中最常见的一种。无节奏流水施工的特点如下:

① 各施工过程在各施工段的流水节拍不全相等;

② 相邻施工过程的流水步距不尽相等;

③ 专业工作队数等于施工过程数;

④ 各专业工作队能够在施工段上连续作业,但有的施工段之间可能有空闲时间。

3)网络计划技术

(1)网络计划的分类。按照现行国家标准《工程网络计划技术规程》(JGJ/T 121—

2015),我国常用的工程网络计划类型包括:双代号网络计划、双代号时标网络计划、单代号网络计划、单代号搭接网络计划。

双代号时标网络计划兼有网络计划与横道计划的优点,它能够清楚地将网络计划的时间参数直观地表达出来,随着计算机应用技术的发展成熟,目前已成为应用最为广泛的一种网络计划。

(2) 网络计划时差、关键工作与关键线路。时差可分为总时差和自由时差两种:工作总时差,是指在不影响总工期的前提下,本工作可以利用的机动时间;工作自由时差,是指在不影响其所有紧后工作最早开始的前提下,本工作可以利用的机动时间。

(3) 确定关键工作和关键线路。在网络计划中,总时差最小的工作为关键工作。特别地,当网络计划的计划工期等于计算工期时,总时差为零的工作就是关键工作。找出关键工作之后,将这些关键工作首尾相连,便构成从起点节点到终点节点的通路,位于该通路上各项工作的持续时间总和最大,这条通路就是关键线路。在关键线路上可能有虚工作存在。

关键线路一般用粗箭线或双线箭线标出。在关键线路法中,关键线路上各项工作的持续时间总和应等于网络计划的计算工期,这一特点也是判别关键线路是否正确的准则。

【例 1.5.1】某工程双代号网络计划图六时标注法如下图 1.5.1。

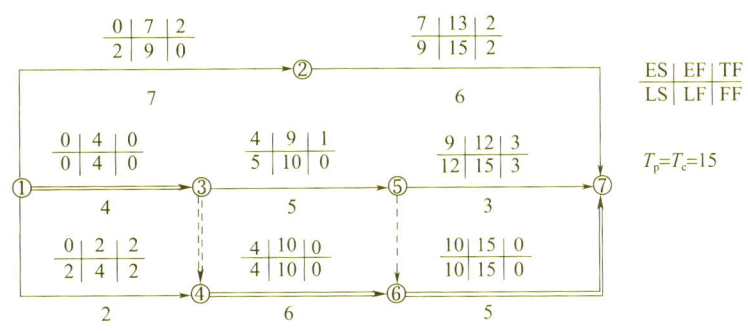

图 1.5.1 双代号网络计划图

(4) 前锋线比较法。在工程网络计划执行过程中,常用前锋线比较法作为的进度比较方法。前锋线比较法是通过绘制某检查时刻工程项目实际进度前锋线,进行工程实际进度与计划进度比较的方法,它主要适用于时标网络计划。所谓前锋线,是指在原时标网络计划上,从检查时刻的时标点出发,用点画线依次将各项工作实际进展位置点连接而成的折线。前锋线比较法就是通过实际进度前锋线与原进度计划中各工作箭线交点的位置来判断工作实际进度与计划进度的偏差,进而判定该偏差对后续工作及总工期影响程度的一种方法。

【例 1.5.2】某工程项目时标网络计划如图 1.5.2 所示。该计划执行到第 6 周末检查实际进度时,发现工作 A 和 B 已经全部完成,工作 D、E 分别完成计划任务量的 20% 和 50%,工作 C 尚需 3 周完成,试用前锋线法进行实际进度与计划进度的比较。

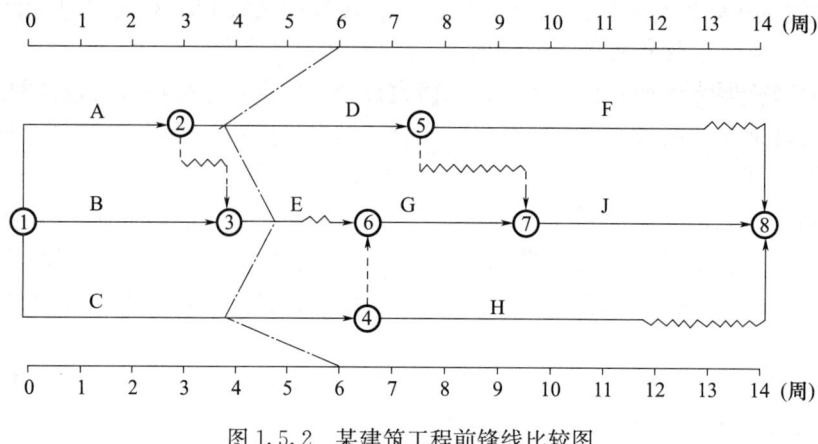

图 1.5.2 某建筑工程前锋线比较图

【解】根据第6周末实际进度的检查结果绘制前锋线，如图 1.5.2 中点画线所示。通过比较可以看出：

（1）工作 D 实际进度拖后2周，将使其后续工作 F 的最早开始时间推迟2周，并使总工期延长1周；

（2）工作 E 实际进度拖后1周，既不影响总工期，也不影响其后续工作的正常进行；

（3）工作 C 实际进度拖后2周，将使其后续工作 G、H、J 的最早开始时间推迟2周。由于工作 G、J 开始时间的推迟，从而使总工期延长2周。

综上所述，如果不采取措施加快进度，该工程项目总工期将延长2周。

**（四）施工准备工作计划**

总体施工准备应包括技术准备、现场准备和资金准备等，且技术准备、现场准备和资金准备应满足项目分阶段（期）施工的需要。

（1）技术准备应包括施工所需技术资料的准备、施工方案编制计划、试验检验及设备调试工作计划、样板制作计划等；

① 主要分部（分项）工程和专项工程在施工前应单独编制施工方案，施工方案可根据工程进展情况，分阶段编制完成；对需要编制的主要施工方案应制定编制计划；

② 试验检验及设备调试工作计划应根据现行规范、标准中的有关要求及工程规模、进度等实际情况制定；

③ 样板制作计划应根据施工合同或招标文件的要求并结合工程特点制订。

（2）现场准备应根据现场施工条件和工程实际需要，准备生产、生活等临时设施。

（3）资金准备应根据施工进度计划编制资金使用计划。

**（五）各项资源需要量计划**

（1）主要资源配置计划应包括劳动力配置计划和物资配置计划等。

（2）劳动力配置计划应包括下列内容：

① 确定各施工阶段（期）的总用工量。

② 根据施工总进度计划确定各施工阶段（期）的劳动力配置计划。

(3) 物资配置计划应包括下列内容：

① 根据施工总进度计划确定主要工程材料和设备的配置计划。

② 根据总体施工部署和施工总进度计划确定主要周转材料和施工机具的配置计划。

**（六）施工平面图设计**

(1) 施工平面图的目的是未来解决施工平面和空间安排的问题，即把投入的各种资源（如材料、构件、机械、运输等）和生产、生活所需的临建设施和场地，以最佳的方案布置在施工现场，以保证整个现场能有组织、有秩序、有计划地文明施工。

(2) 施工现场平面布置图应包括以下内容：

① 工程施工场地状况；

② 拟建建（构）筑物的位置、轮廓尺寸、层数等；

③ 工程施工现场的加工设施、存储设施、办公和生活用房等的位置和面积；

④ 布置在工程施工现场的垂直运输设施、供电设施、供水供热设施、排水排污设施和临时施工道路等；

⑤ 施工现场必备的安全、消防、保卫和环境保护等设施；

⑥ 相邻的地上、地下既有建（构）筑物及相关环境。

**（七）主要施工管理计划**

施工组织设计的主要施工管理计划应包括进度管理计划、质量管理计划、安全管理计划、环境管理计划、成本管理计划以及其他管理计划等内容。各项管理计划的制订应根据项目的特点有所侧重。

1. 进度管理计划

(1) 项目施工进度管理应按照项目施工的技术规律和合理的施工顺序，保证各工序在时间上和空间上的顺利衔接。

(2) 进度管理计划应包括以下内容：

① 对项目施工进度计划进行逐级分解，通过阶段性目标的实现保证最终工期目标的完成。

② 建立施工进度管理的组织机构并明确职责，制定相应管理制度。

③ 针对不同施工阶段的特点制定进度管理的相应措施，包括施工组织措施、技术措施和合同措施等。

④ 建立施工进度动态管理机制，及时纠正施工过程中的进度偏差，并制订特殊情况下的赶工措施。

⑤ 根据项目周边环境特点，制订相应的协调措施，减少外部因素对施工进度的影响。

2. 质量管理计划

(1) 质量管理计划可参照现行国家标准《质量管理体系要求》（GB/T 19001—2016），在施工单位质量管理体系的框架内编制。

(2) 质量管理计划应包括下列内容：

① 按照项目具体要求确定质量目标并进行目标分解，质量指标应具有可测量性。

② 建立项目质量管理的组织机构并明确职责。

③ 制订符合项目特点的技术保障和资源保障措施，通过可靠的预防控制措施，保证质量目标的实现。

④ 建立质量过程检查制度，并对质量事故的处理做出相应规定。

3. 安全管理计划

（1）安全管理计划可参照现行国家标准《职业健康安全管理体系 要求及使用指南》（GB/T 45001—2020），在施工单位安全管理体系的框架内编制。

（2）安全管理计划应包括下列内容：

① 确定项目重要危险源，制定项目职业健康安全管理目标。

② 建立有管理层次的项目安全管理组织机构并明确职责。

③ 根据项目特点，进行职业健康安全方面的资源配置。

④ 建立有针对性的安全生产管理制度和职工安全教育培训制度。

⑤ 针对项目重要危险源，制订相应的安全技术措施；对达到一定规模的危险性较大分部（分项）工程和特殊工种的作业应制订专项安全技术措施的编制计划。

⑥ 根据季节、气候的变化制订相应的季节性安全施工措施。

⑦ 建立现场安全检查制度，并对安全事故的处理做出相应规定。

（3）现场安全管理应符合国家和地方政府部门的要求。

4. 环境管理计划

（1）环境管理计划可参照《环境管理体系 要求及使用指南》（GB/T 24001—2016），在施工单位环境管理体系的框架内编制。

（2）环境管理计划应包括下列内容：

① 确定项目重要环境因素，制定项目环境管理目标。

② 建立项目环境管理的组织机构并明确职责。

③ 根据项目特点进行环境保护方面的资源配置。

④ 制订现场环境保护的控制措施。

⑤ 建立现场环境检查制度，并就环境事故的处理做出相应的规定。

（3）现场环境管理应符合国家和地方政府部门的要求。

5. 成本管理计划

（1）成本管理计划应以项目施工预算和施工进度计划为依据编制。

（2）成本管理计划应包括下列内容：

① 根据项目施工预算，制定项目施工成本目标。

② 根据施工进度计划，对项目施工成本目标进行阶段分解。

③ 建立施工成本管理的组织机构并明确职责，制定相应管理制度。

④ 采取合理的技术、组织和合同等措施，控制施工成本。

⑤ 确定科学的成本分析方法，制订必要的纠偏措施和风险控制措施。

（3）必须正确处理成本与进度、质量、安全和环境等之间的关系。

6. 其他管理计划

（1）其他管理计划应包括绿色施工管理计划、防火保安管理计划、合同管理计划、组织协调管理计划、创优质工程管理计划、质量保修管理计划以及对施工现场人力资源、施工机具、材料设备等生产要素的管理计划等。

(2) 其他管理计划可根据项目的特点和复杂程度加以取舍。

(3) 各项管理计划的内容应有目标，有组织机构，有资源配备，有管理制度和技术、组织措施等。

### 三、施工组织设计的编制方法

#### (一) 施工方案

1. 施工部署

一般情况下，施工部署的内容包括确定工程开展程序、拟定主要工程项目的施工方案、明确施工任务的划分与组织安排、编制施工准备工作计划等内容。

1) 确定工程开展程序

确定建设项目中各项工程的合理开展程序是关系整个建设项目能否尽快投产使用的关键。对于一些小型工业与民用建筑或大型建设项目的某一系统，由于工期较短或生产工艺的要求，可采取一次性建成投产。对于一些大中型的工业建设项目，一般要根据建设项目总目标的要求，分期分批建设。在确定工程开展程序时一般考虑如下因素：

(1) 在工期允许的前提下，分期分批建设既可以加快各具体项目的实施并投入使用，又可以在全局上实现施工的连续性和均衡性，减少临时设施和暂设工程数量，降低工程成本。

(2) 统筹考虑各个项目，保证重点、兼顾其他，确保工程项目按期投产。

(3) 严格遵循"先地下，后地上""先主体后围护""先结构后装饰""先土建后设备"的原则安排工程项目。

(4) 施工程序应与各类物资及技术条件供应之间保持平衡，并合理利用这些资源，促进均衡施工。

(5) 施工程序要考虑到自然气候条件的影响，避免在不利施工的季节动工。

(6) 施工程序要考虑安全生产的要求。在安排施工顺序时，力求施工过程的衔接不存在风险因素，防止安全事故的发生。

2) 拟定主要工程项目的施工方案

施工组织设计主要拟定一些主要工程项目的施工方案，与单位工程施工组织设计中的施工组织设计方案所要求的内容和深度不同。这些项目是整个建设项目中工程量大、施工难度大、工期长，对整个建设项目的完成起关键作用的建筑物或构筑物，以及全场范围内工程量大、影响全局的特殊分项工程。拟定主要工程项目施工方案的目的是进行技术和资源的准备工作，同时也是为了施工顺利进行和现场的合理布局。它的内容包括施工方法、施工工艺流程、施工机械设备等。

3) 明确施工任务的划分与组织安排

在明确施工项目管理体制、机构的条件下，划分参与建设的各施工单位的施工任务，明确总包单位与分包单位的关系，建立施工现场统一的组织领导机构及职能部门，确定综合的和专业化的施工组织，明确各施工单位之间的分工与协作关系，划分施工阶段，确定各施工单位分期分批的主导施工项目和穿插施工项目。

4) 编制施工准备工作计划

施工准备工作是顺利完成项目建设任务的一个重要阶段，其作用是为整个建设项目的顺利施工创造条件。根据施工开展的顺序和主要工程项目的方案，编制施工项目全场性的施工准备工作计划，其主要内容包括：

(1) 做好土地征用、居民拆迁和现场障碍的拆除工作；

(2) 根据建筑物总平面图的要求，做好全场性控制网的测量；

(3) 做好现场"三通一平"工作，安排好场地平整和全场性排水、防洪工作；

(4) 安排好生产和生活基地建设，包括混凝土搅拌站预制构件厂、钢筋加工厂、机修厂等；

(5) 安排建筑材料、成品、半成品的货源和运输、储存方式；

(6) 编制新结构、新工艺、新技术、新材料等的试制及实验工作；

(7) 做好工人岗前技术培训工作及冬雨期施工的准备工作。

2. 单位工程施工方案

施工方案是单位工程施工组织设计的核心。

1) 确定施工流向

确定施工流向（流水方向）主要解决施工项目在平面上、空间上的施工顺序，是指导现场施工的主要环节。不同的施工流向可产生不同的质量、进度和成本效果，是组织施工很重要的一个环节，为此在确定施工流向时，应着重考虑以下问题：

(1) 建设单位生产和使用的要求。先投产、先试用，先施工、先交工，这样可以发挥基本建设投资的效果。

(2) 平面上各部分施工的繁简程度。一般来说，技术复杂、工期较长的部位应先施工。

(3) 施工技术与组织上的要求。

2) 确定施工顺序

施工顺序是指单位工程中各分项工程或工序之间进行施工的先后次序。确定各施工过程的施工顺序，必须符合由结构构造确定的工艺顺序，还应与所选用的施工方法和施工机械协调一致，同时还要考虑施工组织、施工质量、安全技术的要求，以及当地气候条件等因素。它主要解决各工序在时间上的衔接与搭接问题，以充分利用空间、争取时间、缩短工期为主要目的。

3) 流水段的划分

流水段的划分，必须满足施工顺序、施工方法和流水施工条件的要求。

4) 确定施工方法

施工方法是针对拟建工程的主要分部分项工程而言的，其内容应简明扼要，重点突出。凡新技术、新工艺和对拟建工程起关键作用的项目，以及工人在操作上还不够熟练的项目，应详细而具体地拟定该项目的操作过程和方法、质量要求和保证质量的技术安全措施、可能发生的问题和预防措施等。凡常规做法和工人熟练项目，不必详细拟定，只要对这些项目提出拟建工程中的些特殊要求就行了。

5) 施工机械的选择

从施工组织的角度选择机械时，应着重注意以下几个方面：

(1) 选择施工机械时，应首先根据工程特点选择适宜的主导施工机械，各种辅助机械应与直接配套的主导机械的生产能力协调一致。

(2) 在同一工地上,应力求建筑机械的种类和型号少一些,以利于机械管理。

(3) 施工方法的技术先进性和经济合理性兼顾的原则,尽量利用施工单位现有机械。

(4) 施工机械的适用性与多用性兼顾的原则。

(5) 符合工期、质量与安全的要求。

6) 施工方案的技术经济分析

施工方案的技术经济分析常用的方法有定性分析和定量分析两种。

(1) 定性分析。

施工方案的定性技术经济分析评价是结合施工实际经验,对若干施工方案的优缺点进行分析比较,如技术上是否可行、施工复杂程度和安全可靠性如何、劳动力和机械设备能否满足需要、是否能充分发挥现有机械的作用、保证质量的措施是否完善可靠、方案是否能为后续工序提供有利条件、施工组织是否合理、是否能体现文明施工等。

(2) 定量分析。

定量分析是通过计算各方案的几个主要技术经济指标,进行综合比较分析,从中选择技术经济最优的方案。常用以下几个指标:

① 工期指标。当要求工程尽快完成以便尽早投入生产或使用时,选择施工方案就要在确保工程质量、安全和成本较低的条件下,优先考虑缩短工期的方案。

② 劳动量消耗指标。它能反映施工机械化程度和劳动生产率水平。通常在方案中劳动消耗越小,则机械化程度和劳动生产率越高。劳动量消耗以工日数计算。

③ 主要材料消耗指标。它反映了各个施工方案的主要材料节约情况。

④ 成本指标。它反映了施工方案的成本高低。一般需计算完成方案需发生的直接费和间接费。成本指标 $C$ 可由下式计算。

$$C = 直接费 \times (1 + 综合费率)$$

式中 $C$ 为某施工方案完成施工任务所需要的成本。直接费为直接工程费与措施费之和。综合费率按各地区有关文件规定执行。

⑤ 经济指标。拟定的施工方案需要增加新的投资时,如购买(或租赁)新的施工机械或设备,则需要用净现值法或净年值法等经济指标进行多方案比选。

3. 分部(分项)工程施工方案

分部(分项)工程施工方法是以某些施工难度大或施工技术复杂的大型设备安装或大型结构构件吊装为对象编制的专门的、更为详细的专业工程施工组织设计文件,是用以指导单位工程中复杂的分部(分项)工程或处于特殊条件下施工的分部(分项)工程的技术措施,用以解决土建施工中的重大技术问题。分部工程施工组织设计突出作业性。

**(二) 施工平面布置**

1. 施工总平面图设计

施工总平面图是拟建工程项目施工现场的总体平面布置图,用以表示全工地在施工期间所需各项设施和永久性建筑物之间的合理布局关系。它是施工部署在施工空间上的反映,对指导现场进行有组织、有计划的文明施工,节约施工用地,减少场内运输,避免相互干扰,降低工程费用具有重大意义。施工总平面图设计是按照施工部署、施工方案和施工总进度计划的要求,对拟建建筑物、临时性生产和生活设施、临时水电管线、交通运输道路等,在施工现场进行合理、周密的规划和布置,并用图纸的形式将其表达出来。

1) 施工总平面图设计原则

(1) 在保证施工现场各项施工过程顺利进行的前提下,平面布置科学合理,尽量减少施工用地。

(2) 合理组织运输,减少二次搬运,保证运输畅通。

(3) 合理划分整个施工场区,按各工程项目的开展程序和用地范围,明确划分各工程项目的施工作业区,尽量减少各工程项目和各专业工种之间的相互干扰。

(4) 尽量利用永久性建筑物、构筑物或现有设施为施工服务,降低施工设施建造费用,尽量采用装配式施工设施,提高其安装速度。

(5) 临时设施应方便生产和生活,办公区、生活区和生产区宜分离设置。

(6) 符合节能、环保、安全和消防等要求。

(7) 遵守当地主管部门和建设单位关于施工现场安全文明施工的相关规定。

2) 施工总平面图设计依据

(1) 工程设计文件,如建设项目的总平面图、区域规划图、地形图、竖向设计图建设项目范围内部相关的已有和拟建的各种地上、地下设施和管线位置等。

(2) 建设项目的施工部署、主要建筑物的施工方案和施工总进度计划等技术资料。

(3) 建设地区及相邻地区的自然条件、技术经济条件和社会环境调查报告等。

(4) 资源配置情况,各种建筑材料及预制加工品需要量计划,劳动力需要量计划,主要机具、设备需要量计划等,以及各种资源的供应情况与运输方式,以便规划场地内部的仓储场地和运输路线。

(5) 各种生产生活用临时设施一览表,以便规划各种加工厂、仓库及其他临时设施的设置位置、数量和外轮廓尺寸。

(6) 建设项目施工征地的范围,水、电、暖、气、通信等接入位置和容量等情况,建设项目的安全施工及防火等标准和相应的经济技术措施等。

(7) 施工总平面图的绘制应该符合国家相关标准要求,并附必要说明。

3) 施工总平面图设计内容

(1) 项目施工用地范围内的地形状况。

(2) 全部拟建的建(构)筑物和其他基础设施的位置。

(3) 一切为全工地施工服务的临时设施的位置,包括:

① 施工用地范围的加工设施、运输设施。

② 加工厂、设备站及有关机械的位置。

③ 各种建筑材料、半成品、构件的仓库和工艺路线的布置。

④ 生产工艺设备的堆场、取弃土方位置。

⑤ 行政管理房、宿舍、文化生活福利设施等的位置。

⑥ 施工用地范围的供电设施、供水供热设施、排水排污设施等。

⑦ 机械站、车库位置。

(4) 施工现场必备的安全、消防、保卫和环境保护等设施。

(5) 相邻的地上、地下既有建（构）筑物的及相关环境。

(6) 永久性测量放线标桩位置，各种机械设备的设置和工作范围，工艺路线的布置。

(7) 施工总平面图应该随着工程的进展，不断地进行修正和调整，以适应不同时期的需要。

4) 施工总平面图设计步骤

(1) 现场勘察、搜集并分析资料。

在现场勘察的基础上，熟悉图纸、施工方案、施工进度计划的要求，以及现场四周的地形、地物、水、电资源，原有道路情况，确定施工现场范围、绘图比例，给出已有和拟建建筑物、构筑物及设施位置。

(2) 确定运输方式，场外交通的引入。

场外道路引入是指将建设地区的交通运输方式或交通主干线引至施工场区的入口处，在进行施工总平面图设计时，首先应从研究大批材料、成品、半成品机械、设备等进入工地的运输方式看手，考虑其进入工地的方式。

(3) 确定机械站、仓库、车库、堆场的位置。

机械站、仓库、车库、堆场的位置通常考虑设置在运输方便位置适中、运距较短且平坦、宽敞、安全防火的地方，并应区别不同材料、设备和运输方式来设置。

(4) 确定设备拼装场地。

(5) 确定临时行政、生活福利设施的位置。

对于各种生活与行政管理用房，应尽量利用建设单位提供的生活基地或现场附近的其他永久性建筑，不足部分另行修建临时性建筑物。对于工地附近社会能够提供相应服务的，如学校、托儿所、招待所等，可不设此类用房。临时性建筑物的设计应遵循经济、适用、装拆方便的原则，并根据当地的气候条件、工期长短确定其建筑结构形式。

(6) 确定临时水、电线路及其他动力线路位置。

工地临时供水的布置应尽量利用和连接永久性给水系统。当有可以利用的水源时，可以将水从场外直接接入工地；当无可利用的水源时，可以设置地表水或地下水采集储存设施。临时水池、水塔应设置在地势较高处。工地给排水系统沿主要干道布置，可明铺或暗铺，由于暗铺不影响地面上的交通运输及施工作业，一般较常用。

(7) 确定防火及安全设施位置。

消防站一般应设置在交通畅通、距易燃材料和建筑物较近的地方，并须有通畅的出口和消防车通道。

(8) 计算主要技术经济指标。

(9) 绘制施工总平面图。

将以上各设计步骤及要点认真分析，多方案比选，综合研究，首先定出施工总平面图的草图，再经过不断调整和优化定出最佳布置方案，即可以按照正式图纸要求绘图。

2. 单位工程施工平面图设计

单位工程施工平面图设计是对建筑物或构筑物施工现场的平面规划，是施工方案在施工现场空间上的体现，他反映了已建工程和拟建工程之间，以及各种临时建筑、设施相互之间的空间关系。施工现场的合理布置和科学管理是文明施工的前提，同时，对加快施工速度、降低施工成本、提高工程质量和保证施工安全有极其重要的意义。因此，每个工程在施工之前都要进行现场布置和规划，在施工组织设计中，均要进行施工平面图设计。

1) 施工平面图设计的主要内容

单位工程施工平面图的比例尺一般采用1：500～1：200，图上内容一般有：

(1) 建筑平面图上已建和拟建的地上及地下一切建筑物、构筑物和管线。

(2) 各种设备、材料、构件的仓库、堆放场和现场的焊接或组装地。

(3) 起重机轨道和开行路线以及垂直运输设施的位置。

(4) 材料、加工半成品、构件和机具堆场。

(5) 生产、生活用的临时设施，并附一览表。一览表中应分别列出临时设施的名称、规格和数量。

(6) 场内外交通布置。

(7) 施工现场周围的环境。

(8) 安全、防火、文明施工措施。

2) 施工平面图的设计依据

(1) 原始设计资料，包括建筑总平面图、地形地貌图、区域规划图以及建筑项目范围内一切已有和拟建的各种设施位置。

(2) 建设地区的自然条件和技术经济条件。

(3) 建设项目的建筑概况、施工方案、施工进度计划，以便了解施工阶段情况，合理规划施工场地。

(4) 各种建筑材料构件、加工品、施工机械和运输工具需要量一览表。

(5) 各构件加工厂规模、仓库及其他临时设施的数量和轮廓尺寸。

3) 施工现场平面图在布置时应当遵循以下原则

(1) 在保证施工顺利进行的前提下，施工平面布置应紧凑合理，尽量减少施工用地。

(2) 尽可能利用已有建筑物和构筑物，降低临时建筑物和设施的建造费用。

(3) 尽量采用装配式施工设施，减少搬迁费用和损失，提高施工设施安拆速度。

(4) 保证现场运输道路合理、通畅，道路的设置要满足消防要求。

(5) 各种施工设施、堆场、加工厂等的布置应便于施工活动，且满足安全、消防、环境保护等的要求。

4) 施工平面图设计的步骤

(1) 搜集原始资料，熟悉设计图纸、施工方案和进度计划的要求，并绘出施工现场已建和拟建的房屋、构筑物、设备及管线基础和其他设施的位置。

(2) 绘出主要施工机械的位置。如起重机械、外用施工电梯、混凝土泵和泵车等。

(3) 绘出构配件、材料仓库、堆场和设备组装场地的位置。所有位置应尽量靠近使用地点或在塔式起重机的服务范围之内，并应考虑到运输和装卸的方便。

(4) 布置运输道路。

(5) 布置行政、生活及福利用临时设施。临时设施分为生产性临时设施（如木工棚、钢筋加工棚、水泵房等）和非生产性临时设施（如办公室、工人休息室、开水房、食堂、厕所等），布置时应以使用方便、有利施工、合并搭建，符合安全为原则。

（6）布置水电等管线位置。施工平面图的内容应根据工程特点、工期长短、现场情况等确定。因为建筑施工是一个复杂多变的生产过程，各种施工机械、材料、构件等是随着过程的进展而逐渐进场的，而且是逐渐变动、消耗的。因此，工程进展中，工地上的实际布置情况是随时在改变着，如基础施工、主体施工、装饰施工等各个阶段在施工平面图上是经常变化的。一般对中小型工程只需绘制出主体施工阶段的平面布置图即可；而对工期较长或受场地限制的大中型工程，则应分阶段绘制施工平面图。在布置各阶段的施工平面图时，对整个施工期间使用的一些主要道路、水电管线、垂直运输机械和临时房屋等，不要轻易变动，以节省费用。

**（三）施工组织设计的实施**

1. 施工组织设计的审核及批准

（1）施工组织设计实施前应严格执行编制、审核、审批程序。没有批准的施工组织设计不得实施。

（2）施工组织设计编制，应坚持"谁负责实施，谁组织编制"的原则。

① 对于规模大、工艺复杂的工程、群体工程或分期出图的工程，可分阶段编制和报批。

② 施工组织总设计由施工总承包单位组织编制。当工程未实行施工总承包时，施工组织总设计应由建设单位负责组织各施工单位编制，单位工程或专项工程施工组织设计由施工单位组织编制。

（3）施工组织设计编制、审核和审批。

① 施工组织总设计应由总承包单位技术负责人审批后，向监理报批。单位工程施工组织设计应由施工单位技术负责人或技术负责人授权的技术人员审批；重点、难点分部（分项）工程施工方案应由施工单位技术部门组织相关专家评审，施工单位技术负责人批准；施工单位完成内部编制、审核、审批程序后，报总承包单位审核、审批；然后由总承包单位项目经理或其授权人签章后，向监理报批。

② 工程未实行施工总承包的，施工单位完成内部编制、审核、审批程序后，由施工单位项目经理或其授权人签章后，向监理报批。

③ 有些分部（分项）工程或专项工程如主体结构为钢结构的大型建筑工程，其钢结构分部规模很大且在整个工程中占有重要的地位，需另行分包，遇有这种情况的分部（分项）工程或专项工程，其施工方案应按施工组织设计进行编制和审批。

2. 施工组织设计交底

单位工程施工组织设计经项目监理机构审核确认，即成为指导施工项目各项施工实践活动的技术经济文件，必须严肃对待，认真执行。在实施项目开工之前，要召开生产、技术会议，逐级进行交底，详细地讲解单位工程施工组织设计的内容、要求、施工环节和保证措施，使各级技术管理人员全面掌握单位工程施工组织设计，保证单位工程施工组织设计贯彻执行。

3. 施工方案交底

（1）工程施工前，施工方案的编制人员应向施工做业人员作施工方案的技术交底。除分项、专项工程的施工方案需进行技术交底外，涉及新产品、新材料、新技术、新工艺（即"四新"技术）以及特殊环境、特种作业等也必须向施工作业人员交底。

(2) 交底内容为该工程的施工程序和顺序、施工工艺、操作方法、要领、质量控制、安全措施等。

4. 施工组织设计的执行

(1) 施工组织设计一经批准，施工单位和工程相关单位应认真贯彻执行，未经审批不得修改。施工组织设计的修改或补充涉及原则的重大变更，须履行原审批手续。原则的重大变更包括：工程设计有重大修改；有关法律、法规、规范和标准实施、修订和废止；主要施工方法有重大调整；主要施工资源配置有重大调整；施工环境有重大改变等。

(2) 工程施工前，应进行施工组织设计逐级交底，使相关管理人员和施工人员了解和掌握相关部分的内容和要求。施工组织设计交底是施工现场项目施工各级技术交底的主要内容之一，保证施工组织设计得以有效地贯彻实施。

(3) 组织有关人员在施工过程中做好记录，积累资料，工程结束后及时做出总结。各级生产及技术负责人都要督促、检查施工组织设计的贯彻执行，分析执行情况、适时调整。

5. 施工组织设计的动态管理

(1) 项目施工过程中，发生以下情况之一时，施工组织设计应及时进行修改或补充。

① 工程设计有重大修改。当工程设计图纸发生重大修改时，如地基基础或主体结构的形式发生变化、装修材料或做法发生重大变化、机电设备系统发生大的调整等，需要对施工组织设计进行修改；对工程设计图纸的一般性修改，视变化情况对施工组织设计进行补充；对工程设计图纸的细微修改或更正，施工组织设计则不需调整。

② 有关法律、法规、规范和标准实施、修订和废止。当有关法律、法规、规范和标准开始实施或发生变更，并涉及工程的实施、检查或验收时，施工组织设计需要进行修改或补充。

③ 主要施工方法有重大调整。由于主客观条件的变化，施工方法有重大变更，原来的施工组织设计已不能正确地指导施工，需要对施工组织设计进行修改或补充。

④ 主要施工资源配置有重大调整。当施工资源的配置有重大变更，并且影响到施工方法的变化或对施工进度、质量、安全、环境、造价等造成潜在的重大影响，须对施工组织设计进行修改或补充。

⑤ 施工环境有重大改变。当施工环境发生重大改变，如施工延期造成季节性施工方法变化、施工场地变化造成现场布置和施工方式改变等，致使原来的施工组织设计已不能正确地指导施工，须对施工组织设计进行修改或补充。

(2) 经修改或补充的施工组织设计应重新审批后实施。

(3) 项目施工前应进行施工组织设计逐级交底，项目施工过程中，应对施工组织设计的执行情况进行检查、分析并适时调整。

# 第二章 工程计量

## 第一节 建筑工程识图基本原理与方法

### 一、建筑工程施工图概述

#### (一) 施工图的种类

1) 建筑施工图

建筑施工图主要表达建筑物的外部形状、内部布置、装饰构造、施工要求等。这类基本图有：首页图，建筑总平面图，平面图，立面图，剖面图以及墙身、楼梯、门、窗详图等。

2) 结构施工图

结构施工图主要表达承重结构的构件类型、布置情况以及构造做法等。这类基本图有：基础平面图、基础详图、楼层及屋盖结构平面图、楼梯结构图和各构件（梁、柱、板）的结构详图等。

3) 设备施工图

设备施工图主要表达房屋各专用管线和设备布置及构造等情况。这类基本图有：给水排水、采暖通风、电气照明等设备的平面布置图、系统图和施工详图。

#### (二) 施工图的组成及内容

一套房屋施工图的数量，少则几张、十几张，多则几十张甚至几百张。为方便看图、易于查找，对这些图纸要按一定的顺序进行编排。整套房屋施工图的编排顺序是首页图（包括图纸目录、设计总说明、汇总表等）、建筑施工图、结构施工图、设备施工图。

1) 首页图

首页图是建筑施工图的第一页，它的内容一般包括图纸目录、设计总说明、建筑装修及工程做法、门窗表等。

2) 建筑总平面图

建筑总平面图简称总平面图。建筑总平面图是假设在建设区的上空向下投影所得的水平投影图。总平面图主要表达拟建房屋的位置和朝向，与原有建筑物的关系，周围道路、绿化布置及地形地貌等内容。它可作为拟建房屋定位、施工放线、土方施工以及施工总平面布置的依据，示例见图 2.1.1。

3) 建筑施工图

(1) 建筑平面图。

建筑平面图主要反映房屋的平面形状、大小和房间布置，墙（或柱）的位置、厚度和材料，门窗的位置、开启方向等。可作为施工放线，砌筑墙、柱，门窗安装和室内装修及编制预算的重要依据。

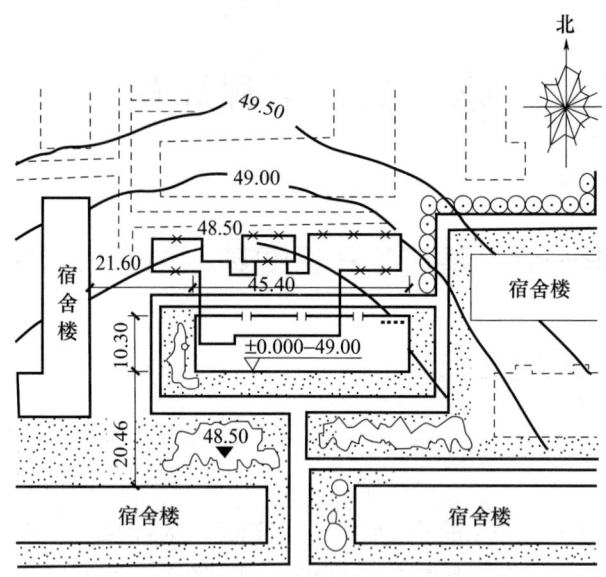

图 2.1.1 某宿舍楼建筑总平面示意图

（2）建筑立面图。

以平行于房屋外墙面的投影面，用正投影的原理绘制出的房屋投影图，称为立面图。建筑立面图主要反映房屋的体型和外貌、门窗的形式和位置、墙面的材料和装修做法等，是施工的重要依据。示例见图2.1.2。

图 2.1.2 建筑立面示意图

(3) 剖面图。

假想用一个或多个垂直于外墙轴线的铅垂剖切平面将房屋剖开，移去靠近观察者的部分，对留下部分所作的正投影图称为建筑剖面图。建筑剖面图是整幢建筑物的垂直剖面图。剖面图的图名应与底层平面图上标注的剖切符号编号一致，如Ⅰ—Ⅰ剖面图、Ⅱ—Ⅱ剖面图、A—A剖面图等。建筑剖面图主要用来表达房屋内部垂直方向的高度、楼层分层情况及简要的结构形式和构造方式。它与建筑平面图、立面图相配合，是建筑施工中不可缺少的重要图样之一。示例见图 2.1.3。

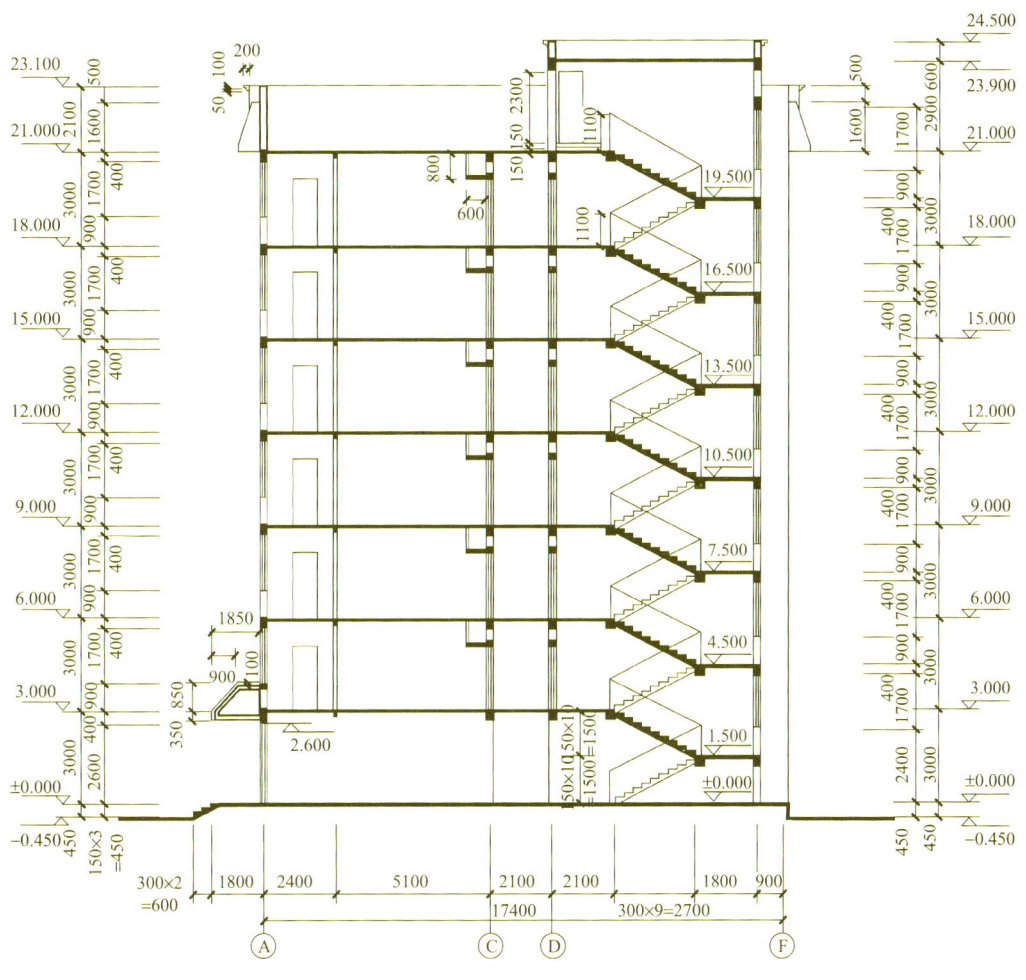

图 2.1.3 剖面图

(4) 细部详图。

由于画平面图、立面图、剖面图时所用的比例较小，房屋上许多细部的构造无法表示清楚，为了满足施工的需要，必须分别将这些部位的形状、尺寸、材料、做法等用较大的比例详细画出图样，这种图样称为建筑详图，简称详图。建筑详图一是比例大，二是图示内容详尽清楚，三是尺寸标注齐全、文字说明详尽。所以它是建筑细部的施工图，是对建筑平面图、立面图、剖面图等基本图样的深化和补充，是建筑工程细部施工、建筑构配件制作及编制预算的依据。

建筑详图可分为节点构造详图和构配件详图两类。凡表达房屋某一局部构造做法和材料组成的详图称为节点构造详图（如檐口、窗台、勒脚、明沟等）；凡表明构配件本身构造的详图，称为构件详图或配件详图（如门、窗、楼梯、花格、雨水管等）。

一幢房屋施工图通常需绘制以下几种详图：外墙剖面详图、楼梯详图、门窗详图及室内外一些构配件的详图，如室外的台阶、花池、散水、明沟、阳台等，室内的厕所、盥洗间、壁柜、搁板等。

4）结构施工图

(1) 结构设计说明。

包括工程结构设计的主要依据；设计标高所对应的绝对标高值；建筑结构的安全等级和设计使用年限；建筑场地的地震基本烈度、场地类别、地基土的液化等级、建筑抗震设防类别、抗震设防烈度和混凝土结构的抗震等级；所选用结构材料的品种、规格、型号、性能、强度等级、受力钢筋保护层厚度、钢筋的锚固长度、搭接长度及接长方法；所采用的通用做法的标准图图集；施工应遵循的施工规范和注意事项。

(2) 结构平面布置图。

基础平面图、采用桩基础时还应包括桩位平面图、工业建筑还包括设备基础布置图；楼层结构平面布置图，工业建筑还包括柱网、吊车梁、柱间支撑、连系梁布置等；屋顶结构布置图，工业建筑还应包括屋面板、天沟板、屋架、天窗架及支撑系统布置等。

(3) 结构构件详图。

梁、板、柱及基础结构详图；楼梯、电梯结构详图；屋架结构详图；其他结构详图，如支撑、预埋件、连接件等的详图。

5）设备施工图

主要表达建筑物的给排水、暖气通风、供电照明等设备的布置和施工要求的图件。设备施工图主要分为三类：

(1) 给排水施工图。表示给排水管道的平面布置和空间走向、管道及附件做法和加工安装要求的图件，包括管道平面布置图、管道系统图、管道安装详图和图例及施工说明。

(2) 采暖通风施工图。主要表示管道平面布置和构造安装要求的图件，包括管道平面布置图、管道系统图、管道安装详图和图例及施工说明。

(3) 电气施工图。主要表示电气线路走向和安装要求的图件，包括线路平面布置图、线路系统图、线路安装详图和图例及施工说明。

## 二、施工图的识图方法

### (一) 施工图识图基本常识

1. 房屋施工图的特点

1）按正投影原理绘制

房屋施工图一般按三面正投影图的形成原理绘制。通常在水平投影面上绘制建筑平面图，在正立投影面上绘制建筑立面图，在侧立投影面上绘制建筑剖面图或侧立面图。在同一张图纸上绘制时，要符合正投影的特征和相互间的投影对应关系。

2）绘制房屋施工图采用的比例

房屋施工图一般采用缩小的比例绘制，同一图纸上的图形最好采用相同的比例。绘制构件或局部构造详图时，允许采用与基本图不同的比例，但在图样下方图名的右侧应注明比例大小，以便对照阅读。

3）房屋施工图图例符号应严格按照国家标准绘制

由于房屋建筑是由多种建筑材料和繁多的构配件组成，为了作图简便，方便识图，相关部门制定了《房屋建筑制图统一标准》《建筑制图标准》等多种标准，在这些标准中规定了一系列图例符号以表示建筑材料、建筑构配件等。

2. 定位轴线及编号

房屋施工图中的定位轴线是设计和施工中定位、放线的重要依据。凡承重的墙、柱、梁、屋架等构件，都要画出定位轴线并对轴线进行编号，以确定其位置。对于非承重的分隔墙、次要构件等，有时用附加轴线（分轴线）表示其位置，也可注明它们与附近轴线的相关尺寸以确定其位置。

3. 索引符号和详图符号

索引符号由直径为 8~10mm 的圆和其水平直径组成，圆及其水平直径均应以细实线绘制。当索引出的详图与被索引的图（基本图）在同一张图纸内时，在上半圆中用阿拉伯数字注出该详图的编号，在下半圆中间画一段水平细实线；当索引出的详图与被索引的图不在同一张图纸内时，则在下半圆中用阿拉伯数字注出该详图所在图纸的编号；当索引出的详图采用标准图时，在圆的水平直径的延长线上加注标准图册的编号。

详图符号用粗实线圆圈表示，直径为 14mm。当详图与被索引的图样在同一张图纸内时，圆内用阿拉伯数字注明详图的编号；当详图与被索引的图样不在同一张图纸内时，可用细实线在详图符号内画一水平直径，上半圆内注明详图的编号，下半圆中注明被索引的图样所在的图纸编号。

4. 标高

（1）标高符号应以直角等腰三角形表示，按图 2.1.4 所示形式用细实线绘制；当标注位置不够，也可按图 2.1.4（a）、(b) 所示形式绘制。标高符号的具体画法应符合图 2.1.4（c）、(d) 的规定。

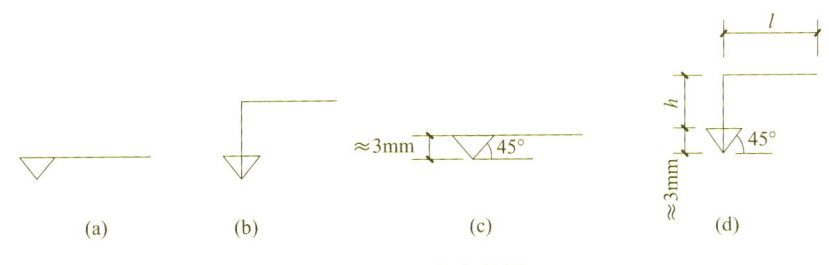

图 2.1.4 标高符号

（2）总平面图室外地坪标高符号宜用涂黑的三角形表示。

（3）标高符号的尖端应指至被注高度的位置。尖端宜向下，也可向上。标高数字应注写在标高符号的上侧或下侧，如图 2.1.5 所示。

（4）标高数字应以 m 为单位，注写到小数点以后第三位。在总平面图中，可注写到小数点以后第二位。

（5）零点标高应注写成±0.000，正数标高不注"＋"，负数标高应注"－"，例如 3.000、－0.600。

（6）在图样的同一位置需表示几个不同标高时，标高数字可按图 2.1.6 所示的形式注写。

图 2.1.5　标高的指向　　　　图 2.1.6　同一位置注写多个标高数字

5. 引出线

对图样中某些部位由于图形比例较小，其具体内容或要求无法标注时，常用引出线注出文字说明或详图索引符号。

（1）引出线用细实线绘制，并宜与水平方向成 30°、45°、60°、90°的直线或经过上述角度再折为水平的折线，文字说明宜注写在水平线的上方或端部。索引详图的引出线应对准索引符号的圆心。同时引出几个相同部分的引出线，宜相互平行，如图 2.1.7 (a)、(c) 所示，也可画成集中于一点的放射线，如图 2.1.7 (b) 所示。

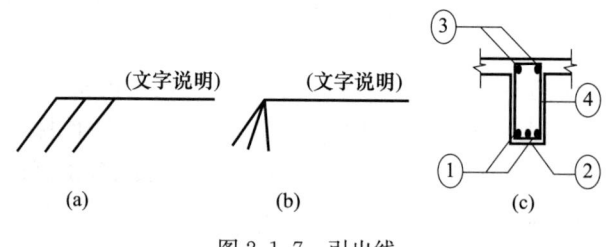

图 2.1.7　引出线

（2）房屋建筑中，有些部位是由多层材料或多层做法构成的，如屋面、地面、楼面以及墙体等。为了对多层构造部位加以说明，可以用引出线表示。引出线必须通过需引的各层，其文字说明编排次序应与构造层次保持一致（即垂直引出时，由上而下注写；水平引出时，从左到右注写），并注写在引出横线的上方或一侧，如图 2.1.8 所示。

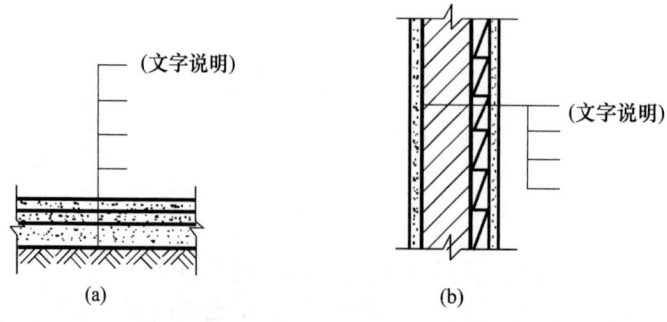

图 2.1.8　多层构造引出线

## （二）施工图识图的步骤和方法

1. 建筑总平面图识图
（1）看图名、比例、图例及有关的文字说明。
（2）了解工程的用地范围、地形地貌和周围环境情况。
（3）了解拟建房屋的平面位置和定位依据。
（4）了解拟建房屋的朝向和主要风向。
（5）了解道路交通及管线布置情况。
（6）了解绿化、美化的要求和布置情况。

2. 建筑平面图识图
（1）了解图名、比例及文字说明。
（2）了解纵横定位轴线及编号。
（3）了解房屋的平面形状和总尺寸。
（4）了解房间的布置、用途及交通联系。
（5）了解门窗的布置、数量及型号。
（6）了解房屋的开间、进深、细部尺寸和室内外标高。
（7）了解房屋细部构造和设备配置等情况。
（8）了解剖切位置及索引符号。

3. 建筑立面图识图
（1）了解图名及比例。
（2）了解立面图与平面图的对应关系。
（3）了解房屋的外貌特征。
（4）了解房屋的竖向标高。
（5）了解房屋外墙面的装修做法。

4. 建筑剖面图识图
（1）了解图名及比例。
（2）了解剖面图与平面图的对应关系。
（3）了解房屋的结构形式。
（4）了解主要标高和尺寸。
（5）了解屋面、楼面、地面的构造层次及做法。
（6）了解屋面的排水方式。
（7）了解索引详图所在的位置及编号。

5. 建筑详图识图
（1）图名（或详图符号）、比例。
（2）表达出构配件各部分的构造连接方法及相对位置关系。
（3）表达出各部位、各细部的详细尺寸。
（4）详细表达构配件或节点所用的各种材料及其规格。
（5）有关施工要求、构造层次及制作方法说明等。

6. 结构图识图
（1）从上往下、从左往右的看图顺序是施工图识读的一般顺序。比较符合看图的习惯，同时也是施工图绘制的先后顺序。

（2）由前往后看，根据房屋的施工先后顺序，从基础、墙柱、楼面到屋面依次看，此顺序基本也是结构施工图编排的先后顺序。

（3）看图时要注意从粗到细，从大到小。先粗看一遍，了解工程的概况、结构方案等。然后看总说明及每一张图纸，熟悉结构平面布置，检查构件布置是否合理正确，有无遗漏，柱网尺寸、构件定位尺寸、楼面标高等是否正确。最后根据结构平面布置图，详细看每一个构件的编号、跨数、截面尺寸、配筋、标高及其节点详图。

（4）图纸中的文字说明是施工图的重要组成部分，应认真仔细逐条阅读，并与图样对照看，便于完整理解图纸。

（5）在整个读图过程中，要把结构施工图与建筑施工图、水暖电施工图结合起来，看有无矛盾的地方，构造上能否施工等。

### 三、混凝土结构平法施工图识图

#### （一）平法施工图基本概念

混凝土结构施工图采用建筑结构施工图平面整体表示方法简称为"平法"。平法是把结构构件的尺寸和配筋等信息，按照平面整体表示方法制图规则，直接表达在各类构件的结构平面布置图上，再与标准构造详图相配合，构成一套完整的结构设计施工图纸。平法改变了传统的将构件从结构平面布置图中索引出来，再逐个绘制配筋详图、画出配筋表的做法。

#### （二）平法施工图集简介

平法标准图集（即G101系列平法图集）是混凝土结构施工图采用建筑结构施工图平面整体设计方法的国家建筑标准设计图集。平法标准图集内容包括两个主要部分：一是平法制图规则，二是标准构造详图。

现行的平法标准图集为22G101系列图集，包括：《混凝土结构施工图平面整体表示方法制图规则和构造详图（现浇混凝土框架、剪力墙、梁、板）》（22G101－1）、《混凝土结构施工图平面整体表示方法制图规则和构造详图（现浇混凝土板式楼梯）》（22G101－2）、《混凝土结构施工图平面整体表示方法制图规则和构造详图（独立基础、条形基础、筏形基础、桩基础）》（22G101－3）。适用于抗震设防烈度为6～9度地区的现浇混凝土结构施工图的设计。

#### （三）主要构件的平法注写方式

根据平法图集的内容，简要介绍现浇混凝土柱、梁、板等构件的平法标注，全部构件的详细注写方式和节点构造请参阅相关图集。

1. 柱平法施工图的注写方式

柱平法施工图有列表注写方式和截面注写方式。列表注写方式系在柱平面布置图上，分别在同一编号的柱中选择一个截面标注几何参数代号，在柱表中注写柱编号、柱段起止标高、几何尺寸、与配筋的具体数值，并配以各种柱截面形状及其箍筋类型图的方式来表达柱平法施工图。

柱编号由柱类型代号和序号组成，柱的类型代号有框架柱（KZ）、转换柱（ZHZ）、芯柱（XZ）。某框架柱列表注写方式见表 2.1.1。

表 2.1.1　某矩形柱列表注写方式示例

| 柱号 | 标高 | $b×h$ (mm×mm) | $b_1$ (mm) | $b_2$ (mm) | $h_1$ (mm) | $h_2$ (mm) | 全部纵筋 | 角筋 | $b$边一侧中筋部 | $h$边一侧中筋部 | 箍筋类型号 | 箍筋 |
|---|---|---|---|---|---|---|---|---|---|---|---|---|
| KZ1 | −0.030～19.470 | 750×700 | 375 | 375 | 150 | 550 | 24⊈25 | | | | 1 (5×4) | φ10@100/200 |
| | 19.470～37.470 | 650×600 | 325 | 325 | 150 | 450 | | 4⊈22 | 5⊈22 | 4⊈20 | 1 (5×4) | φ10@100/200 |
| | 37.470～59.070 | 550×500 | 275 | 275 | 150 | 350 | | 4⊈22 | 5⊈22 | 4⊈20 | 1 (5×4) | φ10@100/200 |

截面注写方式，系在柱平面布置图的柱截面上，分别在同一编号的柱中选择一个截面，以直接注写截面尺寸和配筋的具体数值的方式来表达柱平法施工图。柱截面注写方式见图 2.1.9。

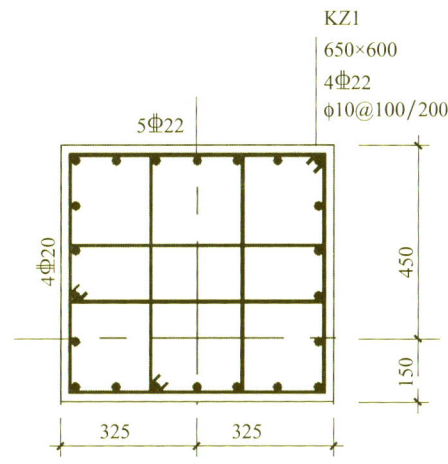

图 2.1.9　某 KZ1 截面注写示意图 (19.470～37.470) (单位：mm)

2. 梁平法施工图的注写方式

梁平法施工图分平面注写方式和截面注写方式。梁的平面注写包括集中标注与原位标注。集中标注表达梁的通用数值，原位标注表达梁的特殊数值。当集中标注中的某项数值不适用于梁的某部位时，则将该项数值原位标注，施工时，原位标注优先于集中标注。

（1）集中标注的内容包括梁编号、梁截面尺寸，箍筋的钢筋级别、直径、加密区及非加密区、肢数，梁上下通长筋和架立筋，梁侧面纵筋，包括构造腰筋及抗扭腰筋，梁顶面标高高差。

① 梁编号。梁编号由梁类型代号、序号、跨数及有无悬挑代号组成。梁的类型代号有楼层框架梁（KL）、楼层框架扁梁（KBL）、屋面框架梁（WKL）、框支梁（KZL）、托柱转换梁（TZL）、非框架梁（L）、悬挑梁（XL）、井字梁（JZL），A 为一端悬挑，B 为两端悬挑，悬挑不计夸数。如 KL7（5A）表示 7 号框架梁，5 跨，一端悬挑。

② 梁截面尺寸。当为等截面梁时，用 $b×h$ 表示；当为竖向加腋梁时，用 $b×h$ Y$c_1×c_2$ 表示，其中 $c_1$ 为腋长，$c_2$ 为腋高（见图 2.1.10）；当为水平加腋梁时，用 $b×h$

$PYc_1 \times c_2$ 表示,其中 $c_1$ 为腋长,$c_2$ 为腋宽,加腋部分应在平面中绘制(见图 2.1.11);当有悬挑梁且根部和端部的高度不同时,用斜线分隔根部与端部的高度值,即为 $b \times h_1/h_2$(见图 2.1.12)。

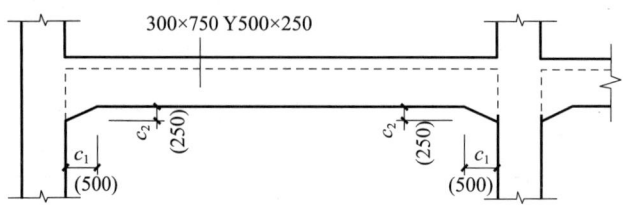

图 2.1.10 竖向加腋截面注写示意

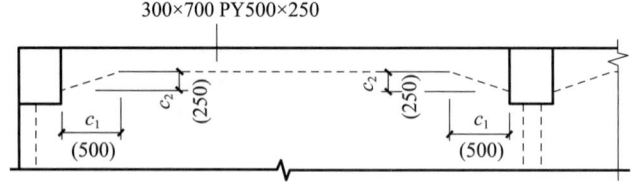

图 2.1.11 水平加腋截面注写示意

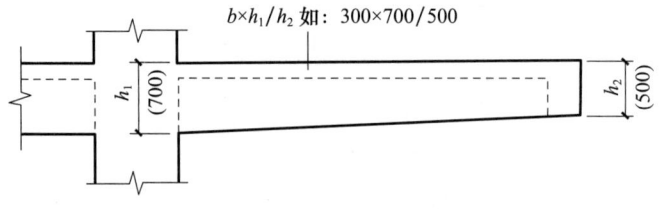

图 2.1.12 悬挑梁不等高截面注写示意

③ 梁箍筋。包括钢筋级别、直径、加密区与非加密区间距及肢数,该项为必注值。箍筋加密区与非加密区的不同间距及肢数需用斜线"/"分隔;当梁箍筋为同一种间距及肢数时,则不须用斜线;当加密区与非加密区的箍筋肢数相同时,则将肢数注写一次;箍筋肢数应写在括号内。如 $\phi 8@100$(4)/150(2),表示箍筋为 HPB300 钢筋,直径为 8,加密区间距为 100,四肢箍;非加密区间距为 150,两肢箍。

④ 梁上部通长筋或架立筋配置(通长筋可为相同或不同直径采用搭接连接、机械连接或焊接的钢筋),该项为必注值。当同排纵筋中既有通长筋又有架立筋时,应用加号"+"将通长筋和架立筋相连。注写时须将角部纵筋写在加号的前面,架立筋写在加号后面的括号内,以示不同直径及与通长筋的区别。当全部采用架立筋时,则将其写入括号内。当梁的上部纵筋和下部纵筋为全跨相同,且多数跨配筋相同时,此项可加注下部纵筋的配筋值,用分号";"将上部与下部纵筋的配筋值分隔开来,少数跨不同者,按原位标注处理。如"2⌀22+(4φ12)",表示 2⌀22 为通长钢筋,4φ12 为架立筋,用于六肢箍;"3⌀22;3⌀22"表示梁的上部配置 3⌀22 的通长钢筋,梁的下部配置 3⌀22 的通长钢筋。

⑤ 梁侧面纵向构造钢筋或受扭钢筋配置,该项为必注值。当梁腹板高度 $h_\mathrm{w} \geqslant$

450mm 时，需配置纵向构造钢筋，以大写字母 G 打头，接续注写配置在梁两个侧面的总配筋值，且对称配置，如 G4φ12 表示梁的两个侧面配置 4φ12 的纵向构造钢筋，每侧面各配置 2φ12。配置受扭纵向钢筋时，以大写字母 N 打头，接续注写配置在梁两个侧面的总配筋值，且对称配置，如 N6Φ22 表示梁的两个侧面配置 6Φ22 的受扭纵向钢筋，每侧面各配置 3Φ22。受扭纵向钢筋应满足梁侧面纵向钢筋的间距要求且不再重复配置纵向构造钢筋。

⑥ 梁顶面标高高差，该项为选注值。梁顶面标高高差，系指相对于结构层楼面标高的高差值，对于位于结构夹层的梁，则指相对于结构夹层楼面标高的高差有高差时，须将其写入括号内，无高差时不注。

(2) 原位标注内容包括梁支座上部纵筋、梁下部纵筋、附加箍筋或吊筋、集中标注不适合于某跨时标注的数值。

① 梁支座上部纵筋，该部位含通长筋在内的所有纵筋。当上部纵筋多于一排时，用斜线"/"将各排纵筋自上而下分开，如梁支座上部纵筋注写为 6Φ25 4/2，表示上一排纵筋为 4Φ25，下一排纵筋为 2Φ25；当同排纵筋有两种直径时，用加号"+"将两种直径的纵筋相连，注写时将角部纵筋写在前面，如梁支座上部有四根纵筋，2Φ25 放在角部，2Φ22 放在中部，在梁支座上部应注写为 2Φ25＋2Φ22；当梁中间支座两边的上部纵筋不同时，须在支座两边分别标注；当梁中间支座两边的上部纵筋相同时，可仅在支座的一边标注配筋值，另一边省去不注。

② 梁下部纵筋。当下部纵筋多于一排时，用斜线"/"将各排纵筋自上而下分开；当同排纵筋有两种直径时，用加号"+"将两种直径的纵筋相连，注写时角筋写在前面；当梁下部纵筋不全部伸入支座时，将梁支座下部纵筋减少的数量写在括号内，用"-"表示，如梁下部纵筋注写为 2Φ25＋3Φ22（-3）/5Φ25 表示上排纵筋为 2Φ25 和 3Φ25，其中 3Φ25 的不伸入支座，下排纵筋为 5Φ25，全部伸入支座。

③ 当在梁上集中标注的内容（即梁截面尺寸、箍筋、上部通长筋或架立筋，梁侧面纵向构造钢筋或受扭纵向钢筋，以及梁顶面标高高差中的某一项或几项数值）不适用于某跨或某悬挑部分时，则将其不同数值原位标注在该跨或该悬挑部位，施工时应按原位标注数值取用。当在多跨梁的集中标注中已注明加腋，而该梁某跨的根部不需要加腋时，则应该在该跨原位注明等截面的 $b \times h$，以修正集中标注中加腋信息（如图 2.1.13）。

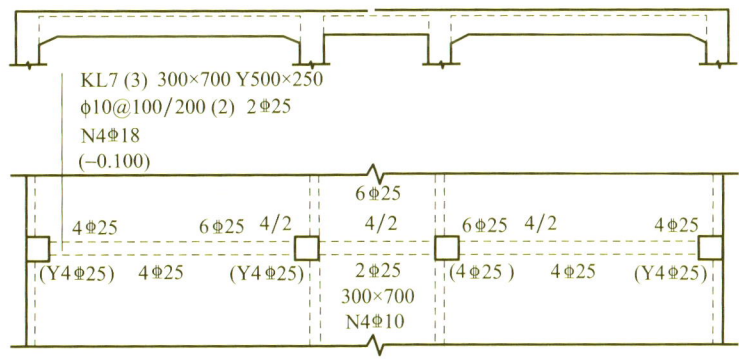

图 2.1.13 梁竖向加腋平面注写方式表达示例

④ 附加箍筋或吊筋，将其直接画在平面图中的主梁上，用线引注总配筋值（附加箍筋肢数注在括号内）。当多数附加箍筋或吊筋相同时，可在梁平法施工图上统一注明，少数与统一注明不同时，在原位引注。附加箍筋和吊筋画法示例见图2.1.14。

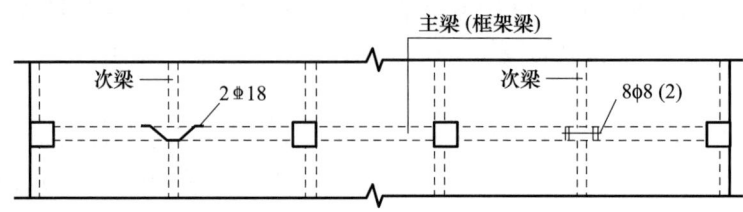

图2.1.14 附加箍筋和吊筋的画法示例

梁的平面注写方式见图2.1.15。

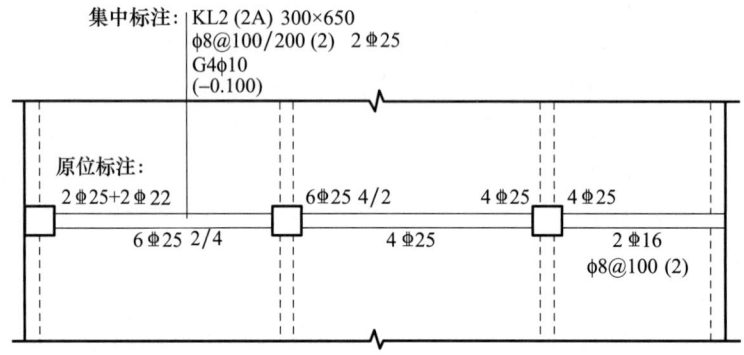

图2.1.15 梁平面注写示例

梁支座上部纵筋的长度规定为：第一排非通长筋从柱（梁）边起延伸至 $ln/3$，第二排非通长筋从柱（梁）边起延伸至 $ln/4$，其中 $ln$ 对端支座为本跨的净跨值、对中间支座为支座两边较大一跨的净跨值。

3. 有梁楼盖平法施工图的表示方式

有梁楼盖平法施工图，系在楼面板和屋面板布置图上，采用平面注写的表达方式。板平面注写主要包括板块集中标注和板支座原位标注两种方式。为方便设计表达和施工识图，规定结构平面的坐标方向为：当两向轴网正交布置时，图面从左至右为 $X$ 向，从下至上为 $Y$ 向；当轴网向心布置时，切向为 $X$ 向，径向为 $Y$ 向。

(1) 板块集中标注的内容为板块编号、板厚、上部贯通纵筋、下部纵筋以及当板面标高不同时的标高高差。对于普通楼面，两向均以一跨为一板块；对于密肋楼盖，两向主梁（框架梁）均以一跨为一板块（非主梁密肋不计）。所有版块应逐一编号，相同编号的版块可以选择其一做集中标注，其他仅注写置于圆圈内的板编号以及当板面标高不同时的标高高差。

板类型及代号为楼面板（LB）、屋面板（WB）、悬挑板（XB）。贯通钢筋按板块的下部和上部分部注写，B代表下部，T代表上部。当在某些板内（例如悬挑板的下部）配置有构造钢筋时，则 $X$ 向以 $X_c$、$Y$ 向以 $Y_c$ 打头注写。

例如，板块集中标注注写为"LB5 h=110 B：$X\Phi12@120$；$Y\Phi10@100$"表示5号楼

面板、板厚110mm、板下部X向贯通纵筋 ⊈12@120、板下部Y向贯通纵筋 ⊈10@100、板上部未配置贯通纵筋。注写为"LB5 h=110B；X⊈10/12@100；Y⊈10@110"表示5号楼面板、板厚110mm，板下部配置的贯通纵筋X向为⊈10和⊈12隔一布一、间距100mm，Y向贯通纵筋 ⊈10@110；板上部未配置贯通纵筋。标注"XB2 h=150/100B；Xc&Yc⊈8@200"表示2号悬挑板、板根部厚150mm、端部厚100mm、板下部配置构造钢筋双向均为⊈8@200、上部受力钢筋见板支座原位标注。

（2）板支座原位标注的内容为板支座上部非贯通纵筋和悬挑板上部受力钢筋。板支座上部非贯通筋自支座边线向夸内的伸出长度，注写在线段的下方位置。如图2.1.16板支座原位标注示例，(a)为两侧对称，(b)为两侧不对称。

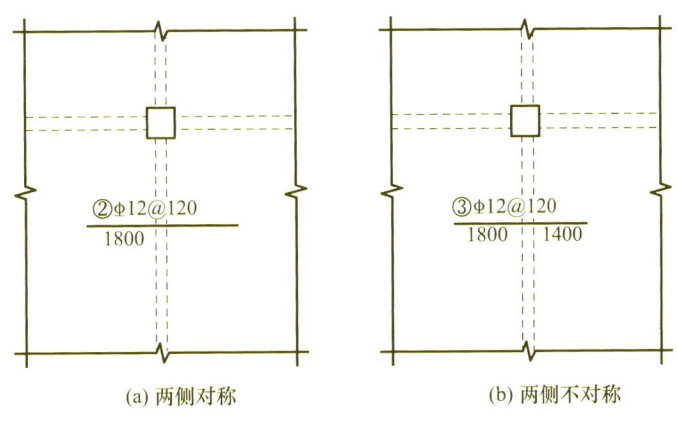

图2.1.16 板支座原位标注

## 第二节 建筑面积计算规则及应用

### 一、建筑面积的概念

建筑面积是指建筑物（包括墙体）所形成的楼地面面积。面积是所占平面图形的大小，建筑面积主要是墙体围合的楼地面面积（包括墙体的面积），因此计算建筑面积时，首先以外墙结构外围水平面积计算。

建筑面积还包括附属于建筑物的室外阳台、雨篷、檐廊、室外走廊、室外楼梯等建筑部件的面积。建筑面积可以分为使用面积、辅助面积和结构面积。

使用面积是指建筑物各层平面布置中，可直接为生产或生活使用的净面积总和。居室净面积在民用建筑中，亦称"居住面积"。例如住宅建筑中的居室、客厅、书房等。

辅助面积是指建筑物各层平面布置中为辅助生产或生活所占净面积的总和。例如住宅建筑的楼梯、走道、卫生间、厨房等。使用面积与辅助面积的总和称为"有效面积"。

结构面积是指建筑物各层平面布置中的墙体、柱等结构所占面积的总和（不包括抹灰厚度所占面积）。

## 二、建筑面积的作用

建筑面积计算是工程计量的最基础工作，在工程建设中具有重要意义。首先，在工程建设的众多技术经济指标中，大多数以建筑面积为基数，建筑面积是核定估算、概算、预算工程造价的一个重要基础数据，是计算和确定工程造价，并分析工程造价和工程设计合理性的一个基础指标。其次，建筑面积是国家进行建设工程数据统计、固定资产宏观调控的重要指标；再次，建筑面积还是房地产交易、工程承发包交易、建筑工程有关运营费用核定等的一个关键指标。建筑面积的作用具体有以下几个方面。

1. 确定建设规模的重要指标

根据项目立项批准文件所核准的建筑面积，是初步设计的重要控制指标。对于国家投资的项目，施工图的建筑面积不得超过初步设计的5%，否则必须重新报批。

2. 确定各项技术经济指标的基础

建筑面积与使用面积、辅助面积、结构面积之间存在着一定的比例关系。设计人员在进行建筑或结构设计时，在计算建筑面积的基础上再分别计算出结构面积、有效面积等技术经济指标。有了建筑面积，才能确定每平方米建筑面积的工程造价和很多其他的技术经济指标。

3. 评价设计方案的依据

建筑设计和建筑规划中，经常使用建筑面积控制某些指标，比如容积率、建筑密度、建筑系数等。在评价设计方案时，通常采用居住面积系数、土地利用系数、有效面积系数、单方造价等指标，它们都与建筑面积密切相关。

4. 计算有关分项工程量的依据

在编制一般土建工程预算时，建筑面积是确定一些分项工程量的基本数据。应用统筹计算方法，根据底层建筑面积，就可以很方便地推算出室内回填土体积、地（楼）面面积和天棚面积等。另外，建筑面积也是脚手架、垂直运输机械费用的计算依据。

5. 选择概算指标和编制概算的基础数据

概算指标通常是以建筑面积为计量单位。用概算指标编制概算时，要以建筑面积为计算基础。

## 三、计算建筑面积的规定

建筑面积计算的一般原则是：凡在结构上、使用上形成具有一定使用功能的建筑物和构筑物，并能单独计算出其水平面积的，应计算建筑面积；反之，不应计算建筑面积。取定建筑面积的顺序为：有围护结构的，按围护结构计算面积；无围护结构、有底板，按底板计算面积（如室外走廊、架空走廊）；底板也不利于计算的，则取顶盖（如车棚、货棚等）；主体结构外的附属设施按结构底板计算面积。即在确定建筑面积时，围护结构优于底板，底板优于顶盖。所以，有盖无盖不作为计算建筑面积的必备条件，如阳台、架空走廊、楼梯是利用其底板，顶盖只是起遮风挡雨的辅助功能。

建筑面积的计算主要依据现行国家标准《建筑工程建筑面积计算规范》（GB/T 50353—2013）。规范包括总则、术语、计算建筑面积的规定和条文说明四部分，规定了计算建筑全部面积、计算建筑部分面积和不计算建筑面积的情形及计算规则。规范适用于新建、扩建、改建的工业与民用建筑工程建设全过程的建筑面积计算,即规范不仅仅适用于工程造价计价活动,也适用于项目规划、设计阶段,但房屋产权面积计算不适用于该规范。

**(一)应计算建筑面积的范围及规则**

(1)建筑物的建筑面积应按自然层外墙结构外围水平面积之和计算。结构层高在2.20m及以上的,应计算全面积;结构层高在2.20m以下的,应计算1/2面积。

自然层按楼地面结构分层的楼层。结构层高是指楼面或地面结构层上表面至上部结构层上表面之间的垂直距离。上下均为楼面时,结构层高是相邻两层楼板结构层上表面之间的垂直距离;建筑物最底层,从"混凝土构造"的上表面算至上层楼板结构层上表面(分两种情况:一是有混凝土底板的,从底板上表面算起,如底板上有上反梁,则应从上反梁上表面算起;二是无混凝土底板、有地面构造的,以地面构造中最上一层混凝土垫层或混凝土找平层上表面算起);建筑物顶层,从楼板结构层上表面算至屋面板结构层上表面。如图2.2.1所示。

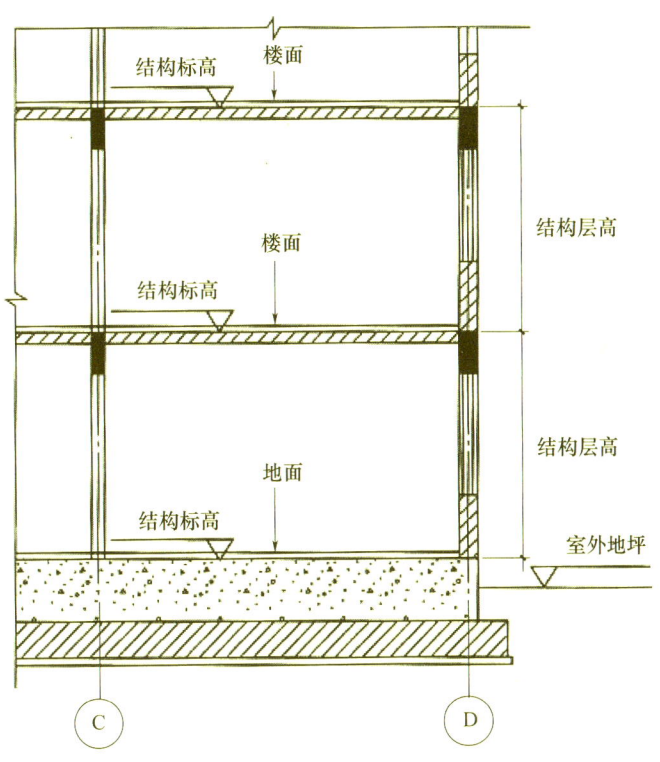

图2.2.1 结构层高示意图

建筑面积计算不再区分单层建筑和多层建筑,有围护结构的以围护结构外围计算。所谓围护结构是指围合建筑空间的墙体、门、窗。计算建筑面积时不考虑勒脚。勒脚是建筑物外墙与室外地面或散水接触部分墙体的加厚部分,其高度一般为室内地坪与室外地面的高差,也有的将勒脚高度提高到底层窗台,因为勒脚是墙根很矮的一部分墙体加厚,不能代表整个外墙结构。当外墙结构本身在一个层高范围内不等厚时(不包括勒脚,外墙结构在该层高范围内材质不变),以楼地面结构标高处的外围水平面积计算,如图 2.2.2 所示。当围护结构下部为砌体,上部为彩钢板围护的建筑物(如图 2.2.3 所示),其建筑面积的计算:当 $h<0.45m$ 时,建筑面积按彩钢板外围水平面积计算;当 $h\geqslant0.45m$ 时,建筑面积按下部砌体外围水平面积计算。

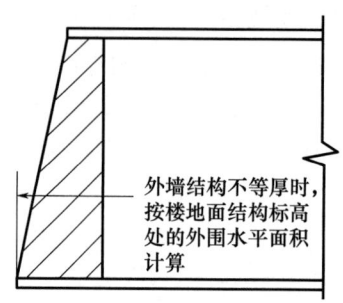

图 2.2.2 外墙结构不等厚建筑面积计算示意

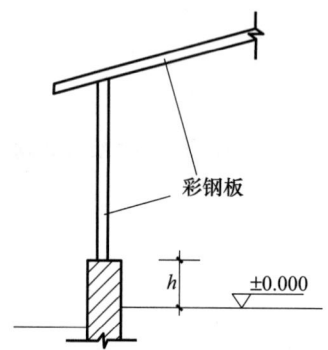

图 2.2.3 下部为砌体,上部为彩钢板围护的建筑物示意

(2)建筑物内设有局部楼层时,对于局部楼层的二层及以上楼层,有围护结构的应按其围护结构外围水平面积计算,无围护结构的应按其结构底板水平面积计算,且结构层高在 2.20m 及以上的,应计算全面积,结构层高在 2.20m 以下的,应计算 1/2 面积。

如图 2.2.4 所示,在计算建筑面积时,只要是在一个自然层内设置的局部楼层,其首层面积已包括在原建筑物中,不能重复计算。因此,应从二层以上开始计算局部楼层的建筑面积。计算方法是有围护结构按围护结构(如图 2.2.4 中局部二层),没有围护结构的按底板(如图 2.2.4 中局部三层),需要注意的是,没有围护结构的应该有围护设施。围护结构是指围合建筑空间的墙体、门、窗。栏杆、栏板属于围护设施。

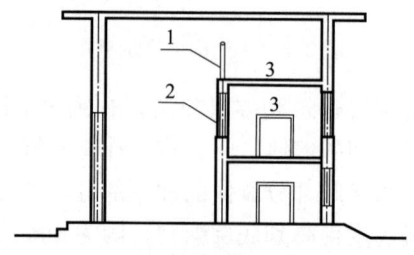

图 2.2.4 建筑物内的局部楼层
1-围护设施;2-围护结构;3-局部楼层

**【例 2.2.1】** 如图 2.2.5 所示，若局部楼层结构层高均超过 2.20m，请计算其建筑面积。

**解：**则该建筑的建筑面积为：首层建筑面积＝50×10＝500m²；局部二层建筑面积（按围护结构计算）＝5.49×3.49＝19.16m²；局部三层建筑面积（按底板计算）＝（5＋0.1）m×（3＋0.1）m＝15.81m²。

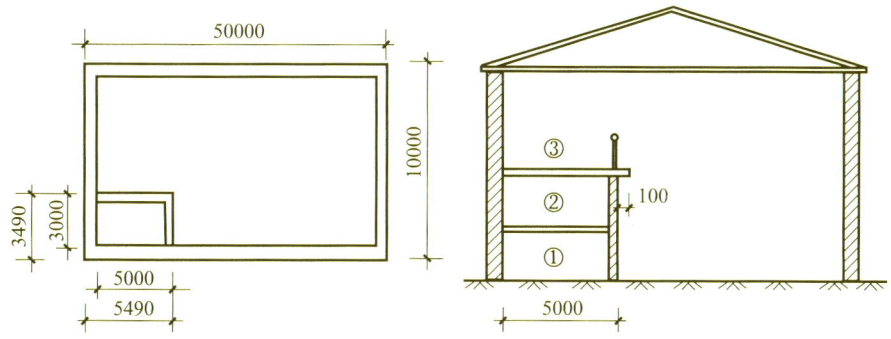

图 2.2.5 某建筑物内设有局部楼层建筑面积计算示例（单位：mm）

（3）形成建筑空间的坡屋顶，结构净高在 2.10m 及以上的部位应计算全面积；结构净高在 1.20m 及以上至 2.10m 以下的部位应计算 1/2 面积；结构净高在 1.20m 以下的部位不应计算建筑面积。

建筑空间是指以建筑界面限定的、供人们生活和活动的场所。建筑空间是围合空间，可出入（可出入是指人能够正常出入，即通过门或楼梯等进出；而必须通过窗、栏杆、人孔、检修孔等出入的不算可出入）、可利用。所以，这里的坡屋顶指的是与其他围护结构能形成建筑空间的坡屋顶。

结构净高是指楼面或地面结构层上表面至上部结构层下表面之间的垂直距离，如图 2.2.6 所示。

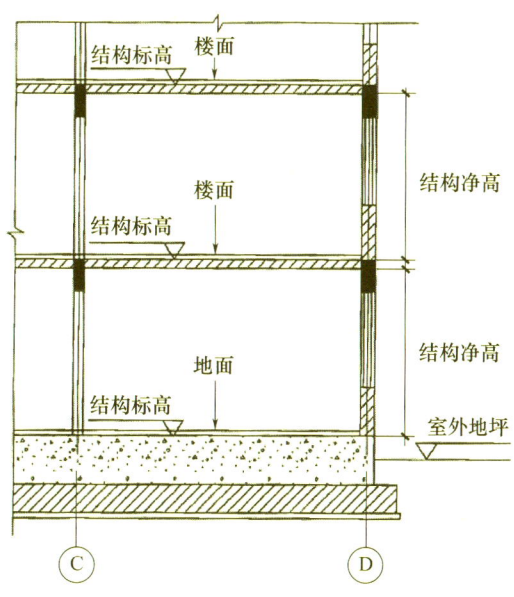

图 2.2.6 结构净高示意

（4）场馆看台下的建筑空间，结构净高在2.10m及以上的部位应计算全面积；结构净高在1.20m及以上至2.10m以下的部位应计算1/2面积；结构净高在1.20m以下的部位不应计算建筑面积。室内单独设置的有围护设施的悬挑看台，应按看台结构底板水平投影面积计算建筑面积。有顶盖无围护结构的场馆看台应按其顶盖水平投影面积的1/2计算面积。场馆区分三种不同的情况：①看台下的建筑空间，对"场"（顶盖不闭合）和"馆"（顶盖闭合）都适用；②室内单独悬挑看台，仅对"馆"适用；③有顶盖无围护结构的看台，仅对"场"适用。

对于第一种情况，场馆看台下的建筑空间因其上部结构多为斜板，所以采用净高的尺寸划定建筑面积的计算范围。如图2.2.7所示。

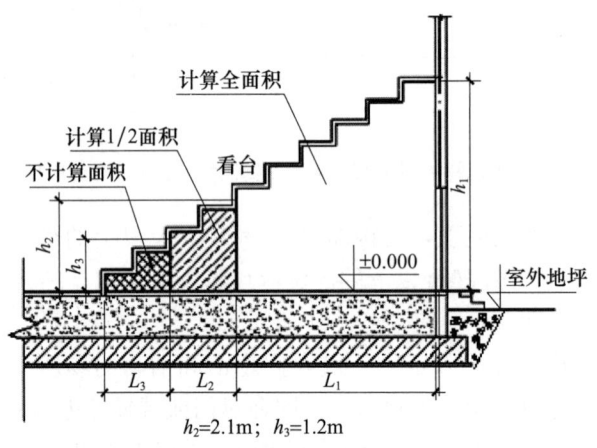

图2.2.7 场馆看台下建筑空间

对于第二种情况，室内单独设置的有围护设施的悬挑看台，因其看台上部设有顶盖且可供人使用，所以按看台板的结构底板水平投影计算建筑面积。

对于第三种情况，场馆看台上部空间建筑面积计算，取决于看台上部有无顶盖。按顶盖计算建筑面积的范围应是看台与顶盖重叠部分的水平投影面积。对有双层看台的，各层分别计算建筑面积，顶盖及上层看台均视为下层看台的盖。无顶盖的看台不计算建筑面积，如图2.2.8所示。

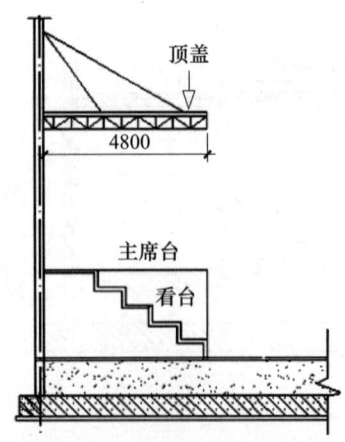

图2.2.8 场馆看台（剖面）示意

（5）地下室、半地下室应按其结构外围水平面积计算。结构层高在 2.20m 及以上的，应计算全面积；结构层高在 2.20m 以下的，应计算 1/2 面积。如图 2.2.9 所示。

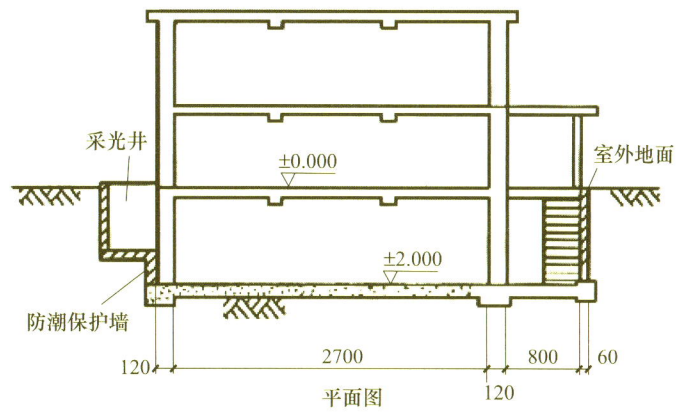

图 2.2.9 地下室示意图（单位：mm）

室内地平面低于室外地平面的高度超过室内净高的房间 1/2 者为地下室；室内地平面低于室外地平面的高度超过室内净高的 1/3，且不超过 1/2 的房间为半地下室。地下室、半地下室按"结构外围水平面积"计算，而不按"外墙上口"取定。当外墙为变截面时，按地下室、半地下室楼地面结构标高处的外围水平面积计算。地下室的外墙结构不包括找平层、防水（潮）层、保护墙等。地下空间未形成建筑空间的，不属于地下室或半地下室，不计算建筑面积。

（6）出入口外墙外侧坡道有顶盖的部位，应按其外墙结构外围水平面积的 1/2 计算面积。

出入口坡道分有顶盖出入口坡道和无顶盖出入口坡道，顶盖以设计图纸为准，对后增加及建设单位自行增加的顶盖等，不计算建筑面积。顶盖不分材料种类（如钢筋混凝土顶盖、彩钢板顶盖、阳光板顶盖等）。地下室出入口见图 2.2.10。

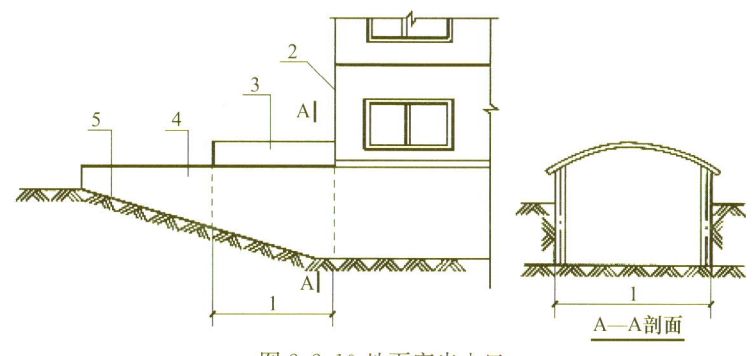

图 2.2.10 地下室出入口
1-计算 1/2 投影面积部位；2-主体建筑；3-出入口顶盖；4-封闭出入口侧墙；5-出入口坡道

坡道是从建筑物内部一直延伸到建筑物外部的，建筑物内的部分随建筑物正常计算建筑面积，建筑物外的部分按本条执行。建筑物内、外的划分以建筑物外墙结构外边线为界（如图 2.2.11 所示）。所以，出入口坡道顶盖的挑出长度，为顶盖结构外边线至外墙结构外边线的长度。

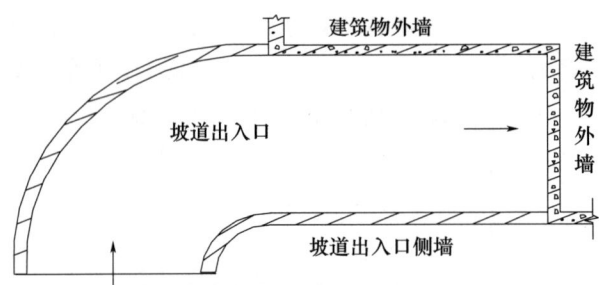

图 2.2.11 外墙外侧坡道与建筑物内部坡道的划分示意图

(7) 建筑物架空层及坡地建筑物吊脚架空层，应按其顶板水平投影计算建筑面积。结构层高在 2.20m 及以上的，应计算全面积；结构层高在 2.20m 以下的，应计算 1/2 面积。

架空层指仅有结构支撑而无外围护结构的开敞空间层，即架空层是没有围护结构的。架空层建筑面积的计算方法适用于建筑物吊脚架空层、深基础架空层，也适用于目前部分住宅、学校教学楼等工程在底层架空或在二楼或以上某个甚至多个楼层架空，作为公共活动、停车、绿化等空间的情况。建筑物吊脚架空层见图 2.2.12。

顶板水平投影面积是指架空层结构顶板的水平投影面积，不包括架空层主体结构外的阳台、空调板、通长水平挑板等外挑部分。

【例 2.2.2】如图 2.2.12 所示，计算各部分建筑面积（结构层高均满足 2.20m）。

**解**：单层建筑的建筑面积 = 5.44m × (5.44+2.80) m = 44.83m²；阳台建筑面积 = 1.48m × 4.53/2m = 3.35m²；吊脚架空层建筑面积 = 5.44m × 2.8m = 15.23m²。建筑面积合计为 63.41m²。

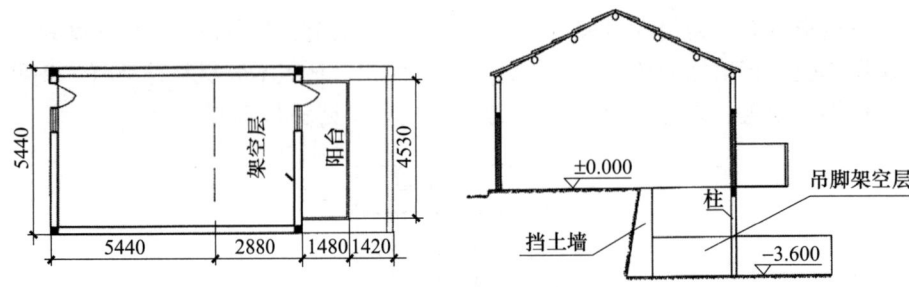

图 2.2.12 吊脚架空层

(8) 建筑物的门厅、大厅应按一层计算建筑面积，门厅、大厅内设置的走廊应按走廊结构底板水平投影面积计算建筑面积。结构层高在 2.20m 及以上的，应计算全面积；结构层高在 2.20m 以下的，应计算 1/2 面积。大厅、走廊见图 2.2.13。

【例 2.2.3】如图 2.2.13 所示，计算走廊部分建筑面积。

**解**：(1) 当结构层高 $h_1$（或 $h_2$ 或 $h_3$）≥2.2m 时，按结构底板计算全面积，图中某层走廊建筑面积 $S = (2.7+4.5+2.7-0.12×2)$ m × $(6.3+1.5-0.12×2)$ m − 6.46m × 4.36m = 44.86m²；

(2) 当结构层高 $h_1$（或 $h_2$ 或 $h_3$）<2.2m 时，按底板计算 1/2 面积，图中某层走廊建筑面积 $S = [(2.7+4.5+2.7-0.12×2)$ m × $(6.3+1.5-0.12×2)$ m − 6.46m ×

4.36m]×0.5=22.43m²。

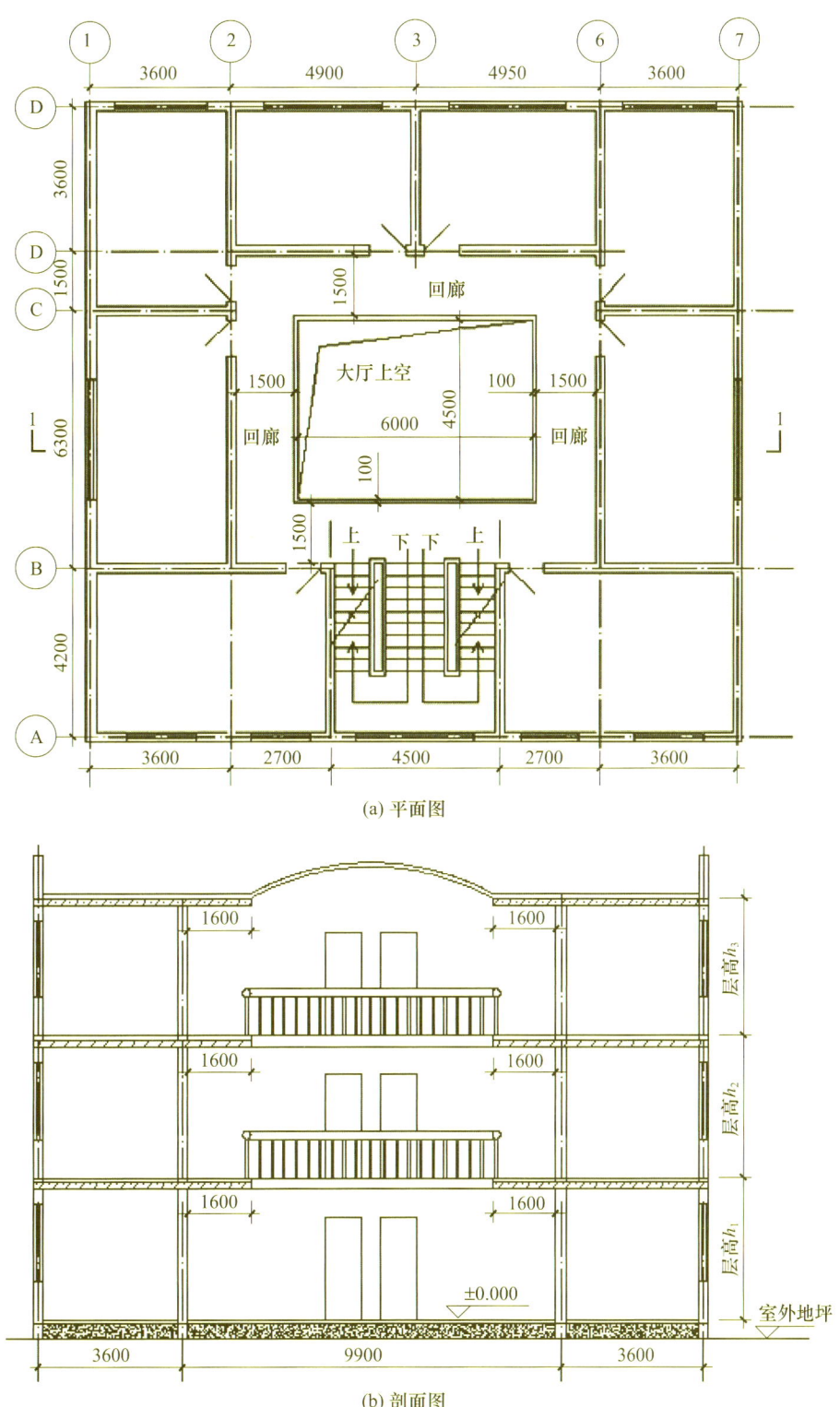

图 2.2.13 大厅、走廊（回廊）示意（单位：mm）

（9）建筑物间的架空走廊，有顶盖和围护结构的，应按其围护结构外围水平面积计算全面积；无围护结构、有围护设施的，应按其结构底板水平投影面积计算1/2面积。

架空走廊指专门设置在建筑物的二层或二层以上，作为不同建筑物之间水平交通的空间。无围护结构的架空走廊见图2.2.14，有围护结构的架空走廊见图2.2.15。架空走廊建筑面积计算分为两种情况：一是有围护结构且有顶盖，计算全面积；二是无围护结构、有围护设施，无论是否有顶盖，均计算1/2面积。有围护结构的，按围护结构计算面积；无围护结构的，按底板计算面积。

图2.2.14　无围护结构的架空走廊（有围护设施）
1-栏杆；2-架空走廊

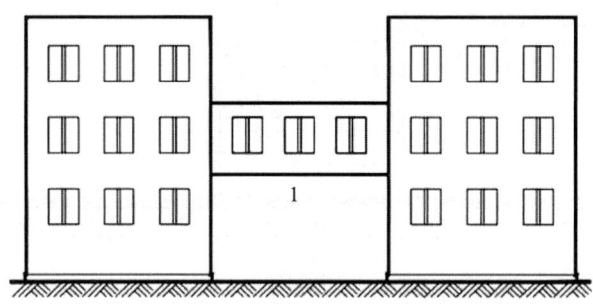

图2.2.15　有围护结构的架空走廊
1-架空走廊

（10）立体书库、立体仓库、立体车库，有围护结构的，应按其围护结构外围水平面积计算建筑面积；无围护结构、有围护设施的，应按其结构底板水平投影面积计算建筑面积。无结构层的应按一层计算，有结构层的应按其结构层面积分别计算。结构层高在2.20m及以上的，应计算全面积；结构层高在2.20m以下的，应计算1/2面积。

结构层是指整体结构体系中承重的楼板层，包括板、梁等构件，而非局部结构起承重作用的分隔层。立体车库中的升降设备，不属于结构层，不计算建筑面积。仓库中的立体货架、书库中的立体书架都不算结构层，故该部分分层不计算建筑面积。立体书库如图2.2.16所示。

（11）有围护结构的舞台灯光控制室，应按其围护结构外围水平面积计算。结构层高在2.20m及以上的，应计算全面积；结构层高在2.20m以下的，应计算1/2面积。舞台灯光控制室见图2.2.17。

（12）附属在建筑物外墙的落地橱窗，应按其围护结构外围水平面积计算。结构层高在2.20m及以上的，应计算全面积；结构层高在2.20m以下的，应计算1/2面积。

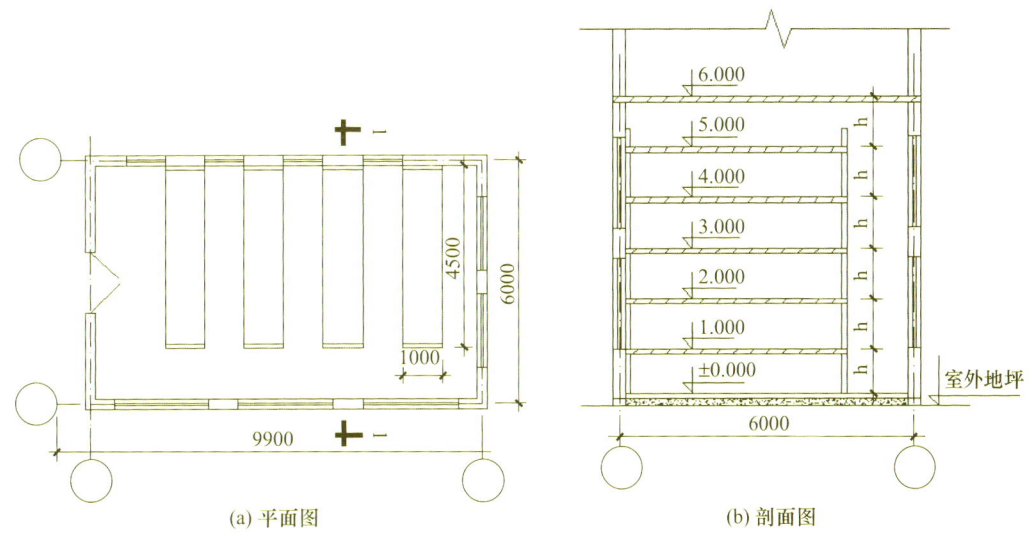

图 2.2.16 立体书库（单位：mm）

落地橱窗是指凸出外墙面且根基落地的橱窗，可以分为在建筑物主体结构内的和在主体结构外的，这里指的是后者。所以，理解落地橱窗从两点出发：一是附属在建筑物外墙，属于建筑物的附属结构；二是落地，橱窗下设置有基础。若不落地，可按凸（飘）窗规定执行。如图 2.2.18 所示。

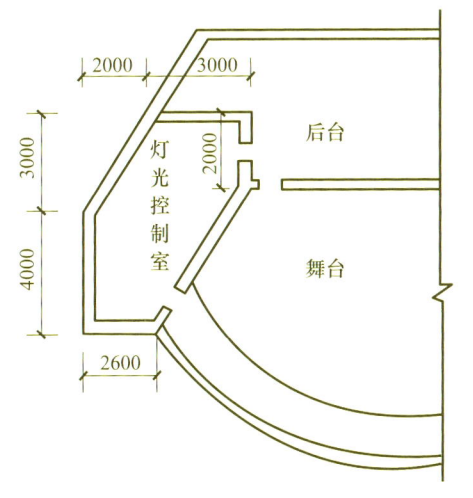

图 2.2.17 舞台灯光控制室平面图

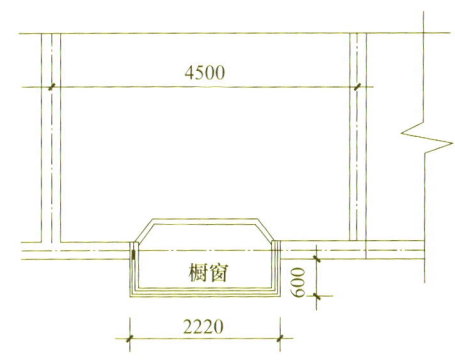

图 2.2.18 橱窗示意图（单位：mm）

（13）窗台与室内楼地面高差在 0.45m 以下且结构净高在 2.10m 及以上的凸（飘）窗，应按其围护结构外围水平面积计算 1/2 面积。

凸窗（飘窗）是指凸出建筑物外墙面的窗户。凸（飘）窗须同时满足两个条件方能计算建筑面积：一是结构高差在 0.45m 以下，二是结构净高在 2.10m 及以上。如图 2.2.19 中，窗台与室内楼地面高差为 0.6m，超出了 0.45m，并且结构净高 1.9m＜2.1m，两个条件均不满足，故该凸（飘）窗不计算建筑面积。如图 2.2.20 中，窗台与室内楼地面高差为 0.3m，小于 0.45m，并且结构净高 2.2m＞2.1m，两个条件同时满足,故该凸(飘)窗计算建筑面积。

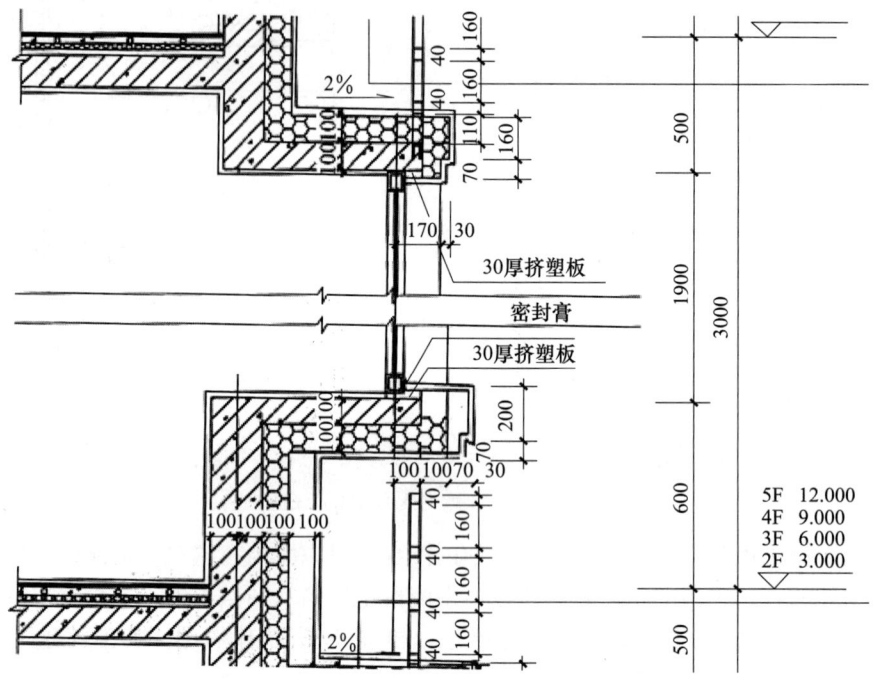

图 2.2.19 不计算建筑面积凸(飘)窗示例

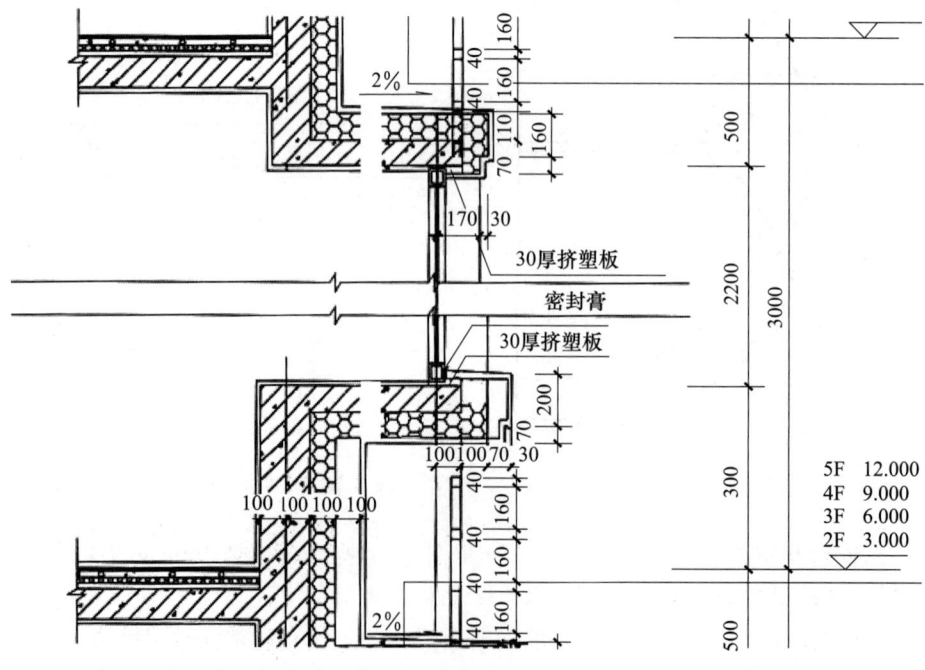

图 2.2.20 计算建筑面积凸(飘)窗示例

(14)有围护设施的室外走廊(挑廊),应按其结构底板水平投影面积计算 1/2 面积;有围护设施(或柱)的檐廊,应按其围护设施(或柱)外围水平面积计算 1/2 面积。

室外走廊（挑廊）、檐廊都是室外水平交通空间。挑廊是悬挑的水平交通空间；檐廊是底层的水平交通空间，由屋檐或挑檐作为顶盖，且一般有柱或栏杆、栏板等。底层无围护设施但有柱的室外走廊可参照檐廊的规则计算建筑面积。无论哪一种廊，除了必须有地面结构外，还必须有栏杆、栏板等围护设施或柱，这两个条件缺一不可，缺少任何一个条件都不计算建筑面积（图2.2.21）。在图2.2.21中，3部位没有围护设施，所以不计算建筑面积；4部位有围护设施，按围设施所围成面积的1/2计算。室外走廊（挑廊）、檐廊虽然都算1/2面积，但取定的计算部位不同：室外走廊（挑廊）按结构底板计算，檐廊按护设施（或柱）外围计算。

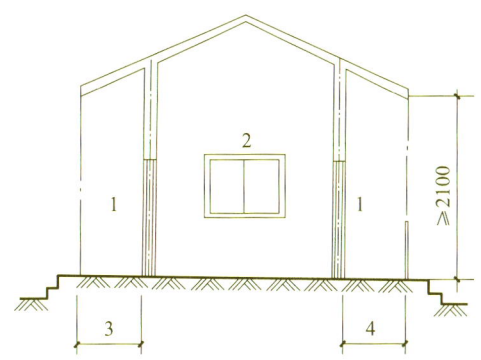

图2.2.21　檐廊建筑面积计算示意图
1-檐廊；2-室内；3-不计算建筑面积部位；4-计算1/2建筑面积部位

（15）门斗应按其围护结构外围水平面积计算建筑面积。结构层高在2.20m及以上的，应计算全面积；结构层高在2.20m以下的，应计算1/2面积。

门斗是建筑物出入口两道门之间的空间，它是有顶盖和围护结构的全围合空间。门斗是全围合的，门廊、雨篷至少有一面不围合。门斗见图2.2.22。

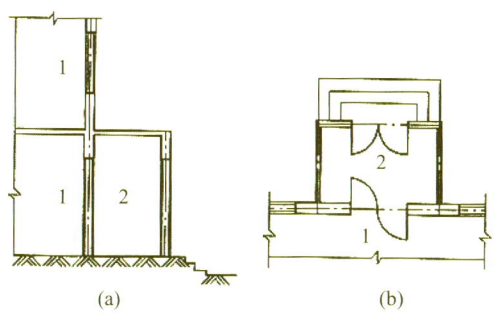

图2.2.22　门斗示意图
1-室内；2-门斗

（16）门廊应按其顶板水平投影面积的1/2计算建筑面积；有柱雨篷应按其结构板水平投影面积的1/2计算建筑面积；无柱雨篷的结构外边线至外墙结构外边线的宽度在2.10m及以上的，应按雨篷结构板的水平投影面积的1/2计算建筑面积。

门廊是指在建筑物出入口，无门、三面或二面有墙，上部有板（或借用上部楼板）围护的部位。门廊划分为全凹式、半凹半凸式、全凸式。见图2.2.23。

173

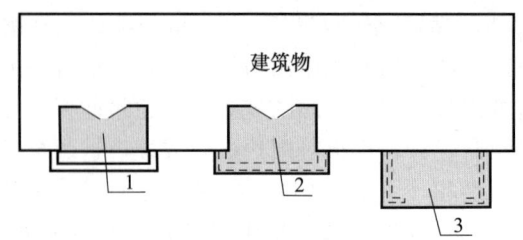

图 2.2.23 门廊示意图
1-全凹式门廊；2-半凹半凸式门廊；3-全凸式门廊

雨篷分为有柱雨篷和无柱雨篷。有柱雨篷，没有出挑宽度的限制，也不受跨越层数的限制，均计算建筑面积。无柱雨篷，其结构板不能跨层，并受出挑宽度的限制，设计出挑宽度大于或等于2.10m时才计算建筑面积。出挑宽度，是指雨篷结构外边线至外墙结构外边线的宽度，弧形或异形时，取最大宽度。见图2.2.24。

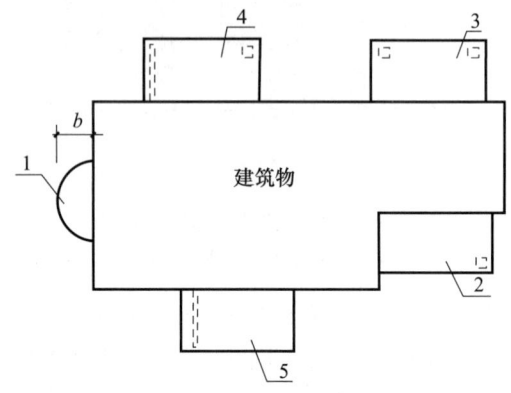

图 2.2.24 雨篷示意图
1-悬挑雨篷；2-独立柱雨篷；3-多柱雨篷；4-柱墙混合支撑雨篷；5-墙支撑雨篷

(17) 设在建筑物顶部的、有围护结构的楼梯间、水箱间、电梯机房等，结构层高在2.20m及以上的应计算全面积；结构层高在2.20m以下的，应计算1/2面积。

建筑物房顶上的建筑部件属于建筑空间的可以计算建筑面积，不属于建筑空间的则归为屋顶造型（装饰性结构构件），不计算建筑面积。

(18) 围护结构不垂直于水平面的楼层，应按其底板面的外墙外围水平面积计算。结构净高在2.10m及以上的部位，应计算全面积；结构净高在1.20m及以上至2.10m以下的部位，应计算1/2面积；结构净高在1.20m以下的部位，不应计算建筑面积。

围护结构不垂直既可以是向内倾斜，也可以是向外倾斜。在划分高度上，与斜屋面的划分原则相一致。由于目前很多建筑设计追求新、奇、特，造型越来越复杂，很多时候根本无法明确区分什么是围护结构、什么是屋顶，例如国家大剧院的蛋壳形外壳，无法准确说其到底是算墙还是算屋顶，因此对于斜围护结构与斜屋顶采用相同的计算规则，即只要外壳倾斜，就按净高划段，分别计算建筑面积。但要注意，斜围护结构本身要计算建筑面积，若为斜屋顶时，屋面结构不计算建筑面积。

(19) 建筑物的室内楼梯、电梯井、提物井、管道井、通风排气竖井、烟道，应并入建筑物的自然层计算建筑面积。有顶盖的采光井应按一层计算面积，结构净高在

2.10m 及以上的,应计算全面积,结构净高在 2.10m 以下的,应计算 1/2 面积。

室内楼梯包括了形成井道的楼梯(即室内楼梯间)和没有形成井道的楼梯(即室内楼梯),即没有形成井道的室内楼梯也应该计算建筑面积。如建筑物大堂内的楼梯、跃层(或复式)住宅的室内楼梯等应计算建筑面积。建筑物的楼梯间层数按建筑物的自然层数计算,如图 2.2.25 所示。

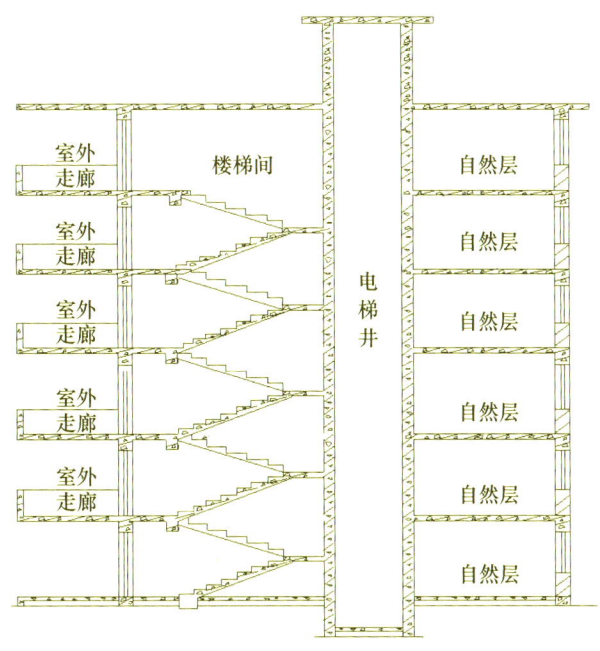

图 2.2.25 电梯井示意图

有顶盖的采光井包括建筑物中的采光井和地下室采光井。图 2.2.26 为地下室采光井,按一层计算面积。

当室内公共楼梯间两侧自然层数不同时,以楼层多的层数计算。如图 2.2.27 中楼梯间应计算 6 个自然层建筑面积。

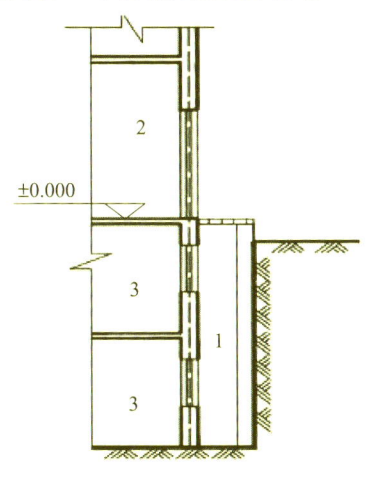

图 2.2.26 地下室采光井
1-采光井;2-室内;3-地下室

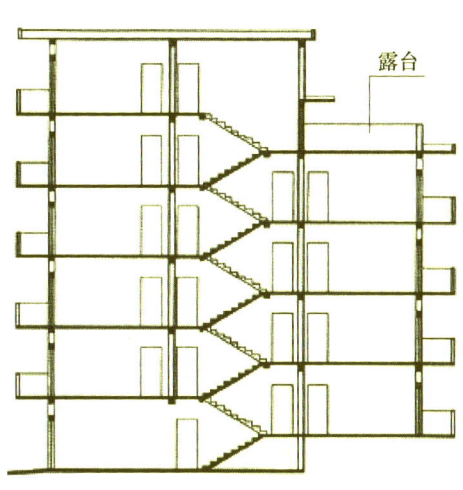

图 2.2.27 室内公共楼梯间两侧
自然层数不同示意图

（20）室外楼梯应并入所依附建筑物自然层，并应按其水平投影面积的1/2计算建筑面积。

室外楼梯作为连接该建筑物层与层之间交通不可缺少的基本部件，无论从其功能还是工程计价的要求来说，均须计算建筑面积。室外楼梯不论是否有顶盖都需要计算建筑面积。层数为室外楼梯所依附的楼层数，即梯段部分投影到建筑物范围内的层数。利用室外楼梯下部的建筑空间不得重复计算建筑面积；利用地势砌筑的为室外踏步，不计算建筑面积。如图2.2.28所示。

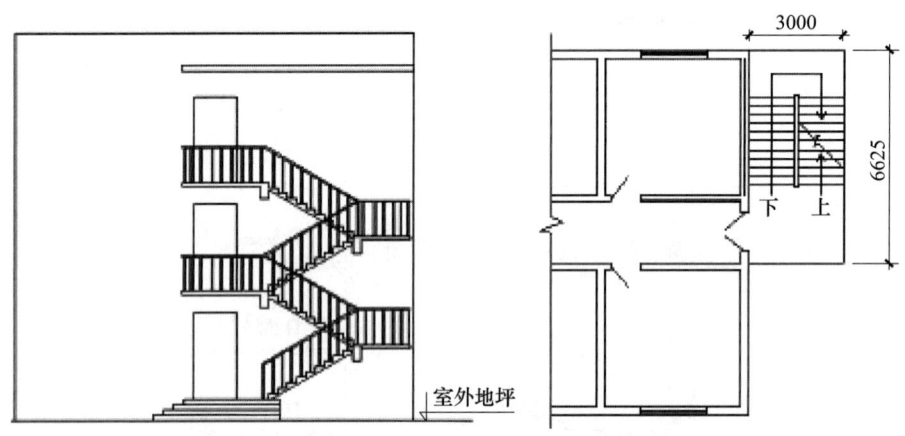

图2.2.28　某建筑物室外楼梯立面平面图（单位：mm）

（21）在主体结构内的阳台，应按其结构外围水平面积计算全面积；在主体结构外的阳台，应按其结构底板水平投影面积计算1/2面积。

阳台是指附设于建筑物外墙，设有栏杆或栏板，可供人活动的室外空间。建筑物的阳台，不论其形式如何，均以建筑物主体结构为界分别计算建筑面积。所以，判断阳台是在主体结构内还是在主体结构外是计算建筑面积的关键。

主体结构是接受、承担和传递建设工程所有上部荷载，维持上部结构整体性、稳定性和安全性的有机联系的构造。判断主体结构要依据建筑平面图、立面图、剖面图，并结合结构图纸一起进行。可按如下原则进行判断：

① 砖混结构。通常以外墙（即围护结构，包括墙、门、窗）来判断，外墙以内为主体结构内，外墙以外为主体结构外。

② 框架结构。柱梁体系之内为主体结构内，柱梁体系之外为主体结构外。

③ 剪力墙结构。分以下几种情况：a. 如阳台在剪力墙包围之内，则属于主体结构内；b. 如相对两侧均为剪力墙时，也属于主体结构内；c. 如相对两侧仅一侧为剪力墙时，属于主体结构外；d. 如相对两侧均无剪力墙时，属于主体结构外。

④ 阳台处剪力墙与框架混合时，分两种情况：a. 角柱为受力结构，根基落地，则阳台为主体结构内；b. 角柱仅为造型，无根基，则阳台为主体结构外。

如图2.2.29（a）所示平面图，该图中阳台处于剪力墙包围中，为主体结构内阳台，应计算全面积。如图2.2.29（b）所示平面图，该图中阳台有两部分，一部分处于主体结构内，一部分处于主体结构外，应分别计算建筑面积（以柱外侧为界，上面部分属于主体结构内，计算全面积，下面部分属于主体结构外，计算1/2面积）。

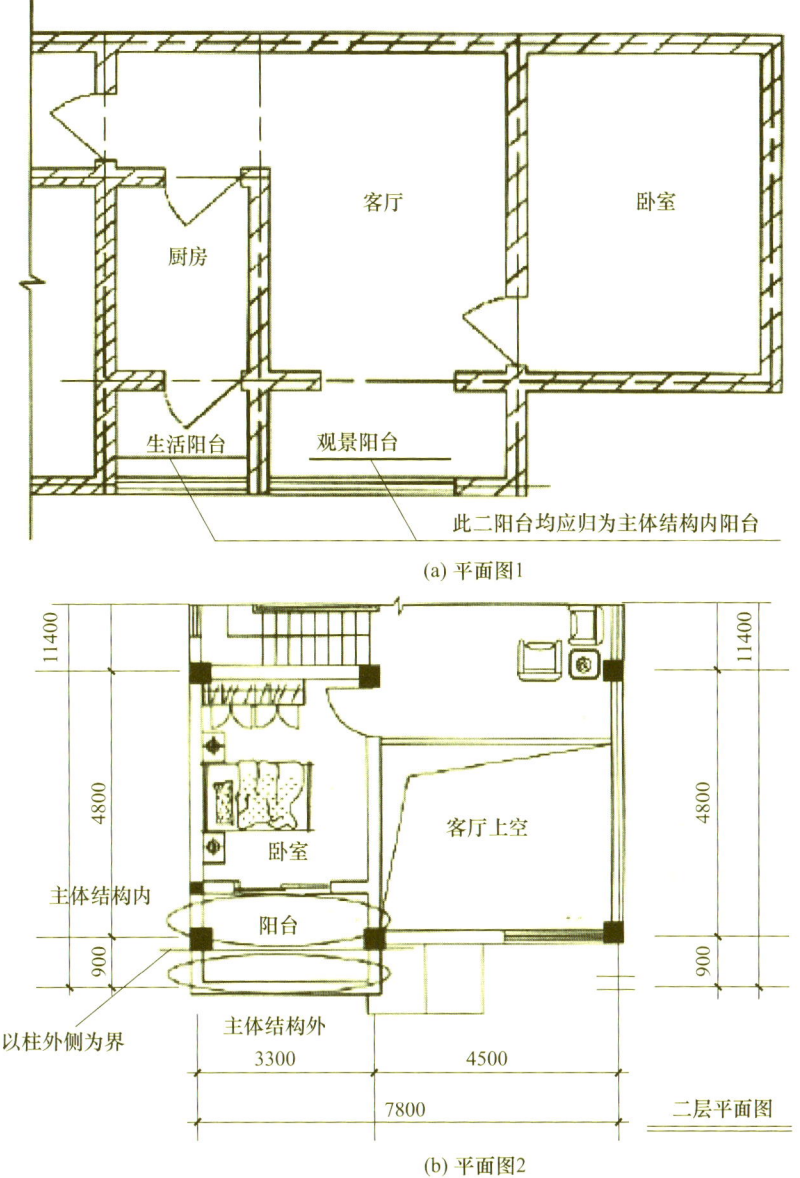

图 2.2.29 阳台平面图（单位：mm）

（22）有顶盖无围护结构的车棚、货棚、站台、加油站、收费站等，应按其顶盖水平投影面积的 1/2 计算建筑面积。

（23）以幕墙作为围护结构的建筑物，应按幕墙外边线计算建筑面积。幕墙以其在建筑物中所起的作用和功能来区分，直接作为外墙起围护作用的幕墙，按其外边线计算建筑面积；设置在建筑物墙体外起装饰作用的幕墙，不计算建筑面积。

（24）建筑物的外墙外保温层，应按其保温材料的水平截面积计算，并计入自然层建筑面积。

建筑物外墙外侧有保温隔热层的，保温隔热层以保温材料的净厚度乘以外墙结构外边线长度按建筑物的自然层计算建筑面积,其外墙外边线长度不扣除门窗和建筑物外已计算建筑面积构件(如阳台、室外走廊、门斗、落地橱窗等部件)所占长度。当建筑物外已计算建筑面积的构件(如阳台、室外走廊、门斗、落地橱窗等部件)有保温隔热层时,其保温隔热层也不再计算建筑面积。外墙是斜面者按楼面楼板处的外墙外边线长度乘以保温材料的净厚度计算(图 2.2.30)。外墙外保温以沿高度方向满铺为准,某层外墙外保温铺设高度未达到全部高度时(不包括阳台、室外走廊、门斗、落地橱窗、雨篷、飘窗等),不计算建筑面积。保温隔热层的建筑面积是以保温隔热材料的厚度来计算的,不包含抹灰层、防潮层、保护层(墙)的厚度。建筑外墙外保温(见图 2.2.31),图中 7 所示部分为计算建筑面积范围,只计算保温材料本身的面积。复合墙体不属于外墙外保温层,整体视为外墙结构,按外围面积计算。

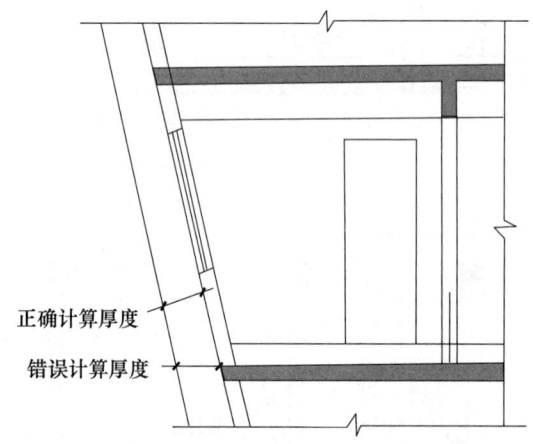

图 2.2.30 围护结构不垂直于水平面时外墙外保温计算厚度

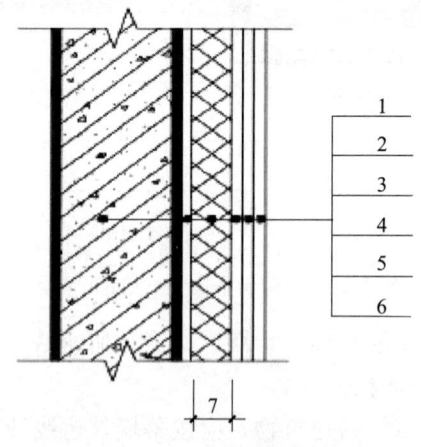

图 2.2.31 建筑外墙外保温结构
1-墙体;2-黏结胶浆;3-保温材料;4-标准网;5-加强网;6-抹面胶浆;7-计算建筑面积范围

(25)与室内相通的变形缝,应按其自然层合并在建筑物建筑面积内计算。对于高低联跨的建筑物,当高低跨内部连通时,其变形缝应计算在低跨面积内。

与室内相通的变形缝,是指暴露在建筑物内,在建筑物内可以看见的变形缝,应计算建筑面积；与室内不相通的变形缝不计算建筑面积。如图 2.2.32 所示变形缝不计算建筑面积。高低联跨的建筑物，当高低跨内部连通或局部连通时，其连通部分变形缝的面积计算在低跨面积内；当高低跨内部不相连通时，其变形缝不计算建筑面积。有高低跨的变形缝见图 2.2.33。

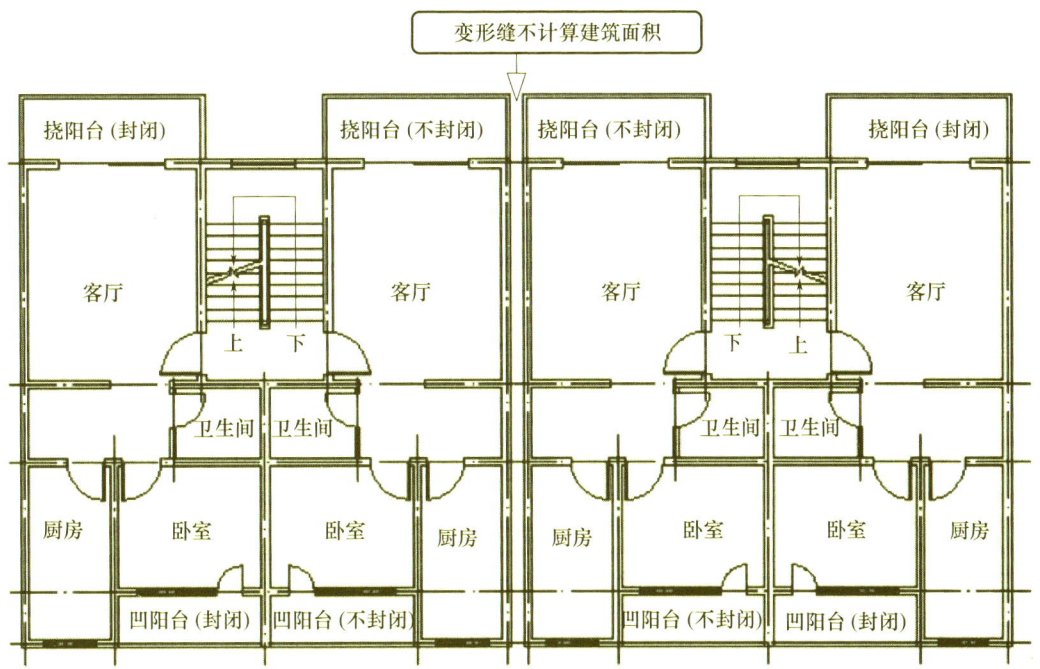

图 2.2.32 建筑物内部不连通变形缝

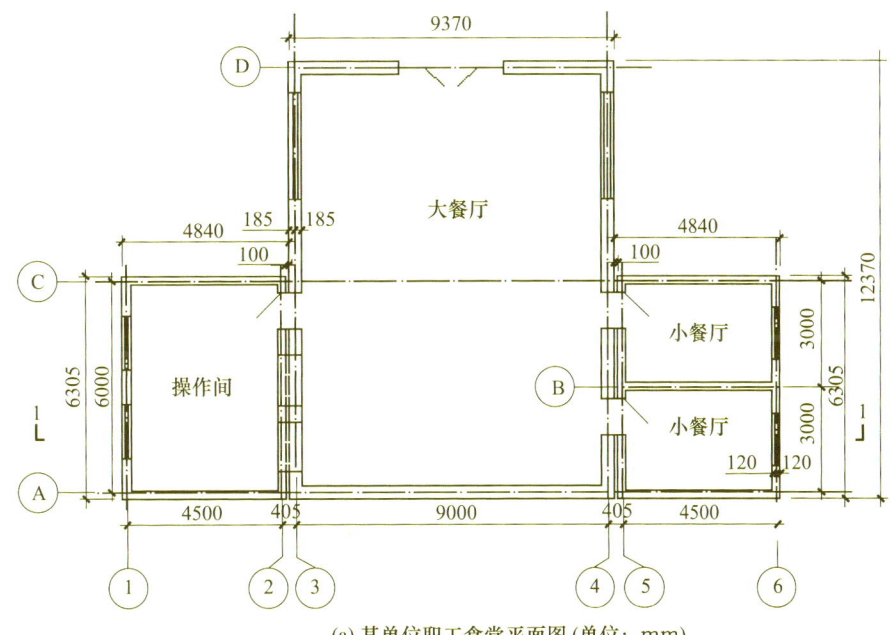

(a) 某单位职工食堂平面图(单位：mm)

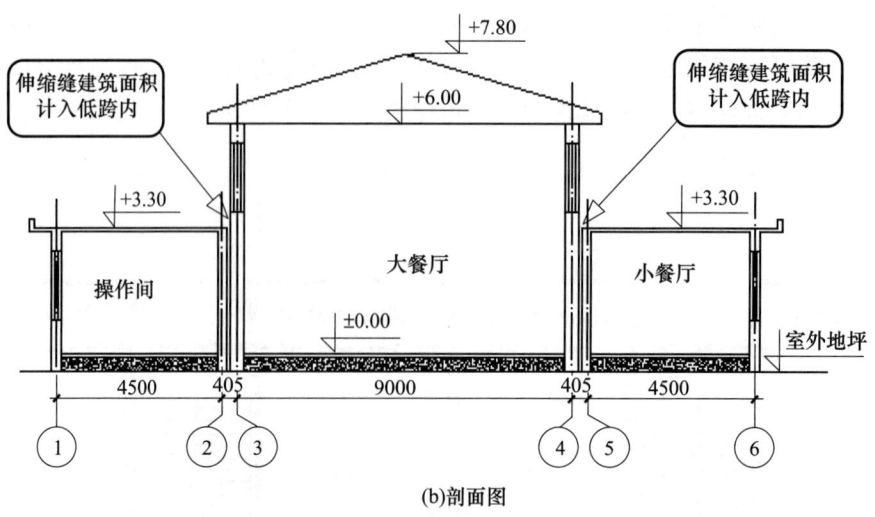

图 2.2.33 有高低跨的情形

(26) 对于建筑物内的设备层、管道层、避难层等有结构层的楼层,结构层高在 2.20m 及以上的,应计算全面积;结构层高在 2.20m 以下的,应计算 1/2 面积。

设备层、管道层虽然其具体功能与普通楼层不同,但在结构上及施工消耗上并无本质区别,因此将设备、管道楼层归为自然层,其计算规则与普通楼层相同。在吊顶空间内设置管道的,则吊顶空间部分不能被视为设备层、管道层。设备层见图 2.2.34。

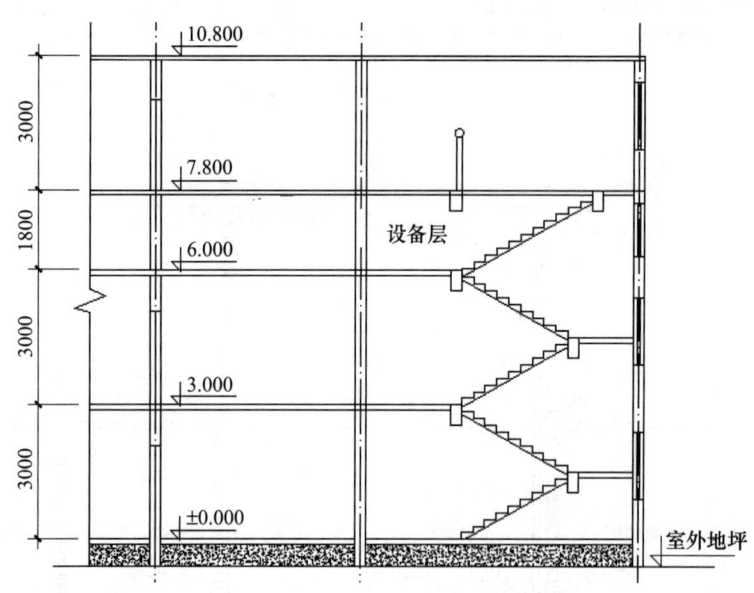

图 2.2.34 设备层示意图(单位:mm)

图 2.2.34 中的设备层结构层高为 1.8m,所以设备层按围护结构的 1/2 计算建筑面积。

**(二)不计算建筑面积的范围**

(1) 与建筑物内不相连通的建筑部件。建筑部件指的是依附于建筑物外墙外不与户室开门连通，起装饰作用的敞开式挑台（廊）、平台以及不与阳台相通的空调室外机搁板（箱）等设备平台部件。

"与建筑物内不相连通"是指没有正常的出入口。即：通过门进出的，视为"连通"，通过窗或栏杆等翻出去的，视为"不连通"。

（2）骑楼、过街楼底层的开放公共空间和建筑物通道。骑楼指建筑底层沿街面后退且留出公共人行空间的建筑物，见图 2.2.35。过街楼指跨越道路上空并与两边建筑相连接的建筑物，见图 2.2.36。建筑物通道指为穿过建筑物而设置的空间，见图 2.2.37。

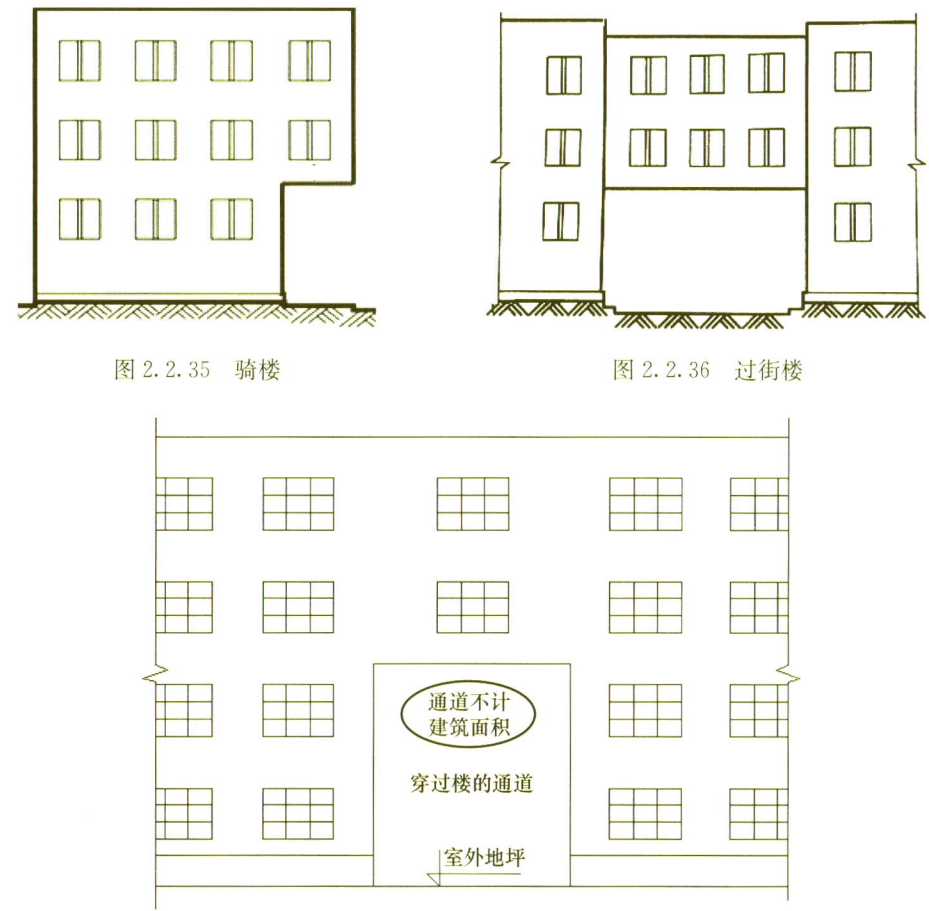

图 2.2.35　骑楼　　　　　　　图 2.2.36　过街楼

图 2.2.37　建筑物通道

（3）舞台及后台悬挂幕布和布景的天桥、挑台等。这里指的是影剧院的舞台及为舞台服务的可供上人维修、悬挂幕布、布置灯光及布景等搭设的天桥和挑台等构件设施。

（4）露台、露天游泳池、花架、屋顶的水箱及装饰性结构构件。露台是设置在屋面、首层地面或雨篷上的供人室外活动的有围护设施的平台，见图 2.2.38。

（5）建筑物内的操作平台、上料平台、安装箱和罐体的平台。建筑物内不构成结构层的操作平台、上料平台（包括工业厂房、搅拌站和料仓等建筑中的设备操作控制平台、上料平台等），其主要作用为室内构筑物或设备服务的独立上人设施，因此不计算建筑面积，见图 2.2.39。

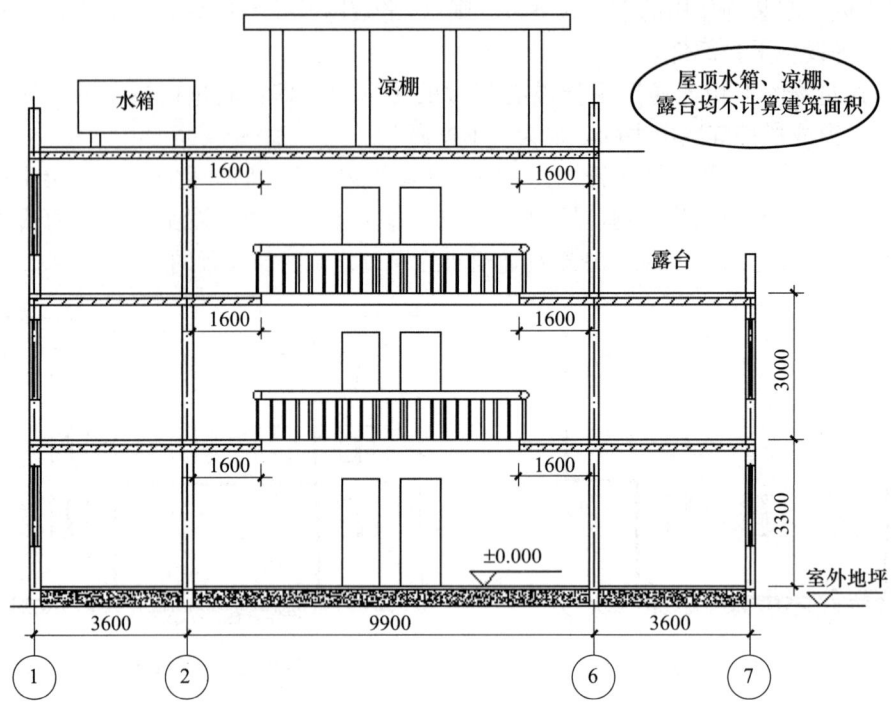

图 2.2.38 某建筑物屋顶水箱、凉棚、露台平面图（单位：mm）

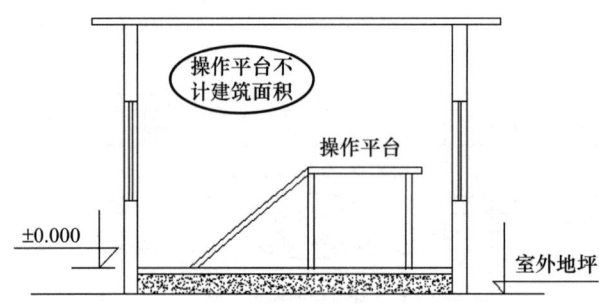

图 2.2.39 某车间操作平台示意图

（6）勒脚、附墙柱（附墙柱是指非结构性装饰柱）、垛、台阶、墙面抹灰、装饰面、镶贴块料面层、装饰性幕墙，主体结构外的空调室外机搁板（箱）、构件、配件，挑出宽度在 2.10m 以下的无柱雨篷和顶盖高度达到或超过两个楼层的无柱雨篷。

（7）窗台与室内地面高差在 0.45m 以下且结构净高在 2.10m 以下的凸（飘）窗，窗台与室内地面高差在 0.45m 及以上的凸（飘）窗。

（8）室外爬梯、室外专用消防钢楼梯。专用的消防钢楼梯是不计算建筑面积的。当钢楼梯是建筑物通道，兼顾消防用途时，则应计算建筑面积。

（9）无围护结构的观光电梯。

（10）建筑物以外的地下人防通道，独立的烟囱、烟道、地沟、油（水）罐、气柜、水塔、储油（水）池、储1仓、栈桥等构筑物。

## 第三节 工程量计算规则与方法

本节介绍房屋建筑与装饰工程工程量的计算规则与方法,以现行国家标准《房屋建筑与装饰工程工程量计算规范》(GB 50854—2013)附录中清单项目设置和工程量计算规则为主。其他工程量计算规则还可参考《房屋建筑与装饰工程消耗量定额》(TY 01-31)。

### 一、土石方工程(编码:0101)

土石方工程包括土方工程、石方工程及回填。

#### (一)土方工程(编码:010101)

土方工程包括平整场地、挖一般土方、挖沟槽土方、挖基坑土方、冻土开挖、挖淤泥(流沙)、管沟土方等项目。平整场地、挖一般土方、挖沟槽土方、挖基坑土方项目划分的规定:

(1)建筑物场地厚度≤±300mm 的挖、填、运、找平,应按平整场地项目编码列项。厚度>±300mm 的竖向布置挖土或山坡切土应按一般土方项目编码列项。

(2)沟槽、基坑、一般土方的划分为:底宽≤7m,底长>3 倍底宽为沟槽;底长≤3 倍底宽、底面积≤150m² 为基坑;超出上述范围则为一般土方。

1. 平整场地

按设计图示尺寸以建筑物首层建筑面积计算。项目特征包括土壤类别、弃土运距、取土运距。

平整场地若需要外运土方或取土回填时,在清单项目特征中应描述弃土运距或取土运距,其报价应包括在平整场地项目中;当清单中没有描述弃、取土运距时,应注明由投标人根据施工现场实际情况自行考虑到投标报价中。

2. 挖一般土方

按设计图示尺寸以体积计算。挖土方平均厚度应按自然地面测量标高至设计地坪标高间的平均厚度确定。土石方体积应按挖掘前的天然密实体积计算,如需按天然密实体积折算时,应按表 2.3.1 系数计算。挖土方如需截桩头时,应按桩基工程相关项目列项。桩间挖土不扣除桩的体积,并在项目特征中加以描述。

表 2.3.1 土方体积折算系数表

| 天然密实度体积 | 虚方体积 | 夯实后体积 | 松填体积 |
| --- | --- | --- | --- |
| 0.77 | 1.00 | 0.67 | 0.83 |
| 1.00 | 1.30 | 0.87 | 1.08 |
| 1.15 | 1.50 | 1.00 | 1.25 |
| 0.92 | 1.20 | 0.80 | 1.00 |

注:1. 虚方指未经碾压、堆积时间不长于 1 年的土壤。
  2. 本表按《全国统一建筑工程预算工程量计算规则》GJDG2-101 整理。
  3. 设计密实度超过规定的,填方体积按工程设计要求执行,无设计要求按各省、自治区、直辖市或行业建设行政主管部门规定的系数执行

土壤的不同类型决定了土方工程施工的难易程度、施工方法、功效及工程成本,所

以应掌握土壤类别的确定，如土壤类别不能准确划分时，招标人可注明为综合，由投标人根据地勘报告决定报价。土壤分类可参考表 2.3.2。

**表 2.3.2　土壤分类表**

| 土壤分类 | 土壤名称 | 开挖方法 |
| --- | --- | --- |
| 一、二类土 | 粉土、砂土（粉砂、细砂、中砂、粗砂、砾砂）、粉质黏土、弱中盐渍土、软土（淤泥质土、泥炭、泥炭质土）、软塑红黏土、冲填土 | 用锹、少许用镐、条锄开挖。机械能全部直接铲挖满载者 |
| 三类土 | 黏土、碎石土（圆砾、角砾）混合土、可塑红黏土、硬塑红黏土、强盐渍土、素填土、压实填土 | 主要用镐、条锄、少许用锹开挖。机械需部分刨松方能铲挖满载者或可直接铲挖但不能满载者 |
| 四类土 | 碎石土（卵石、碎石、漂石、块石）、坚硬红黏土、超盐渍土、杂填土 | 全部用镐、条锄挖掘、少许用撬棍挖掘。机械须普遍刨松方能铲挖满载者 |

注：本表中土的名称及其含义按现行国家标准《岩土工程勘察规范》（GB 50021—2001）定义

3. 挖沟槽土方、挖基坑土方

按设计图示尺寸以基础垫层底面积乘以挖土深度计算。基础土方开挖深度应按基础垫层底表面标高至交付施工场地标高确定，无交付施工场地标高时，应按自然地面标高确定。

挖沟槽、基坑、一般土方因工作面和放坡增加的工程量（管沟工作面增加的工程量），是否并入各土方工程量中，按各省、自治区、直辖市或行业建设主管部门的规定实施，如并入各土方工程量中，办理工程结算时，按经发包人认可的施工组织设计规定计算，编制工程量清单时，可按表 2.3.3、表 2.3.4、表 2.3.5 的规定计算。

**表 2.3.3　放坡系数表**

| 土类别 | 放坡起点（m） | 人工挖土 | 机械挖土 | | |
| --- | --- | --- | --- | --- | --- |
| | | | 坑内作业 | 坑上作业 | 顺沟槽在坑上作业 |
| 一、二类土 | 1.20 | 1：0.5 | 1：0.33 | 1：0.75 | 1：0.5 |
| 三类土 | 1.50 | 1：0.33 | 1：0.25 | 1：0.67 | 1：0.33 |
| 四类土 | 2.00 | 1：0.25 | 1：0.10 | 1：0.33 | 1：0.25 |

注：1. 沟槽、基坑中土类别不同时，分别按其放坡起点、放坡系数、依不同土类别厚度加权平均计算。
　　2. 计算放坡时，在交接处的重复工程量不予扣除，原槽、坑作基础垫层时，放坡自垫层上表面开始计算

**表 2.3.4　基础施工所需工作面宽度计算表**

| 基础材料 | 每边各增加工作面宽度（mm） |
| --- | --- |
| 砖基础 | 200 |
| 浆砌毛石、条石基础 | 150 |
| 混凝土基础垫层支模板 | 300 |
| 混凝土基础支模板 | 300 |
| 基础垂直面做防水层 | 1000（防水层面） |

注：本表按《全国统一建筑工程预算工程量计算规则》GJDG2-101 整理

表 2.3.5　管沟施工每侧工作面宽度计算表（单位：mm）

| 管道结构宽 | 管道结构宽 | | | |
|---|---|---|---|---|
| | ≤500 | ≤1000 | ≤2500 | >2500 |
| 混凝土及钢筋混凝土管道 | 400 | 500 | 600 | 700 |
| 其他材质管道 | 300 | 400 | 500 | 600 |

注：1. 本表按《全国统一建筑工程预算工程量计算规则》GJDG2-101 整理。
　　2. 管道结构宽：有管座的按基础外缘，无管座的按管道外径

4. 冻土开挖

按设计图示尺寸开挖面积乘以厚度，以体积计算。

5. 挖淤泥、流沙

按设计图示位置、界限以体积计算。挖方出现流沙、淤泥时，如设计未明确，在编制工程量清单时，其工程数量可为暂估量，结算时应根据实际情况由发包人与承包人双方现场签证确认工程量。

6. 管沟土方

按设计图示以管道中心线长度计算；或按设计图示管底垫层面积乘以挖土深度，以体积计算。无管底垫层按管外径的水平投影面积乘以挖土深度计算。不扣除各类井的长度，井的土方并入。

管沟土方项目适用于管道（给排水、工业、电力、通信）、光（电）缆沟［包括：人（手）孔、接口坑］及连接井（检查井）等。有管沟设计时，平均深度以沟垫层底面标高至交付施工场地标高计算；无管沟设计时，直埋管深度应按管底外表面标高至交付施工场地标高的平均高度计算。

### （二）石方工程（编号：010102）

石方工程包括挖一般石方、挖沟槽石方、挖基坑石方、挖管沟石方。

挖基坑石方项目划分的规定：

（1）厚度＞±300mm 的竖向布置挖石或山坡凿石应按本表中挖一般石方项目编码列项。

（2）沟槽、基坑、一般石方的划分为：底宽≤7m 且底长＞3 倍底宽为沟槽；底长≤3 倍底宽且底面积≤150m² 为基坑；超出上述范围则为一般石方。

1. 挖一般石方

按设计图示尺寸以体积计算。挖石应按自然地面测量标高至设计地坪标高的平均厚度确定。

石方工程中项目特征应描述岩石的类别，岩石的分类应按表 2.3.6 确定。弃渣运距可以不描述，但应注明由投标人根据施工现场实际情况自行考虑，决定报价。石方体积应按挖掘前的天然密实体积计算。非天然密实石方应按表 2.3.7 折算。

表 2.3.6　岩石分类表

| 岩石分类 | 代表性岩石 | 开挖方法 |
|---|---|---|
| 极软岩 | 1 全风化的各种岩石；2 各种半成岩 | 部分用手凿工具、部分用爆破法开挖 |

续表

| 岩石分类 | | 代表性岩石 | 开挖方法 |
|---|---|---|---|
| 软质岩 | 软岩 | 1 强风化的坚硬岩或较硬岩；2 中等风化或强风化的较软岩；3 未风化或微风化的页岩、泥岩、泥质砂岩等 | 用风镐和爆破法开挖 |
| | 较软岩 | 1 中等风化或强风化的坚硬岩或较硬岩；2 未风化或微风化的凝灰岩、千枚岩、泥灰岩、砂质泥岩等 | 用爆破法开挖 |
| 硬质岩 | 较硬岩 | 1 微风化的坚硬岩；2 未风化或微风化的大理岩、板岩、石灰岩、白云岩、钙质砂岩等 | 用爆破法开挖 |
| | 坚硬岩 | 未风化或微风化的花岗岩、闪长岩、辉绿岩、玄武岩、安山岩、片麻岩、石英岩、石英砂岩、硅质砾岩、硅质石灰岩等 | 用爆破法开挖 |

注：本表依据现行国家标准《工程岩体分级标准》（GB 50218—2014）和《岩土工程勘察规范》（GB 50021—2001）整理。

表 2.3.7  石方体积折算系数表

| 石方类别 | 天然密实度体积 | 虚方体积 | 松填体积 | 码方 |
|---|---|---|---|---|
| 石方 | 1.00 | 1.54 | 1.31 | — |
| 块石 | 1.00 | 1.75 | 1.43 | 1.67 |
| 砂夹石 | 1.00 | 1.07 | 0.94 | — |

注：本表按《爆破工程消耗量定额》（GYD—102）整理。

2. 挖沟槽（基坑）石方

按设计图示尺寸沟槽（基坑）底面积乘以挖石深度，以体积计算。

3. 管沟石方

按设计图示以管道中心线长度计算；或按设计图示截面积乘以长度，以体积计算。有管沟设计时，平均深度以沟垫层底面标高至交付施工场地标高计算；无管沟设计时，直埋管深度应按管底外表面标高至交付施工场地标高的平均高度计算。

管沟石方项目适用于管道（给排水、工业、电力、通信）、光（电）缆沟［包括：人（手）孔、接口坑］及连接井（检查井）等。

### （三）回填（编号：010103）

回填包括回填方、余方弃置等项目。

1. 回填方

按设计图示尺寸以体积计算。①场地回填：回填面积乘以平均回填厚度；②室内回填：主墙间净面积乘以回填厚度，不扣除间隔墙；③基础回填：挖方清单项目工程量减去自然地坪以下埋设的基础体积（包括基础垫层及其他构筑物）。

回填土方项目特征包括密实度要求、填方材料品种、填方粒径要求、填方来源及运距，在项目特征描述中需要注意的问题：

（1）填方密实度要求，在无特殊要求情况下，项目特征可描述为满足设计和规范的要求；

（2）填方材料品种可以不描述，但应注明由投标人根据设计要求验方后方可填入，并符合相关工程的质量规范要求；

（3）填方粒径要求，在无特殊要求情况下，项目特征可以不描述；

（4）如需买土回填应在项目特征填方来源中描述，并注明买土方数量。

2. 余方弃置

按挖方清单项目工程量减利用回填方体积（正数）计算。项目特征包括废弃料品种、运距（由余方点装料运输至弃置点的距离）。

【例 2.3.1】某工程±0.00 以下基础施工图见图 2.3.1～图 2.3.3，室内外标高差 450mm。基础垫层为非原槽浇筑，垫层支模，混凝土强度等级 C10；地圈梁混凝土强度等级为 C20。砖基础为普通页岩标准砖，M5.0 水泥砂浆砌筑。独立柱基及柱为 C20 混凝土，混凝土及砂浆为现场搅拌。回填夯实（按表 2.3.1 折算）。土壤类别为三类土。请根据工程量计算规范确定相关清单项目的工程量。

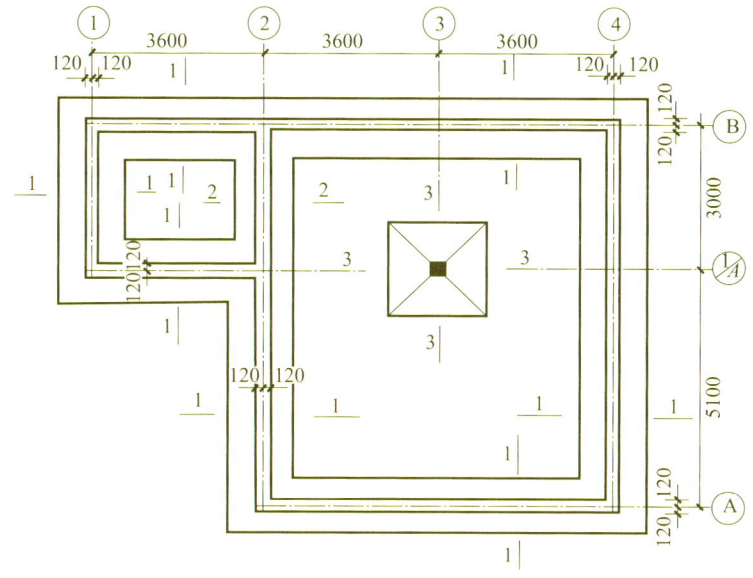

图 2.3.1　某工程基础平面图（单位：mm）

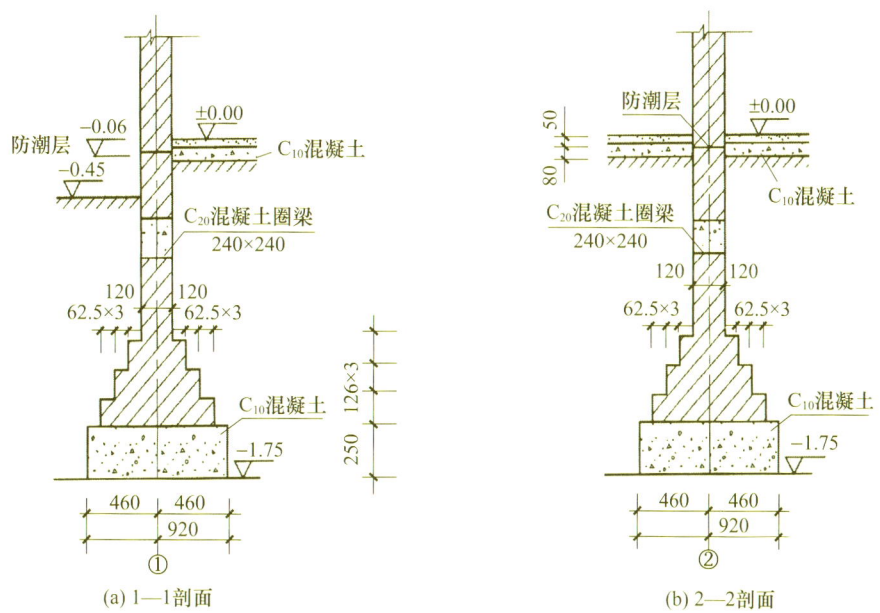

(a) 1—1 剖面　　　　　　　　　(b) 2—2 剖面

图 2.3.2　砖基础剖面图（单位：mm）

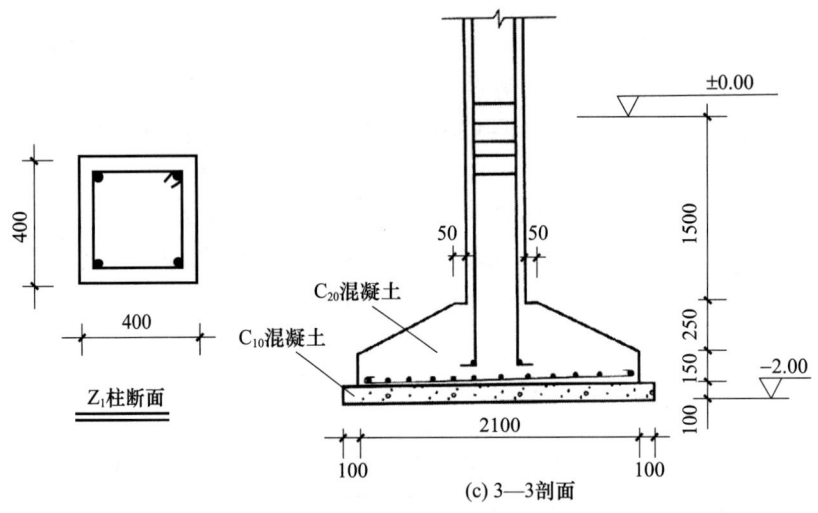

图 2.3.3 柱基础剖面图（单位：mm）

**解**：计算结果见表 2.3.8。

表 2.3.8 工程量计算表

| 序号 | 清单项目编码 | 清单项目名称 | 计算式 | 工程量合计 | 计量单位 |
|---|---|---|---|---|---|
| 1 | 010101001001 | 平整场地 | $(3.60×3+0.12×2)×(3.00+0.24)+(3.60×2+0.12×2)×5.10=11.04×3.24+7.44×5.10=73.71(m^2)$ | 73.71 | $m^2$ |
| 2 | 010101003001 | 挖沟槽土方 | $(10.80+8.10)×2+(3.00-0.92)=39.88(m)$；<br>$V=0.92×39.88×1.3=47.70(m^3)$ | 47.70 | $m^3$ |
| 3 | 010101004001 | 挖基坑土方 | $V=(2.10+0.20)×(2.10+0.20)×1.55=8.20(m^3)$ | 8.20 | $m^3$ |
| 4 | 010103002001 | 土方回填 | ①沟槽回填：<br>$V$ 垫层 $=(37.8+2.08)×0.92×0.25=9.17(m^3)$<br>$V$ 室外地坪下砖基础（含地圈梁）$=(37.8+2.76)×(1.05×0.24+0.0625×0.126×12)=14.05(m^3)$<br>$V$ 沟槽回填 $=47.70-9.17-14.05=24.48(m^3)$<br>②基坑回填：<br>$V$ 垫层 $=2.3×2.3×0.1=0.529(m^3)$<br>$V$ 地坪下独立基础 $=1/3×0.25×(0.5^2+2.1^2+0.5×2.1)+1.05×0.4×0.4+2.1×2.1×0.15=1.31(m^3)$<br>$V$ 基坑回填 $=8.20-0.529-1.31=6.36(m^3)$<br>$V$ 土方回填 $=24.48+6.36=30.84(m^3)$ | 30.84 | $m^3$ |
| 5 | 010103001001 | 余方弃置 | $V=47.70+8.20-30.84×1.15$（压实后利用的土方量）$=20.43(m^3)$ | 20.43 | $m^3$ |

## 二、地基处理与边坡支护工程（编号：0102）

地基处理与边坡支护工程包括地基处理、基坑与边坡支护。对项目特征中"地层情况"的描述按表 2.3.2 和表 2.3.6 的土石划分，并根据岩土工程勘察报告按单位工程各地层所占比例（包括范围值）进行描述或分别列项；对无法准确描述的地层情况，可注明由投标人根据岩土工程勘察报告自行决定报价。项目特征中的"桩长"应包括桩尖，空桩长度＝孔深－桩长，孔深为自然地面至设计桩底的深度。

### （一）地基处理（编号：010201）

地基处理包括换填垫层、铺设土工合成材料、预压地基、强夯地基、振冲密实（不填料）、振冲桩（填料）、砂石桩、水泥粉煤灰碎石桩、深层搅拌桩、粉喷桩、夯实水泥土桩、高压喷射注浆桩、石灰桩、灰土（土）挤密桩、柱锤冲扩桩、注浆地基、褥垫层等项目。

1. 换填垫层

工程量按设计图示尺寸以体积计算。换填垫层是挖除基础底面下一定范围内的软弱土层或不均匀土层，回填其他性能稳定、无侵蚀性、强度较高的材料，并夯压密实形成的垫层。项目特征应描述：材料种类及配比、压实系数、掺加剂品种。

2. 铺设土工合成材料

工程量按设计图示尺寸以面积计算。土工合成材料是以聚合物为原料的材料名词的总称，主要起反滤、排水、加筋、隔离等作用，可分为土工织物、土工膜、特种土工合成材料和复合型土工合成材料。

3. 预压地基、强夯地基、振冲密实（不填料）

工程量均按设计图示处理范围以面积计算，即根据每个点位所代表的范围乘以点数计算，如图 2.3.4 所示。在图 2.3.4（a）中每个点位所代表的处理范围为 $A×B$（矩形面积），共 20 个点位，所以处理范围面积为 $20×A×B$；在图 2.3.4（b）中，每个点位所代表的处理范围为 $A×B$（菱形面积），共 14 个点位，所以处理范围面积为 $14×A×B$。

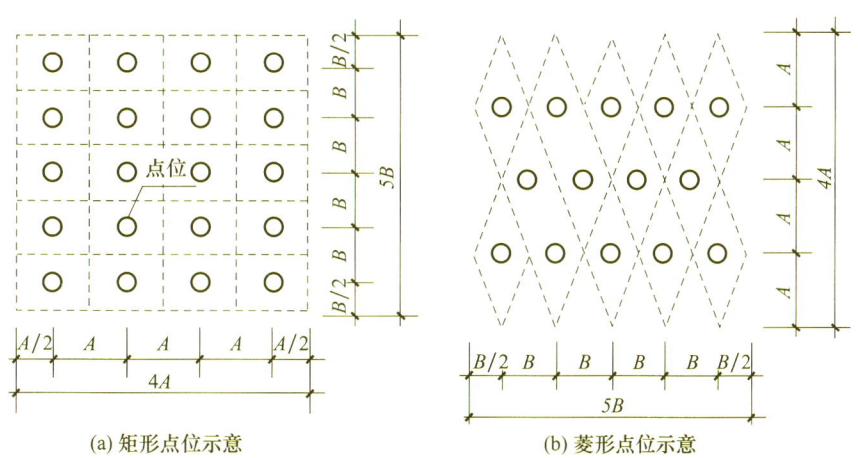

图 2.3.4 预压地基、强夯地基、振冲密实（不填料）工程量计算示意图

预压地基是指在地基上进行堆载预压或真空预压，或联合使用堆载和真空预压，形

成固结压密后的地基。堆载预压是地基上堆加荷载使地基土固结压密的地基处理方法。真空预压是通过对覆盖于竖井地基表面的封闭薄膜内抽真空排水使地基土固结压密的地基处理方法。

强夯地基属于夯实地基，即反复将夯锤提到高处使其自由落下，给地基以冲击和振动能量，将地基土密实处理或置换形成密实墩体的地基。

振冲密实是利用振动和压力水使砂层液化，砂颗粒相互挤密，重新排列，空隙减少，提高砂层的承载能力和抗液化能力，又称振冲挤密砂石桩，可分为不加填料和加填料两种。

4. 振冲桩（填料）

振冲桩（填料）以米计量，按设计图示尺寸以桩长计算；以立方米计量，按设计桩截面乘以桩长，以体积计算。项目特征应描述地层情况，空桩长度、桩长、桩径，填充材料种类。

5. 砂石桩

以米计量，按设计图示尺寸以桩长（包括桩尖）计算；以立方米计量，按设计桩截面乘以桩长（包括桩尖），以体积计算。

砂石桩是将碎石、砂或砂石混合料挤压入已成的孔中，形成密实砂石竖向增强桩体，与桩间土形成复合地基。

6. 水泥粉煤灰碎石桩、夯实水泥土桩、石灰桩、灰土（土）挤密桩

水泥粉煤灰碎石桩、夯实水泥土桩、石灰桩、灰土（土）挤密桩的工程量均以米计量，按设计图示尺寸以桩长（包括桩尖）计算。

7. 深层搅拌桩、粉喷桩、柱锤冲扩桩

深层搅拌桩、粉喷桩、柱锤冲扩桩的工程量以米计量，按设计图示尺寸以桩长计算。

8. 注浆地基

以米计量，按设计图示尺寸以钻孔深度计算；以立方米计量，按设计图示尺寸以加固体积计算。高压喷射注浆类型包括旋喷、摆喷、定喷，高压喷射注浆方法包括单管法、双重管法、三重管法。

9. 褥垫层

以平方米计量，按设计图示尺寸以铺设面积计算；以立方米计量，按设计图示尺寸以体积计算。褥垫层是 CFG 复合地基中解决地基不均匀的一种方法。如建筑物一边在岩石地基上，一边在黏土地基上时，采用在岩石地基上加褥垫层（级配砂石）来解决。

**（二）基坑与边坡支护（编号：010202）**

基坑与边坡支护包括地下连续墙、咬合灌注桩、圆木桩、预制钢筋混凝土板桩、型钢桩、钢板桩、锚杆（锚索）、土钉、喷射混凝土（水泥砂浆）、钢筋混凝土支撑、钢支撑等项目。

1. 地下连续墙

按设计图示墙中心线长乘以厚度乘以槽深，以体积计算。地下连续墙和喷射混凝土（砂浆）的钢筋网、咬合灌注桩的钢筋笼及钢筋混凝土支撑的钢筋制作、安装，混凝土挡土墙按混凝土及钢筋混凝土工程中相关项目列项。

2. 咬合灌注桩

以米计量，按设计图示尺寸以桩长计算；以根计量，按设计图示数量计算。

所谓咬合桩是指在桩与桩之间形成相互咬合排列的一种基坑围护结构。桩的排列方式为一条不配筋并采用超缓凝素混凝土桩（A桩）和一条钢筋混凝土桩（B桩）间隔布置。施工时，先施工A桩，后施工B桩，在A桩混凝土初凝之前完成B桩的施工。A桩、B桩均采用全套管钻机施工，切割掉相邻A桩相交部分的混凝土，从而实现咬合。

3. 圆木桩、预制钢筋混凝土板桩

以米计量，按设计图示尺寸以桩长（包括桩尖）计算；以根计量，按设计图示数量计算。

4. 型钢桩

以吨计量，按设计图示尺寸以质量计算；以根计量，按设计图示数量计算。

5. 钢板桩

以吨计量，按设计图示尺寸以质量计算；以平方米计量，按设计图示墙中心线长乘以桩长以面积计算。

6. 锚杆（锚索）、土钉

以米计量，按设计图示尺寸以钻孔深度计算；以根计量，按设计图示数量计算。

锚杆是指由杆体（钢绞线、普通钢筋、热处理钢筋或钢管）、注浆形成的固结体、锚具、套管、连接器所组成的一端与支护结构构件连接，另一端锚固在稳定岩土体内的受拉杆件。杆体采用钢绞线时，亦可称为锚索。

土钉是设置在基坑侧壁土体内的承受拉力与剪力的杆件。例如，成孔后植入钢筋杆体并通过孔内注浆在杆体周围形成固结体的钢筋土钉，将设有出浆孔的钢管直接击入基坑侧壁土中并在钢管内注浆的钢管土钉。

在清单列项时要正确区分锚杆项目和土钉项目。①土钉是被动受力，即土体发生一定变形后，土钉才受力，从而阻止土体的继续变形；锚杆是主动受力，通过拉力杆将表层不稳定岩土体的荷载传递至岩土体深部稳定位置，从而实现被加固岩土体的稳定。②土钉是全长受力，受力方向分为两部分，潜在滑裂面把土钉分为两部分，前半部分受力方向指向潜在滑裂面方向，后半部分受力方向背向潜在滑裂面方向；锚杆则是前半部分为自由段，后半部分为受力段，所以有时候在锚杆的前半部分不充填砂浆。③土钉一般不施加预应力，而锚杆一般施加预应力。

7. 喷射混凝土、水泥砂浆

喷射混凝土、水泥砂浆的工程量按设计图示尺寸以面积计算。

8. 钢筋混凝土支撑、钢支撑

钢筋混凝土支撑按设计图示尺寸以体积计算。钢支撑按设计图示尺寸以质量计算，不扣除孔眼质量，焊条、铆钉、螺栓等不另增加质量。

## 三、桩基础工程（编号：0103）

基础工程的包括打桩、灌注桩。项目特征中涉及"地层情况"和"桩长"的，地层情况和桩长描述与"地基处理与边坡支护工程"一致；项目特征中涉及"桩截面、混凝土强度等级、桩类型等"可直接用标准图代号或设计桩型进行描述。

**(一)打桩(编号:010301)**

打桩包括预制钢筋混凝土方桩、预制钢筋混凝土管桩、钢管桩、截(凿)桩头等项目。

1. 预制钢筋混凝土方桩、预制钢筋混凝土管桩

预制钢筋混凝土方桩、预制钢筋混凝土管桩以米计量,按设计图示尺寸以桩长(包括桩尖)计算;或以立方米计量,按设计图示截面面积乘以桩长(包括桩尖)以实体积计算;或以根计量,按设计图示数量计算。

预制钢筋混凝土方桩、预制钢筋混凝土管桩项目以成品桩考虑,应包括成品桩购置费,如果用现场预制,应包括现场预制桩的所有费用。打试验桩和打斜桩应按相应项目单独列项,并应在项目特征中注明试验桩或斜桩(斜率)。

2. 钢管桩

钢管桩以吨计量,按设计图示尺寸以质量计算;以根计量,按设计图示数量计算。

3. 截(凿)桩头

截(凿)桩头以立方米计量,按设计桩截面乘以桩头长度以体积计算;以根计量,按设计图示数量计算。截(凿)桩头项目适用于地基处理与边坡支护工程、桩基础工程所列桩的桩头截(凿)。

**(二)灌注桩(编号:010302)**

灌注桩包括泥浆护壁成孔灌注桩、沉管灌注桩、干作业成孔灌注桩、挖孔桩土(石)方、人工挖孔灌注桩、钻孔压浆桩、灌注桩后压浆。混凝土灌注桩的钢筋笼制作、安装,按混凝土与钢筋混凝土工程中相关项目编码列项。

泥浆护壁成孔灌注桩是指在泥浆护壁条件下成孔,采用水下灌注混凝土的桩。其成孔方法包括冲击钻成孔、冲抓锥成孔、回旋钻成孔、潜水钻成孔、泥浆护壁的旋挖成孔等;沉管灌注桩的沉管方法包括锤击沉管法、振动沉管法、振动冲击沉管法、内夯沉管法等;干作业成孔灌注桩是指不用泥浆护壁和套管护壁的情况下,用钻机成孔后,下钢筋笼,灌注混凝土的桩,适用于地下水位以上的土层使用。其成孔方法包括螺旋钻成孔、螺旋钻成孔扩底、干作业的旋挖成孔等。

1. 泥浆护壁成孔灌注桩、沉管灌注桩、干作业成孔灌注桩

泥浆护壁成孔灌注桩、沉管灌注桩、干作业成孔灌注桩工程量以米计量,按设计图示尺寸以桩长(包括桩尖)计算;以立方米计量,按不同截面在桩上范围内以体积计算;以根计量,按设计图示数量计算。

2. 挖孔桩土(石)方

挖孔桩土(石)方按设计图示尺寸(含护壁)截面面积乘以挖孔深度以体积计算。

3 人工挖孔灌注桩

以立方米计量,按桩芯混凝土体积计算;以根计量,按设计图示数量计算。

4. 钻孔压浆桩

以米计量,按设计图示尺寸以桩长计算;以根计量,按设计图示数量计算。

5. 灌注桩后压浆

灌注桩后压浆按设计图示以注浆孔数计算。

## 四、砌筑工程（编号：0104）

砌筑工程包括砖砌体、砌块砌体、石砌体、垫层。

### （一）砖砌体（编号：010401）

砖砌体包括砖基础、砖砌挖孔桩护壁、实心砖墙、多孔砖墙、空心砖墙、空斗墙、空花墙、填充墙、实心砖柱、多孔砖柱、砖检查井、零星砌砖、砖散水（地坪）、砖地沟（明沟）。砖砌体项目的有关说明：

（1）砖砌体勾缝按墙面抹灰中"墙面勾缝"项目编码列项，实心砖墙、多孔砖墙、空心砖墙等项目工作内容中不包括勾缝，包括刮缝。

（2）标准砖尺寸应为240mm×115mm×53mm，标准砖墙厚度应按表2.3.9计算。

表 2.3.9　标准砖墙厚度表

| 砖数（厚度） | $\frac{1}{4}$ | $\frac{1}{2}$ | $\frac{3}{4}$ | 1 | $1\frac{1}{2}$ | 2 | $2\frac{1}{2}$ | 3 |
|---|---|---|---|---|---|---|---|---|
| 计算厚度（mm） | 53 | 115 | 180 | 240 | 365 | 490 | 615 | 740 |

（3）基础与墙（柱）身的划分：基础与墙（柱）身使用同一种材料时，以设计室内地面为界（有地下室者，以地下室室内设计地面为界），以下为基础，以上为墙（柱）身。基础与墙身使用不同材料时，位于设计室内地面高度≤±300mm时，以不同材料为分界线，高度＞±300mm时，以设计室内地面为分界线。砖围墙应以设计室外地坪为界，以下为基础，以上为墙身。

1. 砖基础

（1）砖基础项目适用于各种类型砖基础，如柱基础、墙基础、管道基础等。

（2）工程量按设计图示尺寸以体积计算。包括附墙垛基础宽出部分体积，扣除地梁（圈梁）、构造柱所占体积，不扣除基础大放脚T形接头处的重叠部分（见图2.3.5）及嵌入基础内的钢筋、铁件、管道、基础砂浆防潮层和单个面积不大于0.3m²的孔洞所占体积，靠墙暖气沟的挑檐不增加。

（3）基础长度的确定：外墙基础按外墙中心线，内墙基础按内墙净长线计算。

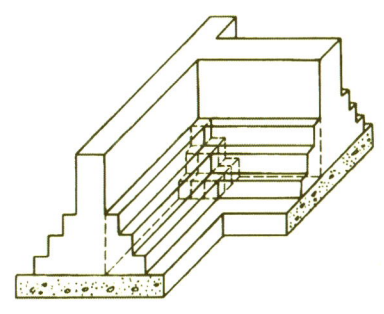

图 2.3.5　砖基础T形接头处的重叠部分示意图

2. 实心砖墙、多孔砖墙、空心砖墙

（1）按设计图示尺寸以体积计算扣除门窗、洞口、嵌入墙内的钢筋混凝土柱、梁、圈梁、挑梁、过梁及凹进墙内的壁龛、管槽、暖气槽、消火栓箱所占体积，不扣除梁头、板头、檩头、垫木、木楞头、沿椽木、木砖、门窗走头、砖墙内加固钢筋、木筋、铁件、钢管及单个面积不大于 0.3m² 的孔洞所占的体积。凸出墙面的腰线、挑檐、压顶、窗台线、虎头砖、门窗套的体积亦不增加。凸出墙面的砖垛并入墙体体积内计算。附墙烟囱、通风道、垃圾道应按设计图示尺寸以体积（扣除孔洞所占体积）计算并入所依附的墙体体积内。当设计规定孔洞内需抹灰时，应按"墙、柱面装饰与隔断、幕墙工程"中零星抹灰项目编码列项。

框架间墙工程量计算不分内外墙按墙体净尺寸以体积计算。围墙的高度算至压顶上表面（如有混凝土压顶时算至压顶下表面），围墙柱并入围墙体积内计算。

（2）墙长度的确定。外墙按中心线，内墙按净长线计算。

（3）墙高度的确定。

① 外墙：斜（坡）屋面无檐口天棚者算至屋面板底；有屋架且室内外均有天棚者算至屋架下弦底另加 200mm，无天棚者算至屋架下弦底另加 300mm，出檐宽度超过 600mm 时按实砌高度计算；有钢筋混凝土楼板隔层者算至板顶。平屋顶算至钢筋混凝土板底。

② 内墙：位于屋架下弦者，算至屋架下弦底；无屋架者算至天棚底另加 100mm；有钢筋混凝土楼板隔层者算至楼板顶；有框架梁时算至梁底。

③ 女儿墙：从屋面板上表面算至女儿墙顶面（如有混凝土压顶时算至压顶下表面）。

④ 内、外山墙：按其平均高度计算。

3. 空斗墙、空花墙、填充墙

（1）空斗墙。按设计图示尺寸以空斗墙外形体积计算。墙角、内外墙交接处、门窗洞口立边、窗台砖、屋檐处的实砌部分体积并入空斗墙体积内。

（2）空花墙。按设计图示尺寸以空花部分外形体积计算，不扣除空洞部分体积。"空花墙"项目适用于各种类型的空花墙，使用混凝土花格砌筑的空花墙，实砌墙体与混凝土花格应分别计算，混凝土花格按混凝土及钢筋混凝土中预制构件相关项目编码列项。

（3）填充墙。按设计图示尺寸以填充墙外形体积计算。项目特征需要描述砖品种、规格、强度等级；墙体类型、填充材料种类及厚度、砂浆强度等级、配合比。

4. 实心砖柱、多孔砖柱

按设计图示尺寸以体积计算。扣除混凝土及钢筋混凝土梁垫、梁头、板头所占体积。

5. 零星砌砖

按零星项目列项的有：框架外表面的镶贴砖部分，空斗墙的窗间墙、窗台下、楼板下、梁头下等的实砌部分，台阶、台阶挡墙、梯带、锅台、炉灶、蹲台、池槽、池槽腿、砖胎模、花台、花池、楼梯栏板、阳台栏板、地垄墙、不大于 0.3m² 的孔洞填塞等。

工程量的计算分四种情况：以立方米计量，按设计图示尺寸截面积乘以长度计算；以平方米计量，按设计图示尺寸水平投影面积计算；以米计量，按设计图示尺寸长度计算；以个计量，按设计图示数量计算。砖砌锅台与炉灶可按外形尺寸以个计算，砖砌台阶可按水平投影面积以平方米计算，小便槽、地垄墙可按长度计算，其他工程以立方米计算。

6. 砖检查井、散水、地坪、地沟、明沟、砖砌挖孔桩护壁

(1) 砖检查井以座为单位,按设计图示数量计算。

(2) 砖散水、地坪按设计图示尺寸以面积计算。

(3) 砖地沟、明沟按设计图示以中心线长度计算。

(4) 砖砌挖孔桩护壁按设计图示尺寸以体积计算。

### (二) 砌块砌体（编号: 010402）

砖块砌体包括砌块墙、砌块柱等项目。项目特征应描述:①砌块品种、规格、强度等级;②墙体类型;③砂浆强度等级。砖块砌体的有关说明如下:

(1) 砌体内加筋、墙体拉结的制作、安装,应按"混凝土及钢筋混凝土工程"中相关项目编码列项。

(2) 砌块排列应上、下错缝搭砌,如果搭错缝长度满足不了规定的压搭要求,应采取压砌钢筋网片的措施,具体构造要求按设计规定。若设计无规定时,应注明由投标人根据工程实际情况自行考虑;钢筋网片按"混凝土及钢筋混凝土工程"中相应编码列项。

(3) 砌块砌体中工作内容包括了勾缝。

(4) 砌体垂直灰缝宽大于30mm时,采用C20细石混凝土灌实。灌注的混凝土应按"混凝土及钢筋混凝土工程"相关项目编码列项。

(4) 工程量计算时,砌块墙和砌块柱分部与实心砖墙和实心砖柱一致。

### (三) 石砌体（编号: 010403）

石砌体包括石基础、石勒脚、石墙（工程量计算规则同实心砖墙）、石挡土墙、石柱、石栏杆、石护坡、石台阶、石坡道、石地沟（明沟）等项目。石砌体有关说明如下:

(1) 石基础、石勒脚、石墙的划分:基础与勒脚应以设计室外地坪为界。勒脚与墙身应以设计室内地面为界。石围墙内外地坪标高不同时,应以较低地坪标高为界,以下为基础;内外标高之差为挡土墙时,挡土墙以上为墙身。

(2) 石砌体中工作内容包括了勾缝。

(3) 工程量计算是,石墙和石柱分别与实心砖墙和实心砖柱一致。

1. 石基础

石基础项目适用于各种规格（粗料石、细料石等）、各种材质（砂石、青石等）和各种类型（柱基、墙基、直形、弧形等）基础。其工程量按设计图示尺寸以体积计算。包括附墙垛基础宽出部分体积,不扣除基础砂浆防潮层及单个面积≤$0.3m^2$的孔洞所占体积,靠墙暖气沟的挑檐不增加。基础长度:外墙按中心线,内墙按净长线计算。

2. 石勒脚

石勒脚项目适用于各种规格（粗料石、细料石等）、各种材质（砂石、青石、大理石、花岗石等）和各种类型（直形、弧形等）勒脚。其工程量按设计图示尺寸以体积计算。扣除单个面积>$0.3m^2$的孔洞所占体积。

3. 石挡土墙

石挡土墙项目适用于各种规格（粗料石、细料石、块石、毛石、卵石等）、各种材

质（砂石、青石、石灰石等）和各种类型（直形、弧形、台阶形等）挡土墙。其工程量按设计图示尺寸以体积计算。石梯膀应按石挡土墙项目编码列项。

4. 石栏杆

石栏杆项目适用于无雕饰的一般石栏杆。其工程量按设计图示以长度计算。石栏杆项目适用于无雕饰的一般石栏杆。

5. 石护坡

石护坡项目适用于各种石质和各种石料（粗料石、细料石、片石、块石、毛石、卵石等），其工程量按设计图示尺寸以体积计算。

6. 石台阶

石台阶项目包括石梯带（垂带），不包括石梯膀，其工程量按设计图示尺寸以体积计算。石台阶见图2.3.6。

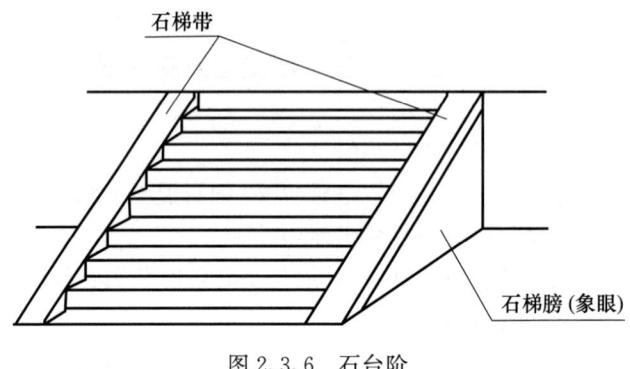

图 2.3.6 石台阶

7. 石坡道

石坡道按设计图示尺寸以水平投影面积计算。

8. 石地沟、明沟

石地沟、明沟按设计图示尺寸以中心线长度计算。

**（四）垫层（编号：010404）**

除混凝土垫层外，没有包括垫层要求的清单项目应按该垫层项目编码列项，例如：灰土垫层、楼地面等（非混凝土）垫层。其工程量按设计图示尺寸以体积计算。

## 五、混凝土及钢筋混凝土工程（编号：0105）

混凝土及钢筋混凝土工程包括现浇混凝土构件、预制混凝土构件及钢筋工程等部分。在计算现浇或预制混凝土和钢筋混凝土构件工程量时，不扣除构件内钢筋、螺栓、预埋铁件、张拉孔道所占体积，但应扣除劲性骨架的型钢所占体积。

**（一）现浇混凝土基础（编号：010501）**

现浇混凝土基础包括垫层、带形基础、独立基础、满堂基础、桩承台基础、设备基础等项目。按设计图示尺寸以体积计算。不扣除构件内钢筋、预埋铁件和伸入承台基础的桩头所占体积。项目特征包括混凝土种类、混凝土的强度等级，其中混凝土的种类指清水混凝土、彩色混凝土等，如在同一地区既使用预拌（商品）混凝土，又允许现场搅拌混凝土时，也应注明（下同）。

垫层项目适用于基础现浇混凝土垫层；有肋带形基础、无肋带形基础应分别编码列项，并注明肋高；箱式满堂基础及框架式设备基础中柱、梁、墙、板按现浇混凝土柱、梁、墙、板分别编码列项；箱式满堂基础底板按满堂基础项目列项，框架设备基础的基础部分按设备基础列项。

**（二）现浇混凝土柱（编号：010502）**

现浇混凝土柱包括矩形柱、构造柱、异形柱等项目。按设计图示尺寸以体积计算，不扣除构件内钢筋、预埋铁件所占体积。柱高按以下规定计算：

（1）有梁板的柱高，应自柱基上表面（或楼板上表面）至上一层楼板上表面之间的高度计算，如图2.3.7所示。

（2）无梁板的柱高，应自柱基上表面（或楼板上表面）至柱帽下表面之间的高度计算，如图2.3.8所示。

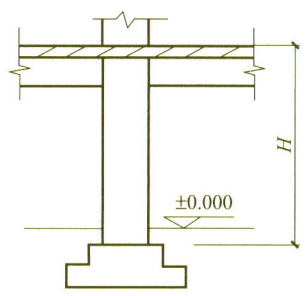
图2.3.7 有梁板柱高示意图

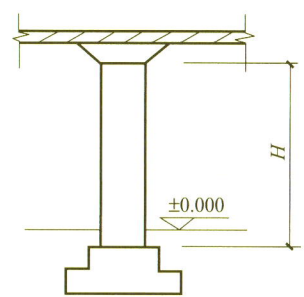
图2.3.8 无梁板柱高示意图

（3）框架柱的柱高应自柱基上表面至柱顶高度计算，如图2.3.9所示。

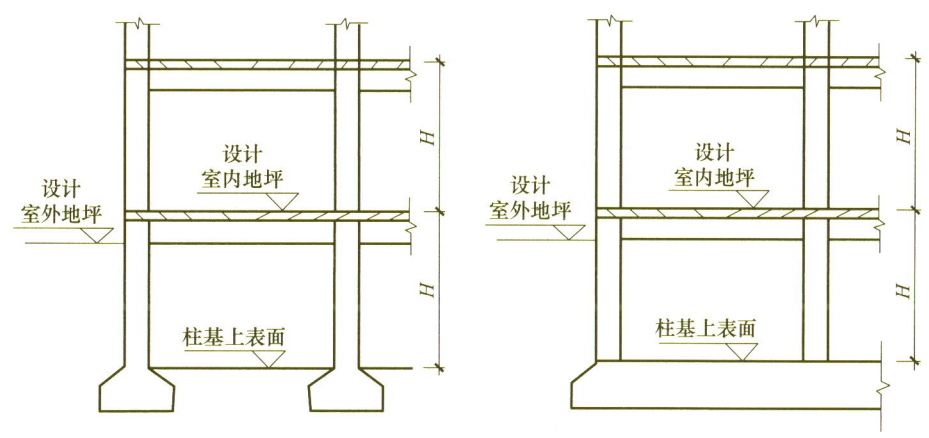
图2.3.9 框架柱高示意图

（4）构造柱按全高计算，嵌接墙体部分并入柱身体积，如图2.3.10所示。

（5）依附柱上的牛腿和升板的柱帽，并入柱身体积计算，如图2.3.11所示。

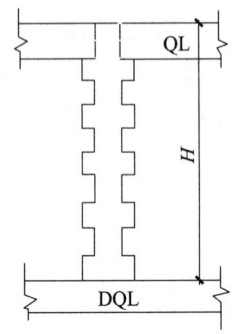 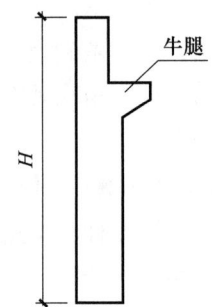

图 2.3.10　构造柱高示意图　　图 2.3.11　带牛腿的现浇混凝土柱高示意图

### (三) 现浇混凝土梁 (编号: 010503)

现浇混凝土梁包括基础梁、矩形梁、异形梁、圈梁、过梁、弧形梁 (拱形梁) 等项目, 按设计图示尺寸以体积计算。不扣除构件内钢筋、预埋铁件所占体积, 伸入墙内的梁头、梁垫并入梁体积内。

梁长的确定: 梁与柱连接时, 梁长算至柱侧面; 主梁与次梁连接时, 次梁长算至主梁侧面。见图 2.3.12 和图 2.3.13。

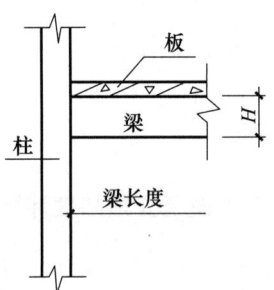

图 2.3.12　梁与柱连接示意图

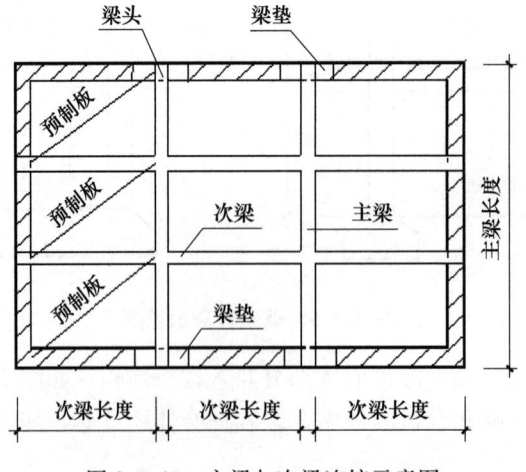

图 2.3.13　主梁与次梁连接示意图

## (四)现浇混凝土墙(编号:010504)

现浇混凝土墙包括直形墙、弧形墙、短肢剪力墙、挡土墙,按设计图示尺寸以体积计算。不扣除构件内钢筋,预埋铁件所占体积,扣除门窗洞口及单个面积大于 $0.3m^2$ 的孔洞所占体积,墙垛及突出墙面部分并入墙体体积内计算。

短肢剪力墙是指截面厚度不大于300mm、各肢截面高度与厚度之比的最大值大于4但不大于8的剪力墙;各肢截面高度与厚度之比的最大值不大于4的剪力墙按柱项目编码列项。如图2.3.14所示,判断是短肢剪力墙还是柱。在(a)图中,各肢截面高度与厚度之比为:(500+300)/200=4,所以按异形柱列项;在(b)图中,各肢截面高度与厚度之比为:(600+300)/200=4.5,大于4不大于8,按短肢剪力墙列项。

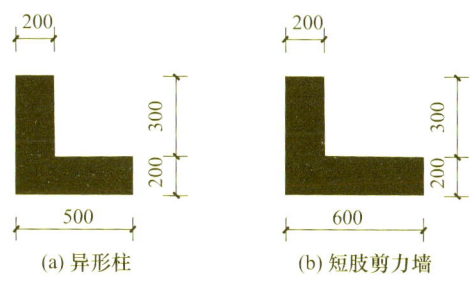

图2.3.14 短肢剪力墙与柱区分(单位:mm)

## (五)现浇混凝土板(编号:010505)

现浇混凝土板包括梁板、无梁板、平板、拱板、薄壳板、栏板、天沟(檐沟)及挑檐板、雨篷、悬挑板及阳台板、空心板、其他板等项目。

1. 有梁板、无梁板、平板、拱板、薄壳板、栏板

按设计图示尺寸以体积计算。不扣除构件内钢筋、预埋铁件及单个面积不大于 $0.3m^2$ 的柱、垛以及孔洞所占体积;压形钢板混凝土楼板扣除构件内压形钢板所占体积。

有梁板(包括主、次梁与板)按梁、板体积之和计算,见图2.3.15;无梁板按板和柱帽体积之和计算,见图2.3.16;各类板伸入墙内的板头并入板体积内计算;薄壳板的肋、基梁并入薄壳体积内计算。

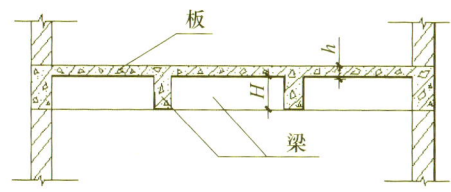 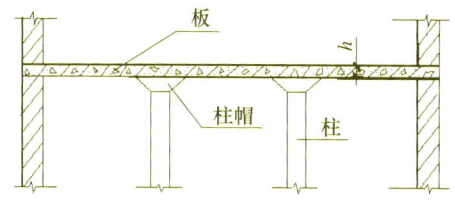

图2.3.15 有梁板(包括主、次梁与板)　　图2.3.16 无梁板(包括柱冒)

2. 天沟(檐沟)、挑檐板

按设计图示尺寸以体积计算。

3. 雨篷、悬挑板、阳台板

按设计图示尺寸以墙外部分体积计算,包括伸出墙外的牛腿和雨篷反挑檐的体积。

现浇挑檐、天沟板、雨篷、阳台与板(包括屋面板、楼板)连接时,以外墙外边线

为分界线；与圈梁（包括其他梁）连接时，以梁外边线为分界线。外边线以外为挑檐、天沟、雨篷或阳台。见图 2.3.17。

4. 空心板

按设计图示尺寸以体积计算。空心板（GBF 高强薄壁蜂巢芯板等）应扣除空心部分体积。

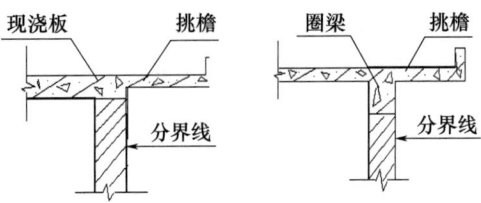

图 2.3.17　现浇混凝土挑檐板分界线示意图

**（六）现浇混凝土楼梯（编号：010506）**

现浇混凝土楼梯包括直形楼梯、弧形楼梯。以平方米计量，按设计图示尺寸以水平投影面积计算，不扣除宽度不大于 500mm 的楼梯井，伸入墙内部分不计算；或以立方米计量，按设计图示尺寸以体积计算。见图 2.3.18。

整体楼梯（包括直形楼梯、弧形楼梯）水平投影面积包括休息平台、平台梁、斜梁和楼梯的连接梁。当整体楼梯与现浇楼板无梯梁连接时，以楼梯的最后一个踏步边缘加 300mm 为界。

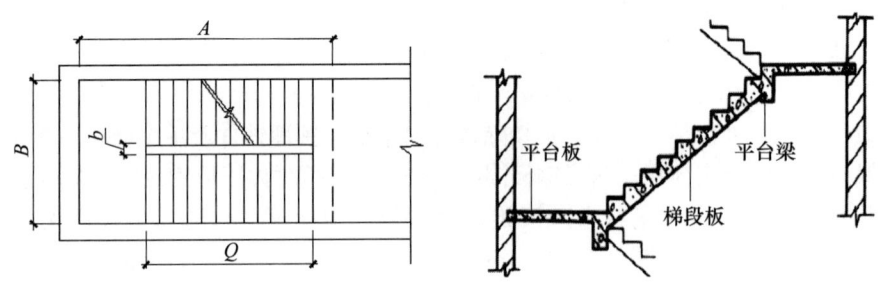

图 2.3.18　现浇混凝土楼梯示意图

**（七）现浇混凝土其他构件（编号：010507）**

现浇混凝土其他构件包括散水与坡道、室外地坪、电缆沟与地沟、台阶、扶手和压顶、化粪池和检查井、其他构件。现浇混凝土小型池槽、垫块、门框等，应按其他构件项目编码列项。架空式混凝土台阶，按现浇楼梯计算。

（1）散水、坡道、室外地坪，按设计图示尺寸以面积计算。不扣除单个面积不大于 0.3m² 的孔洞所占面积；不扣除构件内钢筋、预埋铁件所占体积。

（2）电缆沟、地沟，按设计图示以中心线长度计算。

（3）台阶。以平方米计量，按设计图示尺寸水平投影面积计算；或以立方米计量，按设计图示尺寸以体积计算。

（4）扶手、压顶。以米计量，按设计图示的中心线延长米计算；或以立方米计量，按设计图示尺寸以体积计算。

(5) 化粪池、检查井。以立方米计量,按设计图示尺寸以体积计算;或以座计量,按设计图示数量计算。

(6) 其他构件,主要包括现浇混凝土小型池槽、垫块、门框等,按设计图示尺寸以体积计算。

### (八) 后浇带 (编号: 010508)

后浇带项目适用于梁、墙、板的后浇带,其工程量按设计图示尺寸以体积计算。

### (九) 预制混凝土柱 (编号: 010509)

预制混凝土柱包括矩形柱、异形柱。其工程量以立方米计量时,按设计图示尺寸以体积计算;以根计量时,按设计图示尺寸以数量计算。项目特征应描述图代号、单件体积、安装高度、混凝土强度等级、砂浆(细石混凝土)强度等级及配合比。当以根计量时,必须描述单件体积。

### (十) 预制混凝土梁 (编号: 010510)

预制混凝土梁包括矩形梁、异形梁、过梁、拱形梁、鱼腹式吊车梁和其他梁。以立方米计量时,按设计图示尺寸以体积计算;以根计量时,按设计图示尺寸以数量计算。项目特征描述要求与预制混凝土柱相同。

### (十一) 预制混凝土屋架 (编号: 010511)

预制混凝土屋架包括折线型屋架、组合屋架、薄腹屋架、门式刚架屋架、天窗架屋架。其工程量以立方米计量时,按设计图示尺寸以体积计算;以榀计量时,按设计图示尺寸以数量计算。以榀计量时,项目特征必须描述单件体积。三角形屋架按折线形屋架项目编码列项。

### (十二) 预制混凝土板 (编号: 010512)

预制混凝土板包括平板、空心板、槽形板、网架板、折线板、带肋板、大型板、沟盖板(井盖板)和井圈。以块、套计量时,项目特征必须描述单件体积。不带肋的预制遮阳板、雨篷板、挑檐板、栏板等,应按平板项目编码列项。预制F形板、双T形板、单肋板和带反挑檐的雨篷板、挑檐板、遮阳板等,应按带肋板项目编码列项。预制大型墙板、大型楼板、大型屋面板等,按中大型板项目编码列项。

(1) 平板、空心板、槽形板、网架板、折线板、带肋板、大型板。以立方米计量时,按设计图示尺寸以体积计算,不扣除单个面积不大于300mm×300mm的孔洞所占体积,扣除空心板空洞体积;以块计量时,按设计图示尺寸以数量计算。

(2) 沟盖板、井盖板、井圈。以立方米计量时,按设计图示尺寸以体积计算;以块计量时,按设计图示尺寸以数量计算。

### (十三) 预制混凝土楼梯 (编号: 010513)

以立方米计量时,按设计图示尺寸以体积计算,扣除空心踏步板空洞体积;以块计量时,按设计图示数量计。以块计量,项目特征必须描述单件体积。

### (十四) 其他预制构件 (编号: 010514)

其他预制构件包括烟道、垃圾道、通风道及其他构件。预制钢筋混凝土小型池槽、压顶、扶手、垫块、隔热板、花格等,按其他构件项目编码列项。

工程量计算以立方米计量时，以立方米计量时，按设计图示尺寸以体积计算，不扣除单个面积不大于 300mm×300mm 的孔洞所占体积，扣除烟道、垃圾道、通风道的孔洞所占体积；以平方米计量时，按设计图示尺寸以面积计算，不扣除单个面积不大于 300mm×300mm 的孔洞所占面积；以根计量时，按设计图示尺寸以数量计算。以块、根计量，项目特征必须描述单件体积。

**（十五）钢筋工程（编号：010515）**

钢筋工程包括现浇构件钢筋、预制构件钢筋、钢筋网片、钢筋笼、先张法预应力钢筋、后张法预应力钢筋、预应力钢丝、预应力钢绞线、支撑钢筋（铁马）、声测管。

（1）现浇混凝土钢筋、预制构件钢筋、钢筋网片、钢筋笼。其工程量应区分钢筋种类、规格，按设计图示钢筋（网）长度（面积）乘以单位理论质量计算。

现浇构件中伸出构件的锚固钢筋应并入钢筋工程量内。除设计（包括规范规定）标明的搭接外，其他施工搭接不计算工程量，在综合单价中综合考虑。清单项目工作内容中综合了钢筋的焊接（绑扎）连接，钢筋的机械连接单独列项。

（2）先张法预应力钢筋，按设计图示钢筋长度乘以单位理论质量计算。

（3）后张法预应力钢筋、预应力钢丝、预应力钢绞线，按设计图示钢筋（丝束、绞线）长度乘以单位理论质量计算。

其长度应按以下规定计算：

① 低合金钢筋两端均采用螺杆锚具时，钢筋长度按孔道长度减 0.35m 计算，螺杆另行计算。

② 低合金钢筋一端采用镦头插片，另一端采用螺杆锚具时，钢筋长度按孔道长度计算，螺杆另行计算。

③ 低合金钢筋一端采用镦头插片，另一端采用帮条锚具时，钢筋增加 0.15m 计算；两端均采用帮条锚具时，钢筋长度按孔道长度增加 0.3m 计算。

④ 低合金钢筋采用后张混凝土自锚时，钢筋长度按孔道长度增加 0.35m 计算。

⑤ 低合金钢筋（钢绞线）采用 JM、XM、QM 型锚具，孔道长度不大于 20m 时，钢筋长度增加 1m 计算，孔道长度大于 20m 时，钢筋长度增加 1.8m 计算。

⑥ 碳素钢丝采用锥形锚具，孔道长度不大于 20m 时，钢丝束长度按孔道长度增加 1m 计算，孔道长度大于 20m 时，钢丝束长度按孔道长度增加 1.8m 计算。

⑦ 碳素钢丝采用镦头锚具时，钢丝束长度按孔道长度增加 0.35m 计算。

（4）支撑钢筋（铁马）。应区分钢筋种类和规格，按钢筋长度乘单位理论质量计算。现浇构件中固定位置的支撑钢筋、双层钢筋用的"铁马"以及螺栓、预埋件、机械连接工程数量，在编制工程量清单时，如果设计未明确，其工程数量可为暂估量，结算时按现场签证数量计算。

（5）声测管。应区分材质和规格型号，按设计图示尺寸以质量计算。

（6）钢筋工程量计算的基本方法

钢筋工程量计算首先计算其图示长度，然后乘以单位长度质量确定。即

$$钢筋工程量 = 图示钢筋长度 \times 单位理论质量 \tag{2.3.1}$$

$$钢筋单位理论重量 = 0.006165 \times d^2 \ (kg/m) \tag{2.3.2}$$

钢筋单位理论质量可根据公式（2.3.2）计算确定（$d$ 为钢筋直径，单位 mm），或

查表 2.3.10 确定；也可根据钢筋直径计算理论质量，钢筋的容重可按 7850kg/m³ 计算。

表 2.3.10 钢筋每米长度理论质量表

| 直径（mm） | 理论质量（kg/m） | 横截面积（cm²） | 直径（mm） | 理论质量（kg/m） | 横截面积（cm²） |
| --- | --- | --- | --- | --- | --- |
| 4 | 0.099 | 0.126 | 18 | 1.998 | 2.545 |
| 5 | 0.154 | 0.196 | 20 | 2.466 | 3.142 |
| 6 | 0.222 | 0.283 | 22 | 2.984 | 3.801 |
| 6.5 | 0.26 | 0.332 | 24 | 3.551 | 4.524 |
| 8 | 0.395 | 0.503 | 25 | 3.850 | 4.909 |
| 10 | 0.617 | 0.785 | 28 | 4.830 | 5.153 |
| 12 | 0.888 | 1.131 | 30 | 5.550 | 7.069 |
| 14 | 1.208 | 1.539 | 32 | 6.310 | 8.043 |
| 16 | 1.578 | 2.011 | 40 | 9.865 | 12.561 |

① 纵向钢筋图示长度的计算。

在计算纵向钢筋图示长度时，需要考虑以下参数：

a. 混凝土保护层厚度。混凝土保护层是结构构件中钢筋外边缘至构件表面范围用于保护钢筋的混凝土。根据现行国家标准《混凝土结构设计规范》（GB 50010—2010）规定，构件中受力钢筋的保护层厚度不应小于钢筋的公称直径 $d$；设计使用年限为 50 年的混凝土结构，最外层钢筋的保护层厚度应符合表 2.3.11 的规定；设计使用年限为 100 年的混凝土结构，最外层钢筋的保护层厚度不应小于表 2.3.11 中数值的 1.4 倍。

表 2.3.11 混凝土保护层最小厚度 (mm)

| 环境类别 | 板、墙、壳 | 梁、柱、杆 |
| --- | --- | --- |
| 一 | 15 | 20 |
| 二 a | 20 | 25 |
| 二 b | 25 | 35 |
| 三 a | 30 | 40 |
| 三 b | 40 | 50 |

注：1 混凝土强度等级不大于 C25 时，表中保护层厚度数值应增加 5mm；
2 钢筋混凝土基础宜设置混凝土垫层，基础中钢筋的混凝土保护层厚度应从垫层顶面算起，且不应小于 40mm

b. 弯起钢筋增加长度。弯起钢筋的弯曲度数有 30°、45°、60°，如图 2.3.19 所示。弯起钢筋增加的长度为 $S\text{-}L$，不同弯起角度的 $S\text{-}L$ 值见表 2.3.12。

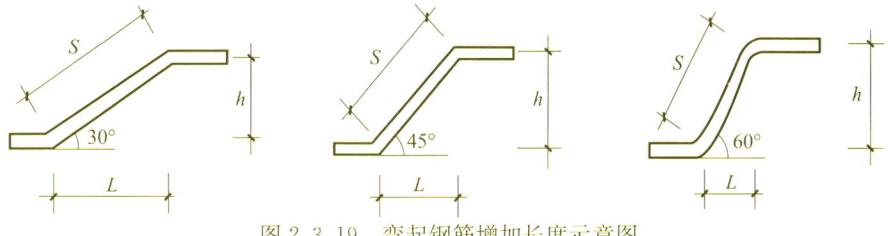

图 2.3.19 弯起钢筋增加长度示意图

表 2.3.12　弯起钢筋增加长度计算表

| 弯起角度 | S | L | S-L |
|---|---|---|---|
| 30° | 2.000h | 1.732h | 0.268h |
| 45° | 1.414h | 1.000h | 0.414h |
| 60° | 1.155h | 0.577h | 0.578h |

注：弯起钢筋高度 h = 构件高度 - 保护层厚度

c. 钢筋弯钩增加长度。钢筋的弯钩主要有半圆弯钩（180°）、直弯钩（90°）和斜弯钩（135°），如图 2.3.20 所示。对于 HPB300 级光圆钢筋受拉时，钢筋末端作 180°弯钩时，钢筋弯折的弯弧内直径不应小于钢筋直径 d 的 2.5 倍，弯钩的弯折后平直段长度不应小于钢筋直径 d 的 3 倍。按弯弧内径为钢筋直径 d 的 2.5 倍，平直段长度为钢筋直径 d 的 3 倍确定弯钩的增加长度为：半圆弯钩增加长度为 6.25d，直弯钩增加长度为 3.5d，斜弯钩增加长度为 4.9d。

当平直段长度为其他数值时，可相应换算得到弯钩增加长度，如斜弯钩平直段长度为 10d 时，弯钩增加长度为 11.9d（4.9d－3d＋10d＝11.9d）。对于现浇混凝土板上负筋直弯钩，为减少马镫筋的用量，直弯钩取板厚减两个保护层。

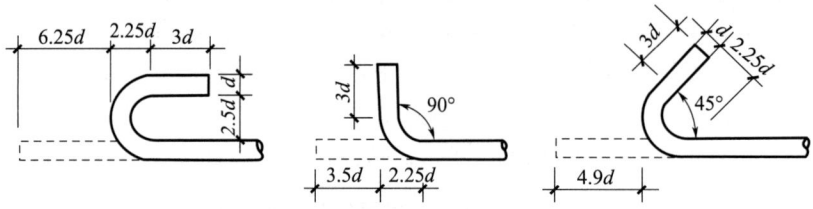

图 2.3.20　钢筋弯钩长度示意图

d. 钢筋的锚固长度。受拉钢筋的锚固长度应符合现行国家标准《混凝土结构设计规范》（GB 50010—2010）要求，受拉钢筋的锚固长度可按钢筋基本锚固长度乘以锚固长度修正系数确定，且其锚固长度不应小于 0.6 倍的基本锚固长度及 200mm。凝土结构中的纵向受压钢筋，当计算中充分利用其抗压强度时，锚固长度不应小于相应受拉锚固长度的 70%。

为便于钢筋工程量计算，钢筋的锚固长度可以通过查表确定，16G101 图集给出了受拉钢筋锚固长度（见表 2.3.13）及受拉钢筋抗震锚固长度（见表 2.3.14）。

表 2.3.13　受拉钢筋锚固长度 $l_a$

| 钢筋种类 | 混凝土强度等级 | | | | | | | | | | | | | | | |
|---|---|---|---|---|---|---|---|---|---|---|---|---|---|---|---|---|
| | C25 | | C30 | | C35 | | C40 | | C45 | | C50 | | C55 | | >C60 | |
| | d≤25 | d>25 | d≤25 | d>25 | d≤25 | d>25 | d≤25 | d>25 | d≤25 | d>25 | d≤25 | d>25 | d≤25 | d>25 | d≤25 | d>25 |
| HPB300 | 34d | — | 30d | — | 28d | — | 25d | — | 24d | — | 23d | — | 22d | — | 21d | — |
| HRB400 HRBF400 RRB400 | 40d | 44d | 35d | 39d | 32d | 35d | 29d | 32d | 28d | 31d | 27d | 30d | 26d | 29d | 25d | 28d |
| HRB500 HRBF500 | 48d | 53d | 43d | 47d | 39d | 43d | 36d | 40d | 34d | 37d | 32d | 35d | 31d | 34d | 30d | 33d |

## 表 2.3.14 受拉钢筋抗震锚固长度 $l_{aE}$

| 钢筋种类及抗震等级 | | 混凝土强度等级 | | | | | | | | | | | | | | |
|---|---|---|---|---|---|---|---|---|---|---|---|---|---|---|---|---|
| | | C25 | | C30 | | C35 | | C40 | | C45 | | C50 | | C55 | | >C60 |
| | | $d\leqslant25$ | $d>25$ | $d\leqslant25$ | $d>25$ | $d\leqslant25$ | $d>25$ | $d\leqslant25$ | $d>25$ | $d\leqslant25$ | $d>25$ | $d\leqslant25$ | $d>25$ | $d\leqslant25$ | $d>25$ | $d\leqslant25$ | $d>25$ |
| HPB300 | 一、二级 | 39d | — | 35d | — | 32d | — | 29d | — | 28d | — | 26d | — | 25d | — | 24d | — |
| | 三级 | 36d | — | 32d | — | 29d | — | 26d | — | 25d | — | 24d | — | 23d | — | 22d | — |
| HRB400 HRBF400 | 一、二级 | 46d | 51d | 40d | 45d | 37d | 40d | 33d | 37d | 32d | 36d | 31d | 35d | 30d | 33d | 29d | 32d |
| | 三级 | 42d | 46d | 37d | 41d | 34d | 37d | 30d | 34d | 29d | 33d | 28d | 32d | 27d | 30d | 26d | 29d |
| HRB500 HRBF500 | 一、二级 | 55d | 61d | 49d | 54d | 45d | 49d | 41d | 46d | 39d | 43d | 37d | 40d | 36d | 39d | 35d | 38d |
| | 三级 | 50d | 56d | 45d | 49d | 41d | 45d | 38d | 42d | 36d | 39d | 34d | 37d | 33d | 35d | 32d | 35d |

注：1. 当为环氧树脂涂层带肋钢筋时，表中数据乘以 1.25。
2. 当纵向受拉钢筋在施工过程中易受扰动时，表中数据尚应乘以 1.1。
3. 当锚固长度范围内纵向受理钢筋周边保护层厚度为 3d、5d（d 为锚固钢筋直径）时，表中数据可分别乘以 0.8 或 0.7；中间时按内插值。
4. 当纵向受拉普通钢筋锚固长度修正系数（注1～注3）多于一项时，可连乘计算。
5. 四级抗震时，$l_{aE}=l_a$。

e. 纵向受拉钢筋的搭接长度。纵向受拉钢筋绑扎搭接接头的搭接长度，应根据位于同一连接区段内的钢筋搭接接头面积百分率，由钢筋锚固长度乘以搭接长度修正系数确定，且不应小于 300mm。构件中的纵向受压钢筋当采用搭接连接时，其受压搭接长度不应小于纵向受拉钢筋搭接长度的 70%，且不应小于 200mm。

为便于钢筋工程量计算，纵向受拉钢筋搭接长度可以通过查表确定，16G101 图集给出了纵向受拉钢筋搭接长度（见表 2.3.15）。

## 表 2.3.15 纵向受拉钢筋搭接长度 $l_l$

| 钢筋各类及同一区段内搭接钢筋面积百分率 | | 混凝土强度等级 | | | | | | | | | | | | | | |
|---|---|---|---|---|---|---|---|---|---|---|---|---|---|---|---|---|
| | | C25 | | C30 | | C35 | | C40 | | C45 | | C50 | | C55 | | C60 |
| | | $d\leqslant25$ | $d>25$ | $d\leqslant25$ | $d>25$ | $d\leqslant25$ | $d>25$ | $d\leqslant25$ | $d>25$ | $d\leqslant25$ | $d>25$ | $d\leqslant25$ | $d>25$ | $d\leqslant25$ | $d>25$ | $d\leqslant25$ | $d>25$ |
| HPB300 | ≤25% | 41d | — | 36d | — | 34d | — | 30d | — | 29d | — | 28d | — | 26d | — | 25d | — |
| | 50% | 48d | — | 42d | — | 39d | — | 35d | — | 34d | — | 32d | — | 31d | — | 29d | — |
| | 100% | 54d | — | 48d | — | 45d | — | 40d | — | 38d | — | 37d | — | 35d | — | 34d | — |
| HRB400 HRBF400 RRB400 | ≤25% | 48d | 53d | 42d | 47d | 38d | 42d | 35d | 38d | 34d | 37d | 32d | 36d | 31d | 35d | 30d | 34d |
| | 50% | 56d | 62d | 49d | 55d | 45d | 49d | 41d | 45d | 39d | 43d | 38d | 42d | 36d | 41d | 35d | 39d |
| | 100% | 64d | 70d | 56d | 62d | 51d | 56d | 46d | 51d | 45d | 50d | 43d | 48d | 42d | 46d | 40d | 45d |
| HRB500 HRBF500 | ≤25% | 58d | 64d | 52d | 56d | 43d | 48d | 41d | 44d | 38d | 42d | 37d | 41d | 35d | 39d | 34d | 40d |
| | 50% | 67d | 74d | 60d | 66d | 55d | 60d | 50d | 56d | 48d | 52d | 45d | 49d | 43d | 48d | 42d | 46d |
| | 100% | 77d | 85d | 69d | 75d | 62d | 69d | 57d | 64d | 54d | 59d | 51d | 56d | 50d | 54d | 48d | 53d |

注：当为环氧树脂涂层带肋钢筋时，表中数据乘以 1.25；当纵向受拉钢筋在施工过程中易受扰动时，表中数据尚应乘以 1.1；当锚固长度范围内纵向受理钢筋周边保护层厚度为 3d、5d（d 为锚固钢筋直径）时，表中数据可分别乘以 0.8、0.7，中间时按内插值；当纵向受拉普通钢筋锚固长度修正系数（即 1.25、1.1、0.8 或 0.7）多于一项时，可连乘计算。

② 箍筋长度的计算。

箍筋是为了固定主筋位置和组成钢筋骨架而设置的一种钢筋。计算长度时，要考虑混凝土保护层、箍筋的形式、箍筋的根数和箍筋单根长度。

以双肢箍筋为例说明箍筋长度的计算。如图 2.3.21 所示双肢箍筋单根长度可按公式（2.3.3）计算，拉筋单根长度可按公式（2.3.4）计算。

箍筋单根长度＝构件截面周长－8×保护层厚－4×箍筋直径＋2×弯钩增加长度

(2.3.3)

拉筋单根长度＝构件宽度－2×保护层＋2×弯钩增加长度 (2.3.4)

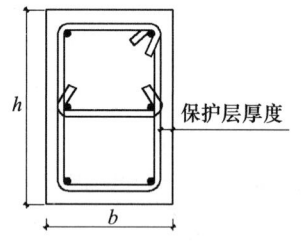

图 2.3.21 双肢箍、拉筋示意图

现行国家标准《混凝土结构工程施工规范》（GB 50666—2011）对箍筋、拉筋末端弯钩的要求：对一般结构构件，箍筋弯钩的弯折角度不应小于 90°，弯折后平直段长度不应小于箍筋直径的 5 倍；对有抗震设防要求或设计有专门要求的结构构件，箍筋弯钩的弯折角度不应小于 135°，弯折后平直段长度不应小于箍筋直径的 10 倍和 75mm 两者之中的较大值（见图 2.3.22）。所以，HPB300 级光圆钢筋用作有抗震设防要求的结构箍筋，其斜弯钩增加长度为：$1.9d + max(10d, 75mm)$。

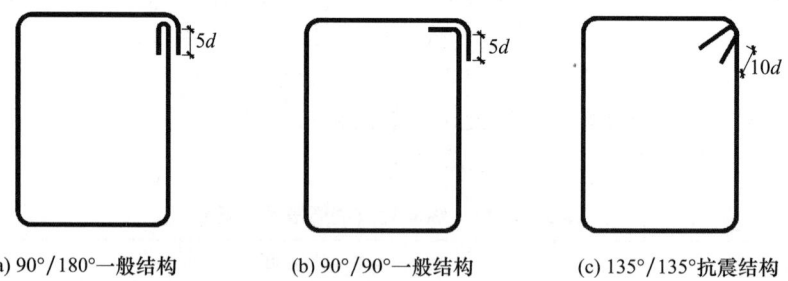

(a) 90°/180°一般结构　　(b) 90°/90°一般结构　　(c) 135°/135°抗震结构

图 2.3.22 箍筋弯钩长度示意图

箍筋根数的计算，应按式（2.3.5）计算：

$$箍筋根数 = \frac{箍筋分布长度}{箍筋间距} + 1 \qquad (2.3.5)$$

平法钢筋工程量计算时除了要依据平法施工图外，还要参考平法图集中的标准构造详图，方能正确计算钢筋图示长度，然后确定其质量。

以楼层框架梁为例，简要说明平法施工图钢筋工程量长度的计算方法。楼层框架梁中常见钢筋包括纵向钢筋、吊筋、箍筋、拉筋等。平法图集中给出了楼层框架梁的标准构造详图，如楼层框架梁纵向钢筋构造（图 2.3.23）、端支座锚固（图 2.3.24）、框架梁箍筋加密区范围（图 2.3.25）、梁侧面钢筋（图 2.3.26）、附加吊筋等构造详图（图 2.3.27）（其他构造详图参见 16G101 图集）。

图 2.3.23 中，跨度值 $l_n$ 为左跨和右跨较大值。$h_c$ 为柱截面沿框架方向的高度。梁上部通长钢筋与非贯通钢筋直径相同时，连接位置宜位于跨中 1/3 范围内；梁下部钢筋连接位于支座 1/3 范围内；且在同一连接区段内连接钢筋接头面积百分率不宜大于 50%。

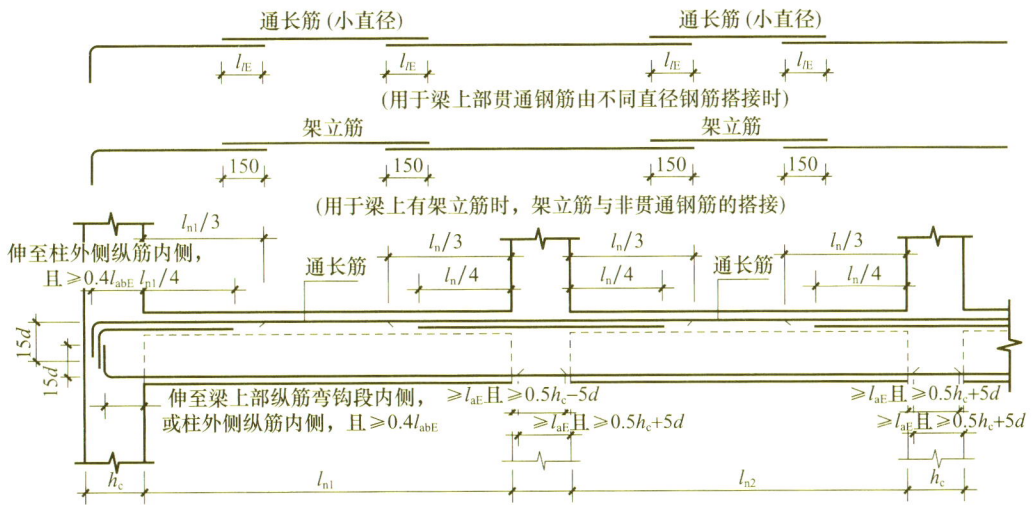

图 2.3.23 楼层框架梁纵向钢筋构造

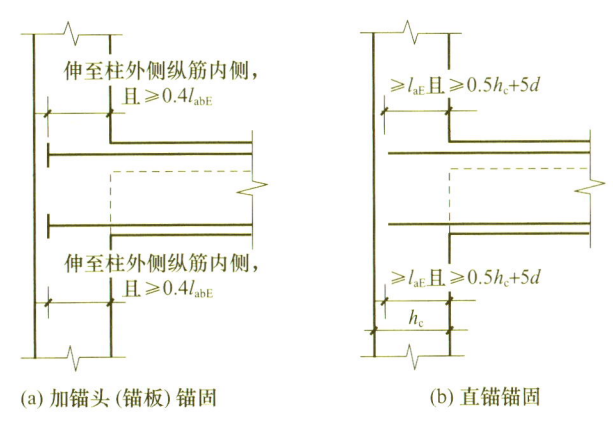

(a) 加锚头(锚板)锚固　　(b) 直锚锚固

图 2.3.24 端支座锚固

图 2.3.25 中，加密区的范围：抗震等级为一级的 $\geqslant 2.0h_b$ 且 $\geqslant 500\text{mm}$，抗震等级为二～四级的 $\geqslant 1.5h_b$ 且 $\geqslant 500\text{mm}$；$h_b$ 为梁截面高度。

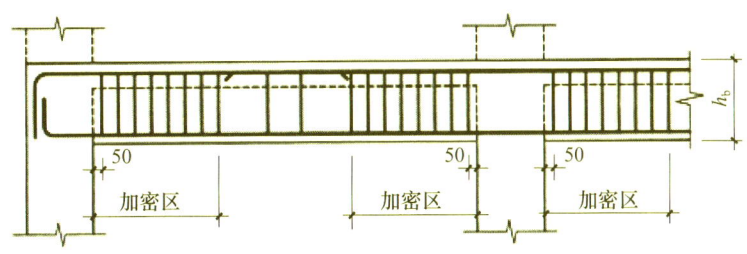

图 2.3.25 框架梁箍筋加密区范围（单位：mm）

图 2.3.26 中，$h_w \geqslant 450\text{mm}$ 时，在梁的两个侧面应沿高度配置纵向构造钢筋；纵向钢筋的间距 $a \leqslant 200\text{mm}$。当配置受扭筋时，可代替构造钢筋。梁侧面构造纵筋的搭接与锚固长度可取 $15d$；受扭筋的搭接长度为 $l_{lE}$ 或 $l_l$，锚固长度为 $l_{aE}$ 或 $l_a$，锚固方式同框架梁下部纵筋。当梁宽 $\leqslant 350\text{mm}$ 时，拉筋直径为 6；梁宽 $> 350\text{mm}$ 时，拉筋直

径为 8mm；拉筋间距为非加密区箍筋间距的 2 倍；当有多排拉筋时，上下两排拉筋竖向错开设置。

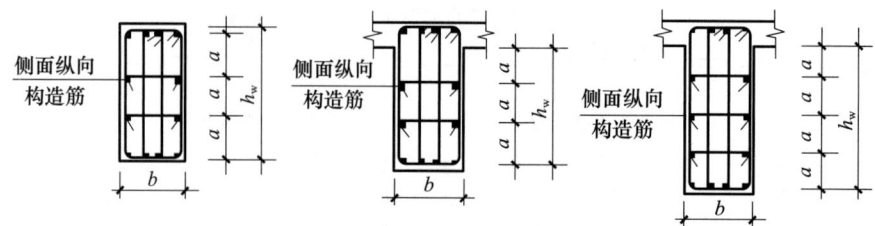

图 2.3.26　梁侧面纵向构造筋和拉筋

楼层框架梁中的主要钢筋长度可参考以下公式计算。
a. 上部贯通钢筋长度计算。

$$\text{上部贯通钢筋长度} = \text{通跨净长} + \text{两端支座锚固长度} + \text{搭接长度} \quad (2.3.6)$$

钢筋锚固长度弯锚可按图 2.3.23、图 2.3.24 确定。
b. 端支座负筋长度计算。

$$\text{端支座负筋长度} = \text{锚固长度} + \text{伸出支座的长度} \quad (2.3.7)$$

锚固长度同上部贯通钢筋；伸出支座的长度，第一排为净跨的 1/3，第二排为净跨的 1/4。

c. 中间支座负筋长度计算。

$$\text{中间支座负筋长度} = \text{中间支座宽度} + \text{左右两边伸出支座的长度} \quad (2.3.8)$$

伸出支座的长度，第一排为净跨的 1/3，第二排为净跨的 1/4。当支座两端净跨不相等时，取左右跨中较大的跨度值。

d. 架立筋长度计算。

$$\text{架立筋长度} = \text{每跨净长} - \text{左右两边伸出支座的负筋长度} + 2 \times \text{搭接长度} \quad (2.3.9)$$

架立筋与支座负筋搭接长度按 150mm 计算（见图 2.3.24）。

e. 下部钢筋长度计算。

下部钢筋一般为分跨布置，当布置有贯通钢筋时，与上部钢筋计算相同。当分跨布置时，下部钢筋长度计算按 2.3.10 式。

$$\text{下部钢筋长度（分跨布置）} = \text{净跨长度} + \text{左侧锚固长度} + \text{右侧锚固长度} \quad (2.3.10)$$

锚固长度的确定见图 2.3.24。

当下部钢筋不深入支座时，按式 2.3.11 计算。

$$\text{下部钢筋长度（不深入支座）} = \text{净跨长度} - 2 \times 0.1 l_{ni} \quad (l_{ni} \text{各跨净跨长度}) \quad (2.3.11)$$

f. 侧面钢筋长度计算。

侧面钢筋包括侧面构造钢筋和受扭钢筋，见图 2.3.26。其计算方法见式 2.3.12。

$$\text{侧面纵向钢筋长度} = \text{通跨净长} + \text{锚固长度} + \text{搭接长度} \quad (2.3.12)$$

g. 吊筋长度计算。

吊筋构造见图 2.3.27。

$$\text{吊筋长度} = 2 \times \text{锚固长度} + 2 \times \text{斜段长度} + \text{次梁宽度} + 2 \times 50 \quad (2.3.13)$$

当梁高度 > 800mm，$\alpha = 60°$；当梁高度 ≤ 800mm，$\alpha = 45°$。

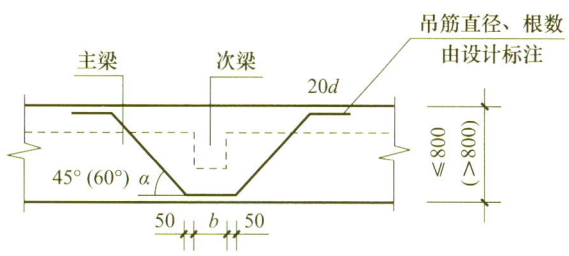

图 2.3.27 附加吊筋构造

### (十六) 螺栓、铁件 (编号: 010516)

螺栓、铁件包括螺栓、预埋铁件和机械连接。

螺栓、预埋铁件,按设计图示尺寸以质量计算。机械连接以个计量,按数量计算。编制工程量清单时,如果设计未明确,其工程数量可为暂估量,实际工程量按现场签证数量计算。

**【例 2.3.2】** 某框架结构,局部如图 2.3.28 所示。基础、柱、梁混凝土强度等级均为 C30,基础混凝土保护层厚 40mm,梁、柱混凝土保护层厚 30mm,抗震等级为一级抗震。独立基础基底标高 $-1.8$m,框架柱 KZ1 起止段为基础顶面至 6.27m,柱的截面尺寸为 400mm×400mm,轴线与柱中心线重合。请计算土中楼层框架梁 KL1、独立基础 $DJ_j01$ 和框架柱 KZ1 工程量及 KL1、$DJ_j01$ 中钢筋工程量(KL1 按矩形梁计算,不考虑板的因素)。

**解**: 计算结果如表 2.3.16 所示。

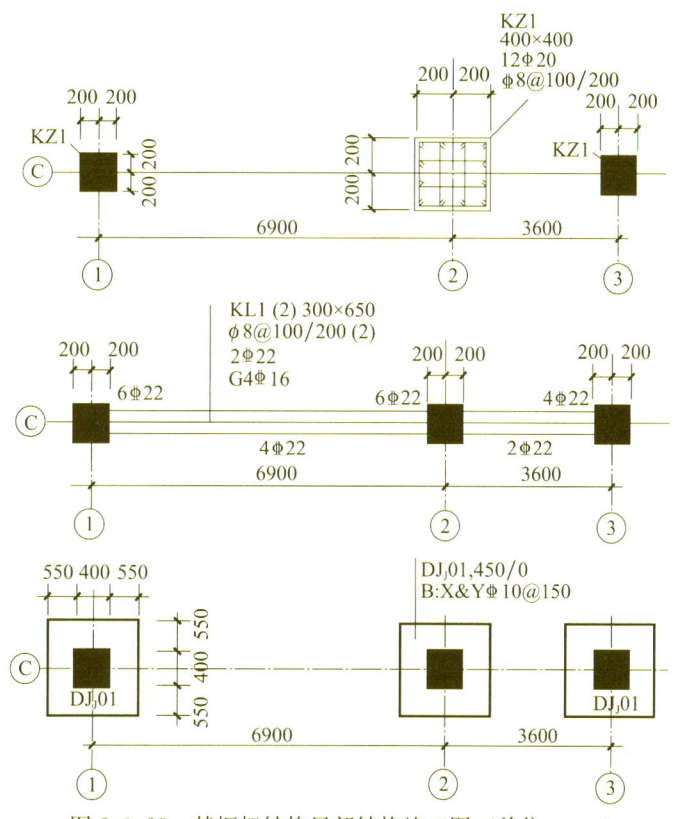

图 2.3.28 某框架结构局部结构施工图(单位:mm)

表 2.3.16 工程量计算表

| 序号 | 清单项目编码 | 清单项目名称 | 计算式 | 工程量合计 | 计量单位 |
|---|---|---|---|---|---|
| 1 | 010503002001 | 矩形梁（KL1） | $0.3\times0.65\times(3.6-0.4+6.9-0.4)=1.89$（$m^3$） | 1.89 | $m^3$ |
| 2 | 010501003001 | 独立基础（DJ$_J$01） | $1.5\times1.5\times0.45\times3=3.04$（$m^3$） | 3.04 | $m^3$ |
| 3 | 010502001001 | 矩形柱（KZ1） | $0.4\times0.4\times(1.8-0.45+6.27)\times3=3.66$（$m^3$） | 3.66 | $m^3$ |
| 4 | 011702001001 | 基础模板（DJ$_J$01） | $1.5\times4\times0.45\times3=8.1$（$m^2$） | 8.10 | $m^2$ |
| 5 | 010515001001 | 现浇构件钢筋（梁⊈22） | 直锚长度＝40×22＝880mm＞400mm，按弯锚计算<br>①KL1 上部通长钢筋（2⊈22）<br>弯锚锚固长度：400－30＋15×22＝700（mm）<br>［700＋（6900＋3600－400）＋700］×2＝23000（mm）<br>②KL1 上部支座负筋<br>左支座负筋（4⊈22）：<br>（700＋6500/3）×4＝11467（mm）<br>中支座及右支座通跨布置的负筋（2⊈22）：<br>（6500/3＋3600＋700）×2＝12933（mm）<br>中支座负筋（2⊈22）：<br>（6500/3＋400＋6500/3）×2＝4733（mm）<br>③KL1 下部钢筋<br>第一跨下部纵筋（4⊈22）：<br>（700＋6500＋880）×4＝32320（mm）<br>第二跨下部纵筋（2⊈22）：<br>（880＋3200＋700）×2＝9560（mm）<br>合计长度：94013mm<br>质量＝2.984×94.013＝280.53（kg） | 0.281 | t |
| 6 | 010515001002 | 现浇构件钢筋（⊈16） | KL1 侧面构造钢筋（4⊈16）：<br>（15×16＋10100＋15×16）×4＝42320（mm）<br>质量＝1.578×42.320＝66.78（kg） | 0.067 | t |
| 7 | 010515001003 | 现浇构件钢筋（⊈10） | ①DJ$_J$01 的 X 向钢筋：<br>单根长度＝1500－40×2＝1420（mm）<br>根数＝［1500－2×max（75，150/2）］/150＋1＝10（根）<br>②DJ$_J$01 的 Y 向钢筋：与 X 向钢筋一样<br>总长度＝1420×10×2＝28400（mm）<br>质量＝0.617×28.4＝17.52（kg） | 0.018 | t |
| 8 | 010515001004 | 现浇构件钢筋（⊈8） | KL1 箍筋单根长度：<br>（300－2×30＋650－2×30）×2＋2×11.9×8＝1850（mm）<br>KL1 箍筋根数：<br>加密区长度＝max（2×650，500）＝1300（mm）<br>第一跨箍筋根数＝［（1300－50）/100＋1］×2＋（3900/200－1）＝47（根）<br>第二跨箍筋根数＝［（1300－50）/100＋1］×2＋（600/200－1）＝30（根）<br>总长度＝1850×（47＋30）＝142450（mm）<br>质量＝0.395×142.45＝56.27（kg） | 0.056 | t |

## 六、金属结构工程（编码：0106）

金属结构工程包括钢网架，钢屋架、钢托架、钢桁架、钢架桥，钢柱，钢梁，钢板楼板、墙板，钢构件，金属制品。金属构件的切边，不规则及多边形钢板发生的损耗在综合单价中考虑。

1. 钢网架（编码：010601）

钢网架项目适用于一般钢网架和不锈钢网架。不论节点形式（球形节点、板式节点等）和节点连接方式（焊接、丝接）等均使用该项目。

钢网架工程量按设计图示尺寸以质量计算，不扣除孔眼的质量，焊条、铆钉等不另增加质量。编制钢网架项目清单时，需描述的项目特征包括钢材品种、规格，网架节点形式、连接方式，网架跨度，安装高度，探伤要求，防火要求等。防火要求指耐火极限。

2. 钢屋架、钢托架、钢桁架、钢架桥（编码：010602）

包括钢屋架、钢托架、钢桁架、钢架桥等项目。钢托架是指在工业厂房中，由于工业或者交通需要而在大开间位置设置的承托屋架的钢构件。以榀计量，按标准图设计的应注明标准图代号，按非标准图设计的项目特征必须描述单榀屋架的质量。

（1）钢屋架。以榀计量时，按设计图示数量计算；以吨计量时，按设计图示尺寸以质量计算，不扣除孔眼的质量，焊条、铆钉、螺栓等不另增加质量。

（2）钢托架、钢桁架、钢架桥。按设计图示尺寸以质量计算。不扣除孔眼、切边、切肢的质量，焊条、铆钉、螺栓等不另增加质量，不规则或多边形钢板以其外接矩形面积乘以厚度乘以单位理论质量计算。

3. 钢柱（编码：010603）

钢柱包括实腹柱、空腹柱、钢管柱等项目。实腹钢柱类型指十字形、T形、L形、H形等；空腹钢柱类型指箱形、格构等。型钢混凝土柱浇筑钢筋混凝土，其混凝土和钢筋应按"混凝土及钢筋混凝土工程"中相关项目编码列项。

（1）实腹柱、空腹柱，按设计图示尺寸以质量计算。不扣除孔眼、切边、切肢的质量，焊条、铆钉、螺栓等不另增加质量，不规则或多边形钢板以其外接矩形面积乘以厚度乘以单位理论质量计算，依附在钢柱上的牛腿及悬臂梁等并入钢柱工程量内。

（2）钢管柱，按设计图示尺寸以质量计算。不扣除孔眼、切边、切肢的质量，焊条、铆钉、螺栓等不另增加质量，不规则或多边形钢板以其外接矩形面积乘以厚度乘以单位理论质量计算，钢管柱上的节点板、加强环、内衬管、牛腿等并入钢管柱工程量内。

4. 钢梁（编码：010604）

钢梁包括钢梁、钢吊车梁等项目。钢梁、钢吊车梁，按设计图示尺寸以质量计算。不扣除孔眼、切边、切肢的质量，焊条、铆钉、螺栓等不另增加质量，不规则或多边形钢板以其外接矩形面积乘以厚度乘以单位理论质量计算，制动梁、制动板、制动桁架、车挡并入钢吊车梁工程量内。

5. 钢板楼板、墙板（编码：010605）

钢板楼板上浇筑钢筋混凝土，其混凝土和钢筋应按"混凝土及钢筋混凝土工程"中相关项目编码列项。压型钢楼板按钢板楼板项目编码列项。

（1）压型钢板楼板，按设计图示尺寸以铺设水平投影面积计算。不扣除单个面积不大于 0.3m² 柱、垛及孔洞所占面积。

（2）压型钢板墙板，按设计图示尺寸以铺挂面积计算。不扣除单个面积不大于 0.3m² 的梁、孔洞所占面积，包角、包边、窗台泛水等不另加面积。

6. 钢构件（编码：010606）

钢构件包括钢支撑和钢拉条、钢檩条、钢天窗架、钢挡风架、钢墙架、钢平台、钢走道、钢梯、钢护栏、钢漏斗、钢板天沟、钢支架、零星钢构件。钢墙架项目包括墙架柱、墙架梁和连接杆件。钢支撑、钢拉条类型指单式、复式；钢檩条类型指型钢式、格构式；钢漏斗形式指方形、圆形；天沟形式指矩形沟或半圆形沟。加工铁件等小型构件，按零星钢构件项目编码列项。

（1）钢支撑、钢拉条、钢檩条、钢天窗架、钢挡风架、钢墙架、钢平台、钢走道、钢梯、钢栏杆、钢支架、零星钢构件，按设计图示尺寸以质量计算。不扣除孔眼、切边、切肢的质量，焊条、铆钉、螺栓等不另增加质量，不规则或多边形钢板以其外接矩形面积乘以厚度乘以单位理论质量计算。

（2）钢漏斗，按设计图示尺寸以重量计算。不扣除孔眼、切边、切肢的质量，焊条、铆钉、螺栓等不另增加质量，不规则或多边形钢板以其外接矩形面积乘以厚度乘以单位理论质量计算，依附漏斗的型钢并入漏斗工程量内。

7. 金属制品（编码：010607）

金属制品包括成品空调金属百页护栏、成品栅栏、成品雨篷、金属网栏、砌块墙钢丝网加固、后浇带金属网。抹灰钢丝网加固按砌块墙钢丝网加固项目编码列项。其工程量计算方法如下：

（1）成品空调金属百页护栏、成品栅栏、金属网栏，按设计图示尺寸以面积计算。

（2）成品雨篷以米计量时，按设计图示接触边以长度计算；以平方米计量时，按设计图示尺寸以展开面积计算。

（3）砌块墙钢丝网加固、后浇带金属网按设计图示尺寸以面积计算。

【例 2.3.3】某工程空腹钢柱如图 2.3.29 所示，共 2 根，加工厂制作，运输到现场拼装、安装、超声波探伤，耐火极限为二级。根据工程量计算规范计算该工程空腹钢柱的分部分项工程量（表 2.3.17 为钢材单位理论质量）。

表 2.3.17 钢材单位理论质量表

| 规格 | 单位质量（kg/m） | 备注 |
| --- | --- | --- |
| [100b×（320×90） | 43.25 | 槽钢 |
| ∟100×100×8 | 12.28 | 角钢 |
| ∟140×140×10 | 21.49 | 角钢 |
| —12 | 94.20 | 钢板 |

**解：**计算结果见表 2.3.18。

表 2.3.18　工程量计算表

| 序号 | 清单项目编码 | 清单项目名称 | 计算式 | 工程量合计 | 计量单位 |
|---|---|---|---|---|---|
| 1 | 010603002001 | 空腹钢柱 | 1. [100b×(320×90)：$G_1=2.97×2×43.25×2=513.81$ (kg)<br>2. ∟100×100×8：$G_2=(0.29×6+\sqrt{0.8^2+0.29^2}×6)×12.28×2=168.13$ (kg)<br>3. ∟140×140×10：$G_3=(0.32+0.14×2)×4×21.49×2=103.15$ (kg)<br>4. —12：$G_4=0.75×0.75×94.20×2=105.98$ (kg)<br>$G=G_1+G_2+G_3+G_4=513.81+168.13+103.15+105.98=891.07$ (kg) | 0.891 | t |

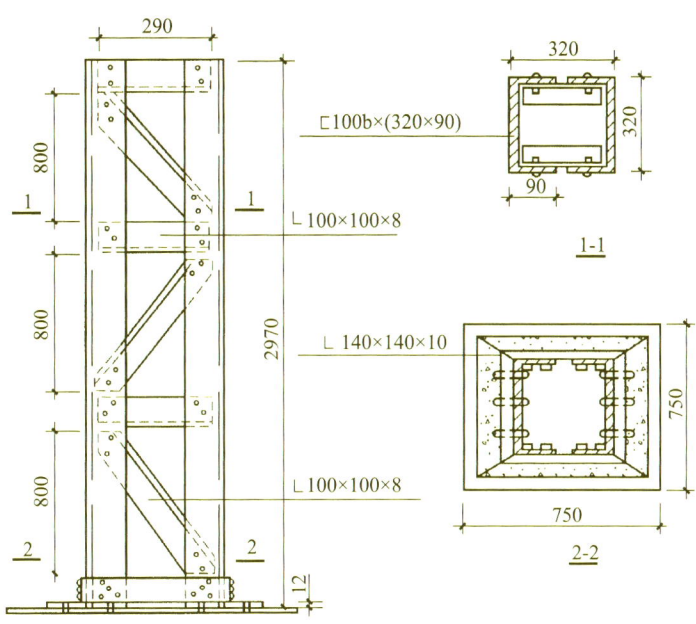

图 2.3.29　空腹钢柱示意图（单位：mm）

## 七、木结构（编码：0107）

木结构包括木屋架、木构件、屋面木基层。

1. 木屋架（编码：010701）

木屋架包括木屋架和钢木屋架。屋架的跨度以上、下弦中心线两交点之间的距离计算。带气楼的屋架和马尾、折角以及正交部分的半屋架，按相关屋架项目编码列项。以榀计量，按标准图设计的应注明标准图代号，按非标准图设计的项目特征需要描述木屋架的跨度、材料品种及规格、刨光要求、拉杆及夹板种类、防护材料种类。

（1）木屋架工程量以榀计量时，按设计图示数量计算；以立方米计量时，按设计图示的规格尺寸以体积计算。

（2）钢木屋架工程量以榀计量，按设计图示数量计算。

2. 木构件（编码：010702）

木构件包括木柱、木梁、木檩、木楼梯及其他木构件。在木构件工程量计算中，若按图示数量以米计量，项目特征必须描述构件规格尺寸。

（1）木柱、木梁，按设计图示尺寸以体积计算。

（2）木檩条以立方米计量时，按设计图示尺寸以体积计算；以米计量时，按设计图示尺寸以长度计算。

（3）木楼梯，按设计图示尺寸以水平投影面积计算。不扣除宽度不大于300mm的楼梯井，伸入墙内部分不计算。木楼梯的栏杆（栏板）、扶手，应按其他装饰工程中的相关项目编码列项。

3．屋面木基层（编码：010703）

按设计图示尺寸以斜面积计算，不扣除房上烟囱、风帽底座、风道、小气窗、斜沟等所占面积，小气窗的出檐部分不增加面积。

## 八、门窗工程（编码：0108）

门窗工程包括木门、金属门、金属卷帘（闸）门、厂库房大门及特种门、其他门等。木质门应区分镶板木门、企口木板门、实木装饰门、胶合板门、夹板装饰门、木纱门、全玻门（带木质扇框）、木质半玻门（带木质扇框）。金属门应区分金属平开门、金属推拉门、金属地弹门、全玻门（带金属扇框）、金属半玻门（带扇框）。特种门应区分冷藏门、冷冻间门、保温门、变电室门、隔音门、防射线门、人防门、金库门等项目，分别编码列项。

项目特征描述时，当工程量是按图示数量以樘计量的，项目特征必须描述洞口尺寸或框、扇外围尺寸，以平方米计量的，项目特征可不描述洞口尺寸或框、扇外围尺寸。

### （一）木门（编码：010801）

木门包括木质门、木质门带套、木质连窗门、木质防火门、木门框、门锁安装。木质门应区分镶板木门、企口木板门、实木装饰门、胶合板门、夹板装饰门、木纱门、全玻门（带木质扇框）、木质半玻门（带木质扇框）等项目，分别编码列项。木门五金应包括折页、插销、门碰珠、弓背拉手、搭机、木螺丝、弹簧折页（自动门）、管子拉手（自由门、地弹门）、地弹簧（地弹门）、角铁、门轧头（地弹门、自由门）等。

（1）木质门、木质门带套、木质连窗门、木质防火门，工程量以樘计量，按设计图示数量计算；以平方米计量，按设计图示洞口尺寸以面积计算。木质门带套计量按洞口尺寸以面积计算，不包括门套的面积，但门套应计算在综合单价中。

（2）木门框以樘计量，按设计图示数量计算；以米计量，按设计图示框的中心线以延长米计算。木门框项目特征除了描述门代号及洞口尺寸、防护材料的种类，还需描述框截面尺寸。

（3）门锁安装按设计图示数量计算。

### （二）金属门（编码：010802）

金属门包括金属（塑钢）门、彩板门、钢质防火门、防盗门。金属门应区分金属平开门、金属推拉门、金属地弹门、全玻门（带金属扇框）、金属半玻门（带扇框）等项目，分别编码列项。

铝合金门五金包括地弹簧、门锁、拉手、门插、门铰、螺丝等。金属门五金包括L

形执手插锁（双舌）、执手锁（单舌）、门轨头、地锁、防盗门机、门眼（猫眼）、门碰珠、电子锁（磁卡锁）、闭门器、装饰拉手等。所以，金属门门锁安装不需要单独列项，已包含在金属门工作内容中，这与木门不同。

各金属门项目工程量计算分两种情况：以樘计量，按设计图示数量计算；以平方米计量，按设计图示洞口尺寸以面积计算（无设计图示洞口尺寸，按门框、扇外围以面积计算）。

**（三）金属卷帘（闸）门（编码：010803）**

金属卷帘（闸）门包括金属卷帘（闸）门、防火卷帘（闸）门。工程量以樘计量，按设计图示数量计算；以平方米计量，按设计图示洞口尺寸以面积计算。

**（四）厂库房大门、特种门（编码：010804）**

厂库房大门、特种门包括木板大门、钢木大门、全钢板大门、防护铁丝门、金属格栅门、钢质花饰大门、特种门。特种门应区分冷藏门、冷冻间门、保温门、变电室门、隔音门、防射线门、人防门、金库门等项目，分别编码列项。

工程量以平方米计量时，无设计图示洞口尺寸，应按门框、扇外围以面积计算。

（1）木板大门、钢木大门、全钢板大门工程量以樘计量，按设计图示数量计算；以平方米计量，按设计图示洞口尺寸以面积计算。

（2）防护铁丝门工程量以樘计量，按设计图示数量计算；以平方米计量，按设计图示门框或扇以面积计算。

（3）金属格栅门工程量以樘计量，按设计图示数量计算；以平方米计量，按设计图示洞口尺寸以面积计算。

（4）钢质花饰大门工程量以樘计量，按设计图示数量计算；以平方米计量，按设计图示门框或扇以面积计算。

（5）特种门工程量以樘计量，按设计图示数量计算；以平方米计量，按设计图示洞口尺寸以面积计算。

**（五）其他门（编码：010805）**

其他门包括平开电子感应门、旋转门、电子对讲门、电动伸缩门、全玻自由门、镜面不锈钢饰面门、复合材料门。

工程量以樘计量，按设计图示数量计算；以平方米计量，按设计图示洞口尺寸以面积计算（无设计图示洞口尺寸，按门框、扇外围以面积计算）。

**（六）木窗（编码：010806）**

木窗包括木质窗、木飘（凸）窗、木橱窗、木纱窗。木质窗应区分木百叶窗、木组合窗、木天窗、木固定窗、木装饰空花窗等项目，分别编码列项。

（1）木质窗工程量以樘计量，按设计图示数量计算；以平方米计量，按设计图示洞口尺寸以面积计算。

（2）木飘（凸）窗、木橱窗工程量以樘计量，按设计图示数量计算；以平方米计量，按设计图示尺寸以框外围展开面积计算。木橱窗、木飘（凸）窗以樘计量，项目特征必须描述框截面及外围展开面积。

（3）木纱窗工程量以樘计量，按设计图示数量计算；以平方米计量，按框的外围尺寸以面积计算。

#### (七) 金属窗 (编码: 010807)

金属窗包括金属（塑钢、断桥）窗、金属防火窗、金属百叶窗、金属纱窗、金属格栅窗、金属（塑钢、断桥）橱窗、金属（塑钢、断桥）飘（凸）窗、彩板窗、复合材料窗。金属窗应区分金属组合窗、防盗窗等项目，分别编码列项。

对于金属橱窗、飘（凸）窗以樘计量，项目特征必须描述框外围展开面积。在工程量计算时，当以平方米计量，无设计图示洞口尺寸的，可按窗框外围以面积计算。

(1) 金属（塑钢、断桥）窗、金属防火窗、金属百叶窗、金属格栅窗工程量，以樘计量，按设计图示数量计算；以平方米计量，按设计图示洞口尺寸以面积计算。

(2) 金属纱窗工程量以樘计量，按设计图示数量计算；以平方米计量，按框的外围尺寸以面积计算。

(3) 金属（塑钢、断桥）橱窗、金属（塑钢、断桥）飘（凸）窗工程量以樘计量，按设计图示数量计算；以平方米计量，按设计图示尺寸以框外围展开面积计算。

(4) 彩板窗、复合材料窗工程量以樘计量，按设计图示数量计算；以平方米计量，按设计图示洞口尺寸或框外围以面积计算。

#### (八) 门窗套 (编码: 010808)

门窗套包括木门窗套、金属门窗套、石材门窗套、门窗木贴脸、硬木筒子板、饰面夹板筒子板。木门窗套适用于单独门窗套的制作、安装。在项目特征描述时，当以樘计量，项目特征必须描述洞口尺寸、门窗套展开宽度；当以平方米计量，项目特征可不描述洞口尺寸、门窗套展开宽度；当以米计量，项目特征必须描述门窗套展开宽度、筒子板及贴脸宽度。

(1) 木门窗套、木筒子板、饰面夹板筒子板、金属门窗套、石材门窗套、成品木门窗套工程量以樘计量，按设计图示数量计算；以平方米计量，按设计图示尺寸以展开面积计算；以米计量，按设计图示中心以延长米计算。

(2) 门窗贴脸工程量以樘计量，按设计图示数量计算；以米计量，按设计图示尺寸以延长米计算。

#### (九) 窗台板 (编码: 010809)

窗台板包括木窗台板、铝塑窗台板、石材窗台板、金属窗台板。工程量按设计图示尺寸以展开面积计算。

#### (十) 窗帘、窗帘盒、窗帘轨 (编码: 010810)

包括窗帘、木窗帘盒、饰面夹板（塑料窗帘盒）、铝合金窗帘盒、窗帘轨。在项目特征描述中，当窗帘若是双层，项目特征必须描述每层材质；当窗帘以米计量，项目特征必须描述窗帘高度和宽。

(1) 窗帘工程量以米计量，按设计图示尺寸以成活后长度计算；以平方米计量，按图示尺寸以成活后展开面积计算。

(2) 木窗帘盒，饰面夹板、塑料窗帘盒，铝合金属窗帘盒，窗帘轨。按设计图示尺寸以长度计算。

## 九、屋面及防水工程（编码：0109）

屋面及防水工程包括瓦、型材及其他屋面，屋面防水及其他，墙面防水、防潮，楼（地）面防水、防潮。

### （一）瓦、型材屋面及其他屋面（编码：010901）

瓦、型材及其他屋面包括瓦屋面、型材屋面、阳光板屋面、玻璃钢屋面、膜结构屋面。瓦屋面若是在木基层上铺瓦，项目特征不必描述黏结层砂浆的配合比，瓦屋面铺防水层，按屋面防水项目编码列项。型材屋面、阳光板屋面、玻璃钢屋面的柱、梁、屋架，按金属结构工程、木结构工程中相关项目编码列项。

(1) 瓦屋面、型材屋面。按设计图示尺寸以斜面积计算。不扣除房上烟囱、风帽底座、风道、小气窗、斜沟等所占面积，小气窗的出檐部分不增加面积。

瓦屋面斜面积按屋面水平投影面积乘以屋面延尺系数。延尺系数可根据屋面坡度的大小确定。见表2.3.19和图2.3.30。

表2.3.19 屋面坡度系数表

| 坡度 | | 角度 θ | 延尺系数 C (A=1) | 隅延尺系数 D (A=1) | 坡度 | | 角度 θ | 延尺系数 C (A=1) | 隅延尺系数 D (A=1) |
| --- | --- | --- | --- | --- | --- | --- | --- | --- | --- |
| B (A=1) | B/2A | | | | B (A=1) | B/2A | | | |
| 1 | 1/2 | 45° | 1.4142 | 1.7320 | 0.4 | 1/5 | 21°48′ | 1.077 | 1.4697 |
| 0.75 | | 36°52′ | 1.2500 | 1.6008 | 0.35 | | 19°47′ | 1.0595 | 1.4569 |
| 0.7 | | 35° | 1.2207 | 1.5780 | 0.3 | | 16°42′ | 1.0440 | 1.4457 |
| 0.666 | 1/3 | 33°40′ | 1.2015 | 1.5632 | 0.25 | 1/8 | 14°02′ | 1.0380 | 1.4362 |
| 0.65 | | 33°01′ | 1.1927 | 1.5564 | 0.2 | 1/10 | 11°19′ | 1.0198 | 1.4283 |
| 0.6 | | 30°58′ | 1.662 | 1.5362 | 0.15 | | 8°32′ | 1.0112 | 1.4222 |
| 0.577 | | 30° | 1.1545 | 1.5274 | 0.125 | 1/16 | 7°08′ | 1.0078 | 1.4197 |
| 0.55 | | 28°49′ | 1.143 | 1.5174 | 0.1 | 1/20 | 5°42′ | 1.0050 | 1.4178 |
| 0.5 | 1/4 | 26°34′ | 1.1180 | 1.5000 | 0.083 | 1/24 | 4°45′ | 1.0034 | 1.4166 |
| 0.45 | | 24°14′ | 1.0966 | 1.4841 | 0.066 | 1/30 | 3°49′ | 1.0022 | 1.4158 |

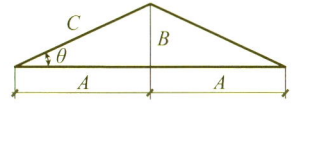
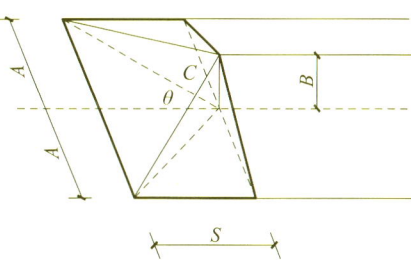

图2.3.30 两坡水及四坡水屋面示意图

(2) 阳光板、玻璃钢屋面。按设计图示尺寸以斜面积计算。不扣除屋面面积不大于0.3m²孔洞所占面积。

(3) 膜结构屋面。按设计图示尺寸以需要覆盖的水平投影面积计算，如图2.3.31所示。

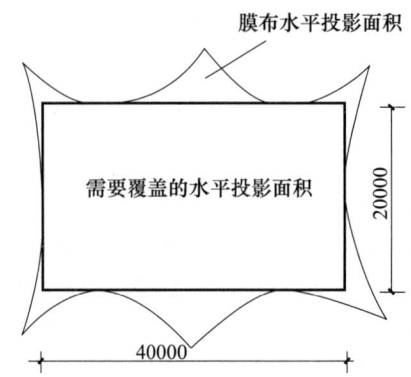

图 2.3.31 膜结构屋面工程量计算图（单位：mm）

**（二）屋面防水及其他（编码：010902）**

屋面防水及其他包括屋面卷材防水、屋面涂膜防水、屋面刚性层、屋面排水管、屋面排（透）气管、屋面（廊、阳台）泄（吐）水管、屋面天沟及檐沟、屋面变形缝。屋面找平层按楼地面装饰工程"平面砂浆找平层"项目编码列项。

（1）屋面卷材防水、屋面涂膜防水。按设计图示尺寸以面积计算。斜屋顶（不包括平屋顶找坡）按斜面积计算，平屋顶按水平投影面积计算，不扣除房上烟囱、风帽底座、风道、屋面小气窗和斜沟所占面积。屋面的女儿墙、伸缩缝和天窗等处的弯起部分，并入屋面工程量内。屋面防水搭接及附加层用量不另行计算，在综合单价中考虑。

（2）屋面刚性防水，按设计图示尺寸以面积计算。不扣除房上烟囱、风帽底座、风道等所占的面积。

（3）屋面排水管，按设计图示尺寸以长度计算。如设计未标注尺寸，以檐口至设计室外散水上表面垂直距离计算。

（4）屋面排（透）气管，按设计图示尺寸以长度计算。

（5）屋面（廊、阳台）泄（吐）水管，按设计图示数量计算，以"根（个）"计量。

（6）屋面天沟、檐沟，按设计图示尺寸以面积计算。铁皮和卷材天沟按展开面积计算。

（7）屋面变形缝，按设计图示以长度计算。

**（三）墙面防水、防潮（编码：010903）**

墙面防水、防潮包括墙面卷材防水、墙面涂膜防水、墙面砂浆防水（防潮）、墙面变形缝。墙面找平层按本墙、柱面装饰与隔断、幕墙工程"立面砂浆找平层"项目编码列项。

（1）墙面卷材防水、墙面涂膜防水、墙面砂浆防水（潮）。按设计图示尺寸以面积计算。墙面防水搭接及附加层用量不另行计算，在综合单价中考虑。

（2）墙面变形缝。按设计图示尺寸以长度计算。墙面变形缝，若做双面，工程量乘系数2。

**（四）楼（地）面防水、防潮（编码：010904）**

楼（地）面防水、防潮包括楼（地）面卷材防水、楼（地）面涂膜防水、楼（地）面砂浆防水（防潮）、楼（地）面变形缝。

（1）楼（地）面卷材防水、楼（地）面涂膜防水、楼（地）面砂浆防水（潮），按设计图示尺寸以面积计算。楼(地)面防水搭接及附加层用量不另行计算,在综合单价中考虑。

① 楼(地)面防水:按主墙间净空面积计算,扣除凸出地面的构筑物、设备基础等所占面积,不扣除间壁墙及单个面积不大于 0.3m² 柱、垛、烟囱和孔洞所占面积;

② 楼(地)面防水反边高度不大于 300mm 算作地面防水,反边高度大于 300mm,按墙面防水计算。

(2) 楼(地)面变形缝。按设计图示尺寸以长度计算。

【例 2.3.4】某工程 SBS 改性沥青卷材防水屋面平面、剖面图如图 2.3.32 所示,其自结构层由下向上的做法为:钢筋混凝土板上用 1:12 水泥珍珠岩找坡,坡度 2%,最薄处 60mm;保温隔热层上 1:3 水泥砂浆找平层反边高 300mm,在找平层上刷冷底子油,加热烤铺,贴 3mm 厚 SBS 改性沥青防水卷材一道(反边高 300mm),在防水卷材上抹 1:2.5 水泥砂浆找平层(反边高 300mm)。不考虑嵌缝,砂浆以使用中砂为拌合料,女儿墙不计算,未列项目不补充。根据工程量计价规范计算该屋面找平层、保温及卷材防水分部分项工程量。

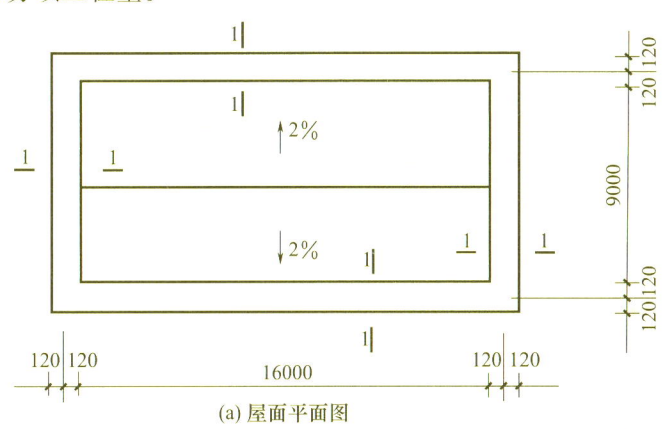

(a) 屋面平面图

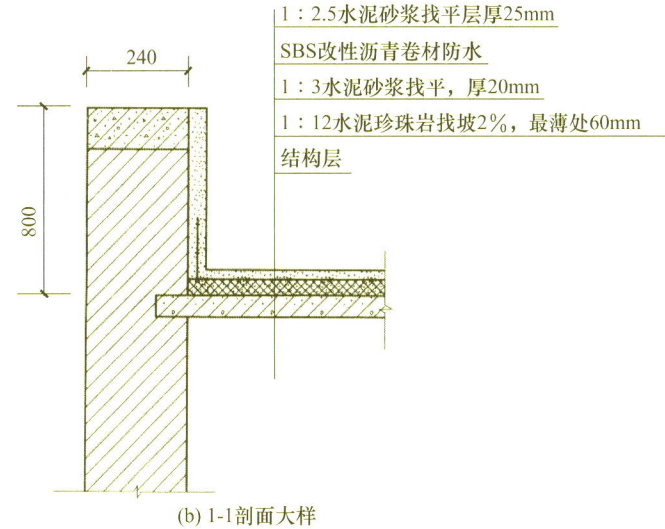

(b) 1-1 剖面大样

图 2.3.32 屋面平面、剖面图(单位:mm)

**解：** 计算结果见表 2.3.20。

表 2.3.20  工程量计算表

| 序号 | 清单项目编码 | 清单项目名称 | 计算式 | 工程量合计 | 计量单位 |
|---|---|---|---|---|---|
| 1 | 011001001001 | 屋面保温 | $S=16\times9=144$ | 144 | $m^2$ |
| 2 | 010902001001 | 屋面卷材防水 | $S=16\times9+(16+9)\times2\times0.3=159$ | 159 | $m^2$ |
| 3 | 011101006001 | 屋面找平层 | $S=16\times9+(16+9)\times2\times0.3=159$ | 159 | $m^2$ |

## 十、保温、隔热、防腐工程（编码：011001）

保温、隔热、防腐工程包括保温及隔热、防腐面层、其他防腐。保温隔热装饰面层，按装饰工程中相关项目编码列项；仅做找平层按楼地面装饰工程"平面砂浆找平层"或墙、柱面装饰与隔断、幕墙工程"立面砂浆找平层"项目编码列项。池槽保温隔热应按其他保温隔热项目编码列项。

### （一）保温、隔热（编码：011001）

保温、隔热包括保温隔热屋面、保温隔热天棚、保温隔热墙面、保温柱及梁、隔热楼地面、其他保温隔热。项目特征中保温隔热方式是指内保温、外保温、夹心保温。

（1）保温隔热屋面。按设计图示尺寸以面积计算。扣除面积大于 0.3 $m^2$ 孔洞及占位面积。

（2）保温隔热天棚。按设计图示尺寸以面积计算。扣除面积大于 0.3$m^2$ 柱、垛、孔洞所占面积，与天棚相连的梁按展开面积，计算并入天棚工程量内。柱帽保温隔热应并入天棚保温隔热工程量内。

（3）保温隔热墙面。按设计图示尺寸以面积计算。扣除门窗洞口以及面积大于 0.3$m^2$ 梁、孔洞所占面积；门窗洞口侧壁以及与墙相连的柱，并入保温墙体工程量。

（4）保温柱、梁。保温柱、梁适用于不与墙、天棚相连的独立柱、梁。按设计图示尺寸以面积计算。

① 柱按设计图示柱断面保温层中心线展开长度乘保温层高度以面积计算，扣除面积大于 0.3$m^2$ 梁所占面积；

② 梁按设计图示梁断面保温层中心线展开长度乘保温层长度以面积计算。

（5）隔热楼地面。按设计图示尺寸以面积计算。扣除面积大于 0.3$m^2$ 柱、垛、孔洞所占面积。

（6）其他保温隔热。按设计图示尺寸以展开面积计算。扣除面积大于 0.3$m^2$ 孔洞及占位面积。

### （二）防腐面层（编码：011002）

防腐面层包括防腐混凝土面层、防腐砂浆面层、防腐胶泥面层、玻璃钢防腐面层、聚氯乙烯板面层、块料防腐面层、池及槽块料防腐面层。防腐踢脚线，应按楼地面装饰工程"踢脚线"项目编码列项。

（1）防腐混凝土面层、防腐砂浆面层、防腐胶泥面层、玻璃钢防腐面层、聚氯乙烯板面层、块料防腐面层。按设计图示尺寸以面积计算。

① 平面防腐：扣除凸出地的构筑物、设备基础等以及面积大于 $0.3m^2$ 孔洞、柱垛所占面积；

② 立面防腐：扣除门、窗洞口以及面积大于 $0.3m^2$ 孔洞、梁所占面积。门、窗、洞口侧壁、垛突出部分按展开面积计算。

（2）池、槽块料防腐面层。按设计图示尺寸以展开面积计算。

**（三）其他防腐（编码：011003）**

其他防腐包括隔离层、砌筑沥青浸渍砖、防腐涂料。项目特征中浸渍砖砌法指平砌、立砌。

（1）隔离层。按设计图示尺寸以面积计算。

① 平面防腐：扣除凸出地面的构筑物、设备基础等以及面积大于 $0.3m^2$ 孔洞、柱、垛所占面积；

② 立面防腐：扣除门、窗、洞口以及面积大于 $0.3 m^2$ 孔洞、梁所占面积，门、窗、洞口侧壁、垛突出部分按展开面积并入墙面积内。

（2）砌筑沥青浸渍砖。按设计图示尺寸以体积计算。

（3）防腐涂料。按设计图示尺寸以面积计算。

① 平面防腐：扣除凸出地面的构筑物、设备基础等以及面积大于 $0.3 m^2$ 孔洞、柱、垛所占面积。

② 立面防腐：扣除门、窗、洞口以及面积大于 $0.3 m^2$ 孔洞、梁所占面积，门、窗、洞口侧壁、垛凸出部分按展开面积并入墙面积内。

**【例 2.3.5】** 某库房地面做 1∶0.533∶0.533∶3.121 不发火沥青砂浆防腐面层，踢脚线抹 1∶0.3∶1.5∶4 铁屑砂浆，厚度均为 20mm，踢脚线高度 200mm，如图 2.3.33 所示。墙厚均为 240mm，门洞地面做防腐面层，侧边不做踢脚线。根据工程量计算规范，计算该库房工程防腐面层及踢脚线的分部分项工程量。

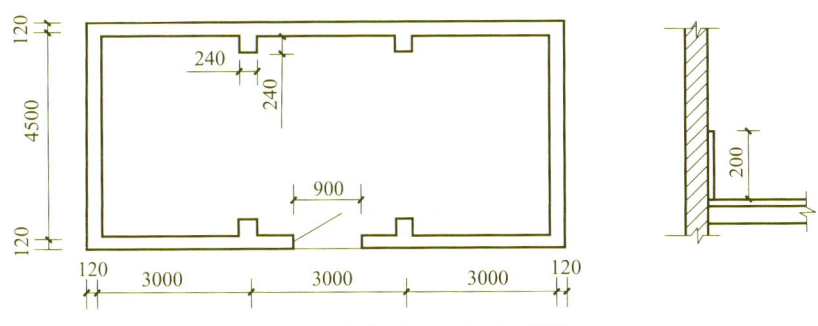

图 2.3.33 某库房平面示意图（单位：mm）

**解：** 计算结果见表 2.3.21。

表 2.3.21 工程量计算表

| 序号 | 清单项目编码 | 清单项目名称 | 计算式 | 工程量合计 | 计量单位 |
| --- | --- | --- | --- | --- | --- |
| 1 | 011002002001 | 防腐砂浆面层 | $S=(9.00-0.24)×(4.5-0.24)=37.32$ | 37.32 | $m^2$ |
| 2 | 011105001001 | 砂浆踢脚线 | $L=(9.00-0.24+0.24×4+4.5-0.24)×2-0.90=27.06$ | 27.06 | m |

### 十一、楼地面装饰工程（编码：0111）

楼地面装饰工程包括整体面层及找平层、块料面层、橡塑面层、其他材料面层、踢脚线、楼梯面层、台阶装饰、零星装饰项目，适用于楼地面、楼梯、台阶等装饰工程。楼梯、台阶侧面装饰，不大于 $0.5m^2$ 少量分散的楼地面装修，应按零星装饰项目编码列项。

#### （一）整体面层及找平层（编码：011101）

整体面层及找平层包括水泥砂浆楼地面、现浇水磨石楼地面、细石混凝土楼地面、菱苦土楼地面、自流坪楼地面、平面砂浆找平层。

(1) 水泥砂浆楼地面、现浇水磨石楼地面、细石混凝土楼地面、菱苦土楼地面、自流坪楼地面。按设计图示尺寸以面积计算。扣除凸出地面构筑物、设备基础、室内铁道、地沟等所占面积，不扣除间壁墙及不大于 $0.3m^2$ 柱、垛、附墙烟囱及孔洞所占面积。门洞、空圈、暖气包槽、壁龛的开口部分不增加面积。间壁墙指墙厚不大于 120mm 的墙。

(2) 平面砂浆找平层。按设计图示尺寸以面积计算。平面砂浆找平层只适用于仅做找平层的平面抹灰。楼地面混凝土垫层另按现浇混凝土基础中垫层项目编码列项，除混凝土外的其他材料垫层按砌筑工程中垫层项目编码列项。

#### （二）块料面层（编码：011102）

块料面层包括石材楼地面、碎石材楼地面、块料楼地面。按设计图示尺寸以面积计算。门洞、空圈、暖气包槽、壁龛的开口部分并入相应的工程量内。

#### （三）橡塑面层（编码：011103）

橡塑面层包括橡胶板楼地面、橡胶卷材楼地面、塑料板楼地面、塑料卷材楼地面。按设计图示尺寸以面积计算。门洞、空圈、暖气包槽、壁龛的开口部分并入相应的工程量内。

#### （四）其他材料面层（编码：011104）

其他材料面层包括地毯楼地面，竹、木（复合）地板，金属复合地板，防静电活动地板。按设计图示尺寸以面积计算。门洞、空圈、暖气包槽、壁龛的开口部分并入相应的工程量内。

#### （五）踢脚线（编码：011105）

踢脚线包括水泥砂浆踢脚线、石材踢脚线、块料踢脚线、塑料板踢脚线、木质踢脚线、金属踢脚线、防静电踢脚线。工程量以平方米计量，按设计图示长度乘高度以面积计算；以米计量，按延长米计算。

#### （六）楼梯面层（编码：011106）

楼梯面层包括石材楼梯面层、块料楼梯面层、拼碎块料面层、水泥砂浆楼梯面、现浇水磨石楼梯面、地毯楼梯面、木板楼梯面、橡胶板楼梯面层、塑料板楼梯面层。

工程量按设计图示尺寸以楼梯（包括踏步、休息平台及不大于 500mm 的楼梯井）水平投影面积计算。楼梯与楼地面相连时，算至梯口梁内侧边沿；无梯口梁者，算至最上一层踏步边沿加 300mm。

### (七）台阶装饰（编码：011107）

台阶装饰包括石材台阶面、块料台阶面、拼碎块料台阶面、水泥砂浆台阶面、现浇水磨石台阶面、剁假石台阶面。工程量按设计图示尺寸以台阶（包括最上层踏步边沿加300mm）水平投影面积计算。

### (八）零星装饰项目（编码：011108）

零星装饰项目包括石材零星项目、碎拼石材零星项目、块料零星项目、水泥砂浆零星项目。按设计图示尺寸以面积计算。

## 十二、墙、柱面装饰与隔断、幕墙工程（编码：0112）

墙、柱面装饰与隔断、幕墙工程包括墙面抹灰、柱（梁）面抹灰、零星抹灰、墙面块料面层、柱（梁）面镶贴块料、镶贴零星块料、墙饰面、柱（梁）饰面、幕墙工程、隔断。

### （一）墙面抹灰（编码：011201）

墙面抹灰包括墙面一般抹灰、墙面装饰抹灰、墙面勾缝、立面砂浆找平层。立面砂浆找平项目适用于仅做找平层的立面抹灰。墙面抹石灰砂浆、水泥砂浆、混合砂浆、聚合物水泥砂浆、麻刀石灰浆、石膏灰浆等按墙面一般抹灰列项；墙面水刷石、斩假石、干粘石、假面砖等按墙面装饰抹灰列项。

墙面抹灰工程量按设计图示尺寸以面积计算。扣除墙裙、门窗洞口及单个大于$0.3m^2$的孔洞面积，不扣除踢脚线、挂镜线和墙与构件交接处的面积，门窗洞口和孔洞的侧壁及顶面不增加面积。附墙柱、梁、垛、烟囱侧壁并入相应的墙面面积内。飘窗凸出外墙面增加的抹灰并入外墙工程量内。

（1）外墙抹灰面积按外墙垂直投影面积计算。
（2）外墙裙抹灰面积按其长度乘以高度计算。
（3）内墙抹灰面积按主墙间的净长乘以高度计算。无墙裙的内墙高度按室内楼地面至天棚底面计算；有墙裙的内墙高度按墙裙顶至天棚底面计算。有吊顶天棚的内墙面抹灰，抹至吊顶以上部分在综合单价中考虑。
（4）内墙裙抹灰面积按内墙净长乘以高度计算。

### （二）柱（梁）面抹灰（编码：011202）

柱（梁）面抹灰包括柱（梁）面一般抹灰、柱（梁）面装饰抹灰、柱（梁）面砂浆找平层、柱面勾缝。砂浆找平项目适用于仅做找平层的柱（梁）面抹灰。柱（梁）面抹石灰砂浆、水泥砂浆、混合砂浆、聚合物水泥砂浆、麻刀石灰浆、石膏灰浆等按柱（梁）面一般抹灰编码列项；柱（梁）面水刷石、斩假石、干粘石、假面砖等按柱（梁）面装饰抹灰项目编码列项。

柱（梁）面抹灰工程量按设计图示柱（梁）断面周长乘以高度以面积计算。

### （三）零星抹灰（编码：011203）

零星抹灰包括零星项目一般抹灰、零星项目装饰抹灰、零星砂浆找平层。零星项目抹石灰砂浆、水泥砂浆、混合砂浆、聚合物水泥砂浆、麻刀石灰浆、石膏灰浆等按零星项目一般抹灰编码列项，水刷石、斩假石、干粘石、假面砖等按零星项目装饰抹灰编码列项。

零星抹灰工程量按设计图示尺寸以面积计算。

### （四）墙面块料面层（编码：011204）

墙面块料面层包括石材墙面、碎拼石材、块料墙面、干挂石材钢骨架。

（1）石材墙面、碎拼石材、块料墙面。按设计图示尺寸以面积"$m^2$"计算。项目特征描述包括：墙体类型，安装方式，面层材料品种、规格、颜色、缝宽、嵌缝材料种类，防护材料种类，磨光、酸洗、打蜡要求。项目特征中"安装的方式"可描述为砂浆或黏接剂粘贴、挂贴、干挂等，不论哪种安装方式，都要详细描述与组价相关的内容。

（2）干挂石材钢骨架按设计图示尺寸以质量计算。

### （五）柱（梁）面镶贴块料（编码：011205）

柱（梁）面镶贴块料包括石材柱面、块料柱面、拼碎块柱面、石材梁面、块料梁面。

（1）石材柱面、块料柱面、拼碎块柱面。按设计图示尺寸以镶贴表面积计算。

（2）石材梁面、块料梁面。按设计图示尺寸以镶贴表面积计算。

### （六）零星镶贴块料（编码：011206）

零星镶贴块料包括石材零星项目、块料零星项目、拼碎块零星项目。墙柱面不大于$0.5m^2$的少量分散的镶贴块料面层按零星项目执行。按设计图示尺寸以镶贴表面积计算。

### （七）墙饰面（编码：011207）

墙饰面包括墙面装饰板、墙面装饰浮雕。

（1）墙面装饰板工程量按设计图示墙净长乘以净高以面积计算。扣除门窗洞口及单个大于$0.3m^2$的孔洞所占面积。

（2）墙面装饰浮雕。按设计图示尺寸以面积计算。

### （八）柱（梁）饰面（编码：011208）

柱（梁）饰面包括柱（梁）面装饰、成品装饰柱。

（1）柱（梁）面装饰。按设计图示饰面外围尺寸以面积计算。柱帽、柱墩并入相应柱饰面工程量内。

（2）成品装饰柱。工程量以根计量，按设计数量计算；以米计量，按设计长度计算。

### （九）幕墙工程（编码：011209）

幕墙包括带骨架幕墙、全玻（无框玻璃）幕墙。幕墙钢骨架按干挂石材钢骨架另列项目。

（1）带骨架幕墙。按设计图示框外围尺寸以面积计算。与幕墙同种材质的窗所占面积不扣除。

（2）全玻（无框玻璃）幕墙。按设计图示尺寸以面积计算。带肋全玻幕墙按展开面积计算。

### （十）隔断（编码：011210）

隔断包括木隔断、金属隔断、玻璃隔断、塑料隔断、成品隔断、其他隔断。

（1）木隔断、金属隔断。按设计图示框外围尺寸以面积计算。不扣除单个不大于$0.3m^2$的孔洞所占面积；浴厕门的材质与隔断相同时，门的面积并入隔断面积内。

（2）玻璃隔断、塑料隔断。按设计图示框外围尺寸以面积计算。不扣除单个不大于 $0.3m^2$ 的孔洞所占面积。

（3）成品隔断。以平方米计量，按设计图示框外围尺寸以面积计算；以间计量，按设计间的数量计算。

### 十三、天棚工程（编码：0113）

天棚工程包括天棚抹灰、天棚吊顶、采光天棚、天棚其他装饰。采光天棚骨架应单独按金属结构工程相关项目编码列项。天棚装饰刷油漆、涂料及裱糊，按油漆、涂料、裱糊工程相应项目编码列项。

**（一）天棚抹灰（编码：011301）**

天棚抹灰适用于各种天棚抹灰。按设计图示尺寸以水平投影面积计算。不扣除间壁墙、垛、柱、附墙烟囱、检查口和管道所占的面积，带梁天棚、梁两侧抹灰面积并入天棚面积内，板式楼梯底面抹灰按斜面积计算，锯齿形楼梯底板抹灰按展开面积计算。

**（二）天棚吊顶（编码：011302）**

天棚吊顶包括吊顶天棚、格栅吊顶、吊筒吊顶、藤条造型悬挂吊顶、织物软雕吊顶、装饰网架吊顶。

（1）吊顶天棚。按设计图示尺寸以水平投影面积计算。天棚面中的灯槽及跌级、锯齿形、吊挂式、藻井式天棚面积不展开计算。不扣除间壁墙、检查口、附墙烟囱、柱垛和管道所占面积，扣除单个大于 $0.3m^2$ 的孔洞、独立柱及与天棚相连的窗帘盒所占的面积。

（2）格栅吊顶、吊筒吊顶、藤条造型悬挂吊顶、织物软雕吊顶、装饰网架吊顶。按设计图示尺寸以水平投影面积计算。

**（三）采光天棚（编码：011303）**

采光天棚工程量计算按框外围展开面积计算。采光天棚骨架应单独按本规范附录金属结构中相关项目编码列项。

**（四）天棚其他装饰（编码：011304）**

天棚其他装饰包括灯带（槽）、送风口及回风口。

（1）灯带（槽）按设计图示尺寸以框外围面积计算。

（2）送风口、回风口按设计图示数量"个"计算。

**【例 2.3.6】** 某装饰工程地面、墙面、天棚的装饰工程如图 2.3.34～图 2.3.37 所示，房间外墙厚度 240mm，中到中尺寸为 12000mm×18000mm，800mm×800mm 独立柱 4 根，墙体抹灰厚度 20mm（门窗占位面积 $80m^2$，门窗洞口侧壁抹灰 $15m^2$、柱跺展开面积 $11m^2$），地砖地面施工完成后尺寸如图示为 （12－0.24－0.04）×（18－0.24－0.04），吊顶高度 3600mm（窗帘盒占位面积 $7m^2$），做法为地面 20mm 厚 1：3 水泥砂浆找平、20mm 厚 1：2 干性水泥砂浆粘贴玻化砖，玻化砖踢脚线，高度 150mm（门洞宽度合计 4m），乳胶漆一底两面，天棚轻钢龙骨石膏板面刮成品腻子面罩乳胶漆一底两面。柱面挂贴 30mm 厚花岗石板，花岗石板和柱结构面之间空隙填灌 50mm 厚的 1：3 水泥砂浆。根据工程量计算规范计算该装饰工程地面、墙面、天棚等分部分项工程量。

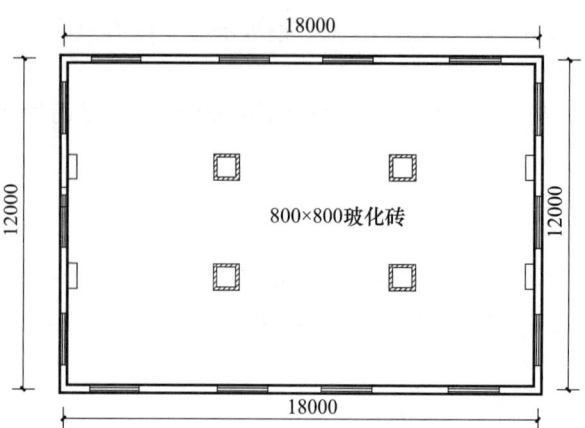

图 2.3.34 某工程地面示意图（单位：mm）

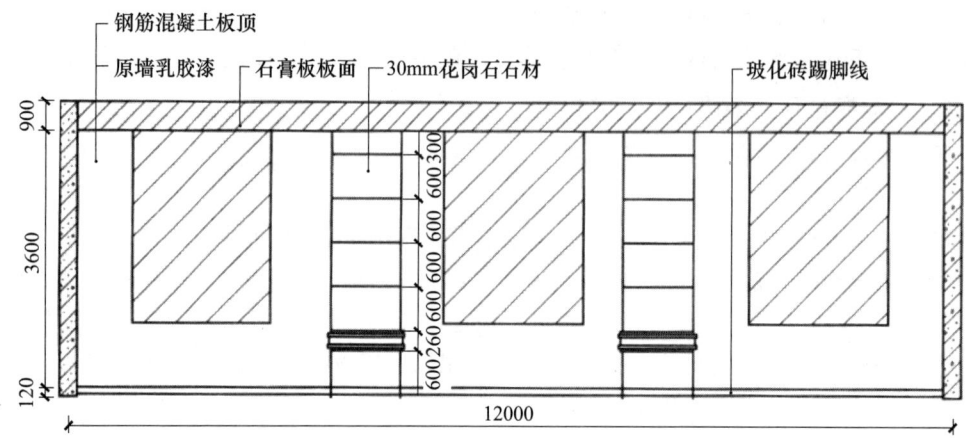

图 2.3.35 某工程大厅立面图（单位：mm）

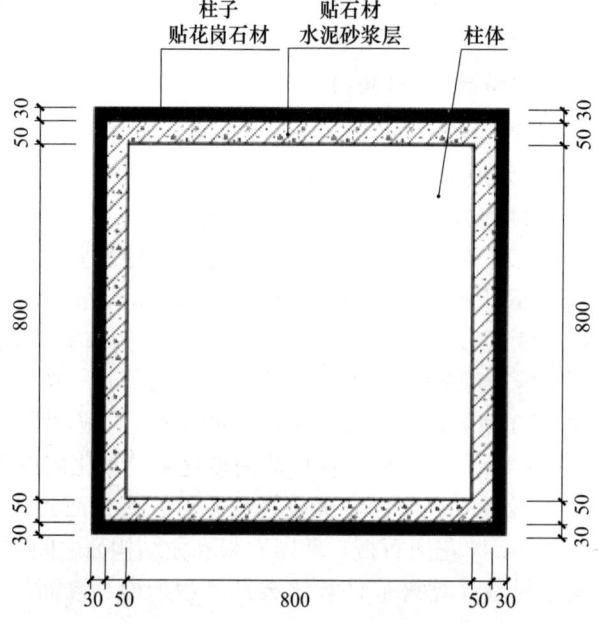

图 2.3.36 某工程大厅立柱剖面图（单位：mm）

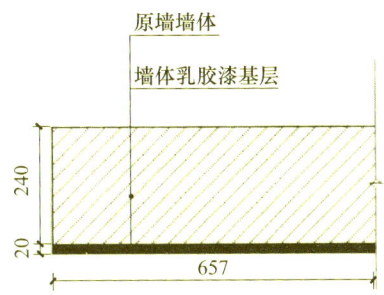

图 2.3.37 某工程墙体抹灰剖面图（单位：mm）

**解**：计算结果见表 2.3.22。

表 2.3.22 工程量计算表

| 序号 | 清单项目编码 | 清单项目名称 | 计算式 | 工程量合计 | 计量单位 |
|---|---|---|---|---|---|
| 1 | 011102001001 | 玻化砖地面 | $S=(12-0.24-0.04)×(18-0.24-0.04)=207.68$<br>扣柱占位面积：$(0.8×0.8)×4$ 根$=2.56$<br>小计：$207.68-2.56=205.12$ | 205.12 | m² |
| 2 | 011105003001 | 玻化砖踢脚线 | $L=[(12-0.24-0.04)+(18-0.24-0.04)]×2-4$<br>（门洞宽度）$=54.88$（m）<br>$S=54.88×0.15=8.232$ | 8.23 | m² |
| 3 | 011201001001 | 墙面混合砂浆抹灰 | $S=[(12-0.24)+(18-0.24)]×2×3.6$（高度）$-80$<br>（门窗洞口占位面积）$+11$（柱踩展开面积）$=143.54$ | 143.54 | m² |
| 4 | 011205001001 | 花岗石柱面 | 柱周长：$[0.8+(0.05+0.03)×2]×4=3.84$<br>$S=3.84×3.6$（高度）$×4$ 根$=55.30$ | 55.30 | m² |
| 5 | 011302001001 | 轻钢龙骨石膏板吊顶天棚 | 同地面 $207.68-0.8×0.8×4-7$（窗帘盒占位面积）$=198.12$ | 198.12 | m² |
| 6 | 011407001001 | 墙面喷刷乳胶漆 | 同墙面抹灰 $143.54+15$（门窗洞口侧壁）$=158.54$m² | 158.54 | m² |
| 7 | 011407002001 | 天棚喷刷乳胶漆 | $207.68-(0.8+0.05×2+0.03×2)×(0.8+0.05×2+0.03×2)×4-7$（窗帘盒占位面积）$=196.99$ | 196.99 | m² |

## 十四、油漆、涂料、裱糊工程（编号：0114）

油漆、涂料、裱糊工程包括门油漆、窗油漆、木扶手及其他板条（线条）油漆、木材面油漆、金属面油漆、抹灰面油漆、喷刷涂料、裱糊。在列项时，当木栏杆带扶手，木扶手不单独列项，应包含在木栏杆油漆中，按木栏杆（带扶手）列项。抹灰面油漆和刷涂料工作内容中包括"刮腻子"，此处的"刮腻子"不得单独列项为"满刮腻子"项目。"满刮腻子"项目仅适用于单独刮腻子的情况。

### （一）门油漆（编号：011401）

门油漆包括木门油漆、金属门油漆。木门油漆应区分木大门、单层木门、双层（一玻一纱）木门、双层（单裁口）木门、全玻自由门、半玻自由门、装饰门及有框门或无框门等项目，分别编码列项。金属门油漆应区分平开门、推拉门、钢制防火门等项目，分别编码列项。

门油漆工程量以樘计量，按设计图示数量计算；以平方米计量，按设计图示洞口尺寸以面积计算。

### （二）窗油漆（编号：011402）

窗油漆包括木窗油漆、金属窗油漆。木窗油漆应区分单层玻璃窗、双层（一玻一纱）木窗、双层框扇（单裁口）木窗、双层框三层（二玻一纱）木窗、单层组合窗、双层组合窗、木百叶窗、木推拉窗等，分别编码列项。金属窗油漆应区分平开窗、推拉窗、固定窗、组合窗、金属隔栅窗等项目，分别编码列项。

窗油漆工程量以樘计量，按设计图示数量计算；以平方米计量，按设计图示洞口尺寸以面积计算。

### （三）木扶手及其他板条、线条油漆（编号：011403）

该项目包括木扶手油漆，窗帘盒油漆，封檐板及顺水板油漆，挂衣板、黑板框油漆，挂镜线、窗帘棍、单独木线油漆。木扶手应区分带托板与不带托板，分别编码列项。

木扶手及其他板条、线条油漆的工程量按设计图示尺寸以长度计算。

### （四）木材面油漆（编号：011404）

木材面油漆包括木护墙、木墙裙油漆，窗台板、筒子板、盖板、门窗套、踢脚线油漆，清水板条天棚、檐口油漆，木方格吊顶天棚油漆，吸音板墙面、天棚面油漆，暖气罩油漆及其他木材面油漆，木间壁、木隔断油漆，玻璃间壁露明墙筋油漆，木栅栏、木栏杆（带扶手）油漆，衣柜、壁柜油漆，梁柱饰面油漆，零星木装修油漆，木地板油漆，木地板烫硬蜡面。

（1）木护墙、木墙裙油漆，窗台板、筒子板、盖板、门窗套、踢脚线油漆，清水板条天棚、檐口油漆，木方格吊顶天棚油漆，吸音板墙面、天棚面油漆，暖气罩油漆及其他木材面油漆的工程量均按设计图示尺寸以面积计算。

（2）木间壁、木隔断油漆，玻璃间壁露明墙筋油漆，木栅栏、木栏杆（带扶手）油漆。按设计图示尺寸以单面外围面积计算。

（3）衣柜、壁柜油漆，梁柱饰面油漆，零星木装修油漆。按设计图示尺寸以油漆部分展开面积计算。

（4）木地板油漆、木地板烫硬蜡面。按设计图示尺寸以面积计算。空洞、空圈、暖气包槽、壁龛的开口部分并入相应的工程量内。

### （五）金属面油漆（编号：011405）

金属面油漆工程量以吨计量，按设计图示尺寸以质量计算；以平方米计量，按设计展开面积计算。

### （六）抹灰面油漆（编号：011406）

抹灰面油漆包括抹灰面油漆、抹灰线条油漆、满刮腻子。

（1）抹灰面油漆。按设计图示尺寸以面积计算。
（2）抹灰线条油漆。按设计图示尺寸以长度计算。
（3）满刮腻子。按设计图示尺寸以面积计算。

**（七）刷喷涂料（编号：011407）**

刷喷涂料包括墙面喷刷涂料、天棚喷刷涂料、空花格栏杆刷涂料、线条刷涂料、金属构件刷防火涂料、木材构件喷刷防火涂料。

（1）墙面喷刷涂料、天棚喷刷涂料。按设计图示尺寸以面积计算。
（2）线条刷涂料。按设计图示尺寸以长度计算。
（3）金属构件刷防火涂料。以吨计量，按设计图示尺寸以质量计算；以平方米计量，按设计展开面积计算。
（4）木材构件喷刷防火涂料。工程量以平方米计量，按设计图示尺寸以面积计算。

**（八）裱糊（编号：011408）**

裱糊包括墙纸裱糊、织锦缎裱糊。按设计图示尺寸以面积计算。

### 十五、其他装饰工程（编号：0115）

其他装饰工程包括柜类、货架、压条、装饰线、扶手、栏杆、栏板装饰、暖气罩、浴厕配件、雨篷、旗杆、招牌、灯箱和美术字。项目工作内容中包括"涮油漆"的，不得单独将油漆分离，单列油漆清单项目；工作内容中没有包括"刷油漆"的，可单独按油漆项目列项。

**（一）柜类、货架（编号：011501）**

柜类、货架包括柜台、酒柜、衣柜、存包柜、鞋柜、书柜、厨房壁柜、木壁柜、厨房低柜、厨房吊柜、矮柜、吧台背柜、酒吧吊柜、酒吧台、展台、收银台、试衣间、货架、书架、服务台。

工程量以个计量，按设计图示数量计量；以米计量，按设计图示尺寸以延长米计算；以立方米计量，按设计图示尺寸以体积计算。

**（二）压条、装饰线（编号：011502）**

压条、装饰线包括金属装饰线、木质装饰线、石材装饰线、石膏装饰线、镜面玻璃线、铝塑装饰线、塑料装饰线、GRC装饰线。工程量按设计图示尺寸以长度计算。

**（三）扶手、栏杆、栏板装饰（编号：011503）**

扶手、栏杆、栏板装饰包括金属扶手、栏杆、栏板，硬木扶手、栏杆、栏板，塑料扶手、栏杆、栏板，GRC栏杆、扶手，金属靠墙扶手，硬木靠墙扶手，塑料靠墙扶手，玻璃栏板。工程量按设计图示尺寸以扶手中心线以长度（包括弯头长度）计算。

**（四）暖气罩（编号：011504）**

暖气罩包括饰面板暖气罩、塑料板暖气罩、金属暖气罩。按设计图示尺寸以垂直投影面积（不展开）计算。

**（五）浴厕配件（编号：011505）**

浴厕配件包括洗漱台、晒衣架、帘子杆、浴缸拉手、卫生间扶手、毛巾杆（架）、毛巾环、卫生纸盒、肥皂盒、镜面玻璃、镜箱。

(1) 洗漱台按设计图示尺寸以台面外接矩形面积计算。不扣除孔洞、挖弯、削角所占面积，挡板、吊沿板面积并入台面面积内。

(2) 晒衣架、帘子杆、浴缸拉手、卫生间扶手、毛巾杆（架）、毛巾环、卫生纸盒、肥皂盒、镜箱按设计图示数量计算。

(3) 镜面玻璃按设计图示尺寸以边框外围面积计算。

### （六）雨篷、旗杆（编号：011506）

雨篷、旗杆包括雨篷吊挂饰面、金属旗杆、玻璃雨篷。

(1) 雨篷吊挂饰面、玻璃雨篷按设计图示尺寸以水平投影面积计算。

(2) 金属旗杆按设计图示数量计算，以"根"为单位计量。

### （七）招牌、灯箱（编号：011506）

招牌、灯箱包括平面、箱式招牌，竖式标箱，灯箱，信报箱。

(1) 平面、箱式招牌按设计图示尺寸以正立面边框外围面积计算。复杂形的凸凹造型部分不增加面积。

(2) 竖式标箱、灯箱、信报箱按设计图示数量计算，以"个"为单位计量。

### （八）美术字（编号：011508）

美术字包括泡沫塑料字、有机玻璃字、木质字、金属字、吸塑字。按设计图示数量计算，以"个"为单位计量。

## 十六、拆除工程（编码：0116）

(1) 砖砌体拆除以"$m^3$"计量，按拆除的体积计算；或以"m"计量，按拆除的延长米计算。以 m 为单位计量，如砖地沟、砖明沟等必须描述拆除部位的截面尺寸；以"$m^2$"为单位计量，截面尺寸不必描述。

(2) 混凝土及钢筋混凝土构件，木构件拆除以"m"计算，按拆除构件的体积以"m"计算，按拆除部位的面积计算，或以"m"计算，按拆除部位的延长米计算。

(3) 抹灰面拆除、屋面、隔断横隔墙拆除，均按拆除部位的面积计算，单位块料面层、龙骨及饰面、玻璃拆除均按拆除面积计算，单位"$m^2$"。

(4) 铲除油漆涂料糊面以"m"计算，按铲除部位的面积计算；或以"m"计算，铲除部位的延长米计算。

(5) 栏板、栏杆拆除以"$m^2$"计量，按拆除部位的面积计算；或以"m"计量。

(6) 门窗拆除包括木门窗和金属门窗拆除，以"m"计量，按拆除面积计算；以"$m^2$"计量，按拆除樘数计算。

(7) 金属构件拆除中钢网架以"t"计量，按拆除构件的质量计算，其他（钢梁、钢柱、钢支撑、钢墙架）拆除除按拆除构件质量计算外还可以按拆除延长米计算，以"m"计量。

(8) 管道拆除以"m"计量，按拆除管道的延长米计算，卫生洁具、灯具拆除以"套（个）"计量，按拆除的数量计算。

(9) 其他构件拆除中，暖气罩、柜体拆除可以按拆除的个数计量，也可按拆除延长米计算；窗台板、筒子板拆除可以按拆除的块数计算，也可按拆除的延长米计算，窗帘盒窗帘轨拆除按拆除的延长米计算。

(10) 开孔（打洞）以"个"为单位，按数量计算。

### 十七、措施项目（编码：0117）

措施项目包括脚手架工程、混凝土模板及支架（撑）、垂直运输、超高施工增加、大型机械设备进出场及安拆、施工降水及排水、安全文明施工及其他措施项目。安全文明施工及其他措施项目主要列出了"工作内容及包含范围"，其他6项都详细列出了项目编码、项目名称、项目特征、工程量计算规则、工作内容，其清单项目的编制与分部分项工程一致。

**（一）脚手架工程（编码：011701）**

脚手架工程包括综合脚手架、外脚手架、里脚手架、悬空脚手架、挑脚手架、满堂脚手架、整体提升架、外装饰吊篮。

(1) 综合脚手架。综合脚手架工程量按建筑面积计算。

综合脚手架针对整个房屋建筑的土建和装饰装修部分。在编制清单项目时，当列出了综合脚手架项目时，不得再列出外脚手架、里脚手架等单项脚手架项目。综合脚手架适用于能够按"建筑面积计算规则"计算建筑面积的建筑工程脚手架，不适用于房屋夹层、构筑物及附属工程脚手架。同一建筑物有不同的檐高时，按建筑物竖向切面分别按不同檐高编列清单项目。建筑物的檐口高度是指设计室外地坪至檐口滴水的高度（平屋顶系指屋面板底高度），凸出主体建筑物屋顶的电梯机房、楼梯出口间、水箱间、瞭望塔、排烟机房等不计入檐口高度。

(2) 外脚手架、里脚手架、整体提升架、外装饰吊篮。工程量按所服务对象的垂直投影面积计算。整体提升架包括2m高的防护架体设施。

(3) 悬空脚手架、满堂脚手架。工程量按搭设的水平投影面积计算。满堂脚手架应按搭设方式、搭设高度、脚手架材质分别列项。根据《房屋建筑与装饰工程消耗量定额》（TY01-31），满堂脚手架高度在3.6～5.2m之间时计算基本层，5.2m以外，每增加1.2m计算一个增加层，不足0.6m按一个增加层乘以系数0.5计算。

(4) 挑脚手架。工程量按搭设长度乘以搭设层数以延长米计算。

**（二）混凝土模板及支架（撑）（编码：011702）**

混凝土模板及支架（撑）包括基础、矩形柱、构造柱、异形柱、基础梁、矩形梁、异形梁、圈梁、过梁、弧形及拱形梁、直形墙、弧形墙、短肢剪力墙及电梯井壁、有梁板、无梁板、平板、拱板、薄壳板、空心板、其他板、栏板、天沟及檐沟、雨篷悬挑板阳台板、楼梯、其他现浇构件、电缆沟地沟、台阶、扶手、散水、后浇带、化粪池、检查井。

混凝土模板及支架（撑）的工程量计算有两种处理方法：一种是以"$m^3$"计量的模板及支撑（架），按混凝土及钢筋混凝土项目执行，其综合单价应包含模板及支撑（架）；另一种是以"$m^2$"计量，主要按模板与混凝土构件的接触面积计算。

(1) 混凝土基础、柱、梁、墙板等主要构件模板及支架工程量按模板与现浇混凝土构件的接触面积计算。原槽浇灌的混凝土基础、垫层不计算模板工程量。若现浇混凝土梁、板支撑高度超过 3.6m 时，项目特征应描述支撑高度。

① 现浇钢筋混凝土墙、板单孔面积不大于 $0.3m^2$ 的孔洞不予扣除，洞侧壁模板亦不增加；单孔面积大于 $0.3m^2$ 时应予扣除，洞侧壁模板面积并入墙、板工程量内计算。

② 现浇框架分别按梁、板、柱有关规定计算；附墙柱、暗梁、暗柱并入墙内工程量内计算。

③ 柱、梁、墙、板相互连接的重叠部分，均不计算模板面积。

④ 构造柱按图示外露部分计算模板面积。

(2) 天沟、檐沟、电缆沟、地沟，散水、扶手、后浇带、化粪池、检查井按模板与现浇混凝土构件的接触面积计算。

(3) 雨篷、悬挑板、阳台板，按图示外挑部分尺寸的水平投影面积计算，挑出墙外的悬臂梁及板边不另计算。

(4) 楼梯，按楼梯（包括休息平台、平台梁、斜梁和楼层板的连接梁）的水平投影面积计算，不扣除宽度不大于 500mm 的楼梯井所占面积，楼梯踏步、踏步板、平台梁等侧面模板不另计算，伸入墙内部分亦不增加。

### （三）垂直运输（011703）

垂直运输指施工工程在合理工期内所需垂直运输机械。同一建筑物有不同檐高时，按建筑物的不同檐高作纵向分割，分别计算建筑面积，以不同檐高分别编码列项。垂直运输可按建筑面积计算也可以按施工工期日历天数计算，以"天"为单位。

垂直运输项目工作内容包括垂直运输机械的固定装置、基础制作、安装，行走式垂直运输机械轨道的铺设、拆除、摊销。

### （四）超高施工增加（011704）

单层建筑物檐口高度超过 20m，多层建筑物超过 6 层时，可按超高部分的建筑面积计算超高施工增加。计算层数时，地下室不计入层数。同一建筑物有不同檐高时，可按不同高度的建筑面积分别计算建筑面积，以不同檐高分别编码列项。其工程量计算按建筑物超高部分的建筑面积计算。

超高施工增加项目工作内容包括：建筑物超高引起的人工工效降低以及由于人工工效降低引起的机械降效，高层施工用水加压水泵的安装、拆除及工作台班，通信联络设备的使用及摊销。

### （五）大型机械设备进出场及安拆（编码：011705）

安拆费包括施工机械、设备在现场进行安装拆卸所需人工、材料、机械和试运转费用以及机械辅助设施的折旧、搭设、拆除等费用；进出场费包括施工机械、设备整体或分体自停放地点运至施工现场或由一施工地点运至另一施工地点所发生的运输、装卸、辅助材料等费用。工程量以台次计量，按使用机械设备的数量计算。

### （六）施工排水、降水（编码：011706）

施工排水降水包括成井、排水及降水。相应专项设计不具备时，可按暂估量计算。临时排水沟、排水设施安砌、维修、拆除，已包含在安全文明施工中，不包括在施工排水、降水措施项目中。

(1) 成井，按设计图示尺寸以钻孔深度计算。

(2) 排水、降水，以昼夜（24h）为单位计量，按排水、降水日历天数计算。

**（七）安全文明施工及其他措施项目（011707）**

安全文明施工及其他措施项目包括安全文明施工，夜间施工，非夜间施工照明，二次搬运，冬雨季施工，地上、地下设施、建筑物的临时保护设施，已完工程及设备保护等。

(1) 安全文明施工

安全文明施工（含环境保护、文明施工、安全施工、临时设施），其包含的具体范围如下。

① 环境保护：现场施工机械设备降低噪声、防扰民措施；水泥和其他易飞扬细颗粒建筑材料密闭存放或采取覆盖措施等；工程防扬尘洒水；土石方、渣土外运车辆防护措施等；现场污染源的控制、生活垃圾清理外运、场地排水排污措施；其他环境保护措施。

② 文明施工："五牌一图"；现场围挡的墙面美化（包括内外粉刷、刷白、标语等）、压顶装饰；现场厕所便槽刷白、贴面砖，水泥砂浆地面或地砖，建筑物内临时便溺设施；其他施工现场临时设施的装饰装修、美化措施；现场生活卫生设施；符合卫生要求的饮水设备、淋浴、消毒等设施；生活用洁净燃料；防煤气中毒、防蚊虫叮咬等措施；施工现场操作场地的硬化；现场绿化；治安综合治理；现场配备医药保健器材、物品和急救人员培训；现场工人的防暑降温、电风扇、空调等设备及用电；其他文明施工措施。

③ 安全施工：安全资料、特殊作业专项方案的编制，安全施工标志的购置及安全宣传；"三宝"（安全帽、安全带、安全网）、"四口"（楼梯口、电梯井口、通道口、预留洞口）、"五临边"（阳台围边、楼板围边、屋面围边、槽坑围边、卸料平台两侧围边）、水平防护架、垂直防护架、外架封闭等防护；施工安全用电，包括配电箱三级配电、两级保护装置要求、外电防护措施；起重机、塔吊等起重设备（含井架、门架）及外用电梯的安全防护措施（含警示标志）及卸料平台的临边防护、层间安全门、防护棚等设施；建筑工地起重机械的检验检测；施工机具防护棚及其围栏的安全保护设施；施工安全防护通道；工人的安全防护用品、用具购置；消防设施与消防器材的配置；电气保护、安全照明设施；其他安全防护措施。

④ 临时设施：施工现场采用彩色、定型钢板，砖、混凝土砌块等围挡的安砌、维修、拆除；施工现场临时建筑物、构筑物的搭设、维修、拆除，如临时宿舍、办公室、食堂、厨房、厕所、诊疗所、临时文化福利用房、临时仓库、加工场、搅拌台、临时简易水塔、水池等；施工现场临时设施的搭设、维修、拆除，如临时供水管道、临时供电管线、小型临时设施等；施工现场规定范围内临时简易道路铺设，临时排水沟、排水设施安砌、维修、拆除；其他临时设施搭设、维修、拆除。

(2) 夜间施工

夜间施工包含的工作内容及范围有夜间固定照明灯具和临时可移动照明灯具的设置、拆除；夜间施工时，施工现场交通标志、安全标牌、警示灯等的设置、移动、拆除；夜间照明设备及照明用电、施工人员夜班补助、夜间施工劳动效率降低等。

(3) 非夜间施工照明

非夜间施工照明包含的工作内容及范围包括为保证工程施工正常进行,在地下室等特殊施工部位施工时所采用的照明设备的安拆、维护、摊销及照明用电等。

(4) 二次搬运

由于施工场地条件限制而发生的材料、成品、半成品等一次运输不能到达堆放地点,必须进行的二次或多次搬运。

(5) 冬雨期施工

冬雨期施工包含的工作内容及范围有冬雨(风)期施工时增加的临时设施(防寒保温、防雨、防风设施)的搭设、拆除;冬雨(风)期施工时,对砌体、混凝土等采用的特殊加温、保温和养护措施;冬雨(风)期施工时,施工现场的防滑处理、对影响施工的雨雪的清除;包括冬雨(风)期施工时增加的临时设施、施工人员的劳动保护用品、冬雨(风)期施工劳动效率降低等。

(6) 地上、地下设施、建筑物的临时保护设施

地上、地下设施、建筑物的临时保护设施包含的工作内容及范围包括在工程施工过程中,对已建成的地上、地下设施和建筑物进行的遮盖,封闭、隔离等必要保护措施。

(7) 已完工程及设备保护

已完工程及设备保护包含的工作内容及范围有:对已完工程及设备采取的覆盖、包裹、封闭、隔离等必要保护措施。

【例 2.3.7】图 2.3.38 为某工程框架结构建筑物某层现浇混凝土及钢筋混凝土柱梁板结构图,层高 3.0m,其中板厚为 120mm,梁、顶标高为 +6.00m,柱的区域部分为 (3.00~6.00m)。模板单列,不计入混凝土实体项目综合单价,不采用清水模板。根据工程工程量计算规范,计算该层现浇混凝土模板工程的工程量。

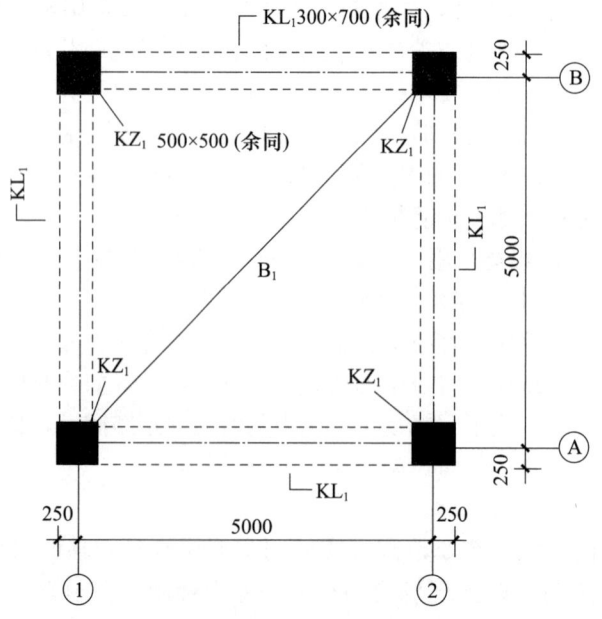

图 2.3.38 某工程现浇混凝土柱梁板结构示意图(单位:mm)

**解：** 计算结果见表 2.3.23。

表 2.3.23 工程量计算表

| 序号 | 清单项目编码 | 清单项目名称 | 计算式 | 工程量合计 | 计量单位 |
|---|---|---|---|---|---|
| 1 | 011702002001 | 矩形柱 | $S=4\times(3\times0.5\times4-0.3\times0.7\times2-0.2\times0.12\times2)=22.128$ | 22.13 | m² |
| 2 | 011702006001 | 矩形梁 | $S=[4.5\times(0.7\times2+0.3)-4.5\times0.12]\times0.4=28.44$ | 28.44 | m² |
| 3 | 011702014001 | 板 | $S=(5.5-2\times0.3)\times(5.5-2\times0.3)-0.2\times0.2\times4=23.85$ | 23.85 | m² |

**【例 2.3.8】** 某高层建筑如图 2.3.39 所示，框剪结构，女儿墙高度为 1.8m，垂直运输，采用自升式塔式起重机及单笼施工电梯。根据工程工程量计算规范计算该高层建筑物的垂直运输、超高施工增加的分部分项工程量。

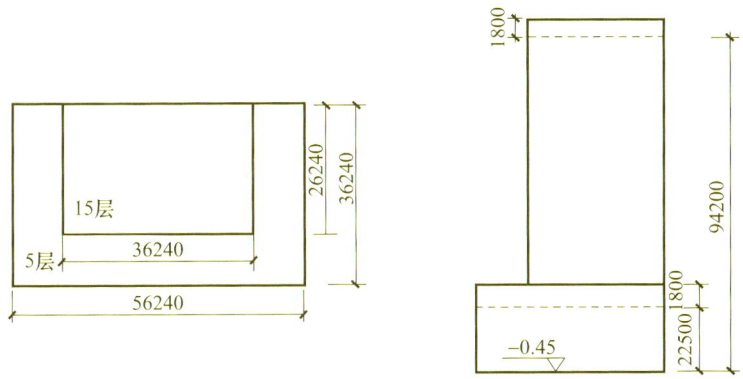

图 2.3.39 某高层建筑示意图（单位：mm）

**解：** 计算结果见表 2.3.24。

表 2.3.24 工程量计算表

| 序号 | 清单项目编码 | 清单项目名称 | 计算式 | 工程量合计 | 计量单位 |
|---|---|---|---|---|---|
| 1 | 011704001001 | 垂直运输（檐高 94.20m 以内） | $S=26.24\times36.24\times5+36.24\times26.24\times15$ | 19018.75 | m² |
| 2 | 011704001002 | 垂直运输（檐高 22.50m 以内） | $S=(56.24\times36.24-36.24\times26.24)\times5$ | 5436.00 | m² |
| 3 | 011705001001 | 超高施工增加 | $S=36.24\times26.24\times14$ | 13313.13 | m² |

## 第四节 工程量清单的编制

### 一、工程量清单的内容与格式

#### （一）工程量清单的构成

招标工程量清单应以单位（项）工程为单位编制，应由分部分项工程项目清单、措施项目清单、其他项目清单、规费和税金项目清单组成。

具体由招标工程量清单封面，招标工程量清单扉页，工程量清单总说明，分部分项工程和单价措施项目清单，总价措施项目清单，其他项目清单，规费，税金项目计价表，主要材料，工程设备一览表等组成。具体格式和内容如下。

1. 招标工程量清单封面

封面是工程量清单的外表装饰，封面应填写招标工程项目的具体名称，招标人应盖单位公章。

招标人委托工程造价咨询人编制招标工程量清单的封面除招标人盖单位公章外，还应加盖受委托编制招标工程量清单的工程造价咨询人的单位公章（表 2.4.1 和表 2.4.2）。

表 2.4.1　招标人自行编制招标工程量清单封面

<u>××</u>工程

招标工程量清单

招标人：_____
（单位盖章）

年　　月　　日

表 2.4.2　招标人委托工程造价咨询人编制招标工程量清单的封面

<u>××</u>工程

招标工程量清单

招标人：_____
（单位盖章）

造价咨询人：<u>××工程造价咨询公司</u>
（单位盖章）

年　　月　　日

2. 招标工程量清单扉页

招标人自行编制工程量清单时，由招标人单位注册的造价人员编制，招标人盖单位公章，法定代表人或其授权人签字或盖章。编制人是造价工程师的，由其签字盖执业专用章；编制人是造价员的，在编制人栏签字盖专用章，应由造价工程师复核，并在复核人栏签字盖执业专用章。

招标人委托工程造价咨询人编制工程量清单时，由工程造价咨询人单位注册的造价人员编制，工程造价咨询人盖单位资质专用章，法定代表人或其授权人签字或盖章。编制人是造价工程师的，由其签字盖执业专用章；编制人是造价员的，在编制人栏签字盖专用章，应由造价工程师复核，并在复核人栏签字盖执业专用章（表 2.4.3 和表 2.4.4）。

表 2.4.3　招标人自行编制招标工程量清单扉页

××工程

## 招标工程量清单

招标人：＿＿＿＿＿＿＿＿＿＿
（单位盖章）

法定代表人
或其授权人：＿＿＿＿＿＿＿＿＿＿
（签字或盖章）

编制人：＿＿＿＿＿＿＿＿＿＿　　复核人：＿＿＿＿＿＿＿＿＿＿
（造价人员签字盖专用章）　　　　　（造价工程师签字盖专用章）

编制时间：　年　月　日　　　　复核时间：　年　月　日

表 2.4.4　招标人委托工程造价咨询企业编制招标工程量清单的扉页

××工程

## 招标工程量清单

招标人：＿＿＿＿＿＿＿＿＿＿　　造价咨询人：＿＿＿＿＿＿＿＿＿＿
（单位盖章）　　　　　　　　　　　（单位资质专用章）

法定代表人：　　　　　　　　　　法定代表人
或其授权人：＿＿＿＿＿＿＿＿＿＿　或其授权人：××造价咨询公司
（签字或盖章）　　　　　　　　　　（签字或盖章）

编制人：＿＿＿＿＿＿＿＿＿＿　　复核人：＿＿＿＿＿＿＿＿＿＿
（造价人员签字盖专用章）　　　　　（造价工程师签字盖专用章）

编制时间：　年　月　日　　　　复核时间：　年　月　日

3. 工程量清单总说明

工程量清单，总说明的内容应包括：

（1）工程概况：如建设地址、建设规模、工程特征、交通状况、环保要求等；

(2) 工程发包、分包范围;
(3) 工程量清单编制依据:如采用的标准、施工图纸、标准图集等;
(4) 使用材料设备、施工的特殊要求等;
(5) 其他需要说明的问题。

表 2.4.5 工程量清单总说明

工程名称:××工程　　　　　　　　　　　　　　　　　　　　　　第1页 共1页

1. 工程概况:本工程为框架结构,采用混凝土独立基础,建筑层数为一层,建筑面积181.24m²,计划工期为90日历天。施工现场距教学楼最近处为20m,施工中应注意采取相应的防噪措施。
2. 工程招标范围:本次招标范围为施工图范围内的建筑工程和安装工程。
3. 工程量清单编制依据:
(1) 宿舍楼施工图;
(2) 现行国家标准《建设工程工程量清单计价规范》(GB 50500—2013);
(3) 现行国家标准《房屋建筑与装饰工程工程量计算规范》(GB 50854—2013);
(4) 拟定的招标文件;
(5) 相关的规范、标准图集和技术资料。
4. 其他需要说明的问题:
(1) 招标人供应现浇构件的全部钢筋,单价暂定为4500元/t。
承包人应在施工现场对招标人供应的钢筋进行验收、保管和使用发放。
招标人供应钢筋的价款,由招标人按每次发生的金额支付给承包人,再由承包人支付给供应商。
(2) 消防工程另进行专业发包。总承包人应配合专业工程承包人完成以下工作:
① 为消防工程承包人提供施工工作面并对施工现场进行统一管理,对竣工资料进行统一整理汇总。
② 为消防工程承包人提供垂直运输机械和焊接电源接入点,并承担垂直运输费和电费。

4. 规费、税金项目计价表

在施工实践中,有的规费项目,如工程排污费,并非每个工程所在地都要征收,实践中可作为按实计算的费用处理。税金应按国家增值税的有关规定执行。

表 2.4.6 规费、税金项目计价表

工程名称:××工程　　　　标段:　　　　　　　　　　　　第　页 共　页

| 序号 | 项目名称 | 计算基础 | 计算费率(%) | 金额(元) |
|---|---|---|---|---|
| 1 | 规费 | | 100.000 | |
| 1.1 | 安全文明施工费 | | 100.000 | |
| 1.1.1 | 安全施工费 | 分部分项工程费+措施项目费+其他项目费 | 3.510 | |
| 1.1.2 | 环境保护费 | 分部分项工程费+措施项目费+其他项目费 | 0.560 | |
| 1.1.3 | 文明施工费 | 分部分项工程费+措施项目费+其他项目费 | 0.650 | |
| 1.1.4 | 临时设施费 | 分部分项工程费+措施项目费+其他项目费 | 0.920 | |
| 1.2 | 社会保险费 | 分部分项工程费+措施项目费+其他项目费 | 1.520 | |
| 1.3 | 住房公积金 | 分部分项工程费+措施项目费+其他项目费 | 0.220 | |
| 1.4 | 建设项目工伤保险 | 分部分项工程费+措施项目费+其他项目费 | 0.105 | |
| 2 | 税金 | 分部分项工程费+措施项目费+其他项目费+规费+设备费 | 9.000 | |
| 合计 | | | | |

编制人(造价人员):　　　　　　　　　　　　　　　　复核人(造价工程师):

**5. 主要材料、工程设备一览表**

由于材料等价格占据合同价款的大部分,对材料价款的管理历来是发承包双方十分重视的,因此,规范针对发包人供应材料和承包人供应材料分别设置了表式(表2.4.7)。

表 2.4.7　发包人提供材料和工程设备一览表

工程名称:××工程　　　标段:　　　　　　　　　　　　第　页　共　页

| 序号 | 材料(工程设备)名称、规格、型号 | 单位 | 数量 | 单价(元) | 交货方式 | 送达地点 | 备注 |
|---|---|---|---|---|---|---|---|
| 1 | 钢筋(规格见施工图现浇构件) | t | 200 | 4500 | | 工地仓库 | |
| | | | | | | | |
| | | | | | | | |
| | | | | | | | |

注:此表由招标人填写,供投标人在投标报价、确定总承包服务费时参考

1)发包人提供材料和工程设备

(1)发包人提供的材料和工程设备(以下简称甲供材料)应在招标文件中按照规定填写《发包人提供材料和工程设备一览表》,写明甲供材料的名称、规格、数量、单价、交货方式、交货地点等。承包人投标时,甲供材料价格应计入相应项目的综合单价中。签约后,发包人应按合同约定扣除甲供材料款,不予支付。

(2)承包人应根据合同工程进度计划的安排,向发包人提交甲供材料交货的日期计划。发包人应按计划提供。

(3)发包人提供的甲供材料如规格、数量或质量不符合合同要求,或由于发包人原因发生交货日期延误、交货地点及交货方式变更等情况的,发包人应承担由此增加的费用和(或)工期延误,并应向承包人支付合理利润。

(4)发承包双方对甲供材料的数量发生争议不能达成一致的,应按照相关工程的计价定额同类项目规定的材料消耗量计算。

(5)若发包人要求承包人采购已在招标文件中确定为甲供材料的,材料价格应由发承包双方根据市场调查确定,并应另行签订补充协议。

2)承包人提供材料和工程设备

(1)除合同约定的发包人提供的甲供材料外,合同工程所需的材料和工程设备应由承包人提供,承包人提供的材料和工程设备均应由承包人负责采购、运输和保管。

(2)承包人应按合同约定将采购材料和工程设备的供货人及品种、规格、数量和供货时间等提交发包人确认,并负责提供材料和工程设备的质量证明文件,满足合同约定的质量标准。

(3)对承包人提供的材料和工程设备经检测不符合合同约定的质量标准的,发包人应立即要求承包人更换,由此增加的费用和(或)工期延误应由承包人承担。对发包人要求检测承包人已具有合格证明的材料、工程设备,但经检测证明该项材料、工程设备符合合同约定的质量标准,发包人应承担由此增加的费用和(或)工期延误,并向承包人支付合理利润。

**表 2.4.8  承包人提供主要材料和工程设备一览表**

(适用造价信息差额调整法)

工程名称：××工程　　　　标段：　　　　　　　　　　　　　　　　第　页　共　页

| 序号 | 名称、规格、型号 | 单位 | 数量 | 风险系数（%） | 基准单价（元） | 投标单价（元） | 发承包人确认单价（元） | 备注 |
|---|---|---|---|---|---|---|---|---|
| 1 | 预拌混凝土 C20 | m³ | 25 | ≤5 | 310 | | | |
| 2 | 预拌混凝土 C25 | m³ | 560 | ≤5 | 323 | | | |
| 3 | 预拌混凝土 C30 | m³ | 3120 | ≤5 | 340 | | | |

注：1. 此表由招标人填写除"投标单价"栏的内容，投标人在投标时自主确定投标单价。
　　2. 招标人应优先采用工程造价管理机构发布的单价作为基准单价，未发布的，通过市场调查确定其基准单价。

**表 2.4.9  承包人提供主要材料和工程设备一览表**

(适用于价格指数差额调整法)

工程名称：××工程　　　　标段：　　　　　　　　　　　　　　　　第　页　共　页

| 序号 | 名称、规格、型号 | 变值权重 $B$ | 基本价格指数 $F_0$ | 现行价格指数 $F_t$ | 备注 |
|---|---|---|---|---|---|
| 1 | 人工费 | | 110% | | |
| 2 | 钢材 | | 4500 元/t | | |
| 3 | 预拌混凝土 C30 | | 340 元/m³ | | |
| 4 | 页岩砖 | | 300 元/m³ | | |
| 5 | 机械费 | | 100% | | |
| | | | | | |
| | 定值权重 $A$ | | — | — | |
| | 合计 | 1 | — | — | |

注：1. "名称、规格、型号""基本价格指数"栏由招标人填写，基本价格指数应首先采用工程造价管理机构发布的价格指数，没有时，可采用发布的价格代替。如人工、机械费也采用本法调整，由招标人在"名称"栏填写。
　　2. "变值权重"栏由投标人根据该项人工、机械费和材料、工程设备价值在投标总报价中所占的比例填写，1减去其比例为定值权重。
　　3. "现行价格指数"按约定的付款证书相关周期最后一天的前42天的各项价格指数填写，该指数应首先采用工程造价管理机构发布的价格指数，没有时，可采用发布的价格代替

## 二、分部分项工程项目清单

### (一) 工程量清单要素

1、工程名称

编制工程量清单时，"工程名称"栏应填写详细具体的工程称谓，对于房屋建筑而言，习惯上并无标段划分，可不填写"标段"栏。但相对于管道敷设、道路施工等则往往以标段划分，此时，应填写"标段"栏。

2、项目编码

"项目编码"栏应按相关工程国家计量规范项目编码栏内规定的 9 位数字另加 3 位

顺序码填写。

各位数字的含义是：第一、二位为专业工程代码（01—房屋建筑与装饰工程；02—仿古建筑工程；03—通用安装工程；04—市政工程；05—园林绿化工程；06—矿山工程；07—构筑物工程；08—城市轨道交通工程；09—爆破工程。以后进入国家标准的专业工程计量规范代码以此类推，顺序编列）；第三、四位为专业工程附录分类顺序码；第五、六位为分部工程顺序码；第七、八、九位为分项工程项目名称顺序码；第十至十二位为清单项目名称顺序码。

当同一标段（或合同段）的一份工程量清单中含有多个单位（项）工程且工程量清单是以单位（项）工程为编制对象时，在编制工程量清单时应特别注意对项目编码十至十二位的设置不得有重码的规定。

例如，一个标段（或合同段）的工程量清单中含有三个单位工程，每一单位工程中都有项目特征相同的实心砖墙砌体，在工程量清单中又须反映三个不同单位工程的实心砖墙砌体工程量时，则第一个单位工程的实心砖墙的项目编码应为 010401003001，第二个单位工程的实心砖墙的项目编码应为 010401003002，第三个单位工程的实心砖墙的项目编码应为 010401003003，并分别列出各单位工程实心砖墙的工程量。

3、项目名称

"项目名称"栏应按相关工程国家计量规范规定根据拟建工程实际确定填写。

在"项目名称"上如何填写存在两种情况：一是完全按照规范的项目名称不变，二是根据工程实际在计价规范项目名称下另定详细名称。这两种方式均是可行的，主要应针对具体项目而定。

例如，规范中有的项目名称包含范围很小，直接使用并无不妥，此时可直接使用，如 010102002 挖沟槽土方；有的项目名称包含范围较大，这时采用具体的名称则较为恰当，如 011407001 墙面喷刷涂料，可采用 011407001001 外墙乳胶漆、011407001002 内墙乳胶漆较为直观。

4、项目特征

"项目特征"栏应按相关工程国家计量规范规定根据拟建工程实际予以描述。

（1）必须描述的内容。

① 涉及正确计量的内容必须描述：如门窗洞口尺寸或框外围尺寸，新规范虽然增加了按"$m^2$"计量，如采用"樘"计量，上述描述仍是必需的。

② 涉及结构要求的内容必须描述：如混凝土构件的混凝土强度等级，是使用 C20 还是 C30 或 C40 等，因混凝土强度等级不同，其价值也不同，必须描述。

③ 涉及材质要求的内容必须描述：如油漆的品种是调和漆，还是硝基清漆等；管材的材质是碳钢管，还是塑料管、不锈钢管等；还需要对管材的规格、型号进行描述。

④ 涉及安装方式的内容必须描述：如管道工程中的钢管的连接方式是螺纹连接还是焊接；塑料管是黏接连接还是热熔连接等就必须描述。

（2）可不详细描述的内容。

① 无法准确描述的可不详细描述：如土壤类别。由于我国幅员辽阔，南北东西差异较大，特别是对于南方来说，在同一地点，由于表层土与表层土以下的土壤的类别是不同的，要求清单编制人准确判定某类土壤在石方中所占比例是困难的。在这种情况

下，可考虑将土壤类别描述为综合，但应注明由投标人根据地勘资料自行确定土壤类别，决定报价。

② 施工图纸、标准图集标注明确的，可不再详细描述；对这些项目可描述为"见××图集××页号及节点大样"等。由于施工图纸、标准图集是发承包双方都应遵守的技术文件，这样描述，可以有效减少在施工过程中对项目理解的不一致。同时，对不少工程项目，真要将项目特征一一描述清楚，也是一件费力的事情，如果能采用这一方法描述，就可以收到事半功倍的效果。因此，建议这一方法在项目特征描述中能采用的尽可能采用。

③ 有一些项目虽然可不详细描述，但清单编制人在项目特征描述中应注明由投标人自定，如土方工程中的"取土运距""弃土运距"等。首先要清单编制人决定在多远取土或取、弃土运往多远是困难的；其次，由投标人根据在建工程施工情况统筹安排，自主决定取、弃土方的运距可以充分体现竞争的要求。

④ 如清单项目的项目特征与现行定额某些项目的规定是一致的，也可采用"见××定额项目"的方式予以表述。

5、计量单位

"计量单位"应按相关工程国家计量规范的规定填写。

有的项目规范中有两个或两个以上计量单位的，应按照最适宜计量的方式选择其中一个填写。

例如门窗工程，规范以 $m^2$ 和樘两个计量单位表示，此时就应根据工程项目特点，选择其中一个即可。

### （二）工程数量的计算

"工程量"应按相关工程国家计量规范规定的工程量计算规则计算填写。工程量计算规则是指对清单项目工程量计算的规定。除另有说明外，所有清单项目的工程量应以实体工程量为准，并以完成后的净值计算；投标人投标报价时，应在单价中考虑施工中的各种损耗和需要增加的工程量。

工程量的计算是一项繁杂而细致的工作，为了计算的快速准确并尽量避免漏算或重算，必须依据一定的计算原则及方法：

（1）计算口径一致。根据施工图列出的工程量清单项目，必须与专业工程量计算规范中相应清单项目的口径相一致。

（2）按工程量计算规则计算。工程量计算规则是综合确定各项消耗指标的基本依据，也是具体工程测算和分析资料的基准。

（3）按图纸计算。工程量按每一分项工程，根据设计图纸进行计算，计算时采用的原始数据必须以施工图纸所表示的尺寸或施工图纸能读出的尺寸为准进行计算，不得任意增减。

（4）按一定顺序计算。计算分部分项工程量时，可以按照定额编目顺序或按照施工图专业顺序依次进行计算。对于计算同一张图纸的分项工程量时，一般可采用以下几种顺序：按顺时针或逆时针顺序计算；按先横后纵顺序计算；按轴线编号顺序计算；按施工先后顺序计算；按定额分部分项顺序计算。

## (三) 补充项目

随着科学技术的发展,新材料、新技术、新的施工工艺的不断涌现和应用,所以,在编制清单时,凡工程量计算规范附录中的缺项,编制人应做补充,并报省级或行业工程造价管理机构备案,省级或行业工程造价管理机构应汇总报住房城乡建设部标准定额研究所。补充项目的编码由专业工程代码与B和三位阿拉伯数字组成,并应从×B001起顺序编制,如01B001、02B001、03B001等,同一招标工程的项目不得重码。

补充的工程量清单须附有补充项目的名称、项目特征、计量单位、工程量计算规则、工作内容。不能计量的措施项目,须附有补充项目的名称、工作内容及包含范围。

分部分项工程项目清单必须载明项目编码、项目名称、项目特征、计量单位和工程量。分部分项工程项目清单必须根据各专业工程工程量计算规范规定的项目编码、项目名称、项目特征、计量单位和工程量计算规则进行编制。其格式如表2.4.10所示,在分部分项工程项目清单的编制过程中,由招标人负责前六项内容填列,金额部分在编制招标控制价或投标报价时填列。

表2.4.10 分部分项工程和单价措施项目清单与计价表

工程名称:××工程　　　　标段:　　　　　　　　　　　　　　第1页 共×页

| 序号 | 项目编码 | 项目名称 | 项目特征 | 计量单位 | 工程量 | 金额(元) | | |
|---|---|---|---|---|---|---|---|---|
| | | | | | | 综合单价 | 合价 | 其中 暂估价 |
| | | | 0101 土石方工程 | | | | | |
| 1 | 010101003001 | 挖沟槽土方 | 三类土,垫层底宽2m,挖土深度<4m,弃土运距<10km | m³ | 1432 | | | |
| | | | (其他略) | | | | | |
| | | | 分部小计 | | | | | |
| | | | 0103 桩基工程 | | | | | |
| 2 | 010302003001 | 泥浆护壁混凝土灌注桩 | 桩长10m,护壁段长9m,共42根,桩直径1000mm,扩大头直径1100mm,桩混凝土为C25,护壁混凝土为C20 | m | 420 | | | |
| | | | (其他略) | | | | | |
| | | | 分部小计 | | | | | |
| | | | 0104 砌筑工程 | | | | | |
| 3 | 010401001001 | 条形砖基础 | M10水泥砂浆,MU15页岩砖240×115×53mm | m³ | 239 | | | |
| 4 | 010401003001 | 实心砖墙 | M7.5混合砂浆,MU15页岩砖240×115×53mm,墙厚度240mm | m³ | 2037 | | | |
| | | | (其他略) | | | | | |
| | | | 分部小计 | | | | | |
| | | | 本页小计 | | | | | |
| | | | 合计 | | | | | |

注:为计取规费等的使用,可在表中增设其中:"定额人工费"

## 三、措施项目清单

措施项目是指为完成工程项目施工，发生于该工程施工准备和施工过程中的技术、生活、安全、环境保护等方面的项目费用。措施项目清单包括总价措施项目清单和单价措施项目清单。

### （一）总价措施项目

总价措施项目是指省建设行政主管部门根据建筑市场状况和多数企业经营管理情况、技术水平等测算发布了费率的措施项目费用。总价措施费的主要内容包括夜间施工增加费、二次搬运费、冬雨季施工增加费、已完工程及设备保护费、工程定位复测费、市政工程地下管线交叉处理费、疫情防控措施费等，此类措施项目多以"项"为计量单位进行编制。总价措施项目的内容与格式如表 2.4.11 所示。

表 2.4.11 总价措施项目清单与计价表

工程名称：××工程　　　　标段：　　　　　　　　　　　　　第　页　共　页

| 序号 | 项目编码 | 项目名称 | 计算基础 | 费率（%） | 金额（元） | 调整费率（%） | 调整后金额（元） | 备注 |
|---|---|---|---|---|---|---|---|---|
| 1 | 011707002 | 夜间施工费 | 分部分项人工基价 | 2.550 | | | | |
| 2 | 011707004 | 二次搬运费 | 分部分项人工基价 | 2.180 | | | | |
| 3 | 011707005 | 冬雨季施工增加费 | 分部分项人工基价 | 2.910 | | | | |
| 4 | 011707007 | 已完工程及设备保护费 | 分部分项人工基价＋分部分项辅材基价＋分部分项机械基价 | 0.150 | | | | |
| | …… | | | | | | | |
| | | | 合计 | | | | | |

编制人（造价人员）：　　　　　　　　　　　　　　　　复核人（造价工程师）：

### （二）单价措施项目的编制

单价措施项目是可以计算工程量的项目，如脚手架工程，混凝土模板及支架（撑），垂直运输，超高施工增加，大型机械设备进出场及安拆，施工排水、降水等，这类措施项目按照分部分项工程项目清单的方式采用综合单价计价，更有利于措施费的确定和调整。单价措施项目应根据设计和施工组织的实际情况编制确定。通常情况下，总价措施项目也可以按照单价措施项目予以详细计算，如夜间施工费，安全文明施工费等。单价措施项目的内容与格式如表 2.4.12 所示。

表 2.4.12 单价措施项目清单与计价表

工程名称：××工程　　　　标段：　　　　　　　　　　　　　第　页　共　页

| 序号 | 项目编码 | 项目名称<br>项目特征 | 计量单位 | 工程数量 | 金额（元） | | |
|---|---|---|---|---|---|---|---|
| | | | | | 综合单价 | 合价 | 其中：暂估价 |
| 1 | 011705001001 | 大型机械设备进出场及安拆 | 台次 | | | | |
| 2 | 011703001001 | 垂直运输 | m² | | | | |
| 3 | 041110005001 | 混凝土泵送 | m³ | | | | |

续表

| 序号 | 项目编码 | 项目名称 项目特征 | 计量单位 | 工程数量 | 金额（元） | | |
|---|---|---|---|---|---|---|---|
| | | | | | 综合单价 | 合价 | 其中：暂估价 |
| 4 | 011701002001 | 外脚手架 | m² | | | | |
| 5 | 011701003001 | 里脚手架 | m² | | | | |
| 6 | 011702002001 | 矩形柱现浇混凝土模板 | m² | | | | |
| 7 | 011702014001 | 有梁板现浇混凝土模板 | m² | | | | |
| | …… | | | | | | |
| | | 合计 | | | | | |

编制人（造价人员）：　　　　　　　　　　　　　　　　复核人（造价工程师）：

## 四、其他项目清单的编制

其他项目清单是指分部分项工程项目清单、措施项目清单所包含的内容以外，因招标人的特殊要求而发生的与拟建工程有关的其他费用项目和相应数量的清单。工程建设标准的高低、工程的复杂程度、工程的工期长短、工程的组成内容、发包人对工程管理的要求等都直接影响其他项目清单的具体内容。其他项目清单包括暂列金额、暂估价（包括材料暂估单价、工程设备暂估单价、专业工程暂估价）、计日工、总承包服务费。其他项目清单宜按照表2.4.12～表2.4.17的格式编制，出现未包含在表格中内容的项目，可根据工程实际情况补充。其他项目清单与计价汇总表格式如表2.4.13所示。

表2.4.13　其他项目清单与计价汇总表

工程名称：××宿舍楼工程　　　　标段：　　　　　　　　　　第　页 共　页

| 序号 | 项目名称 | 金额（元） | 结算金额（元） | 备注 |
|---|---|---|---|---|
| 1 | 暂列金额 | | | |
| 2 | 专业工程暂估价 | | | |
| 3 | 特殊项目暂估价 | | | |
| 4 | 计日工 | | | |
| 5 | 采购保管费 | | | |
| 6 | 其他检验试验费 | | | |
| 7 | 总承包服务费 | | | |
| 8 | 其他 | | | |
| | …… | | | |
| | 合计 | | | |

注：专业工程暂估价，应区分不同专业，按有关计价规定估价，并仅作为计取总承包服务费的基础，不计入总承包人的工程总造价

### （一）暂列金额明细表

暂列金额在规范的定义中已经明确。在实际履约过程中可能发生，也可能不发生。本表要求招标人能将暂列金额与拟用项目列出明细，但如确实不能详列也可只列暂定金

额总额，投标人应将上述暂列金额计入投标总价中。暂列金额包含在投标总价和合同总价中，但只有施工过程中实际发生了，并且符合合同约定的价款支付程序，才能纳入到结算价款中。暂列金额，扣除实际发生金额后的余额，仍属于建设单位所有。暂列金额明细表格式如表 2.4.14 所示。

表 2.4.14　暂列金额明细表

| 序号 | 项目名称 | 计量单位 | 暂定金额（元） | 备注 |
|---|---|---|---|---|
| 1 | 自行车棚工程 | 项 | 100000 | 正在设计图纸 |
| 2 | 工程量偏差和设计变更 | 项 | 100000 | |
| 3 | 政策性调整和材料价格波动 | 项 | 100000 | |
| 4 | 其他 | 项 | 50000 | |
| | 合计 | | 350000 | |

注：上述暂列金额，虽然包含在投标总价中（所以也将包含在中标人的合同总价中），但并不属于承包人所有和支配，是否属于承包人所有则受合同约定的开支程序的制约。如果在合同履行过程中，自行车棚工程确定要实施，如需招标发包时，由发包人和承包人按照合同约定的共同招标操作程序和原则选择专业分包人负责完成或由承包人直接完成时，才能决定该项目的最终价款。同理，工程变更以及政策性调整和材料价格波动，应在其出现时经发承包双方按照合同约定进行确认后才能最终决定其价款

### （二）材料（工程设备）暂估单价及调整表

暂估价是在招标阶段预见肯定要发生，只是因为标准不明确或者需要由专业承包人完成，暂时无法确定材料、工程设备的具体价格而采用的一种临时性计价方式。暂估价的材料、工程设备数量应在表内填写，拟用项目应在本表备注栏给予补充说明。

一般而言，招标工程量清单中列明的材料、工程设备的暂估价仅指此类材料、工程设备本身运至施工现场内工地地面价，不包括这些材料、工程设备的安装以及安装所必需的辅助材料以及发生在现场内的验收、存储、保管、开箱、二次搬运、从存放地点运至安装地点以及其他任何必要的辅助工作（以下简称"暂估价项目的安装及辅助工作"）所发生的费用。暂估价项目的安装及辅助工作所发生的费用应该包括在投标报价中的相应清单项目的综合单价中。材料（工程设备）暂估单价及调整表格式如表 2.4.15 所示。

表 2.4.15　材料（工程设备）暂估单价及调整表

工程名称：××宿舍楼工程　　　标段：　　　　　　　　　　　第　页　共　页

| 序号 | 材料（工程设备）名称、规格、型号 | 计量单位 | 数量 | | 单价（元） | | 合价（元） | | 差额±（元） | | 备注 |
|---|---|---|---|---|---|---|---|---|---|---|---|
| | | | 暂估 | 确认 | 暂估 | 确认 | 暂估 | 确认 | 单价 | 合价 | |
| 1 | 钢筋（规格见施工图） | t | 200 | | 4500 | | 900000 | | | | 用于现浇钢筋混凝土项目 |
| 2 | 低压开关柜（CGD190380/220V） | 台 | 1 | | 45000 | | 45000 | | | | 用于低压开关柜安装项目 |
| | 合计 | | | | | | 945000 | | | | |

注：此表由招标人填写"暂估单价"，并在备注栏说明暂估价的材料、工程设备拟用在哪些清单项目上，投标人应将上述材料、工程设备暂估单价计入工程量清单综合单价报价中

### (三)专业工程暂估价表

专业工程暂估价应在表内填写工程名称、工程内容、暂估金额,投标人应将上述金额计入投标总价中。专业工程暂估价应区分不同专业,按有关计价规定估价并仅作为计取总承包服务费的基础,不计入总承包人的工程总造价。专业工程暂估价及结算价表格式如表 2.4.16 所示。

表 2.4.16 专业工程暂估价及结算价表

工程名称:××宿舍楼工程　　　　标段:　　　　　　　　　　　　　　　第 页 共 页

| 序号 | 工程名称 | 工程内容 | 暂估金额(元) | 结算金额(元) | 差额±(元) | 备注 |
|---|---|---|---|---|---|---|
| 1 | 消防工程 | 合同图纸中标明的以及消防工程规范和技术说明中规定的各系统中的设备、管道、阀门、线缆等的供应、安装和调试工作 | 200000 | | | |
| | | 合计 | 200000 | | | |

### (四)计日工表

在施工过程中,承包人完成发包人提出的工程合同范围以外的零星项目或工作,按合同中约定的单价计价的一种方式。计日工是为了解决现场发生的零星工作的计价而设立的。计日工对完成零星工作所消耗的人工工日、材料数量、施工机具台班进行计量,并按照计日工表中填报的适用项目的单价进行计价支付。计日工适用的所谓零星项目或工作一般是指合同约定之外的或者因变更而产生的、工程量清单中没有相应项目的额外工作,尤其是那些难以事先商定价格的额外工作。编制计日工表格时,一定要给出暂定数量,并且需要根据经验,尽可能估算一个比较贴近实际的数量,且尽可能把项目列全,以消除因此而产生的争议。计日工表格式如表 2.4.17 所示。

表 2.4.17 计日工表

工程名称:××工程　　　　标段:　　　　　　　　　　　　　　　第 页 共 页

| 编号 | 项目名称 | 单位 | 暂定数量 | 实际数量 | 综合单价(元) | 合价(元) 暂定 | 合价(元) 实际 |
|---|---|---|---|---|---|---|---|
| 一 | 人工 | | | | | | |
| 1 | 普工 | 工日 | 100 | | | | |
| 2 | 技工 | 工日 | 60 | | | | |
| 3 | | | | | | | |
| | 人工小计 | | | | | | |
| 二 | 材料 | | | | | | |
| 1 | 钢筋(规格见施工图) | t | 1 | | | | |
| 2 | 水泥 42.5 | t | 2 | | | | |
| 3 | 中砂 | m³ | 10 | | | | |
| 4 | 砾石(5~40mm) | m³ | 5 | | | | |
| 5 | 页岩砖(240mm×115mm×53mm) | m³ | 1 | | | | |
| 6 | | | | | | | |

续表

| 编号 | 项目名称 | 单位 | 暂定数量 | 实际数量 | 综合单价（元） | 合价（元）暂定 | 合价（元）实际 |
|---|---|---|---|---|---|---|---|
| | 材料小计 | | | | | | |
| 三 | 施工机械 | | | | | | |
| 1 | 自升式塔吊起重机 | 台班 | 5 | | | | |
| 2 | 灰浆搅拌机（400L） | 台班 | 2 | | | | |
| 3 | | | | | | | |
| | 施工机械小计 | | | | | | |
| | 四、企业管理费和利润 | | | | | | |
| | 总计 | | | | | | |

注：此表项目名称、暂定数量由招标人填写，编制招标控制价时，单价由招标人按有关计价规定确定；投标时，单价由投标人自主报价，按暂定数量计算合价计入投标总价中。结算时，按发承包双方确认的实际数量计算合价。

### （五）总承包服务费计价表

总承包服务费是指总承包人为配合协调发包人进行的专业工程发包，对发包人自行采购的材料、工程设备等进行保管以及施工现场管理、竣工资料汇总整理等服务所需的费用。招标人应预计该项费用并按投标人的投标报价向投标人支付该项费用。总承包服务费＝专业工程暂估价（不含设备费）×相应费率。

编制招标工程量清单时，招标人应将拟定进行专业发包的专业工程，自行采购的材料设备等决定清楚，填写项目名称、服务内容，以便投标人决定报价。计日工表总承包服务费计价表格式如表2.4.18所示。

表2.4.18 总承包服务费计价表

工程名称：××宿舍楼工程　　　　标段：　　　　　　　　　　第　页　共　页

| 序号 | 项目名称 | 项目价值（元） | 服务内容 | 计算基础 | 费率（%） | 金额（元） |
|---|---|---|---|---|---|---|
| 1 | 发包人发包专业工程 | 200000 | 1. 按专业工程承包人的要求提供施工工作面并对施工现场进行统一管理，对竣工资料进行统一整理汇总。<br>2. 为专业工程承包人提供垂直运输机械和焊接电源接入点，并承担垂直运输费和电费。 | | | |
| 2 | 发包人供应材料 | 945000 | 对发包人供应的材料进行验收及保管和使用发放。 | | | |
| | | | | | | |
| | 合计 | | | | | |

注：此表项目名称、服务内容由招标人填写，编制招标控制价时，费率及金额由招标人按有关计价规定确定；投标时，费率及金额由投标人自主报价，计入投标总价中。

## 五、工程量清单编制实例

### (一) 背景资料

1. 设计图纸资料

(1) 建筑设计图纸

××宿舍楼工程建筑施工图设计说明、建筑做法说明、一层平面图、屋顶平面图、南立面、北立面、西立面、剖面图如图 2.4.19～图 2.4.26。

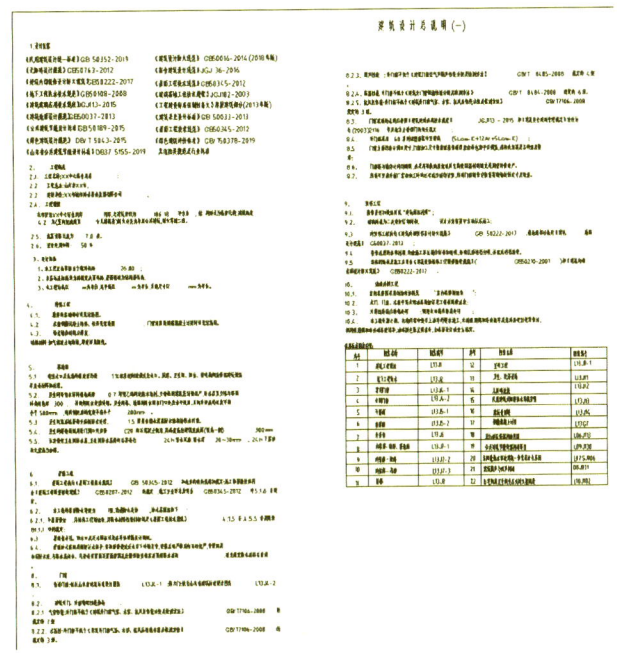

图 2.4.19　××宿舍楼工程建设设计说明

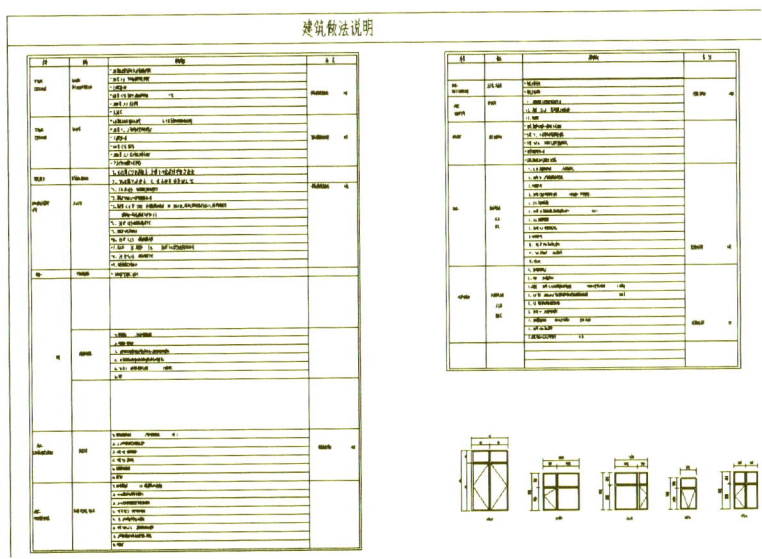

图 2.4.20　××宿舍楼工程建筑做法说明

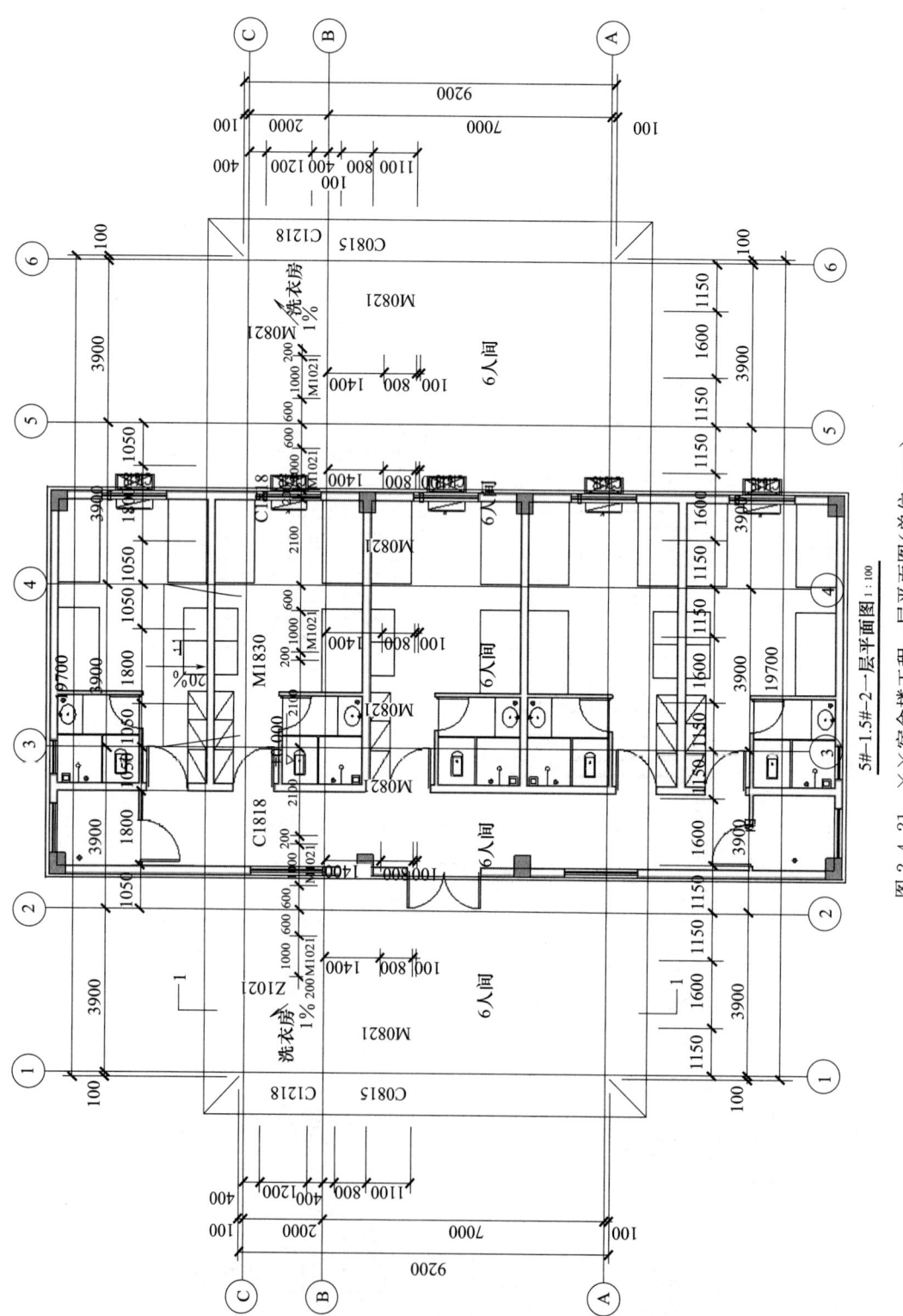

图 2.4.21 ××宿舍楼工程一层平面图（单位：mm）

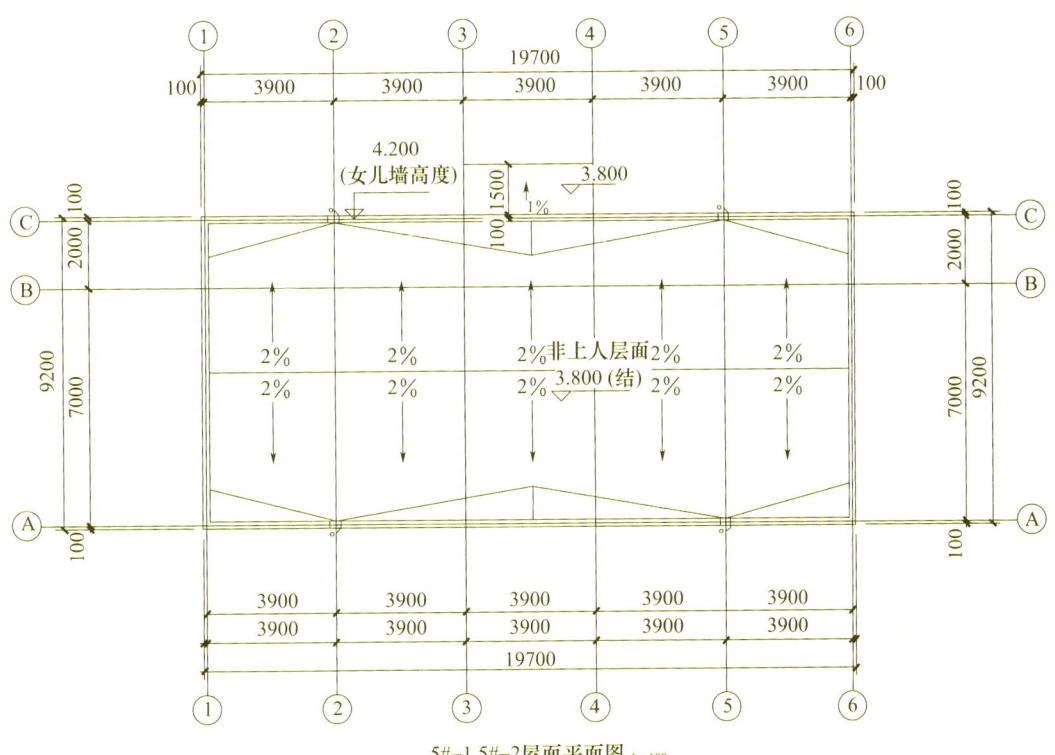

图 2.4.22 ××宿舍楼工程屋顶平面图（单位：mm）

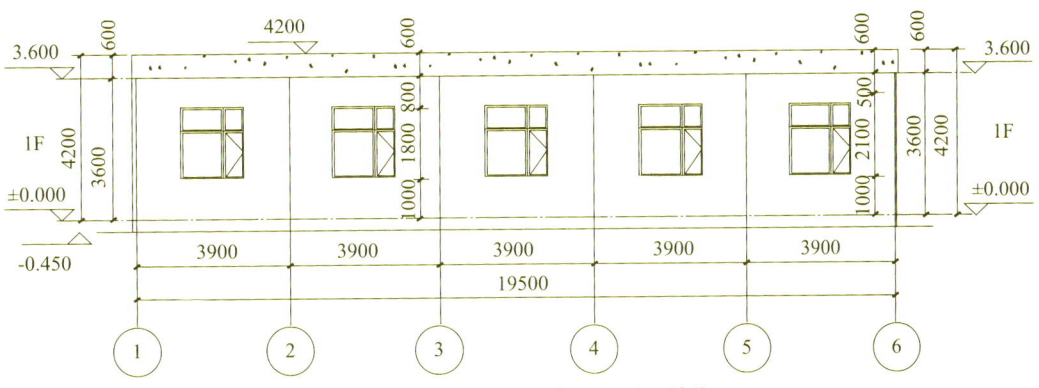

图 2.4.23 ××宿舍楼工程南立面图（单位：mm）

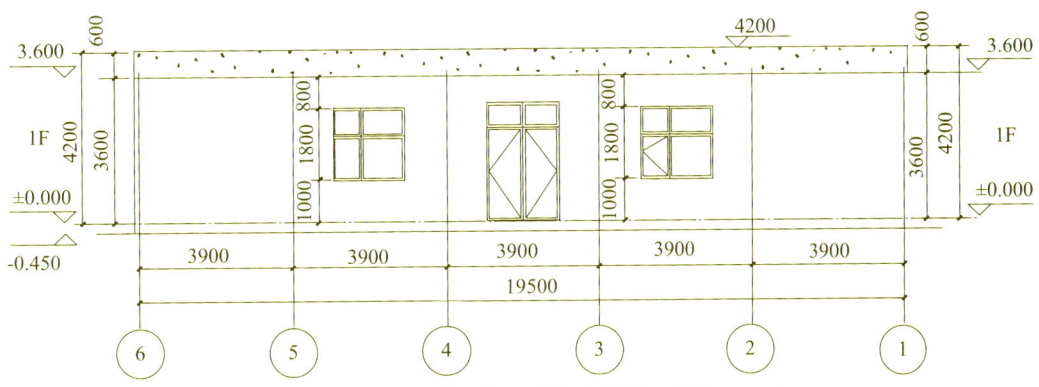

图 2.4.24 ××宿舍楼工程北立面图（单位：mm）

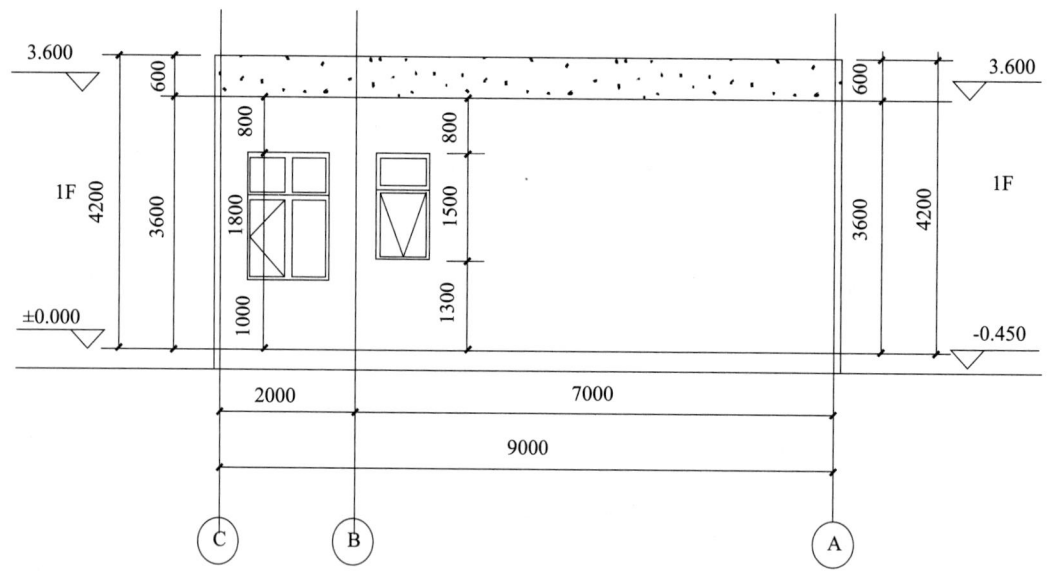

图 2.4.25 ××宿舍楼工程西立面图（单位：mm）

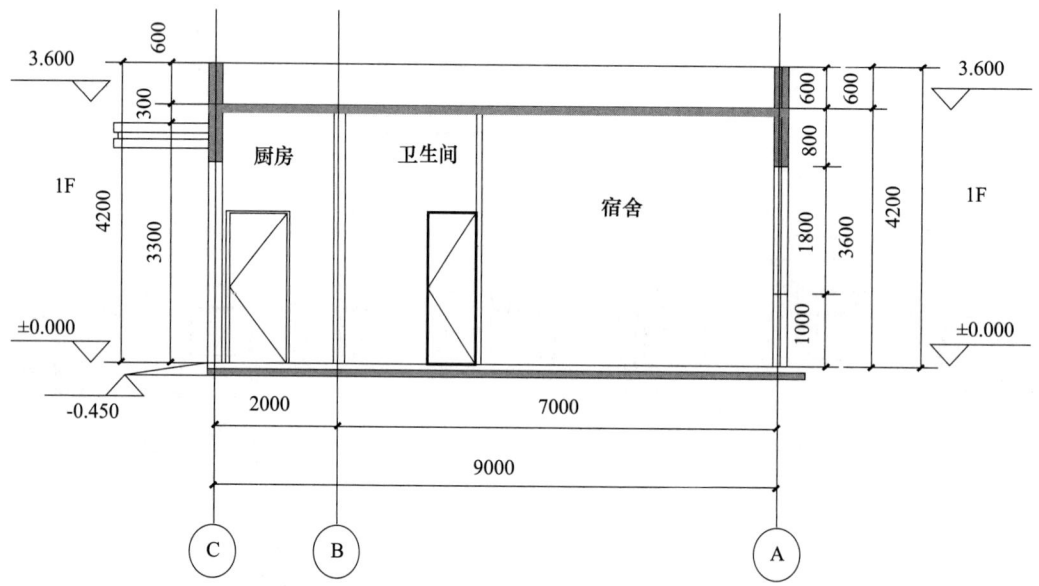

图 2.4.26 ××宿舍楼工程1—1剖面图（单位：mm）

（2）结构设计图纸

××宿舍楼工程结构施工图设计说明、基础平法施工图、柱平法施工图、梁平法施工图、板配筋图如图2.4.27～图2.4.31。

2、施工说明

土壤类别为三类土壤，土方全部采用挖掘机挖土，挖土方放坡不支挡土板，通过机动翻斗车运至距离现场50 m处，回填土采用电动夯实机夯实，均为天然密实土壤。散水不考虑土方挖填。混凝土全部采用商品混凝土，砂浆均采用预拌砂浆。垂直运输采用一台自升式塔式起重机，需要考虑夜间施工、二次搬运、冬雨季施工、已完工程及设备保护，不考虑疫情防控措施费。

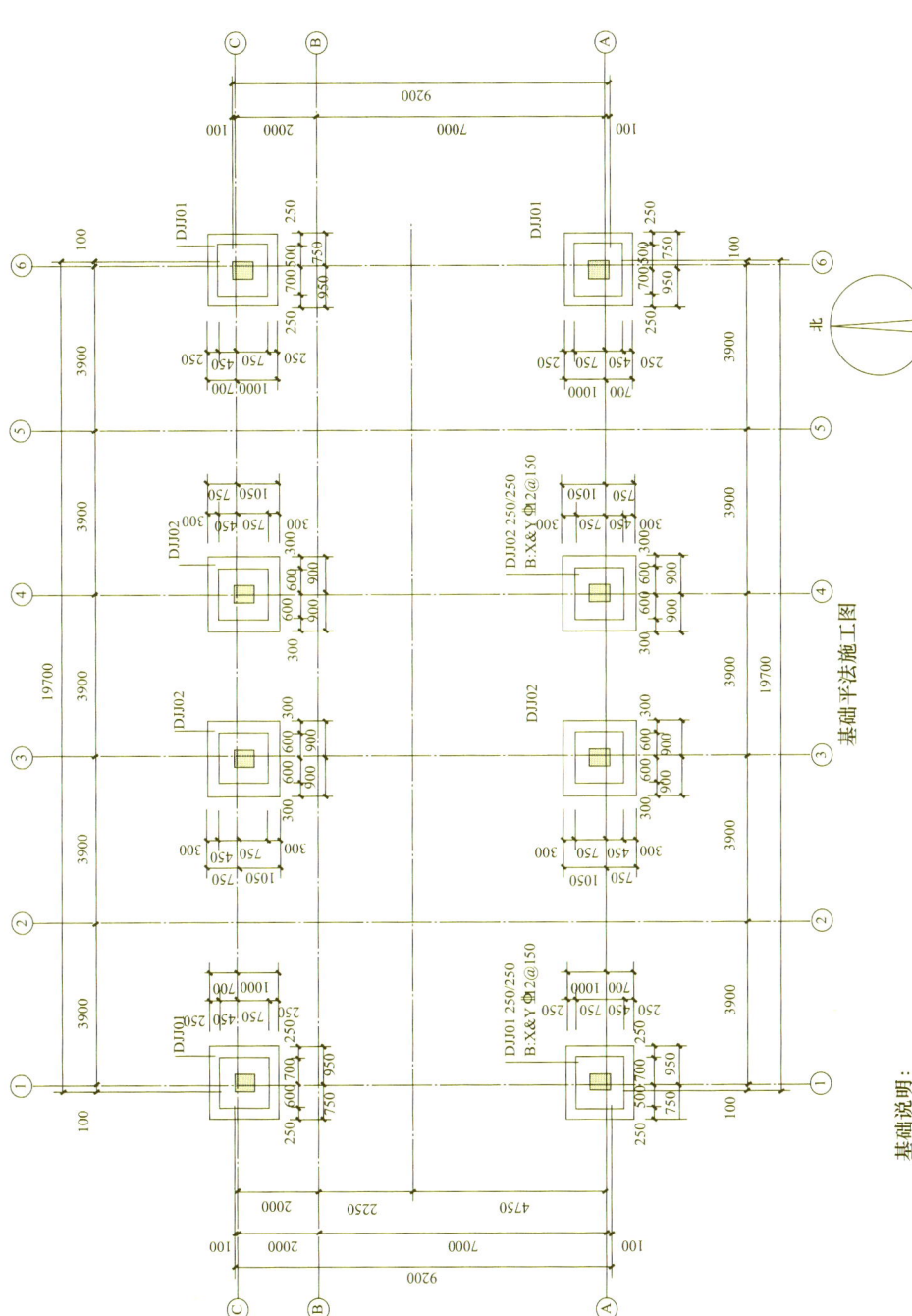

图 2.4.27 ××宿舍楼工程基础平法施工图(单位:mm)

基础说明:
1. 本工程未提供地勘报告,暂定采用天然地基,基础形式为柱下独立基础,基础底标高暂定-1.500。
2. 基础设计等级为丙级,基础构造做法见(混凝土+结构施工图平面整体表示方法制图规则和构造详图)22G101-3。
3. 混凝土强度等级:独立基础为C30级混凝土,垫层为C15级混凝土,垫层为每边扩出独立基础100mm。

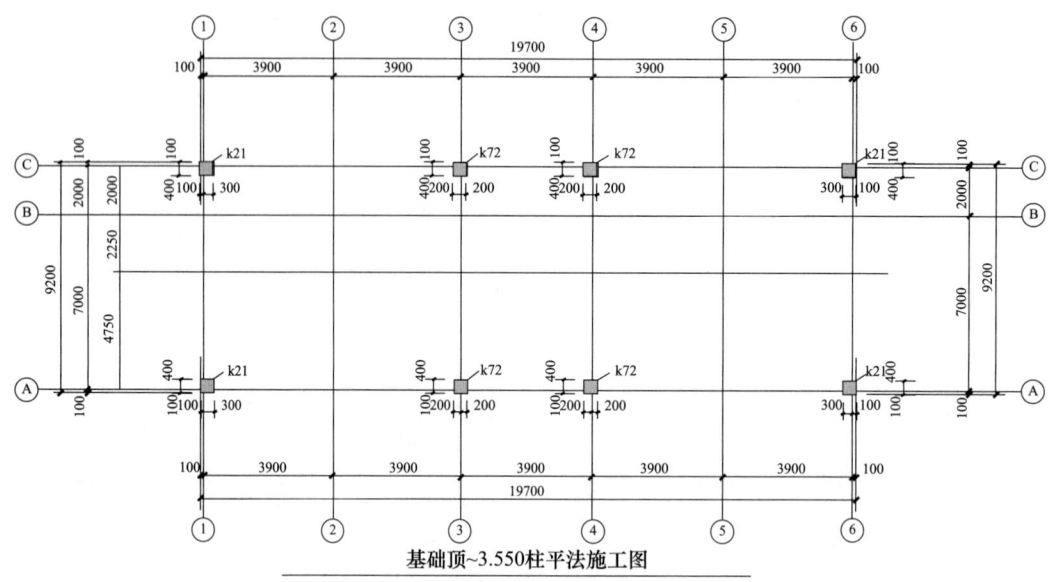

图 2.4.28 ××宿舍楼工程柱平法施工图（单位：mm）

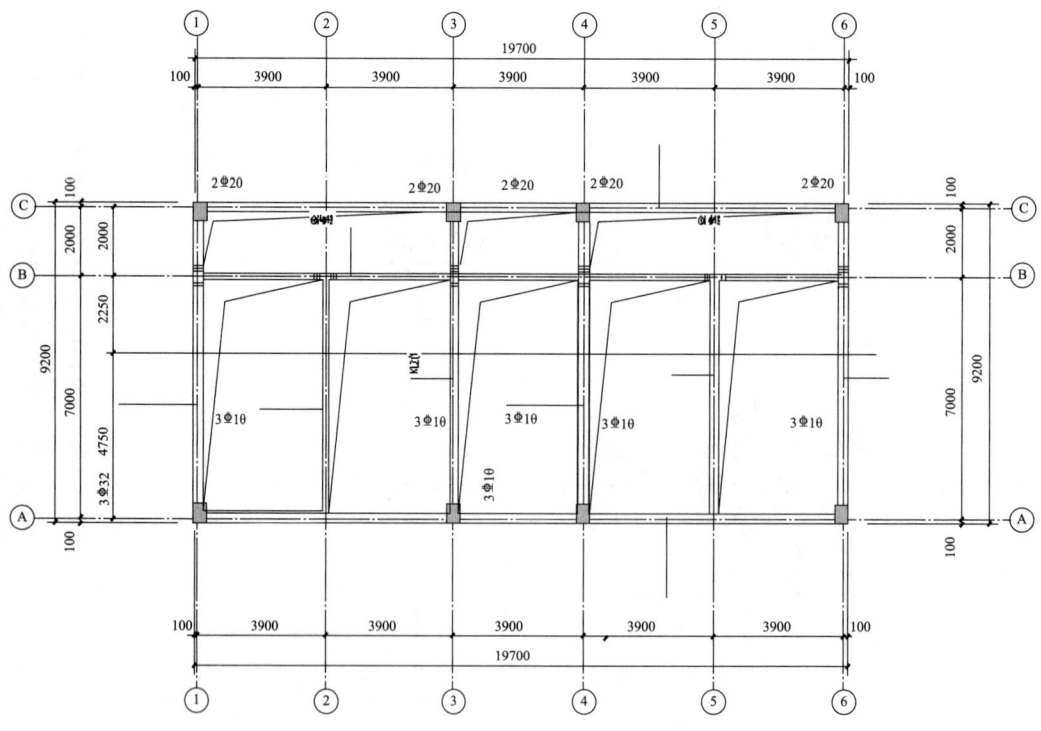

图 2.4.29 0.050 梁平法施工图

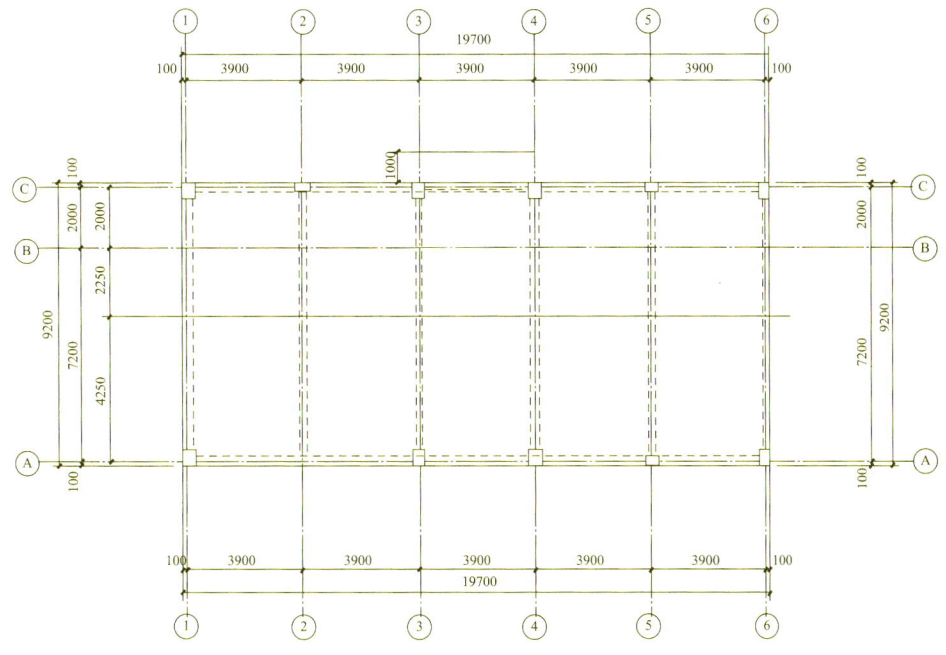

图 2.4.30  3.550 梁平法施工图

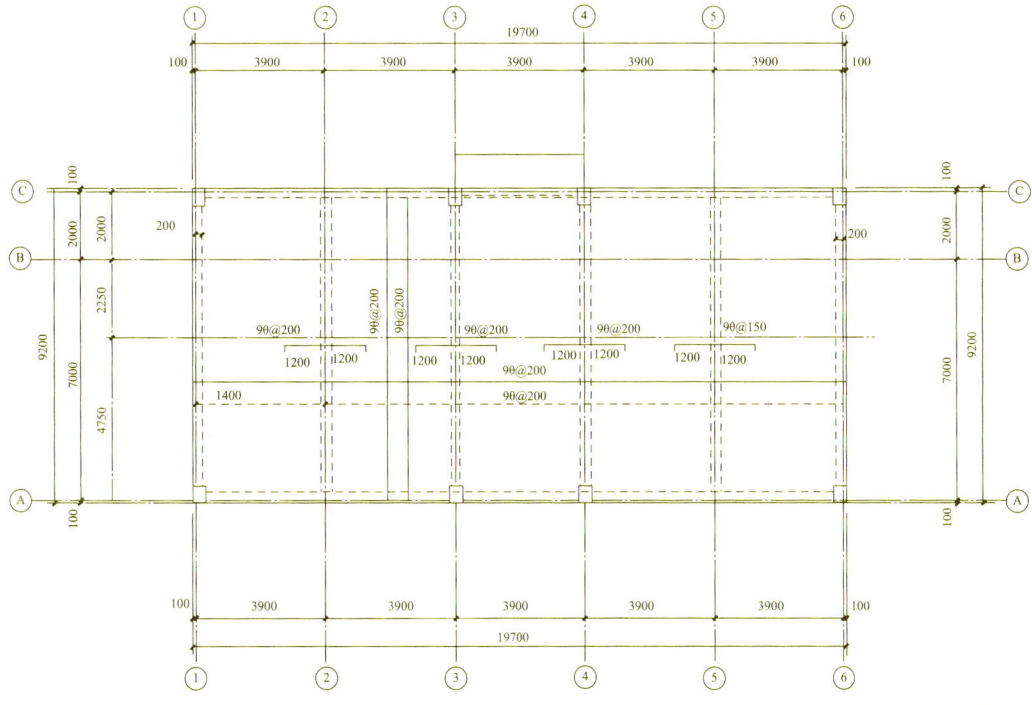

图 2.4.31  ××宿舍楼工程板配施工图（单位：mm）

3. 计算说明

计算工程数量以"m""m³""m²"为单位，步骤计算结果保留三位小数，最终计算结果保留两位小数；以"t"为单位保留三位小数。

(二) 问题

根据以上背景资料以及现行国家标准《建设工程工程量清单计价规范》（GB 50500—2013）、《房屋建筑与装饰工程工程量计算规范》（GB 50854—2013）及其他相关文件的规定等，编制一份该房屋建筑与装饰工程分部分项工程与措施项目工程工程量清单。

(二) 清单工程量计算表

表 2.4.28 清单工程量计算表

工程名称：××宿舍楼工程（房屋建筑与装饰工程）

| 序号 | 清单项目编码 | 清单项目名称 | 计算式 | 工程量合计 | 计量单位 |
|---|---|---|---|---|---|
|  |  | 建筑面积 | $S=19.7\times9.2=181.24$ | 181.24 | m² |
| 1 | 010101001001 | 平整场地 | $S=$首层建筑面积$=181.24$ | 181.24 | m² |
| 2 | 010101004001 | 挖基坑土方 | DJJ01：$(1.50+0.10-0.45)\times1.9\times1.9\times4=16.6$<br>DJJ02：$(1.50+0.10-0.45)\times2\times2\times4=18.4$ | 35.00 | m³ |
| 3 | 010103001001 | 回填土方 | 1. 基础回填<br>DJJ01：$(1.15\times1.9\times1.9-0.1\times1.9\times1.9$（垫层）$-1.0825$（基体）$-0.4\times0.5\times0.55$（柱）$-0.054$（梁））$\times4=10.16$<br>DJJ02：$(1.15\times2\times2-0.4$（垫层）$-1.17$（基体）$-0.11$（柱）$-0.0578$（梁））$\times4=11.44$<br>2. 房心回填<br>$[19.7\times9.2-0.4\times0.5\times8-(9.2-0.5\times2)\times0.3\times4-(7.0-0.2)\times0.2\times2-(19.70-0.4\times4)\times0.2\times2-(19.70-0.3\times4)\times0.2]\times(0.45-0.05)=62.456$<br>$V=10.16+11.44+62.456=80.06$ | 80.06 | m³ |
| 4 | 010501001001 | 混凝土垫层 | $V=0.1\times1.9\times1.9\times4+0.1\times2.0\times2.0\times4=3.04$ | 3.04 | m³ |
| 5 | 011702001001 | 混凝土垫层模板 | $(1.9+1.9)\times2\times0.1\times4+(2.0+2.0)\times2\times0.1\times4=6.24$ | 6.24 | m² |
| 6 | 010501003001 | 混凝土独立基础 | DJJ01：$(0.25\times1.7\times1.7+0.25\times1.2\times1.2)\times4=4.33$<br>DJJ02：$(0.25\times1.8\times1.8+0.25\times1.2\times1.2)\times4=4.68$<br>$V=4.33+4.68=9.01$ | 9.01 | m³ |
| 7 | 011702001002 | 混凝土独立基础模板 | $(1.7\times4+1.2\times4)\times0.25\times4+(1.8\times4+1.2\times4)\times0.25\times4=23.60$ | 23.60 | m² |
| 8 | 010502001001 | 混凝土矩形柱 | KZ1：$4.60\times0.4\times0.5\times4=3.68$<br>KZ2：$4.60\times0.4\times0.5\times4=3.68$<br>$V=3.68+3.68=7.36$ | 7.36 | m³ |

续表

| 序号 | 清单项目编码 | 清单项目名称 | 计算式 | 工程量合计 | 计量单位 |
|---|---|---|---|---|---|
| 9 | 011702002001 | 混凝土矩形柱模板 | KZ1：基础层＝[（0.4＋0.5）×2×1－0.3（梁头）]×4＝6.00<br>首层＝[（0.4＋0.5）×2×3.6－0.03（板）－0.36（梁头）]×4＝24.36<br>KZ2：基础层＝[（0.4＋0.5）×2×1－0.38（梁头）]×4＝5.68<br>首层＝[（0.4＋0.5）×2×3.6－0.05（板）－0.54（梁头）]×4＝23.56<br>$S$＝6.00＋24.36＋5.68＋23.56＝59.60 | 59.60 | $m^2$ |
| 10 | 010502002001 | 混凝土构造柱 | 数量：首层8个；女儿墙8个；<br>（3.60－0.6）×（0.20＋0.03）×（0.20＋0.03）×8＋（0.60－0.12）×（0.20＋0.03）×（0.20＋0.03）×8＝1.47 | 1.47 | $m^3$ |
| 11 | 011702003001 | 构造柱模板 | （3.60－0.6）×（0.20＋0.06×2）×8＋（0.60－0.12）×（0.20＋0.06×2）×2×8＝10.14 | 10.14 | $m^2$ |
| 12 | 010503001001 | 矩形梁 | KL1：8.2×0.3×0.6×2＝2.96<br>KL2：8.2×0.3×0.6×2＝2.96<br>KL3：2×7.3×0.2×0.6＋3.5×0.2×0.4＝2.03<br>KL4：2×7.3×0.2×0.6＋3.5×0.2×0.4＝2.03<br>L1：6.8×0.2×0.5×2＝1.36<br>L2：2×7.45×0.2×0.6＋3.6×0.2×0.4＝2.08 | 13.42 | $m^3$ |
| 13 | 010505001001 | 有梁板 | 框架梁：<br>WKL1：8.2×0.3×（0.6－0.1）×2＝2.46<br>WKL2：8.2×0.3×（0.6－0.1）×2＝2.46<br>WKL3：（19.70－0.4×4）×0.3×（0.6－0.1）×2＝5.43<br>L1：8.6×0.3×（0.6－0.1）×2＝2.58<br>板：0.1×（19.7×9.2）＝18.124<br>$V$＝2.46＋2.46＋5.43＋2.58＋18.124＝31.05 | 31.05 | $m^3$ |
| 14 | 010507005001 | 现浇混凝土压顶 | $V$＝0.12×0.2×（3.9×2＋1.56×4＋1.8×2）＝1.26 | 1.26 | $m^3$ |
| 15 | 010503005001 | 混凝土过梁 | $V$＝0.20×0.20×（1.8＋1.0×5＋0.15×12）＋0.10×0.20×（1.0×2＋0.8×5＋0.15×14）＝0.506 | 0.506 | $m^3$ |
| 16 | 011702009001 | 过梁模板 | $S$＝0.20×2×（1.8＋1.0×5＋0.15×12）＋0.10×2×（1.0×2＋0.8×5＋0.15×14）＝5.06 | 5.06 | $m^2$ |

续表

| 序号 | 清单项目编码 | 清单项目名称 | 计算式 | 工程量合计 | 计量单位 |
|---|---|---|---|---|---|
| 17 | 010402001001 | 砌体墙 | $V=[(19.5+9.0)\times2-0.4\times8-0.5\times4+6.8\times2+6.5\times2+19.5]\times0.2\times3.0+(1.8\times2+2.2\times5+2.0\times5)\times0.10\times3.60-0.8\times2.1\times5\times0.1-1.0\times2.1\times5\times0.2-1.0\times2.1\times2\times0.1-1.8\times3.0\times0.2-27.6\times0.2-0.506-1.47=55.66$<br>女儿墙：$V=(19.5+9.0)\times2\times0.2\times(0.6-0.12)=5.472$ | 61.132 | m³ |
| 18 | 010507001001 | 散水 | $S=57.80\times0.9+4\times0.9\times0.9=55.26$ | 55.26 | m² |
| 19 | 010801001001 | 成品实木门 | $S=0.8\times2.1\times5+1.0\times2.1\times6=21.00$ | 21.00 | m² |
| 20 | 010802003001 | 成品钢制防火门 | $S=1.0\times2.1\times1=2.10$ | 2.10 | m² |
| 21 | 010807001001 | 塑钢推拉窗 | $S=0.8\times1.5\times2+1.2\times1.8\times2+1.6\times1.8\times5+1.8\times1.8\times2=27.6$ | 27.6 | m² |
| 22 | 010902001001 | 屋面卷材防水 | $S=(19.30\times8.80)+(19.30+8.80)\times2\times0.30=186.70$ | 186.70 | m² |
| 23 | 010902003001 | 屋面刚性层 | $S=19.30\times8.80=169.84$ | 169.84 | m² |
| 24 | 011101006001 | 屋面砂浆找平层 | $S=$卷材防水工程量$=186.70$ | 186.70 | m² |
| 25 | 010515001001 | 现浇构件钢筋Φ10以内 | $G=0.396$（计算式略） | 0.396 | t |
| 26 | 010515001002 | 现浇构件钢筋Φ10以外 | $G=9.893$（计算式略） | 9.893 | t |
| 27 | 011102003001 | 瓷砖楼地面 | $S=2.1\times2.0\times2+2.0\times2.1\times3+1.8\times2.0+20.54\times5+1.8\times15.1=158.08$ | 158.08 | m² |
| 28 | 011105003001 | 瓷砖踢脚线 | $S=(1.97\times2+1.96\times3+2.73)\times0.10=12.55$ | 12.55 | m² |
| 29 | 011302001001 | 吊顶天棚 | $S=2.1\times2.0\times5+2.0\times1.8\times2=28.2$ | 32.01 | m² |
| 30 | 011201001001 | 内墙面一般抹灰 | $S=[(3.70\times2+6.8\times2)\times3.50-0.8\times2.1-1.0\times2.1]\times5+[(1.70\times4+3.90\times6+1.80\times2+0.3\times4)\times3.5-1.0\times2.1\times7-1.8\times1.8\times2-1.8\times3.0]=438.92$ | 438.92 | m² |
| 31 | 011204003001 | 内墙瓷砖墙面 | $S=[(1.80\times2+2.0\times2)\times3.50-1.2\times1.8-1.0\times2.1]\times2+[(2.0\times2+2.1\times2)\times3.5-0.8\times1.5-0.8\times2.1]\times2+[(2.0\times2+2.1\times2)\times3.5-0.8\times2.1]\times3=177.38$ | 177.38 | m² |
| 32 | 011201001002 | 外墙面真石漆 | $S=(19.7+9.2)\times2\times(0.45+3.6+0.6)-1.6\times1.8\times4-0.8\times1.5\times2-1.2\times1.8\times2-1.8\times1.8\times2-1.8\times3.0+(19.3+8.8)\times2\times0.6=272.37$ | 272.37 | m² |

续表

| 序号 | 清单项目编码 | 清单项目名称 | 计算式 | 工程量合计 | 计量单位 |
|---|---|---|---|---|---|
| 33 | 011701002001 | 双排外脚手架 | S＝(19.7＋9.2)×2×(0.45＋4.2)＝268.77 | 268.77 | m² |
| 34 | 011701002002 | 框架柱脚手架 | S＝(0.4×2＋0.5×2＋3.6)×4.55×8＝196.56 | 196.56 | m² |
| 35 | 011701003001 | 里脚手架 | S＝(6.80×4＋19.50)×3.0＋(1.80×2＋2.20×5＋2.10×5)×3.5＝227.95 | 227.95 | m² |
| 36 | 011703001001 | 垂直运输 | S＝建筑面积＝181.24 | 181.24 | m² |

**(三) 封面、扉页、总说明编制**

封面、扉页、总说明编制见表2.4.29至表2.4.31。

表 2.4.29 招标工程量清单封面

<u>　某　</u>工程

**招标工程量清单**

招标人：<u>　某公司　</u>
（单位盖章）

造价咨询人：<u>　某造价咨询公司　</u>
（单位盖章）

年　　月　　日

表 2.4.30 招标工程量清单扉页

<u>　某　</u>工程

**招标工程量清单**

招标人：<u>　某公司　</u>　　　　　造价咨询人：<u>　某造价咨询公司　</u>
（单位盖章）　　　　　　　　　　　　　（单位资质专用章）

法定代表人
或其授权人：_____　　　　法定代表人
或其授权人：_____
（签字或盖章）　　　　　　　　　　　　（签字或盖章）

编制人：_____　　　　　　复核人：_____
（造价人员签字盖专用章）　　　　　（造价工程师签字盖专用章）

编制时间：　年　月　日　　　　　复核时间：　年　月　日

表 2.4.31　总说明

| 工程名称： | 标段： | 第 1 页　共 2 页 |

一、工程概况

本工程为一层房屋建筑，檐高 3.60m，建筑面积 181.24m²，框架结构，室外地坪标高为 -0.45m，其地面、天棚、内外装饰装修工程做法详见施工图及设计说明。

二、工程招标和分包范围

1. 工程招标范围：施工图范围内的建筑工程、装饰装修工程，详见工程量清单。
2. 分包范围：无分包工程。

三、清单编制依据

1. 现行国家标准《建设工程工程量清单计价规范》（GB 50500—2013）、《房屋建筑与装饰工程工程量计算规范》（GB 50854—2013）及解释和勘误。
2. 本工程的施工图。
3. 与本工程有关的标准（包括标准图集）、规范、技术资料。
4. 招标文件、补充通知。
5. 其他有关文件、资料。

四、其他说明事项

1. 一般说明

（1）施工现场情况：以现场踏勘情况为准。

（2）交通运输情况：以现场踏勘情况为准。

（3）自然地理条件：本工程位于某市某县。

（4）环境保护要求：满足省、市及当地政府对环境保护的相关要求和规定。

（5）本工程投标报价按《建设工程工程量清单计价规范》（GB 50500—2013）、《房屋建筑与装饰工程工程量计算规范》（GB 50854—2013）的规定及要求，使用表格及格式按《建设工程工程量清单计价规范》（GB 50500—2013）要求执行，有更正的以勘误和解释为准。

（6）工程量清单中每一个项目，都需填入综合单价及合价，对于没有填入综合单价及合价的项目，不同单项及单位工程中的分部分项工程量清单中相同项目（项目特征及工作内容相同）的报价应统一，如有差异，按最低一个报价进行结算。

（7）《承包人提供材料和工程设备一览表》中的材料价格应与综合单价及《综合单价分析表》中的材料价格一致。

（8）本工程量清单中的分部分项工程量及措施项目工程量均是根据本工程施工图，按照工程量计算规范的规定进行计算的，仅作为施工企业投标报价的共同基础，不能作为最终结算与支付价款的依据，工程量的变化调整以业主与承包商签字的合同约定为准，或按《建设工程工程量清单计价规范》（GB 50500—2013）有关规定执行。

（9）工程量清单及其计价格式中的任何内容不得随意删除或涂改，若有错误，在招标答疑时及时提出，以"补遗"资料为准。

（10）分部分项工程量清单中对工程项目的项目特征及具体做法只作重点描述，详细情况见施工图设计、技术说明及相关标准图集。组价时应结合投标人现场勘察情况包括完成所有工序工作内容的全部费用。

（11）投标人应充分考虑施工现场周边的实际情况对施工的影响，编制施工方案，并做出报价。

（12）玻璃雨篷为暂列项，暂列金额为：10000.00 元。

（13）本说明未尽事项，以计价规范、工程量计算规范、计价管理办法、招标文件以及有关的法律、法规、建设行政主管部门颁发的文件为准。

2. 有关专业技术说明

（1）本工程使用普通混凝土，现场搅拌。

（2）本工程现浇混凝土及钢筋混凝土模板及支撑（架）不单列，按混凝土及钢筋混凝土实体项目执行，综合单价中应包括模板及支架。

（3）本工程挖基础土方清单工程量含工作面和放坡增加的工程量。按《房屋建筑与装饰工程工程量计算规范》（GB 50854—2013）的规定计算；办理结算时以批准的施工组织设计规定的工作面和放坡，按实计算工程量。

## （四）分部分项工程和单价措施项目清单编制

### 表 2.4.32 分部分项工程和单价措施项目清单与计价表

工程名称：××宿舍楼土建工程　　　　标段：　　　　　　　　　　　　　第 1 页　共 5 页

| 序号 | 项目编码 | 项目名称 | 项目特征 | 计量单位 | 工程量 | 金额（元） | | |
|---|---|---|---|---|---|---|---|---|
| | | | | | | 综合单价 | 合价 | 其中暂估价 |
| 1 | 010101001001 | 平整场地 | 1. 土壤类别：三类；<br>2. 取弃土运距：由投标人根据施工现场情况自行考虑 | m² | 181.24 | | | |
| 2 | 010101004001 | 挖基坑土方 | 挖基础土方<br>1. 工作内容：基础土方挖运；<br>2. 土壤类别：自行勘查现场综合考虑；<br>3. 开挖方式：自行考虑；<br>4. 开挖深度：综合考虑；<br>5. 弃土运距：弃土自行考虑；<br>6. 备注：工作面、人工清槽、放坡等综合考虑在报价中 | m³ | 35.00 | | | |
| 3 | 010103001001 | 回填方 | 1. 填方材料品种：素土；<br>2. 要求：回填土应采用素土（或按建筑做法）并分层夯实，压实系数不小于0.94，不得采用杂填土或膨胀土回填，分层回填素土夯实；<br>3. 填方来源、运距：综合考虑借土方式、土场、运距等全部工序 | m³ | 80.06 | | | |
| 4 | 010501001001 | 混凝土垫层 | 1. 混凝土强度等级：C20；<br>2. 部位：独立基础垫层 | m³ | 3.04 | | | |
| 5 | 010501003001 | 独立基础 | 1. 混凝土强度等级：C30；<br>2. 部位：独立基础 | m³ | 9.01 | | | |
| 6 | 010502001001 | 混凝土矩形柱 | 1. 混凝土强度等级：C30 | m³ | 7.36 | | | |
| 7 | 010502002001 | 构造柱 | 1. C20混凝土构造柱；<br>2. 墙中柱 | m³ | 1.47 | | | |
| 8 | 010503001001 | 基础梁 | 1. 混凝土强度等级：C30；<br>2. 部位：基础框架梁 | m³ | 13.42 | | | |
| 9 | 010505001001 | 有梁板 | 1. 混凝土强度等级：C30；<br>2. 有梁板：综合考虑梁、板、卫生间上翻工程量 | m³ | 31.05 | | | |
| 10 | 010515001001 | 现浇构件钢筋 | 1. 钢筋种类、规格：Ⅰ级钢；<br>2. 钢筋连接方式：钢筋连接方式满足设计图纸及施工验收规范的要求；<br>3. 备注：包括制作、安装和连接 | t | 0.396 | | | |
| 11 | 010515001002 | 现浇构件钢筋 | 1. 钢筋种类、规格：Ⅲ级钢；<br>2. 钢筋连接方式：钢筋连接方式满足设计图纸及施工验收规范的要求；<br>3. 备注：包括制作、安装和连接 | t | 9.893 | | | |

续表

| 序号 | 项目编码 | 项目名称 | 项目特征 | 计量单位 | 工程量 | 金额（元） | | |
|---|---|---|---|---|---|---|---|---|
| | | | | | | 综合单价 | 合价 | 其中 暂估价 |
| 12 | 010503005001 | 过梁 | 1. 混凝土强度等级：C25；<br>2. 综合考虑现浇与预制 | m³ | 0.51 | | | |
| 13 | 010402001001 | 砌块墙 | 1. 砌块品种、规格、强度等级：蒸压加气混凝土砌块；<br>2. 墙体类型、厚度：综合考虑；<br>3. 砂浆强度等级：M5.0 混合砂浆（专用砂浆砌筑）；<br>4. 部位±0.00 以上 | m³ | 61.13 | | | |
| 14 | 010507005001 | 扶手、压顶 | 1. 混凝土强度等级：C25；<br>2. 名称部位：压顶 | m³ | 1.26 | | | |
| 15 | 010507001001 | 散水、坡道 | 1. 素土夯实，向外坡4%；<br>2. 150 厚3：7 灰土；<br>3. 60 厚 C25 混凝土，上撒 1：1 水泥沙子压实赶光 | m² | 55.26 | | | |
| 16 | 010802003001 | 钢质防火门 | 1. 门代号及洞口尺寸：甲级防火门（甲 FM 乙 1021）；<br>2. 要求及施工内容：综合考虑开启方式、油漆、五金配件等；<br>3、规格：1.0m×2.1m | m² | 2.10 | | | |
| 17 | 010801001001 | 木质门 | 1. 门代号及洞口尺寸：成品套装门；<br>2. 要求及施工内容：综合考虑开启方式、油漆、五金配件等；<br>3、质量、颜色、样式等符合图纸及建设单位要求；<br>4、规格：详见图纸 | m² | 21.00 | | | |
| 18 | 010807001001 | 金属（塑钢、断桥）窗 | 1. 窗代号及洞口尺寸：塑钢中空玻璃推拉窗、无色平板玻璃；<br>2. 要求及施工内容：综合考虑开启方式、油漆、纱扇、五金配件等 | m² | 27.60 | | | |
| 19 | 010902001001 | 屋面卷材防水 | 改性沥青防水卷材一道 | m² | 186.70 | | | |
| 20 | 010902003001 | 屋面刚性层 | 1. 部位：现浇混凝土屋面；<br>2. 20 厚 1：2.5 水泥砂浆找平；<br>3. 最薄处 30 厚 2%憎水珍珠岩找坡；<br>4. 20 厚 1：2.5 水泥砂浆找平；<br>5. 保温层（单列）；<br>6. 30 厚 C20 细石混凝土找平层；<br>7. 防水层：4.0 厚 SBS 改性沥青防水卷材（Ⅱ型）+（0.7厚聚乙烯丙纶防水卷材+1.3厚聚合物水泥）；<br>8. 隔离层：200g/m² 聚酯无纺布一层；<br>9. 保护层：40 厚细石混凝土随打随抹平 | m² | 169.84 | | | |

续表

| 序号 | 项目编码 | 项目名称 | 项目特征 | 计量单位 | 工程量 | 金额（元） | | |
|---|---|---|---|---|---|---|---|---|
| | | | | | | 综合单价 | 合价 | 其中暂估价 |
| 21 | 011102003001 | 瓷砖楼地面 | 1. 防滑地面砖地面 800×800；<br>2. 位置：走廊、宿舍；<br>3. 素土夯实；<br>4.150 厚 3∶7 灰土；<br>5.60 厚 C15 混凝土；<br>6. 素水泥浆一道<br>7.20 厚 1∶3 水泥砂浆找平层；<br>8.TS-C 卷材防水一道；<br>9.30 厚 1∶3 水泥干硬砂浆；<br>10.8～10 厚地砖铺实拍平，稀水泥浆擦缝；<br>11. 详见图纸、质量、颜色、规格符合建设单位要求 | m² | 158.080 | | | |
| 22 | 011105003003 | 块料踢脚线 | 1. 混凝土墙面、加气混凝土墙面；<br>2. 刷界面剂一道；<br>3.9 厚 1∶1∶6 水泥石膏砂浆打底扫毛；<br>4.5 厚 1∶1 水泥砂浆；<br>5.3～5 厚瓷砖 150 高水泥浆擦缝或填缝剂填缝；<br>6. 部位：面砖地面房间 | m² | 12.550 | | | |
| 23 | 011302001001 | 吊顶天棚 | 1. 部位：卫生间洗衣房；<br>2. 轻钢龙骨，铝合金方形板吊顶；<br>3. 做法：详见图纸，吊顶颜色质量符合建设单位要求 | m² | 28.200 | | | |
| 单价措施 | | | | | | | | |
| 1 | 011703001002 | 垂直运输 | | m² | 181.24 | | | |
| 2 | 011705001001 | 大型机械设备进出场及安拆 | | 台次 | 1.00 | | | |
| 3 | 011705002001 | 大型机械基础 | | m³ | 10.00 | | | |
| 4 | 011702001001 | 基础垫层模板 | 模板、支架的制作、安装、拆除、超高等全部内容 | m² | 6.24 | | | |
| 5 | 011702001002 | 基础模板 | 模板、支架的制作、安装、拆除、超高等全部内容 | m² | 23.60 | | | |
| 6 | 011702002001 | 矩形柱模板 | 模板、支架的制作、安装、拆除、超高等全部内容 | m² | 59.60 | | | |
| 7 | 011702003001 | 构造柱模板及支架 | 模板、支架的制作、安装、拆除、超高等全部内容 | m² | 10.14 | | | |

续表

| 序号 | 项目编码 | 项目名称 | 项目特征 | 计量单位 | 工程量 | 金额（元） | | |
|---|---|---|---|---|---|---|---|---|
| | | | | | | 综合单价 | 合价 | 其中 暂估价 |
| 8 | 011702005001 | 基础梁模板 | 模板、支架的制作、安装、拆除、超高等全部内容 | m² | 137.86 | | | |
| 9 | 011702014001 | 有梁板模板 | 模板、支架的制作、安装、拆除、超高等全部内容 | m² | 248.78 | | | |
| 10 | 011702009001 | 过梁模板 | 模板、支架的制作、安装、拆除、超高等全部内容 | m² | 5.06 | | | |
| 11 | 041102018001 | 压顶模板 | 模板、支架的制作、安装、拆除、超高等全部内容 | m³ | 1.26 | | | |
| 12 | 011701002001 | 外脚手架 | 1. 搭设方式：双排外脚手架；<br>2. 搭设高度：到女儿墙顶；<br>3. 脚手架材质：钢管 | m² | 268.77 | | | |
| 13 | 011701002002 | 框架柱脚手架 | 1. 搭设方式：单排；<br>2. 搭设高度：柱顶；<br>3. 脚手架材质：钢管 | m² | 196.56 | | | |
| 14 | 011701003001 | 里脚手架 | 1. 搭设方式：单排；<br>2. 搭设高度：墙顶；<br>3. 脚手架材质：钢管 | m² | 227.95 | | | |

### （五）总价措施项目清单与计价表编制

总价措施项目清单与计价表编制见表 2.4.33。

表 2.4.33　总价措施项目清单与计价表

工程名称：××宿舍楼土建工程　　　　标段：　　　　　　　　　　　第 1 页　共 1 页

| 序号 | 项目编码 | 项目名称 | 计算基础 | 费率（%） | 金额（元） | 调整费率（%） | 调整后金额（元） | 备注 |
|---|---|---|---|---|---|---|---|---|
| 1 | 011707002 | 夜间施工费 | 分部分项人工基价 | 2.550 | | | | |
| 2 | 011707004 | 二次搬运费 | 分部分项人工基价 | 2.180 | | | | |
| 3 | 011707005 | 冬雨季施工增加费 | 分部分项人工基价 | 2.910 | | | | |
| 4 | 011707007 | 已完工程及设备保护费 | 分部分项人工基价＋分部分项辅材基价＋分部分项机械基价 | 0.150 | | | | |
| | | | 合计 | | | | | |

编制人（造价人员）：　　　　　　　　　　　　　　　　　复核人（造价工程师）：

## 第五节　计算机辅助工程量计算方法

### 一、计算机辅助工程量计算

工程量计算软件在工程造价的控制和确定中，起着举足轻重的作用，而工程造价的确定和控制对整个工程项目而言是非常关键的。在工程造价的控制和确定中，工程量是此项工作的前提，工程量是编制工程预算的基础工作，约占编制整个工程预算工程量的50%~70%。工程量计算的快慢程度和精确程度会直接影响到整个预算工作的速度和质量。

工程量计算软件是指在造价过程中，根据工程图纸，通过绘制或导入图形，定义构件属性的方法，按照软件内置的工程量计算规则计算工程用量、技术措施的计算机软件。不管何种品牌的工程量计算软件，自动算量的思路大致分为以下几个步骤：建立工程→建立楼层→建立轴网→建立构件及套用做法（在单独钢筋计算软件中没有套用做法的步骤）→绘制构件（在单独钢筋计算软件中还要输入详细的钢筋信息）→汇总计算→复核、查看报表并输出数据至工程计价软件中。

### 二、计算机辅助工程量计算方法

（1）工程设置。打开图形算量软件，选择新建向导。

（2）新建工程。进入新建工程界面，进行工程设置。工程的名称、计算规则、定额库、清单库和做法模式的输入和选择，进行工程信息的设置，填写建筑层数、室内地坪相对标高和室外地坪相对标高。室外地坪相对标高影响外装修和土方的工程量，一定要正确输入，而工程信息、编制信息起到标识的作用。

（3）楼层管理。建立楼层，根据建筑图纸和结构图纸的楼层信息，进行楼层信息设置。输入相应的标高和层高数据。

（4）轴网管理。切换到绘图输入界面，双击绘图输入下的轴网，在绘图区楼层为首层状态下从构件列表中选择新建正交轴网，根据图纸信息依次输入下开间、上开间、左进深和右进深的数据。

（5）构件管理与绘图应用。正确的绘图顺序能够提高绘图的效率，可根据建筑的结构和类型来确定绘图的顺序。如果根据楼层顺序进行绘图，一般情况是先绘制首层，然后绘制第二层，接着绘制标准层和顶层等地上部分，地上部分绘制完毕后绘制地下部分，先进行地下室的绘制，基础层最后绘制。如果根据施工顺序进行绘制，一般按照先绘制主体部分，然后是基础部分，接着进行二次结构的绘制，最后是装饰和零星构件的绘制。

若根据结构类型确定绘图顺序，则不同的结构类型绘图的顺序也不同：砖混结构中先进行墙体的绘制，然后是门窗过梁的绘制，接着柱梁板的绘制，楼梯最后绘制；框架结构的绘图顺序是柱、梁、板、墙体、门窗过梁，最后是楼梯的绘制；剪力墙结构首先绘制剪力墙，然后是门窗洞的绘制，接着进行暗柱和（或）端柱和暗梁和（或）连梁的绘制，楼梯最后绘制；框剪结构同样是先绘制墙体。

(6) 报表输出。在某构件某层或整个工程绘制完毕后,需要查看工程量时必须先进行"汇总计算";当修改了某个构件的属性或修改了某个图元后,需要查看修改后的工程量,也需要进行汇总计算。汇总计算相当于手算过程中用计算器计算手工列式的过程,软件的汇总计算往往需要几十秒的时间或更短的时间完成,大大提高了工程量计算的效率,并且精确度很高。

汇总计算后,可进行报表预览,定额下的报表共分为三类:做法汇总分析、构件汇总分析和指标汇总分析。构件汇总分析包括绘图输入工程量汇总表(按构件)、绘图输入工程量汇总表(按楼层)、绘图输入构件工程量计算书、绘图输入工程量明细表、表格输入做法工程量计算书和绘图输入工程量汇总表等几个主要报表类别。点击"构件汇总分析"选项,选择"工程量计算书",该报表即显示当前工程中所有构件的工程量。

# 第三章 工程计价

## 第一节 预算定额

### 一、预算定额分类和适用范围

#### (一) 预算定额的概念和作用

1. 预算定额概念

预算定额是在正常的施工条件下,完成一定计量单位合格分项工程和结构构件所需消耗的人工、材料、施工机具台班数量及其相应费用标准。

预算定额和消耗量定额在内涵上还是有一定区别的。消耗量定额是由建设行政主管部门根据合理的施工组织设计,按照正常施工条件制订的,生产一个规定计量单位工程合格产品所需人工、材料、机械台班的社会平均消耗量标准。消耗量定额体现了工程计价中"量价分离"的原则;而预算定额一般是"量价合一"的,既有消耗量指标又有费用标准。当然,一般来讲,各地区消耗量定额配有价目表使用。如某地区预算定额项目见表3.1.1。

表3.1.1 某地区砖内墙预算定额项目表

工作内容——砖墙:运料、淋砖、调铺砂浆、砌砖、安放垫块、木砖、铁件等、砖旋、砖过梁、砖拱,包括制作、安装及拆除模板。

计量单位:10m³

| 定额编号 | | | A3-9 | A3-10 | A3-11 |
|---|---|---|---|---|---|
| 子目名称 | | | 混水砖内墙 | | |
| | | | 墙体厚度 | | |
| | | | 1/4砖 | 1/2砖 | 3/4砖 |
| 基价(元) | | 一类 | 2134.97 | 1855.68 | 1812.01 |
| | | 二类 | 2109.96 | 1839.14 | 1796.49 |
| | | 三类 | 2099.61 | 1832.30 | 1790.07 |
| 其中 | 人工费(元) | | 675.60 | 439.20 | 409.92 |
| | 材料费(元) | | 1357.54 | 1341.76 | 1329.63 |
| | 机械费(元) | | 7.78 | 12.56 | 14.11 |
| | 管理费(元) | 一类 | 94.04 | 62.17 | 58.35 |
| | | 二类 | 69.03 | 45.63 | 42.83 |
| | | 三类 | 58.68 | 38.79 | 36.41 |

续表

| 编码 | 名称 | 单位 | 单价（元） | 消耗量 | | |
|---|---|---|---|---|---|---|
| 00000003 | 三类工 | 工日 | 24.00 | 28.15 | 18.30 | 17.08 |
| 70010003 | M5 水泥石灰砂浆 | m³ | 116.04 | — | 1.960 | 2.170 |
| 70010005 | M10 水泥石灰砂浆 | m³ | 144.79 | 1.132 | — | — |
| 380100001 | 松杂木枋板材（周转材、综合） | m³ | 1142.32 | — | 0.011 | 0.007 |
| 04001002 | 水泥 P·O32.5（R） | t | 291.99 | — | 0.019 | 0.009 |
| 05077006 | 标准砖 240mm×115mm×53mm | 千块 | 193.95 | 6.106 | 5.577 | 5.422 |
| 22001002 | 铁钉 50～70mm | kg | 3.63 | — | 0.23 | 0.17 |
| 39001170 | 水 | m³ | 1.54 | 1.600 | 1.130 | 1.100 |
| FY000045 | 其他材料 | 元 | 1.00 | 6.92 | 11.97 | 13.29 |
| 99906012 | 灰浆搅拌机（200L） | 台班 | 46.07 | 0.150 | 0.240 | 0.270 |
| 99918008 | 其他机械 | 元 | 1.00 | 0.87 | 1.50 | 1.67 |

2. 预算定额的作用

预算定额是工程建设中的一项重要的技术经济文件，是编制施工图预算的主要依据，是确定和控制工程造价的基础。具体作用体现在以下几个方面：

（1）预算定额是编制施工图预算、确定建筑造价的基础。施工图设计一经确定，工程预算造价就取决于预算定额水平和人工、材料及机具台班的价格。预算定额起着控制劳动消耗、材料消耗和机具台班使用的作用，进而起着控制建筑产品价格的作用。

（2）预算定额是编制施工组织设计的依据。施工组织设计的重要任务之一，是确定施工中所需人力、物力的供求量，并做出最佳安排。施工单位在缺乏本企业的施工定额的情况下，根据预算定额，亦能够比较精确地计算出施工中各项资源的需要量，为有计划地组织材料采购和预制件加工、劳动力和施工机具的调配，提供了可靠的计算依据。

（3）预算定额是工程结算的依据。工程结算是建设单位和施工单位按照工程进度对已完成的分部分项工程实现货币支付的行为。按进度支付工程款，需要根据预算定额将已完分项工程的造价算出。单位工程验收后，再按竣工工程量、预算定额和施工合同规定进行结算，以保证建设单位建设资金的合理使用和施工单位的经济收入。

（4）预算定额是施工单位进行经济活动分析的依据。预算定额规定的物化劳动和劳动消耗指标，是施工单位在生产经营中允许消耗的最高标准。施工单位必须以预算定额作为评价企业工作的重要标准，作为努力实现的目标。施工单位可根据预算定额对施工中的人工、材料、机具的消耗情况进行具体的分析，以便找出并克服低功效、高消耗的薄弱环节，提高竞争能力。只有在施工中尽量降低劳动消耗，采用新技术、提高劳动者素质，提高劳动生产率，才能取得较好的经济效益。

（5）预算定额是编制概算定额的基础。概算定额是在预算定额基础上综合扩大编制的。利用预算定额作为编制依据，不但可以节省编制工作的大量人力、物力和时间，收到事半功倍的效果，还可以使概算定额在水平上与预算定额保持一致，以免造成执行中的不一致。

（6）预算定额是合理编制招标控制价、投标报价的基础。在深化改革中，预算定额的指令性作用将日益削弱，而对施工单位按照工程个别成本报价的指导性作用仍然存在，因此预算定额作为编制招标控制价的依据和施工企业报价的基础性作用仍将存在，这也是由预算定额本身的科学性和指导性决定的。

### （二）预算定额的分类及适用范围

#### 1. 按专业性质分类及适用范围

预算定额按专业划分可以分为建筑工程预算定额和安装工程预算定额。建筑工程定额按专业对象分为建筑工程预算定额、市政工程预算定额、铁路工程预算定额、公路工程预算定额、房屋修缮工程预算定额及矿山井巷预算定额等；安装工程预算定额按专业对象分为电气设备预算定额、机械设备预算定额、通信设备预算定额、化学工业设备预算定额、工业管道预算定额、工艺金属结构预算定额及热力设备预算定额等。建筑工程预算定额和安装工程预算定额适用于相应专业的新建、扩建和改建工程。

#### 2. 按管理权限和执行范围分类及适用范围

按管理权限和执行范围分，有全国统一定额、行业统一定额、地区统一定额和企业定额等。全国统一定额由国务院建设行政主管部门组织制定发布，可作为编制地区定额的依据，如《房屋建筑与装饰工程消耗量定额》（TY01—31）、《通用安装工程消耗量定额》（TY02—31）。行业统一定额由国务院行业主管部门制定发布。地区统一定额由省、自治区、直辖市建设行政主管部门制定发布，可以作为该地区建设工程项目计价的依据，如《山东省建筑工程消耗量定额》（SD01—31）。企业定额是由建筑施工企业根据本企业的施工技术水平和管理水平，以及各地区有关工程造价计算的规定编制的，供本企业使用的定额。其中，全国和各省统一编制颁布执行的预算定额称为基础定额，具体地区使用的预算定额也称为地区单位估价表。

#### 3. 按生产要素区分

按生产要素分，有劳动消耗定额、机械台班消耗定额和材料消耗定额。它们相互依存形成一个整体，各自不具有独立性。

## 二、建筑工程预算定额的使用

### （一）预算定额手册的主要内容

预算定额手册一般包括文字说明、工程量计算规则、定额项目表及有关附录等。

#### 1. 文字说明

文字说明包括总说明和各章说明。总说明主要说明定额的编制依据、适用范围、用途、工程质量要求、施工条件，定额中已经考虑的因素和未考虑的因素，有关综合性工作内容及有关规定和说明。各章（分部工程）说明是定额中的重要内容，主要说明本章（分部工程）的施工方法、消耗标准的调整、有关规定及说明。

#### 2. 工程量计算规则

消耗量定额中的工程量计算规则综合考虑了施工方法、施工工艺和施工质量要求，计算出的工程量一般要考虑施工中的余量，与定额项目的消耗量指标相互配套使用。如在消耗量定额中"一般土石方"项目的工程量计算规则为"按设计图示基础（含垫层）尺寸，另加工作面宽度、土方放坡宽度或石方允许超挖量乘以开挖深度，以体积计算"。

3. 定额项目表

定额项目表是消耗量定额的核心内容，包括工作内容、定额编号、定额项目名称、定额计量单位及消耗量指标。工作内容是说明完成定额项目所包括的施工内容；定额编号如人工场地平整的定额编号为 1-4-1；定额项目的计量单位一般为扩大一定倍数的单位，如人工挖一般土方的计量单位为 $10m^3$。

定额的消耗量指标一般包括人工消耗量、材料消耗量、机械台班消耗量，还有的列出了定额的基价。《山东省建筑工程消耗量定额》（SD01—31）仅列出了消耗量指标，体现了"量价分离"的改革思路。

（1）人工消耗定额，反映了完成某一分项工程的单位产品所耗用的各工种的工日数，可用综合工日表示，也可以按用工等级表示。

（2）材料消耗定额，规定了完成某一分项工程的单位产品所耗用或摊销的各种主要材料、半成品、配件或周转材料的数量。

（3）机械台班消耗定额，规定了完成某一分项工程的单位产品所耗用的各种施工机械台班的数量。

（4）预算定额基价，是指反映完成定额项目规定的单位建筑安装产品，在定额编制基价期所需的人工费、材料费、施工机械使用费或其总和，是不完全价格，因为只包含了人工、材料、机械台班的费用，也称工料单价。为了与清单计价相互配套，目前，我国已有不少省、市编制了工程量清单项目的综合单价的基价，为发、承包双方组成工程量清单项目综合单价构建了平台，取得了成效。

预算定额基价一般通过编制单位估价表、地区单位估价表及设备安装价目表确定单价，用于编制施工图预算。在预算定额中列出的"预算价值"或"基价"，应视作该定额编制时的工程单价。

定额基价是由人、材、机单价构成的，计算公式为：

$$定额项目基价＝人工费＋材料费＋机械费 \qquad (3.1.1)$$

其中：人工费＝定额项目工日数×人工日工资单价

材料费＝∑（定额项目材料用量×材料单价）

机械费＝∑（定额项目台班量×台班单价）

以山东省建筑工程消耗量定额中"5-1-14 矩形柱"子目为例，说明定额基价的编制过程。首先通过消耗量定额查阅"矩形柱"定额子目消耗的人工、材料和机械台班的数量标准；然后由各要素的单价乘以相应的消耗量得出人工费、材料费和机械台班使用费，即得到定额单位所对应的单价。见表 3.1.2。

表 3.1.2 "矩形柱"项目工料机单价的确定（除税单价）

| | | 定额编号 | 5-1-14 |
|---|---|---|---|
| | | 项目名称 | 矩形柱 |
| | | 单位 | $10m^3$ |
| | | 工料单价（元） | 5326.18 |
| 其中 | | 人工费（元） | 1635.90 |
| | | 材料费（元） | 3678.64 |
| | | 机械费（元） | 11.64 |

续表

| | 名称 | 单位 | 数量 | 单价(元) |
|---|---|---|---|---|
| 人工 | 综合工日 | 工日 | 17.22 | 95 |
| 材料 | C30现浇混凝土碎石<31.5 | m³ | 9.8691 | 359.22 |
| | 水泥抹灰砂浆1:2 | m³ | 0.2343 | 345.67 |
| | 塑料薄膜 | m² | 5 | 1.74 |
| | 阻燃毛毡 | m² | 1 | 40.39 |
| | 水 | m³ | 0.7913 | 4.27 |
| 机械 | 灰浆搅拌机 | 台班 | 0.04 | 157.71 |
| | 混凝土振捣器 | 台班 | 0.6767 | 7.88 |

### (二) 建筑工程单位估价表

单位估价表是以货币形式确定定额计量单位分部分项工程或结构构件费用的文件，是根据消耗量定额所确定的人工、材料和机械台班消耗数量乘以人工工资单价、材料单价和机械台班单价汇总而成。换言之，全国或地区统一的消耗量定额，如果套用某个工程或地区的建筑安装工人日工资单价、材料单价和施工机械台班单价，就形成了个别工程综合单价表或地区单位估价表。

单位估价表的内容组成及分类单位估价表的内容由两部分组成：一是相应消耗量定额规定的人工、材料、机械数量；二是与上述三种"量"相适应的人工工资单价、材料单价和机械台班单价。如山东省单位估价表（工料单价）见表3.1.3。

**表3.1.3 水泥砂浆找平层单位估价估价表（工料单价）**

工作内容：调运砂浆、抹平、压实等　　　　　　　　　　　　　　　　　计量单位：10m²

| 定额编号 | | | | | | 11-1-1 | 11-1-2 | 11-1-3 |
|---|---|---|---|---|---|---|---|---|
| 项目名称 | | | | | | 水泥砂浆找平层 | | |
| | | | | | | 在混凝土或硬基层上 | 在填充材料上 | 每增减5mm |
| | | | | | | 20mm | | |
| 工料单价（元） | | | | | | 150.04 | 172.61 | 24.64 |
| 其中 | 人工费（元） | | | | | 78.28 | 84.46 | 8.24 |
| | 材料费（元） | | | | | 67.72 | 83.1 | 15.39 |
| | 机械费（元） | | | | | 4.04 | 5.05 | 1.01 |
| 类别 | 编码 | 名称 | | 单位 | 单价（元） | 消耗量 | | |
| 人工 | 00010020 | 综合工日（装饰） | | 工日 | 103 | 0.76 | 0.82 | 0.08 |
| 材料 | 80050013 | 水泥抹灰砂浆1:3 | | m³ | 299.92 | 0.205 | 0.2563 | 0.0513 |
| | 80050057 | 素水泥浆 | | m³ | 591.81 | 0.0101 | 0.0101 | — |
| | 34110003 | 水 | | m³ | 4.27 | 0.006 | 0.06 | — |
| 机械 | 990610010 | 灰浆搅拌机200L | | 台班 | 157.71 | 0.00256 | 0.032 | 0.0064 |

注：表中价格均为不含进项税的价格。

为便于清单计价，也可以编制综合单价的单位估价表。如山东省单位估价表（综合单价）见表 3.1.4。

**表 3.1.4 水泥砂浆找平层单位估价表（综合单价）**

工作内容：调运砂浆、抹平、压实等　　　　　　　　　　　　　　　　　计量单位：10m²

| 定额编号 | | | | | 11-1-1 | 11-1-2 | 11-1-3 |
|---|---|---|---|---|---|---|---|
| 项目名称 | | | | | 水泥砂浆找平层 | | |
| | | | | | 在混凝土或硬基层上 | 在填充材料上 | 每增减 5mm |
| | | | | | 20mm | | |
| 综合单价（元） | | | | | 150.04 | 172.61 | 24.64 |
| 其中 | 人工费（元） | | | | 78.28 | 84.46 | 8.24 |
| | 材料费（元） | | | | 67.72 | 83.1 | 15.39 |
| | 机械费（元） | | | | 4.04 | 5.05 | 1.01 |
| | 管理费和利润（元） | | 一类 | | 80.55 | 86.91 | 8.48 |
| | | | 二类 | | 59.88 | 64.61 | 6.30 |
| | | | 三类 | | 38.75 | 41.81 | 4.08 |
| 类别 | 编码 | 名称 | 单位 | 单价（元） | 消耗量 | | |
| 人工 | 00010020 | 综合工日（装饰） | 工日 | 103 | 0.76 | 0.82 | 0.08 |
| 材料 | 80050013 | 水泥抹灰砂浆 1:3 | m³ | 299.92 | 0.205 | 0.2563 | 0.0513 |
| | 80050057 | 素水泥浆 | m³ | 591.81 | 0.0101 | 0.0101 | — |
| | 34110003 | 水 | m³ | 4.27 | 0.006 | 0.06 | — |
| 机械 | 990610010 | 灰浆搅拌机 200L | 台班 | 157.71 | 0.00256 | 0.032 | 0.0064 |

注：表中价格均为不含进项税的价格，采用一般计税方法管理费率一类、二类和三类工程分别为 66.2%、52.7%、32.2%；利润率一类、二类和三类工程分别为 36.7%、23.8%、17.3%。管理费和利润均按人工费计取

### （三）建筑工程价目表

建筑工程价目表是依据消耗量定额中的人工、材料、施工机械台班消耗数量，乘以某一地区现行人工、材料、施工机械台班单价，计算出以货币形式表现的完成单位子项工程或结构构件合格产品的单位价。建筑工程价目表主要由定额编号、工程项目名称、工程单价（工料单价或综合单价）、人工费、材料费、机械费和地区单价组成。它是配合消耗量定额使用的一种工程单价，其表现形式可以为工料单价及人材机费用，也可以是综合单价及人材机及管理费和利润。价目表是编制建筑工程招标标底或招标控制价的依据，是发承包双方确定合同价编制工程预算时的参考。价目表对市场具有一定的指导意义，是计取企业管理费和利润的基础。如山东省价目表见表 3.1.5。

表 3.1.5 水泥砂浆找平层价目表（工料单价）

工作内容：调运砂浆、抹平、压实等　　　　　　　　　　　　　　　　　　　计量单位：10m²

| 定额编号 | | 11-1-1 | | 11-1-2 | | 11-1-3 | |
|---|---|---|---|---|---|---|---|
| 项目名称 | | 水泥砂浆找平层 | | | | | |
| | | 在混凝土或硬基层上 | | 在填充材料上 | | 每增减 5mm | |
| | | 20mm | | | | | |
| 计税方法 | | 一般 | 简易 | 一般 | 简易 | 一般 | 简易 |
| 工料单价（元） | | 150.04 | 157.50 | 172.61 | 181.69 | 24.64 | 26.25 |
| 其中 | 人工费（元） | 78.28 | 78.28 | 84.46 | 84.46 | 8.24 | 8.24 |
| | 材料费（元） | 67.72 | 75.14 | 83.1 | 92.13 | 15.39 | 16.99 |
| | 机械费（元） | 4.04 | 4.08 | 5.05 | 5.10 | 1.01 | 1.02 |

注：表中简易计税方法中材料和机械均含有进项税，为含税价格；一般计税方法中材料和机械均不含进项税，为不含税价格

**（四）预算定额的使用**

正确使用预算定额（相关的价目表或单位估价表），首先，要学习定额各部分说明、附注和附录，对说明中有关编制原则、适用范围、已考虑因素或未考虑因素、有关问题的说明和使用方法等都要熟悉掌握。其次，对常用项目包括的工作内容、计量单位和定额项目隐含的工艺做法要理解其含义。第三，精通工程量计算规则与方法。要正确理解设计文件要求和施工做法是否和定额一致，只有对设计文化和施工要求有深刻的了解，才能正确使用预算定额，防止错套、重套和漏套。预算定额的使用一般有直接套用、调整换算后套用或补充新定额项目等方法。

1. 预算定额的直接套用

当工程项目的设计要求、做法说明、技术特征和施工方法等与定额内容完全相符，可以直接套用预算定额。套用预算定额时应注意以下几点：

（1）根据施工图纸、设计说明、标准图做法说明，选择预算定额项目；

（2）对每个分项工程的内容、技术特征、施工方法进行仔细核对，确定与之相对应的预算定额项目；

（3）每个分项工程的名称、工作内容、计量单位应与定额项目一致（单位不一致注意工程量的处理）。

2. 预算定额的换算

当工程做法要求与定额内容不完全相符合，而定额又规定允许调整换算的项目，应根据不同情况进行调整换算。预算定额在编制时，对那些设计和施工中变化多，影响工程量和价差较大的项目，定额均留有余地，允许根据实际情况进行调整和换算。调整换算必须按定额规定进行。经换算的定额项目，应在其定额编号后加注"换"字，以示区别。

预算定额的调整换算可以分为配合比换算、强度等级换算、用量换算、乘系数换算、增减费用换算、材料单价换算等等。

（1）乘系数换算。

在预算定额中，由于施工条件和方法不同，某些项目可以乘以系数进行换算。换算

系数分定额系数和工程量系数。定额系数是指人工、材料、机械等乘系数；工程量系数是用在计算工程量上。

**【例 3.1.1】** 某现浇钢筋混凝土带形基础强度等级为 C25，混凝土垫层强度等级为 C20，混凝土均为商品混凝土。已知垫层的预算定额工料机单价为 3850.59 元/10m³（其中人工费 788.5 元/10m³，材料费 3055.81 元/10m³，机械费 6.28 元/10m³）；定额中垫层项目按地面垫层编制，若为基础垫层，人工、机械分别乘以下列系数：条形基础 1.05，独立基础 1.10，满堂基础 1.00。若为场区道路垫层，人工乘以系数 0.9。该题目为条形基础，其人工、机械应乘以系数 1.05。请确定垫层项目的工料机单价。

**解：** 题目中给出的垫层为带形基础垫层，定额项目中垫层按地面垫层编制，所以在使用定额项目时应对定额中的人工和机械消耗标准乘以系数 1.05。

所以，调整后的工料机单价=788.5×1.05+3055.81+6.28×1.05=3890.33 元/10m³。

**【例 3.1.2】** 某基础一般土方工程采用履带式单斗挖掘机（液压斗容量 1m³），为普通土，根据预算定额工程量计算规则计算机械挖土的工程量为 3000m³。

已知山东省机械挖土方预算定额规定，机械挖土方项目将机械挖土及人工清理和修整分为两项，均以挖土总量乘以相应的系数分别套定额，见表 3.1.6。请确定定额项目。

表 3.1.6 机械挖土及人工清理修整系数

| 基础类型 | 机械挖土 | | 人工清理修整 | |
| --- | --- | --- | --- | --- |
| | 执行定额子目 | 系数 | 执行定额子目 | 系数 |
| 一般土方 | 相应子目 | 0.95 | 1-2-3 | 0.063 |
| 沟槽土方 | | 0.90 | 1-2-8 | 0.125 |
| 地坑土方 | | 0.85 | 1-2-13 | 0.188 |

**解：** 根据山东省预算定额及其说明，确定机械挖一般土方的定额子目 1-2-41，人工清理修整套用人工挖一般土方 1-2-3。其中执行定额子目 1-2-41 的工程量为 3000×0.95=2850m³；执行定额子目 1-2-3 的工程量为 3000×0.063=189m³。

（2）强度换算。

当预算定额中混凝土或砂浆的强度等级与施工图设计要求不同时，定额规定可以换算，换算前后材料的消耗量是一致的，只是价格不同。换算步骤如下：

① 查找两种不同强度等级的混凝土或砂浆的预算单价；
② 计算两种不同强度等级材料的价差；
③ 查找定额中该分项工程的定额基价及定额消耗量；
④ 进行调整，计算该分项工程换算后的定额单价。

其换算公式为：

换算后的单价=换算前的定额单价+（换入单价-换出单价）×定额材料用量　（3.1.2）

**【例 3.1.3】** 某混凝土独立基础工程 30m³，其混凝土强度等级 C25（40）的商品混凝土。根据山东省预算定额，定额子目"C30（40）混凝土独立基础"，定额单价为 4390.81 元/10m³；每 10m³ 混凝土独立基础消耗的混凝土 10.10m³；又知 C25 混凝土单价为 339.81 元/m³，C30 混凝土单价为 359.22 元/m³。请确定 C25（40）混凝土独立基础的工料机单价。

**解**：预算定额中给出的工料机单价为 C30 的商品混凝土，本题目中为 C25 的商品混凝土，需要进行价格调整。

调整后的单价＝4390.81－10.1×（359.22－339.81）＝4194.77 元/10m³。

（3）配合比换算。

砂浆配合比不同时可以进行换算，换算的前提是不同配合比的砂浆消耗量是一致的。具体计算的方法与前述强度换算的方法基本相同。

（4）厚度换算。

预算定额中以面积为工程量的项目，由于分项工程厚度的不同，消耗量大多规定允许调整其厚度，如，雨篷、阳台、楼梯厚度调整，找平层、面层厚度调整和墙面厚度调整等。这种基本厚度加附加厚度的方法，大量减少了定额项目的同时，也提高了计算的精度。

**【例 3.1.4】** 某地面装饰工程，在楼地面上采用 1∶3 水泥抹灰砂浆找平，厚 40mm，刷素水泥浆。按预算定额计算的工程量为 360m²。根据山东省预算定额，定额项目"水泥砂浆（在混凝土或硬基层上厚 20mm）"及定额项目"水泥砂浆找平层厚度每增减 5mm"单价增减 24.64 元/10m²。请确定厚 40mm 的水泥抹砂浆找平层的工料机单价。

**解**：该工程找平层后为 40mm，预算定额中按 20mm 编制，需要对定额项目进行换算。原定额单价为 150.04 元/10m²。

调整后单价＝150.04＋（40－20）÷5×24.64＝248.6 元/10m²

（5）运距换算。

在预算定额中，对各种项目运输定额，一般分为基础定额和增加定额，即超过基本运距时，另行计算，其换算方法与厚度换算基本一致。

3. 消耗量定额的补充

当设计图纸中的项目，在定额中没有的，可以作临时性的补充。补充的方法一般有两种：

（1）定额代换法。即利用性质相似、材料大致相同，施工方法又很接近的定额项目，将类似项目分解套用或考虑（估算）一定系数调整使用。此种方法一定要在实践中注意观察和测定，合理确定系数，保证定额的精确性，也为以后新编定额项目做准备。

（2）定额编制法。材料用量按图纸的构造做法及相应的计算公式计算，并加入规定的损耗率。人工及机械台班使用量，可按劳动定额、机械台班使用定额计算，材料用量按实际确定或经有关技术和定额人员讨论确定。然后乘以人工日工资单价、材料预算价格和机械台班单价，即得到补充定额基价。

4. 工料机分析及价差调整

（1）工料机分析。工料机分析就是依据预算定额中的各类人工、各种材料、机械的消耗量，计算分析出单位工程中的相同的人工、材料、机械的消耗量，即将单位工程的各分项工程的工程量乘以相应的人工、材料、机械定额消耗量，然后将相同消耗量相

加,即为该单位工程人工、材料、机械的消耗量,其计算公式为:

单位工程某种人工、材料、机械消耗量=∑(各分项工程工程量×定额消耗量)

(3.1.3)

(2) 工料机价差的调整。预算定额基价中的人工费、材料费、机械使用费是根据编制定额所在地区当时的预算价格确定的,而人工、材料、机械的实际价格随着时间的变化会发生变化,计算工程造价时,实际价格与预算价格就会存在差额。所以,为了使工程造价更符合实际造价,就要对工料机价差进行调整。

工料机价差的调整有两种基本方法,即单项工料机价差调整法和工料机价差综合系数调整法。

① 单项工料机价差调整法,即对影响工程造价较大的主要工料机(如人工、钢材、木材、水泥或混凝土等)进行单项价差调整。

【例3.1.5】某工程投标报价时采用价目表中的价格进行计算,然后对主要材料进行价差调整。投标人确定的C30的商品混凝土含税价格为400元,税率为3%;人工工资单价为200元。请调整C30混凝土的价差,并确定调整后的单价。

**解**:对C30混凝土独立基础,根据山东省预算定额中定额子目"C30混凝土独立基础",价目表中单价为4390.81元/10m³。其中人材机单价见表3.1.7。

表3.1.7 人材机单价表

计量单位:10m³

| 编码 | 类别 | 名称 | 单位 | 消耗量 | 单价(元)(不含税) | 实际单价(元)(不含税) | 价差(元) |
|---|---|---|---|---|---|---|---|
| 000100010 | 人工 | 综合工日(土建) | 工日 | 6.25 | 95 | 200 | 105 |
| 80210025 | 商品混凝土 | C30(40)现浇混凝土 | m³ | 10.10 | 359.22 | 388.35 | 29.13 |
| 02090013 | 材料 | 塑料薄膜 | m² | 16.3905 | 1.74 | 1.74 | 0 |
| 02270047 | 材料 | 阻燃毛毡 | m² | 3.26 | 40.39 | 40.39 | 0 |
| 34110003 | 材料 | 水 | m³ | 0.9826 | 4.27 | 4.27 | 0 |
| 990618520 | 机械 | 混凝土振捣器 | 台班 | 0.5771 | 7.88 | 7.88 | 0 |

从表3.1.7可知,对人工和混凝土的单价进行了调增,则调整后的单价为:

调整后单价=4390.81+6.26×105+10.1×29.13=5342.32元/10m³。

② 工料机价差综合系数调整法,采用单项工料机价差调整法的优点是准确性高,但计算过程较复杂。因此,一些用量少、单价相对较低的工料机(如辅材、小型机械等)常采用乘以综合系数的方法来调整单位工程工料机价差。

采用综合系数调整材料价差的具体做法就是用单位工程定额工料机费乘以综合调价系数,求出单位工程工料机的价差。

【例3.1.6】某单位工程的定额材料费为538695.36元,按规定以定额材料费为基数乘以综合调价系数1.36%,试计算该工程综合材料价差。

**解**:某单位工程综合材料价差=538695.36元×1.36%=7326.26元。

## 第二节 建筑费用定额

### 一、费用定额的概念与组成

#### (一) 费用定额的概念

建筑安装工程费用定额是规定各有关工程费用的取费标准,包括取费的基础和取费的费率。一般以某个或多个自变量为计算基础,反映各项费用的百分率。主要包括措施费费用定额、管理费费用定额、规费费用定额等。

#### (二) 费用定额的组成

1. 措施费费用定额

措施费是指为完成工程项目施工,发生于该工程施工准备和施工过程中的技术、生活、安全、环境保护等方面的项目而发生的费用。措施费费用定额主要是指通过取费来计取的措施项目的取费标准,如夜间施工费、二次搬运费、冬雨季施工增加费、已完工程及设备保护费等费率。对于诸如脚手架费、钢筋混凝土模板及支架费等可以采用与分部分项工程费用同样的方法计算得到。

2. 企业管理费费用定额

企业管理费是指建筑安装企业组织施工生产和经营管理所需费用。企业管理费费用定额由施工企业根据自己的经营管理水平和市场竞争情况等因素综合确定。

3. 规费费用定额

规费是政府和有关权力部门规定必须缴纳的费用,包括社会保障费、住房公积金、工伤保险、工程排污费等。规费费用定额由国家或地区相关政府主管部门测定和发布。

### 二、费用定额的内容及应用

#### (一) 建筑安装工程费用定额的编制原则

1. 合理确定定额水平的原则

建筑安装工程费用定额的水平应按照社会必要劳动量确定。建筑安装工程费用定额的编制工作是一项政策性很强的技术经济工作。合理的定额水平应该从实际出发。在确定建筑安装工程费用定额时,一方面要及时准确地反映企业技术和施工管理水平,促进企业管理水平不断完善提高,这些因素会对建筑安装工程费用支出的减少产生积极的影响;另一方面也应考虑由于材料价格上涨,定额人工费的变化会使建筑安装工程费用定额有关费用支出发生变化的因素。各项费用开支标准应符合国务院、行业部门以及各省、自治区、直辖市人民政府的有关规定。

2. 简明、适用性原则

确定建筑安装工程费用定额,应在尽可能地反映实际消耗水平的前提下,做到形式简明、方便适用。要结合工程建设的技术经济特点,在认真分析各项费用属性的基础上,理顺费用定额的项目划分,有关部门可以按照统一的费用项目划分,制定相应的费率。费率的划分应与不同类型的工程和不同企业等级承担工程的范围相适应,按工程类型划分费率,实行同一工程,同一费率,运用定额计取各项费用的方法应力求简单易行。

### 3. 定性与定量分析相结合的原则

建筑安装工程费用定额的编制要充分考虑可能对工程造价造成影响的各种因素。在确定各种费率如总价措施项目费、企业管理费费率时，既要充分考虑现场的施工条件对某个具体工程的影响，要对各种因素进行定性、定量的分析研究后制定出合理的费用标准，又要贯彻勤俭节约的原则，在满足施工生产和经营管理需要的基础上，尽量压缩非生产人员的人数，以节约企业管理费中的有关费用支出。

### （二）各种费率的确定

#### 1. 企业管理费

企业管理费由承包人投标报价时自主确定，费率可以根据直接费（即人工费、材料费、机具使用费）、人工费及机具使用费之和，以人工费为基础测算。

根据《山东省建设工程费用项目组成及计算规则》（2022 版），建筑工程、装饰工程和安装工程企业管理费费率见表 3.2.1。

表 3.2.1　建筑工程、装饰工程和安装工程企业管理费费率（一般计税）

| 专业名称 | | 企业管理费 | | |
| --- | --- | --- | --- | --- |
| | | Ⅰ | Ⅱ | Ⅲ |
| 建筑工程 | 建筑工程 | 43.4 | 34.7 | 25.6 |
| | 构筑物工程 | 34.7 | 31.3 | 20.8 |
| | 单独土石方工程 | 28.9 | 20.8 | 13.1 |
| | 桩基础工程 | 23.2 | 17.9 | 13.1 |
| 装饰工程 | | 66.2 | 52.7 | 32.2 |
| 安装工程 | 民用安装工程 | 55 | | |
| | 工业安装工程 | 51 | | |

注：表中企业管理费费率不包括总承包服务费费率。总承包服务费费率及采购保管费费率见表 3.2.2。

表 3.2.2　总承包服务费、采购保管费费率　　　　　　（%）

| 总承包服务费 | | 3 |
| --- | --- | --- |
| 采购保管费 | 材料 | 2.5 |
| | 设备 | 1 |

总承包服务费是指总承包人为配合、协调发包人根据国家有关规定进行专业工程发包、自行采购材料、设备等现场接收、管理（不含保管）以及施工现场管理、竣工资料汇总整理等服务所需的费用。总承包服务费按专业工程暂估价乘以相应费率计算。

采购及保管费是指采购、供应和保管材料、设备过程中所需要的各项费用。包括采购费、仓储费、工地保管费、仓储损耗费。采购及保管费已含在材料单价中，若为甲供材料需注意甲供材料价格构成及甲供材料保管费的处理。

#### 2. 利润率

施工企业根据企业自身需求并结合建筑市场实际自主确定。工程造价管理机构在确定计价定额中利润时，应以定额人工费（或定额人工费＋定额机械费）作为计算基数，其费率根据历年工程造价积累的资料，并结合建筑市场实际确定，以单位（单项）工程测算，利润在税前建筑安装工程费的比重可按不低于5%且不高于7%的费率计算。

根据《山东省建设工程费用项目组成及计算规则》（2022版），建筑工程、装饰工程和安装工程利润率见表3.2.3。

表3.2.3　建筑工程、装饰工程和安装工程利润率（一般计税）　　　　（%）

| 专业名称 | | 利润率 | | |
|---|---|---|---|---|
| | | Ⅰ | Ⅱ | Ⅲ |
| 建筑工程 | 建筑工程 | 35.8 | 20.3 | 15 |
| | 构筑物工程 | 30 | 24.2 | 11.6 |
| | 单独土石方工程 | 22.3 | 16 | 6.8 |
| | 桩基础工程 | 16.9 | 13.1 | 4.8 |
| 装饰工程 | | 36.7 | 23.8 | 17.3 |
| 安装工程 | 民用安装工程 | 32 | | |
| | 工业安装工程 | 32 | | |

企业管理费和利润的取费基础为省价人工费。在使用费率时要确定工程类别及计税方法，在此基础上确定费率，然后用取费基础乘以相应费率即可得出企业管理费和利润。

3. 规费费率

社会保险费和住房公积金费率可以每万元发承包价的生产工人人工费和管理人员工资含量与工程所在地规定的缴纳标准综合分析取定。根据《山东省建设工程费用项目组成及计算规则》（2022版），建筑工程、装饰工程和安装工程规费费率见表3.2.4。

表3.2.4　建筑工程、装饰工程和安装工程规费费率（一般计税）　　　　（%）

| 费用名称 | | 建筑工程 | 装饰工程 | 安装工程 | |
|---|---|---|---|---|---|
| | | | | 民用装饰 | 工业工程 |
| 安全文明施工费 | | 4.47 | 4.15 | 4.98 | 4.38 |
| 其中：1. 安全施工费 | | 2.34 | 2.34 | 2.34 | 1.74 |
| 2. 环境保护费 | | 0.56 | 0.12 | 0.29 | |
| 3. 文明施工费 | | 0.65 | 0.1 | 0.59 | |
| 4. 临时设施费 | | 0.92 | 1.59 | 1.76 | |
| 社会保险费 | | 1.52 | | | |
| 建设项目工伤保险 | | 0.105 | | | |
| 优质优价费 | 国家级 | 1.76 | | | |
| | 省级 | 1.16 | | | |
| | 市级 | 0.93 | | | |
| 住房公积金 | | 按工程所在地设区市相关规定计算 | | | |

注：表中安全施工费费率不包括安全生产责任保险费率。安全生产责任保险费用在招投标和合同签订阶段可暂按0.15%计列，工程结算时按实际购买保险金额计入

安全文明施工费在《建筑安装工程费用项目组成》（建标〔2013〕44号）中属于措施

项目，山东省纳入规费管理，不影响其具体计算。在清单计价模式下，安全文明施工费以分部分项工程费、措施项目费和其他项目费的和作为取费基础乘以表3.2.4中费率计算。

4. 措施费费率

对于部分总价措施项目费，如夜间施工增加费、二次搬运费、冬雨季施工增加费、已完工程及设备保护费等，可以以定额人工费（或定额人工费＋定额机械费）为基础测算。

根据《山东省建设工程费用项目组成及计算规则》（2022版），建筑工程、装饰工程和安装工程措施费费率见表3.2.5。

表3.2.5　建筑工程、装饰工程和安装工程措施费费率（一般计税）　　（％）

| 专业名称 | | 夜间施工费 | 二次搬运费 | 冬雨期施工增加费 | 已完工程及设备保护费 |
| --- | --- | --- | --- | --- | --- |
| 建筑工程 | | 2.55 | 2.18 | 2.91 | 0.15 |
| 装饰工程 | | 3.64 | 3.28 | 4.1 | 0.15 |
| 安装工程 | 民用安装工程 | 2.5 | 2.1 | 2.8 | 1.2 |
| | 工业安装工程 | 3.1 | 2.7 | 3.9 | 1.7 |

注：建筑、装饰工程中已完工程及设备保护费的计费基础为省价人材机之和

措施费中的人工费含量见表3.2.6。

表3.2.6　措施费中的人工费含量　　（％）

| 专业名称 | 夜间施工费 | 二次搬运费 | 冬雨期施工增加费 | 已完工程及设备保护费 |
| --- | --- | --- | --- | --- |
| 建筑工程、装饰工程 | | 25 | | 10 |
| 园林绿化工程 | | 25 | | 10 |
| 安装工程 | 50 | 40 | | 25 |

【例3.2.1】某项目为三类工程，其分部分项工程费为9533102.28元，其中省价人工费为1699694.79元。在清单计价模式下编制招标控制价时，请采用费用定额确定冬雨期施工费（一般计税方法）。

**解：** 按某地区费用定额规定，总价措施费的计算以分部分项工程费中省价人工费作为取费基础计算。三类工程的管理费率和利润率分别为25.6％和15％；总价措施费中的人工费含量为25％；冬雨期措施费率为2.91％。

1699694.79×2.91％＋1699694.79×2.91％×25％×（25.6％＋15％）＝54481.42元。

5. 税金

税金是指按照国家税法规定的应计入建筑安装工程造价内的增值税，按税前造价乘以增值税税率确定。

（1）采用一般计税方法计算增值税。

当采用一般计税方法时，现行建筑业增值税税率为9％。计算公式为：

$$税金 = 增值税 = 税前造价 \times 9\% \quad (3.2.1)$$

税前造价为人工费、材料费、施工机具使用费、企业管理费、利润和规费之和，各费用项目均以不包含增值税可抵扣进项税额的价格计算。当采用价目表或信息价中的价格时，应采用不含可抵扣进项税额的价格；若为含税价格应进行除税处理，处理的方法为：

$$不含税价格 = \frac{含税价格}{(1+适用税率)} \quad (3.2.2)$$

需要注意的是,此处增值税即为计入建筑安装工程费用的税金,城市维护建设税、教育附加、地方教育附加均在管理费中核算,包含在管理费率中。

(2) 采用简易计税方法计算增值税。

根据税法规定,当可以采用简易计税方法时,建筑业增值税税率(增收率)为3%。计算公式为:

$$增值税 = 税前造价 \times 3\% \qquad (3.2.3)$$

税前造价为人工费、材料费、施工机具使用费、企业管理费、利润和规费之和,各费用项目均以包含增值税进项税额的含税价格计算。

需要注意的是,此处的增值税不是计入建筑安装工程费的税金全部内容。采用简易计税方法时,城市维护建设税、教育附加、地方教育附加不在管理费中核算,其费率也不包含在管理费费率中,需要在税金中核算。即税金应包括增值税、城市维护建设税、教育附加、地方教育附加。

城市维护建设税税率分三种情况:纳税人所在地在市区的,税率为7%;纳税人所在地在县城、镇的,税率为5%;纳税人所在地不在市区、县城或镇的,税率为1%。现行教育费附加征收率为3%,地方教育附加征收率为2%。可以计算出税金的综合税率(含增值税、城市维护建设税、教育附加、地方教育附加):纳税人所在地在市区的为3.36%,纳税人所在地在县城、镇的为3.3%,纳税人所在地不在市区、县城或镇的为3.18%。所以,税金的计算公式为:

$$税金 = 税前造价 \times 综合税率 \qquad (3.2.4)$$

### (三) 工程造价计算程序及取费方法

1. 适用于定额计价的计价程序

工程概预算计价主要是根据定额项目这一假定建筑安装产品为对象,按照概预算定额项目对拟建项目进行列项,计算期工程量,套用概预算定额单价(工料机单价),再考虑定额项目的管理费和税金,即可得到分部分项工程费、措施项目费和其他项目费,然后按规定计算规费和税金,经过汇总即为工程概算价值和工程预算价值。根据《山东省建设工程费用项目组成及计算规则》,建设工程费用计算程序(定额计价)见表3.2.7。

表3.2.7 建设工程费用定额计价计算程序

| 序号 | 费用名称 | 计算方法 |
|---|---|---|
| 一 | 分部分项工程费 | $\sum\{[定额\sum(工日消耗量 \times 人工单价) + \sum(材料消耗量 \times 材料单价) + \sum(机械台班消耗量 \times 台班单价)] \times 分部分项工程量\}$ |
| 二 | 措施项目费 | 2.1+2.2 |
| 二 | 2.1 单价措施费 | $\sum\{[定额\sum(工日消耗量 \times 人工单价) + \sum(材料消耗量 \times 材料单价) + \sum(机械台班消耗量 \times 台班单价)] \times 单价措施项目工程量\}$ |
| 二 | 2.2 总价措施费 | $JD_1 \times$ 相应费率 |
| 三 | 其他项目费 | 3.1+3.3+…+3.8 |
| 三 | 3.1 暂列金额 | 一般可按分部分项工程费的10%~15%估列 |
| 三 | 3.2 专业工程暂估价 | 应区分不同专业,按有关计价规定估价,并仅作为计取总承包服务费的基础,不计入总承包人的工程总造价 |

续表

| 序号 | 费用名称 | 计算方法 |
|---|---|---|
| 三 | 3.3 特殊项目暂估价 | |
| | 3.4 计日工 | |
| | 3.5 采购保管费 | |
| | 3.6 其他检验试验费 | |
| | 3.7 总承包服务费 | 总承包服务费＝专业工程暂估价（不含设备费）×相应费率 |
| | 3.8 其他 | |
| 四 | 企业管理费 | $(JD_1+JD_2)$×管理费费率 |
| 五 | 利润 | $(JD_1+JD_2)$×利润率 |
| 六 | 规费 | 6.1＋6.2＋6.3＋6.4＋6.5 |
| | 6.1 安全文明施工费 | （一＋二＋三＋四＋五）×费率 |
| | 6.2 社会保险费 | |
| | 6.3 建设项目工伤保险 | |
| | 6.4 优质优价费 | |
| | 6.5 住房公积金 | 按工程所在地设区市相关规定计算 |
| 七 | 设备费 | ∑（设备单价×设备工程量） |
| 八 | 税金 | （一＋二＋三＋四＋五＋六＋七）×税率 |
| 九 | 工程费用合计 | 一＋二＋三＋四＋五＋六＋七＋八 |

注：1. 单价措施费中的智慧工地费用、总价措施费中的疫情防控措施费，除税金外不参与其他费用的计取。
2. 增值税一般计税法下，税前造价各构成要素均以不含税（可抵扣进项税额）价格计算；增值税简易计税法下，税前造价各构成要素均以含税价格计算。

表 3.2.7 中 $JD_1$、$JD_2$ 为计费基础，确定方法见表 3.2.8。

表 3.2.8 各专业工程计费基础的计算方法（定额计价）

| 专业工程 | 计费基础 | | 计算方法 |
|---|---|---|---|
| 建筑、装饰、安装、园林绿化工程、城市地下综合管廊安装工程、房屋修缮、仿古建筑工程 | 人工费 | $JD_1$ | 分部分项工程的省价人工费之和 |
| | | | ∑［分部分项工程定额∑（工日消耗量×省人工单价）×分部分项工程量］ |
| | | $JD_2$ | 单价措施项目的省价人工费之和＋总价措施费中的省价人工费之和 |
| | | | ∑［单价措施项目定额∑（工日消耗量×省人工单价）×单价措施项目工程量］＋∑（$JD_1$×省发措施费费率×$H$） |
| | | $H$ | 总价措施费中人工费含量（%） |
| 市政、城市地下综合管廊建筑与装饰工程、市政养护维修工程 | 人工费＋机械费 | $JD_1$ | 分部分项工程的省价人机费之和 |
| | | | ∑｛［分部分项工程定额∑（工日消耗量×省人工单价）＋∑（机械消耗量×省台班单价）］×分部分项工程量｝ |
| | | $JD_2$ | 单价措施项目的省价人机费之和＋总价措施费中的省价人机费之和 |
| | | | ∑｛［单价措施项目定额∑（人机消耗量×省人机单价）×单价措施项目工程量］｝＋∑（$JD_1$×省发措施费费率×$H$） |
| | | $H$ | 总价措施费中人机费含量（%） |

## 2. 适用于清单计价的计算程序

工程量清单计价的基本程序首先要根据施工图纸等设计文件编制工程量清单，根据工程清单采用综合单价计算分部分项工程费、措施项目费和其他项目费，然后计算规费和税金，汇总得到工程造价。根据《山东省建设工程费用项目组成及计算规则》（2022版），建设工程费用计算程序（清单计价）见表3.2.9。

**表 3.2.9　建设工程费用清单计价计算程序**

| 序号 | 费用名称 | 计算方法 |
|---|---|---|
| 一 | 分部分项工程费 | $\Sigma$（$J_1$×分部分项工程量） |
|  | 分部分项工程综合单价 | $J_1$=1.1+1.2+1.3+1.4+1.5 |
|  | 1.1 人工费 | 每计量单位$\Sigma$（工日消耗量×人工单价） |
|  | 1.2 材料费 | 每计量单位$\Sigma$（材料消耗量×材料单价） |
|  | 1.3 施工机械使用费 | 每计量单位$\Sigma$（机械台班消耗量×台班单价） |
|  | 1.4 企业管理费 | $JQ_1$×管理费费率 |
|  | 1.5 利润 | $JQ_1$×利润率 |
| 二 | 措施项目费 | 2.1+2.2 |
|  | 2.1 单价措施费 | $\Sigma$｛[每计量单位$\Sigma$（工日消耗量×人工单价）+$\Sigma$（材料消耗量×材料单价）+$\Sigma$（机械台班消耗量×台班单价）+$JQ_2$×（管理费费率+利润率）]×单价措施项目工程量｝ |
|  | 2.2 总价措施费 | $\Sigma$[（$JQ_1$×分部分项工程量）×措施费费率+（$JQ_1$×分部分项工程量）×省发措施费费率×$H$×（管理费费率+利润率）] |
| 三 | 其他项目费 | 3.1+3.3+…+3.8 |
|  | 3.1 暂列金额 |  |
|  | 3.2 专业工程暂估价 |  |
|  | 3.3 特殊项目暂估价 |  |
|  | 3.4 计日工 |  |
|  | 3.5 采购保管费 |  |
|  | 3.6 其他检验试验费 |  |
|  | 3.7 总承包服务费 | 总承包服务费=专业工程暂估价（不含设备费）×相应费率 |
|  | 3.8 其他 |  |
| 四 | 规费 | 4.1+4.2+4.3+4.4+4.5 |
|  | 4.1 安全文明施工费 |  |
|  | 4.2 社会保险费 | （一+二+三）×费率 |
|  | 4.3 建设项目工伤保险 |  |
|  | 4.4 优质优价费 |  |
|  | 4.5 住房公积金 | 按工程所在地设区市相关规定计算 |
| 五 | 设备费 | $\Sigma$（设备单价×设备工程量） |
| 六 | 税金 | （一+二+三+四+五）×税率 |
| 七 | 工程费用合计 | 一+二+三+四+五+六 |

注：1. 单价措施费中的智慧工地费用、总价措施费中的疫情防控措施费，除税金外不参与其他费用的计取。
　　2. 增值税一般计税法下，税前造价各构成要素均以不含税（可抵扣进项税额）价格计算；增值税简易计税法下，税前造价各构成要素均以含税价格计算。

表 3.2.9 中 $JQ_1$、$JQ_2$ 为计费基础,确定方法见表 3.2.10。

**表 3.2.10  各专业工程计费基础的计算方法(清单计价)**

| 专业工程 | 计费基础 | 计算方法 |
|---|---|---|
| 建筑、装饰、安装、园林绿化工程、城市地下综合管廊安装工程、房屋修缮、仿古建筑工程 | $JQ_1$<br>人工费 | 分部分项工程每计量单位的省价人工费之和 |
| | | 分部分项工程每计量单位(工日消耗量×省人工单价) |
| | $JQ_2$ | 单价措施项目每计量单位的省价人工费之和 |
| | | 单价措施项目每计量单位$\Sigma$(工日消耗量×省人工单价) |
| | $H$ | 总价措施费中人工费含量(%) |
| 市政、城市地下综合管廊建筑与装饰工程、市政养护维修工程 | $JQ_1$<br>人工费+机械费 | 分部分项工程每计量单位的省价人机费之和 |
| | | 分部分项工程每计量单位$\Sigma$(工日消耗量×省人工单价)+$\Sigma$(机械消耗量×省台班单价) |
| | $JQ_2$ | 单价措施项目每计量单位的省价人机费之和 |
| | | 单价措施项目每计量单位$\Sigma$(工日消耗量×省人工单价)+$\Sigma$(机械消耗量×省台班单价) |
| | $H$ | 总价措施费中人机费含量(%) |

### (四) 工程类别划分标准

工程类别的确定,以单位工程为划分对象。一个单项工程的单位工程,包括建筑工程、装饰工程、水卫工程、暖通工程、电气工程等若干个相对独立的单位工程。一个单位工程只能确定一个工程类别;工程类别划分标准中有两个指标的,确定工程类别时,须满足其中一项指标;工程类别划分标准缺项时,拟定为Ⅰ类工程的项目,由省工程造价管理机构核准,Ⅱ、Ⅲ类工程项目,由市工程造价管理机构核准,并同时报省工程造价管理机构备案。

1. 建筑工程类别划分标准

| 工程特征 | | | | 单位 | 工程类别 | | |
|---|---|---|---|---|---|---|---|
| | | | | | Ⅰ | Ⅱ | Ⅲ |
| 工业厂房工程 | 钢结构 | | 跨度 | m | >30 | >18 | ≤18 |
| | | | 建筑面积 | m² | >25000 | >12000 | ≤12000 |
| | 其他结构 | 单层 | 跨度 | m | >24 | >18 | ≤18 |
| | | | 建筑面积 | m² | >15000 | >10000 | ≤10000 |
| | | 多层 | 檐高 | m | >60 | >30 | ≤30 |
| | | | 建筑面积 | m² | >20000 | >12000 | ≤12000 |
| 民用建筑工程 | 钢结构 | | 檐高 | m | >60 | >30 | ≤30 |
| | | | 建筑面积 | m² | >30000 | >12000 | ≤12000 |
| | 混凝土结构 | | 檐高 | m | >60 | >30 | ≤30 |
| | | | 建筑面积 | m² | >20000 | >10000 | ≤10000 |
| | 其他结构 | | 层数 | 层 | — | >10 | ≤10 |
| | | | 建筑面积 | m² | — | >12000 | ≤12000 |
| | 别墅工程(≤3层) | | 栋数 | 栋 | ≤5 | ≤10 | >10 |
| | | | 建筑面积 | m² | ≤500 | ≤700 | >700 |

续表

| 工程特征 | | | 单位 | 工程类别 | | |
|---|---|---|---|---|---|---|
| | | | | Ⅰ | Ⅱ | Ⅲ |
| 构筑物工程 | 烟囱砖结构高度 | 混凝土结构高度 | m | >100 | >60 | ≤60 |
| | | 砖结构高度 | m | >60 | >40 | ≤40 |
| | 水塔 | 高度 | m | >60 | >40 | ≤40 |
| | | 容积 | m³ | >100 | >60 | ≤60 |
| | 筒仓 | 高度 | m | >35 | >20 | ≤20 |
| | | 容积（单体） | m³ | >2500 | >1500 | ≤1500 |
| | 储存池 | 容积（单体） | m³ | >3000 | >1500 | ≤1500 |
| 桩基础工程 | | 桩长 | m | >30 | >12 | ≤12 |
| 单独土石方工程 | | 土石方 | m³ | >30000 | >12000 | 5000<体积≤12000 |

2. 建筑工程类别划分说明

1）建筑工程确定类别时，应首先确定工程类型

建筑工程的工程类型，按工业厂房工程、民用建筑工程、构筑物工程、桩基础工程、单独土石方工程等五个类型分列。

(1) 工业厂房工程，指直接从事物质生产的生产厂房或生产车间。

工业建筑中，为物质生产配套和服务的实验室、化验室、食堂、宿舍、医疗、卫生及管理用房等独立建筑物，按民用建筑工程确定工程类别。

(2) 民用建筑工程，指直接用于满足人们物质和文化生活需要的非生产性建筑物。

(3) 构筑物工程，指与工业或民用建筑配套、并独立于工业与民用建筑之外，如烟囱、水塔、储存仓、水池等工程。

(4) 桩基础工程，是浅基础不能满足建筑物的稳定性要求、而采用的一种深基础工艺，主要包括：各种现浇和预制混凝土桩以及其他材质的桩基础。桩基础工程适用于建设单位直接发包的桩基础工程。

(5) 单独土石方工程：指建筑物、构筑物、市政设施等基础土石方以外的，挖方或填方工程量＞5000m³、且需要单独编制概预算的土石方工程。包括土石方的挖、运、填等。

(6) 同一建筑物工程类型不同时，按建筑面积大的工程类型确定其工程类别。

2）房屋建筑工程的结构形式

(1) 钢结构，是指柱、梁（屋架）、板等承重构件用钢材制作的建筑物。

(2) 混凝土结构，是指柱、梁（屋架）、板等承重构件用现浇或预制的钢筋混凝土制作的建筑物。

(3) 同一建筑物结构形式不同时，按建筑面积大的结构形式确定其工程类别。

3）工程特征

(1) 建筑物檐高，指设计室外地坪至檐口滴水（或屋面板板顶）的高度。突出建筑

物主体屋面楼梯间、电梯间、水箱间部分高度不计入檐口高度。

(2) 建筑物的跨度,指设计图示轴线间的宽度。

(3) 建筑物的建筑面积,按建筑面积计算规范的规定计算。

(4) 构筑物高度,指设计室外地坪至构筑物主体结构顶坪的高度。

(5) 构筑物的容积,指设计净容积。

(6) 桩长,指设计桩长(包括桩尖长度)。

4) 与建筑物配套的零星项目

如水表井、消防水泵接合器井、热力入户井、排水检查井、雨水沉砂池等,按相应建筑物的类别确定工程类别。

其他附属项目,如场区大门、围墙、挡土墙、庭院甬路、室外管道支架等,按建筑工程Ⅲ类确定工程类别。

5) 工业厂房的设备基础

单体混凝土体积>1000m³,按构筑物工程Ⅰ类;单体混凝土体积>600m³,按构筑物工程Ⅱ类;单体混凝土体积≤600m³且>50m³,按构筑物工程Ⅲ类;≤50m³,按相应建筑物或构筑物的工程类别确定工程类别。

6) 强夯工程

按单独土石方工程Ⅱ类确定工程类别。

3. 装饰工程类别划分标准

| 工程特征 | 工程类别 | | |
|---|---|---|---|
| | Ⅰ | Ⅱ | Ⅲ |
| 工业与民用建筑 | 特殊公共建筑,包括:观演展览建筑、交通建筑、体育场馆、高级会堂等 | 一般公共建筑,包括:办公建筑、文教卫生建筑、科研建筑、商业建筑等 | 居住建筑、工业厂房工程 |
| | 四星级及以上宾馆 | 三星级宾馆 | 二星级以下宾馆 |
| 单独外墙装饰(包括幕墙、各种外墙干挂工程) | 幕墙高度>50m | 幕墙高度>30m | 幕墙高度≤30m |
| 单独招牌、灯箱、美术字等工程 | — | — | 单独招牌、灯箱、美术字等工程 |

4. 装饰工程类别划分说明

1) 装饰工程

指建筑物主体结构完成后,在主体结构表面及相关部位进行抹灰、镶贴和铺装面层等施工,以达到建筑设计效果的施工内容。

(1) 作为地面各层次的承载体,在原始地基或回填土上铺筑的垫层,属于建筑工程。附着于垫层、或者主体结构的找平层仍属于建筑工程。

(2) 为主体结构及其施工服务的边坡支护工程,属于建筑工程。

(3) 门窗(不含门窗零星装饰),作为建筑物围护结构的重要组成部分,属于建筑工程。工艺门扇以及门窗的包框、镶嵌和零星装饰,属于装饰工程。

(4) 位于墙柱结构外表面以外、楼板(含屋面板)以下的各种龙骨(骨架)、各种找平层、面层,属于装饰工程。

(5) 具有特殊功能的防水层、保温层,属于建筑工程;防水层、保温层以外的面层属于装饰工程。

(6) 为整体工程、或主体结构工程服务的脚手架、垂直运输、水平运输、大型机械进出场,属于建筑工程;单纯为装饰工程服务的,属于装饰工程。

(7) 建筑工程的施工增加,属于建筑工程;装饰工程的施工增加,属于装饰工程。

2) 特殊公共建筑

包括观演展览建筑(如影剧院、影视制作播放建筑、城市级图书馆、博物馆、展览馆、纪念馆等)、交通建筑(如汽车、火车、飞机、轮船的站房建筑等)、体育场馆(如体育训练、比赛场馆等)、高级会堂等。

3) 一般公共建筑

包括办公建筑、文教卫生建筑(如教学楼、实验楼、学校图书馆、门诊楼、病房楼、检验化验楼等)、科研建筑、商业建筑等。

4) 宾馆、饭店的星级,按《旅游饭店星级的划分与评定》(GB/T 14308—2010)确定。

## 第三节 施工图预算的编制

### 一、施工图预算的概念及内容

#### (一) 施工图预算的概念

施工图预算是在施工图设计完成后,工程开工前,根据已批准的施工图纸、现行的预算定额、费用定额和地区人工、材料、设备与机械台班等资源价格,在施工方案或施工组织设计已确定的前提下,按照规定的计算程序计算人工费、材料费、机械费、管理费、利润、规费和税金,确定工程造价的技术经济文件。施工图预算包括单位工程施工图预算、单项工程施工图预算、建设项目总预算,本节主要介绍单位工程施工图预算。

#### (二) 单位工程施工图预算的编制内容

单位工程施工图预算是单项工程施工图预算的组成部分,是依据单位工程施工图设计文件、现行预算定额以及人工、材料和施工机具台班价格等,按照规定的计价方法编制的工程造价文件。其编制的成果一般包括预算书封面、编制说明、取费程序表、单位工程预(结)算表、工程量计算表、工料分析及汇总表等。

### 二、单价法编制施工图预算

在施工图预算编制中,通常采用的单价有工料单价、综合单价及全费用单价,在编制施工图预算时,一般采用工料单价法编制,然后再计取管理费、利润、规费和税金。所以,本节主要介绍工料单价法编制施工图预算,综合单价法编制施工图预算与工料单价法原理一致,区别在于单价综合的费用不同。

### (一) 工料单价法的概念

工料单价法又称定额单价法或预算单价法,就是采用地区统一预算定额价目表中的各分项工程或措施项目工料预算单价(基价)乘以相应的工程量,求和后得到包括人工费、材料费和施工机械使用费在内的单位工程人、材、机费用,然后按统一的规定计算管理费、利润、规费和税金,将上述费用汇总后得到该单位工程的施工图价。工料单价法计算的建筑造价公式如下:

建筑预算造价=∑(子目工程量×子目工料单价)+企业管理费+利润+规费+税金

(3.3.1)

工料单价法具有计算简单、工作量较小、编制速度较快、便于工程造价管理部门集中统一管理的优点。但其价格水平只能反映定额编制年份的价格水平,在市场价格波动较大的情况下,单价法的计算结果会偏离实际价格水平,虽然可采用调价,但调价系数和指数从测定到颁布相对滞后且计算也较烦琐。

### (二) 工料单价法的步骤

工料单价法编制施工图预算的基本步骤如图 3.3.1 所示。

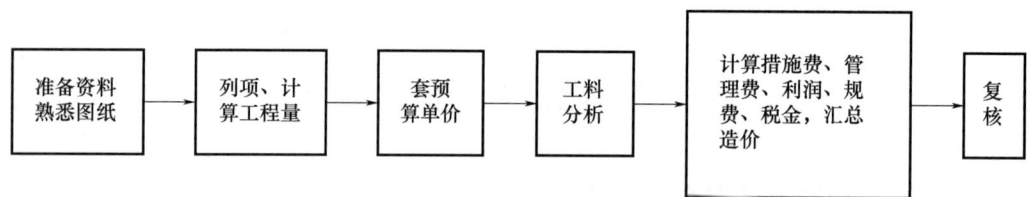

图 3.3.1 工料单价法编制施工图预算流程图

(1) 编制前的准备工作。施工图预算是确定施工预算造价的文件。编制施工图预算的过程是具体确定建筑预算造价的过程。编制施工图预算,不仅要严格遵守国家计价政策、法规,严格按图纸计量,而且还要考虑施工现场条件因素,是一项复杂而细致的工作,也是一项政策性和技术性都很强的工作。因此,必须事前做好充分准备,方能编制出高水平的施工图预算。准备工作主要包括两大方面:一是组织准备;二是资料的收集和现场情况的调查。

(2) 熟悉图纸和预算定额。图纸是编制施工图预算的基本依据,必须充分地熟悉图纸,方能编制好预算。熟悉图纸不但要弄清图纸的内容,而且要对图纸进行审核:图纸间相关尺寸是否有误,设备与材料表上的规格、数量是否与图示相符;详图、说明、尺寸和其他符号是否正确等。若发现错误应及时纠正。

另外,要全面熟悉图纸,包括采用的平面图、立面图、剖面图、大样图、标准图以及设计更改通知(或类似文件),这些都是图纸的组成部分,不可遗漏。通过对图纸的熟悉,要了解工程的性质、系统的组成、设备和材料的规格型号和品种,以及有无新材料、新工艺的采用。

预算定额是编制施工图预算的计价标准,对其适用范围、工程量计算规则及定额系数等都要充分了解,做到心中有数,这样才能使预算编制准确、迅速。

(3) 了解施工组织设计和施工现场情况。编制施工图预算前,应了解施工组织设计中影响工程造价的有关内容。例如,各分部分项工程的施工方法,土方工程中余土外运使用的工具、运距,施工平面图对建筑材料、构件等堆放点到施工操作地点的距离等,以便能正确计算工程量和正确套用或确定某些分项工程的基价。这对于正确计算工程造价,提高施工图预算质量,具有重要意义。

(4) 划分工程项目和计算工程量。

① 划分工程项目。划分的工程项目必须和定额规定的项目一致,这样才能正确地套用定额。不能重复列项计算,也不能漏项少算。

② 计算并整理工程量。必须按定额规定的工程量计算规则进行计算,该扣除部分要扣除,不该扣除的部分不能扣除。当按照工程项目将工程量全部计算完以后,要对工程项目和工程量进行整理,即合并同类项和按序排列,给套用定额、计算直接工程费和进行工料分析打下基础。

(5) 套预算单价(定额基价)。将定额子项中的基价填于预算表单价栏内,并将单价乘以工程量得出合价,将结果填入合价栏。

(6) 工料分析。工料分析即按分项工程项目,依据定额或单位估价表,计算人工和各种材料的实物耗量,并将主要材料汇总成表。工料分析的方法是:首先从定额项目表中分别将各分项工程消耗的每项材料和人工的定额消耗量查出;再分别乘以该工程项目的工程量,得到分项工程工料消耗量;最后将各分项工程工料消耗量加以汇总,得出单位工程人工、材料的消耗数量。

工料分析表的格式可参照表3.3.1。

表3.3.1 工料分析表

项目名称: 编号:

| 序号 | 定额编号 | 工程名称 | 单位 | 工程量 | 人工(工日) | 主要材料 | | | 其他材料 |
|---|---|---|---|---|---|---|---|---|---|
| | | | | | | 材料1 | 材料2 | …… | |
| | | | | | | | | | |
| | | | | | | | | | |
| | | | | | | | | | |

编制人: 审核人:

(7) 计算主材费(未计价材料费)并调整工料价差。因为许多定额项目基价为不完全价格,即未包括主材费用在内。计算所在地定额基价费(基价合计)之后,还应计算出主材费,以便计算工程造价。

(8) 按费用定额取费。即按有关规定计取措施费,以及按当地费用定额的取费规定计取管理费、利润、规费、税金等。

(9) 计算汇总工程造价。将人工费、材料费、机械费、管理费、利润、规费和税金相加即为工程预算造价。

(10)填写封面、编制说明。封面应写明工程编号、工程名称、预算总造价和单方造价等,编制说明,将封面、编制说明、预算费用汇总表、材料汇总表、工程预算分析表,按顺序编排并装订成册,便完成了单位施工图预算的编制工作。

### 三、实物量法编制施工图预算

#### (一)实物量法概念

用实物量法编制单位工程施工图预算,就是根据施工图计算的各分项工程量及措施项目工程量分别乘以地区预算定额中人工、材料、施工机械台班的定额消耗量,分类汇总得出该单位工程所需的全部人工、材料、施工机械台班消耗数量,然后再乘以当时当地人工工日单价、各种材料单价、施工机械台班单价,求出相应的人工费、材料费、机械使用费,再加上管理费、利润、规费和税金等费用的方法。

实物量法的优点是能比较及时地将反映各种材料、人工、机械的当时当地市场单价计入预算价格,不需调价,反映当时当地的工程价格水平。实物量法与定额单价的本质区别在于采用的价格不一致,前者可以根据企业水平采用市场价格作为标准,后者以地区统一预算定额上价目表提供的工程单价为标准,其工、料、机消耗标准是一致的。

#### (二)实物量法步骤

实物法编制施工图预算的基本步骤如图 3.3.2 所示。

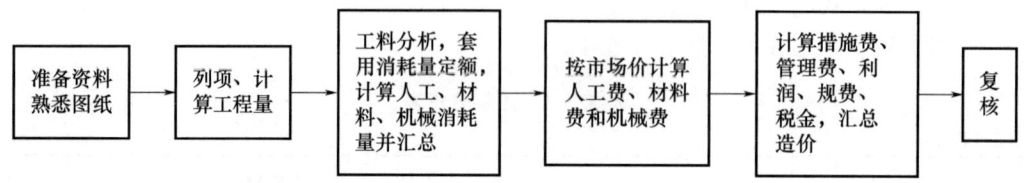

图 3.3.2 实物法编制施工图预算流程图

(1)编制前的准备工作。具体工作内容同预算单价法相应步骤的内容,但此时要全面收集各种人工、材料、机械台班的当时当地的市场价格,应包括不同品种、规格的材料预算单价;不同工种、等级的人工工日单价;不同种类、型号的施工机械台班单价等。要求获得的各种价格应全面、真实、可靠。

(2)熟悉图纸和预算定额。

(3)了解施工组织设计和施工现场情况。

(4)划分工程项目和计算工程量。

(5)套用定额消耗量,计算人工、材料、机械台班消耗量。根据地区定额中人工、材料、施工机械台班的定额消耗量,乘以各分项工程的工程量,分别计算出各分项工程所需的各类人工工日数量、各类材料消耗数量和各类施工机械台班数量。统计汇总后得到单位工程所需的各种人工、材料和机械的实物消耗总量。

(6) 计算并汇总单位工程的人工费、材料费和施工机械台班费。在计算出各分部分项工程的各类人工工日数量、材料消耗数量和施工机械台班数量后，先按类别相加汇总求出该单位工程所需的各种人工、材料、施工机械台班的消耗数量，再分别乘以根据当时当地工程造价管理部门定期发布的或企业根据市场价格确定的人工工资单价、材料预算价格、施工机械台班单价，即可求出单位工程的人工费、材料费、机械使用费，汇总即可计算出单位工程直接工程费。计算公式为：

单位工程人、材、机费用＝Σ（工程量×定额人工消耗量×市场工日单价）＋Σ（工程量×定额材料消耗量×市场材料单价）＋Σ（工程量×定额机械台班消耗量×市场机械台班单价） (3.3.2)

(7) 计算其他各项费用，汇总工程造价。

## 第四节　工程最高投标限价

### 一、最高投标限价的概念

《建设工程工程量清单计价规范》（GB 50500—2013）中招标控制价即最高投标限价，其内涵及作用一致。招标控制价是指根据国家或省级建设行政主管部门颁发的有关计价依据和办法，依据拟订的招标文件和招标工程量清单，结合工程具体情况发布的招标工程的最高投标报价。

根据住房城乡建设部颁布的《建筑工程施工发包与承包计价管理办法》（住房城乡建设部令第 16 号）的规定，国有资金投资的建筑工程招标的，应当设有最高投标限价；非国有资金投资的建筑工程招标的，可以设有最高投标限价或者招标标底。最高投标限价及其成果文件，应当由招标人报工程所在地县级以上地方人民政府住房城乡建设主管部门备案。

根据《中华人民共和国招标投标法实施条例》第二十七条规定：招标人可以自行决定是否编制标底，一个招标项目只能有一个标底，标底必须保密。接受委托编制标底的中介机构不得参加受托编制标底项目的投标，也不得为该项目的投标人编制投标文件或者提供咨询。招标人设有最高投标限价的，应当在招标文件中明确最高投标限价或者最高投标限价的计算方法。招标人不得规定最低投标限价。

### 二、最高投标限价（招标控制价）的编制

#### （一）编制依据

招标控制价的编制依据是指在编制招标控制价时需要进行工程量计量，价格确认，工程计价的有关参数、率值的确定等工作时所需的基础性资料，主要包括：

(1) 现行国家标准《建设工程工程量清单计价规范》（GB 50500—2013）与专业工程量计算规范。

(2) 国家或省级、行业建设主管部门颁发的计价定额和计价办法。

(3) 建设工程设计文件及相关资料。

(4) 拟定的招标文件及招标工程量清单。

(5) 与建设项目相关的标准、规范、技术资料。

(6) 施工现场情况、工程特点及常规施工方案。

(7) 工程造价管理机构发布的工程造价信息，但工程造价信息没有发布的，参照市场价。

(8) 其他的相关资料。

**（二）编制要求**

(1) 国有资金投资的工程建设项目应实行工程量清单招标，招标人应编制招标控制价，并应当拒绝高于招标控制价的投标报价，即投标人的投标报价若超过公布的招标控制价，则其投标应被否决。

(2) 招标控制价应由具有编制能力的招标人或受其委托、具有相应资质的工程造价咨询人编制。工程造价咨询人不得同时接受招标人和投标人对同一工程的招标控制价和投标报价的编制。

(3) 招标控制价应当依据工程量清单、工程计价有关规定和市场价格信息等编制。招标控制价应在招标文件中公布，对所编制的招标控制价不得进行上浮或下调。招标人应当在招标时公布招标控制价的总价，以及各单位工程的分部分项工程费、措施项目费、其他项目费、规费和税金。

(4) 招标控制价超过批准的概算时，招标人应将其报原概算审批部门审核。这是由于我国对国有资金投资项目的投资控制实行的是设计概算审批制度，国有资金投资的工程原则上不能超过批准的设计概算。

(5) 投标人经复核认为招标人公布的招标控制价未按照《建设工程工程量清单计价规范》（GB 50500—2013）的规定进行编制的，应在招标控制价公布后 5 天内向招标投标监督机构和工程造价管理机构投诉。工程造价管理机构受理投诉后，应立即对招标控制价进行复查，组织投诉人、被投诉人或其委托的招标控制价编制人等单位人员对投诉问题逐一核对。工程造价管理机构应当在受理投诉的 10 天内完成复查，特殊情况下可适当延长，并作出书面结论通知投诉人、被投诉人及负责该工程招投标监督的招投标管理机构。当招标控制价复查结论与原公布的招标控制价误差大于±3%时，应责成招标人改正。当重新公布招标控制价时，若重新公布之日起至原投标截止期不足 15 天的应延长投标截止期。

(6) 招标人应将招标控制价及有关资料报送工程所在地或有该工程管辖权的行业管理部门工程造价管理机构备查。

**（三）编制招标控制价时应注意的问题**

(1) 采用的材料价格应是工程造价管理机构通过工程造价信息发布的材料价格，工程造价信息未发布材料单价的材料,其材料价格应通过市场调查确定。另外,未采用工程造价管理机构发布的工程造价信息时,须在招标文件或答疑补充文件中对招标控制价采用的与造价信息不一致的市场价格予以说明,采用的市场价格则应通过调查、分析确定,有可靠的信息来源。

(2) 施工机械设备的选型直接关系到综合单价水平,应根据工程项目特点和施工条件,本着经济实用、先进高效的原则确定。

(3) 应该正确、全面地使用行业和地方的计价定额与相关文件。

(4) 不可竞争的措施项目和规费、税金等费用的计算均属于强制性的条款,编制招标控制价时应按国家有关规定计算。

(5) 不同工程项目、不同施工单位会有不同的施工组织方法,所发生的措施费也会有所不同,因此,对于竞争性的措施费用的确定,招标人应首先编制常规的施工组织设计或施工方案,然后经专家论证确认后再合理确定措施项目与费用。

**(四) 编制内容与方法**

1. 分部分项工程费

分部分项工程费应根据招标文件中的分部分项工程项目清单及有关要求,按《建设工程工程量清单计价规范》(GB 50500—2013) 有关规定确定综合单价计价,然后由各分部分项工程量乘以相应综合单价汇总得到分部分项工程费。

在编制招标控制价中分部分项工程和单价措施项目的综合单价时,应按照招标人发布的分部分项工程量清单的项目名称、工程量、项目特征描述,依据工程所在地区颁发的计价定额和人工、材料、机械台班价格信息等进行组价确定。综合单价的具体计算方法可以分为总量法和含量法。

(1) 总量法。

总量法计算综合单价的一般步骤如下:

① 依据提供的工程量清单、施工图纸和工程量计算规范等文件,按照工程所在地区颁发的计价定额的规定,确定清单项目所综合的预算定额项目,并按预算定额工程量计算规则计算出相应定额项目的工程量。

② 依据工程造价政策规定或工程造价信息确定其人工、材料、机械台班单价。

③ 在考虑风险因素确定管理费率和利润率的基础上,按规定程序计算出所组价预算定额项目的合价,见公式 (3.4.1)。

定额项目合价=定额项目工程量×[∑(定额人工消耗量×人工单价)+∑(定额材料消耗量×材料单价)+∑(定额机械台班消耗量×机械台班单价)+价差(基价或人工、材料、施工机具使用费)+管理费和利润] (3.4.1)

④ 将清单项目若干项组价的定额项目合价相加除以工程量清单项目工程量,便得到工程量清单项目综合单价,见公式 (3.4.2),对于未计价材料费(包括暂估单价的材料费)应计入综合单价。

$$\text{工程量清单综合单价} = \frac{\sum \text{定额项目合价} + \text{未计价材料}}{\text{工程量清单项目工程量}} \quad (3.4.2)$$

(2) 含量法。

含量法计算综合单价的一般步骤如下：

① 依据提供的工程量清单、施工图纸和工程量计算规范等文件，按照工程所在地区颁发的计价定额的规定，确定清单项目所综合的预算定额项目，并按预算定额工程量计算规则计算出相应定额项目的工程量。

② 计算清单项目单位含量。计算每一计量单位的清单项目所分摊的预算定额项目的工程数量，即清单单位含量。用清单项目组价的预算定额项目工程量分别除以清单项目工程量计算。见公式（3.4.3）。

$$\text{定额项目的清单单位含量} = \frac{\text{定额项目工程量}}{\text{清单项目工程量}} \quad (3.4.3)$$

③ 分部分项工程人工、材料、施工机具使用费用的计算。同样，也是依据工程造价政策规定或工程造价信息确定其人工、材料、机械台班单价。在计算时以完成每一计量单位的清单项目所需的人工、材料、机械用量为基础计算，即：

每一计量单位清单项目某种资源的使用量＝该种资源的定额单位用量×相应定额项目的清单单位含量 (3.4.4)

再根据预先确定的各种生产要素的单位价格，可计算出每一计量单位清单项目的分部分项工程的人工费、材料费与施工机具使用费。

人工费＝完成单位清单项目所需人工的工日数量×人工工日单价 (3.4.5)

材料费＝∑（完成单位清单项目所需各种材料、半成品的数量×各种材料、半成品单价）＋工程设备费 (3.4.6)

施工机具使用费＝∑（完成单位清单项目所需各种机械的台班数量×各种机械的台班单价）＋∑（完成单位清单项目所需各种仪器仪表的台班数量×各种仪器仪表的台班单价） (3.4.7)

招标工程量清单中其他项目清单中列示了材料暂估价时，应按材料暂估价格计算材料费，并在分部分项工程量清单与计价表中表现出来。

④ 计算综合单价。企业管理费和利润的计算可按照地区计价依据规定的计算基础和费率计算，若以人工费为取费基数，则：

企业管理费＝每一计量单位清单项目人工费×企业管理费费率 (3.4.8)

利润＝每一计量单位清单项目人工费×利润率 (3.4.9)

将上述五项费用汇总，即可得到清单综合单价。根据计算出的综合单价，可编制分部分项工程和单价措施项目清单与计价表。

【例3.4.1】××宿舍楼工程基础平法施工图如图3.4.1所示，独立基础下部采用天然地基，基础标高为－1.500m，室外地坪标高为－0.450m，独立基础混凝土强度为C30混凝土，垫层厚度是100mm，垫层材料为C20混凝土，垫层每边扩出独立基础100mm。请编制独立基础和垫层的工程量清单，根据已知的条件计算其综合单价（含量法），并编制综合单价分析表。

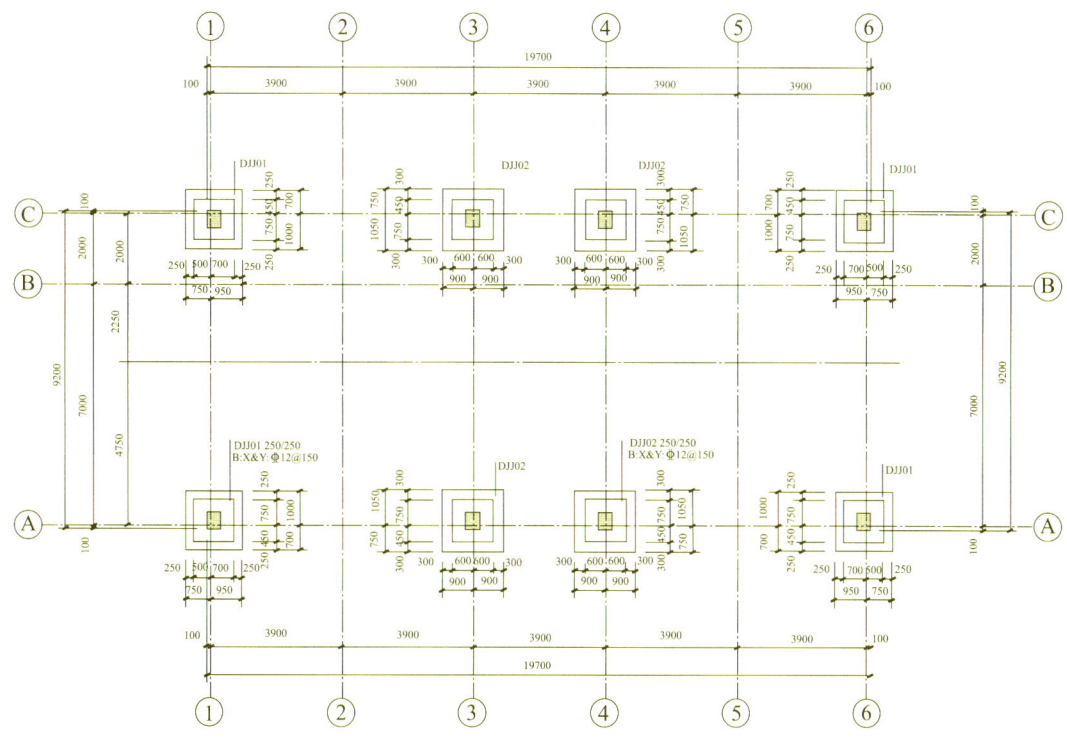

图 3.4.1 ××宿舍楼工程基础平法施工图

该工程为Ⅲ类工程,管理费率 25.6%,利润率为 15%,按人工费计算其管理费及利润。

已知地区预算定额见表 3.4.1。

表 3.4.1 预算定额项目表

| 定额编号 | 定额项目名称 | 定额单位 | 消耗量 | | | | 单价（一般计税）(元) | | | |
|---|---|---|---|---|---|---|---|---|---|---|
| | | | 名称 | 含量 | 单位 | 单价(元) | 人工费 | 材料费 | 机械费 | 合计 |
| 5-1-6 | C30 混凝土独立基础 | 10m³ | 综合用工 | 6.25 | 工日 | 128.00 | 800.00 | 4882.09 | 4.63 | 5686.72 |
| | | | C30 现浇混凝土碎石<40 | 10.100 | m³ | 466.02 | | | | |
| | | | 塑料薄膜 | 16.3905 | m² | 1.86 | | | | |
| | | | 阻燃毛毡 | 3.2600 | m² | 42.50 | | | | |
| | | | 水 | 0.9826 | m³ | 6.36 | | | | |
| | | | 混凝土振捣器插入式 | 0.5771 | 台班 | 8.02 | | | | |
| 2-1-28 | 混凝土垫层无筋 | 10m³ | 综合用工 | 8.30 | 工日 | 128.00 | 1062.40 | 4338.37 | 6.39 | 5407.16 |
| | | | C15 现浇混凝土碎石<40 | 10.100 | m³ | 427.18 | | | | |
| | | | 水 | 3.7500 | m³ | 6.36 | | | | |
| | | | 混凝土振捣器平板式 | 08260 | 台班 | 7.74 | | | | |

注:表中价格均为不含增值税可抵扣进项的价格,适用于一般计税方法

定额中垫层项目按地面垫层编制，若为基础垫层，人工、机械分别乘以下列系数：条形基础 1.05，独立基础 1.10，满堂基础 1.00。若为场区道路垫层，人工乘以系数 0.9。

根据以上背景，编制独立基础和垫层的工程量清单并计算其综合单价，将编制的结果填入表 3.4.2 和表 3.4.3。

**解**：经计算，清单项目独立基础的工程量为 $9.01m^3$，垫层的工程量为 $3.04m^3$。

计算"010501003001 独立基础"项目综合单价：

根据工程量计算规范及地区预算定额分析，清单项目独立基础所组价的定额项目有"5-1-6 C30 混凝土独立基础"。根据地区预算定额工程量计算规则计算可知：C30 混凝土独立基础的工程量为 $9.01m^3$。

"C30 混凝土独立基础"的清单单位含量 = 9.01/9.01/10 = 0.1

独立基础综合单价 = 0.1×5686.72+(0.1×800.00)×(25.6%+15%) = 601.15 元。

计算"010501001001 混凝土垫层"综合单价：

因清单和定额工程量计算规则相同，工程量一致，所以其单位含量为 0.1。

定额 2-1-28 中材料为 C15 混凝土，需要按照实际情况换算为 C20 混凝土，C20 混凝土单价为 436.89 元/$m^3$，定额含量不变。因此，换算之后的消耗量定额如下（表 3.4.2）：

**表 3.4.2　换算之后的消耗量定额**

| 定额编号 | 定额项目名称 | 定额单位 | 消耗量 | | | | 单价（一般计税）（元） | | | |
|---|---|---|---|---|---|---|---|---|---|---|
| | | | 名称 | 含量 | 单位 | 单价（元） | 人工费 | 材料费 | 机械费 | 合计 |
| 2-1-28 | 混凝土垫层无筋 | 10m³ | 综合用工 | 8.30 | 工日 | 128.00 | 1062.40 | 4436.44 | 6.39 | 5505.23 |
| | | | C20 现浇混凝土碎石<40（换） | 10.100 | m³ | 436.89 | | | | |
| | | | 水 | 3.7500 | m³ | 6.36 | | | | |
| | | | 混凝土振捣器平板式 | 08260 | 台班 | 7.74 | | | | |

混凝土垫层的综合单价 = 0.1×(5505.23+1062.40×0.10+6.39×0.10)+0.1×1062.40×1.10×(25.6%+15%) = 608.65 元（表 3.4.3）。

综合单价的计算见表 3.4.3。

**表 3.4.3　分部分项工程和单价措施项目清单与计价表**

工程名称：某工程　　　　　标段：　　　　　　　　　　第一页　共一页

| 序号 | 项目编码 | 项目名称 | 项目特征描述 | 计量单位 | 工程量 | 金额（元） | | |
|---|---|---|---|---|---|---|---|---|
| | | | | | | 综合单价 | 合价 | 其中：暂估价 |
| 1 | 010501003001 | 独立基础 | 1. 混凝土强度等级：C30；<br>2. 部位：独立基础 | m³ | 9.01 | 601.15 | 5416.36 | |
| 2 | 010501001001 | 混凝土垫层 | 1. 混凝土强度等级：C20；<br>2. 部位：独立基础垫层 | m³ | 3.04 | 608.65 | 1850.30 | |

**表 3.4.4　综合单价分析表**

工程名称：××宿舍工程　　　　　　　　标段：

| 项目编码 | 010501001001 | 项目名称 | | 混凝土垫层 | | | 计量单位 | | m³ | 工程量 | | 3.04 |
|---|---|---|---|---|---|---|---|---|---|---|---|---|

清单综合单价组成明细

| 定额编号 | 定额项目名称 | 定额单位 | 数量 | 单价 | | | | | 合价 | | | | |
|---|---|---|---|---|---|---|---|---|---|---|---|---|---|
| | | | | 人工费 | 材料费 | 机械费 | 管理费 | 利润 | 人工费 | 材料费 | 机械费 | 管理费 | 利润 |
| 2-1-28；R×1.1，J×1.1 | C20混凝土垫层无筋；人工×1.1，机械×1.1 | 10m³ | 0.1 | 1168.64 | 4436.44 | 7.03 | 299.17 | 175.3 | 116.86 | 443.64 | 0.7 | 29.92 | 17.53 |
| 人工单价 | | 小计 | | | | | | | 116.86 | 443.64 | 0.7 | 29.92 | 17.53 |
| 128元/工日 | | 未计价材料费 | | | | | | | 主材费：0 | | 设备费：0 | | |
| 清单项目综合单价 | | | | | | | | | 608.65 | | | | |

| 材料费明细 | 主要材料名称、规格、型号 | 单位 | 数量 | 单价（元） | 合价（元） | 暂估单价（元） | 暂估合价（元） |
|---|---|---|---|---|---|---|---|
| | C20现浇混凝土碎石<40 | m³ | 1.01 | 436.89 | 441.26 | | |
| | 水 | m³ | 0.375 | 6.36 | 2.39 | | |
| | 其他材料费 | | | | — | | — |
| | 材料费小计 | | | | 443.64 | | — |

| 项目编码 | 010501003001 | 项目名称 | | 独立基础 | | | 计量单位 | | m³ | 工程量 | | 9.01 |
|---|---|---|---|---|---|---|---|---|---|---|---|---|

清单综合单价组成明细

| 定额编号 | 定额项目名称 | 定额单位 | 数量 | 单价 | | | | | 合价 | | | | |
|---|---|---|---|---|---|---|---|---|---|---|---|---|---|
| | | | | 人工费 | 材料费 | 机械费 | 管理费 | 利润 | 人工费 | 材料费 | 机械费 | 管理费 | 利润 |
| 5-1-6 | C30独立基础混凝土 | 10m³ | 0.1 | 800 | 4882.09 | 4.63 | 204.8 | 120 | 80 | 488.21 | 0.46 | 20.48 | 12 |
| 人工单价 | | 小计 | | | | | | | 80 | 488.21 | 0.46 | 20.48 | 12 |
| 128元/工日 | | 未计价材料费 | | | | | | | 主材费：0 | | 设备费：0 | | |
| 清单项目综合单价 | | | | | | | | | 601.15 | | | | |

| 材料费明细 | 主要材料名称、规格、型号 | 单位 | 数量 | 单价（元） | 合价（元） | 暂估单价（元） | 暂估合价（元） |
|---|---|---|---|---|---|---|---|
| | 阻燃毛毡 | m² | 0.326 | 42.5 | 13.86 | | |
| | 水 | m³ | 0.09826 | 6.36 | 0.62 | | |
| | C30现浇混凝土碎石<40 | m³ | 1.01 | 466.02 | 470.68 | | |
| | 塑料薄膜 | m² | 1.63905 | 1.86 | 3.05 | | |
| | 其他材料费 | | | | — | | — |
| | 材料费小计 | | | | 488.21 | | — |

【例3.4.2】图纸参照【例3.4.1】，施工方案为土壤类别为三类土壤，土方全部采

用挖掘机挖土，挖土方放坡不支挡土板，单面工作面宽为150mm，放坡坡度为1∶0.33，通过机动翻斗车运至距离现场100m处。企业管理费率25.6%，利润率为15%，以2020年山东省建筑工程价目表，计算挖基坑土方清单项目的综合单价。

**解**：根据《房屋建筑与装饰工程工程量计算规范》（GB 50854—2013），结合施工方案，挖基坑土方清单项目主要包括挖掘机挖基坑土方、人工清理与修整、机动翻斗车运土（100m）三项工作内容。

(1) 挖掘机基坑土方。

由图纸计算挖基坑土方定额工程量：$(2.959×2.959+4×2.5795×2.5795+2.2×2.2)/6×4+(3.059×3.059+4×2.6795×2.6795+2.3×2.3)/6×4=55.72m^3$。

挖基坑土方清单工程量：$(1.50+0.10-0.45)×1.9×1.9×4+(1.50+0.10-0.45)×2×2×4=35.00m^3$。

因此，单位含量=55.72/35.00/10=0.1592。

参照定额"1-2-49 小型挖掘机挖装槽坑土方普通土"和价目表，定额人工基价为11.52元，材料基价为0.00元，机械计价为58.77元。

因此，挖掘机挖沟槽土方清单人工单价=0.1592×11.52×0.85=1.56元，挖掘机挖沟槽土方清单材料单价=0.1592×0.00=0.00元，挖掘机挖沟槽土方清单机械单价=0.1592×58.77×0.85=7.95元。

(2) 人工清理与修整。

计算可知，人工清理与修整定额工程量为$55.72m^3$，人工清理与修整清单工程量为$35.00m^3$。因此，单位含量=55.72/35.00/10=0.1592。

参照定额"1-2-13 人工挖地坑土方槽深≤2m 坚土"和价目表，定额人工基价为962.56元，材料基价为0.00元，机械计价为0.00元。

因此，人工清理与修整清单人工单价=0.1592×962.56×0.188=28.81元。

(3) 机动翻斗车运土。

计算可知，机动翻斗车运土定额工程量为$55.72m^3$，机动翻斗车运土清单工程量为$35.00m^3$。因此，单位含量=55.72/35.00/10=0.1592。

参照定额"1-2-54 机动翻斗车运土方运距≤100m"和价目表，定额人工基价为3.84元，材料基价为0.00元，机械计价为120.63元。

因此，机动翻斗车运土方清单人工单价=0.1592×3.84=0.61元。

机动翻斗车运土方清单机械单价=0.1592×120.63=19.20元。

因此，挖基坑土方清单项目人工费=1.56+28.81+0.61=30.98元。

挖沟槽土方清单项目材料费=0.00元。

挖沟槽土方清单项目机械费=7.95+19.20=27.15元。

由于采用2020年山东省建筑工程价目表，因此，挖沟槽土方清单项目省价人工费为30.98元。

企业管理费=30.98×25.6%=7.93元。

利润=30.98×15%=4.65元。

综合单价=30.98+0.00+27.15+7.93+4.65=70.71元。

**【例3.4.3】**参照第二章的图纸，加气混凝土砌体墙的工程量为$61.13m^3$，砂浆均采用预拌砂浆。企业管理费率25.6%,利润率为15%,以2020年山东省建筑工程价目表,计算加气混凝土砌体墙清单项目的综合单价。

**解:** 根据清单计算规则和地区定额工程量计算规则可知:加气混凝土砌体墙的清单工程量和定额工程量均为61.13$m^3$。

因此,单位含量=61.13/61.13/10=0.10。

参照定额"4-2-1M5.0混合砂浆加气混凝土砌块墙"和价目表,定额人工基价为1975.04元,材料基价为3051.37元,机械计价为25.71元。

(1) 加气混凝土砌体墙清单人工单价=0.10×1975.04=197.50元

(2) 由于定额"4-2-1M5.0混合砂浆加气混凝土砌块墙"是按照M5.0混合砂浆编制,现场使用的M5.0预拌混合砂浆,需要进行换算。

材料基价=3051.37+(495.15-377.59)×1.019=3171.16元

加气混凝土砌体墙清单材料单价=0.10×3171.16=317.12元

(3) 加气混凝土砌体墙清单机械单价=0.10×25.71=2.57元

(4) 企业管理费=197.50×25.6%=50.56元

(5) 利润=197.50×15%=29.63元

综合单价=197.50+317.12+2.57+50.56+29.63=597.38元。

2. 措施项目费

措施项目分为单价措施项目和总价措施项目,不论单价措施项目还是总价措施项目都应该对应综合单价的全部内容(均包含管理费和利润)。在确定措施项目费用时应考虑施工方案和有关的规定,能够根据工程量计算规范计算工程量的按分部分项工程费用的确定方法进行确定。按"项"的总价项目可以以一定的基数乘以相应的费率计算(具体计算方法见本章第二节),其中的安全文明施工费应按照国家或省级、行业建设主管部门的规定计价,不得作为竞争性项目。

**【例3.4.4】** 参照第二章的图纸,混凝土矩形柱的工程量为7.36$m^3$,有梁板的工程量为31.05$m^3$,施工过程中采用混凝土泵车并计取单价措施费,企业管理费率25.6%,利润率为15%,以2020年山东省建筑工程价目表,计算混凝土泵送的措施费。

**解:** 根据地区定额工程量计算规则可知,混凝土泵送子目,按各混凝土构件的混凝土消耗量之和,以体积计算。

矩形柱混凝土消耗量=7.36×9.8691/10=7.26$m^3$

有梁板混凝土消耗量=31.05×10.1/10=31.36$m^3$

混凝土泵送工程量=7.26+31.36=38.62$m^3$

参照定额"5-3-12 泵送混凝土柱、墙、梁、板泵车"和价目表,定额人工基价为34.56元,材料基价为17.72元,机械计价为77.41元。

(1) 泵送混凝土人工合价=34.56/10×38.62=133.47元

(2) 泵送混凝土材料合价=17.72/10×38.62=68.43元

(3) 泵送混凝土机械合价=77.41/10×38.62=298.96元

(4) 企业管理费=133.47×25.6%=34.17元

(5) 利润=133.47×15%=20.02元

(6) 混凝土泵送措施费=133.47+68.43+298.96+34.17+20.02=555.05元

3. 其他项目费

其他项目费包括暂列金额、暂估价、计日工和总承包服务费，其费用构成和综合单价一致，应包括管理费和利润。

暂列金额由招标人根据项目的具体情况估计，一般可以分部分项工程费的10%～15%为参考。暂估价可以由招标人参考造价管理部分发布的信息价或市场价确定。对计日工中的人工单价和施工机具台班单价应按省级、行业建设主管部门或其授权的工程造价管理机构公布的单价计算；材料应按工程造价管理机构发布的工程造价信息中的材料单价计算，工程造价信息未发布单价的材料，其价格应按市场调查确定的单价计算。总承包服务费根据按招标工程量清单中提出的服务的内容和要求按照省级或行业建设主管部门的规定计算（见本章第二节）。

4. 规费和税金

规费和税金应按国家或省级、行业建设主管部门的规定计算，不得作为竞争性费用。对于税金的计算需要注意计税的方法（见本章第二节）。

【例 3.4.5】某混合结构工程，建筑面积 $5000m^2$。按工程所在地的计价依据规定，编制该工程的招标控制价。经计算该工程分部分项工程费总计为 6300000 元，其中人工费为 1260000 元。其他有关工程造价方面的背景材料如下。

（1）该工程部分单价措施项目：现浇钢筋混凝土矩形梁模板及支架工程量 $420m^2$，支模高度 2.6m；现浇钢筋混凝土有梁板模板及支架工程量 $800m^2$，梁截面 $250mm \times 400mm$，梁底支模高度 2.6m，板底支模高度 3m；自升式塔式起重机 1 台，抽水机基底排水 50 昼夜，降水深度不超过 1m；脚手架按综合脚手架计算，檐高 15m。

（2）总价措施项目费的费率：夜间施工费费率 2.55%，二次搬运费费率 2.18%，冬雨期施工费费率 2.91%。以上总价措施项目费均以分部分项工程费中人工费为计算基础乘以相应费率计算（已包含了管理费和利润）。

（3）招标文件中载明，该工程暂列金额 330000 元，材料暂估价 100000 元，计日工费用 20000 元，总承包服务费 20000 元。

（4）根据所在地规费计取规定，安全施工费费率为 3.51%，环境保护费费率 0.56%，文明施工费费率 0.65%，临时设施费费率为 0.92%，社会保险费费率为 1.52%，建设项目工伤保险费费率为 0.105%，以上部分计费基础为分部分项费用、措施项目费、其他项目费之和。安全文明施工费费率为 3.70%，计费基础为安全施工费、环境保护费、文明施工费、临时设施费之和。

（5）以上价格均为不含增值税可抵扣进项税，增值税税率为 9%。

请根据以上背景，依据《建设工程工程量清单计价规范》（GB 50500）的规定，结合工程背景资料及所在地计价依据的规定，完成以下问题。

（1）请编制题目中给出的分部分项工程和单价措施项目的工程量清单。填入表 3.4.5 分部分项工程和单价措施项目清单与计价表。

单价措施项目编码：梁模板及支架 011702006，有梁板模板及支架 011702014，大型机械进出场及安拆 011705001，施工排水 011706002，垂直运输 011703001，综合脚手架 011701001；综合单价：梁模板及支架 $25.60 元/m^2$，有梁板模板及支架 $23.20 元/m^2$，大型机械进出场及安拆 26000.00 元/台次，施工排水 488.00 元/昼夜，垂直运输

24.00元/m²,综合脚手架33.20元/m²。

表3.4.5 分部分项工程和单价措施项目清单与计价表

| 项目编码 | 项目名称 | 项目特征描述 | 计量单位 | 工程量 | 金额（元） | |
|---|---|---|---|---|---|---|
| | | | | | 综合单价 | 合价 |
| 011702006001 | 梁模板及支架 | 矩形梁模板及支架,支模高度2.6m | m² | 420.00 | 25.60 | 10752.00 |
| 011702014001 | 有梁板模板及支架 | 梁截面250mm×400mm,梁底支模高度2.6m,板底支模高度3m | m² | 800.00 | 23.20 | 18560.00 |
| 011705001001 | 大型机械进出场及安拆费 | 自升式塔式起重机安拆檐高≤15m | 台次 | 1 | 26000.00 | 26000.00 |
| 011706002001 | 施工排水费 | 抽水机基底排水降水深≤1m | 昼夜 | 50 | 488.00 | 24400.00 |
| 011703001001 | 垂直运输费 | 檐高≤15m现浇混凝土结构垂直运输 | m² | 5000.00 | 24.00 | 120000.00 |
| 011701001001 | 综合脚手架费 | 檐高15m | m² | 5000.00 | 33.20 | 166000.00 |
| 本页小计 | | | | | | 365712.00 |

（2）编制总价措施项目清单及计价,填入表3.4.6总价措施项目清单与计价表。

表3.4.6 总价措施项目清单与计价表

| 序号 | 项目名称 | 计算基础 | 费率（%） | 金额（元） |
|---|---|---|---|---|
| 1 | 夜间施工费 | 1260000 | 2.55 | 32130.00 |
| 2 | 二次搬运费 | 1260000 | 2.18 | 27468.00 |
| 3 | 冬雨期施工费 | 1260000 | 2.91 | 36666.00 |
| | 合计 | | | 96264.00 |

（3）编制工程其他项目清单及计价,填入表3.4.7其他项目清单与计价汇总表

表3.4.7 其他项目清单与计价汇总表

| 序号 | 项目名称 | 金额（元） | 备注 |
|---|---|---|---|
| 1 | 暂列金额 | 330000.00 | |
| 2 | 专业工程暂估价 | | |
| 3 | 特殊项目暂估价 | | |
| 4 | 计日工费用 | 20000.00 | |
| 5 | 其他检验试验费 | | |
| 6 | 采购保管费 | | |
| 7 | 总承包服务费 | 20000.00 | |
| 8 | 其他 | | |
| | 合计 | 370000.00 | |

（4）编制工程规费和税金项目清单及计价，填入表 3.4.8 规费、税金项目清单与计价表。

表 3.4.8 规费、税金项目清单与计价表

| 序号 | 项目名称 | 计算基础 | 费率（%） | 金额（元） |
|---|---|---|---|---|
| 1 | 规费 | | | 518138.06 |
| 1.1 | 安全文明施工费 | 1.1.1＋1.1.2＋1.1.3＋1.1.4 | 100% | 402243.45 |
| 1.1.1 | 安全施工费 | 分部分项费用＋措施项目费＋其他项目费（6300000.00＋365712.00＋96264.00＋370000.00＝7131976.00） | 3.51 | 250332.36 |
| 1.1.2 | 环境保护费 | | 0.56 | 39939.07 |
| 1.1.3 | 文明施工费 | | 0.65 | 46357.84 |
| 1.1.4 | 临时设施费 | | 0.92 | 65614.18 |
| 1.2 | 社会保险费 | | 1.52 | 108406.04 |
| 1.3 | 建设项目工伤保险 | | 0.105 | 7488.57 |
| 2 | 税金 | 7650114.06 元 | 9 | 688510.27 |
| | 合计 | | | 1206648.33 |

（5）编制工程招标控制价汇总表及计价，根据以上计算结果，计算该工程的招标控制价，填入表 3.4.9 单位工程招标控制价汇总表。（计算结果均保留两位小数）

表 3.4.9 单位工程招标控制汇总

| 序号 | 项目名称 | 金额（元） | 序号 | 项目名称 | 金额（元） |
|---|---|---|---|---|---|
| 1 | 分部分项工程费 | 6300000.00 | 3 | 其他项目 | 370000.00 |
| 2 | 措施项目费 | 461976.00 | 4 | 规费 | 518138.06 |
| 2.1 | 单价措施项目 | 365712.00 | 5 | 税金 | 688510.27 |
| 2.2 | 总价措施项目 | 96264.00 | | 招标控制价合计 | 8338624.33 |

# 第五节 工程量清单投标报价

## 一、投标报价的概念

投标价是在工程招标发包过程中，由投标人按照招标文件的要求，根据工程特点，并结合自身的施工技术、装备和管理水平，依据有关计价规定自主确定的工程造价，是投标人希望达成工程承包交易的期望价格，它不能高于招标人设定的招标控制价。作为投标计算的必要条件，应预先确定施工方案和施工进度，此外，投标计算还必须与采用的合同形式相协调。报价是投标的关键性工作，报价是否合理直接关系到投标的成败。

## 二、投标报价的编制

### （一）投标报价的编制原则

报价是投标的关键性工作，报价是否合理不仅直接关系到投标的成败，还关系到中

标后企业的盈亏。投标报价的编制原则如下:

(1) 投标报价由投标人自主确定,但必须执行《建设工程工程量清单计价规范》(GB 50500—2013)的强制性规定。投标报价应由投标人或受其委托、具有相应资质的工程造价咨询人员编制。

(2) 投标人的投标报价不得低于工程成本。《中华人民共和国招标投标法》第四十一条规定:"中标人的投标应当符合下列条件……(二)能够满足招标文件的实质性要求,并且经评审的投标价格最低;但是投标价格低于成本的除外。"《评标委员会和评标方法暂行规定》(七部委第12号令)第二十一条规定:"在评标过程中,评标委员会发现投标人的报价明显低于其他投标报价或者在设有标底时明显低于标底的,使得其投标报价可能低于其个别成本的,应当要求该投标人做出书面说明并提供相关证明材料。投标人不能合理说明或者不能提供相关证明材料的,由评标委员会认定该投标人以低于成本报价竞标,应当否决该投标人的投标"。根据上述法律、规章的规定,特别要求投标人的投标报价不得低于工程成本。

(3) 投标报价要以招标文件中设定的发承包双方责任划分,作为考虑投标报价费用项目和费用计算的基础,发承包双方的责任划分不同,会导致合同风险不同的分摊,从而导致投标人选择不同的报价;根据工程发承包模式考虑投标报价的费用内容和计算深度。

(4) 以施工方案、技术措施等作为投标报价计算的基本条件;以反映企业技术和管理水平的企业定额作为计算人工、材料和机械台班消耗量的基本依据;充分利用现场考察、调研成果、市场价格信息和行情资料,编制基础标价。

(5) 报价计算方法要科学严谨,简明适用。

**(二) 投标报价的编制依据**

《建设工程工程量清单计价规范》(GB 50500—2013) 规定,投标报价应根据下列依据编制:

(1)《建设工程工程量清单计价规范》(GB 50500—2013) 与专业工程量计算规范。
(2) 国家或省级、行业建设主管部门颁发的计价办法。
(3) 企业定额,国家或省级、行业建设主管部门颁发的计价定额。
(4) 招标文件、工程量清单及其补充通知、答疑纪要。
(5) 建设工程设计文件及相关资料。
(6) 施工现场情况、工程特点及投标时拟定的施工组织设计或施工方案。
(7) 与建设项目相关的标准、规范等技术资料。
(8) 市场价格信息或工程造价管理机构发布的工程造价信息。
(9) 其他的相关资料。

**(三) 投标报价的编制内容与方法**

投标报价的编制过程,应首先根据招标人提供的工程量清单编制分部分项工程和措施项目计价表、其他项目计价表、规费、税金项目计价表,计算完毕之后,汇总得到单位工程投标报价汇总表,再层层汇总,分别得出单项工程投标报价汇总表和工程项目投标总价汇总表。在编制过程中,投标人应按招标人提供的工程量清单填报价格。

1. 分部分项工程和单价措施项目清单与计价表的编制

承包人投标价中的分部分项工程费和以单价计算的措施项目费应按招标文件中分部分项工程和单价措施项目清单与计价表的特征描述确定综合单价计算。因此，确定综合单价是分部分项工程和单价措施项目清单与计价表编制过程中最主要的内容。综合单价包括完成一个规定清单项目所需的人工费、材料和工程设备费、施工机具使用费、企业管理费、利润，并考虑风险费用的分摊。

1) 确定分部分项工程综合单价时应注意的问题

（1）以项目特征描述为依据。确定分部分项工程量清单项目综合单价的最重要依据之一是该清单项目的特征描述，投标人投标报价时应依据招标文件中分部分项工程量清单项目的特征描述确定清单项目的综合单价。在招投标过程中，当出现招标文件中分部分项工程量清单特征描述与设计图纸不符时，投标人应以分部分项工程量清单的项目特征描述为准，确定投标报价的综合单价。当施工中施工图纸或设计变更与工程量清单项目特征描述不一致时，发、承包双方应按实际施工的项目特征，依据合同约定重新确定综合单价。

（2）材料和工程设备暂估价的处理。招标文件中在其他项目清单中提供了暂估单价的材料和工程设备，应按其暂估的单价计入分部分项工程量清单项目的综合单价中。

（3）应包括承包人承担的合理风险。招标文件中要求投标人承担的风险费用，投标人应考虑进入综合单价。在施工过程中，当出现的风险内容及其范围（幅度）在招标文件规定的范围（幅度）内时，综合单价不得变动，工程价款不作调整。根据国际管理并结合我国社会主义市场经济条件下工程建设的特点，承发包双方对工程施工阶段的风险宜采用如下分摊原则：

① 对于主要由市场价格波动导致的价格风险，如工程造价中的建筑材料、燃料等价格风险，承发包双方应当在招标文件中或在合同中对此类风险的范围和幅度予以明确约定，进行合理分摊。

② 对于法律、法规、规章或有关政策出台导致工程税金、规费、人工发生变化，并由省级、行业建设行政主管部门或其授权的工程造价管理机构根据上述变化发布的政策性调整，承包人不应承担此类风险，应按照有关调整规定执行。

③ 对于承包人根据自身技术水平、管理、经营状况能够自主控制的风险，如承包人的管理费、利润的风险，承包人应结合市场情况，根据企业自身的实际合理确定、自主报价，该部分风险由承包人全部承担。

（4）保证综合单价中用的材料、工程设备在组价时采用的单价与供应材料与工程设备一览表中材料和工程设备单价一致。

（5）对于国家定价或指导价的人工和材料单价，采用国家定价或指导价确定综合单价。

2) 综合单价的确定及综合单价分析表的编制

（1）综合单价的确定。

综合单价的计算方法与本章第四节基本一致，区别在于采用的计算基础，一般情况下，投标报价时计算综合单价的计算基础主要包括消耗量指标和生产要素单价。应根据本企业的实际消耗量水平，并结合拟定的施工方案确定完成清单项目需要消耗各种人工、材料、机械台班的数量。计算时应采用企业定额，在没有企业定额或企业定额缺项时，可参照与本企业实际水平相近的国家、地区、行业定额，并通过调整来确定清单项目的人工、材料、机械单位用量。各种人工、材料、机械台班的单价，则应根据询价的结果和市场行情综合确定。

（2）工程量清单综合单价分析表的编制。

为表明综合单价的合理性，投标人应对其进行单价分析，以作为评标时的判断依据。综合单价分析表的编制应反映上述综合单价的编制过程，并按照规定的格式进行。

【例 3.5.1】某工程柱下独立基础见图 3.5.1，共 20 个。已知土壤类别为三类土。混凝土为商品混凝土，基础垫层为 C20（垫层每边比基础底面宽 100mm，垫层厚 100mm），独立基础强度等级为 C30，基础保护层 20mm。招标人编制了该工程的招标工程量清单，其中垫层、独立基础及钢筋的工程量清单见表 3.5.1。C30 混凝土暂估价 400.00 元/$m^3$（不含税，含泵送），用于混凝土独立基础。直径 14mm 的钢筋单位质量为 1.208kg/m。

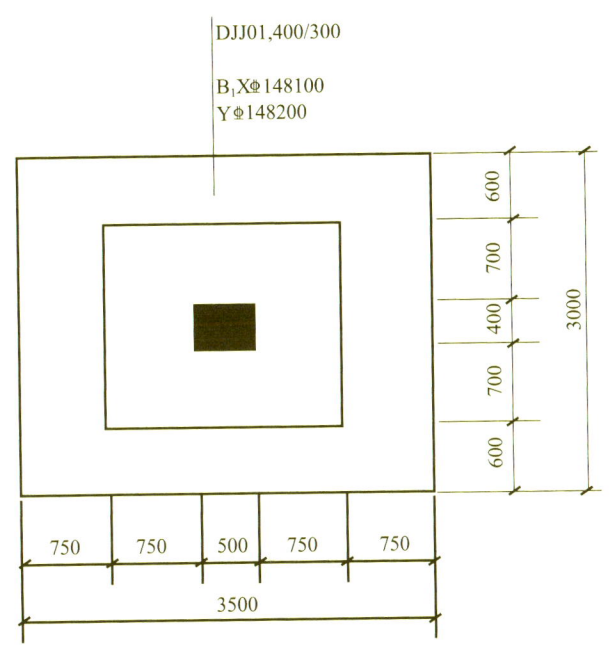

图 3.5.1 独立基础平面图 [平法标注，底筋起步距/min（75，间距/2）]

表 3.5.1 分部分项工程和单价措施项目清单与计价表（部分）

工程名称：某工程　　　　标段：　　　　　　　　　　　　　　　　　　　第　页　共　页

| 序号 | 项目编码 | 项目名称 | 项目特征描述 | 计量单位 | 工程量 | 金额（元） | | |
|---|---|---|---|---|---|---|---|---|
| | | | | | | 综合单价 | 合价 | 其中：暂估价 |
| 1 | 010501001001 | 垫层 | C20 商品混凝土 | $m^3$ | 23.68 | | | |
| 2 | 010501003001 | 独立基础 | C30 商品混凝土 | $m^3$ | 105.60 | | | |
| 3 | 010515001001 | 现浇构件钢筋 | HRB400 | t | 3.795 | | | |
| | | 略 | | | | | | |

投标企业的独立基础的消耗量定额见表3.5.2。

**表3.5.2 投标人独立基础消耗量定额及资源要素价格**

工作内容：混凝土浇筑、振捣、养护    单位：10m³

| | 人、材、机 | 规格及型号 | 单位 | 消耗量 | 单价（元） |
|---|---|---|---|---|---|
| 1 | 综合用工 | | 工日 | 6.25 | 200 |
| 2 | C30现浇混凝土 | 碎石<40 | m³ | 10.1 | 420（含泵送） |
| 3 | 塑料薄膜 | | m² | 16.3905 | 1.74 |
| 4 | 阻燃毛毡 | | m² | 3.26 | 40.39 |
| 5 | 水 | | m³ | 0.9826 | 4.27 |
| 6 | 混凝土振捣器 | 插入式 | 台班 | 0.5771 | 7.88 |

企业按投标报价的人工费计取管理费和利润，经测算管理费率30%，根据投标策略利润率定为10%。

（1）请投标人复核工程量，并将复核填入表3.5.3。

**表3.5.3 工程量复核计算表**

工程名称：某工程　　　　标段：　　　　　　　　　　　第　页　共　页

| 序号 | 项目编码 | 项目名称 | 计量单位 | 工程量 | 工程量计算 |
|---|---|---|---|---|---|
| 1 | 010501001001 | 垫层 | m³ | 23.68 | 3.7×3.2×0.1×20=23.68 |
| 2 | 010501003001 | 独立基础 | m³ | 105.60 | (3.5×3.0×0.4+2.0×1.8×0.3)×20=105.60 |
| 3 | 010515001001 | 现浇构件钢筋 | — | 3.795 | $x$方向钢筋：<br>单根长度=3500−2×20=3460mm<br>根数=(3000−2×50)/100+1=30根<br>钢筋长度=103.8m<br>$y$方向钢筋：<br>单根长度=3000−2×20=2960mm<br>根数=(3500−2×75)/200+1=18根<br>钢筋的长度=53.28m<br>合计长度=157.08m<br>质量：157.08×1.208×20=3795.05kg=3.795t |
| | 略 | | | | |

所以，招标工程量清单工程量计算准确。

（2）请计算独立基础的综合单价，并编制综合单价分析表见表3.5.4。

计算时注意招标人给出了C30混凝土的暂估价为400元/m³，与投标人可获得的混凝土价格有别，应按400元计入综合单价。

　　人工费：105.60/10×6.25×200=13200.00元
　　材料费：C30商品混凝土 105.60/10×10.1×400=42662.40元（暂估价）
　　　　　塑料薄膜 105.60/10×16.3905×1.74=301.17元
　　　　　阻燃毛毡 105.60/10×3.26×40.39=1390.45元
　　　　　水 105.60/10×0.9826×4.27=44.31元
　　　　　材料费合计：44398.33元
　　机械费：105.60/10×0.5771×7.88=48.02元

管理费和利润：13200.00×(30%+10%)=5280.00 元

综合单价：(13200.00+44398.33+48.02+5280.00)/105.60=595.89 元

表 3.5.4 综合单价分析表

| 项目编码 | 010501003001 | 项目名称 | | 独立基础 | 计量单位 | m³ | | 工程量 | 105.6 |
|---|---|---|---|---|---|---|---|---|---|
| 清单综合单价组成明细 | | | | | | | | | |
| 定额项目名称 | 定额单位 | 数量 | 单价 | | | | 合价 | | |
| | | | 人工费 | 材料费 | 机械费 | 管理费和利润 | 人工费 | 材料费 | 机械费 | 管理费和利润 |
| C30 混凝土独立基础 | 10m³ | 0.1 | 1250.00 | 4204.39 | 4.55 | 500.00 | 125.00 | 420.44 | 0.46 | 50.00 |
| 人工单价 | | 小计 | | | | | 125.00 | 420.44 | 0.46 | 50.00 |
| 综合工日 200 元/工日 | | 未计价材料费 | | | | | 0 | | | |
| 清单项目综合单价 | | | | | | | 595.89 | | | |
| 材料费明细 | 主要材料名称、规格、型号 | | | 单位 | 数量 | 单价(元) | 合价(元) | 暂估单价(元) | 暂估合价(元) |
| | 商品混凝土 C30 现浇混凝土 | | | m³ | 1.01 | — | — | 400 | 404 |
| | 其他材料费 | | | | | — | 164.39 | | |
| | 材料费小计 | | | | | | 164.39 | | 404 |

2. 总价措施项目清单与计价表的编制

对于不能精确计量的措施项目，应编制总价措施项目清单与计价表。投标人对措施项目中的总价项目投标报价应遵循以下原则：

（1）措施项目的内容应依据招标人提供的措施项目清单和投标人投标时拟定的施工组织设计或施工方案。

（2）措施项目费由投标人自主确定，但其中安全文明施工费必须按照国家或省级、行业建设主管部门的规定计价，不得作为竞争性费用。招标人不得要求投标人对该项费用进行优惠，投标人也不得将该项费用参与市场竞争。

3. 其他项目清单与计价表的编制

其他项目费主要包括暂列金额、暂估价、计日工以及总承包服务费组成。投标人对其他项目费投标报价时应遵循以下原则：

（1）暂列金额应按照招标人提供的其他项目清单中列出的金额填写，不得变动。

（2）暂估价不得变动和更改。暂估价中的材料、工程设备暂估价必须按照招标人提供的暂估单价计入清单项目的综合单价；专业工程暂估价必须按照招标人提供的其他项目清单中列出的金额填写。材料、工程设备暂估单价和专业工程暂估价均由招标人提供，为暂估价格，在工程实施过程中，对于不同类型的材料与专业工程采用不同的计价方法。

（3）计日工应按照招标人提供的其他项目清单列出的项目和估算的数量，自主确定各项综合单价并计算费用。

（4）总承包服务费应根据招标人在招标文件中列出的分包专业工程内容和供应材料、设备情况，按照招标人提出的协调、配合与服务要求和施工现场管理需要自主确定。

4. 规费、税金项目清单与计价表的编制

规费和税金应按国家或省级、行业建设主管部门的规定计算，不得作为竞争性费用。这是由于规费和税金的计取标准是依据有关法律、法规和政策规定制定的，具有强制性。因此，投标人在投标报价时必须按照国家或省级、行业建设主管部门的有关规定计算规费和税金。

5. 投标价的汇总

投标人的投标总价应当与组成工程量清单的分部分项工程费、措施项目费、其他项目费和规费、税金的合计金额相一致，即投标人在进行工程量清单招标的投标报价时，不能进行投标总价优惠（或降价、让利），投标人对投标报价的任何优惠（或降价、让利）均应反映在相应清单项目的综合单价中。

【例3.5.2】××宿舍楼工程分部分项工程和单价措施项目清单与计价表见表3.5.5，其中轻钢雨篷为暂估价工程，暂估价为10000.00元，总承包服务费为专业工程暂估价的3%，请编制宿舍楼土建工程的投标报价。

费用计算说明：

（1）根据山东省工程类别划分标准，本工程按三类工程取费。

（2）土建工程管理费费率25.6%，利润率15%；装饰工程管理费费率32.2%，利润率17.3%。

（3）本案例以2020年《山东省建筑工程价目表》为计价依据。

表3.5.5 分部分项工程和单价措施项目清单与计价表

工程名称：宿舍楼土建工程　　　　标段：　　　　　　　　　　　　　　第1页 共4页

| 序号 | 项目编码 | 项目名称 | 项目特征描述 | 计量单位 | 工程量 | 金额（元） | | |
|---|---|---|---|---|---|---|---|---|
| | | | | | | 综合单价 | 合价 | 其中 暂估价 |
| 1 | 010101001001 | 平整场地 | 1. 土壤类别：三类；<br>2. 取弃土运距：由投标人根据施工现场情况自行考虑 | m² | 181.24 | | | |
| 2 | 010101004001 | 挖基坑土方 | 挖基础土方<br>1. 工作内容：基础土方挖运；<br>2. 土壤类别：自行勘查现场综合考虑；<br>3. 开挖方式：自行考虑；<br>4. 开挖深度：综合考虑；<br>5. 弃土运距：弃土自行考虑；<br>6. 备注：工作面、人工清槽、放坡等综合考虑在报价中 | m³ | 35.00 | | | |

续表

| 序号 | 项目编码 | 项目名称 | 项目特征描述 | 计量单位 | 工程量 | 金额（元） | | |
|---|---|---|---|---|---|---|---|---|
| | | | | | | 综合单价 | 合价 | 其中 暂估价 |
| 3 | 010103001001 | 回填方 | 1. 填方材料品种：素土；<br>2. 要求：回填土应采用素土（或按建筑做法）并分层夯实，压实系数不小于0.94，不得采用杂填土或膨胀土回填，分层回填素土夯实；<br>3. 填方来源、运距：综合考虑借土方式、土场、运距等全部工序 | m³ | 80.06 | | | |
| 4 | 010501001001 | 混凝土垫层 | 1. 混凝土强度等级：C20；<br>2. 部位：独立基础垫层 | m³ | 3.04 | | | |
| 5 | 010501003001 | 独立基础 | 1. 混凝土强度等级：C30；<br>2. 部位：独立基础 | m³ | 9.01 | | | |
| 6 | 010502001001 | 混凝土矩形柱 | 混凝土强度等级：C30 | m³ | 7.36 | | | |
| 7 | 010502002001 | 构造柱 | 1. C20混凝土构造柱；<br>2. 墙中柱 | m³ | 1.47 | | | |
| 8 | 010503001001 | 基础梁 | 1. 混凝土强度等级：C30；<br>2. 部位：基础框架梁 | m³ | 13.42 | | | |
| 9 | 010505001001 | 有梁板 | 1. 混凝土强度等级：C30；<br>2. 有梁板：综合考虑梁、板及卫生间上翻工程量 | m³ | 31.05 | | | |
| 10 | 010515001001 | 现浇构件钢筋 | 1. 钢筋种类、规格：Ⅰ级钢；<br>2. 钢筋连接方式：钢筋连接方式满足设计图纸及施工验收规范的要求；<br>3. 备注：包括制作、安装和连接 | t | 0.396 | | | |
| 11 | 010515001002 | 现浇构件钢筋 | 1. 钢筋种类、规格：Ⅲ级钢；<br>2. 钢筋连接方式：钢筋连接方式满足设计图纸及施工验收规范的要求；<br>3. 备注：包括制作、安装和连接 | t | 9.893 | | | |
| 12 | 010503005001 | 过梁 | 1. 混凝土强度等级：C25；<br>2. 综合考虑现浇与预制 | m³ | 0.51 | | | |
| 13 | 010402001001 | 砌块墙 | 1. 砌块品种、规格、强度等级：蒸压加气混凝土砌块；<br>2. 墙体类型、厚度：综合考虑；<br>3. 砂浆强度等级：M5.0混合砂浆（专用砂浆砌筑）<br>4. 部位±0.00以上 | m³ | 61.13 | | | |

续表

| 序号 | 项目编码 | 项目名称 | 项目特征描述 | 计量单位 | 工程量 | 金额（元） | | |
|---|---|---|---|---|---|---|---|---|
| | | | | | | 综合单价 | 合价 | 其中暂估价 |
| 14 | 010507005001 | 扶手、压顶 | 1. 混凝土强度等级：C25；<br>2. 名称部位：压顶 | m³ | 1.26 | | | |
| 15 | 010507001001 | 散水、坡道 | 1. 素土夯实，向外坡4％；<br>2. 150厚3：7灰土；<br>3. 60厚C25混凝土，上撒1：1水泥沙子压实赶光 | m² | 55.26 | | | |
| 16 | 010802003001 | 钢质防火门 | 1. 门代号及洞口尺寸：甲级防火门（甲FM乙1021）；<br>2. 要求及施工内容：综合考虑开启方式、油漆、五金配件等；<br>3. 规格：1.0×2.1m | m² | 2.10 | | | |
| 17 | 010801001001 | 木质门 | 1. 门代号及洞口尺寸：成品套装门；<br>2. 要求及施工内容：综合考虑开启方式、油漆、五金配件等；<br>3. 质量、颜色、样式等符合图纸及建设单位要求；<br>4. 规格：详见图纸 | m² | 21.00 | | | |
| 18 | 010807001001 | 金属（塑钢、断桥）窗 | 1. 窗代号及洞口尺寸：塑钢中空玻璃推拉窗、无色平板玻璃；<br>2. 要求及施工内容：综合考虑开启方式、油漆、纱扇、五金配件等 | m² | 27.60 | | | |
| 19 | 010902001001 | 屋面卷材防水 | 改性沥青防水卷材一道 | m² | 186.70 | | | |

单价措施

| 序号 | 项目编码 | 项目名称 | 项目特征描述 | 计量单位 | 工程量 | 金额（元） | | |
|---|---|---|---|---|---|---|---|---|
| | | | | | | 综合单价 | 合价 | 其中暂估价 |
| 1 | 01B001 | 混凝土泵送 | | m³ | 38.62 | | | |
| 2 | 011703001002 | 垂直运输 | | m² | 181.24 | | | |
| 3 | 011705001001 | 大型机械设备进出场及安拆 | | 台次 | 1.00 | | | |
| 4 | 011705002001 | 大型机械基础 | | m³ | 10.00 | | | |
| 5 | 011702001001 | 基础垫层模板 | 模板、支架的制作、安装、拆除、超高等全部内容 | m² | 6.24 | | | |
| 6 | 011702001002 | 基础模板 | 模板、支架的制作、安装、拆除、超高等全部内容 | m² | 23.60 | | | |

续表

| 序号 | 项目编码 | 项目名称 | 项目特征描述 | 计量单位 | 工程量 | 金额（元） | | |
|---|---|---|---|---|---|---|---|---|
| | | | | | | 综合单价 | 合价 | 其中暂估价 |
| 7 | 011702002001 | 矩形柱模板 | 模板、支架的制作、安装、拆除、超高等全部内容 | m² | 59.60 | | | |
| 8 | 011702003001 | 构造柱模板及支架 | 1. 搭设方式：综合考虑；<br>2. 搭设高度：综合考虑；<br>3. 脚手架材质：综合考虑 | m² | 10.14 | | | |
| 9 | 011702005001 | 基础梁模板 | 1. 搭设方式：综合考虑；<br>2. 搭设高度：综合考虑；<br>3. 脚手架材质：综合考虑 | m² | 137.86 | | | |
| 10 | 011702014001 | 有梁板模板 | 1. 搭设方式：综合考虑；<br>2. 搭设高度：综合考虑；<br>3. 脚手架材质：综合考虑 | m² | 248.78 | | | |
| 11 | 011702009001 | 过梁模板 | 1. 搭设方式：综合考虑；<br>2. 搭设高度：综合考虑；<br>3. 脚手架材质：综合考虑 | m² | 5.06 | | | |
| 12 | 041102018001 | 压顶模板 | 模板、支架的制作、安装、拆除、超高等全部内容 | m³ | 1.26 | | | |
| 13 | 011701002001 | 外脚手架 | | m² | 268.77 | | | |
| 14 | 011701002002 | 框架柱脚手架 | | m² | 196.56 | | | |
| 15 | 011701003001 | 里脚手架 | | m² | 227.95 | | | |
| | | | 分部小计 | | | | | |
| | | | 合计 | | | | | |

该企业在进行投标报价编制时，参考 2016 版《山东省建筑工程消耗量定额》，根据施工图纸，计算各清单项目所含工作内容的定额工程量。此处假设计算过程和结果同第二章定额计量案例完全相同。限于篇幅，表中项目特征省略，具体特征可参照招标工程量清单编制实务章节。

**表 3.5.6　工程量清单综合单价分析表**

工程名称：宿舍土建工程　　　标段：　　　　　　　　　　　第 1 页　共 3 页

| 序号 | 编码 | 名称 | 单位 | 工程量 | 综合单价组成（元） | | | | | 综合单价 |
|---|---|---|---|---|---|---|---|---|---|---|
| | | | | | 人工费 | 材料费 | 机械费 | 计费基础 | 管理费和利润 | |
| 1 | 010101001001 | 平整场地 | m² | | 0.13 | | 1.25 | 0.13 | 0.05 | 1.43 |
| | 1-4-2 | 平整场地机械 | 10m² | 0.100 | 0.13 | | 1.25 | | | |
| | | 材料费中：暂估价合计 | 元 | | | | | | | |
| 2 | 010101004001 | 挖基坑土方 | m³ | | 30.98 | | 27.15 | 30.98 | 12.58 | 70.71 |

续表

| 序号 | 编码 | 名称 | 单位 | 工程量 | 综合单价组成（元） | | | | | 综合单价 |
|---|---|---|---|---|---|---|---|---|---|---|
| | | | | | 人工费 | 材料费 | 机械费 | 计费基础 | 管理费和利润 | |
| | 1-2-13 | 人工挖地坑土方坑深≤2m坚土 | 10m³ | 0.030 | 28.81 | | | | | |
| | 1-2-49；R×0.85，C×0.85，J×0.85 | 小型挖掘机挖装槽坑土方普通土；人工×0.85，材料×0.85，机械×0.85 | 10m³ | 0.159 | 1.56 | | 7.95 | | | |
| | 1-2-54 | 机动翻斗车运土方运距≤100m | 10m³ | 0.159 | 0.61 | | 19.20 | | | |
| | | 材料费中：暂估价合计 | 元 | | | | | | | |
| 3 | 010103001001 | 回填方 | m³ | | 13.18 | 14.10 | | 13.18 | 5.36 | 32.64 |
| | 1-4-13 | 夯填土机械槽坑 | 10m³ | 0.100 | 12.80 | | 2.70 | | | |
| | 1-2-54-(1-2-55)×0.5 | 机动翻斗车运土方运距≤50.0m | 10m³ | 0.100 | 0.38 | | 11.40 | | | |
| | | 材料费中：暂估价合计 | 元 | | | | | | | |
| 4 | 010501001001 | 混凝土垫层 | m³ | | 116.86 | 443.64 | 0.70 | 116.86 | 47.45 | 608.65 |
| | 2-1-28；R×1.1，J×1.1 | C20混凝土垫层无筋；人工×1.1，机械×1.1 | 10m³ | 0.100 | 116.86 | 443.64 | 0.70 | | | |
| | | 材料费中：暂估价合计 | 元 | | | | | | | |
| 5 | 010501003001 | 独立基础 | m³ | | 80.00 | 488.21 | 0.46 | 80.00 | 32.48 | 601.15 |
| | 5-1-6 | C30独立基础混凝土 | 10m³ | 0.100 | 80.00 | 488.21 | 0.46 | | | |
| | | 材料费中：暂估价合计 | 元 | | | | | | | |
| 6 | 010502001001 | 混凝土矩形柱 | m³ | | 220.42 | 478.36 | 1.35 | 220.42 | 89.49 | 789.62 |
| | 5-1-14 | C30矩形柱 | 10m³ | 0.100 | 220.42 | 478.36 | 1.35 | | | |
| | | 材料费中：暂估价合计 | 元 | | | | | | | |
| 7 | 010502002001 | 构造柱 | m³ | | 381.31 | 449.64 | 1.80 | 381.31 | 154.82 | 987.57 |
| | 5-1-17 | C25现浇混凝土构造柱 | 10m³ | 0.100 | 381.31 | 449.64 | 1.80 | | | |
| | | 材料费中：暂估价合计 | 元 | | | | | | | |
| 8 | 010503001001 | 基础梁 | m³ | | 112.77 | 503.23 | 0.54 | 112.77 | 45.79 | 662.33 |
| | 5-1-18 | C30基础梁 | 10m³ | 0.100 | 112.77 | 503.23 | 0.54 | | | |
| | | 材料费中：暂估价合计 | 元 | | | | | | | |
| 9 | 010505001001 | 有梁板 | m³ | | 75.52 | 528.57 | 0.55 | 75.52 | 30.66 | 635.30 |
| | 5-1-31 | C30有梁板 | 10m³ | 0.100 | 75.52 | 528.57 | 0.55 | | | |

续表

| 序号 | 编码 | 名称 | 单位 | 工程量 | 综合单价组成（元） | | | | | 综合单价 |
|---|---|---|---|---|---|---|---|---|---|---|
| | | | | | 人工费 | 材料费 | 机械费 | 计费基础 | 管理费和利润 | |
| | | 材料费中：暂估价合计 | 元 | | | | | | | |
| 10 | 010515001001 | 现浇构件钢筋 | t | | 2019.84 | 3859.39 | 78.92 | 2019.84 | 820.06 | 6778.21 |
| | 5-4-1 | 现浇构件钢筋 HPB300≤φ10 | t | 1.000 | 2019.84 | 3859.39 | 78.92 | | | |
| | | 材料费中：暂估价合计 | 元 | | | | | | | |
| 11 | 010515001002 | 现浇构件钢筋 | t | | 801.28 | 4066.96 | 37.75 | 801.28 | 325.32 | 5231.31 |
| | 5-4-7 | 现浇构件钢筋 HRB335（HRB400）≤φ25 | t | 1.000 | 801.28 | 4066.96 | 37.75 | | | |
| | | 材料费中：暂估价合计 | 元 | | | | | | | |
| 12 | 010503005001 | 过梁 | m³ | | 387.07 | 540.46 | 0.54 | 387.07 | 157.15 | 1085.22 |
| | 5-1-22 | 过梁 | 10m³ | 0.100 | 387.07 | 540.46 | 0.54 | | | |
| | | 材料费中：暂估价合计 | 元 | | | | | | | |
| 13 | 010402001001 | 砌块墙 | m³ | | 197.50 | 317.12 | 2.57 | 197.50 | 80.19 | 597.38 |
| | 4-2-1 | M5.0混合砂浆加气混凝土砌块墙 | 10m³ | 0.100 | 197.50 | 317.12 | 2.57 | | | |
| | | 材料费中：暂估价合计 | 元 | | | | | | | |
| 14 | 010507005001 | 扶手、压顶 | m³ | | 327.68 | 485.24 | 0.54 | 327.68 | 133.04 | 946.50 |
| | 5-1-21 | C25圈梁及压顶 | 10m³ | 0.100 | 327.68 | 485.24 | 0.54 | | | |
| | | 材料费中：暂估价合计 | 元 | | | | | | | |
| 15 | 010507001001 | 散水、坡道 | m² | | 25.73 | 45.45 | 0.44 | 25.73 | 10.45 | 82.07 |
| | 16-6-80 | 混凝土散水 3∶7灰土垫层 | 10m² | 0.100 | 25.73 | 45.45 | 0.44 | | | |
| | | 材料费中：暂估价合计 | 元 | | | | | | | |
| 16 | 010802003001 | 钢质防火门 | m² | | 40.32 | 511.20 | | 40.32 | 16.37 | 567.89 |
| | 8-2-7 | 钢质防火门 | 10m² | 0.100 | 40.32 | 511.20 | | | | |
| | | 材料费中：暂估价合计 | 元 | | | | | | | |
| 17 | 010801001001 | 木质门 | m² | | 18.56 | 415.93 | | 18.56 | 7.53 | 442.02 |
| | 8-1-3 | 普通成品门扇安装 | 10m²扇面积 | 0.100 | 18.56 | 415.93 | | | | |
| | | 材料费中：暂估价合计 | 元 | | | | | | | |
| 18 | 010807001001 | 金属（塑钢、断桥）窗 | m² | | 28.80 | 195.28 | | 28.80 | 11.69 | 235.77 |
| | 8-7-6 | 塑钢推拉窗 | 10m² | 0.100 | 28.80 | 195.28 | | | | |
| | | 材料费中：暂估价合计 | 元 | | | | | | | |
| 19 | 010902001001 | 屋面卷材防水 | m² | | 3.07 | 41.18 | | 3.07 | 1.25 | 45.50 |
| | 9-2-10 | 改性沥青卷材热熔法一层平面 | 10m² | 0.100 | 3.07 | 41.18 | | | | |

**表 3.5.7 措施工程量清单综合单价分析表**

工程名称：宿舍楼土建工程　　　标段：　　　　　　　　　　　　第1页 共2页

| 序号 | 编码 | 名称 | 单位 | 工程量 | 综合单价组成（元） | | | | | 综合单价 |
|---|---|---|---|---|---|---|---|---|---|---|
| | | | | | 人工费 | 材料费 | 机械费 | 计费基础 | 管理费和利润 | |
| 1 | 01B001 | 混凝土泵送 | m³ | | 3.46 | 1.77 | 7.74 | 3.46 | 1.41 | 14.38 |
| | 5-3-12 | 泵送混凝土柱、墙、梁、板泵车 | 10m³ | 0.100 | 3.46 | 1.77 | 7.74 | | | |
| | | 材料费中：暂估价合计 | 元 | | | | | | | |
| 2 | 011703001002 | 垂直运输 | m² | | 18.94 | | 118.62 | 18.94 | 7.69 | 145.25 |
| | 19-1-17 | 檐高≤20m 现浇混凝土结构标准层建筑面积≤500m² | 10m² | 0.100 | 10.88 | | 81.70 | | | |
| | 19-1-7 | ±0.00以下无地下室底层建筑面积≤500m² 独立基础 | 10m² | 0.100 | 8.06 | | 36.92 | | | |
| | | 材料费中：暂估价合计 | 元 | | | | | | | |
| 3 | 011705001001 | 大型机械设备进出场及安拆 | 台次 | | 7040.00 | 438.70 | 13282.39 | 7040 | 2858.24 | 23619.33 |
| | 19-3-5 | 自升式塔式起重机安装拆卸檐高≤20m | 台次 | 1.000 | 5120.00 | 308.75 | 5489.91 | | | |
| | 19-3-18 | 自升式塔式起重机场外运输檐高≤20m | 台次 | 1.000 | 1920.00 | 129.95 | 7792.48 | | | |
| | | 材料费中：暂估价合计 | 元 | | | | | | | |
| 4 | 011705002001 | 大型机械基础 | m³ | | 427.77 | 757.06 | 56.17 | 427.77 | 173.69 | 1414.69 |
| | 19-3-1 | 独立式基础现浇混凝土 | 10m³ | 0.100 | 216.19 | 756.67 | 9.78 | | | |
| | 19-3-4 | 混凝土基础拆除 | 10m³ | 0.100 | 211.58 | 0.39 | 46.39 | | | |
| | | 材料费中：暂估价合计 | 元 | | | | | | | |
| 5 | 011702001001 | 基础垫层模板 | m² | | 13.44 | 22.77 | 0.05 | 13.44 | 5.46 | 41.72 |
| | 18-1-1 | 混凝土基础垫层木模板 | 10m² | 0.100 | 13.44 | 22.77 | 0.05 | | | |
| | | 材料费中：暂估价合计 | 元 | | | | | | | |
| 6 | 011702001002 | 基础模板 | m² | | 35.07 | 86.40 | 0.35 | 35.07 | 14.24 | 136.06 |
| | 18-1-13 | 独立基础无筋混凝土复合木模板木支撑 | 10m² | 0.100 | 35.07 | 86.40 | 0.35 | | | |
| | | 材料费中：暂估价合计 | 元 | | | | | | | |
| 7 | 011702002001 | 矩形柱模板 | m² | | 28.16 | 26.16 | 0.08 | 28.16 | 11.43 | 65.83 |
| | 18-1-36 | 矩形柱复合木模板钢支撑 | 10m² | 0.100 | 28.16 | 26.16 | 0.08 | | | |
| | | 材料费中：暂估价合计 | 元 | | | | | | | |

续表

| 序号 | 编码 | 名称 | 单位 | 工程量 | 综合单价组成（元） | | | | | 综合单价 |
|---|---|---|---|---|---|---|---|---|---|---|
| | | | | | 人工费 | 材料费 | 机械费 | 计费基础 | 管理费和利润 | |
| 8 | 011702003001 | 构造柱模板及支架 | m² | | 37.38 | 39.64 | 0.12 | 37.38 | 15.18 | 92.32 |
| | 18-1-40 | 构造柱复合木模板钢支撑 | 10m² | 0.100 | 37.38 | 39.64 | 0.12 | | | |
| | | 材料费中：暂估价合计 | 元 | | | | | | | |
| 9 | 011702005001 | 基础梁模板 | m² | | 24.32 | 29.14 | 0.13 | 24.32 | 9.88 | 63.47 |
| | 18-1-52 | 基础梁复合木模板钢支撑 | 10m² | 0.100 | 24.32 | 29.14 | 0.13 | | | |
| | | 材料费中：暂估价合计 | 元 | | | | | | | |
| 10 | 011702014001 | 有梁板模板 | m² | | 27.90 | 25.53 | 0.13 | 27.90 | 11.33 | 64.89 |
| | 18-1-92 | 有梁板复合木模板钢支撑 | 10m² | 0.100 | 27.90 | 25.53 | 0.13 | | | |
| | | 材料费中：暂估价合计 | 元 | | | | | | | |
| 11 | 011702009001 | 过梁模板 | m² | | 45.95 | 38.63 | 0.25 | 45.95 | 18.65 | 103.48 |
| | 18-1-65 | 过梁复合木模板木支撑 | 10m² | 0.100 | 45.95 | 38.63 | 0.25 | | | |
| | | 材料费中：暂估价合计 | 元 | | | | | | | |
| 12 | 041102018001 | 压顶模板 | m³ | | 1212.29 | 377.00 | 2.47 | 1212.29 | 492.19 | 2083.95 |
| | 18-1-116 | 压顶木模板木支撑 | 10m³ | 0.100 | 1212.29 | 377.00 | 2.47 | | | |
| | | 材料费中：暂估价合计 | 元 | | | | | | | |
| 13 | 011701002001 | 外脚手架 | m² | | 8.19 | 7.00 | 2.05 | 8.19 | 3.33 | 20.57 |
| | 17-1-7 | 钢管架双排≤6m | 10m² | 0.100 | 8.19 | 7.00 | 2.05 | | | |
| | | 材料费中：暂估价合计 | 元 | | | | | | | |
| 14 | 011701002002 | 框架柱脚手架 | m² | | 5.89 | 5.30 | 1.42 | 5.89 | 2.39 | 15.00 |
| | 17-1-6 | 钢管架单排≤6m | 10m² | 0.100 | 5.89 | 5.30 | 1.42 | | | |
| | | 材料费中：暂估价合计 | 元 | | | | | | | |
| 15 | 011701003001 | 里脚手架 | m² | | 5.63 | 0.57 | 0.92 | 5.63 | 2.29 | 9.41 |
| | 17-2-5 | 钢管架单排≤3.6m | 10m² | 0.100 | 5.63 | 0.57 | 0.92 | | | |
| | | 材料费中：暂估价合计 | 元 | | | | | | | |

### 表 3.5.8 分部分项工程和单价措施项目清单与计价表

工程名称：宿舍土建工程　　　　标段：　　　　　　　　　　第 1 页 共 页

| 序号 | 项目编码 | 项目名称 | 计量单位 | 工程量 | 金额（元） | | 其中 |
|---|---|---|---|---|---|---|---|
| | | | | | 综合单价 | 合价 | 暂估价 |
| 1 | 010101001001 | 平整场地 | m² | 181.240 | 1.43 | 259.17 | |
| 2 | 010101004001 | 挖基坑土方 | m³ | 35.000 | 70.71 | 2474.85 | |
| 3 | 010103001001 | 回填方 | m³ | 80.060 | 32.64 | 2613.16 | |
| 4 | 010501001001 | 混凝土垫层 | m³ | 3.040 | 608.65 | 1850.30 | |

续表

| 序号 | 项目编码 | 项目名称 | 计量单位 | 工程量 | 金额（元） | | 其中 |
|---|---|---|---|---|---|---|---|
| | | | | | 综合单价 | 合价 | 暂估价 |
| 5 | 010501003001 | 独立基础 | m³ | 9.010 | 601.15 | 5416.36 | |
| 6 | 010502001001 | 混凝土矩形柱 | m³ | 7.360 | 789.62 | 5811.60 | |
| 7 | 010502002001 | 构造柱 | m³ | 1.470 | 987.57 | 1451.73 | |
| 8 | 010503001001 | 基础梁 | m³ | 13.420 | 662.33 | 8888.47 | |
| 9 | 010505001001 | 有梁板 | m³ | 31.050 | 635.30 | 19726.07 | |
| 10 | 010515001001 | 现浇构件钢筋 | t | 0.396 | 6778.21 | 2684.17 | |
| 11 | 010515001002 | 现浇构件钢筋 | t | 9.893 | 5231.31 | 51753.35 | |
| 12 | 010503005001 | 过梁 | m³ | 0.510 | 1085.22 | 553.46 | |
| 13 | 010402001001 | 砌块墙 | m³ | 61.130 | 597.38 | 36517.84 | |
| 14 | 010507005001 | 扶手、压顶 | m³ | 1.260 | 946.50 | 1192.59 | |
| 15 | 010507001001 | 散水、坡道 | m² | 55.260 | 82.07 | 4535.19 | |
| 16 | 010802003001 | 钢质防火门 | m² | 2.100 | 567.89 | 1192.57 | |
| 17 | 010801001001 | 木质门 | m² | 21.000 | 442.02 | 9282.42 | |
| 18 | 010807001001 | 金属（塑钢、断桥）窗 | m² | 27.600 | 235.77 | 6507.25 | |
| 19 | 010902001001 | 屋面卷材防水 | m² | 186.700 | 45.50 | 8494.85 | |

单价措施

| 序号 | 项目编码 | 项目名称 | 计量单位 | 工程量 | 金额（元） | | 其中 |
|---|---|---|---|---|---|---|---|
| | | | | | 综合单价 | 合价 | 暂估价 |
| 1 | 01B001 | 混凝土泵送 | m³ | 38.620 | 14.38 | 555.36 | |
| 2 | 011703001002 | 垂直运输 | m² | 181.240 | 145.25 | 26325.11 | |
| 3 | 011705001001 | 大型机械设备进出场及安拆 | 台次 | 1.000 | 23619.33 | 23619.33 | |
| 4 | 011705002001 | 大型机械基础 | m³ | 10.000 | 1414.69 | 14146.90 | |
| 5 | 011702001001 | 基础垫层模板 | m² | 6.240 | 41.72 | 260.33 | |
| 6 | 011702001002 | 基础模板 | m² | 23.600 | 136.06 | 3211.02 | |
| 7 | 011702002001 | 矩形柱模板 | m² | 59.600 | 65.83 | 3923.47 | |
| 8 | 011702003001 | 构造柱模板及支架 | m² | 10.140 | 92.32 | 936.12 | |
| 9 | 011702005001 | 基础梁模板 | m² | 137.860 | 63.47 | 8749.97 | |
| 10 | 011702014001 | 有梁板模板 | m² | 248.780 | 64.89 | 16143.33 | |
| 11 | 011702009001 | 过梁模板 | m² | 5.060 | 103.48 | 523.61 | |
| 12 | 041102018001 | 压顶模板 | m³ | 1.260 | 2083.95 | 2625.78 | |
| 13 | 011701002001 | 外脚手架 | m² | 268.770 | 20.57 | 5528.60 | |
| 14 | 011701002002 | 框架柱脚手架 | m² | 196.560 | 15.00 | 2948.40 | |
| 15 | 011701003001 | 里脚手架 | m² | 227.950 | 9.41 | 2145.01 | |
| | | 分部小计 | | | | | 111642.34 |
| | | 合计 | | | | 282847.74 | |

### 表 3.5.9　总价措施项目清单与计价表

工程名称：宿舍土建工程　　　　标段：　　　　　　　　　　　　　　　第 1 页　共 1 页

| 序号 | 项目编码 | 项目名称 | 计算基础 | 费率（%） | 金额（元） | 调整费率（%） | 调整后金额（元） | 备注 |
|---|---|---|---|---|---|---|---|---|
|  |  | 总价措施 |  |  | 3103.17 |  |  |  |
| 1 | 011707002 | 夜间施工费 | 分部分项人工基价 | 2.550 | 953.73 |  |  |  |
| 2 | 011707004 | 二次搬运费 | 分部分项人工基价 | 2.180 | 815.35 |  |  |  |
| 3 | 011707005 | 冬雨季施工增加费 | 分部分项人工基价 | 2.910 | 1088.38 |  |  |  |
| 4 | 011707007 | 已完工程及设备保护费 | 分部分项人工基价＋分部分项辅材基价＋分部分项机械基价 | 0.150 | 245.71 |  |  |  |
|  | 合　计 |  |  |  | 4860.51 |  |  |  |

### 表 3.5.10　其他项目清单与计价汇总表

工程名称：宿舍土建工程　　　　标段：　　　　　　　　　　　　　　　第 1 页　共 1 页

| 序号 | 项目名称 | 金额（元） | 结算金额（元） | 备注 |
|---|---|---|---|---|
| 1 | 暂列金额 |  |  |  |
| 2 | 专业工程暂估价 | 10000.00 |  |  |
| 3 | 特殊项目暂估价 |  |  |  |
| 4 | 计日工 |  |  |  |
| 5 | 采购保管费 |  |  |  |
| 6 | 其他检验试验费 |  |  |  |
| 7 | 总承包服务费 | 300.00 |  |  |
| 8 | 其他 |  |  |  |
|  | 合　计 | 300 |  |  |

### 表 3.5.11　规费、税金项目计价表

工程名称：宿舍土建工程　　　　标段：　　　　　　　　　　　　　　　第 1 页　共 1 页

| 序号 | 项目名称 | 计算基础 | 计算基数 | 费率（%） | 金额（元） |
|---|---|---|---|---|---|
| 1 | 规费 |  | 20796.13 | 100.000 | 20796.13 |
| 1.1 | 安全文明施工费 |  | 16144.56 | 100.000 | 16144.56 |
| 1.1.1 | 安全施工费 | 分部分项工程费＋措施项目费＋其他项目费－包干价_不取规费 | 286250.91 | 3.510 | 10047.41 |
| 1.1.2 | 环境保护费 | 分部分项工程费＋措施项目费＋其他项目费－包干价_不取规费 | 286250.91 | 0.560 | 1603.01 |
| 1.1.3 | 文明施工费 | 分部分项工程费＋措施项目费＋其他项目费－包干价_不取规费 | 286250.91 | 0.650 | 1860.63 |
| 1.1.4 | 临时设施费 | 分部分项工程费＋措施项目费＋其他项目费－包干价_不取规费 | 286250.91 | 0.920 | 2633.51 |

续表

| 序号 | 项目名称 | 计算基础 | 计算基数 | 费率（%） | 金额（元） |
|---|---|---|---|---|---|
| 1.2 | 工程排污费 | 分部分项工程费＋措施项目费＋其他项目费－包干价－不取规费 | 286250.91 | | |
| 1.3 | 社会保险费 | 分部分项工程费＋措施项目费＋其他项目费－包干价－不取规费 | 286250.91 | 1.520 | 4351.01 |
| 1.4 | 住房公积金 | 分部分项工程费＋措施项目费＋其他项目费－包干价－不取规费 | 286250.91 | | |
| 1.5 | 建设项目工伤保险 | 分部分项工程费＋措施项目费＋其他项目费－包干价－不取规费 | 286250.91 | 0.105 | 300.56 |
| 2 | 税金 | 分部分项工程费＋措施项目费＋其他项目费＋规费＋设备费－甲供材料费－甲供设备费－包干价－不取税金 | 307047.04 | 9.000 | 27634.23 |
| | 合计 | | | | 48430.36 |

### 表 3.5.12 单位工程投标报价汇总表

工程名称：宿舍土建工程　　　　标段：　　　　　　　　　　　第1页 共1页

| 序号 | 汇总内容 | 金额（元） | 其中：暂估价（元） |
|---|---|---|---|
| 1 | 分部分项工程费 | 171205.40 | |
| 2 | 措施项目费 | 114745.51 | |
| 2.1 | 总价措施项目 | 3103.17 | |
| 2.2 | 单价措施项目 | 111642.34 | |
| 3 | 其他项目费 | 300.00 | |
| 3.1 | 暂列金额 | | |
| 3.2 | 专业工程暂估价 | 10000.00 | |
| 3.3 | 特殊项目暂估价 | | |
| 3.4 | 计日工 | | |
| 3.5 | 采购保管费 | | |
| 3.6 | 其他检验试验费 | | |
| 3.7 | 总承包服务费 | 300.00 | |
| 3.8 | 其他 | | |
| 4 | 规费 | 20796.13 | |
| 5 | 设备费 | | |
| 5.1 | 甲供设备费 | | |
| 6 | 甲供材料费 | | |
| 7 | 税金 | 27634.23 | |
| | 投标报价合计＝1＋2＋3＋4＋5＋7 | 334681.27 | |

# 第六节　合同价款的调整与工程结算

## 一、合同价款的调整

### (一) 合同价款调整的事项及程序

1. 主要的调价事项

合同价款往往不是发承包双方的最终价款,在施工阶段由于项目实际情况与招标投标时相比经常发生变化,所以发承包双方在施工合同中应约定合同价款的调整事件、调整方法及调整程序。一般来说,发承包双方在合同中约定的调整合同价款的事项可分为五类:①法律法规政策变化导致的调价;②变更导致的调价;③物价波动导致的调价;④工程索赔导致的调价;⑤其他因素导致的调价。常见的合同价款调整的因素见表3.6.1。

表3.6.1　主要的调价因素一览表

| 序号 | 因素 | | 风险主体 | 调整内容 |
|---|---|---|---|---|
| 1 | 法律、法规、政策因素 | | 发包人 | 人工及国家定价或指导价材料的价差 |
| 2 | 工程变更 | | 发包人 | 单价项目调整相应的综合单价；总价项目调整总价 |
| 3 | 招标工程量清单缺陷 | 清单缺项 | 发包人 | 调整单价项目的综合单价 |
| | | 清单项目特征描述不符 | 发包人 | |
| | | 工程量偏差 | 发包人、承包人 | |
| 4 | 物价波动（含暂估的材料、工程设备） | 材料、工程设备 | 发包人、承包人 | 调整材料、工程设备价差 |
| | | 施工机械 | 承包人 | — |
| 5 | 索赔 | 工程索赔 | 发包人、承包人 | 费用、工期、利润 |
| | | 不可抗力 | 发包人、承包人 | |
| | | 赶工补偿 | 发包人 | 费用 |
| | | 误期赔偿 | 承包人 | |
| 6 | 计日工 | | 发包人 | 工程量 |
| 7 | 现场签证 | | 发包人 | 工程量及综合单价 |

2. 合同价款调整的程序

(1) 出现合同价款调增事项（不含工程量偏差、计日工、现场签证、索赔）后的14天内,承包人应向发包人提交合同价款调增报告并附上相关资料;承包人在14天内未提交合同价款调增报告的,应视为承包人对该事项不存在调整价款请求。

(2) 出现合同价款调减事项（不含工程量偏差、索赔）后的14天内,发包人应向承包人提交合同价款调减报告并附相关资料;发包人在14天内未提交合同价款调减报告的,应视为发包人对该事项不存在调整价款请求。

（3）发（承）包人应在收到承（发）包人合同价款调增（减）报告及相关资料之日起 14 天内对其核实，予以确认的应书面通知承（发）包人。当有疑问时，应向承（发）包人提出协商意见。发（承）包人在收到合同价款调增（减）报告之日起 14 天内未确认也未提出协商意见的，应视为承（发）包人提交的合同价款调增（减）报告已被发（承）包人认可。发（承）包人提出协商意见的，承（发）包人应在收到协商意见后的 14 天内对其核实，予以确认的应书面通知发（承）包人。承（发）包人在收到发（承）包人的协商意见后 14 天内既不确认也未提出不同意见的，应视为发（承）包人提出的意见已被承（发）包人认可。

**（二）法律法规变化**

因国家法律、法规、规章和政策发生变化影响合同价款的风险，发承包双方可以在合同中约定由发包人承担。在由于法律法规正常变化导致价格调整的需要明确基准日期的价格或相关造价指数，结算期的价格或价格指数，以便调整价差。

1. 法律法规政策变化风险的主体

根据清单计价规范，法律法规政策类风险影响合同价款调整的，应由发包人承担。这些风险主要包括：

（1）国家法律、法规、规章和政策发生变化；

（2）省级或行业建设主管部门发布的人工费调整，但承包人对人工费或人工单位的报价高于发布的除外；

（3）由政府定价或政府指导价管理的原材料等价格进行了调整。

2. 基准日期的确定及调整方法

1）基准日的确定

为了合理划分发承包双方的合同风险，施工合同中应当约定一个基准日，对于基准日之后发生的，作为一个有经验的承办人在招标投标阶段不可能合理预见的风险，应当由发包人承担。对于实行招标的建设工程，一般以施工招标文件中规定的提交招标文件的截止时间前的第 28 天作为基准日；对于不实行招标的建设工程，一般以建设工程施工合同签订前的第 28 天作为基准日。

基准日期除了确定调整价格的日期界限外，也是确定基期价格（基准价）和基期价格指数的参照，基准日期和基期价格共同构成了调价的基础。

2）调整方法

施工合同履行期间，国家颁布的法律、法规、规章和有关政策在合同工程基准日之后发生变化，且因执行相应的法律、法规、规章和政策引起工程造价发生增减变化的，合同双方当事人应当依据法律、法规、规章和有关政策的规定调整合同价款。

但是，也要注意如果由于承包人的原因导致的工期延误，在工程延误期间国家法律、行政法规和相关政策发生变化引起工程造价变化，造成合同价款增加的，合同价款不予调整；造成合同价款减少的，合同价款予以调整。见图 3.6.1。

**（三）工程变更**

1. 变更估价的原则

根据清单计价规范，工程变更引起已标价工程量清单项目或其工程数量发生变化，应按照下列规定调整：

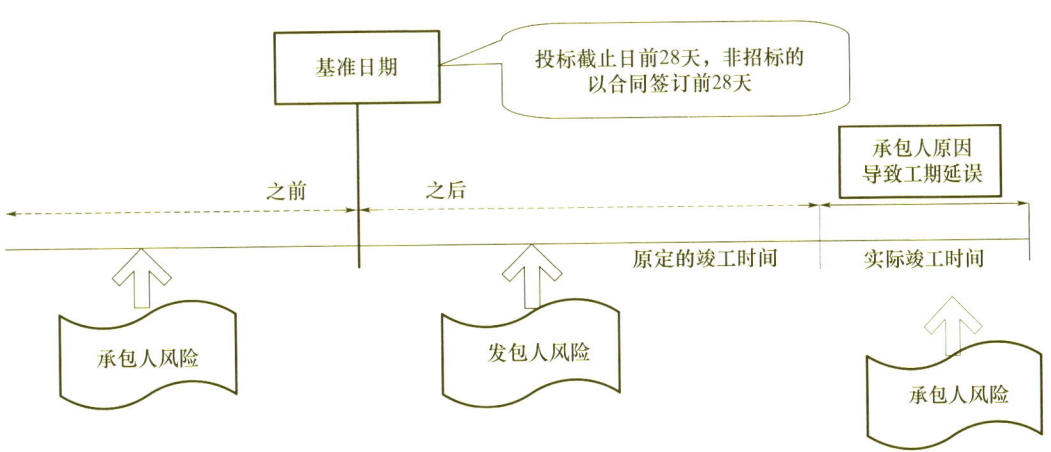

图 3.6.1 法律法规变化调价方法

（1）已标价工程量清单中有适用于变更工程项目的，采用该项目的单价；但当工程变更导致该清单项目的工程数量发生变化，且工程量偏差超过 15% 时，当工程量增加 15% 以上的，增加部分的工程量的综合单价应予以调低；当工程减少 15% 以上时，减少后剩余部分的工程量的综合单价应予以调高。

（2）已标价工程量清单中没有适用但有类似于变更工程项目的，可在合理范围内参照类似项目的单价；

（3）已标价工程量清单中没有适用也没有类似于变更工程项目的，由承包人根据变更工程资料、计量规则和计价办法、工程造价管理机构发布的信息价格和承包人报价浮动率提出变更工程项目的单价，报发包人确认后调整。承包人报价浮动率可按下列公式计算：

招标工程：承包人报价浮动率 $L=(1-中标价/招标控制价)\times 100\%$ （3.6.1）

非招标工程：承包人报价浮动率 $L=(1-报价值/施工图预算)\times 100\%$ （3.6.2）

（4）已标价工程量清单中没有适用也没有类似于变更工程项目，且工程造价管理机构发布的信息价格缺项的，由承包人根据变更工程资料、计量规则、计价办法和通过市场调查等取得有合法依据的市场价格提出变更工程项目的单价，并应报发包人确认后调整。

【例 3.6.1】某工程招标控制价为 8413949 元，中标人的投标报价为 7972282 元，承包人报价浮动率为多少？施工过程中，屋面防水采用 PE 高分子防水卷材（1.5mm），清单项目中无类似项目，工程造价管理机构发布有该卷材单价为 18 元/$m^2$，该项目综合单价如何确定？

**解**：用公式（4.6.1）：$L=(1-7972282/8413949)\times 100\%=(1-0.9475)\times 100\%=5.25\%$

查项目所在地该项目定额人工费为 3.78 元，除卷材外的其他材料费为 0.65 元，管理费和利润为 1.13 元。

该项目综合单价 $=(3.78+18+0.65+1.13)\times(1-5.25\%)=23.56\times 94.75\%$

＝22.32元

发承包双方可按22.32元协商确定该项目综合单价。

2. 措施项目费的调整

措施费的调整同样适用以上调价的原则和程序。工程变更引起措施项目发生变化的，承包人提出调整措施项目费的，应事先将拟实施的方案提交发包人确认，并详细说明与原方案措施项目相比的变化情况。拟实施的方案经发、承包双方确认后执行，并应按照下列规定调整措施项目费：

（1）安全文明施工费，按照实际发生的措施项目调整，不得浮动。

（2）采用单价计算的措施项目费，按照实际发生变化的措施项目按前述分部分项工程费的调整方法确定单价。

（3）按总价（或系数）计算的措施项目费，除安全文明施工费外，按照实际发生变化的措施项目调整，但应当考虑承包人报价浮动因素，即调整金额按照实际调整金额乘以按照公式（3.6.1）或公式（3.6.2）得出的承包人报价浮动率 $L$ 计算。

如果承包人未事先将拟实施的方案提交给发包人确认，则视为工程变更不引起措施项目费的调整或承包人放弃调整措施项目费的权利。

3. 项目特征不符

项目的特征描述是确定综合单价的重要依据之一，承包人在投标报价时应依据发包人提供的招标工程量清单中的项目特征描述，确定其清单项目的综合单价。发包人在招标工程量清单中对项目特征的描述，应被认为是准确的和全面的，并且与实际施工要求相符合。承包人应按照发包人提供的招标工程量清单，根据其项目特征描述的内容及有关要求实施合同工程，直到其被改变为止。

承包人应按照发包人提供的设计图纸实施合同工程，若在合同履行期间，出现设计图纸（含设计变更）与招标工程量清单任一项目的特征描述不符，且该变化引起该项目的工程造价增减变化的，发、承包双方应当按照实际施工的项目特征，重新确定相应工程量清单项目的综合单价，调整合同价款。

4. 工程量清单缺项

1）清单缺项漏项的责任

招标工程量清单必须作为招标文件的组成部分，其准确性和完整性由招标人负责。因此，招标工程量清单是否准确和完整，其责任应当由提供工程量清单的发包人负责，作为投标人的承包人不应承担因工程量清单的缺项、漏项以及计算错误带来的风险与损失。

2）合同价款的调整方法

（1）分部分项工程费的调整。施工合同履行期间，由于招标工程量清单中分部分项工程出现缺项漏项，造成新增工程清单项目的，应按照工程变更事件中关于分部分项工程费的调整方法，调整合同价款。

（2）措施项目费的调整。新增分部分项工程项目清单后，引起措施项目发生变化的，应当按照工程变更事件中关于措施项目费的调整方法，在承包人提交的实施方案被发包人批准后，调整合同价款；由于招标工程量清单中措施项目缺项，承包人应将新增措施项目实施方案提交发包人批准后，按照工程变更事件中的有关规定调整合同价款。

5. 工程量偏差

工程量偏差是指承包人根据发包人提供的图纸（包括由承包人提供经发包人批准的图纸）进行施工，按照现行国家工程量计算规范规定的工程量计算规则，计算得到的完成合同工程项目应予计量的工程量与相应的招标工程量清单项目列出的工程量之间出现的量差。

施工合同履行期间，若应予计算的实际工程量与招标工程量清单列出的工程量出现偏差，或者因工程变更等非承包人原因导致工程量偏差，该偏差对工程量清单项目的综合单价将产生影响，是否调整综合单价以及如何调整，发承包双方应当在施工合同中约定。如果合同中没有约定或约定不明的，可以按以下原则办理：

（1）综合单价的调整原则，当应予计算的实际工程量与招标工程量清单出现偏差（包括因工程变更等原因导致的工程量偏差）超过15%时，对综合单价的调整原则为：当工程量增加15%以上时，其增加部分的工程量的综合单价应予调低；当工程量减少15%以上时，减少后剩余部分的工程量的综合单价应予调高。至于具体的调整方法，可参见公式（3.6.3）和公式（3.6.4）。

① 当 $Q_1 > 1.15Q_0$ 时：

$$S = 1.15Q_0 \times P_0 + (Q_1 - 1.15Q_0) \times P_1 \qquad (3.6.3)$$

② 当 $Q_1 < 0.85Q_0$ 时：

$$S = Q_1 \times P_1 \qquad (3.6.4)$$

式中  $S$——调整后的某一分部分项工程费结算价；

$Q_1$——最终完成的工程量；

$Q_0$——招标工程量清单中列出的工程量；

$P_1$——按照最终完成工程量重新调整后的综合单价；

$P_0$——承包人在工程量清单中填报的综合单价。

③ 新综合单价 $P_1$ 的确定方法。新综合单价 $P_1$ 的确定，一是发承包双方协商确定，二是与招标控制价相联系，当工程量偏差项目出现承包人在工程量清单中填报的综合单价与发包人招标控制价相应清单项目的综合单价偏差超过15%时，工程量偏差项目综合单价的调整可参考公式（3.6.5）和公式（3.6.6）：

a. 当 $P_0 < P_2 \times (1-L) \times (1-15\%)$ 时，该类项目的综合单价：

$$P_1 \text{按照 } P_2 \times (1-L) \times (1-15\%) \text{ 调整} \qquad (3.6.5)$$

b. 当 $P_0 > P_2 \times (1+15\%)$ 时，该类项目的综合单价：

$$P_1 \text{按照 } P_2 \times (1+15\%) \text{ 调整} \qquad (3.6.6)$$

c. $P_0 > P_2 \times (1-L) \times (1-15\%)$ 且 $P_0 < P_2 \times (1+15\%)$ 时，可不调整。

式中  $P_0$——承包人在工程量清单中填报的综合单价；

$P_2$——发包人招标控制价相应项目的综合单价；

$L$——承包人报价浮动率。

【例3.6.2】某工程项目招标工程量清单数量为1520m³，施工中由于设计变更调增为1824m³，该项目招标控制价综合单价为350元，投标报价为406元，应如何调整？

**解**：1824/1520＝120％，工程量增加超过15％，需对单价做调整。

$P_2 \times (1+15\%) = 350 \times (1+15\%) = 402.50$ 元 $< 406$ 元

该项目变更后的综合单价应调整为402.50元。

$S = 1520 \times (1+15\%) \times 406 + (1824 - 1520 \times 1.15) \times 402.50 = 709688 + 76 \times 402.50 = 740278$（元）

（2）总价措施项目费的调整。当应予计算的实际工程量与招标工程量清单出现偏差（包括因工程变更等原因导致的工程量偏差）超过15％，且该变化引起措施项目相应发生变化，如该措施项目是按系数或单一总价方式计价的，对措施项目费的调整原则为：工程量增加的，措施项目费调增；工程量减少的，措施项目费调减。至于具体的调整方法，则应由双方当事人在合同专用条款中约定。

**（四）物价波动**

施工合同履行期间，因人工、材料、工程设备和施工机械台班等价格波动影响合同价款时，发承包双方可以根据合同约定的调整方法，对合同价款进行调整。因物价变动引起的合同价款调整方法有两种：一种是采用价格指数调整价格差额，另一种是采用造价信息调整价格差额。承包人采购材料和工程设备的，应在合同中约定主要材料、工程设备价格变化的范围或幅度，如没有约定，则材料、工程设备单价变化超过5％，超过部分的价格按上述两种方法之一进行调整。

1. 采用造价信息调整价格差额

采用造价信息调整价格差额的方法，主要适用于使用的材料品种较多，相对而言每种材料使用量较小的房屋建筑与装饰工程。

施工合同履行期间，因人工、材料、工程设备和施工机械台班价格波动影响合同价格时，人工、施工机械使用费按照国家或省、自治区、直辖市建设行政管理部门、行业建设管理部门或其授权的工程造价管理机构发布的人工成本信息、施工机械台班单价或施工机械使用费系数进行调整；需要进行价格调整的材料，其单价和采购数应由发包人复核，发包人确认须调整的材料单价及数量，作为调整合同价款差额的数据。

1）人工单价的调整

人工单价发生变化时，发承包双方应按省级或行业建设主管部门或其授权的工程造价管理机构发布的人工成本文件调整合同价款。

2）材料和工程设备价格的调整

材料、工程设备价格变化的价款调整，按照承包人提供主要材料和工程设备一览表，根据发承包双方约定的风险范围，按以下规定进行调整。

如果承包人投标报价中材料单价低于基准单价，工程施工期间材料单价涨幅以基准单价为基础超过合同约定的风险幅度值时，或材料单价跌幅以投标报价为基础超过合同约定的风险幅度值时，其超过部分按实调整。

如果承包人投标报价中材料单价高于基准单价，工程施工期间材料单价跌幅以基准单价为基础超过合同约定的风险幅度值时，或材料单价涨幅以投标报价为基础超过合同约定的风险幅度值时，其超过部分按实调整。

如果承包人投标报价中材料单价等于基准单价，工程施工期间材料单价涨、跌幅以基准单价为基础超过合同约定的风险幅度值时，其超过部分按实调整。

承包人应当在采购材料前将采购数量和新的材料单价报发包人核对，确认用于本合同工程时，发包人应当确认采购材料的数量和单价，发包人在收到承包人报送的确认资料后 3 个工作日不予答复的，视为已经认可，作为调整合同价款的依据。如果承包人未报经发包人核对即自行采购材料，再报发包人确认调整合同价款的，如发包人不同意，则不作调整。

3）施工机械台班单价的调整

施工机械台班单价或施工机械使用费发生变化超过省级或行业建设主管部门或其授权的工程造价管理机构规定的范围时，按照其规定调整合同价款。

【例 3.6.3】某工程采用预拌混凝土由承包人提供，所需品种见下表 3.6.2，在施工期间，在采购预拌混凝土时，其单价分别为 C20：327 元/$m^3$，C25：335 元/$m^3$，C30：345 元/$m^3$，合同约定的材料单价如何调整？

表 3.6.2 承包人提供主要材料和设备一览表

| 序号 | 名称、规格、型号 | 单位 | 数量 | 风险系数% | 基准单价 | 投标单价 | 发承包人确认单价 |
|---|---|---|---|---|---|---|---|
| 1 | 预拌混凝土 C20 | $m^3$ | 25 | ≤5 | 310 | 308 | 309.50 |
| 2 | 预拌混凝土 C25 | $m^3$ | 560 | ≤5 | 323 | 325 | 325 |
| 3 | 预拌混凝土 C30 | $m^3$ | 3120 | ≤5 | 340 | 340 | 340 |

注：1. 此表由招标人填写除"投标单价"栏的内容，投标人在投标时自主确定投标单价。
　　2. 基准单价应优先采用工程造价管理机构发布的单价，未发布的，通过市场调查确定其基准单价。

**解**：1. C20：327/310－1＝5.45%

投标价低于基准价，按基准价计算，已超过约定的风险系数，予以调整：

$$308＋310×（5.45\%－5\%）＝309.50 元$$

2. C25：335/325－1＝3.08%

投标价高于基准价，按投标报价计算，未超过约定的风险系数，不予调整。

3. C30：345/340－1＝1.39%

投标价等于基准价，以基准价计算，未超过约定的风险系数，不予调整。

2. 采用价格指数调整价格差额

采用价格指数调整价格差额的方法，主要适用于施工中所用的材料品种较少，但每种材料使用量较大的土木工程，如公路、水坝等。

1）价格调整公式

因人工、材料、工程设备和施工台班等价格波动影响合同价款时，根据投标函附录中的价格指数和权重表约定的数据，按公式（4.7.7）计算差额并调整合同价款：

$$\Delta P = P_0 \left[ A + \left( B_1 \times \frac{F_{t1}}{F_{01}} + B_2 \times \frac{F_{t2}}{F_{02}} + B_3 \times \frac{F_{t3}}{F_{03}} + \ldots + B_n \times \frac{F_{tn}}{F_{0n}} \right) - 1 \right] \quad (3.6.7)$$

式中　　$\Delta P$——需调整的价格差额；

　　　　$P_0$——根据进度付款、竣工付款和最终结清等付款证书中，承包人应已完成工程量的金额；此项金额应不包括价格调整、不计质量保证金的扣留和支付、预付款的支付和扣回；变更及其他金额已按现行价格计价的，也不计在内；

$A$——定值权重（即不调部分的权重）；

$B_1$，$B_2$，$B_3 \cdots B_n$——各可调因子的变值权重（即可调部分的权重）为各可调因子在投标函投标总报价中所占的比例；

$F_{t1}$，$F_{t2}$，$F_{t3} \cdots F_{tn}$——各可调因子的现行价格指数，指根据进度付款、竣工付款和最终结清等约定的付款证书相关周期最后一天的前42天的各可调因子的价格指数；

$F_{01}$，$F_{02}$，$F_{03} \cdots F_{0n}$——各可调因子的基本价格指数；指基准日的各可调因子的价格指数。

当确定定值部分和可调部分因子权重时，应注意由于以下原因引起的合同价款调整，其风险应由发包人承担：

省级或行业建设主管部门发布的人工费调整，但承包人对人工费或人工报价高于发布的除外。

由政府定价或政府指导价管理的原材料等价格进行了调整的。

以上价格调整公式中的各可调因子、定值和变值权重，以及基本价格指数及其来源投标函附录价格指数权重表中约定。价格指数应首先采用工程造价管理机构提供的价格指数，缺乏上述价格指数时，可采用工程造价管理机构提供的价格代替。

在计算调整差额时得不到现行价格指数的，可暂用上一次价格指数计算，并在以后的付款中再按实际价格指数进行调整。

2）权重的调整

按变更范围和内容所约定的变更，导致原合同中的权重不合理时，由承包人和发包人协商后进行调整。

3）工期延误后的价格调整

由于发包人原因导致工期延误的，则对于计划进度日期（或竣工日期）后续施工的工程，在使用价格调整公式时，应采用计划进度日期（或竣工日期）与实际进度日期（或竣工日期）的两个价格指数中较高者作为现行价格指数。

由于承包人原因导致工期延误的，则对于计划进度日期（或竣工日期）后续施工的工程，在使用价格调整时，应采用计划进度日期（或竣工日期）与实际进度日期（或竣工日期）的两个价格指数中较低者作为现行价格指数。

**（五）工程索赔**

索赔是指在工程合同履行过程中，合同当事人一方因非己方的原因而遭受损失，按合同约定或法规规定应由对方承担责任，从而向对方提出补偿的要求。索赔是双向的，包括承包人向发包人索赔，也包括发包人向承包人索赔。根据清单计价规范，引起价款调整的索赔事项包括工程索赔、赶工补偿、工期延误等。

1. 工程索赔的概念及分类

工程索赔是指在合同履行过程中，合同一方当事人因对方不履行或未能正确履行合同义务或者由于其他非自身原因而遭受经济损失或权利损害，通过合同约定的程序向对方提出经济和（或）时间补偿要求的行为。

1）按索赔目的当事人分类

根据索赔的合同当事人不同，可以将工程索赔分为：

（1）承包人与发包人之间的索赔。该类索赔发生在建设工程施工合同的双方当事人之间，既包括承包人向发包人的索赔，也包括发包人向承包人的索赔。但是在工程实践中，经常发生的索赔事件，大都是承包人向发包人提出的，教材中所提及的索赔，如果未作特别说明，即是指此类情形。

（2）总承包人和分包人之间的索赔。在建设工程分包合同履行过程中，索赔事件发生后，无论是分包人的原因还是总承包人的原因所致，分包人都只能向总承包人提出索赔要求，而不能直接向分包人提出。

2）按索赔目的和要求分类

根据索赔的目的和要求不同，可以将工程索赔分为：

（1）工期索赔。工期索赔一般是指承包人依据合同约定，对于非因自身原因导致的工期延误向发包人提出工期顺延的要求。工期顺延的要求获得批准后，不仅可以免除承包人承担拖期违约赔偿金的责任，而且承包人还有可能因工期提前获得赶工补偿（或奖励）。

（2）费用索赔。费用索赔的目的是要求补偿承包人（或发包人）的经济损失，费用索赔的要求如果获得批准，必然会引起合同价款的调整。

3）按索赔事件的性质分类

根据索赔事件的性质不同，可以将工程索赔分为：

（1）工程延误索赔。因发包人未按合同要求提供施工条件，或因发包人指令工程暂停或不可抗力事件等原因造成工期顺延的，承包人可以向发包人提出索赔；如果由于承包人原因导致工期拖延，发包人可以向承包人提出索赔。

（2）加速施工索赔。由于发包人指令承包人加快施工进度、缩短工期，引起承包人的人力、物力、财力的额外开支，承包人提出的索赔。

（3）工程变更索赔。由于发包人指令增加或减少工程量或增加附加工程、修改设计、变更工程顺序等，造成工期延长和（或）费用增加，承包人就此提出索赔。

（4）合同终止的索赔。由于发包人违约或发生不可抗力事件等原因导致合同非正常终止，或者合同无法继续履行，发包人可以就此提出索赔。

（5）不可预见的不利条件索赔。承包人在工程施工期间，施工现场遇到一个有经验的承包人通常不能合理预见的不利施工条件或外界障碍，例如地质条件与发包人提供的资料不符，出现不可预见的地下水、地质断层、溶洞、地下障碍物等，承包人可以就因此遭受的损失提出索赔。

（6）不可抗力事件的索赔。工程施工期间，因不可抗力事件的发生而遭受损失的一方，可以根据合同中对不可抗力风险分担的约定，向对方当事人提出索赔。

（7）其他索赔。如因货币贬值、汇率变化、物价上涨、政府法令变化等原因引起索赔。

2. 典型的几类索赔事项

1）不可抗力引起的索赔

不可抗力是指合同双方在合同履行中出现的不能预见，不能避免并不能克服的客观情况。不可抗力的范围一般包括自然灾害，如台风、洪水等；政府行为，如征收、征用等；社会异常事件，如战争、禁运等。双方当事人应当在合同专用条款中明确约定不可抗力的范围以及具体的判断标准。不可抗力造成损失的承担的原则：

（1）费用损失的承担原则，因不可抗力事件导致的人员伤亡、财产损失及其费用增加，发承包双方应按以下原则分别承担并调整合同价款工期。

① 合同工程本身的损害、因工程损害导致第三方人员伤亡和财产损失以及运至施工场地用于施工的材料和待安装设备的损害，由发包人承担。

② 发包人、承包人人员伤亡由其所在单位负责，并承担相应责任。

③ 承包人的施工机械设备损坏和停工损失，由承包人承担。

④ 停工期间，承包人应发包人要求留在施工场地的必要的管理人员及保卫人员费用由发包人承担。

⑤ 工程所需清理、修复费用，由发包人承担。

（2）工期的处理。因发生不可抗力事件导致工期延误的，工期相应顺延。发包人要求赶工的，承包人应采取赶工措施，赶工费用由发包人承担。

2）赶工补偿

发包人要求合同工程提前竣工，应征得承包人同意后与承包人商定采取加快工程进度的措施，并修订合同工程进度计划。发包人应承担承包人由此增加的提前竣工（赶工补偿）费。

赶工补偿费与赶工费是不同的两个概念，厘清这两个概念应弄清定额工期、招标文件要求的合理工期、发包人实际要求的提前竣工工期三个概念。所谓赶工费用是指发包人应当依据相关工程的工期定额合理计算工期，压缩的工期天数不得超过定额工期20%，超过的，应在招标文件中明示增加赶工费用。发承包双方可以在合同中约定提前竣工的奖励条款，明确每日历天应奖励额度。约定提前竣工奖励的，如果承包人的实际竣工日期早于计划竣工日期，承包人有权向发包人提出并得到提前竣工天数和合同约定的每日历天应奖励额度的成绩计算的提前竣工奖励。一般来说，双方还应当在合同中约定提前竣工奖励的最高限额（如合同价款的5%）。提前竣工奖励列入竣工结算文件中，与结算款一并支付。

发包人要求合同工程提前竣工，应征得承包人同意后与承包人商定采取加快工程进度的措施，并修订合同工程进度计划。发包人应承担承包人由此增加的赶工费。发承包双方也可在合同中约定每日历天的赶工补偿额度，此项费用作为增加合同价款，列入竣工结算文件中，与结算款一并支付。

3）误期赔偿

发承包双方可以在合同中约定误期赔偿费，明确每日历天应赔偿额度。如果承包人的实际进度迟于计划进度，发包人有权向承包人索取并得到实际延误天数和合同约定的每日历天应赔偿额度的乘积计算的误期赔偿费。一般来说，双方还应当在合同中约定误期赔偿费的最高限额（如合同价款的5%）。误期赔偿费列入进度款支付文件或竣工结算文件中，在进度款或结算款中扣除。

合同工程发生误期的，承包人应当按照合同的约定向发包人支付误期赔偿费，如果约定的误期赔偿费低于发包人由此造成的损失的，承包人还应继续赔偿。即使承包人支付误期赔偿费也不能免除承包人按照合同约定应承担的任何责任和义务。

如果在工程竣工之前，合同工程内的某单项（或单位）工程已通过了竣工验收，且该单项（或单位）工程接收证书中表明的竣工日期并未延误，而是合同工程的其他部分产生了工期延误，则误期赔偿费应按照已颁发工程接收证书的单项（或单位）工程造价占合同价款的比例幅度予以扣减。

3. 索赔成立的条件

以承包人向发包人索赔为例。承包人工程索赔成立的基本条件包括：

（1）根据合同约定，索赔事件已造成了承包人直接经济损失或工期延误。

（2）造成费用增加或工期延误的索赔事件是非因承包人的原因发生的，也不是承包人应承担的责任。

（3）承包人已经按照合同规定的期限和程序提交了索赔意向通知、索赔报告及相关证明材料。

4. 索赔的程序

以承包人向发包人提出索赔为例说明索赔的程序。

1）承包人提出索赔

根据合同约定，承包人认为非承包人原因发生的事件造成了承包人的损失，应按以下程序向发包人提出索赔：

（1）承包人应在知道或应当知道索赔事件发生后 28 天内，向发包人提交索赔意向通知书，说明发生索赔事件的事由。承包人逾期未发出索赔意向通知书的，丧失索赔的权利；

（2）承包人应在发出索赔意向通知书后 28 天内，向发包人正式提交索赔通知书。索赔通知书应详细说明索赔理由和要求，并附必要的记录和证明材料；

（3）索赔事件具有连续影响的，承包人应继续提交延续索赔通知，说明连续影响的实际情况和记录；

（4）在索赔事件影响结束后的 28 天内，承包人应向发包人提交最终索赔通知书，说明最终索赔要求，并附必要的记录和证明材料。

2）发包人对承包人提出索赔的处理

（1）发包人收到承包人的索赔通知书后，应及时查验承包人的记录和证明材料；

（2）发包人应在收到索赔通知书或有关索赔的进一步证明材料后的 28 天内，将索赔处理结果答复承包人，如果发包人逾期未作出答复，视为承包人索赔要求已被发包人认可；

（3）承包人接受索赔处理结果的，索赔款项应作为增加合同价款，在当期进度款中进行支付；承包人不接受索赔处理结果的，按合同约定的争议解决方式办理。

5. 费用索赔的计算方法

索赔费用的计算应以赔偿实际损失为原则，包括直接损失和间接损失。索赔费用的计算方法通常有三种，即实际费用法、总费用法和修正的总费用法。

（1）实际费用法。实际费用法又称分项法，即根据索赔事件所造成的损失或成本增加，按费用项目逐项进行分析、计算索赔金额的方法。这种方法比较复杂，但能客观地反映施工单位的实际损失，比较合理，易于被当事人接受，在国际工程中被广泛采用。

由于索赔费用组成的多样化，不同原因引起的索赔，承包人可索赔的具体费用内容有所不同，必须具体问题具体分析。由于实际费用法所依据的是实际发生的成本记录或单据，所以，在施工过程中，系统而准确地积累记录资料是非常重要的。

（2）总费用法。总费用法，也被称为总成本法，就是当发生多次索赔事件后，重新计算工程的实际总费用，再从该实际总费用中减去投标报价时的估算总费用，即为索赔金额。总费用法计算索赔金额的公式如下：

$$索赔金额＝实际总费用－投标报价估算总费用 \quad (3.6.8)$$

但是，在总费用法的计算方法中，没有考虑实际总费用中可能包括由于承包人的原因（如施工组织不善）而增加的费用，投标报价估算总费用也可能由于承包人为谋取中标而导致过低的报价，因此，总费用法并不十分科学。只有在难以精确地确定某些索赔事件导致的各项费用增加额时，总费用法才得以采用。

（3）修正的总费用法。修正的总费用法是对总费用法的改进，即在总费用计算的原则上，去掉一些不合理的因素，使其更为合理。修正的内容如下：

① 将计算索赔款的时段局限于受到索赔事件影响的时间，而不是整个施工期。

② 只计算受到索赔事件影响时段内的某项工作所受影响的损失，而不是计算该时段内所有施工工作所受的损失。

③ 与该项工作无关的费用不列入总费用中。

④ 对投标报价费用重新进行核算，即按受影响时段内该项工作的实际单价进行核算，乘以实际完成的该项工作的工程量，得出调整后的报价费用。

按修正后的总费用计算索赔金额的公式如下：

$$索赔金额＝某项工作调整后的实际总费用－该项工作的报价费用 \quad (3.6.9)$$

修正的总费用法与总费用法相比，有了实质性的改进它的准确程度已接近于实际费用法。

6. 工期索赔的计算

工期索赔一般是指承包人依据合同对由于非承包人责任的原因导致的工期延误向发包人提出的工期顺延要求。

1）工期索赔中应当注意的问题

在工期索赔中特别应当注意以下问题：

（1）划清施工进度拖延的责任。因承包人的原因造成施工进度滞后，属于不可原谅的延期；只有承包人不应承担任何责任的延误，才是可原谅的延期。有时工程延期的原因中可能包含有双方责任，此时监理人应进行详细分析，分清责任比例，只有可原谅延期部分才能批准顺延合同工期。可原谅延期，又可细分为可原谅并给予补偿费用的延期和可原谅但不给予补偿费用的延期；后者是指非承包人责任的影响并未导致施工成本的额外支出，大多属于发包人应承担风险责任事件的影响，如异常恶劣的气候条件影响的停工等。

（2）被延误的工作应是处于施工进度计划关键线路上的施工内容。只有位于关键线路上的工作内容的滞后，才会影响到竣工日期。但有时也应注意，既要看被延误的工作是否在批准进度计划的关键路线上，又要详细分析这一延误对后续工作的可能影响。因为若对非关键路线工作的影响时间较长，超过了该工作可用于自由支配的时间，也会导致进度计划中非关键路线转化为关键路线，其滞后将影响总工期的拖延。此时，应充分考虑该工作的自由时间,给予相应的工期顺延,并要求承包人修改施工进度计划。

2) 工期索赔的具体依据

承包人向发包人提出工期索赔的具体依据主要包括:

(1) 合同约定或双方认可的施工总进度规划。

(2) 合同双方认可的详细进度计划。

(3) 合同双方认可的对工期的修改文件。

(4) 施工日志、气象资料。

(5) 发包人或监理人的变更指令。

(6) 影响工期的干扰事件。

(7) 受干扰后的实际工程进度等。

3) 工期索赔的计算方法

(1) 直接法。如果干扰事件直接发生在关键线路上,造成总工期的延误,可以直接将该干扰事件的实际干扰时间(延误时间)作为工期索赔值。

(2) 比例计算法。如果某干扰事件仅仅影响某单项工程、单位工程或分部分项工程的工期,要分析其对总工期的影响,可以采用比例计算法。

① 已知受干扰部分工程的延误时间,按式(3.6.10)计算:

工期索赔值=受干扰部分工期拖延时间×受干扰部分工程的合同价格/原合同总价

(3.6.10)

② 已知额外增加工程量的价格,按式(3.6.11)计算:

工期索赔值=原合同总工期×额外增加的工程量的价格/原合同总价 (3.6.11)

比例计算法虽然简单方便,但有时不符合实际情况,而且比例计算法不适用于变更施工顺序、加速施工、删减工程量等事件的索赔。

(3) 网络图分析法。网络图分析法是利用进度计划的网络图,分析其关键线路。如果延误的工作为关键工作,则延误的时间为索赔的工期;如果延误的工作为非关键工作,当该工作由于延误超过时限制而成为关键时,可以索赔延误时间与时差的差值;若该工作延误后仍为非关键工作,则不存在工期索赔问题。

该方法通过分析干扰事件发生前和发生后网络计划的计算工期之差来计算工期索赔值,可以用于各种干扰事件和多种干扰事件共同作用所引起的工期索赔。

4) 共同延误的处理

在实际施工过程中,工期拖延很少是只由一方造成的,往往是两三种原因同时发生(或相互作用)而形成的,故称为"共同延误"。在这种情况下,要具体分析哪一种情况延误是有效的,应依据以下原则:

(1) 判断造成拖期的哪一种原因是最先发生的,即确定"初始延误"者,它应对工程拖期负责。在初始延误发生作用期间,其他并发的延误者不承担拖期责任。

(2) 如果初始延误者是发包人原因,则在发包人原因造成的延误期内,承包人既可得到工期延长,又可得到经济补偿。

(3) 如果初始延误者是客观原因,则在客观因素发生影响的延误期内,承包人可以得到工期延长,但很难得到费用补偿。

（4）如果初始延误者是承包人原因，则在承包人原因造成的延误期内，承包人既不能得到工期补偿，也不能得到费用补偿。

**【例 3.6.4】** 某工程项目采用了固定单价施工合同。工程招标文件参考资料中提供的用砂地点距工地 4 公里。但是开工后，检查该砂质量不符合要求，承包人只得从另一距工地 20 公里的供砂地点采购。而在一个关键工作面上又发生了 4 项临时停工事件：

事件 1：5 月 20 日至 5 月 26 日，承包人的施工设备出现了从未出现过的故障；

事件 2：应于 5 月 24 日交给承包人的后续图纸直到 6 月 10 日才交给承包人；

事件 3：6 月 7 日到 6 月 12 日施工现场下了罕见的特大暴雨；

事件 4：6 月 11 日到 6 月 14 日该地区的供电全面中断。

问题：

（1）承包人的索赔要求成立的条件是什么？

（2）由于供砂距离的增大，必然引起费用的增加，承办人经过仔细认真计算后，在发包人指令下达的第 3 天，向发包人的造价工程师提交了将原用砂单价每吨 5 元的索赔要求。该索赔要求是否成立？为什么？

（3）若承包人对发包人原因造成窝工损失进行赔偿时，要求设备窝工损失按台班价格计算，人工的窝工损失按日工资标准计算是否合理？如不合理应怎样计算？

（4）承包人按规定的索赔程序针对上述 4 项临时停工事件向发包人提出了索赔，试说明每项事件工期和费用索赔能否成立？为什么？

（5）试计算承包人应得到的工期和费用索赔是多少（如果费用索赔成立，则由发包人 2 万元/天补偿给承包人）？

（6）在发包人支付给承包人的工程进度款中是否应扣除因设备故障引起的竣工拖期违约损失赔偿金？为什么？

解：

问题一

答：承包人的索赔要求成立必须同时具备如下四个条件：

（1）与合同相比较，已造成了实际的额外费用和（或）工期损失；

（2）造成费用增加和（或）工期损失的原因不是由于承办商的过失；

（3）造成的费用增加和（或）工期损失不是应由承包人承担的风险；

（4）承包人在事件发生后的规定时间内提出了索赔的书面意向通知和索赔报告。

问题二

答：因供砂距离增大提出的索赔不能被批准，理由是：

（1）承包人应对自己就招标文件的解释负责；

（2）承包人应对自己报价的正确性与完备性负责；

（3）对于一个有经验的承包人可以通过现场勘探确认招标文件参考资料中提供的用砂质量是否合格，若承包人没有通过现场勘探发现用砂质量问题，其相关风险应由承包人承担。

问题三

答：不合理。因窝工闲置的设备按折旧费或停滞台班费或租赁费计算，不包括运转费部分；人工费损失应考虑这部分工作的工人调做其他工作时效降低的损失费用；一般用工日单价乘以一个测算的降效系数计算这一部分损失，而且只按成本费用计算，不包括利润。

问题四

答：

事件1：工期和费用索赔均不成立，因为设备故障属于承包人应承担的风险。

事件2：工期和费用索赔均成立，因为延误图纸交付时间属于发包人应承担的风险。

事件3：特大暴雨属于双方共同的风险，工期索赔成立，设备和人工的窝工费用索赔不成立。

事件4：工期和费用索赔均成立，因为停电属于发包人应承担的风险。

问题五

答：

事件2：5月27日至6月9日，工期索赔14天，费用索赔14天×2万/天=28万元。

事件3：6月10日至6月12日，工期索赔3天。

事件4：6月13日至6月14日，工期索赔2天，费用索赔2天×2万/天=4万元。

合计：工期索赔19天，费用索赔32万元。

问题六

答：发包人不应在支付给承包人的工程进度款中扣除竣工拖期违约损失赔偿金，因为设备故障引起的工程进度款拖延不等于竣工工期的延误。如果承包人能通过施工方案的调整将延误的时间补回，不会造成工期延误；如果承包人不能通过施工方案的调整将延误的时间补回，将会造成工期延误，所以，工期提前奖励或拖期罚款应在竣工时处理。

### （六）暂估价

暂估价是指招标人在工程量清单中提供的用于支付必然发生但暂时不能确定价格的材料、工程设备的单价以及专业工程的金额。

1. 暂估价的材料、工程设备

（1）不属于依法必须招标的项目。发包人在招标工程量清单中给定暂估价的材料和工程设备不属于依法必须招标的，由承包人按照合同约定采购，经发包人确认后以此为依据取代暂估价，调整合同价款。

（2）属于依法必须招标的项目。发包人在招标工程量清单中给定暂估价的材料和工程设备属于依法必须招标的，由发承包双方以招标的方式选择供应商，依法确定中标价格后，以此为依据取代暂估价，调整合同价款。

在工程结算时承包人报送暂估单价及调整表，由发包人确认。

2. 暂估价的专业工程

（1）不属于依法必须招标的项目。发包人在工程量清单中给定暂估价的专业工程不属于依法必须招标的，应按照前述工程变更事件的合同价款调整方法，确定专业工程价款，并以此为依据取代专业工程暂估价，调整合同价款。

（2）属于依法必须招标的项目。发包人在招标工程量清单中给定暂估价的专业工程，依法必须招标的，应当由发承包双方依法组织招标选择专业分包人，并接受有建设工程招标投标管理机构的监督，并符合下列要求：

① 除合同另有约定外，承包人不参加投标的专业工程，应由承包人作为招标人，但拟定的招标文件、评标方法、评标结果应报送发包人批准。与组织招标工作有关的费用应当被认为已经包括在承包人的签约合同价（投标总报价）中。

② 承包人参加投标的专业工程，应由发包人作为招标人，与组织招标工作有关的费用由发包人承担。同等条件下，应优先选择承包人中标。

③ 专业工程依法进行招标后，以中标价为依据取代专业工程暂估价，调整合同价款。在工程结算时编制专业工程暂估价及结算价表。

### （七）计日工与现场签证

1. 计日工与现场签证的概念

计日工是指在施工过程中，承包人完成发包人提出的工程合同范围以外的零星项目或工作，按合同中约定的单价计价的一种方式。

现场签证是指发包人现场代表（或其授权的监理人、工程造价咨询人）与承包人现场代表就施工过程中涉及的责任事件所作的签认证明。

计日工与现场签证的内容基本一致，都是对实际上发生的合同或施工图纸之外的零星项目。区别是采用计日工计价的零星项目在合同中已有暂定的工程量和综合单价；采用现场签证计价的零星项目则在合同中没有确定其综合单价，需要在计价时参照变更确定其价格。

2. 计日工计价

1）计日工计价的程序

任一计日工项目持续进行时，承包人应在该项工作实施结束后的 24 小时内，向发包提交有计日工记录汇总的现场签证报告一式三份。发包人在收到承包人提交现场签证报告后的 2 天内予以确认并将其中一份返还给承包人，作为计日工计价和支付的依据。发包人逾期未确认也未提出修改意见的，视为承包人提交的现场签证报告已被发包人认可。

任一计日工项目实施结束。承包人应按照确认的计日工现场签证报告核实该类项目的工程数量，并根据核实的工程数量和承包人已标价工程量清单中的计日工单价计算，提出应付价款。每个支付期末，承包人应与进度款同期向发包人提交本期间所有计日工记录的签证汇总表，以说明本期间自己认为有权得到的计日工金额，调整合同价款，列入进度款支付。

2）计日工计价应提交的资料

发包人通知承包人以计日方式实施的零星工作，承包人应予执行。采用计日工计价的任何一项变更工作，承包人应该在该项变更的实施过程中，按合同约定提交以下报表和有关凭证，送发包人复核：

（1）工作名称、内容和数量。

（2）投入该工作所有人员的姓名、工种、级别和耗用工时。

(3) 投入该工作的材料名称、类别和数量。
(4) 投入该工作的施工设备型号、台数和耗用台时。
(5) 发包人要求提交的其他资料和凭证。

3. 现场签证

1) 现场签证的提出

承包人应发包人要求完成合同以外的零星项目、非承包人负责事件等工作的,发包人应及时以书面形式向承包人发出指令,提供所需的相关资料;承包人在收到指令后,应及时向发包人提出现场签证要求。

承包人在施工过程中,若发现合同工程内容因场地条件、地质水文、发包人要求等不一致时,应提供所需相关资料,提交发包人签证认可,作为合同价款调整的依据。

2) 现场签证报告的确认

承包人应在收到发包人指令后的 7 天内,向发包人提供现场签证报告,发包人应在收到现场签证报告后的 48 小时内对报告内容进行核实,予以确认或提出修改意见。发包人在收到承包人现场签证报告后的 48 小时内未确认也未提出修改意见的,视为承包人提交的现场签证报告已被发包人认可。

3) 现场签证报告的要求

(1) 现场签证的工作如果已有相应的计日工单价,现场签证报告中仅列明完成该签证工作所需的人工、材料、工程设备和施工机械台班的数量。

(2) 如果现场签证的工作没有相应的计日工单价,应当在现场签证报告中列明完成该签证工作所需的人工、材料、工程设备和施工机械台班的数量及其单价。

现场签证工作完成后的 7 天内,承包人应按照现场签证内容计算价款,报送发包人确认后,作为增加合同价款,与进度款同期支付。

(3) 现场签证的限制。

合同工程发生现场签证事项,未经发包人签证确认,承包人便擅自实施相关工作的,除非得发包人书面同意,否则发生的费用由承包人承担。

**(八) 暂列金额**

暂列金额是指发包人在招标工程量清单中暂定并包括在合同价款中的一笔款项。招标工程量清单中开列的已标价的暂列金额是用于工程合同签订时尚未确定或者不可预见的所需材料、工程设备、服务的采购,或用于施工中可能发生的工程变更等合同约定调整因素出现时的合同价款调整以及经发包人确认的索赔、现场签证等费用的支出。

已签约合同价中的暂列金额由发包人掌握使用,发包人按照合同的规定作出支付后,如果有剩余,则暂列金额余额归发包人所有。

## 二、合同价款的预付与期中支付

**(一) 工程预付款计算及支付**

工程预付款是指建设工程施工合同订立后,由发包人按照合同约定,在正式开工前预先支付给承包人的工程款。它是施工准备和所需要材料、结构件等流动资金的主要来源，习惯上又称为预付备料款。

1. 预付款的支付

1）预付款的额度

各地区、各部门对工程预付款额度的规定不完全相同，主要是保证施工所需材料和构件的正常储备。工程预付款额度一般是根据施工工期、建安工作量、主要材料和构件费用占建安工程费的比例以及材料储备周期等因素经测算来确定。

（1）百分比法。发包人根据工程的特点、工期长短、市场行情、供求规律等因素，招标是在合同条件中约定工程预付款的百分比。根据《建设工程价款结算暂行办法》的规定，预付款的比例原则上不低于合同金额的10%，不高于合同金额的30%。

（2）公式计算法。公式计算法是根据主要材料（含结构件等）占年度承包工程总价的比重，材料储备定额天数和年度施工天数等因素，通过公式计算预付款额度的一种方法。其计算公式为

$$工程预付款数额 = \frac{工程总价 \times 材料比例（\%）}{年度施工天数} \times 材料储备定额天数 \quad (3.6.12)$$

式中，年度施工天数按365天日历天计算；材料储备定额天数由当地材料供应的在途天数、加工天数、整理天数、供应间隔天数、保险天数等因素决定。

2）预付款的支付时间

根据《建设工程价款结算暂行办法》的规定，在具备施工条件的前提下，发包人应在双方签订合同后的一个月内或不迟于约定的开工日期前的7天内预付工程款，发包人不按约定预付，承包人应在预付时间到期后10天内向发包人发出要求预付的通知，发包人收到通知后仍不按要求预付，承包人可在发出通知14天后停止施工，发包人应从约定应付之日起向承包人支付应付款的利息（利率按同期银行贷款利率计），并承担违约责任。

（1）承包人应在签订合同或向发包人提供与预付款等额的预付款保函（如有）后向发包人提交预付款支付申请。

（2）发包人应在收到支付申请的7天内进行核实后向承包人发出预付款支付证书，并在签发证书后的7天内向承包人支付预付款。

（3）发包人没有按合同约定按时支付预付款的，承包人可催告发包人支付；发包人在预付款期满后的7天内仍未支付的，承包人可在付款期满后的第8天起暂停施工。发包人应承担由此增加的费用和（或）延误的工期，并向承包人支付合理利润。

2. 预付款的扣回

发包人支付给承包人的工程预付款属于预支性质，随着工程的逐步实施后，原已支付的预付款应以充抵工程价款的方式陆续扣回，抵扣方式应当由双方当事人在合同中明确约定。扣款的方法主要有以下两种：

（1）按合同约定扣款。预付款的扣款方法由发包人和承包人通过洽商后在合同中予以确定，一般是在承包人完成金额累计达到合同总价的一定比例后，由承包人开始向发包人还款，发包方从每次应付给承包人的金额中扣回工程预付款，发包人至少在合同规定的完工期前将工程预付款的总金额逐次扣回。国际工程中的扣回方法一般为：当工程

进度款累计金额超过合同价格的 10%～20% 时开始起扣,每月从进度款中按一定比例扣回。

(2) 起扣点计算法。从未施工工程尚需的主要材料及构件的价值相当于工程预付款数额时起扣,此后每次结算工程价款时,按材料所占比中扣减工程价款,至工程竣工前全部扣清,起扣点的计算公式如下:

$$T = P - \frac{M}{N} \quad (3.6.13)$$

式中　$T$——起扣点(即工程预付款开始扣回时)的累计完成工程金额;

　　　$M$——工程预付款总额;

　　　$N$——主要材料及构件所占比重;

　　　$P$——承包工程合同总额。

第一次扣还工程预付款的数额计算:

$$a_1 = (\sum_{i=1}^{n} T_i - T) \times N \quad (3.6.14)$$

式中　$a_1$——第一次扣还预付款的数额;

　　　$\sum_{i=1}^{n} T_i$——累计已完工程价值;

第二次及以后各次扣还预付款的数额:

$$a_i = T_i \times N \quad (3.6.15)$$

式中　$a_i$——第 $i$ 次扣还预付款数额($i=2,3\cdots\cdots$);

　　　$T_i$——第 $i$ 次扣还预付款时,当期结算的已完工程价值。

3. 预付款担保

(1) 预付款担保的概念及作用。预付款担保是指承包人与发包人签订合同后领取预付款前,承包人正确、合理使用发包人支付的预付款额提供的担保。其主要作用是保证承包人能够按合同规定的目的使用并及时偿还发包人已支付的全部预付金额。如果承包人中途毁约,中止工程,使发包人不能在规定期限内从应付工程款中扣除全部预付款,则发包人有权从该项担保金额中获得补偿。

(2) 预付款担保的形式。预付款担保的主要形式为银行保函。预付款担保的担保金额通常与发包人的预付款是等值的。预付款一般逐月从工程预付款中扣除,预付款担保的担保金额也相应逐月减少。承包人在施工期间,应当定期从发包人处取得同意此保函减值的文件,并送交银行确认。承包人还清全部预付款后,发包人应退还预付款担保,承包人将其退回银行注销,解除担保责任。

预付款担保也可以采用发承包双方约定的其他形式,如由担保公司提供担保,或采取抵押等担保形式。承包人的预付款保函的担保金额根据预付款扣回的数额相应递减,但在预付款全部扣回之前一直保持有效。发包人应在预付款扣完后的 14 天内将预付款保函退还给承包人。

4. 预付款支付格式

若承包合同中约定有预付款,承包人需要按一定的格式填报预付款支付申请表,由发包人核准。表 3.6.3 为某项目预付款支付申请(核准)表示例。

**表 3.6.3　预付款支付申请（核准）表**

工程名称：某教学楼工程　　　　　标段：　　　　　　　　　　　　　　编号：

致：某中学基建办公室

　　我方根据合同约定，现申请支付工程预付款额为（大写）<u>玖拾贰万叁仟壹拾捌元</u>（小写<u>923018 元</u>），请予核准。

| 序号 | 名称 | 申请金额（元） | 复核金额 | 备注 |
|---|---|---|---|---|
| 1 | 已签约合同价款 | 7972282 | 7972282 | |
| 2 | 其中：安全文明施工费 | 209650 | 209650 | |
| 3 | 应支付的预付款 | 797228 | 776263 | |
| 4 | 应支付的安全文明施工费 | 125790 | 125790 | |
| 5 | 合计应支付的预付款 | 923018 | 902053 | |

承包人（章）
造价人员：_____　　承包人代表：_____　　　　日期：___年 月 日

| 复核意见：<br>□与合同约定不相符，修改意见见附件。<br>（与合同约定相符，具体金额由造价工程师复核。）<br>监理工程师：_____<br>日期：___年 月 日 | 复核意见：<br>你方提出的支付申请经复核，应支付预付款金额（大写）<u>玖拾万贰仟伍拾叁元</u>（小写<u>902053</u>）。<br>造价工程师：_____<br>日期：___年 月 日 |
|---|---|

审核意见：
□不同意。
（同意，支付时间为本表签发的 15 天内。）
发包人（章）
发包人代表：_____
日期：___年 月 日

## （二）安全文件施工费的支付

发包人应在工程开工后的 28 天内预付不低于当年施工进度计划的安全文明施工费总额的 60%，其余部分按照提前安排的原则进行分解，与进度款同期支付。

发包人没有按时支付安全文明施工费的，承包人可催发包人支付。发包人在付款期满后的 7 天内仍未支付的，若发生安全事故，发包人应承担连带责任。

## （三）工程进度款的计算与支付

发承包双方应按照合同约定的时间、程序和方法，根据工程计量结果，办理期中价款结算，支付进度款。进度款支付周期，应与合同约定的计量周期一致。

1. 期中支付价款的计算

（1）期中支付价款的结算。已标价工程量清单中的单价项目，承包人应按工程计量确认的工程量与综合单价计算。如综合单价发生调整的，以发承包双方确认调整的综合单价计算进度款。

已标价工程量清单中的总价项目，承包人应按合同中约定的进度款支付分解，分别列入进度款支付申请中的安全文明施工费和本周期应支付的总价项目的金额中。

(2) 期中支付价款的调整。承包人现场签证和得到发包人确认的索赔金额列入本周期应增加的金额中，由发包人提供的材料、工程设备金额，应按照发包人签约提供的单价和数量从进度款支付中扣出，列入本周期应扣减的金额中。

2. 期中支付的程序

(1) 承包人提交进度款支付申请，承包人应在每个计量周期到期后的 7 天内向发包人提交已完工程进度款支付申请一式四份，详细说明此周期认为有权得到的款额，包括分包人已完工程的价款，支付申请的内容包括：

① 累计已完成支付的合同价款。

② 累计已实际支付的合同价款。

③ 本周期合计完成的合同价款，其中包括：a. 本周期已完成单价项目的金额；b. 本周期应支付的总价项目的金额；c. 本周期已完成的计日工价款；d. 本周期应支付的安全文明施工费；e. 本周期应增加的金额。

④ 本周期合计应扣减的金额，其中包括：①本周期应扣回的预付款；②本周期应扣减的金额。

⑤ 本周期实际应支付的合同价款。

(2) 发包人签发进度款支付证书。发包人应在收到承包人进度款支付申请后的 14 天内，根据计量结果和合同约定对申请内容予以核实，确认后向承包人出具进度款支付证书。若发、承包双方对有的清单项目的计量结果出现争议，发包人应对无争议部分的工程计量结果向承包人出具进度款支付证书。

(3) 发包人支付进度款。发包人应在签发进度款支付证书后的 14 天内，按照支付证书列明的金额向承包人支付进度款。若发包人逾期未签发进度款支付证书，则视为承包人提交的进度款支付申请已被发包人认可，承包人可向发包人发出催告付款的通知。发包人应在收到通知的 14 天内，按照承包人支付申请的金额向承包人支付进度款。

发包人未按照规定的程序支付进度款的，承包人可催告发包人支付，并有权获得延迟支付的利息；发包人在付款期满后的 7 天内仍未支付的，承包人可在付款期满后的 8 天起暂停施工。发包人应承担由此增加的费用和（或）延误的工期，向承包人支付合理利润，并承担违约责任。

(4) 进度款的支付比例。政府机关、事业单位、国有企业建设工程进度款支付应不低于已完成工程价款的 80%；同时，在确保不超出工程总概（预）算以及工程决（结）算工作顺利开展的前提下，除按合同约定保留不超过工程价款总额 3% 的质量保证金外，进度款支付比例可由发承包双方根据项目实际情况自行确定。在结算过程中，若发生进度款支付超出实际已完成工程价款的情况，承包单位应按规定在结算后 30 日内向发包单位返还多收到的工程进度款。

(5) 支付证书的修正。发现已签发的任何支付证书有错、漏或重复的数额，发包人有权予以修正，承包人也有权提出修正申请。经发承包双方复核同意修正的，应在本次到期的进度款中支付或扣除。

3. 进度款支付申请（核准）表

该表由承包人报送，发包人复核。表 3.6.4 为某项目进度款支付申请与核准表。

**表 3.6.4 进度款支付申请（核准）表**

工程名称：某教学楼工程　　　　标段：　　　　　　　　　　编号：

致：某中学基建办公室

我方于_____至_____期间已经完成±0～二层楼工作，根据施工合同约定，现申请支付本周期合同款额为（大写）壹佰壹拾壹万柒仟玖佰壹拾玖元壹角肆分（小写1117919.14元），请予核准。

| 序号 | 名称 | 申请金额（元） | 复核金额 | 备注 |
|---|---|---|---|---|
| 1 | 累计已完的合同价款 | 1233189.37 | —— | 1233189.37 |
| 2 | 累计已实际支付的合同价款 | 1109870.43 | —— | 1109870.43 |
| 3 | 本周期合计完成的合同价款 | 1576893.50 | 1419204.14 | 1419204.14 |
| 3.1 | 本周期已完成单价项目的金额 | 1484047.80 | | |
| 3.2 | 本周期应支付的总价项目金额 | 14230.00 | | |
| 3.3 | 本周期已完成的计日工价款 | 4631.71 | | |
| 3.4 | 本周期应支付的安全文明施工费 | 62895.00 | | |
| 3.5 | 本周期应增加的合同价款 | 11089.00 | | |
| 4 | 本周期合计应扣减的金额 | 301285.00 | 301285.00 | 301897.14 |
| 4.1 | 本周期应抵扣的预付款 | 301285.00 | | 301285.00 |
| 4.2 | 本周期应扣减的金额 | 0 | | 612.14 |
| 5 | 本周期应支付的合同价款 | 1475608.50 | 1117919.14 | 1117307.00 |

附：上述3、4详见附件清单。

承包人（章）
　　造价人员：_____　　　承包人代表：_____　　　　　日期：　　年　月　日

| 复核意见：<br>□与合同约定不相符，修改意见见附件。<br>（与合同约定相符，具体金额由造价工程师复核。）<br>监理工程师：_____<br>日期：　　年　月　日 | 复核意见：<br>你方提出的支付申请经复核，应支付预付款金额（大写）壹佰伍拾柒万陆仟捌佰玖拾叁元伍角（小写2576893.50元），本周期应支付金额为（大写）壹佰壹拾壹万柒仟叁佰零柒元（小写1117307.00元）。<br>造价工程师：_____<br>日期：　　年　月　日 |
|---|---|

审核意见：
□不同意。
（同意，支付时间为本表签发的15天内。）
发包人（章）
　　发包人代表：_____
　　日期：　　年　月　日

# 三、竣工结算与支付

## （一）竣工结算的程序

### 1. 承包人提交竣工结算文件

合同工程完工后，承包人应在经发承包双方确认的合同工程期中价款结算的基础上汇总编制完成的竣工结算文件，并在提交竣工验收申请的同时向发包人提交竣工结算文件。

承包人未在合同约定的时间内提交竣工结算文件，经发包人催告后14天内仍未提交或没有明确答复，发包人有权根据已有资料编制竣工结算文件，作为办理竣工结算和支付结算款的依据，承包人应予以认可。

2. 发包人核对竣工结算文件

（1）发包人应在收到承包人提交的竣工结算文件后的 28 天内核对。发包人经核实，认为承包人还应进一步补充资料和修改结算文件，应在 28 天内向承包人提出核实意见，承包人在收到核实意见后的 28 天内按照发包人提出的合理要求补充资料，修改竣工结算文件，并再次提交给发包人复核后批准。

（2）发包人应在收到承包人再次提交的竣工结算文件后的 28 天内予以复核，并将复核结果通知承包人。如果发包人、承包人对复核结果无异议的，应在 7 天内在竣工结算文件上签字确认，竣工结算办理完毕；如果发包人或承包人对复核结果认为有误的，无异议部分办理不完全竣工结算；有异议的部分由发承包双方协商解决，协商不成的，按照合同约定的争议解决方式处理。

（3）发包人在收到承包人竣工结算文件后的 28 天内，不核对竣工结算或未提出核对意见的，视为承包人提交的竣工结算文件已被发包人认可，竣工结算办理完成。

（4）承包人在收到发包人提出的核实意见后的 28 天内，不确认也未提出异议的，视为发包人提出的何时意见已被承包人认可，竣工结算办理完毕。

3. 发包人委托工程造价咨询机构核对竣工结算文件

发包人委托工程造价咨询机构核对竣工结算的，工程造价咨询机构应在 28 天内核对完毕，核对结论与承包人竣工结算文件不一致的，应提交给承包人复核，承包人应在 14 天内将同意核对结论或不同意见的说明提交工程造价咨询机构。工程造价咨询机构收到承包人提出的异议后，应再次复核，复核无异议的，发承包双方应在 7 天内竣工结算文件上签字确认，竣工结算办理完毕；复核后仍有异议的，对于无异议部分办理不完全竣工结算；有异议的部分由发承包双方协商解决，协商不成的，按照合同约定的争议解决方式处理。

承包人逾期未提出书面异议的，视为工程造价咨询机构核对的竣工结算文件已被承包人认可。

4. 竣工结算文件的签认

（1）拒绝签认的处理。对发包人或发包人委托的工程造价咨询人指派的专业人员与承包人指派的专业人员经核对后无异议并签名确认的竣工结算文件，除非发承包人能提出具体、详细的不同意见，发承包人都应在竣工结算文件上签名确认，如其中一方拒不签认的，按以下规定办理：

① 若发包人拒不签认的，承包人可不提供竣工验收备案资料，并有权拒绝与发包人或其上级部门委托的工程造价咨询机构重新核对竣工结算文件。

② 若承包人拒不签认的，发包人要求办理竣工验收备案的，承包人不得拒绝提供竣工验收资料，否则，由此造成的损失，承包人承担连带责任。

（2）不得重复核对。合同工程竣工结算核对完成，发承包双方签字确认后，禁止发包人又要求承包人与另一个或多个工程造价咨询人重复核对竣工结算。

5. 质量争议工程的结算

发包人以对工程质量有异议，拒绝办理工程竣工结算的：

（1）已经竣工验收或已竣工未验收但实际投入使用的工程，其质量争议按该工程保修合同执行，竣工结算按合同约定办理。

（3）已竣工未验收且未实际投入使用的工程以及停工、停建工程的质量争议，双方应就有争议的部分委托有资质的检测鉴定机构进行检测，根据检测结果确定解决方案，或按工程质量监督机构的处理决定执行后办理竣工结算，无争议部分的竣工结算按合同约定办理。

### （二）竣工结算的依据与原则

单位工程竣工结算由承包人编制、发包人审查；实行总承包的工程，由具体承包人编制，在总包人审查的基础上，发包人审查。单项工程竣工结算或建设项目竣工总结算由总（承）包人编制，发包人可直接进行审查，也可以委托具有相应资质的工程造价咨询机构进行审查。政府投资项目由同级财政部门审查。单项工程竣工结算或建设项目竣工总结算经发承包人签字盖章后有效。承包人应在合同约定期限内完成项目竣工结算编制工作，未在规定期限内完成的并且提不出正当理由延期的，责任自负。

**1. 工程竣工结算的编制依据**

工程竣工结算由承包人或受其委托具有相应资质的工程造价咨询人编制，由发包人或受其委托具有相应资质的工程造价咨询人核对。工程竣工结算编制的主要依据有：

（1）国家有关法律、法规、规章制度和相关的司法解释。

（2）国务院建设主管部门以及各省、自治区、直辖市和有关部门发布的工程造价计价标准、计价方法、有关规定及相关解释。

（3）《建设工程工程量清单计价规范》（GB 50500—2013）。

（4）施工承发包合同、专业分包合同及补充合同，有关材料、设备采购合同。

（5）招投标文件，包括招标答疑文件、投标承诺、中标报价书及其组成内容。

（6）工程竣工图或施工图、施工图会审记录，经批准的施工组织设计，以及设计变更、工程洽商和相关会议纪要。

（7）经批准的开、竣工报告或停、复工报告。

（8）发承包双方实施过程中已确认的工程量及其结算的合同价款。

（9）发承包双方实施过程中已确认调整后追加（减）的合同价款。

（10）其他依据。

**2. 工程竣工结算的原则**

在采用工程量清单计价的方式下，工程竣工结算的计价原则如下：

（1）分部分项工程和措施项目中的单价项目应依据双方确认的工程量和已标价工程量清单的综合单价计算；如发生调整的，以发承包双方确认调整的综合单价计算。

（2）措施项目中的总价项目应依据合同约定的项目和金额计算；如发生调整的，以发承包双方确认调整的金额计算，其中安全文明施工费必须按照国家或省级、行业建设主管部门的规定计算。

（3）其他项目应按下列规定计价：

① 计日工应按发包人实际签证确认的事项计算。

② 暂估价应按发承包双方按照《建设工程工程量清单计价规范》（GB 50500—2013）的相关规定计算。

③ 总承包服务费应依据合同规定金额计算，如发生调整的，以发承包双方确认调整的金额计算。

④ 施工索赔费用应依据发承包双方确认的索赔事项和金额计算。

⑤ 现场签证费用应依据发承包双方签证资料确认的金额计算。
⑦ 暂列金额应减去工程价款调整（包括索赔、现场签证）金额计算，如有余额归发包人。

（4）规费和税金应按照国家或省级、行业建设主管部门的规定计算。规费中的工程排污费应按工程所在地环境保护部门规定标准缴纳后按实列入。

此外，发承包双方在合同工程实施过程中已经确认的工程计量结果和合同价款，在竣工结算办理中应直接进入结算。

### (三) 竣工结算的编制

1. 承包人提交竣工结算款支付申请

承包人应根据办理的竣工结算文件，向发包人提交竣工结算款支付申请。该申请应包括下列内容：

（1）竣工结算合同价款总额
（2）累计已实际支付的合同价款。
（3）应扣留的质量保证金。
（4）实际应支付的竣工结算款金额。

表 3.6.5 为某项目竣工结算价款支付与核准示例。

**表 3.6.5　竣工结算款支付申请（核准）表**

工程名称：某教学楼工程　　　　标段：　　　　　　　编号：

致：　某中学基建办公室

我方于＿＿＿至＿＿＿期间已经完成合同约定的工作，工程已经完工，根据施工合同约定，现申请支付本周期合同款额为（大写）<u>柒拾捌万叁仟贰佰陆拾伍元零捌分</u>（小写<u>783265.08元</u>），请予核准。

| 序号 | 名称 | 申请金额（元） | 复核金额 | 备注 |
|---|---|---|---|---|
| 1 | 竣工结算合同价款总额 | 7937251.00 | 7937251.00 | |
| 2 | 累计已实际支付的合同价款 | 6757123.37 | 6757123.37 | |
| 3 | 应扣留的质量保证金 | 396862.55 | 396862.55 | |
| 4 | 实际应支付的竣工结算款金额 | 783256.08 | 783265.08 | |

承包人（章）
　造价人员：＿＿＿＿　　　承包人代表：＿＿＿＿　　　日期：＿＿＿年＿月＿日

| 复核意见：<br>□与合同约定不相符，修改意见见附件。<br>（与合同约定相符，具体金额由造价工程师复核。）<br>监理工程师：＿＿＿＿<br>日期：＿＿＿年＿月＿日 | 复核意见：<br>你方提出的竣工结算款支付申请经复核，竣工结算款总额（大写）<u>柒佰玖拾叁万柒仟贰佰伍拾壹元</u>（小写<u>7937251.00元</u>），扣除前期支付以及质量保证金后应支付金额为（大写）<u>柒拾捌万叁仟贰佰陆拾伍元零捌分</u>（小写<u>783265.08元</u>）。<br>造价工程师：＿＿＿＿<br>日期：＿＿＿年＿月＿日 |
|---|---|

审核意见：
□不同意。
（同意，支付时间为本表签发的15天内。）
发包人（章）
　发包人代表：＿＿＿＿
　日期：＿＿＿年＿月＿日

## 2. 发包人签发竣工结算支付证书

发包人应在收到承包人提交竣工结算款支付申请后7天内予以核实，向承包人签发竣工结算支付证书。

## 3. 支付竣工结算款

发包人签发竣工结算支付证书后的14天内，按照竣工结算支付证书列明的金额向承包人支付结算款。

发包人在收到承包人提交的竣工结算款支付申请后7天内不予核实，不向承包人签发竣工结算支付证书的，视为承包人的竣工结算款支付申请已被发包人认可；发包人应在收到承包人提交的竣工结算款支付申请7天后的14内，按照承包人提交的竣工结算款支付申请列明的金额向承包人支付结算款。

发包人未按照规定的程序支付竣工结算款的，承包人可催告发包人支付，并有权获得延迟支付的利息。发包人在竣工结算支付证书签发后或者在收到承包人提交的竣工结算款支付申请7天后的56天内仍未支付的，除法律另有规定外，承包人可与发包人协商将该工程折价，也可直接向人民法院申请将该工程依法拍卖。承包人就该工程折价或拍卖的价款优先受偿。

### （四）最终结清

所谓最终结清是指合同约定的缺陷责任期终止后，承包人已按合同规定完成全部剩余工作且质量合格的，发包人与承包人结清全部剩余款项的活动。

#### 1. 最终结清支付申请

缺陷责任期终止后，承包人应按合同约定的份数和期限向发包人提交最终结清支付申请，并提供相关证明材料，详细说明承包人根据合同规定已经完成的全部工程价款金额以及承包人认为根据合同规定应进一步支付给他的其他款项。发包人对最终结清支付申请内容有异议的，有权要求承包人进行修正和提供补充资料，承包人修正后，应再次向发包人提交修正后的最终结清支付申请。

表3.6.6为某项目最终结清支付申请（核准）表。

**表3.6.6 最终结清支付申请（核准）表**

工程名称：某教学楼工程　　　　标段：　　　　　　　　　编号：

致：某中学基建办公室

我方于＿＿＿＿至＿＿＿＿期间已经完成缺陷修复工作，根据施工合同约定，现申请支付最终结清合同款额为（大写）叁拾玖万陆仟捌佰贰拾捌元伍角伍分（小写396628.55元），请予核准。

| 序号 | 名称 | 申请金额（元） | 复核金额 | 备注 |
|---|---|---|---|---|
| 1 | 已预留的保证金 | 396862.55 | 396862.55 | |
| 2 | 应增加因发包人原因造成的缺陷的修复 | 0 | 0 | |
| 3 | 应扣减承包人不修复缺陷、发包人组织修复的金额 | 0 | 0 | |
| 4 | 最终应支付的合同价款 | 396862.55 | 396862.55 | |

续表

| 承包人（章） 　　造价人员：_____ | 承包人代表：_____ | 日期：____年 月 日 |
|---|---|---|
| 复核意见：<br>与实际施工情况不相符，修改意见见附件。<br>(与实际施工情况相符，具体金额由造价工程师复核。<br>监理工程师：_____ 日期：____年 月 日 | 复核意见：<br>你方提出的支付申请经复核，最终应支付金额（大写）叁拾玖万陆仟捌佰陆拾贰元伍角伍分（小写396862.55元）。<br>造价工程师：_____<br>日期：____年 月 日 | |

审核意见：
不同意。
(同意，支付时间为本表签发的15天内。)
　　发包人（章）
　　发包人代表：_____
　　日期：____年 月 日

**2. 最终结清支付证书**

发包人应在收到承包人提交的最终结清支付申请后的14天内予以核实，并向承包人签发最终结清支付证书。发包人未在约定时间内核实，又未提出具体意见的，视为承包人提交的最终结清支付申请已被发包人认可。

**3. 最终结清付款**

发包人应在签发最终结清支付证书后的14天内，按照最终结清支付证书列明的金额向承包人支付最终结清款。最终结清付款后，承包人在合同内享有的索赔权利也自行终止。发包人未按期支付的，承包人可催告发包人在合理的期限内支付，并有权获得延迟支付的利息。

最终结清时，如果承包人被扣留的质量保证金不足以抵减发包人工程缺陷修复费用的，承包人应承担不足部分的补偿责任。

承包人对发包人支付的最终结清款有异议的，按照合同约定的争议解决方式处理。

**【例3.6.5】** 某发包人与承包人签订了某建筑项目总包施工合同。承包范围包括土建工程和水、电、通风设备，合同总价为4800万元。工期为2年，第1年已完成2600万元，第二年应完成2200万元。承包合同规定：

(1) 发包人应向承包人支付当年合同价25%的工程预付款。

(2) 工程预付款应从未施工工程所需的主要材料及构配件价值相当于工程预付款时起扣，每月以抵充工程款的方式陆续扣留，竣工前全部扣清；主要材料及设备费占工程款的比重按62.5%考虑。

(3) 工程质量保证金为承包合同总价的3%，经双方协商，发包人每月由承包人的工程款中3%的比例扣留。在缺陷责任期满后，工程质量保证金及其利息扣除已支出费用后的剩余部分退还给承包人。

(4) 发包人按实际完成建筑与安装工作量每月向承包人支付工程款，但当承包人每月实际完成的建安工作量少于计划完成建筑与安装工作量的10%及以上时，发包人可按 5％的比例扣留工程款，在工程竣工结算时扣留工程款退还给承包人。

（5）除设计变更和其他不可抗力因素外，合同价格不作调整。

（6）由发包人直接提供的材料和设备在发生当月的工程款中扣回其费用。

经发包人的工程师代表签认的承包人在第 2 年各月计划和实际完成的建安工作量已经发包人直接提供的材料、设备价值如表 3.6.7 所示。

表 3.6.7  工程结算数据表　　　　　　（单位：万元）

| 月份 | 1~6 | 7 | 8 | 9 | 10 | 11 | 12 |
| --- | --- | --- | --- | --- | --- | --- | --- |
| 计划完成建筑与安装工作量 | 1100 | 200 | 200 | 200 | 190 | 190 | 120 |
| 实际完成建筑与安装工作量 | 1110 | 180 | 210 | 205 | 195 | 180 | 120 |
| 发包人直供材料设备的价值 | 90.56 | 35.5 | 24.2 | 10.5 | 21 | 10.5 | 5.5 |

问题：

（1）工程预付款是多少？

（2）工程预付款从几月份开始起扣？

（3）1月至 6 月以及其他各月发包人应支付给承包人的工程款是多少？

4. 竣工结算时，发包人应支付给承包人的工程结算款是多少？

答案：

问题（1）

解：工程预付款：2200×25％＝550（万元）

问题（2）

**解**：工程预付款的起扣点：2200－550/62.5％＝1320（万元）

开始起扣工程预付款的时间为 8 月份，因为 8 月份累计实际完成的建安工作量：1110＋180＋210＝1500（万元）＞1320 万元

问题（3）

解：（1）1月至 6 月份

发包人应支付给承办商的工程款：1110×（1－3％）－90.56＝986.14（万元）

（2）7 月份

该月份建安工作量实际值与计划值比较，未达到计划值，相差（200－180）/200＝10％

应扣留的工程款：180×5％＝9（万元）

发包人应支付给承包人的工程款：180×（1－3％）－9－35.5＝130.1（万元）

（3）8 月份

应扣留的工程款：(1500－1320)×62.5％＝112.5（万元）

发包人应支付给承包人的工程款：210×（1－3％）－112.5－24.4＝66.8（万元）

（4）9 月份

应扣留的工程款：205×62.5％＝128.125（万元）

发包人应支付给承包人的工程款：205×（1－3％）－128.125－10.5＝60.225（万元）

(5) 10月份

应扣留的工程款：195×62.5%＝121.875（万元）

发包人应支付给承包人的工程款：195×（1－3%）－121.875－21＝46.275（万元）

(6) 11月份

该月份建安工作量实际值与计划值比较，未达到计划值，相差：

(190－180)/190＝5.26%＜10%，工程款不扣。

应扣留的工程款：180×62.5%＝112.5（万元）

发包人应支付给承包人的工程款：180×（1－3%）－112.5－10.5＝51.6（万元）

(7) 12月份

应扣留的工程款：120×62.5%＝75（万元）

发包人应支付给承包人的工程款：120×（1－3%）－75－5.5＝35.9（万元）

问题（4）

答：竣工结算时，发包人应支付给承包人的工程结算款：180×5%＝9（万元）

### （五）工程竣工结算的审查

工程竣工结算的审查应依据施工合同约定的结算方法进行，根据不同的施工合同类型，采用不同的审查方法。对于采用工程量清单计价方式签订的单价合同，应审查施工图以内的各个分部分项工程量，依据合同约定的方式审查分部分项工程价格，并对设计变更、工程洽商、工程索赔等调整内容进行审查。工程竣工结算审查的依据与编制的依据基本相同。

1. 工程竣工结算审查程序

工程竣工结算审查应按准备、审查和审定三个工作阶段进行，并实行编制人、校对人和审核人分别署名盖章确认的内部审核制度。

(1) 结算审查准备阶段。该阶段主要工作内容包括：

① 审查工程竣工结算手续的完备性、资料内容的完整性，对不符合要求的应退回限时补正。

② 审查计价依据及资料与工程竣工结算的相关性、有效性。

③ 熟悉招投标文件、工程发承包合同、主要材料设备采购合同及相关文件。

④ 熟悉竣工图纸或施工图纸、施工组织设计、工程状况，以及设计变更、工程洽商和工程索赔情况等。

(2) 结算审查阶段。该阶段主要工作内容包括：

① 审查结算项目范围、内容与合同约定的项目范围、内容的一致性。

② 审查工程量计算准确性、工程量计算规则与计价规范或定额保持一致性。

③ 审查结算单价时应严格执行合同约定或现行的计价原则、方法。对于清单或定额缺项以及采用新材料、新工艺的，应根据施工过程中的合理消耗和市场价格审核结算单价。

④ 审查变更签证凭据的真实性、合法性、有效性，核准变更工程费用。

⑤ 审查索赔是否依据合同约定的索赔处理原则、程序和计算方法以及索赔费用的真实性、合法性、准确性。

⑥ 审查取费标准时，应严格执行合同约定的费用定额标准及有关规定，并审查取

费依据的时效性、相符性。

⑦ 编制与结算相对应的结算审查对比表。

(3) 结算审定阶段。该阶段主要工作内容包括：

① 工程竣工结算审查初稿编制完成后，应召开由结算编制人、结算审查委托人及结算审查受托人共同参加的会议，听取意见，并进行合理的调整。

② 由结算审查受托人单位的部门负责人对结算审查的初步成果文件进行检查、校对。

③ 由结算审查受托人单位的主管负责人审核批准。

④ 发承包双方代表人和审查人应分别在"结算审定签署表"上签认并加盖公章。

⑤ 对结算审查结论有分歧的，应在出具结算审查报告前，至少组织两次协调会；凡不能共同签认的，审查受托人可适时结束审查工作，并做出必要说明。

⑥ 在合同约定的期限内，向委托人提交经结算审查编制人、校对人、审核人和受托人单位盖章确认的正式的结算审查报告。

2. 工程竣工结算审查内容

工程竣工结算审查的内容可以分为两个部分。

(1) 审查结算的递交程序和资料的完备性。

① 审查结果资料递交手续、程序的合法性以及结算资料具有的法律效力。

② 审查结果资料的完整性、真实性和相符性。

(2) 审查与结算有关的各项内容。

① 建设工程承发包合同及其补充合同的合法性和有效性。

② 施工承发包合同范围以外调整的工程价款。

③ 分部分项、措施项目、其他项目工程量及单价。

④ 发包人单独分包工程项目的界面划分和总包人的配合费用。

⑤ 工程变更、索赔、奖励及违约费用。

⑥ 取费、税金、政策性调整以及材料价差计算。

⑦ 实际施工工期与合同工期发生差异的原因和责任，以及对工程造价的影响程度。

⑧ 其他涉及工程造价的内容。

3. 工程竣工结算的审查时限

单项工程竣工后，承包人应按规定程序向发包人递交竣工结算报告及完整的结算资料，发包人应按表3.6.8规定的时限进行核对（审查），并提出审查意见。

表3.6.8 工程竣工结算审查时限

| 工程竣工结算报告金额 | 审查时间 |
| --- | --- |
| 500万元以下 | 从接到竣工结算报告和完整的竣工结算资料之日起20天 |
| 500～2000万元 | 从接到竣工结算报告和完整的竣工结算资料之日起30天 |
| 2000～5000万元 | 从接到竣工结算报告和完整的竣工结算资料之日起45天 |
| 5000万元以上 | 从接到竣工结算报告和完整的竣工结算资料之日起60天 |

建设项目竣工总结算在最后一个单项工程竣工结算审查确认后 15 天内汇总，送发包人后 30 天内审查完成。

【例 3.6.6】某写字楼标准层电梯厅共 20 套，施工企业中标的"分部分项工程和单价措施项目清单与计价表"如表 3.6.9。

表 3.6.9 分部分项工程和单价措施项目清单与计价表

| 序号 | 项目编码 | 项目名称 | 项目特征 | 计量单位 | 工程量 | 金额（元） | |
|---|---|---|---|---|---|---|---|
| | | | | | | 综合单价 | 合价 |
| 一 | | | | 分部分项工程 | | | |
| 1 | 011102001001 | 楼地面 | 干硬性水泥砂浆铺砌米黄大理石 | m² | 610.00 | 560.00 | 341600.00 |
| 2 | 011102001002 | 串边波打线 | 干硬性水泥砂浆铺砌啡网纹大理石 | m² | 100.00 | 660.00 | 66000.00 |
| 3 | 011108001001 | 零星石材过门石 | 干硬性水泥砂浆铺砌啡网纹大理石 | m² | 40.00 | 650.00 | 26000.00 |
| 4 | 011204001001 | 墙面 | 钢龙骨干挂米黄洞石 | m² | 1000.00 | 810.00 | 810000.00 |
| 5 | 010801004001 | 竖井装饰门 | 钢龙骨支架米黄洞石 | m² | 96.00 | 711.00 | 68256.00 |
| 6 | 010808004001 | 电梯门套 | 2mm 拉丝不锈钢 | m² | 190.00 | 390.00 | 74100.00 |
| 7 | 011302001001 | 天棚 | 2.5mm 铝板 | m² | 610.00 | 360.00 | 219600.00 |
| 8 | 011304001001 | 吊顶灯槽 | 亚布力板 | m² | 100.00 | 350.00 | 35000.00 |
| | | 分部分项工程小计 | | 元 | | | 1640556.00 |
| 二 | | | | 单价措施项目 | | | |
| 1 | 011701003001 | 吊顶脚手架 | 3.6 米内 | m² | 700.00 | 23.00 | 16100.00 |
| | | 单价措施项目小计 | | 元 | | | 16100.00 |
| | | 分部分项工程和单价措施项目合计 | | 元 | | | 1656656.00 |

现根据图 3.6.2 "标准层电梯厅楼地面铺装尺寸图"、图 3.6.3 "标准层电梯厅吊顶布置尺寸图"所示的电梯厅土建装修竣工图及相关技术参数，按下列问题要求，编制电梯厅的竣工结算。

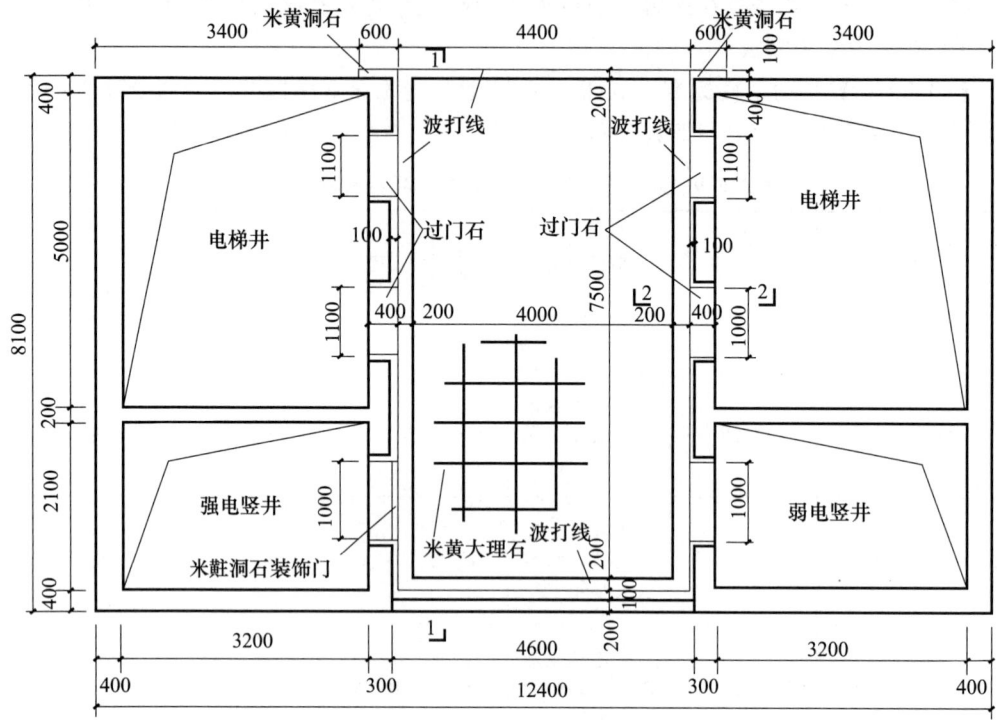

图 3.6.2 标准层电梯厅楼地面铺装尺寸图（单位：mm）

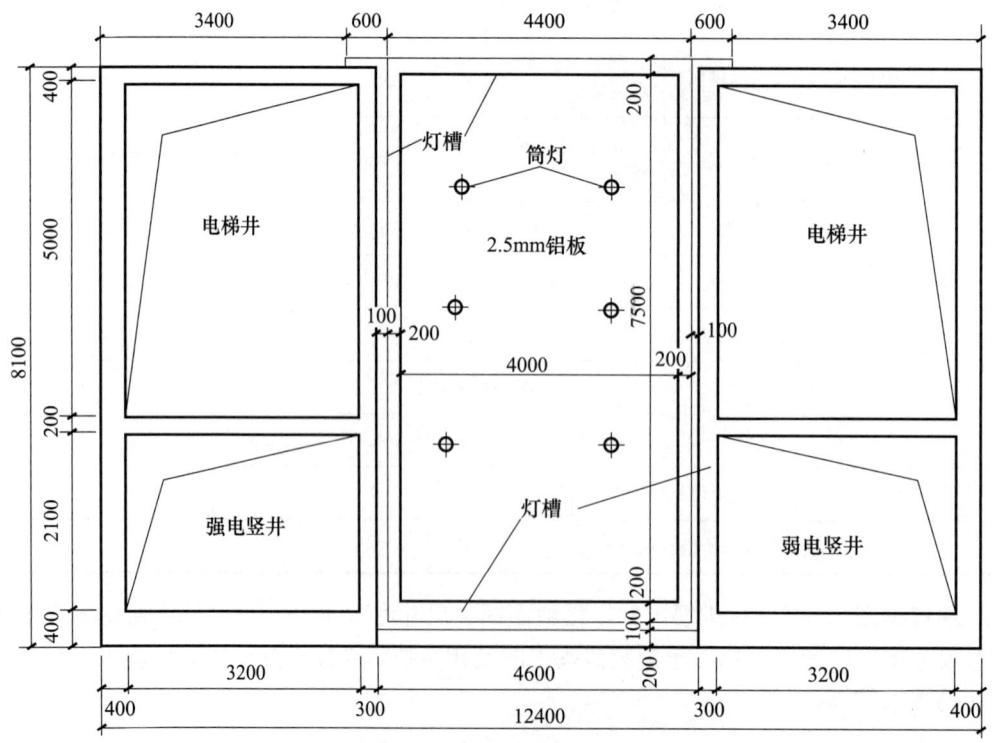

图 3.6.3 标准层电梯吊顶布置尺寸图（单位：mm）

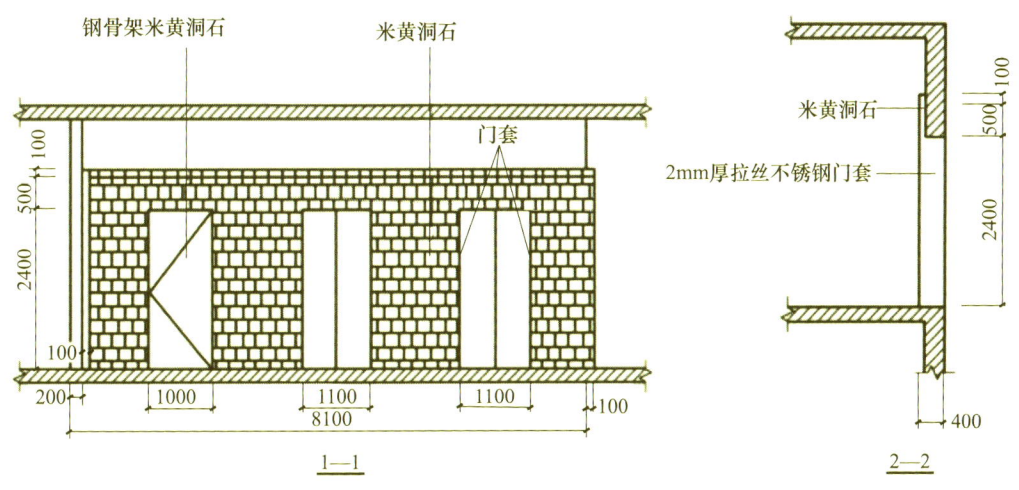

图 3.6.4 剖面图

图纸说明：
1. 本写字楼标准层电梯厅共 20 套。
2. 墙面干挂石材高度为 3000mm，其石材外皮距结构面尺寸为 100mm。
3. 弱电竖井门为钢骨架石材装饰门（主材同墙体），其门口不设过门石。
4. 电梯墙面装饰做法延展到走廊 600mm。

装修做法见表 3.6.10。

表 3.6.10 装修做法表

| 序号 | 装修部位 | 装修主材 |
| --- | --- | --- |
| 1 | 楼地面 | 米黄大理石 |
| 2 | 过门石 | 啡网纹大理石 |
| 3 | 波打线 | 啡网纹大理石 |
| 4 | 墙面 | 米黄洞石 |
| 5 | 竖井装饰门 | 钢骨架米黄洞石 |
| 6 | 电梯门套 | 2mm 拉丝不锈钢 |
| 7 | 天棚 | 2.5mm 铝板 |
| 8 | 吊顶灯槽 | 亚布力板 |

请完成以下问题：

（1）根据工程竣工图纸及技术参数，按《房屋建筑与装饰工程工程量计算规范》（GB 50854—2013）的计算规则，在表 3.6.11 "工程量计算表"中，列式计算该 20 套电梯厅楼地面、墙面（装饰高度 3000mm）、天棚、门和门套等土建装饰分部分项工程的结算工程量（竖井装饰门内的其他项目不考虑）。

表 3.6.11 工程量计算表

| 序号 | 项目名称 | 单位 | 工程量计算过程 | 工程量 |
|---|---|---|---|---|
| 1 | 地面 | m² | 4.0×7.5×20 | 600.00 |
| 2 | 波打线 | m² | (7.7+4.2)×2×0.2×20 | 95.20 |
| 3 | 过门石 | m² | 0.4×1.1×4×20 | 35.20 |
| 4 | 墙面 | m² | [3.0×(4.4+0.6×2+7.9×2)−1.0×2.4×2−1.1×2.4×4]×20 | 976.80 |
| 5 | 竖井装饰门 | m² | (1.0×2.4)×2×20 | 96.00 |
| 6 | 电梯门套 | m² | 0.4×(1.1+2.4×2)×4×20 | 188.80 |
| 7 | 天棚 | m² | 4.0×7.5×20 | 600.00 |
| 8 | 吊顶灯槽 | m² | 0.2×(7.7+4.2)×2×20 | 95.20 |
| 9 | 吊顶脚手架 | m² | (4+0.2+0.2)×(7.5+0.2+0.2)×20 | 695.20 |

（2）根据问题（1）中的计算结果及合同文件中"分部分项工程和单价措施项目清单与计价表"的相关内容，按《建设工程工程量清单计价规范》（GB 50500—2013）的要求，在表 3.6.12"分部分项工程和单价措施项目清单与计价表"中编制该土建装饰工程结算。

表 3.6.12 分部分项工程和单价措施项目清单与计价表

| 序号 | 项目编码 | 项目名称 | 项目特征 | 计量单位 | 工程量 | 金额（元） | |
|---|---|---|---|---|---|---|---|
| | | | | | | 综合单价 | 合价 |
| 一 | | | 分部分项工程 | | | | |
| 1 | 011102001001 | 楼地面 | 干硬性水泥砂浆铺砌米黄大理石 | m² | 600.00 | 560.00 | 336000.00 |
| 2 | 011102001002 | 波打线 | 干硬性水泥砂浆铺砌啡网纹大理石 | m² | 95.20 | 660.00 | 62832.00 |
| 3 | 011108001001 | 过门石 | 干硬性水泥砂浆铺砌啡网纹大理石 | m² | 35.20 | 650.00 | 22880.00 |
| 4 | 011204001001 | 墙面 | 钢龙骨干挂米黄洞石 | m² | 976.80 | 810.00 | 791208.00 |
| 5 | 010801004001 | 竖井装饰门 | 钢龙骨支架米黄洞石 | m² | 96.00 | 711.00 | 68256.00 |
| 6 | 010808004001 | 电梯门套 | 2mm 拉丝不锈钢 | m² | 188.80 | 390.00 | 73632.00 |
| 7 | 011302001001 | 天棚 | 2.5mm 铝板 | m² | 600.00 | 360.00 | 216000.00 |
| 8 | 011304001001 | 吊顶灯槽 | 亚布力板 | m² | 95.20 | 350.00 | 33320.00 |
| | | 分部分项工程小计 | | 元 | | | 1604128.00 |
| 二 | | | 单价措施项目 | | | | |
| 1 | 011701003001 | 吊顶脚手架 | 3.6 米内 | m² | 695.20 | 23.00 | 15989.60 |
| | | 单价措施项目小计 | | 元 | | | 15989.60 |
| | | 分部分项工程和单价措施项目合计 | | 元 | | | 1620117.60 |

(3) 按该分部项工程竣工结算金额 1600000.00 元，单价措施项目清单结算金额为 18000.00 元取定；人工费占分部分项工程费的 10%，总价措施费取夜间施工费（费率 3.60%）和二次搬运费（费率 3.20%），其他项目费为零；规费取安全文明施工费（费率 5.20%）和社会保险费（费率 1.50%）按分部分项工程结算金额的 3.5% 计取，以上费用中均为不含增值税可抵扣进项税，增值税按 9% 计算。

按《建设工程工程量清单计价规范》（GB 50500—2013）的要求，列式计算安全文明施工费、措施项目费、规费和增值税，并在表 3.6.13 "单位工程竣工结算汇总表"中编制该土建装饰工程结算。（计算结果保留两位小数）

(1) 分部分项人工费：1600000.00×10%=160000.00 元
(2) 总价措施费：160000.00×（3.60%+3.20%）=10880.00 元
(3) 安全文明施工费：(1600000.00+28880.00)×5.20%=84701.76 元
(4) 社会保险费：(1600000.00+28880.00)×1.50%=24433.20 元
(5) 税金：(1600000.00+28880.00+109134.96)×9%=156421.35 元

表 3.6.13 单位工程竣工结算汇总表

| 序号 | 项目名称 | 金额 |
|---|---|---|
| 1 | 分部分项工程 | 1600000.00 |
|  | 其中：人工费 | 160000.00 |
| 2 | 措施项目费 | 28880.00 |
| 2.1 | 总价措施费 | 10880.00 |
| 2.2 | 单价措施费 | 18000.00 |
| 3 | 其他项目 | 0.00 |
| 4 | 规费 | 109134.96 |
| 4.1 | 安全文明施工费 | 84701.76 |
| 4.2 | 社会保险费 | 24433.20 |
| 5 | 税金 | 156421.35 |
|  | 竣工结算总价合计=1+2+3+4+5 | 1894436.31 |

## 四、合同解除的价款结算与支付

发承包双方协商一致解除合同的，按照达成的协议办理结算和支付合同价款。

### （一）不可抗力解除合同

由于不可抗力解除合同的，发包人除应向承包人支付合同解除之日前已完成工程但尚未支付的合同价款，还应支付下列金额：

(1) 合同中约定应由发包人承担的费用。
(2) 已实施或部分实施的措施项目应付价款。
(3) 承包人为合同工程合理订购且已交付的材料和工程设备贷款。发包人一经支付此项货款，该材料和工程设备即成为发包人的财产。
(4) 承包人撤离现场所需的合理费用，包括员工遣送费和临时工程拆除、施工设备运离现场的费用。

(5) 承包人为完成合同工程而预期开支的任何合理费用,且该项费用未包括在本款其他各项支付之内。

发承包双方办理结算合同价款时,应扣除合同解除之日前发包人应向承包人收回的价款。当发包人应扣除的金额超过了应支付的金额,则承包人应在合同解除后的 56 天内将其差额退还给发包人。

**(二) 违约解除合同**

(1) 承包人违约。因承包人违约解除合同的,发包人应暂停向承包人支付任何价款。发包人应在合同解除后 28 天内核实合同解除时承包人已完成的全部合同价款以及按施工进度计划已运至现场的材料和工程设备货款,按合同约定核算承包人应支付的违约金以及造成损失的索赔金额,并将结果通知承包人。发承包双方应在 28 天内予以确认或提出意见,并办理结算合同价款。如果发包人应扣除的金额超过了应支付的金额,则承包人应在合同解除后的 56 天内将其差额退还给发包人。发承包双方不能就解除合同后的结算达成一致的,按照合同约定的争议解决方式处理。

(2) 发包人违约。因发包人违约解除合同的,发包人除应按照有关不可抗力解除合同的规定向承包人支付各项价款外,还需按合同约定核算发包人应支付的违约金以及给承包人造成损失或损害的索赔金额费用。该笔费用由承包人提出,发包人核实后与承包人协商确定后的 7 天内向承包人签发支付证书。协商不能达成一致的按照合同约定的争议解决方式处理。

## 第七节 工程竣工决算价款的编制

### 一、竣工决算的内容和编制

#### (一) 竣工决算的内容

建设项目竣工决算应包括从筹集到竣工投产全过程的全部实际费用,即包括建筑工程费、安装工程费、设备工器具购置费用及预备费等费用。根据财政部、国家发展改革委和住房城乡建设部的有关文件规定,竣工决算是由竣工财务决算说明书、竣工财务决算报表、工程竣工图和工程竣工造价对比分析四部分组成。其中竣工财务决算说明书和竣工财务决算报表两部分又称建设项目竣工财务决算,是竣工决算的核心内容。竣工财务决算是正确核定项目资产价值、反映竣工项目建设成果的文件,是办理资产移交和产权登记的依据。

1. 竣工财务决算说明书

竣工财务决算说明书主要反映竣工工程建设成果和经验,是对竣工决算报表进行分析和补充说明的文件,是全面考核分析工程投资与造价的书面总结,是竣工决算报告的重要组成部分,其内容主要包括:

(1) 项目概况。一般从进度、质量、安全和造价方面进行分析说明。进度方面主要说明开工和竣工时间,对照合理工期和要求工期分析是提前还是延期。质量方面主要根据竣工验收委员会或相当一级质量监督部门的验收评定等级、合格率和优良品率。安全方面主要根据劳动工资和施工部门的记录，对有无设备和人身事故进行说明。造价方面主要对照概算造价，说明节约或超支的情况，用金额和百分率进行分析说明。

（2）会计账务的处理、财产物资清理及债权债务的清偿情况。

（3）项目建设资金计划及到位情况，财政资金支出预算、投资计划及到位情况。

（4）项目建设资金使用、项目结余资金等分配情况。

（5）项目概（预）算执行情况及分析，竣工实际完成投资与概算差异及原因分析。

（6）尾工工程情况。项目一般不得预留尾工工程，确需预留尾工工程的，尾工工程投资不得超过批准的项目概（预）算总投资的5%。

（7）历次审计、检查、审核、稽查意见及整改落实情况。

（8）主要技术经济指标的分析、计算情况。概算执行情况分析，根据实际投资完成额与概算进行对比分析；新增生产能力的效益分析，说明交付使用财产占总投资额的比例，不增加固定资产的造价占投资总额的比例，分析有机构成和成果。

（9）项目管理经验、主要问题和建议。

（10）预备费动用情况。

（11）项目建设管理制度执行情况、政府采购情况、合同履行情况。

（12）征地拆迁补偿情况、移民安置情况。

（13）需说明的其他事项。

2. 竣工财务决算报表

建设项目竣工决算报表包括：基本建设项目概况表、基本建设项目竣工财务决算表、基本建设项目资金情况明细表、基本建设项目交付使用资产总表、基本建设项目交付使用资产明细表、待摊投资明细表、待核销基建支出明细表、转出投资明细表等。以下对其中几个主要报表进行介绍。

1）基本建设项目概况表（见表3.7.1）

该表综合反映基本建设项目的基本概况，内容包括该项目总投资、建设起止时间、新增生产能力、主要材料消耗、建设成本、完成主要工程量和主要技术经济指标，为全面考核和分析投资效果提供依据，可按下列要求填写：

表3.7.1  基本建设项目概况表

| 建设项目（单项工程）名称 | | 建设地址 | | | | 项目 | 概算批准金额（元） | 实际完成金额（元） | 备注 |
|---|---|---|---|---|---|---|---|---|---|
| 主要设计单位 | | 主要施工单位 | | | | 建筑安装工程 | | | |
| | | | | | | 设备、工具、器具 | | | |
| 占地面积（m²） | 设计 | 实际 | 总投资（万元） | 设计 | 实际 | 基础支出 | 待摊投资 | | |
| | | | | | | | 其中：项目建设管理费 | | |
| 新增生产能力 | 能力名称 | | | 设计 | 实际 | | 其他投资 | | |
| 建设起止时间 | 设计 | 从　年　月　日至　年　月　日 | | | | | 待核销基建支出 | | |
| | 实际 | 从　年　月　日至　年　月　日 | | | | | 合计 | | |
| 概算批准部门及文号 | | | | | | | | | |

续表

| 完成主要工程量 | 建设规模 | | 设备（台、套、吨） | |
|---|---|---|---|---|
| | 设计 | 实际 | 设计 | 实际 |
| | | | | |
| 收尾工程 | 单项工程项目内容 | 概算 | 预计完成部分投资额 | 已完成投资额 | 预计完成时间 |
| | 小计 | | | | |

（1）建设项目名称、建设地址、主要设计单位和主要承包人，要按全称填列。

（2）表中各项目的设计、概算等指标，根据批准的设计文件和概算等确定的数字填列。

（3）表中所列新增生产能力、完成主要工程量的实际数据，根据建设单位统计资料和承包人提供的有关成本核算资料填列。

（4）表中基建支出是指建设项目从开工起至竣工为止发生的全部基本建设支出，包括形成资产价值的交付使用资产，如固定资产、流动资产、无形资产、其他资产支出，还包括不形成资产价值按照规定应核销的非经营项目的待核销基建支出和转出投资。上述支出，应根据财政部门历年批准的"基建投资表"中的有关数据填列。按照《基本建设财务规则》（财政部令第81号）的规定，需要注意以下几点：

① 建筑安装工程投资支出、设备工器具投资支出、待摊投资支出和其他投资支出构成建设项目的建设成本。

② 待核销基建支出包括以下内容：非经营性项目发生的江河清障、航道清淤、飞播造林、补助群众造林、退耕还林（草）、封山（沙）育林（草）、水土保持、城市绿化、毁损道路修复、护坡及清理等不能形成资产的支出，以及项目未被批准、项目取消和项目报废前已发生的支出；非经营性项目发生的农村沼气工程、农村安全饮水工程、农村危房改造工程、游牧民定居工程、渔民上岸工程等涉及家庭或者个人的支出，形成资产产权归属家庭或者个人的，也作为待核销基建支出处理。

上述待核销基建支出，若形成资产产权归属本单位的，计入交付使用资产价值；形成产权不归属本单位的，作为转出投资处理。

③ 非经营性项目转出投资支出是指非经营项目为项目配套的专用设施投资，包括专用道路、专用通信设施、送变电站、地下管道等，且其产权不属于本单位的投资支出。对于产权归属本单位的，应计入交付使用资产价值。

（5）表中"概算批准部门及文号"，按最后经批准的文件号填列。

（6）表中收尾工程是指全部工程项目验收后尚遗留的少量收尾工程，在表中应明确填写收尾工程内容、完成时间、这部分工程的实际成本，可根据实际情况进行估算并加以说明，完工后不再编制竣工决算。

2）基本建设项目竣工财务决算表（见表3.7.2）

竣工财务决算表是竣工财务决算报表的一种，建设项目竣工财务决算表是用来反映建设项目的全部资金来源和资金占用情况，是考核和分析投资效果的依据。该表反映竣工的建设项目从开工到竣工为止全部资金来源和资金运用的情况。它是考核和分析投资效果，落实结余资金,并作为报告上级核销基本建设支出和基本建设拨款的依据。在编制该表前,应先编制出项目竣工年度财务决算,根据编制出的竣工年度财务决算和历年财务决算编制项目的竣工财务决算。此表采用平衡表形式,即资金来源合计等于资金支出合计。

表 3.7.2　基本建设项目竣工财务决算表（元）

| 资金来源 | 金额 | 资金占用 | 金额 |
|---|---|---|---|
| 一、基建拨款 | | 一、基本建设支出 | |
| 1. 中央财政资金 | | （一）交付使用资产 | |
| 其中：一般公共预算资金 | | 1. 固定资产 | |
| 中央基建投资 | | 2. 流动资产 | |
| 财政专项资金 | | 3. 无形资产 | |
| 政府性基金 | | （二）在建工程 | |
| 国有资本经营预算安排的基建项目资金 | | 1. 建筑安装工程投资 | |
| 2. 地方财政资金 | | 2. 设备投资 | |
| 其中：一般公共预算资金 | | 3. 待摊投资 | |
| 地方基建投资 | | 4. 其他投资 | |
| 财政专项资金 | | （三）待核销基建支出 | |
| 政府性资金基金 | | （四）转出投资 | |
| 国有资本经营预算安排的基建项目资金 | | 二、货币资金合计 | |
| 二、部门自筹资金（非负债性资金） | | 其中：银行存款 | |
| 三、项目资本金 | | 财政应返还额度 | |
| 1. 国家资本 | | 其中：直接支付 | |
| 2. 法人资本 | | 授权支付 | |
| 3. 个人资本 | | 现金 | |
| 4. 外商资本 | | 有价证券 | |
| 四、项目资本公积 | | 三、预付及应收款合计 | |
| 五、基建借款 | | 1. 预付备料款 | |
| 其中：企业债券资金 | | 2. 预付工程款 | |
| 六、待冲基建支出 | | 3. 预付设备款 | |
| 七、应付款合计 | | 4. 预收票据 | |
| 1. 应付工程款 | | 5. 其他应收款 | |
| 2. 应付设备款 | | 四、固定资产合计 | |
| 3. 应付票据 | | 固定资产原价 | |
| 4. 应付工资及福利费 | | 减：累计折旧 | |
| 5. 其他应付款 | | 固定资产净值 | |
| 八、未交款合计 | | 固定资产清理 | |
| 1. 未交税金 | | 待处理固定资产损失 | |
| 2. 未交结余财政资金 | | | |
| 3. 未交基建收入 | | | |
| 4. 其他未交款 | | | |
| 合计 | | 合计 | |

基本建设项目竣工财务决算表具体编制方法如下：

（1）资金来源包括基建拨款、部门自筹资金（非负债性资金）、项目资本金、项目资本公积金、基建借款、待冲基建支出、应付款和未交款等，其中：

① 项目资本金是指经营性项目投资者按国家有关项目资本金的规定，筹集并投入项目的非负债资金，在项目竣工后，相应转为生产经营企业的国家资本金、法人资本金、个人资本金和外商资本金。

② 项目资本公积金是指经营性项目对投资者实际缴付的出资额超过其资金的差额（包括发行股票的溢价净收入）、资产评估确认价值或者合同协议约定价值与原账面净值的差额、接收捐赠的财产、资本汇率折算差额，在项目建设期间作为资本公积金、项目建成交付使用并办理竣工决算后，转为生产经营企业的资本公积金。

（2）表中"交付使用资产""中央财政资金""地方财政资金""部门自筹资金""项目资本""基建借款"等项目，是指自开工建设至竣工的累计数，上述有关指标应根据历年批复的年度基本建设财务决算和竣工年度的基本建设财务决算中资金平衡表相应项目的数字进行汇总填写。

（3）表中其余项目费用办理竣工验收时的结余数，根据竣工年度财务决算中资金平衡表的有关项目期末数填写。

（4）资金支出反映建设项目从开工准备到竣工全过程资金支出的情况，内容包括基建支出、货币资金、预付及应收款、固定资产等，资金支出总额应等于资金来源总额。

3）基本建设项目交付使用资产总表（见表3.7.3）

该表反映建设项目建成后新增固定资产、流动资产、无形资产价值的情况和价值，作为财产交接、检查投资计划完成情况和分析投资效果的依据。

表3.7.3 基本建设项目交付使用资产总表（元）

交付单位：　　　　负责人：　　　　接受单位：　　　　负责人：

| 序号 | 单项工程名称 | 总计 | 固定资产 | | | | 流动资产 | 无形资产 |
| --- | --- | --- | --- | --- | --- | --- | --- | --- |
| | | | 合计 | 建筑物及构建筑 | 设备 | 其他 | | |
| | | | | | | | | |
| | | | | | | | | |
| | | | | | | | | |
| | | | | | | | | |
| | | | | | | | | |
| | | | | | | | | |
| | | | | | | | | |

基本建设项目交付使用资产总表具体编制方法如下：

（1）表中各栏目数据根据"交付使用资产明细表"的固定资产、流动资产、无形资产各相应项目的汇总数分别填写，表中总计栏的总计数应与竣工财务决算表中的交付使用资产的金额一致。

（2）表中第3栏、第4栏、第8、9栏的合计数，应分别与竣工财务决算表交付使用的固定资产、流动资产、无形资产的数据相符。

4）基本建设项目交付使用资产明细表（见表3.7.4）

该表反映交付使用的固定资产、流动资产、无形资产价值的明细情况，是办理资产交接和接收单位登记资产账目的依据，是使用单位建立资产明细账和登记新增资产价值的依据。编制时要做到齐全完整，数字准确，各栏目价值应与会计账目中相应科目的数据保持一致。基本建设项目交付使用资产明细表具体编制方法是：

表3.7.4 建设项目交付使用资产明细表（元）

| 序号 | 单项工程名称 | 固定资产 | | | | | | | | 流动资产 | | 无形资产 | |
|---|---|---|---|---|---|---|---|---|---|---|---|---|---|
| | | 建筑工程 | | | 设备、工具、器具、家具 | | | | | | | | |
| | | 结构 | 面积（m²） | 金额（元） | 名称 | 规格型号 | 数量 | 金额（元） | 其中：设备安装费（元） | 其中：分摊待摊投资（元） | 名称 | 金额（元） | 名称 | 金额（元） |
| | | | | | | | | | | | | | | |

（1）表中"建筑工程"项目应按单项工程名称填列其结构、面积和价值。其中"结构"是指项目按钢结构、钢筋混凝土结构、混合结构等结构形式填写；面积则按各项目实际完成面积填写；金额按交付使用资产的实际价值填写。

（2）表中"固定资产"部分要在逐项盘点后，根据盘点实际情况填写，工具、器具和家具等低值易耗品可分类填写。

（3）表中"流动资产""无形资产"项目应根据建设单位实际交付的名称和价值分别填列。

3. 建设工程竣工图

建设工程竣工图是真实地记录各种地上、地下建筑物和构筑物等情况的技术文件，是工程进行交工验收、维护、改建和扩建的依据，是国家的重要技术档案。全国各建设、设计、施工单位和各主管部门都要认真做好竣工图的编制工作。国家有关标准规定：各项新建、扩建、改建的基本建设工程，特别是基础、地下建筑、管线、结构、井巷、桥梁、隧道、港口、水坝以及设备安装等隐蔽部位，都要编制竣工图。为确保竣工图质量，必须在施工过程中（不能在竣工后）及时做好隐蔽工程检查记录，整理好设计变更文件。编制竣工图的形式和深度，应根据不同情况区别对待，其具体要求包括：

（1）凡按图竣工没有变动的，由承包人（包括总包和分包承包人，下同）在原施工图上加盖"竣工图"标志后，即作为竣工图。

（2）凡在施工过程中，虽有一般性设计变更，但能将原施工图加以修改补充作为竣工图的，可不重新绘制，由承包人负责在原施工图（必须是新蓝图）上注明修改的部分，并附以设计变更通知单和施工说明，加盖"竣工图"标志后，作为竣工图。

（3）凡结构形式改变、施工工艺改变、平面布置改变、项目改变以及有其他重大改变，不宜再在原施工图上修改、补充时，应重新绘制改变后的竣工图。由设计原因造成的，由设计单位负责重新绘制；由施工原因造成的，由承包人负责重新绘图；由其他原因造成的，由建设单位自行绘制或委托设计单位绘制。承包人负责在新图上加盖"竣工图"标志，并附以有关记录和说明，作为竣工图。

（4）为了满足竣工验收和竣工决算需要，还应绘制反映竣工工程全部内容的工程设计平面示意图。

（5）重大的改建、扩建工程项目涉及原有的工程项目变更时，应将相关项目的竣工图资料统一整理归档，并在原图案卷内增补必要的说明一起归档。

4. 工程造价对比分析

对控制工程造价所采取的措施、效果及其动态的变化需要进行认真的比较对比，总结经验教训。批准的概算是考核建设工程造价的依据。在分析时，可先对比整个项目的总概算，然后将建筑安装工程费、设备工器具费和其他工程费用逐一与竣工决算表中所提供的实际数据和相关资料及批准的概算、预算指标、实际的工程造价进行对比分析，以确定竣工项目总造价是节约还是超支，并在对比的基础上，总结先进经验，找出节约和超支的内容和原因，提出改进措施。在实际工作中，应主要分析以下内容：

（1）考核主要实物工程量。对于实物工程量出入比较大的情况，必须查明原因。

（2）考核主要材料消耗量。要按照竣工决算表中所列明的三大材料实际超概算的消耗量，查明是在工程的哪个环节超出量最大，再进一步查明超耗的原因。

（3）考核建设单位管理费、措施费和间接费的取费标准。建设单位管理费、措施费和间接费的取费标准要按照国家和各地的有关规定，根据竣工决算报表中所列的建设单位管理费与概预算所列的建设单位管理费数额进行比较，依据规定查明是否多列或少列的费用项目，确定其节约超支的数额，并查明原因。

**（二）竣工决算的编制**

1. 建设项目竣工决算的编制条件

编制工程竣工决算应具备下列条件：

（1）经批准的初步设计所确定的工程内容已完成；

（2）单项工程或建设项目竣工结算已完成；

（3）收尾工程投资和预留费用不超过规定的比例；

（4）涉及法律诉讼、工程质量纠纷的事项已处理完毕；

（5）其他影响工程竣工决算编制的重大问题已解决。

2. 建设项目竣工决算的编制依据

建设项目竣工决算应依据下列资料编制：

（1）《基本建设财务规则》（财政部令第 81 号）等法律、法规和规范性文件；

（2）项目计划任务书及立项批复文件；

（3）项目总概算书和单项工程概算书文件；

（4）经批准的设计文件及设计交底、图纸会审资料；

（5）招标文件和最高投标限价；

（6）工程合同文件；

(7) 项目竣工结算文件;
(8) 工程签证、工程索赔等合同价款调整文件;
(9) 设备、材料调价文件记录;
(10) 会计核算及财务管理资料;
(11) 其他有关项目管理的文件。

3. 竣工决算的编制要求

为了严格执行建设项目竣工验收制度,正确核定新增固定资产价值,考核分析投资效果,建立健全经济责任制,所有新建、扩建和改建等建设项目竣工后,都应及时、完整、正确地编制好竣工决算。建设单位要做好以下工作:

(1) 按照规定组织竣工验收,保证竣工决算的及时性。对建设工程的全面考核,所有的建设项目(或单项工程)按照批准的设计文件所规定的内容建成后,具备了投产和使用条件的,都要及时组织验收。对于竣工验收中发现的问题,应及时查明原因,采取措施加以解决,以保证建设项目按时交付使用和及时编制竣工决算。

(2) 积累、整理竣工项目资料,保证竣工决算的完整性。积累、整理竣工项目资料是编制竣工决算的基础工作,它关系到竣工决算的完整性和质量的好坏。因此,在建设过程中,建设单位必须随时收集项目建设的各种资料,并在竣工验收前,对各种资料进行系统整理,分类立卷,为编制竣工决算提供完整的数据资料,为投产后加强固定资产管理提供依据。在工程竣工时,建设单位应将各种基础资料与竣工决算一起移交给生产单位或使用单位。

(3) 清理、核对各项账目,保证竣工决算的正确性。工程竣工后,建设单位要认真核实各项交付使用资产的建设成本;做好各项账务、物资以及债权的清理结余工作,应偿还的及时偿还,该收回的应及时收回,对各种结余的材料、设备、施工机械工具等,要逐项清点核实,妥善保管,按照国家有关规定进行处理不得任意侵占;对竣工后的结余资金,要按规定上交财政部门或上级主管部门。在完成上述工作,核实了各项数字的基础上,正确编制从年初起到竣工月份止的竣工年度财务决算,以便根据历年的财务决算和竣工年度财务决算进行整理汇总,编制建设项目竣工决算。

4. 竣工决算的编制程序

竣工决算的编制程序分为前期准备、实施、完成和资料归档四个阶段。

(1) 前期准备工作阶段的主要工作内容如下:

① 了解编制工程竣工决算建设项目的基本情况,收集和整理基本的编制资料。在编制竣工决算文件之前,应系统地整理所有的技术资料、工料结算的经济文件、施工图纸和各种变更与签证资料,并分析它们的准确性。完整、齐全的资料,是准确而迅速编制竣工决算的必要条件。

② 确定项目负责人,配置相应的编制人员。

③ 制定切实可行、符合建设项目情况的编制计划。

④ 由项目负责人对成员进行培训。

(2) 实施阶段主要工作内容如下:

① 收集完整的编制程序依据资料。在收集、整理和分析有关资料中,要特别注意建设工程从筹建到竣工投产或使用的全部费用的各项账务,债权和债务的清理,做到工

程完毕账目清晰，既要核对账目，又要查点库存实物的数量，做到账与物相等，账与账相符，对结余的各种材料、工器具和设备，要逐项清点核实，妥善管理，并按规定及时处理，收回资金。对各种往来款项要及时进行全面清理，为编制竣工决算提供准确的数据和结果。

② 协助建设单位做好各项清理工作。

③ 编制完成规范的工作底稿。

④ 对过程中发现的问题应与建设单位进行充分沟通，达成一致意见。

⑤ 与建设单位相关部门一起做好实际支出与批复概算的对比分析工作。重新核实各单位工程、单项工程造价，将竣工资料与原设计图纸进行查对、核实，必要时可实地测量，确认实际变更情况；根据经审定的承包人竣工结算等原始资料，按照有关规定对原概、预算进行增减调整，重新核定工程造价。

(3) 完成阶段主要工作内容如下：

① 完成工程竣工决算编制咨询报告、基本建设项目竣工决算报表及附表、竣工财务决算说明书、相关附件等；清理、装订好竣工图；做好工程造价对比分析。

② 与建设单位沟通工程竣工决算的所有事项。

③ 经工程造价咨询企业内部复核后，出具正式工程竣工决算编制成果文件。

(4) 资料归档阶段主要工作内容如下：

① 工程竣工决算编制过程中形成的工作底稿应进行分类整理，与工程竣工决算编制成果文件一并形成归档纸质资料。

② 对工作底稿、编制数据、工程竣工决算报告进行电子化处理，形成电子档案。

将上述编写的文字说明和填写的表格经核对无误，装订成册，即建设工程竣工决算文件。将其上报主管部门审查，并把其中财务成本部分送交开户银行签证。竣工决算在上报主管部门的同时，抄送有关设计单位。

**(三) 竣工决算的审核**

1. 审核程序

根据《基本建设项目竣工财务决算管理暂行办法》(财建〔2016〕503) 的规定，基本建设项目完工可投入使用或者试运行合格后，应当在3个月内编报竣工财务决算，特殊情况确需延长的，中、小型项目不得超过2个月，大型项目不得超过6个月。

中央项目竣工财务决算，由财政部制定统一的审核批复管理制度和操作规程。中央项目主管部门本级以及不向财政部报送年度部门决算的中央单位的项目竣工财务决算，由财政部批复；其他中央项目竣工财务决算，由中央项目主管部门负责批复，报财政部备案。

国家另有规定的，从其规定。地方项目竣工财务决算审核批复管理职责和程序要求由同级财政部门确定。

财政部门和项目主管部门对项目竣工财务决算实行先审核、后批复的办法，可以委托预算评审机构或者有专业能力的社会中介机构进行审核。

2. 审核内容

财政部门和项目主管部门审核批复项目竣工财务决算时，应当重点审查以下内容：

(1) 工程价款结算是否准确，是否按照合同约定和国家有关规定进行，有无多算和重复计算工程量、高估冒算建筑材料价格现象；

（2）待摊费用支出及其分摊是否合理、正确；

（3）项目是否按照批准的概算（预）算内容实施，有无超标准、超规模、超概（预）算建设现象；

（4）项目资金是否全部到位，核算是否规范，资金使用是否合理，有无挤占、挪用现象；

（5）项目形成资产是否全面反映，计价是否准确，资产接收单位是否落实；

（6）项目在建设过程中历次检查和审计所提的重大问题是否已经整改落实；

（7）待核销基建支出和转出投资有无依据，是否合理；

（8）竣工财务决算报表所填列的数据是否完整，表间勾稽关系是否清晰、明确；

（9）尾工工程及预留费用是否控制在概算确定的范围内，预留的金额和比例是否合理；

（10）项目建设是否履行基本建设程序，是否符合国家有关建设管理制度要求等；

（11）决算的内容和格式是否符合国家有关规定；

（12）决算资料报送是否完整、决算数据间是否存在错误；

（13）相关主管部门或者第三方专业机构是否出具审核意见。

## 二、新增资产价值的确定

建设项目竣工投入运营后，所花费的总投资形成相应的资产。按照新的财务制度和企业会计准则，新增资产按资产性质可分为固定资产、流动资产、无形资产和其他资产等四大类。

### （一）新增固定资产价值的确定方法

1. 新增固定资产价值的概念和范畴

新增固定资产价值是建设项目竣工投产后所增加的固定资产的价值，它是以价值形态表示的固定资产投资最终成果的综合性指标。新增固定资产价值是投资项目竣工投产后所增加的固定资产价值，即交付使用的固定资产价值，是以价值形态表示建设项目的固定资产最终成果的指标。新增固定资产价值的计算是以独立发挥生产能力的单项工程为对象的。单项工程建成经有关部门验收鉴定合格，正式移交生产或使用，即应计算新增固定资产价值。一次交付生产或使用的工程，应一次计算新增固定资产价值；分期分批交付生产或使用的工程，应分期分批计算新增固定资产价值。新增固定资产价值的内容包括：已投入生产或交付使用的建筑、安装工程造价，达到固定资产标准的设备、工器具的购置费用，增加固定资产价值的其他费用。

2. 共同费用的分摊方法

新增固定资产的其他费用，如果是属于整个建设项目或两个以上单项工程的，在计算新增固定资产价值时，应在各单项工程中按比例分摊。一般情况下，建设单位管理费按建筑工程、安装工程、需安装设备价值总额等按比例分摊，而土地征用费、地质勘察和建筑工程设计费等费用则按建筑工程造价比例分摊，生产工艺流程系统设计费按安装工程造价比例分摊。

【例 3.7.1】某工业建设项目及其总装车间的建筑工程费、安装工程费，需安装设备费以及应摊入费用如表 3.7.5 所示,计算总装车间新增固定资产价值。

表 3.7.5 分摊费用计算表(万元)

| 项目名称 | 建设工程 | 安装工程 | 需安装设备 | 建设单位管理费 | 土地征用费 | 建筑设计费 | 工艺设计费 |
|---|---|---|---|---|---|---|---|
| 建设项目竣工决算 | 5000 | 1000 | 1200 | 105 | 120 | 60 | 40 |
| 总装车间竣工决算 | 1000 | 500 | 600 | — | — | — | — |

**解**:计算如下:

应分摊的建设单位管理费 $=\dfrac{1000+500+600}{5000+1000+1200}\times 105=30.625$(万元)

应分摊的土地征用费 $=\dfrac{1000}{5000}\times 120=24$(万元)

应分摊的建筑设计费 $=\dfrac{1000}{5000}\times 60=12$(万元)

应分摊的工艺设计费 $=\dfrac{500}{1000}\times 40=20$(万元)

总装车间新增固定资产价值 $=(1000+500+600)+(30.625+24+12+20)$
$=2100+86.625=2186.625$(万元)

**(二)新增无形资产价值的确定方法**

在财政部和国家知识产权局的指导下,中国资产评估协会修订了《资产评估准则——无形资产》,自 2017 年 10 月 1 日起施行。根据上述准则规定,无形资产是指特定主体所拥有或者控制的,不具有实物形态,能持续发挥作用且能带来经济利益的资源。我国作为评估对象的无形资产通常包括专利权、专有技术、商标权、著作权、销售网络、客户关系、供应关系、人力资源、商业特许权、合同权益、土地使用权、矿业权、水域使用权、森林权益、商誉等。

1. 无形资产的计价原则

(1) 投资者按无形资产作为资本金或者合作条件投入时,按评估确认或合同协议约定的金额计价。

(2) 购入的无形资产,按照实际支付的价款计价。

(3) 企业自创并依法申请取得的,按开发过程中的实际支出计价。

(4) 企业接受捐赠的无形资产,按照发票账单所载金额或者同类无形资产市场价作价。

(5) 无形资产计价入账后,应在其有效使用期内分期摊销,即企业为无形资产支出的费用应在无形资产的有效期内得到及时补偿。

2. 无形资产的评估方法

确定无形资产价值的评估方法包括市场法、收益法和成本法三种基本方法及其衍生方法。执行无形资产评估业务,资产评估专业人员应当根据评估目的、评估对象、价值类型、资料收集等情况,分析上述三种基本方法的适用性,选择评估方法。

1) 收益法

采用收益法评估无形资产时应当:

(1) 在获取无形资产相关信息的基础上,根据该无形资产或者类似无形资产的历史实施情况及未来应用前景，结合无形资产实施或者拟实施企业经营状况，重点分析无形资产经济收益的可预测性，考虑收益法的适用性；

（2）估算无形资产带来的预期收益，区分评估对象无形资产和其他无形资产与其他资产所获得的收益，分析与之有关的预期变动、收益期限、与收益有关的成本费用、配套资产、现金流量、风险因素；

（3）保持预期收益口径与折现率口径一致；

（4）根据无形资产实施过程中的风险因素及货币时间价值等因素估算折现率；

（5）综合分析无形资产的剩余经济寿命、法定寿命及其他相关因素，确定收益期限。

2）市场法

采用市场法评估无形资产时应当：

（1）考虑该无形资产或者类似无形资产是否存在活跃的市场，考虑市场法的适用性；

（2）收集类似无形资产交易案例的市场交易价格、交易时间及交易条件等交易信息；

（3）选择具有比较基础的可比无形资产交易案例；

（4）收集评估对象近期的交易信息；

（5）对可比交易案例和评估对象近期交易信息进行必要调整。

3）成本法

采用成本法评估无形资产时应当：

（1）根据无形资产形成的全部投入，考虑无形资产价值与成本的相关程度，考虑成本法的适用性；

（2）确定无形资产的重置成本，无形资产的重置成本包括合理的成本、利润和相关税费；

（3）确定无形资产贬值。

对同一无形资产采用多种评估方法时，应当对所获得的各种测算结果进行分析，形成评估结论。

具体无形资产的计价方法选择如下：

（1）专利权的计价。专利权分为自创和外购两类。自创专利权的价值为开发过程中的实际支出，主要包括专利的研制成本和交易成本。研制成本包括直接成本和间接成本；直接成本是指研制过程中直接投入发生的费用（主要包括材料费用、工资费用、专用设备费、资料费、咨询鉴定费、协作费、培训费和差旅费等）；间接成本是指与研制开发有关的费用（主要包括管理费、非专用设备折旧费、应分摊的公共费用及能源费用）。交易成本是指在交易过程中的费用支出（主要包括技术服务费、交易过程中的差旅费及管理费、手续费、税金）。由于专利权是具有独占性并能带来超额利润的生产要素，因此，专利权转让价格不按成本估价，而是按照其所能带来的超额收益计价。

（2）专有技术（又称非专利技术）的计价。专有技术具有使用价值和价值，使用价值是专有技术本身应具有的，专有技术的价值在于专有技术的使用所能产生的超额获利能力，应在研究分析其直接和间接的获利能力的基础上，准确计算出其价值。如果专有技术是自创的，一般不作为无形资产入账，自创过程中发生的费用，按当期费用处理。对于外购专有技术，应由法定评估机构确认后再进行估价，其方法往往通过能产生的收益采用收益法进行估价。

（3）商标权的计价。如果商标权是自创的，一般不作为无形资产入账，而将商标设计、制作、注册、广告宣传等发生的费用直接作为销售费用计入当期损益。只有当企业购入或转让商标时，才需要对商标权计价。商标权的计价一般根据被许可方新增的收益确定。

（4）土地使用权的计价。根据取得土地使用权的方式不同，土地使用权可有以下几种计价方式：当建设单位向土地管理部门申请土地使用权并为之支付一笔出让金时，土地使用权作为无形资产核算；当建设单位获得土地使用权是通过行政划拨的，这时土地使用权就不能作为无形资产核算；在将土地使用权有偿转让、出租、抵押、作价入股和投资，按规定补交土地出让价款时，才作为无形资产核算。

**（三）新增流动资产价值的确定方法**

流动资产是指可以在一年内或者超过一年的一个营业周期内变现或者运用的资产，包括现金及各种存款以及其他货币资金、短期投资、存货、应收及预付款项以及其他流动资产等。

（1）货币性资金。货币性资金是指现金、各种银行存款及其他货币资金，其中现金是指企业的库存现金，包括企业内部各部门用于周转使用的备用金；各种存款是指企业的各种不同类型的银行存款；其他货币资金是指除现金和银行存款以外的其他货币资金，根据实际入账价值核定。

（2）应收及预付款项。应收账款是指企业因销售商品、提供劳务等应向购货单位或受益单位收取的款项；预付款项是指企业按照购货合同预付给供货单位的购货定金或部分货款。应收及预付款项包括应收票据、应收款项、其他应收款、预付货款和待摊费用。一般情况下，应收及预付款项按企业销售商品、产品或提供劳务时的实际成交金额入账核算。

（3）短期投资包括股票、债券、基金。股票和债券根据是否可以上市流通分别采用市场法和收益法确定其价值。

（4）存货。存货是指企业的库存材料、在产品、产成品等。各种存货应当按照取得时的实际成本计价。存货的形成，主要有外购和自制两个途径。外购的存货，按照买价加运输费、装卸费、保险费、途中合理损耗、入库前加工、整理及挑选费用以及缴纳的税金等计价；自制的存货，按照制造过程中的各项实际支出计价。

**（四）新增其他资产价值的确定方法**

其他资产是指不能全部计入当年损益，应当在以后年度分期摊销的各种费用，包括开办费、租入固定资产改良支出等。

（1）开办费的计价。开办费是指筹建期间建设单位管理费中未计入固定资产的其他各项费用，如建设单位经费，包括筹建期间工作人员工资、办公费、差旅费、印刷费、生产职工培训费、样品样机购置费、农业开荒费、注册登记费等以及不计入固定资产和无形资产购建成本的汇兑损益、利息支出。按照新财务制度规定，除了筹建期间不计入资产价值的汇兑净损失外,开办费从企业开始生产经营月份的次月起,按照不短于5年的期限平均摊入管理费用中。

(2) 租入固定资产改良支出的计价。租入固定资产改良支出是企业从其他单位或个人租入的固定资产,所有权属于出租人,但企业依合同享有使用权。通常双方在协议中规定,租入企业应按照规定的用途使用,并承担对租入固定资产进行修理和改良的责任,即发生的修理和改良支出全部由承租方负担。对租入固定资产的大修理支出,不构成固定资产价值,其会计处理与自有固定资产的大修理支出无区别。对租入固定资产实施改良,因有助于提高固定资产的效用和功能,应当另外确认为一项资产。由于租入固定资产的所有权不属于租入企业,不宜增加租入固定资产的价值而作为其他资产处理。租入固定资产改良及大修理支出应当在租赁期内分期平均摊销。

### 三、质量保证金的处理

#### (一) 缺陷责任期的概念和期限

1. 缺陷责任期的概念

缺陷是指建设工程质量不符合工程建设强制标准、设计文件以及承包合同的约定。缺陷责任期是指承包人对已交付使用的合同工程承担合同约定的缺陷修复责任的期限。

2. 缺陷责任期与保修期的期限

缺陷责任期从工程通过竣工验收之日起计。由于承包人原因导致工程无法按规定期限进行竣工验收的,缺陷责任期从实际通过竣工验收之日起计。由于发包人原因导致工程无法按规定期限进行竣工验收的,在承包人提交竣工验收报告90天后,工程自动进入缺陷责任期。缺陷责任期一般为1年,最长不超过2年,由发、承包双方在合同中约定。缺陷责任期结束仍然要承担保修责任。

#### (二) 质量保证金的使用及返还

1. 质量保证金的含义

根据《建设工程质量保证金管理办法》(建质〔2017〕138号)规定,建设工程质量保证金(以下简称保证金)是指发包人与承包人在建设工程承包合同中约定,从应付的工程款中预留,用以保证承包人在缺陷责任期内对建设工程出现的缺陷进行维修的资金。

2. 质量保证金预留及管理

(1) 质量保证金的预留。发包人应按照合同约定方式预留质量保证金,质量保证金总预留比例不得高于工程价款结算总额的3%。合同约定由承包人以银行保函替代预留质量保证金的,保函金额不得高于工程价款结算总额的3%。在工程项目竣工前,已经缴纳履约保证金的,发包人不得同时预留工程质量保证金。采用工程质量保证担保、工程质量保险等其他方式的,发包人不得再预留质量保证金。

(2) 缺陷责任期内,实行国库集中支付的政府投资项目,质量保证金的管理应按国库集中支付的有关规定执行。其他政府投资项目,质量保证金可以预留在财政部门或发包方。缺陷责任期内,如发包方被撤销,质量保证金随交付使用资产一并移交使用单位,由使用单位代行发包人职责。社会投资项目采用预留质量保证金方式的,发承包双方可以约定将质量保证金交由金融机构托管。

(3) 质量保证金的使用。缺陷责任期内，由承包人原因造成的缺陷，承包人应负责维修，并承担鉴定及维修费用。如承包人不维修也不承担费用，发包人可按合同约定从质量保证金或银行保函中扣除，费用超出质量保证金额的，发包人可按合同约定向承包人进行索赔。承包人维修并承担相应费用后，不免除对工程的损失赔偿责任。由他人及不可抗力原因造成的缺陷，发包人负责组织维修，承包人不承担费用，且发包人不得从质量保证金中扣除费用。发承包双方就缺陷责任有争议时，可以请有资质的单位进行鉴定，责任方承担鉴定费用并承担维修费用。

3. 质量保证金的返还

缺陷责任期内，承包人认真履行合同约定的责任，到期后，承包人向发包人申请返还质量保证金。

发包人在接到承包人返还质量保证金申请后，应于 14 天内会同承包人按照合同约定的内容进行核实。如无异议，发包人应当按照约定将质量保证金返还给承包人。对返还期限没有约定或者约定不明确的，发包人应当在核实后 14 天内将质量保证金返还承包人，逾期未返还的，依法承担违约责任。发包人在接到承包人返还质量保证金申请后 14 天内不予答复，经催告后 14 天内仍不予答复，视同认可承包人的返还保证金申请。